Buch-Updates

Registrieren Sie dieses Buch auf unserer Verlagswebsite. Sie erhalten damit Buch-Updates und weitere, exklusive Informationen zum Thema.

Galileo BUCHUPDATE

Und so geht's
> Einfach www.galileocomputing.de aufrufen
<<< Auf das Logo **Buch-Updates** klicken
> Unten genannten **Zugangscode** eingeben

Ihr persönlicher Zugang zu den Buch-Updates

108601002787

Sebastian Erlhofer

Suchmaschinen-Optimierung für Webentwickler

Grundlagen, Funktionsweisen und Ranking-Optimierung

Liebe Leserin, lieber Leser,

»Hätte es mir gegolten, die Gunst der Welt zu suchen, so hätte ich mich besser herausgeputzt und würde mich in zurechtgelegter Haltung verstellen.« (Montaigne, Vorwort der Essais)

Anders als der französische Moralist Montaigne, der sich auf sein Schloss zurechtzog, um sich ganz der Betrachtung der Welt zu widmen, werden Sie mit Ihrem Webauftritt die Aufmerksamkeit geradezu suchen müssen, um Ihr Angebot in einem möglichst guten Licht erscheinen zu lassen – schließlich wollen Sie gefunden werden.

Unser Autor Sebastian Erlhofer lebt garantiert nicht in Montaignes Elfenbeinturm: Er kennt alle Tricks der Suchmaschinenoptimierung und ist mit der Welt des Information Retrieval vertraut. Statt unverständlicher Theorie gibt er Ihnen klare, praxisorientierte Hinweise an die Hand, damit Sie die Gunst des World Wide Web finden werden. Wissen über Google & Co hat fast zwingend eine kurze Halbwertzeit. Mit schnellen Kochrezepten und Hacks ist Ihnen hier nicht weitergeholfen. In unserem Buch finden Sie stattdessen das Grundlagenwissen, das Sie befähigt, eigenständig Optimierungsmaßnahmen vorzunehmen. Die vierte Auflage hat darüber hinaus viele Ergänzungen erfahren. So finden Sie zum Beispiel Hinweise zum Optimieren eines Online-Shops. Alle Tipps zur Keyword-Optimierung, Google, Usability-Verbesserung noch einmal überarbeitet und aktualisiert. Neben der Verbesserung des Rankings von CM-Systemen wie TYPO3 wird jetzt zudem auch WordPress beschrieben.

Um die Qualität unserer Bücher zu gewährleisten, stellen wir stets hohe Ansprüche an Autoren und Lektorat. Falls Sie dennoch Anmerkungen und Vorschläge zu diesem Buch formulieren möchten, so freue ich mich über Ihre Rückmeldung.

Ihr Stephan Mattescheck
Lektorat Galileo Computing

stephan.mattescheck@galileo-press.de
www.galileocomputing.de
Galileo Press · Rheinwerkallee 4 · 53227 Bonn

Auf einen Blick

	Vorwort zur vierten Auflage	15
	Vorwort	17
1	Suchen im Web	19
2	Anatomie des World Wide Web	39
3	Architektur von Suchmaschinen	71
4	Gewichtung und Relevanz	119
5	Suchprozess	151
6	Keyword-Recherche	179
7	Onpage-Optimierung	217
8	Offpage-Optimierung	273
9	Spam	319
10	Aufnahme in die Suchmaschinen	345
11	Monitoring und Controlling	369
12	Google – Gerüchte, Theorien und Fakten	395
13	Usability und Suchmaschinen-Optimierung	417
14	Optimierung umsetzen: TYPO3, WordPress und E-Shops	435
A	Glossar	469
B	Literaturverzeichnis	483
C	Quellen	485
D	Abbildungsverzeichnis	491

Der Name Galileo Press geht auf den italienischen Mathematiker und Philosophen Galileo Galilei (1564–1642) zurück. Er gilt als Gründungsfigur der neuzeitlichen Wissenschaft und wurde berühmt als Verfechter des modernen, heliozentrischen Weltbilds. Legendär ist sein Ausspruch *Eppur se muove* (Und sie bewegt sich doch). Das Emblem von Galileo Press ist der Jupiter, umkreist von den vier Galileischen Monden. Galilei entdeckte die nach ihm benannten Monde 1610.

Gerne stehen wir Ihnen mit Rat und Tat zur Seite:
stephan.mattescheck@galileo-press.de bei Fragen und Anmerkungen zum Inhalt des Buches
service@galileo-press.de für versandkostenfreie Bestellungen und Reklamationen
stefan.krumbiegel@galileo-press.de für Rezensions- und Schulungsexemplare

Lektorat Stephan Mattescheck
Korrektorat René Wiegand
Cover Barbara Thoben, Köln
Titelbild Barbara Thoben, Köln
Typografie und Layout Vera Brauner
Herstellung Iris Warkus
Satz Typographie & Computer, Krefeld
Druck und Bindung Bercker Graphischer Betrieb, Kevelaer

Dieses Buch wurde gesetzt aus der Linotype Syntax Serif (9,25/13,25 pt) in FrameMaker. Gedruckt wurde es auf chlorfrei gebleichtem Offsetpapier.

Bibliografische Information der Deutschen Bibliothek
Die Deutsche Bibliothek verzeichnet diese Publikation in der Deutschen Nationalbibliografie; detaillierte bibliografische Daten sind im Internet über http://dnb.ddb.de abrufbar.

ISBN 978-3-8362-1233-5

© Galileo Press, Bonn 2008
4., aktualisierte und erweiterte Auflage 2008

Das vorliegende Werk ist in all seinen Teilen urheberrechtlich geschützt. Alle Rechte vorbehalten, insbesondere das Recht der Übersetzung, des Vortrags, der Reproduktion, der Vervielfältigung auf fotomechanischem oder anderen Wegen und der Speicherung in elektronischen Medien. Ungeachtet der Sorgfalt, die auf die Erstellung von Text, Abbildungen und Programmen verwendet wurde, können weder Verlag noch Autor, Herausgeber oder Übersetzer für mögliche Fehler und deren Folgen eine juristische Verantwortung oder irgendeine Haftung übernehmen. Die in diesem Werk wiedergegebenen Gebrauchsnamen, Handelsnamen, Warenbezeichnungen usw. können auch ohne besondere Kennzeichnung Marken sein und als solche den gesetzlichen Bestimmungen unterliegen.

Inhalt

Vorwort zur vierten Auflage 15
Vorwort 17

1 Suchen im Web 19

1.1 Webkataloge 21
1.1.1 Auswahl der Rubrik 23
1.1.2 Titelwahl 23
1.1.3 Obacht beim Beschreibungstext 25
1.1.4 Stichwörter mit Sorgfalt wählen 26
1.1.5 Häufige Fehler 26
1.1.6 Submit-Tools 27

1.2 Suchmaschinen 28
1.2.1 User-Interface 28
1.2.2 Hürden 30
1.2.3 Funktionen und Komponenten 31

1.3 Meta-Suchmaschinen 33
1.3.1 Formale Kriterien 34
1.3.2 Einsatzgebiete 35
1.3.3 Operatoren 35
1.3.4 Präsentation der Suchergebnisse 36

2 Anatomie des World Wide Web 39

2.1 Exkurs in HTML 40
2.1.1 HTML-Dokumentstruktur 41
2.1.2 Tags 42
2.1.3 Meta-Tags 44
2.1.4 Sonstige Meta-Tags 52
2.1.5 Cascading Style Sheets 53

2.2 Trägermedium Internet 55
2.2.1 Client-Server-Prinzip 56
2.2.2 TCP/IP 58
2.2.3 Adressierung der Hosts 59
2.2.4 Funktion und Aufbau eines URL 59

2.3 HTTP 61
2.3.1 Request 64
2.3.2 Response 66
2.3.3 HTTP live erleben 68

3 Architektur von Suchmaschinen ... 71

- 3.1 Dokumentgewinnung mit dem Webcrawler-System ... 72
  - 3.1.1 Dokumentenindex ... 73
  - 3.1.2 Scheduler ... 75
  - 3.1.3 Crawler ... 76
  - 3.1.4 Storeserver ... 78
  - 3.1.5 Repository ... 83
- 3.2 Datenaufbereitung und Dokumentanalyse ... 84
  - 3.2.1 Datenaufbereitung durch den Parser ... 88
  - 3.2.2 Datennormalisierung ... 90
  - 3.2.3 Wortidentifikation durch den Tokenizer ... 91
  - 3.2.4 Identifikation der natürlichen Sprache ... 93
  - 3.2.5 Grundformreduzierung durch Word Stemming ... 96
  - 3.2.6 Mehrwortgruppenidentifikation ... 100
  - 3.2.7 Stoppwörter ... 101
  - 3.2.8 Keyword-Extrahierung ... 103
  - 3.2.9 URL-Verarbeitung ... 108
- 3.3 Datenstruktur ... 108
  - 3.3.1 Hitlist ... 109
  - 3.3.2 Direkter Index ... 112
  - 3.3.3 Invertierter Index ... 114
  - 3.3.4 Verteilte Datenstruktur ... 115

4 Gewichtung und Relevanz ... 119

- 4.1 Statistische Modelle ... 121
  - 4.1.1 Boolesches Retrieval ... 121
  - 4.1.2 Fuzzy-Logik ... 122
  - 4.1.3 Vektorraummodell ... 123
  - 4.1.4 Relative Worthäufigkeit (TF) ... 126
  - 4.1.5 Inverse Dokumenthäufigkeit (IDF) ... 127
  - 4.1.6 Bedeutung der Lage und Auszeichnung eines Terms ... 128
  - 4.1.7 Betrachtung des URL ... 129
- 4.2 Pagerank ... 130
  - 4.2.1 Link-Popularity ... 130
  - 4.2.2 Pagerank-Konzept und Random Surfer ... 131
  - 4.2.3 Pagerank-Formel ... 132
  - 4.2.4 Beispiel zur Pagerank-Berechnung ... 133
  - 4.2.5 Effekte des Pageranks ... 135
  - 4.2.6 Intelligente Surfer und weitere Einflussfaktoren ... 137

		4.2.7	Bad-Rank	139
4.3	Click-Popularity	141
4.4	Cluster-Verfahren	144
		4.4.1	Cluster-Verfahren im Einsatz	145
		4.4.2	Vivisimo – ein Pionier	146
		4.4.3	Single-Pass-Methode	147
		4.4.4	Cluster aus Netzwerken	148

5 Suchprozess 151

5.1	Arbeitsschritte des Query-Prozessors	152
	5.1.1	Tokenizing	152
	5.1.2	Parsing	152
	5.1.3	Stoppwörter und Stemming	153
	5.1.4	Erzeugung der Query	153
	5.1.5	Verwendung eines Thesaurus	154
	5.1.6	Matching und Gewichtung	154
	5.1.7	Darstellung der Trefferliste	155
5.2	Suchoperatoren	156
	5.2.1	Boolesche Ausdrücke	157
	5.2.2	Phrasen	158
	5.2.3	Wortabstand	158
	5.2.4	Trunkierung	159
5.3	Erweiterte Suchmöglichkeiten	160
	5.3.1	Sprachfilter	162
	5.3.2	Positionierung	162
	5.3.3	Aktualität	163
	5.3.4	Domain-Filter	163
	5.3.5	Dateityp	163
	5.3.6	Sonstige Suchmöglichkeiten	164
5.4	Nutzerverhalten im Web	165
	5.4.1	Suchaktivitäten	166
	5.4.2	Suchmodi	168
	5.4.3	Welche Suchmaschine wird genutzt?	170
	5.4.4	Was wird gesucht?	173

6 Keyword-Recherche 179

6.1	Ausrichtung einer Website	179
	6.1.1	Zielgruppe	180
	6.1.2	Zielsetzung	181

	6.1.3	Leads und Konversionsraten	182
6.2	Gütekriterien		183
6.3	Erstellen einer Keyword-Liste		186
	6.3.1	Erstes Brainstorming	187
	6.3.2	Logdateien nutzen	188
	6.3.3	Mitbewerber analysieren	189
	6.3.4	Synonyme finden	191
	6.3.5	Umfeld: Freunde, Kollegen, Bekannte und Besucher	192
	6.3.6	IDF überprüfen	194
	6.3.7	Erste Bereinigung	195
	6.3.8	Keyword-Datenbanken	196
6.4	Eigenschaften der Keywords		204
	6.4.1	Groß- und Kleinschreibung	204
	6.4.2	Singular oder Plural	204
	6.4.3	Sonderzeichen	205
	6.4.4	Sonstige Eigenschaften	205
	6.4.5	Falsche orthografische Schreibweise	206
	6.4.6	Getrennt oder zusammen?	207
	6.4.7	Wortkombinationen und Wortnähe	208
6.5	Bewerten der Listeneinträge		209
	6.5.1	Liste bereinigen	210
	6.5.2	Keyword-Effizienz berechnen	211
	6.5.3	Finale Auswahl und Zuweisung von Seiten-Keywords	214

7 Onpage-Optimierung — 217

7.1	Spezielle Situation bei einem Relaunch		219
7.2	Strukturelle Maßnahmen		221
	7.2.1	Gültiges HTML	221
	7.2.2	Einsatz von CSS	223
	7.2.3	Korrekter Einsatz von HTML-Tags	224
	7.2.4	Seitenstruktur	225
	7.2.5	Navigation	229
	7.2.6	Seiteninterne Suchfunktion	232
	7.2.7	Frames	232
	7.2.8	Die Startseite	238
	7.2.9	Dateityp und dynamische Seiten	240
7.3	Optimierung durch Tags		245
	7.3.1	Titel	246
	7.3.2	Fließtext und Keyword-Dichte	249
	7.3.3	Aufzählungen	251

		7.3.4	Texthervorhebungen	252
		7.3.5	Überschriften	254
		7.3.6	Links und Anchor-Text	255
		7.3.7	Tabellen	258
		7.3.8	Bilder und Image-Maps	260
		7.3.9	Phantom-Pixel	261
		7.3.10	<comment>-Tag	262
		7.3.11	Formulare und das <input>-Tag	263
		7.3.12	<noscript>-Tag	263
		7.3.13	<iframe>-Tag	264
	7.4	Web 2.0 und AJAX für die Onpage-Optimierung		266
		7.4.1	AJAX kurz vorgestellt	266
		7.4.2	Sorgenkind AJAX bei der Onpage-Optimierung	268
		7.4.3	Richtlinien für den Einsatz von AJAX für die Suchmaschinen-Optimierung	269
	7.5	PDF-Dokumente optimieren		270

8 Offpage-Optimierung ... 273

	8.1	Webserver und Restriktionen		273
		8.1.1	Webhosting	273
		8.1.2	Restriktionen	275
	8.2	Domain- und Dateinamen und Verzeichnisse		276
		8.2.1	Domain-Name	276
		8.2.2	Domain-Alter	278
		8.2.3	Verzeichnis- und Dateinamen	279
		8.2.4	Dateinamen von Bildern und sonstigen Dateien	281
		8.2.5	Verzeichnistiefe und Aktualität	281
	8.3	Site-Struktur		284
		8.3.1	Redirects korrekt umsetzen	286
		8.3.2	Deep Web	288
		8.3.3	Seiten ausschließen (robots.txt)	290
	8.4	Link-Popularity erhöhen		293
		8.4.1	Interne Verlinkung optimieren	293
		8.4.2	Das KAKADU-Prinzip	294
		8.4.3	Qualitätskriterien potenzieller Link-Partner	296
		8.4.4	An andere Webautoren herantreten	298
		8.4.5	Eingehende Links erzielen	299
		8.4.6	Link-Farmen und Google-Bomben	302
		8.4.7	Aufbau von Satelliten-Domains	303

8.5		Web 2.0 zur Offpage-Optimierung nutzen	306
	8.5.1	Wikis nutzen	306
	8.5.2	Social Bookmarking	309
	8.5.3	Nofollow-Follow-These	311
	8.5.4	Web 2.0-Nutzer arbeiten lassen	312
	8.5.5	RSS-Feeds anbieten	313
8.6		Click-Popularity erhöhen	316

9 Spam — 319

9.1	Keyword-Stuffing		321
9.2	Unsichtbare und kleine Texte		322
9.3	Hidden-Links		328
9.4	Meta-Spam		329
9.5	Doorway-Pages		330
9.6	Cloaking		334
9.7	Bait-And-Switch		337
9.8	Domain-Dubletten		338
9.9	Page-Jacking		340
9.10	Blog- und Gästebuch-Spam		341
9.11	Sonstige Spam-Methoden		343

10 Aufnahme in die Suchmaschinen — 345

10.1		Suchmaschinen-Kooperationen	345
10.2		Die Anmeldung	347
	10.2.1	Manuelle Anmeldung	349
	10.2.2	Automatische Anmeldung	352
	10.2.3	Aufnahmedauer	353
10.3		Kostenpflichtige Leistungen	355
	10.3.1	Payed-Inclusion-Programme	356
	10.3.2	Pay-Per-Click (PPC)	358
10.4		Die Wiederaufnahme	363
	10.4.1	Spam-Report	363
	10.4.2	Benachrichtigung der Sperrung	365
	10.4.3	Wiederaufnahme-Antrag stellen	366

11 Monitoring und Controlling — 369

11.1	Server-Monitoring	370
11.2	Controlling	373

11.3	Logdateien-Analyse	375
	11.3.1 Anfragen pro Tag und Monat	377
	11.3.2 Herkunftsland der Besucher	379
	11.3.3 Seitenbesuche	379
	11.3.4 Herkunft der Besucher	380
	11.3.5 Besuche über Suchmaschinen	381
	11.3.6 Suchbegriffe	382
	11.3.7 Sonstige Informationen	383
11.4	Website-Tracking am Beispiel von Google Analytics	384
	11.4.1 Einbindung	384
	11.4.2 Einsatzmöglichkeiten des Website-Trackings	385
	11.4.3 Website-Tracking für unterschiedliche Website-Typen	386
	11.4.4 Datenschutz	389
11.5	Rank-Monitoring	390
11.6	Einträge aus Suchmaschinen entfernen	393

12 Google – Gerüchte, Theorien und Fakten — 395

12.1	Gerüchtequellen und Gerüchteküchen	395
12.2	Googles Crawling-Strategien	396
	12.2.1 Everflux	396
	12.2.2 Fresh Crawl und Deep Crawl	397
12.3	Die Google-Updates	397
	12.3.1 Varianten von Updates	398
	12.3.2 Update-Historie	399
12.4	Google und die geheimen Labors	406
	12.4.1 Geheime Labors	406
	12.4.2 Trustcenter	407
12.5	Sandbox	407
	12.5.1 Der Sandbox-Effekt	408
	12.5.2 Gerücht oder Fakt?	409
	12.5.3 Den Sandbox-Effekt vermeiden	409
12.6	Hilltop-Prinzip und Trustrank	412
12.7	Google-Sitemap-Programm	414

13 Usability und Suchmaschinen-Optimierung — 417

13.1	Suchmaschinen-Optimierung alleine reicht nicht	418
13.2	Was Usability mit Suchmaschinen-Optimierung zu tun hat	419
	13.2.1 Was ist Usability?	419
	13.2.2 Von der Suchmaschinen-Optimierung zur Usability	421

13.3 Usability-Regeln 425
    13.3.1 Kohärenz und Konsistenz 426
    13.3.2 Erwartungen erfüllen 427
    13.3.3 Schnelle Erschließbarkeit 429
    13.3.4 Lesbarkeit sicherstellen 430
    13.3.5 Nutzersicht einnehmen! 431
    13.3.6 Zweckdienliche und einfache Navigation 433

14 Optimierung umsetzen: TYPO3, WordPress und E-Shops 435

14.1 CMS optimieren am Beispiel von TYPO3 436
    14.1.1 Vorbereitungen zur Optimierung 436
    14.1.2 Suchmaschinenfreundliche URL mit AliasPro 439
    14.1.3 Noch besser: RealURL 439
    14.1.4 Das <title>-Tag in TYPO3 440
    14.1.5 Meta-Tags automatisch setzen 442
    14.1.6 Breadcrumb-Navigation einbinden 443
    14.1.7 Sitemap erstellen 444
    14.1.8 Google-Sitemap einbinden 444
14.2 Weblogs optimieren am Beispiel von WordPress 445
    14.2.1 Bloggen und Suchmaschinen-Optimierung 446
    14.2.2 Schreiben für Leser und Suchmaschinen 447
    14.2.3 Suchmaschinenfreundliche Templates 448
    14.2.4 <title>-Tag 449
    14.2.5 Überschriften und Textauszeichnungen 451
    14.2.6 Blog-URLs optimieren 452
    14.2.7 Plug-ins als URL-Helferchen 453
    14.2.8 Crawler im Geschwindigkeitswahn 454
    14.2.9 Kommentare auslagern 454
    14.2.10 Google-Sitemap in WordPress erzeugen 455
    14.2.11 Interne Verlinkung stärken 456
    14.2.12 Ansätze zur Offpage-Optimierung 456
    14.2.13 »nofollow« deaktivieren 458
    14.2.14 Content is King 459
14.3 E-Shop-Optimierung 459
    14.3.1 Auswahl der Shop-Software 460
    14.3.2 Doppel-Strategie bei der E-Shop Optimierung 461
    14.3.3 Optimierung der Funktionsbereiche eines E-Shops 463
    14.3.4 Controlling über Konversionen 466

Anhang ... 467

- A Glossar ... 469
- B Literaturverzeichnis ... 483
- C Quellen ... 485
- D Abbildungsverzeichnis ... 491

Index ... 495

Vorwort zur vierten Auflage

Kritiker der Suchmaschinen-Optimierung bezeichnen die Ranking-Verbesserung als »Fischen im Trüben« oder »Herumirren im Nebel«. Sie haben Recht – und doch nicht.

Die Zusammensetzung des Google-Algorithmus ist sicherlich eines der bestgehüteten Geheimnisse der modernen Informationsgesellschaft. Das scheint eine Optimierung zunächst unmöglich zu machen. Dennoch nutzen Millionen von Menschen den Suchdienst täglich, und Tausende Unternehmer verlassen sich auf die Besucher von Suchmaschinen. Etwas zu optimieren, das im Grunde unbekannt ist, das gleicht tatsächlich dem »Herumirren im Nebel«.

Doch genau hier soll Ihnen mein Buch helfen. Sie irren nur im Nebel herum, solange Sie sich mit den Techniken und Methoden der Suchmaschinen nicht auskennen. Dabei geht es in diesem Buch zunächst um die Grundlagen. Zu wissen, wie eine Suchmaschine funktioniert und arbeitet, ist eine zentrale Voraussetzung für die erfolgreiche Optimierung. Danach folgt das Handwerkliche.

Mit diesem Buch halten Sie ein über vier Jahre ständig aktualisiertes, erweitertes und letztendlich auch verbessertes Buch in der Hand, das Ihnen sowohl den Einstieg als auch die Vertiefung in den Bereich der Suchmaschinen-Optimierung ermöglichen soll. Eines kann ich über das Buch hinaus jedoch leider nicht vermitteln: Ihre Erfahrung. Gerade weil die exakten Arbeitsweisen der Suchmaschinen unbekannt sind, müssen Sie auf Grundlage Ihres Wissens die Reaktionen auf die Optimierungsmaßnahmen beurteilen und Schlüsse daraus ziehen. Nur durch stetiges Arbeiten und aufmerksames Beobachten kommt die Übung und entwickelt sich zur wertvollen Erfahrung.

Was in dieser schnelllebigen Branche ein Buch über Suchmaschinen-Optimierung leisten kann, war oftmals die Frage in Foren, bei Seminaren und in E-Mails. Ein Buch ist sicherlich nicht dazu geeignet, brandaktuelle Neuigkeiten und Kniffe über Suchmaschinen-Optimierung zu verbreiten. Dazu eignet sich das Web mit seiner ständigen Möglichkeit der Aktualisierung wesentlich besser. Vor allem Weblogs haben hier eine Vorreiterrolle übernommen. In diesem Buch werden daher keine Tools vorgestellt, die bei Druck eventuell bereits in einer aktuellen und veränderten Version vorliegen. Es soll Ihnen stattdessen in geordneter, aufbereiteter und nicht zuletzt angenehmer Form das notwendige Rüstzeug geben, um sich in der Welt der Suchmaschinen-Optimierung zurechtzufinden. Dies leistet ein Buch nach wie vor wie kein anderes Medium.

Sie erhalten hier dementsprechend keine schnellen Kochrezepte, wie Sie Ihre Website innerhalb von Stunden nach vorne bringen. So etwas gibt es nicht. Ihnen wird stattdessen das wertvolle Wissen vermittelt, wie und warum man welche Optimierungsmaßnahmen ergreift, und weshalb man auf manche besser verzichten sollte. Quasi nebenher lesen Sie sich zusätzlich den »Background« an, um sich vor allem im Web, aber auch bei Vorträgen und Workshops und andernorts, an den Diskussionen beteiligen und andere Beiträge ebenso qualifiziert beurteilen zu können. Denn nur so können Sie sich in Sachen Suchmaschinen-Optimierung auf dem Laufenden halten.

Ich hoffe, Sie haben viel Vergnügen mit der Lektüre meines Buches. Unabhängig davon, ob Sie Ihre eigene Website optimieren möchten, sich nach einer Agentur für die Suchmaschinen-Optimierung umsehen und sich dazu vorher Grundlagenwissen zur Beurteilung der Dienste anlesen möchten, oder ob Sie selbst als »SEO-Verantwortlicher« in einer Agentur oder einem Unternehmen sitzen: In diesem Sinne sind Sie alle Webentwickler.

Ich würde mich über Ihr Feedback sowie Ihre Erfahrungsberichte freuen und stehe unter der E-Mail-Adresse *erlhofer@mindshape.de* auch gerne für Fragen und Anregungen zur Verfügung.

Unter der Webadresse *www.mindshape.de/buch/* finden Sie zudem nützliche Ergänzungen und Aktualisierungen zu diesem Buch.

Sebastian Erlhofer
Trier

Vorwort

Sie glauben, dass sich niemand für Ihre Website interessiert? Nein, Ihr Webangebot wird einfach nicht gefunden. Die besten Sites der Welt wären nichts wert, gäbe es nicht den Generalschlüssel zum Web – die Suchmaschinen. Über 70 Prozent der Webnutzer starten ihre Online-Sitzung mit der Eingabe von Suchbegriffen in eine Suchmaschine. Um aus dem dichten Wald der unzähligen Websites herauszuragen, muss jedoch mehr getan werden, als bloß eine Website im Web zu veröffentlichen.

Dabei ist es eine Wissenschaft für sich, Webseiten für Suchmaschinen zu optimieren. Doch keine Sorge, in diesem Buch wird es nicht um unverständliche Theorie gehen, sondern um klare und verständliche Tatsachen. Erkenntnisse aus der Wissenschaft werden mit der Praxis und jahrelanger Erfahrung kombiniert. Auf diese Weise wird die Welt der Suchmaschinen Schritt für Schritt erklärt, sodass Einsteiger wie Fortgeschrittene ihr Wissen über die Kunst der Suchmaschinen-Optimierung behutsam aufbauen und erweitern können. Insbesondere die fortgeschrittenen Leser werden mit Sicherheit neue Aspekte entdecken und Einblicke gewinnen können.

Denn bei den Suchmaschinen geht es nicht zuletzt um eine der faszinierendsten Aufgaben, die die Menschheit in der Informationsgesellschaft zu bewältigen hat – die Wiedergewinnung verlorener Informationen. Die Größe des World Wide Web steigt exponentiell an. Tausende von Webautoren veröffentlichen täglich neue Informationen, die der gesamten Welt zur Verfügung stehen. Doch niemand ist fähig, diese enorme Flut an Texten zu selektieren und Sinnvolles von Sinnleerem zu trennen. Nach welchen Kriterien sollte dies auch geschehen?

Die Wissenschaft des Information Retrievals, der Wiedergewinnung von Informationen, versucht automatische Verfahren zu entwickeln, damit selbstständige Programme Ordnung in den riesigen Datenbestand bringen. Nur mithilfe von Suchmaschinen, die unaufhörlich neue Ressourcen erfassen und auswerten, kann das Web überhaupt erschlossen werden. Sie schließen den Kreis zwischen dem Wissen des Webautors, seiner Website und dem interessierten Surfer.

Dabei soll es in diesem Buch in erster Linie um die Suchmaschinen im World Wide Web gehen. Doch auch für Suchdienste im Intranet und anderswo können die Ausführungen durchaus Gültigkeit beanspruchen. Denn die Webtechnologien von Google und Co. werden auch in zahllosen Unternehmensnetzwerken eingesetzt.

Nachfolgend steht nicht die reine Vermittlung von Fakten zum Thema Suchmaschinen-Optimierung im Vordergrund. Die rasante Entwicklung auf dem Markt der Suchdienste führt schnell dazu, dass Kochrezepte zur Optimierung beinahe schon dann veraltet sind, wenn sie veröffentlicht werden. Daher können Sie sich mit diesem Buch das notwendige Grundlagenwissen aneignen, das Sie langfristig dazu befähigt, eigenständig aktuelle Optimierungsmaßnahmen durchzuführen. Ferner erwerben Sie quasi nebenbei die Kompetenz, die umfangreichen Dienstleistungen und Kommentare in diversen Foren und sonstigen Publikationen fachkundig zu bewerten und einzuordnen.

Daher erhalten Sie zunächst eine Einführung in die Grundlagen des World Wide Web. Das Wissen über die Möglichkeiten und Begrenzungen des neuen Mediums hilft anschließend, die Funktionsweise von Information-Retrieval-Systemen, zu denen vor allem Suchmaschinen gehören, zu verstehen. Hier sollen Antworten auf die Frage im Mittelpunkt stehen, wie die Erfassung und Verarbeitung von Webseiten durch Suchmaschinen geschieht. Mit diesem Wissen gewappnet, sind Sie eigentlich schon in der Lage, selbstständig Optimierungen durchzuführen. Um jedoch den Einstieg zu erleichtern, wird ein weiterer Schwerpunkt auf die Optimierung als solche gelegt. Profitieren Sie in der zweiten Hälfte des Buches von den dargestellten Strategien und Vorgehensweisen und lernen Sie Stolperfallen kennen, um nicht selbst deren Opfer zu werden. Mit diesem Know-how und Grundschatz von Erfahrungswerten werden Sie in der Lage sein, selbstständig in Sachen Suchmaschinen-Optimierung zu agieren und sich auf dem Laufenden zu halten.

Ich wünsche Ihnen viel Spaß beim Lesen dieses Buches und ebenso viel Erfolg bei der Optimierung Ihrer Webseiten. Zuvor möchte ich mich bei meinem Lektor, Herrn Stephan Mattescheck von Galileo Press, für die vertrauensvolle Zusammenarbeit bedanken. Dieses Buch ist meinen Eltern, Verene und Peter Erlhofer, gewidmet, die mir über Jahre hinweg die Möglichkeit gaben, nicht nur mein Wissen über Suchmaschinen aufzubauen.

Über Ihre Anregungen und Kommentare würde ich mich sehr freuen: *erlhofer@mindshape.de*.

Sebastian Erlhofer
Trier

> »Die Anzahl an Dokumenten im Index wächst stetig in beträchtlichem Ausmaß, jedoch nicht die Fähigkeit des Benutzers, diese auch anzuschauen. [...] Das Ziel des Suchens ist es, qualitativ hochwertige Suchergebnisse effizient anzubieten.«
> – Sergey Brin, Lawrence Page (Erfinder von Google)

1 Suchen im Web

Das Internet enthält die gigantischste Informationsmenge, die der Mensch je geschaffen hat. Mechanismen zum schnellen und effektiven Auffinden von Informationen sind damit von zentraler Bedeutung geworden.

Ein Inhaltsverzeichnis, das alle Dokumente des World Wide Web enthält, gibt es leider nicht. Das ist aufgrund der dezentralen Struktur des Internets auch nicht möglich. Seit Entstehung des Webs im Jahr 1991 haben sich daher verschiedene Strukturen entwickelt, um die Informationsflut zu bändigen und den Suchenden schnell ans Ziel zu führen.

Die Suchhilfen im Internet haben unterschiedliche Ausrichtungen und Ansätze. Für die Anbieter im Online-Sektor ist es unerlässlich zu wissen, über welche Wege Besucher auf ihr Angebot gelangen können und wie diese Mechanismen funktionieren, um noch effektiver die Besucherströme zum eigenen Vorteil zu lenken.

Dabei gibt es zentrale Unterscheidungskriterien, nämlich wie Suchdienste ihren Datenbestand aufbauen, verwalten und aktualisieren. Die wichtigsten und gleichsam meistgenutzten Suchhilfen kann man in zwei Grundtypen unterteilen:

- **Webkataloge**
  sind verzeichnisbasierte Suchhilfen. Als Nachkommen der unorganisierten Link-Listen, die zu Beginn des Webs noch genügten, werden Webkataloge mit ihrer komplexen Verzeichnisstruktur der heutigen Netzgröße gerecht. Sie sind nicht nur ein eigenständiges Recherchemittel, sondern spielen besonders im Hinblick auf die Suchmaschinen-Optimierung eine bedeutende Rolle.
- **Suchmaschinen**
  stellen den zweiten Grundtyp dar. Sie sind indexbasierte Softwareprogramme, die automatisch das World Wide Web durchsuchen und somit ihren

Datenbestand stetig und selbstständig erweitern. Suchmaschinen stellen heutzutage das Kernelement der Recherche im World Wide Web dar. Eine repräsentative Studie der Bertelsmann-Stiftung Ende 2003 ergab, dass 91 Prozent aller deutschen Internetsurfer zumindest gelegentlich Suchmaschinen nutzen.

Neben diesen beiden Grundtypen gibt es weitere Formen von Suchhilfen im Web. Im Gegensatz zu den zentral organisierten Webkatalogen und Suchmaschinen verwalten verteilte Suchdienste die Informationen dezentral.

- **Meta-Suchmaschinen**
  Sie scheinen auf den ersten Blick wie Suchmaschinen zu funktionieren, jedoch haben Meta-Suchmaschinen keinen eigenen Datenbestand. Stattdessen setzen sie bei der Suche auf den Datenbestand von Suchmaschinen und präsentieren daraus ihre eigenen Ergebnislisten. Wie später noch deutlich werden wird, haben Meta-Suchdienste charakteristische Vor- und Nachteile, die je nach Suchziel abzuwägen sind.

- **P2P-Netzwerke**
  Peer-To-Peer-(P2P-)Netzwerke sind mittlerweile weltweit als Medium für den Austausch von Musik- und Videodateien bekannt. Allerdings gibt es nicht nur P2P-Share-Dienste, sondern auch die weniger bekannten P2P-Suchmaschinen, die auf dem Prinzip von Napster, Kazaa und Konsorten basieren. Dabei legen die einzelnen Benutzer (Peers) einen Ordner auf ihrem Rechner mit Verweisen auf Ressourcen im Web an und beschreiben und bewerten diese im besten Fall zusätzlich. Suchanfragen werden dann über die einzelnen Peers geleitet und gesammelt. Ende 2002 erschien der berühmteste Vertreter dieser Klasse, das kostenpflichtige P2P-Programm OpenCola (das, nebenbei erwähnt, nicht in Zusammenhang mit dem weltweit bekannten Getränkeunternehmen steht). Allerdings konnte sich das Peer-Prinzip zur Suche im Web bis heute nicht durchsetzen, es handelt sich dabei vielmehr um eine Randerscheinung ohne Relevanz für den Weballtag.

- **Payed-Listing**
  Ganz im Gegensatz dazu stehen die Recherchemöglichkeiten dieser Kategorie. Streng genommen handelt es sich hierbei eigentlich nicht um Suchmaschinen oder dergleichen, sondern vielmehr um Anbieter, bei denen Ranking-Positionen für Geld gekauft werden können. Dabei erhält der Meistbietende für ein Stichwort den höchsten Platz auf der Ergebnisliste. Auf das genaue Verfahren und weitere Zusammenhänge gehe ich in Abschnitt 10.3, »Kostenpflichtige Leistungen«, näher ein.

Neben diesen Formen kann man sonstige Erscheinungen im Web unter der dritten Klasse, den *spezialisierten Suchmaschinen*, zusammenfassen. Darunter fallen die fortschrittlichen Bildsuchen, die nicht nur nach einer Stichwortübereinstimmung im Dateinamen suchen wie etwa Yahoo! oder Google, sondern auch Bilder finden, die Ähnlichkeit mit einem vorgegebenen Master-Bild haben und gewisse visuelle Kriterien erfüllen. Auch Googles Voice-Search, bei der über das Telefon Suchbegriffe übergeben werden können, ist dieser spezialisierten Klasse zuzuordnen. Beim letzteren Beispiel ist die Abgrenzung zur normalen Google-Suchmaschine jedoch etwas unklar, die Suchergebnisse werden nämlich traditionell auf dem Computer angezeigt.

Die gesamte Einteilung ist notwendigerweise als eine prototypische Darstellung zu verstehen. Der stark wachsende Suchmaschinen-Markt und die Kommerzialisierung der Recherche im Web haben dazu beigetragen, dass die Grenzen fließend sind. So bieten alle großen Suchmaschinen-Betreiber mittlerweile zusätzlich eigene oder fremde Webkataloge auf ihren Webseiten an und beziehen diese mit in ihre Suche ein.

Im folgenden Abschnitt 1.1, »Webkataloge« erhalten Sie einen Überblick über die wichtigsten hier genannten Recherchemöglichkeiten und lernen ihre jeweiligen Stärken und Schwächen kennen.

Vielleicht ist es zuvor an dieser Stelle passend, einige grundlegende Begriffe zu definieren. So ist in diesem Buch, wenn von *Website* gesprochen wird, der gesamte Webauftritt gemeint. Dagegen meint der Begriff *Webseite* lediglich ein einzelnes Dokument innerhalb der gesamten Struktur. Die *Homepage* entspricht dabei der Einstiegsseite einer Website.

1.1 Webkataloge

Zu Beginn müssen sicherlich die Webkataloge stehen. Denn sie haben einen entscheidenden Vorteil: Die Anmeldung setzt kein tieferes technisches Verständnis oder gar eine eigene Seitenoptimierung voraus. Daher empfiehlt sich der Eintrag in einen Webkatalog immer als erster Schritt vor der eigentlichen Suchmaschinen-Optimierung.

Ein *Webkatalog*, häufig auch *Webverzeichnis* oder *Webdirectory* genannt, ist im Grunde genommen eine Website mit thematisch geordneten Link-Listen. Diese Listen sind hierarchisch in einzelne Rubriken gegliedert. Der Suchende gelangt so immer vom Allgemeinen zum Speziellen, bis er den Themenkomplex seines Interesses gefunden hat. Dabei unterstützen Querverlinkungen zusätzlich die Suche, um mehrdeutige Themengebiete über verschiedene Wege zu erschließen und »Verirrte« wieder auf den richtigen Pfad zu bringen. Den Endpunkt stellt eine Auflistung von Verweisen auf einzelne Webseiten dar.

Ist eine Anmeldung zur Aufnahme in eine Suchmaschine gar nicht oder nur für einige zentrale Seiten nötig, muss bei Webkatalogen hingegen jeder einzelne Link manuell angemeldet werden. Das Anmelden ist hier jedoch im Sinne eines Vorschlags zu verstehen. Die meist umfangreichen Anmeldedaten werden an einen zuständigen Redakteur geleitet, der dann letztendlich entscheidet, ob und wie der Eintrag aufgenommen wird.

Der Redakteur versieht jeden URL mit einem Titel und einem knappen Beschreibungstext, der sich an den bei der Eintragung gemachten Vorschlag anlehnt. Die verfügbare Datenmenge umfasst daher meist nur den Link auf eine Webseite, in der Regel die Homepage, sowie einen kurzen Beschreibungstext.

Das Besondere an Webkatalogen ist ihre redaktionelle Erstellung ohne Zuhilfenahme von Programmroutinen. Die Redakteure, neudeutsch auch Editors genannt, sind für die Pflege des Datenbestands zuständig. Genau das macht die besondere Qualität von Webkatalogen aus, denn jeder Eintrag ist von einem Mitarbeiter vor der Aufnahme gesichtet und als geeignet bewertet worden. Somit zählen im Vergleich zu den automatisierten Suchmaschinen neben dem faktischen Inhalt auch algorithmisch nicht erfassbare Faktoren wie die passende und seriöse Gestaltung oder die inhaltliche Qualität des Angebots als Kriterien.

Wie die einzelnen Einträge innerhalb eines Ressorts gegliedert und sortiert werden, ist von Webkatalog zu Webkatalog unterschiedlich. Klar unterscheiden lassen sich das gewichtete und das ungewichtete Verfahren. Bei Ersterem ordnet der Redakteur dem Eintrag manuell eine Gewichtung, sprich Listenposition, zu. Hierfür existieren es organisationsinterne Regelungen und nicht zuletzt die freie Meinung des Mitarbeiters. Bei Katalogen wie Allesklar [1] oder Excite [2] findet man dieses Vorgehen. Beim ungewichteten Verfahren wird der Datenbestand alphabetisch oder nach dem Datum sortiert. Bekannte Vertreter dieser Methode sind unter anderem Yahoo! [3], Open Directory [4], Web.de [5] und bellnet [6].

Befürworter der Webkataloge nennen klar den Hauptvorteil: Mit der intellektuellen Bewertung steigt die Präzision von Suchergebnissen im Vergleich zu indexbasierten Suchmaschinen. Kritiker halten dagegen, dass von Menschenhand erstellte Link-Listen dem rasanten Wachstum des Webs nicht standhalten können. Einer Hand voll Redakteuren steht eine Schar von Webautoren gegenüber.

Damit haben – wie die derzeitige Websituation beweist – paradoxerweise beide Seiten recht. Jedoch wird oft ein wichtiges Kriterium außer Acht gelassen.

Das Beispiel des Fahrradhändlers Krause soll dies verdeutlichen. Er bietet auf seiner gewerblichen Website »Krause-Rad« zusätzlich Tipps und Tricks rund um die Pflege der Drahtesel an und möchte sie gerne in Webkatalogen anmelden. Leider hat er bislang noch nicht ausreichend Zeit gefunden, all sein Wissen auf der Seite zu präsentieren, sodass bis dato nur eine Handvoll Merksätze auf der Seite zu finden sind und diese somit einen recht mageren Eindruck macht.

Es ist klar, was passieren wird: Es wird bei einem kurzen Besuch des Redakteurs auf der Seite bleiben. Die Aufnahme von unfertigen, im Aufbau befindlichen Seiten in Webkataloge ist nahezu unmöglich. Im Gegensatz dazu hätte eine Suchmaschine die unfertige Webseite nach ihrem Programmschema wahrscheinlich aufgenommen. Des Weiteren achten Redakteure gerade in stark gefüllten Ressorts auf besonders hohe Qualität und Relevanz der Angebote. Häufig decken kleine Angebote nur das ab, was bereits mit einer umfassenden Website aufgenommen wurde. Die Wahl des geeigneten Suchdienstes hängt offensichtlich von der Suchanforderung ab. Webkataloge wie auch Suchmaschinen haben ihre Stärken.

1.1.1 Auswahl der Rubrik

Die Eintragung spielt bei Webkatalogen eine zentrale Rolle. Dabei kann ein falsch ausgefülltes Anmeldeformular selbst bei einer noch so guten Website zur Ablehnung führen.

Ein häufig gemachter Fehler ist eine falsche oder ungenaue Auswahl der Rubrik. Die Stärke der Webkataloge ist ihre feine Gliederung nach thematischen Kriterien, sodass besonders komfortabel Themengebiete erschlossen werden können, bei denen der Suchende keine passenden Stichwörter zur Suche parat hat. Geschieht die Zuordnung zu den Rubriken zu grob und ungenau, ergeben sich sehr bald unübersichtliche Listen mit undifferenzierten Themengebieten und führen das Prinzip des Webkatalogs ad absurdum.

So würde etwa die (fertige) Website von »Krause-Rad« bei dem Open Directory Project (DMOZ) sicherlich unter `World > Deutsch > Wissen` zur Ablehnung führen, falls der zuständige Redakteur sich nicht selbst die Arbeit macht, seinen Kollegen von `World > Deutsch > Sport > Radsport > Verzeichnisse und Portale` den Vorschlag mitzuteilen. Es empfiehlt sich daher, vor der Anmeldung die Verzeichnisstruktur gründlich zu recherchieren und nach dem Grundsatz zu handeln, es dem Redakteur so einfach wie nur möglich zu machen.

1.1.2 Titelwahl

Eine weitere Hürde stellen der vorzuschlagende Titel und der Beschreibungstext dar. Der Titel sollte knapp und aussagekräftig gewählt sein. Es ist ratsam, den Eigennamen der Website, wie etwa den Firmen- oder Vereinsnamen, mit in den Titel zu übernehmen. Der Name sollte dann aus Platzgründen nicht mehr in dem darauf folgenden Beschreibungstext wiederholt werden.

Die Sortierung der Verweise innerhalb der Listen wird, wie Sie gesehen haben, unterschiedlich gehandhabt. Das Gedränge um die besten oberen Plätze ist gerade bei den überwiegend alphabetisch sortierten Listen groß. Lassen Sie sich dennoch nicht dazu hinreißen, Sonderzeichen oder Ziffern voranzustellen (@Radtipps, !Werksverkauf, 5-fach-billig), nur um möglichst weit oben zu stehen. Solche Titel werden in der Regel von den Redakteuren bereinigt oder führen zur Ablehnung des gesamten Eintrags.

Einen etwas anderen Weg der Datensortierung beschreiten AltaVista und bellnet mit ihren Webverzeichnissen. Dort werden an erster Stelle als *Sponsored Links* bezeichnete Einträge positioniert (siehe Abschnitt 10.3, »Kostenpflichtige Leistungen«). Diese stammen in beiden Fällen von dem Payed-Placement-Anbieter Overture. Erst nachstehend erscheinen dann die regulären Webseiten aus dem eigenen Datenbestand. AltaVista baut hier sogar auf den Datenbeständen des Open Directory Projects auf. Die Verweise werden jedoch nicht eins zu eins übernommen, sondern manuell von Redakteuren bewertet, was zu einer eigenen Listensortierung führt.

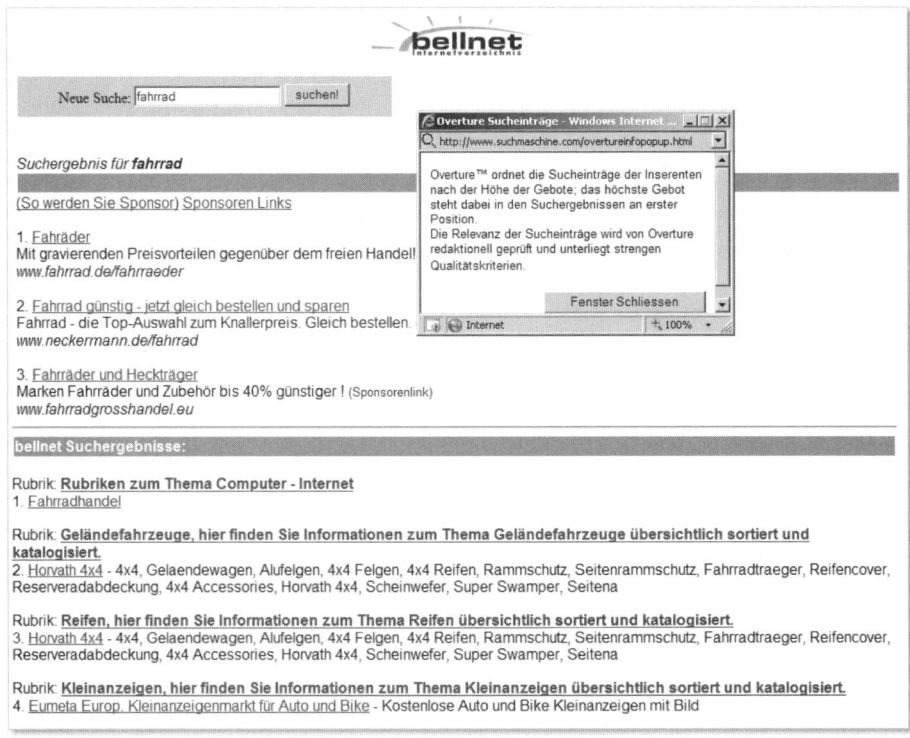

Abbildung 1.1 Sponsored Links bei bellnet (gekürzte Darstellung)

1.1.3 Obacht beim Beschreibungstext

Der Titel allein ist selten aussagekräftig genug, um den entscheidenden Klick zu gewinnen. Der Beschreibungstext soll dem Suchenden weiterführende Informationen bieten und über das zu erwartende Angebot aufklären.

Erfahrungsgemäß bestehen die Fehler beim Beschreibungstext überwiegend in unnötiger Prahlerei und einem übertriebenen Gebrauch von Großschreibung und Ausrufezeichen. Sie sollten auch allzu werbende und nichts aussagende Sätze vermeiden.

*Hier erfährt man alles über FAHRRÄDER, viele TIPPS UND TRICKS! ↩
Besuchen Sie uns jetzt!!!!!*

Dieser Satz lädt nicht gerade dazu ein, den Link anzuklicken, finden Sie nicht auch? Das kann man wesentlich eleganter lösen:

*Umfangreiche Tipps und Tricks zur Wartung, Reinigung, Pflege und ↩
zum Ausbau für Rennrad, Mountainbike und andere Radtypen.*

Dieser Text liefert nüchtern und objektiv echte Informationen über den zu erwartenden Inhalt.

Sorgfältig geschriebene Texte sind außerordentlich wichtig für die Aufnahme des Eintrags. Gerade bei Ressorts mit erhöhtem Aufkommen machen sich Redakteure nicht immer die Arbeit, die gelieferten Texte umzuschreiben, und lehnen die Anmeldung daher schneller ab.

Erfahrungsgemäß liegt die optimale Textlänge zwischen 15 und 25 Wörtern. Der Suchende, der die Liste mit Einträgen durchschaut, überfliegt die einzelnen Beiträge nur flüchtig. Diesen Vorgang bezeichnet man auch als **Scannen** oder **Scanning** [7]. Sobald ein passendes Stichwort gefunden wurde, wird die entsprechende Textstelle intensiver gelesen. Ist jetzt die Aussage des Textes nicht mit wenigen Blicken zu erfassen, wirkt der Text auf den Leser nicht genügend informativ und zu lang. Die subjektiven »Kosten« stehen in diesem Moment nicht im passenden Verhältnis zum potenziellen Nutzen. Die Wahrscheinlichkeit, dass bei anderen Einträgen weiter gesucht wird, ist daher sehr hoch, und Sie haben einen potenziellen Besucher verloren. Kaum jemand ist so ungeduldig wie ein suchender Internetsurfer.

Es hat sich bewährt, die Texte zur Eintragung nicht spontan in das Webformular zu tippen, sondern offline in einem Texteditor den Titel und die Beschreibung bedacht auszuformulieren und dann per Copy&Paste einzufügen. Das hat nebenbei den Vorteil, dass Sie die Texte auch über einen größeren Zeitraum mehrmals verwenden können, sofern Sie das Textdokument abspeichern.

1.1.4 Stichwörter mit Sorgfalt wählen

Der interessant und informativ gestaltete Beschreibungstext sollte darüber hinaus wichtige Schlüsselwörter enthalten, damit bei einer Stichwortsuche im Katalog eine gute Trefferchance besteht.

Neben der hierarchischen Verzeichnisstruktur stellen die meisten Webkataloge eine Stichwortsuche zur Verfügung, um Besuchern gewünschte Informationen schneller zugänglich zu machen. Im Gegensatz zu Suchmaschinen ist hier die Grundlage der Suche der in der Datenbank vorliegende Titel und Beschreibungstext und nicht der Inhalt der Webseite selbst. Umso wichtiger ist demzufolge die Wahl passender Stichwörter für die Beschreibung. Zudem ist zu beachten, dass die Stichwörter immer Substantive sein sollten. Kaum jemand gibt Verben in Suchformulare ein.

1.1.5 Häufige Fehler

Es gibt eine Reihe mehr oder minder »prominenter« Fehler, die neben unfertigen Seiten immer wieder zur Ablehnung in Webkatalogen führen.

Während die Beachtung der jeweiligen Eintrageregeln selbstverständlich ist, werden immer noch häufig Seiten mit nicht funktionierenden Links (sogenannte Broken Links) vorgeschlagen. Dass die Redakteure alles andere als begeistert darauf reagieren, ist verständlich. Daneben sind störende animierte Grafiken, sinnfrei platzierte Musik und fehlende oder schwer zu findende Skip-Funktionen zum Überspringen von Flash-Intros häufige Ablehnungsgründe.

Je nach Redaktionsstruktur fallen sogar gleiche Eintragungen auf, die unter unterschiedlichen Domains gemacht sind. Wird ein solches Vorgehen von einem Mitarbeiter als absichtlicher Täuschungsversuch erkannt, führt dies in der Regel zur sofortigen Entfernung sämtlicher Einträge.

Um mehrfaches Anmelden an verschiedenen Stellen zu vermeiden, wird dem Redakteur bei DMOZ beispielsweise in der Weboberfläche angezeigt, ob und wo sich eine Site im Katalog bereits befindet.

```
Nach dieser Domain suchen

Diese URL kommt hier vor:

    • Bookmarks: R: rs1962: Aktivurlaub  [import]
    • World: Deutsch: Sport: Wintersport: Skisport: Verzeichnisse und Portale  [import]
```

Abbildung 1.2 DMOZ zeigt dem Redakteur doppelte Eintragungen an.

Daneben können die Redakteure bei DMOZ die Historie eines Eintrags genau nachvollziehen. So wird auch über mehrere Anmeldungsversuche hinweg angezeigt, in welcher Kategorie der Eintrag angemeldet oder verschoben wurde. Und auch wann und wo er akzeptiert oder warum er abgelehnt wurde, ist ersichtlich.

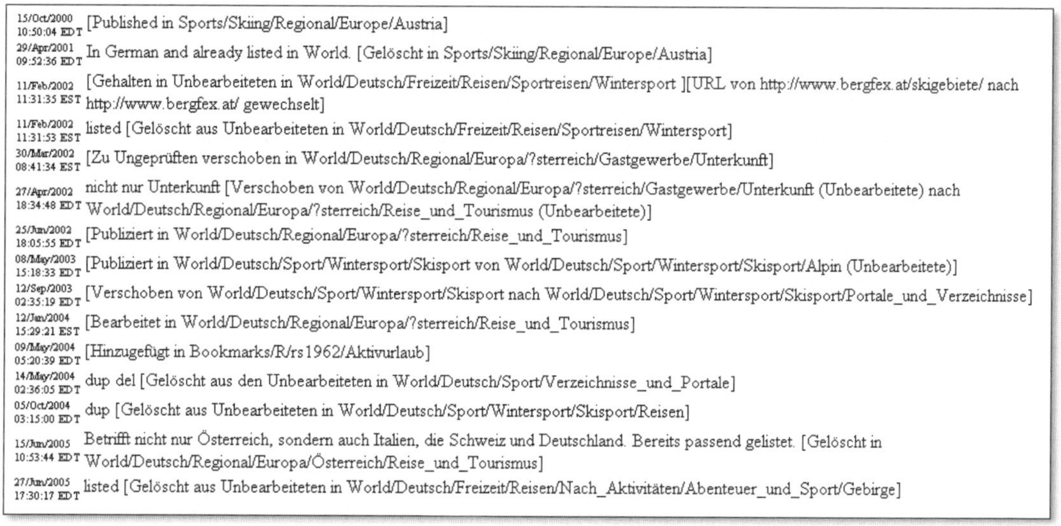

15/Oct/2000 10:50:04 EDT	[Published in Sports/Skiing/Regional/Europe/Austria]
29/Apr/2001 09:52:36 EDT	In German and already listed in World. [Gelöscht in Sports/Skiing/Regional/Europe/Austria]
11/Feb/2002 11:31:35 EST	[Gehalten in Unbearbeiteten in World/Deutsch/Freizeit/Reisen/Sportreisen/Wintersport][URL von http://www.bergfex.at/skigebiete/ nach http://www.bergfex.at/ gewechselt]
11/Feb/2002 11:31:53 EST	listed [Gelöscht aus Unbearbeiteten in World/Deutsch/Freizeit/Reisen/Sportreisen/Wintersport]
30/Mär/2002 08:41:34 EST	[Zu Ungeprüften verschoben in World/Deutsch/Regional/Europa/?sterreich/Gastgewerbe/Unterkunft]
27/Apr/2002 18:34:48 EDT	nicht nur Unterkunft [Verschoben von World/Deutsch/Regional/Europa/?sterreich/Gastgewerbe/Unterkunft (Unbearbeitete) nach World/Deutsch/Regional/Europa/?sterreich/Reise_und_Tourismus (Unbearbeitete)]
25/Jun/2002 18:05:55 EDT	[Publiziert in World/Deutsch/Regional/Europa/?sterreich/Reise_und_Tourismus]
08/May/2003 15:18:33 EDT	[Publiziert in World/Deutsch/Sport/Wintersport/Skisport von World/Deutsch/Sport/Wintersport/Skisport/Alpin (Unbearbeitete)]
12/Sep/2003 02:35:19 EDT	[Verschoben von World/Deutsch/Sport/Wintersport/Skisport nach World/Deutsch/Sport/Wintersport/Skisport/Portale_und_Verzeichnisse]
12/Jan/2004 15:29:21 EST	[Bearbeitet in World/Deutsch/Regional/Europa/?sterreich/Reise_und_Tourismus]
09/May/2004 05:20:39 EDT	[Hinzugefügt in Bookmarks/R/rs1962/Aktivurlaub]
14/May/2004 02:36:05 EDT	dup del [Gelöscht aus den Unbearbeiteten in World/Deutsch/Sport/Verzeichnisse_und_Portale]
05/Oct/2004 03:15:00 EDT	dup [Gelöscht aus Unbearbeiteten in World/Deutsch/Sport/Wintersport/Skisport/Reisen]
15/Jun/2005 10:53:44 EDT	Betrifft nicht nur Österreich, sondern auch Italien, die Schweiz und Deutschland. Bereits passend gelistet. [Gelöscht in World/Deutsch/Regional/Europa/Österreich/Reise_und_Tourismus]
27/Jun/2005 17:30:17 EDT	listed [Gelöscht aus Unbearbeiteten in World/Deutsch/Freizeit/Reisen/Nach_Aktivitäten/Abenteuer_und_Sport/Gebirge]

Abbildung 1.3 Ausschnitt aus der Historie eines Eintrags bei DMOZ

1.1.6 Submit-Tools

Im Web sind immer wieder Dienste oder Tools zu finden, die anbieten, die Eintragung in Webkataloge zu übernehmen. Hier sollten Sie jedoch gesunde Skepsis an den Tag legen. Meistens gibt es nur eine Chance, eine Website anzumelden. Daher sollte man diese auch sinnvoll nutzen und wenigstens die großen deutschen Webkataloge wie Web.de, Open Directory Project und Yahoo! per Hand eintragen.

Die Gefahr besteht vor allem darin, dass der Anmeldeverlauf sich verändert hat und die dadurch veraltete Software nicht mehr kompatibel ist und zu Fehlern im Anmeldevorgang führt. Ferner legen immer mehr Webkataloge besonderen Wert auf die explizite Zustimmung ihrer Richtlinien beim Absenden der Daten. Daher lehnen sie automatische Übermittlungen aus Prinzip ab. Wie dabei die serverseitige Erkennung solcher Submit-Tools funktioniert, wird in Abschnitt 2.3, »HTTP«, näher erläutert.

1.2 Suchmaschinen

Suchmaschinen sind umfangreiche Computerprogramme, mit denen man im Web systematisch suchen kann. Im Gegensatz zu den Webkatalogen, die nur einen sehr begrenzten Umfang an Websites erfassen, können die einmal programmierten Suchmaschinen selbstständig theoretisch das gesamte Web erfassen. Daraus leitet sich auch das wichtigste Merkmal einer Suchmaschine ab, nämlich das automatische Sammeln und Auswerten von Webseiten.

Hinzu kommt, dass das Wachstum eines Webkatalogs nicht mit dem rasanten Wachstum des World Wide Web mithalten kann. An einem durchschnittlichen Tag werden allein in Deutschland bei der verantwortlichen Organisation DENIC über 5 000 neue Domains angemeldet. Vorsichtige Schätzungen gehen von einer Verdopplung der Webauftritte weltweit innerhalb von sechs Monaten aus.

Angesichts dieser gigantischen Informationsmenge ist es unumgänglich, geeignete Software einzusetzen, um auch weitflächig gezielt und effektiv nach Informationen suchen zu können.

- In den letzten Jahren sind Suchmaschinen wie Pilze aus dem Boden geschossen. Allerdings werden jedoch nur einige wenige Marktführer tatsächlich genutzt. So ergab bereits Ende 2003 eine repräsentative Umfrage der Bertelsmann-Stiftung, dass zwar 91 Prozent der deutschen Internetnutzer Suchmaschinen nutzen, dass allerdings die Verteilung auf die einzelnen Suchmaschinen sehr unterschiedlich ist. So gaben 70 Prozent der Befragten an, Google als Hauptsuchmaschine zu nutzen. Weit abgeschlagen auf dem zweiten Platz mit 10 Prozent stand Yahoo!, auf dem dritten Platz mit nur noch 5 Prozent Lycos. Die Zahlen zeigen weitestgehend die Ergebnisse, die bei dem Counter-Dienst Webhits [8] auch heute noch vorzufinden sind. Dabei muss gesagt werden, dass bei Webhits die Daten nicht auf einer Befragung basieren, sondern auf einer automatischen Auswertung zahlreicher Browserdaten.

- Der Aufruf von Suchmaschinen geschieht gerade bei Dial-in-Providern noch oftmals automatisch direkt beim Browserstart, sodass im Vergleich zur direkten Befragung beispielsweise MSN höhere Ergebnisse erzielen konnte. Außerdem leitet der Internet Explorer von Microsoft nicht beantwortbare Domain-Anfragen in der Standardeinstellung an den hauseigenen MSN-Suchdienst weiter.

1.2.1 User-Interface

Im Alltagsgebrauch wird mit dem Begriff *Suchmaschine* meist nur die Website eines Suchdienst-Anbieters bezeichnet. Dass es sich hierbei nur um die »Spitze des Eisbergs« handelt, wird im Folgenden deutlich zu sehen sein. Zunächst betrachten wir jedoch einmal das Offensichtliche, das *User-Interface*.

Auf der Startseite eines Suchmaschinen-Betreibers befindet sich eine Eingabemaske für Suchanfragen. Zwischen oftmals vorhandener Werbung, Links und Themenblöcken findet sich ein Eingabefeld, um einen oder mehrere Suchbegriffe einzugeben (siehe Abbildung 1.4). Die meisten Suchmaschinen bieten zusätzlich eine erweiterte Eingabemaske an, die für erfahrene Benutzer weitere Optionen bereitstellt. Alle gängigen Suchmaschinen gestatten es inzwischen, Suchbegriffe logisch zueinander in Beziehung zu setzen. Die meistgenutzten Hilfen aus der zugrunde liegenden booleschen Algebra sind dabei die AND- und die OR-Verknüpfung (Näheres hierzu in Abschnitt 5.2.1, »Boolesche Ausdrücke«).

Abbildung 1.4 Startseite von Yahoo!

Hat der Benutzer eine erfolgreiche Suchanfrage gestellt, werden ihm eine oder mehrere Ergebnisseiten passend zu seinen Suchbegriffen angezeigt. Eine Ergebnisseite enthält dabei bei den großen Suchmaschinen (Google, AltaVista, Lycos, AllTheWeb, Fireball) in der Regel zehn Resultate. Eine Ausnahme stellt hierbei Yahoo! dar, die Ergebnisliste umfasst dort 20 Einträge. Jedes einzelne gefundene Dokument ist bei allen Suchmaschinen mit einem verlinkten Titel, einem Beschreibungstext sowie weiteren anbieterspezifischen Diensten versehen (siehe Abbildung 1.5).

Geordnet werden die einzelnen Links nach vermuteter Relevanz. Der erste Link passt nach Meinung der Suchmaschinen-Betreiber am besten, der letzte am wenigsten. Die einzelnen Suchmaschinen unterscheiden sich heutzutage weniger in ihren Programmstrukturen zum Anlegen des Datenbestandes, sondern vielmehr in der Anwendung der einzelnen Algorithmen und der dadurch entstehenden Gewichtung. Vergleicht man die Ergebnislisten verschiedener Suchmaschinen mit gleichen Suchbegriffen, ist dieser Unterschied deutlich zu erkennen.

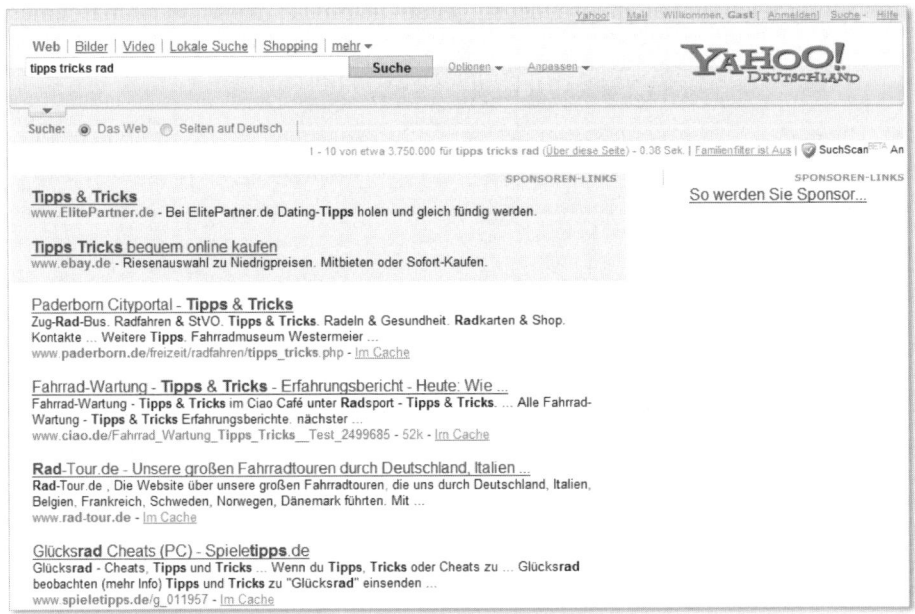

Abbildung 1.5 Ausschnitt aus der Ergebnisliste von Yahoo!

1.2.2 Hürden

Typischerweise ergeben sich für den Benutzer von Suchmaschinen eine Reihe von Hürden, die es zu überwinden gilt.

So wird bei der überwiegenden Anzahl von Suchanfragen mit nur wenigen Stichwörtern eine Unmenge von Ergebnisseiten angezeigt, die sich der Benutzer im Grunde genommen gar nicht alle ansehen kann. So liefert zum Beispiel die Suche nach »tipps tricks rad« bei Yahoo! ca. 1 070 000 und bei Google etwa 1 180 000 Ergebnisse. Berücksichtigt man zusätzlich, dass die wenigsten Benutzer überhaupt die zweite Ergebnisseite betrachten, zeigt sich die enorme Bedeutung effizienter Algorithmen für die Sortierung der Treffer – und nicht zuletzt die Bedeutung des Wissens, wie Suchmaschinen funktionieren und wie Seiten optimiert werden können.

Die endlos erscheinende Menge an dargebotenen Verweisen zwingt den Benutzer, sich auf das Relevanzurteil der Suchmaschine zu verlassen. Allerdings weiß jeder, der einmal eine Suchmaschine genutzt hat, dass sich hinter dem obersten Treffer nicht immer das Gewünschte befindet.

Gelegentlich trifft man obendrein auf »tote« Links. Die entsprechende Seite gibt es nicht mehr, sie ist temporär nicht erreichbar, oder der Inhalt hat sich geändert. Vorsichtige Schätzungen diesbezüglich gehen davon aus, dass in Suchmaschinen ein Blindanteil von zehn bis fünfzehn Prozent vorhanden ist.

Ein ganz anders geartetes Problem stellt ihre zunehmende Kommerzialisierung dar. Die ersten Suchergebnisse sind nicht mehr zwingend die am besten geeigneten, sondern die am besten bezahlten. Derzeit sind diese zum Glück noch gesondert ausgezeichnet.

1.2.3 Funktionen und Komponenten

Im Gegensatz zur weit verbreiteten Meinung sind die dargestellten Suchergebnisse im Browser keineswegs Live-Ergebnisse. Wenn eine Suchanfrage verarbeitet wird, sind zuvor bereits zahlreiche Systemkomponenten im Einsatz gewesen, um die möglichen Trefferdokumente zu verarbeiten. Wie bereits angesprochen wurde, ist die Weboberfläche einer Suchmaschine nur ein kleiner Teil dessen, was notwendig ist, um letztendlich eine brauchbare Ergebnisliste auf Suchanfragen zu liefern. Typischerweise kann man einer Suchmaschine drei Funktionen zuschreiben. Dabei wird jede Funktion von einer Kernkomponente abgedeckt.

1. **Datengewinnung**
   Bevor Daten ausgewertet werden können, müssen diese logischerweise zunächst beschafft, gesichtet und in ein geeignetes Format konvertiert werden. Dafür ist das *Webcrawler-System*, das gelegentlich auch als *Webrobot-System* bezeichnet wird, zuständig. Seine Hauptaufgabe besteht im Sammeln von Dokumenten aus dem Web. Dazu ruft es eine Seite nach der anderen auf und lädt diese herunter.

   Das Webcrawler-System ist eine Zusammenstellung aus einzelnen Unterkomponenten und ist zusätzlich für die Überprüfung der Existenz und Veränderung von bereits im Datenbestand vorhandenen Dokumenten verantwortlich. Nur durch regelmäßige Vergleiche zwischen dem eigenen Datenbestand und dem Webangebot kann Aktualität gewährleistet werden.

2. **Datenanalyse und -verwaltung**
Nachdem die Dokumente lokal vorliegen, baut die nächste Komponente der Suchmaschine eine durchsuchbare Datenstruktur auf. Diese Komponente basiert auf einem sogenannten *Information-Retrieval-System* (IR-System). Wie der Begriff *Retrieval* (zu Deutsch: *Wiedergewinnung*) bereits sagt, sind Informationen in großen Datenbeständen zunächst verloren gegangen und müssen erst wiedergewonnen werden. Auf das Web übertragen, bedeutet das eine schier unbegrenzte Zahl Texte, die für den Computer vorerst nichts anderes darstellen als eine Aneinanderreihung von Buchstabenkombinationen. Um die Daten untersuchen zu können, werden die verfügbaren Dokumente in eine zur Verarbeitung günstige Form umgewandelt. Diese auf das Wesentliche reduzierten Texte bezeichnet man als *Dokumentenrepräsentation*. Sie stellen die Grundlage dar, anhand derer das Information-Retrieval-System automatisch nach bestimmten Methoden Werte vergibt, die auch als Gewichte bezeichnet werden. Jedes Dokument besitzt somit einen festgelegten Relevanzwert aufgrund seines Gewichts. Dieser gilt immer in Bezug auf ein bestimmtes Schlagwort. Findet das IR-System mehrere benutzbare Schlagwörter, so wird für jedes ein eigenes Gewicht errechnet. Die Zuordnung der Schlagwörter, auch *Deskriptoren* genannt, bezeichnet man in diesem Zusammenhang als *Indexierung*.

3. **Verarbeiten von Suchanfragen**
Während das gesamte bisher erwähnte System Tag und Nacht daran arbeitet, die Datenbasis zu erweitern und zu aktualisieren, liefert der Query-Prozessor oder auch Searcher genannt die Funktionalität, die man gemeinhin von einer Suchmaschine erwartet. Der Query-Prozessor stellt, wie zu Beginn des Abschnitts gezeigt, über das Webinterface die Schnittstelle zum Benutzer dar. Anhand der eingegebenen Stichwörter wird aus dem Index des IR-Systems eine gewichtete, also sortierte Liste von Einträgen erzeugt. Diese Liste reichert der Query-Prozessor mit weiteren Informationen aus dem Datenbestand wie etwa dem Datum der Indexierung an. Abschließend wird eine Listenansicht für den Benutzer erstellt, die im Browser als Ergebnisliste angezeigt wird.

Mit dem Wissen über die drei Kernkomponenten lässt sich auch erklären, weshalb es keineswegs Zufall ist, dass Suchmaschinen bei der Eingabe gleicher Stichwörter teilweise gravierend unterschiedliche Ergebnisse anzeigen. Denn schon bei der Datenerfassung unterscheiden sich die Methoden der Suchmaschinen, da jede Suchmaschine andere Websites in unterschiedlicher Tiefe aufnimmt. Bei der Dokumentauswertung hängt das errechnete Gewicht vom Umfang der ausgewerteten Textpassagen ab. Wurden früher nur die ersten Passagen des Textes auf Webseiten beachtet, findet heute bei allen großen Suchmaschinen der gesamte Text einer Seite Beachtung. Unterschiede gibt es insbesondere noch bei der Beachtung von unsichtbaren Texten, Bildinformationen und HTML-Kommentaren. Zu guter Letzt wirken sich im dritten Schritt die Wahl der Ranking-Algorithmen und deren Feinabstimmung auf das Suchergebnis aus.

Das beschriebene, vollkommen automatisierte Verfahren setzt ein striktes Regelwerk voraus. Genau hier liegt der Vorteil für den Webseiten-Anbieter. Der Redakteur eines Webkatalogs entscheidet nach mehr oder weniger freien Mustern über die Aufnahme und die Bewertung eines Eintrags. Die Suchmaschine hingegen behandelt jede Seite gleich. Kennt man die Faktoren, die eine hohe Gewichtung und Relevanzeinschätzung bewirken, kann man diese gezielt ausnutzen, um die eigenen Seiten zu optimieren und Spitzenpositionen zu erzielen. Die Idee der Suchmaschinen-Optimierung ist damit geboren.

Jedoch wissen auch die Suchmaschinen-Betreiber um diese Schwäche und halten daher ihre Algorithmen und Feineinstellungen geheim. Sie verändern diese regelmäßig – nicht nur zur reinen Verbesserung der Suchmaschine, sondern auch, um zu verhindern, dass eine gezielte Optimierung zu einem hundertprozentigen Erfolg führt.

Im Fortlauf dieses Buches werden daher die grundsätzlichen Verfahren und Methoden, die Suchmaschinen einsetzen, näher erläutert. Mit der genauen Kenntnis können Sie dann Websites eigenständig optimieren und sind in der Lage, auf Veränderungen kompetent zu reagieren.

Dabei folge ich an Stellen, an denen eine Differenzierung der einzelnen Komponenten nicht zwingend erforderlich ist, der Einfachheit halber dem alltäglichen Sprachgebrauch und spreche im Allgemeinen von »Suchmaschine«.

1.3 Meta-Suchmaschinen

Meta-Suchmaschinen erlauben die gleichzeitige Suche bei mehreren anderen Suchdiensten von einer einzigen Webseite aus. Die Meta-Suchdienste zeichnen sich dadurch aus, dass sie keinen eigenen Datenbestand besitzen, sondern über ihre eigene Benutzeroberfläche via HTTP-Request auf die Webseiten anderer Suchmaschinen-Anbieter zugreifen. Die Suchanfrage wird also parallel weitergeleitet, und die zurückgelieferten Ergebnislisten der angesprochenen Suchmaschinen werden gesammelt und für die eigene Listenaufstellung verwertet.

Das Ablaufschema bei einer Suchanfrage durch den Benutzer ist dabei prinzipiell immer gleich:

1. Eingeben der Stichwörter in das Webinterface der Meta-Suchmaschine durch den Benutzer
2. Konvertieren der Suche für die jeweiligen Suchmaschinen
3. Paralleles Absenden der Suche per HTTP-Request und Warten auf Antwort
4. Einsammeln der HTML-Ergebnislisten und Konvertieren in weiterverarbeitbare Daten
5. Analysieren der Listen, Entfernen von Dubletten und Anwenden eigener Kriterien zur Erzeugung eines Rankings
6. Darstellen der eigenen Ergebnisliste

Fälschlicherweise werden oftmals auch Webseiten mit Schnittstellen zu Suchmaschinen als Meta-Suchdienste bezeichnet. Bei diesen sogenannten *All-In-One-Formularen* handelt es sich lediglich um die Auslagerung des Suchmaschinen-Textfeldes zur Eingabe von Stichwörtern. Die Verarbeitung der Suchbegriffe und die Darstellung der Ergebnisliste übernimmt jedoch wiederum der entsprechende Suchdienst. Damit erhoffen sich die Suchmaschinen-Anbieter einerseits höhere Nutzerraten und bieten andererseits den Website-Betreibern unter anderem die Möglichkeit, die Suchergebnisse nur auf die spezielle Website einzuschränken.

1.3.1 Formale Kriterien

Aufgrund einiger Unsicherheiten wurden bereits im Juli 1998 bei einer Tagung der Internet Society in Genf [9] klare formale Kriterien vorgeschlagen, anhand derer eine Meta-Suchmaschine definiert werden kann. Dabei müssen sechs der insgesamt sieben Kriterien auf einen Suchdienst zutreffen, damit er als Meta-Suchdienst bezeichnet werden kann.

1. **Parallele Suche**
   Die Meta-Suchmaschine muss tatsächlich parallel suchen; es darf sich nicht um ein All-In-One-Formular handeln.
2. **Ergebnis-Merging**
   Die Ergebnisse müssen zusammengeführt und in einem einheitlichen Format dargestellt werden.
3. **Dubletten-Eliminierung**
   Gleiche, mehrfach vorhandene Treffer müssen erkannt und entfernt werden.
4. **AND- und OR-Operatoren**
   Für logische Operationen müssen mindestens die Operatoren AND und OR zur Verfügung stehen und an die abzufragenden Suchmaschinen weitergereicht werden.

5. **Kein Informationsverlust**
   Bietet ein Suchdienst eine Kurzbeschreibung einer Fundstelle an, muss diese übernommen werden.
6. **Search Engine Hiding**
   Die spezifischen Eigenschaften der Quell-Suchmaschinen dürfen für Anwender keine Rolle spielen.
7. **Vollständige Suche**
   Die Meta-Suchmaschine soll so lange in den Trefferlisten der abzufragenden Suchdienste suchen, bis diese keine Treffer mehr liefern.

1.3.2 Einsatzgebiete

Meta-Suchdienste eignen sich insbesondere für spezielle Informationsbedürfnisse, bei denen die einzelnen Suchmaschinen nur wenige Treffer aufweisen. Ferner zeigen Umfragen, dass die Zahl der bekannten und benutzten Suchmaschinen relativ gering ist. So kann der Einsatz einer Meta-Suchmaschine, die unbekannte Suchmaschinen nutzt, dem Benutzer eine erstaunliche Anzahl Ergebnisse bieten. Da Meta-Suchmaschinen in der Regel stets aktuell gehalten sind, werden auch neue Suchmaschinen oder ganz spezielle Datenbanken überwiegend schnell aufgenommen, die sonst noch gar nicht bekannt oder verbreitet sind.

Meist werden spezielle Meta-Suchmaschinen von bestimmten Nutzerkreisen eingesetzt, die oftmals sehr fachspezifische Anfragen haben. Schätzungen gehen davon aus, dass heute selbst die großen Suchmaschinen nur ein Drittel des gesamten Word Wide Web erfassen. Dabei liegt das Hauptaugenmerk eher auf Themen von allgemeinem Interesse. Da die Suchmaschinen-Betreiber das Web nach unterschiedlichen Kriterien erschließen, erlaubt die Nutzung von Meta-Suchdiensten das Zusammenschließen dieser verschiedenen Bereiche.

Dies ist gerade bei den angesprochenen fachspezifischen Themen von besonderem Interesse. So bietet der Meta-Suchdienst OmniMedicalSearch [10] eine Suche in 32 medizinischen Suchmaschinen an. Dabei kann der Benutzer als Feature zusätzlich wählen, ob er Treffer für medizinische Profis (MedPro Search) oder für Anfänger (Basic Search) angezeigt haben möchte.

1.3.3 Operatoren

Ein charakteristischer Nachteil der Meta-Suchdienste ist die Beschränkung bei der Suchanfrageformulierung. Hier muss auf Operatoren zur logischen Verknüpfung der Stichwörter weitestgehend verzichtet werden. Diese Beschränkungen ergeben sich aus dem heterogenen Umfeld. Nicht jede Suchmaschine beherrscht die Verwendung von Operatoren im gleichen Maße, sodass oftmals das kleinste gemeinsame Vielfache gerade einmal die AND- und OR-Verknüpfung ist. Nicht selten ist auch die Anfrageart beziehungsweise die Schreibweise der Operatoren zu unterschiedlich.

Man kam daher vor einiger Zeit auf den Gedanken, die Suchanweisung für jeden Suchdienst so umzuformatieren, dass die Anfrage möglichst passend übersetzt wird. Das war eine sehr gute Idee, jedoch stößt man dabei recht schnell auf ein inhaltliches Problem. So soll beispielsweise die Suche nach »Haus AND Garten« Dokumente liefern, die sowohl den Begriff »Haus« als auch den Begriff »Garten« enthalten. Unterstützt eine Suchmaschine diesen Operator nicht, wird als Stichwortsuche »Haus Garten« übermittelt. Daraufhin wird die entsprechende Suchmaschine alle Dokumente liefern, in denen entweder »Haus« oder »Garten« vorkommt – also nicht nur ausschließlich Dokumente, in denen beide Begriffe gemeinsam auftreten. Aber genau das hatte der Benutzer mit dem AND-Operator bezweckt.

Je komplexer die Operatoren sind, die in den Anfragen benutzt werden, desto wahrscheinlicher sind solche oder ähnliche Phänomene. Ein kleiner Ausweg bleibt den Meta-Suchmaschinen allerdings. Bei Anfragen mit Operatoren werden nur noch diejenigen Suchmaschinen abgefragt, welche die verlangte Funktionalität besitzen. Dies führt zwar auf der einen Seite zu einer Reduktion von potenziellen Treffern, insgesamt fallen die Suchergebnisse aber qualitativ höher aus. Ein Beispiel für eine solche Meta-Suchmaschine ist Ixquick [11].

Gleichwohl ist eine komplette Annäherung der Meta-Suchmaschinen-Schnittstelle an die Schnittstelle einer einzelnen Suchmaschine kaum zu erreichen. Dies wird besonders bei der Betrachtung der erweiterten Suchfunktion deutlich. Diese beschränkt sich in der Regel auf die Auswahl der zu benutzenden Quell-Suchmaschinen. Eine Auswahl nach Dateiformat, das Einschränken auf einzelne Domains und Ähnliches sind in der Regel nicht möglich.

1.3.4   Präsentation der Suchergebnisse

Das zentrale Problem der Meta-Suchmaschinen ist die Gewichtung der Verweise von den verschiedenen Suchmaschinen. Die Ranking-Algorithmen sind nicht bis ins Detail bekannt und somit auch nicht miteinander vergleichbar. Da bleibt eigentlich nur, so scheint es zumindest, die Ergebnisse nach Suchdiensten zu gruppieren, um ein echtes Abbild der ursprünglichen Rankings zu bekommen.

Die Realität sieht allerdings wie immer etwas anders aus. Bei Meta-Suchdiensten werden diverse Formen der Darstellung von Suchergebnissen genutzt: Ein häufig angewandtes Verfahren ist die Übernahme der Relevanzbeurteilung. Die Positionen der einzelnen Einträge werden aus den Ergebnislisten der benutzten Suchmaschinen ermittelt, und anschließend stellt der Meta-Suchdienst aufgrund dieser Werte die Treffer fusioniert dar. Für Duplikate wird normalerweise ein durchschnittlicher Ranking-Wert aus den einzelnen Positionen errechnet. Allerdings funktioniert die Duplikat-Erkennung nur auf Basis des URL. Sind zwei Seiten inhaltlich gleich, aber unter unterschiedlichen URLs zu erreichen, so wird dies nicht erkannt und beide Einträge werden gelistet.

Dieses Verfahren ist offensichtlich nicht optimal, da die unterschiedlichen Suchdienste wie erwähnt sehr heterogene Verfahren zur Relevanzermittlung einsetzen. Zudem liefern die Suchmaschinen nicht die gleiche Anzahl Einträge zurück, sodass die Anteile einer Suchmaschine höher oder niedriger sind als die anderer. Ferner ist die Qualität der Suchergebnisse keineswegs ähnlich. Die Ergebnisse dieses fusionierten Verfahrens können folglich nicht als vergleichbar angesehen werden. Dennoch setzen Suchmaschinen wie MetaCrawler [12] oder MetaEureka [13] diese Technik (noch) ein.

Das fortschrittlichere Verfahren übernimmt nur die Suchergebnisse, beachtet die Ranking-Position des zuliefernden Suchdienstes jedoch nicht. Unabhängig von der Quelle wird das Relevanzurteil mittels der Worthäufigkeit in Bezug auf die Stichwörter selbst berechnet. Die Basis dazu stellen die mitgelieferten Angaben zu jedem Eintrag, wie der Titel, der URL und die Kurzbeschreibung, dar. MetaGer [14] ist ein Vertreter dieser Gattung (wobei anzumerken ist, dass diese Meta-Suchmaschine an der Universität Hannover ständig weiterentwickelt wird und einen enormen Funktionsumfang bietet).

Noch einen Schritt weiter geht das experimentelle System des NEC Research Institute mit dem Namen Inquirus [15]. Dieser Meta-Suchdienst verlässt sich nicht auf die Angaben der abgefragten Suchmaschinen, sondern lädt jedes Zieldokument herunter und berechnet auf der Basis der Originaldaten einen eigenen Ranking-Wert. Die Einträge aus den Suchmaschinen dienen quasi nur noch als verkleinerte, bereits vorsortierte Auswahl von Websites aus dem Netz. Dabei können mit diesem Verfahren auch tote Links und Duplikate erkannt werden. Ein großer Nachteil wird jedoch sofort ersichtlich, wenn man die Zeitdauer bedenkt, die solche Anfragen benötigen. Bereits die Parallelabfrage normaler Meta-Suchmaschinen nimmt schon wesentlich mehr Zeit in Anspruch als das Benutzen einer einzelnen Suchmaschine. Die Untersuchung der einzelnen Trefferseiten würde ungemein mehr Zeit benötigen. Vielleicht ist dieses Konzept daher noch nicht umgesetzt worden. Es existiert zwar neben wissenschaftlichen Veröffentlichungen [16] auch eine statische Ansicht des Prototyps [17], jedoch noch völlig ohne Funktion.

Bei der großen Zahl Meta-Suchmaschinen versuchen einige Anbieter, ganz eigene Wege zu gehen, um sich aus der Masse hervorzuheben. So steht bei Clusty, der Suchmaschine von Vivisimo [18], die Cluster-Technik bei der Präsentation der Ergebnisse im Vordergrund. Hierbei wird versucht, die gefundenen Treffer so in Gruppen anzuordnen, dass der Benutzer bei der Auswahl eines thematischen Blocks nur noch für ihn themenrelevante Links erhält (siehe Abbildung 1.6).

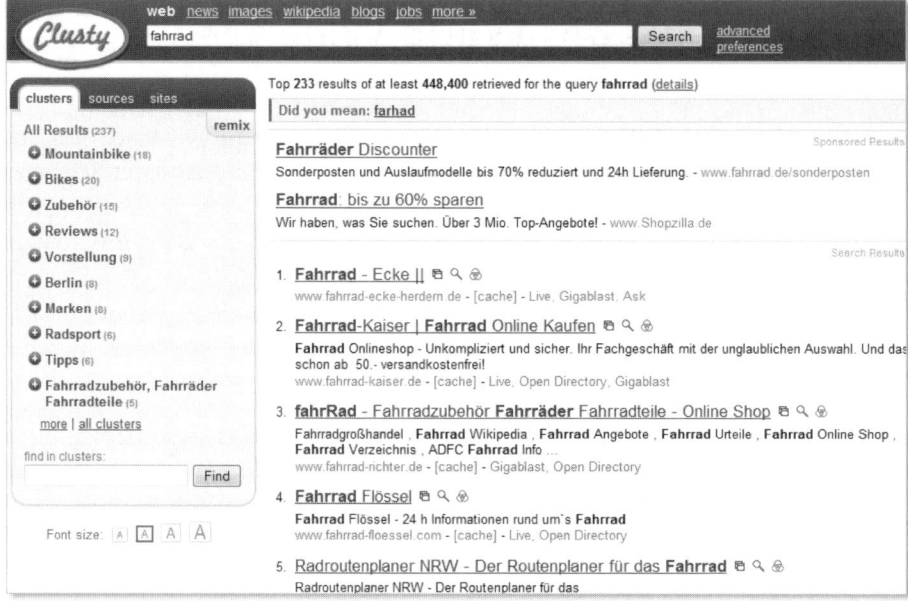

Abbildung 1.6 Clustering bei der Meta-Suchmaschine Clusty

Das Besondere an der Clustering-Methode bei Clusty ist die »On-the-fly«-Generierung der Cluster. Aus den noch unsortierten Suchergebnissen werden automatisch thematische Gruppen generiert, und alle Treffer werden möglichst passend eingeordnet. Mit der zweiten Version ermöglicht Clusty seit Anfang 2008 auch das sogenannte Remix Clustering. Ein Klick und aus den gleichen Quellen werden neue Cluster gebildet, die sich von den ersten unterscheiden. Dieses Verfahren soll laut Vivisimo versteckte Themenbereiche sichtbar machen.

Trotz Clusterings, Paralleldarstellung der Ergebnisse durch Meta-Suchmaschinen oder gar grafische Netzwerke ist jedoch eines klar: Die Nutzer möchten in den meisten Fällen eine einfach zu durchschauende Präsentation der Suchergebnisse.

»Ich glaube, es gibt einen Weltmarkt für vielleicht fünf Computer.«
– Thomas Watson (IBM-Chef, 1943)

2 Anatomie des World Wide Web

Das *World Wide Web (WWW)* wurde im März 1989 von Timothy Berners-Lee am CERN, dem europäischen Forschungszentrum für Teilchenphysik in der Schweiz, entworfen. Ziel war, ein hypertextuelles Informationsnetzwerk zu schaffen, das den wissenschaftlichen Austausch vereinfachen sollte. Berners-Lee wurde damit weltberühmt und im Sommer 2004 obendrein von der englischen Queen zum Ritter geschlagen. 1994 gründete er in Kooperation mit anderen Wissenschaftlern das *World Wide Web Consortium (W3C)*, um die Weiterentwicklung von technischen Standards für das Web sicherzustellen.

Bis zum heutigen Tag hat das WWW einen enormen Wachstumsprozess hinter sich, und ein Ende ist noch immer nicht in Sicht. Dieser unübersichtliche Wald von verteilten, heterogenen Rechnernetzen ist die Welt der Suchmaschinen. Dort durchforsten diese Tag für Tag eine unendlich erscheinende Menge hypermedialer Webseiten. Weltweit müssen dabei gleiche Standards gelten, um eine Kommunikation zwischen den Suchmaschinen und den Zielrechnern überhaupt zu ermöglichen.

Bereits im Vorfeld eines Besuchs der Suchmaschine auf einer Webseite werden wichtige Informationen übermittelt, die sowohl für die weitere Verarbeitung der Daten als auch für einen späteren Zugriff zum Aktualisieren des Datenbestandes nützlich sind. Für die Suchmaschinen-Optimierung ist es hilfreich, die Grundlagen des Arbeitsumfeldes und dessen Möglichkeiten und Einschränkungen zu kennen. Bei der Relevanzbewertung werden nämlich auch Aspekte aus diesem direkten hypermedialen Kontext mit einbezogen. Somit werden Sie viele Fehler bei der Optimierung vermeiden und Ihr Wissen über das Umfeld obendrein gewinnbringend und gezielt einsetzen können.

Dieser Abschnitt bietet eine Übersicht, aus welchen Teilen das World Wide Web besteht und wie die einzelnen Elemente miteinander verflochten sind. Die Zusammenhänge sind so weit vereinfacht, wie es für das Verständnis in Bezug auf die Suchmaschinen notwendig ist. Falls Sie sich für tiefer gehende Informationen zu diesem Themenkomplex interessieren, finden Sie sehr gute ausführliche Publikationen in [19].

2.1 Exkurs in HTML

Als Johannes Gutenberg [20] 1445 den Buchdruck mit der Druckpresse erfand, ermöglichte er Millionen von Menschen den Genuss, Bücher in die Hand zu nehmen und zu lesen. Durch Inhaltsverzeichnisse, Kapitel, Abschnitte und Seitenzahlen finden sich bis heute Leser in Büchern zurecht. Mit diesen Stärken mussten sich digitale Dokumente auf EDV-Anlagen seither messen. Auf dem Bildschirm verliert der Benutzer schnell die Orientierung, weil er oftmals keinen Anhaltspunkt besitzt, welche Seitenelemente zusammengehören, und der Gesamtüberblick über das Angebot fehlt. Um dieses Rahmungs- und Orientierungsproblem [21] zu lösen, entstand im Laufe der 70er- und 80er-Jahre unter anderem der Standard *SGML (Standard Generalized Markup Language)*. SGML sollte ein flexibles und allumfassendes Codierungsschema werden. Mit der Möglichkeit, einzelne Informationen in elektronischen Dokumenten auszuzeichnen, eignete er sich für die Weiterverarbeitung und Darstellung durch diverse Programme wie etwa einen Browser. Eine hypertextuelle Struktur sollte die Orientierung und Navigation innerhalb der elektronischen Dokumente ermöglichen.

Allerdings zeigte sich schnell, dass SGML zu komplex war. Ebenso waren die Kosten für die Entwicklung und Wartung von SGML-Umgebungen enorm hoch. Der *HTML*-Standard (*Hypertext Markup Language*) brachte Anfang der 90er-Jahre mit Beginn des World Wide Web dann jedoch den Durchbruch in Sachen Hypertext. Die erste Version von HTML beherrschte lediglich Funktionen wie Texthervorhebung, Verlinkung und Überschriften. Der Standard wurde jedoch rasch weiterentwickelt. 1999 wurde der bis heute aktuelle HTML-Standard 4.1 verabschiedet. Er legt den Schwerpunkt auf Multimedia und die Einbindung von Script-Sprachen.

HTML ist zwar ein SGML-Abkömmling, streng genommen aber ein Rückschritt in der Entwicklung der Auszeichnungssprachen. Der überwiegende Teil der HTML-Dokumente setzt heutzutage auf eine reine Formatierung statt auf die Auszeichnung von Textstrukturen, sodass eine Weiterverwertung der Informationen nicht ohne Weiteres geschehen kann. Dies stellt ein Kernproblem für Suchmaschinen dar. Der Browser setzt freilich das HTML-Dokument meist optisch passend für den Menschen um, jedoch besitzt das Computerprogramm »Suchmaschine« keinerlei menschliche Intelligenz, um festzustellen, zu welchem Bild beispielsweise eine Bildunterschrift gehört.

Um zu den Idealen der computerfreundlichen Auszeichnung zur Informationsgewinnung zurückzukehren, wurde der *XML*-Standard (*Extensible Markup Language*) entworfen. Der verallgemeinernde Charakter von SGML stand bei der Entwicklung von XML Pate. Nach der Bekanntmachung von XML veröffentlichte das W3-Konsortium (W3C) Anfang 2000 den Nachfolger des gängigen HTML-Standards, nämlich XHTML 1.0. Während XHTML zwar immer stärkere Verbreitung im Web erfährt, überwiegt derzeit noch der Standard HTML 4.1. Das liegt nicht zuletzt an den weit verbreiteten WYSIWYG-HTML-Editoren (What-You-See-Is-What-You-Get), die immer erst allmählich Neuerungen übernehmen. Und natürlich sind aus verschiedenen Gründen auch häufig noch ältere Versionen im Einsatz.

2.1.1 HTML-Dokumentstruktur

HTML ist annähernd mit einer Interpreter-Sprache vergleichbar und kann mit jedem beliebigen Texteditor auf einem frei wählbaren Betriebssystem geschrieben und gelesen werden. Der Vorteil, dass kein spezielles Programm zum Erstellen von HTML-Seiten benötigt wird – etwa im Gegensatz zu Flash-Webseiten –, ist eine der Grundvoraussetzungen für die weltweite Verbreitung und den Erfolg von HTML. Dabei handelt es sich zunächst lediglich um eine einfache ASCII-Textdatei, die standardisierte HTML-Befehle, sogenannte *Tags*, enthält. Diese Tags zeichnen bestimmte Textelemente aus, woher auch der Name »Auszeichnungssprache« (Markup Language) stammt. Durch die so ausgezeichneten Elemente erhält der reine Fließtext eine hierarchische Struktur.

Doch worin besteht dann das Problem, das Suchmaschinen bei der Informationswiedergewinnung aus HTML-Dokumenten haben? Um diese Frage zu beantworten, muss man zunächst die Struktur einer einfachen HTML-Datei verstehen, wie man sie heutzutage überall im Netz finden kann.

```html
<html>
<head>
   <title>Titel-Ueberschrift des Dokuments</title>
</head>
<body>
   <h1>Abschnitt 1</h1>
   <p>Ein Fliesstext beschreibt den Inhalt des Dokuments.</p>
</body>
</html>
```

Listing 2.1 Typische HTML-Struktur

Wie dieses Beispiel bestehen alle HTML-Dokumente generell aus zwei Teilen:

- **Dokumentkopf**
  Der obere Teil eines HTML-Dokuments, auch als *Head* bezeichnet, enthält die Beschreibung des gesamten Dokuments, wie das `<title>`-Tag oder verschiedene Meta-Tags (siehe Abschnitt 2.1.3, »Meta-Tags«). Er stellt überwiegend Informationen zur Verfügung, die nicht innerhalb eines Browsers angezeigt werden.

- **Dokumentkörper**
  Hier befindet sich die eigentliche Information der Webseite. Sie wird daher auch als *Body* bezeichnet. Der Dokumentkörper stellt den Inhalt zur Verfügung, der im Browserfenster erscheint. Innerhalb dieses Bereichs werden unterschiedliche Formatierungen zur Hervorhebung und Textauszeichnung benutzt.

Der Dokumentkopf wird ebenso von den HTML-Tags eingeschlossen wie der Dokumentkörper (erste und letzte Zeile). In jedem ordnungsgemäßen HTML-Dokument findet man eine zweigeteilte Struktur. Der Browser muss den Sourcecode interpretieren und eine »gerenderte« Ansicht des HTML-Codes im Browserfenster anzeigen, wie man es im Alltag gewohnt ist. Das `<html>`-Tag in der ersten Zeile im Beispiel weist darauf hin, dass ein HTML-Dokument vorliegt. So weiß der Browser, dass es sich beispielsweise nicht um ein XML-Dokument handelt, und das Dokument kann dementsprechend korrekt interpretiert werden.

2.1.2 Tags

Beim Betrachten des Sourcecodes erscheinen die Tags wie auch im vorigen Beispiel immer in spitzen Klammern (< >). Die Zeichen zwischen diesen Klammern werden von einem User-Agent, sprich dem Browser oder dem Webcrawler, als Befehle interpretiert. Ist ein Befehl nicht bekannt, wird er ignoriert. Dabei ist für die Erkennung unerheblich, ob die Tags in Klein- oder Großschreibung verfasst wurden.

Grundsätzlich gibt es drei verschiedene Formate für Tags:

- `<tag_name/>`
- `<tag_name> Text </tag_name>`
- `<tag_name attribut_name="argument"> Text </tag_name>`

1. **Empty-Tags**
   Die einfachen, einmal auftretenden »Empty-Tags« können von User-Agents sofort ausgeführt werden. Dazu gehören etwa der Zeilenumbruch `<br/>` oder die horizontale Linie `<hr/>`. Gemäß dem HTML-Standard werden »Empty-Tags« noch ohne abschließenden Slash / genutzt.

2. **Container-Tags**
   Die zweite Art von Tag ist etwas umfangreicher: Es gibt ein öffnendes und ein schließendes Tag, die durch einen vorangestellten Schrägstrich gekennzeichnet sind. Die Anfang- und Ende-Tags umschließen den auszuzeichnenden Text, auf den der Befehl angewendet werden soll. Beispiele hierfür sind alle Tags zur Texthervorhebung wie `<b></b>` (fett), `<i></i>` (kursiv) sowie die unterschiedlichen Hierarchien für Überschriften. `<h1></h1>` stellt die höchste Ordnungsebene dar, `<h6></h6>` die niedrigste. Diese Tags haben bei der Auswertung durch Suchmaschinen eine besonders große Bedeutung. Wie man sich leicht vorstellen kann, stellen Überschriften und Texthervorhebungen innerhalb eines Fließtextes wichtige und markante Punkte dar. Diese finden seitens der Suchmaschinen-Betreiber besondere Beachtung bei der Bewertung von Stichwörtern.

3. **Container-Tags mit Zusatz**
   Das dritte Format ist eine Erweiterung des »Container-Tags« mit zusätzlichen Spezifizierungen. Diese werden benötigt, um Referenzen auf Bild-, Video- und Audiodateien oder Verweise innerhalb oder außerhalb des Dokuments herzustellen. Das meistgenutzte Tag ist hier sicherlich der Hypertext-Link:

```
<a href="link.html">Linktext</a>
```

Außerdem werden die Attribute häufig zur Bestimmung von Textfarben, Ausrichtungen oder sonstigen Formatierungen genutzt.

Neben diesen drei Grundformen soll hier noch ein besonders wichtiges Tag, wenn nicht gar das wichtigste, Erwähnung finden: das `<title>`-Tag.

```
<title> ADFC Allgemeiner Deutscher Fahrrad-Club e.V. </title>
```

Das `<title>`-Tag steht im Dokumentkopf und beschreibt den Titel des betreffenden Dokuments. Innerhalb der Webseite ist es nicht sichtbar, allerdings zeigt der Browser das Tag sowohl in der Fensterleiste als auch in der Tableiste an, wie in Abbildung 2.1 zu sehen ist.

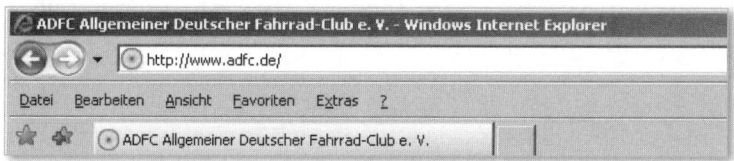

Abbildung 2.1 Das <title>-Tag in der Titelleiste des Internet Explorers

Das `<title>`-Tag stellt meist die erste Information für Besucher und Crawler dar, weil es in der Regel in der stark Aufmerksamkeit erfahrenden Ecke links oben steht und auch bei langen Ladezeiten früh zu sehen ist. Dementsprechend wichtig ist das `<title>`-Tag auch für die Bewertung in Suchmaschinen. In den Ergebnislisten wird der Inhalt des Titels fast immer als verlinkte Überschrift eines jeden Treffers angezeigt (siehe Abbildung 2.2).

Abbildung 2.2 Treffer aus Ergebnislisten verschiedener Suchmaschinen

Ebenso verwenden die heutigen Browser das `<title>`-Tag für die Bezeichnung des Bookmarks (Lesezeichens). Aufgrund seiner enormen Bedeutung für Suchmaschinen gehe ich in Abschnitt 7.3.1, »Title«, im Zusammenhang mit der Optimierung ausführlich auf das `<title>`-Tag ein.

2.1.3 Meta-Tags

Keine Frage, das Thema *Meta-Tags* gehört zu den meistdiskutierten in einschlägigen Suchmaschinen-Foren. Meta-Tags stehen im Dokumentkopf meist direkt unter dem `<title>`-Tag. Meta-Tags haben keine eigenständige Funktion, sondern beschreiben andere Informationen. Im Kontext von HTML sind sie überwiegend für die nähere Beschreibung des jeweiligen Dokumenteninhalts verantwortlich und für den Benutzer im Browser nicht sichtbar.

Es gibt eine riesige Menge nicht standardisierter Meta-Tags. Aber um es vorwegzunehmen: Heutzutage ist der einzige Gewinn bei der Verwendung von Meta-Tags, dem Autor die Möglichkeit der Kontrolle zu geben, wie seine Webseite bei wenigen Suchmaschinen beschrieben wird. Ferner bieten Meta-Tags die Möglichkeit, dem Webcrawler mitzuteilen, die Seite nicht zu indexieren. Jedoch gibt es dazu auch mächtigere Mechanismen. Die meisten Meta-Tags werden von einem Großteil der Suchmaschinen überhaupt nicht beachtet. Auch haben sie keinen markanten Einfluss mehr auf das Ranking bei den relevanten Suchdiensten. Wieso ist dem so?

Eigentlich ist die Idee, die Autoren selbst Informationen über ihr Dokument bereitstellen zu lassen und diese dann anzuzeigen, doch gar nicht so übel. Daher nutzten die ersten Suchmaschinen auch noch hauptsächlich die Meta-Informationen. Jedoch kam es schnell zu Missbrauch, denn die Meta-Tags wurden nach Willkür des Autors »optimiert« – einerlei, ob der Inhalt zur Meta-Beschreibung passte oder nicht. Die Suchmaschinen-Betreiber zogen daraufhin nach, ignorierten die Meta-Tags weitgehend und benutzten eigene fortschrittlichere Methoden zur Ranking-Berechnung. Die Meta-Tags führen daher seither ein Schattendasein. Erst in den letzten Jahren stützen sich wieder einige Suchmaschinen teilweise auf die Angaben der Autoren, um die Webseiten zu beschreiben.

Aus diesem Grund machen sich ganz wenige Autoren überhaupt noch die Mühe, ihre Dokumente auszuzeichnen. Das ist sicherlich zum einen ein Resultat der geringen Bedeutung, liegt zum anderen aber auch an der Bequemlichkeit vieler Webautoren. Wenn eine Seite fertiggestellt ist, soll sie meist auch so schnell wie möglich online gehen. Wer will sich dann noch mit Angaben beschäftigen, die der Besucher ohnehin nicht sieht? Die Notiz, die Meta-Tags nachzutragen, verschwindet dann für alle Ewigkeit unter dem Berg von Papieren auf dem Schreibtisch. So enthalten schätzungsweise nur 20 Prozent aller Webseiten heutzutage beispielsweise das Meta-Tag `keywords` zur Angabe von Schlagwörtern.

Auf der Website von SEORank [22], einem von vielen »Search Engine Optimization«-Anbietern, findet sich die folgende Aussage:

> *»Meta Tag Optimization is an important aspect of your site optimization process. Careful handling can get you great Ranking Results.«*

Wie wichtig sind Meta-Tags denn nun für die Optimierung? Meta-Tag ist nicht gleich Meta-Tag, so viel steht fest. Schauen wir uns die prominentesten Tags einmal an. Danach werden Sie selbst entscheiden können, wie diese oder ähnliche Aussagen zu bewerten sind. Einige dieser Meta-Tags haben heute praktisch gesehen keine Funktion mehr. Sie sollen dennoch Erwähnung finden, damit Sie in Zukunft nicht behaupten können, ein Buch über Suchmaschinen gelesen zu haben, aber nichts von diesem »wichtigen« Meta-Tag wissen, über das Ihr Kollege schon die ganze Woche spricht.

Meta-Tag »description«

Mit der Seitenbeschreibung können Autoren eine eigene Zusammenfassung des Seiteninhalts anbieten. Der Beschreibungstext sollte daher möglichst prägnant und präzise den Inhalt der Webseite zusammenfassen. Da er wie jedes Meta-Tag nur eine einzelne Webseite beschreibt, müssen Sie für jede Seite eine andere, spezifische Beschreibung platzieren.

```
<meta name="description" content="XR-32c, der Fahrradschlauch hält
dem spitzesten Nagel stand. Tipps zum Einbau, Pflege und Wartung
des Schlauchs für Ihr Fahrrad mit ausführlicher Beschreibung und
animierten Bildern.">
```

Das `description`-Meta-Tag ist das wichtigste und sinnvollste Tag zugleich. Nachdem die Meta-Tags nach Erscheinen von Google 2001 beinahe in Vergessenheit gerieten, greifen heute die meisten Suchmaschinen in speziellen Situationen zumindest wieder auf das `description`-Meta-Tag zurück.

AllTheWeb machte den Anfang und bezog den Inhalt des Tags zur Beschreibung des Links bei der Ergebnisliste mit ein. Allerdings lassen sich hier keine allgemein gültigen Regeln formulieren. Ist die Beschreibung etwa mit nur fünf bis sechs Wörtern zu kurz, wird zum Beispiel bei AltaVista oder Fireball zusätzlich Text aus dem Fließtext des HTML-Dokuments hinzugefügt. Bei der optimalen Länge zwischen 150 und 250 Zeichen bzw. 20 bis 30 Wörtern benutzen diese Suchdienste das `description`-Meta-Tag unverändert. Längere Beschreibungen werden normalerweise abgeschnitten. Immer häufiger ist zu beobachten, dass die Beschreibung der Autoren nur dann übernommen wird, wenn sich deren Stichwörter auch im eigentlichen Seitentext wiederfinden. Dadurch soll gewährleistet werden, dass der Inhalt des Tags auch zu der entsprechenden Seite passt.

Google wandte sich relativ früh als erster Anbieter komplett vom `description`-Meta-Tag ab und zeigt seitdem eigene Snippets an. Dabei wird der unmittelbare Text vor und nach einem gefundenen Stichwort als Beschreibungstext für die Treffer in der Ergebnisliste genutzt. Während auch AltaVista und Teoma dieses Prinzip verfolgten und dabei verharrten, wandelte sich die Einstellung bei Google ab 2006: Schätzt Google eine Seite als vertrauenswürdig ein, wird auch das jeweilige `description`-Meta-Tag für die Ergebnisliste angezeigt.

Einer Alternative, die bei Google primär für Startseiten genutzt wird, bedient sich auch Yahoo!: Falls ein gefundener URL auch im Webkatalog eingetragen ist, wird kurzerhand die dort gefundene Beschreibung übernommen. In Fällen, in denen keine Textinformationen von einer Seite extrahiert werden können, verwenden nahezu alle Suchmaschinen das `description`-Meta-Tag. Das ist insbesondere bei reinen Flash-Seiten, Frameworks oder Bildergalerien der Fall, aus denen gar nicht oder jedenfalls nicht ohne Weiteres Textinformationen gewonnen werden können.

Bei der Betrachtung des `description`-Meta-Tags wird oft vernachlässigt, dass Meta-Suchmaschinen zur Erläuterung ihrer Treffer vorrangig die Beschreibungstexte von Suchmaschinen auswerten. Gerade viele kleine Suchmaschinen nutzen das `description`-Meta-Tag noch zur Ranking-Erstellung, sodass eine überlegte Stichwortplatzierung im Tag durchaus ratsam ist. Allerdings sollten Sie darauf achten, ein Stichwort hier nicht übermäßig zu verwenden. Ansonsten kann das Vorhaben leicht ins Gegenteil umschlagen und als Täuschungsversuch (Spam) gewertet werden.

Für Webverzeichnisse ist das `description`-Meta-Tag uninteressant. Wie es sich mit einzelnen Suchmaschinen verhält, ist in der folgenden Tabelle zusammengefasst:

AltaVista	Übernimmt maximal 150 Zeichen oder die ersten 150 Zeichen des Seitentextes.
AllTheWeb	Bevorzugt Beschreibungen aus dem Open Directory. Falls kein Eintrag vorhanden ist, werden die ersten 250 Zeichen aus dem `description`-Meta-Tag genutzt, andernfalls werden die ersten 250 Zeichen aus dem Seitentext übernommen.
Fireball	Übernimmt maximal 256 Zeichen aus dem `description`-Meta-Tag, alternativ die ersten 256 Zeichen aus dem Seitentext.
Google	Indexiert zwar das `description`-Meta-Tag, zeigt es aber nur an, wenn die Seite entweder keinen Text enthält oder von besonderer Relevanz ist. Ansonsten werden Snippets oder Daten aus dem Open Directory verwendet.
Hotbot	Siehe Inktomi.
Inktomi	Das `description`-Meta-Tag wird mit 160 Zeichen übernommen, außerdem hat es Einfluss auf das Ranking.
Lycos	Meta-Tags werden nicht beachtet.

Tabelle 2.1 Umgang mit dem Meta-Tag »description«

Meta-Tag »keywords«

Ursprünglich wurde dieses Meta-Tag zur Übermittlung von Stichwörtern an Suchmaschinen genutzt, unter denen die Seite gefunden werden sollte. Allerdings war die Versuchung zu groß, sodass viele Autoren dort falsche Stichwörter platzierten. Als sich der Trend zur Indexierung gesamter Seiten weitgehend durchgesetzt hatte, sahen die Suchmaschinen-Betreiber keine Notwendigkeit mehr, sich auf die Angaben der Autoren zu verlassen.

```
<meta name="keywords" content="XR-32c, Fahrradschlauch, Tipps, ↩
Einbau, Pflege, Wartung, Schlauch, Fahrrad, Rad reparieren ↩
Beschreibung, Bilder">
```

Das Platzieren des Meta-Tags `keywords` sollte heutzutage keinerlei Einfluss mehr auf das Ranking haben. Manche Autoren verwenden dennoch Mühe darauf, weil sie der Meinung sind, dass sie sich durch den bewussten und gezielten Einsatz des `keywords`-Meta-Tags von der Masse abheben und dadurch seriöser und kompetenter wirken. In diesem Verhalten schwingt die Hoffnung mit, dass die Suchmaschinen-Algorithmen eventuell doch zumindest ein wenig auf sinnvolle Stichwörter in diesem Tag schauen. Es soll Ihnen überlassen bleiben, zu welcher Seite Sie tendieren.

Wie bei allen Meta-Tags sind die `keywords` seitenspezifisch für jede einzelne Inhaltsseite. Sucht man nach einer empfohlenen Größenangabe, findet man die Angabe, nicht mehr als 1 000 Zeichen für die `keywords` zu nutzen. Erfahrungsgemäß sind aber bereits mehr als 25 Stichwörter zu viel. Hier gilt die Devise »Weniger ist mehr«. Wählen Sie die wichtigsten und treffendsten Begriffe aus und sortieren Sie diese nach abnehmender Wichtigkeit.

Auf der Website von Inktomi war vor wenigen Monaten noch die Empfehlung zu lesen, die einzelnen Begriffe mit einem Komma und durch Leerzeichen getrennt voneinander aufzuführen. Dagegen schlagen manche Suchmaschinen-Experten die Aneinanderreihung ohne Komma vor. Fazit: Sie sollten auf jeden Fall darauf achten, die Begriffe mit einem Leerzeichen zu trennen, damit die einzelnen Begriffe auseinander gehalten werden können. Die Kommafrage lässt sich nicht endgültig beantworten und ist letztendlich eine Frage des Geschmacks.

Was die Groß- und Kleinschreibung anbelangt, ist diese bei der überwiegenden Anzahl von Suchmaschinen nicht von Bedeutung. Als Faustregel sollten Sie sich jedoch merken, die Wörter so zu schreiben, wie sie im Allgemeinen gesucht werden, und dies auch auf die Wörter im Seitentext übertragen.

Mit Mehrfachnennungen einzelner Wörter sollten Sie auch im `keywords`-Meta-Tag vorsichtig umgehen. Da Sie wissen, dass Suchmaschinen ohnehin das Tag wenig bis gar nicht beachten, sollten Sie auf Mehrfachnennungen verzichten. Die optimale Auswahl und Positionierung von Stichwörtern wird in anderem Zusammenhang (Kapitel 6, »Keyword-Recherche«) noch eingehender beschrieben.

Abschließend eine Übersicht, wie einzelne Suchmaschinen mit dem Meta-Tag `keywords` umgehen:

AltaVista	Meta-Tags eignen sich nach Angaben von AltaVista gut zur Vermittlung von Synonymen.
AllTheWeb	Keywords werden nicht beachtet.
Fireball	Zitat der Fireball-Website: »Wenn Sie das »Keywords-Meta« mit Suchworten ausfüllen, unter denen Ihre Seite gefunden werden soll, erhöhen Sie nicht nur die Trefferwahrscheinlichkeit, sondern auch den Rang Ihrer Seite in der Fundstellenliste.«

Tabelle 2.2 Umgang mit dem Meta-Tag »keywords«

Google	Indexiert Meta-Tags, allerdings ist die Auswirkung auf das Ranking verschwindend gering.
Hotbot	Siehe Inktomi.
Inktomi	Keywords werden indexiert und haben Einfluss auf das Ranking.
Lycos	Meta-Tags werden nicht beachtet.
Teoma	Bezieht Keywords schwach mit in die Bewertung ein.

Tabelle 2.2 Umgang mit dem Meta-Tag »keywords« (Forts.)

Meta-Tag »robots«

Ein weiteres erwähnenswertes Meta-Tag beschreibt keinen Seiteninhalt, sondern regelt das Indexierungsverhalten der Suchmaschine in Bezug auf die entsprechende Seite. Das Meta-Tag `robots` wird gesetzt, falls eine Suchmaschine eine Seite **nicht** indexieren soll.

```
<meta name="robots" content="noindex, nofollow">
```

Die positiven Werte `index` und `follow` besagen, dass der Crawler die Seite indexieren und gefundene Links verfolgen darf. Das Meta-Tag wird prinzipiell nicht benötigt, falls Sie eine vollständige Indexierung der Website wünschen. Suchmaschinen suchen standardmäßig alle Webseiten ab und verfolgen Links bis zu einer bestimmten Tiefe. Das Tag ist ohnehin nur als eine Empfehlung anzusehen. Ob die Suchmaschinen Ihrem Wunsch gerecht werden, können Sie leider nicht beeinflussen.

Eine Einschränkung ist bei dieser Aussage allerdings zu machen. Bei der Benutzung des Wertes `noarchive` wird die Webseite nicht in den lokalen Zwischenspeicher (Cache) der Suchmaschinen aufgenommen. Google stellte als erster Anbieter Kopien von Webseiten zur Verfügung, die in der Trefferliste unter dem Link »Im Cache« anzusehen sind, auch wenn die ursprüngliche Seite auf dem Webserver sich bereits verändert hat oder gar nicht mehr existiert.

In Abbildung 2.3 finden Sie ein Beispiel aus der Ergebnisliste von Google für das Stichwort »knax-hüpfburg«. Hier wird die gespeicherte Version der Webseite angeboten. Ein Beschreibungstext konnte nicht extrahiert werden, da die Webseite außer einem Frameset keine weiteren Informationen darin besitzt. Hier wäre der Gebrauch des Meta-Tags `description` sicherlich hilfreich.

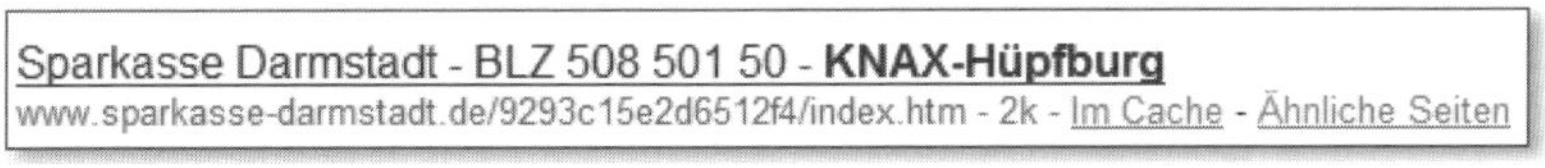

Sparkasse Darmstadt - BLZ 508 501 50 - **KNAX-Hüpfburg**
www.sparkasse-darmstadt.de/9293c15e2d6512f4/index.htm - 2k - Im Cache - Ähnliche Seiten

Abbildung 2.3 Treffer aus der Google-Ergebnisliste ohne Beschreibungstext

Das Meta-Tag `robots` wird von allen Suchmaschinen beachtet. Eine effizientere Möglichkeit zur Kontrolle, welche Seiten indexiert werden sollen und welche nicht, stellt das *Robots Exclusion Protocol (REP)* mit der Datei *robots.txt* zur Verfügung. Hierbei werden alle Restriktionen in einer einzigen Datei mit dem Namen *robots.txt* im Root-Verzeichnis der Website definiert. In der Praxis zeigt sich schnell der Vorteil dieser Methode, bei der man nur eine Datei pflegen muss, anstatt in jedem HTML-Dokument separat Änderungen durchzuführen. Näheres dazu finden Sie in Abschnitt 8.3.3, »Seiten ausschließen (robots.txt)«.

Meta-Tag »language«

Das Meta-Tag `language` bestimmt die Sprache, in der ein Dokument verfasst wurde. Der Wert beschreibt eine oder mehrere Sprachen nach dem Zwei-Ziffern-Schema der RFC 1766-Norm [23]. So steht zum Beispiel das Kürzel `de` für Deutsch, `fi` für Finnisch und so weiter.

```
<meta name="language" content="de, fi">
```

Die meisten Suchmaschinen beachten dieses Meta-Tag kaum, sondern setzen für die Erkennung der verwendeten Sprache eigene Mechanismen ein (siehe Abschnitt 3.2.4, »Identifikation der natürlichen Sprache«). Hilfreich ist das Meta-Tag `language` eventuell dann, wenn Sie nicht die webübliche Sprache Englisch verwenden oder mehrere Sprachen innerhalb einer Seite benutzen. Hier haben automatische Erkennungsverfahren oftmals Probleme.

Meta-Tag »revisit-after«

Im Wertebereich des Meta-Tags `revisit-after` wird angegeben, nach wie vielen Tagen der Crawler zur Indexierung wieder »vorbeischauen« soll. Der Wert kann als Zahl mit `days` (Tage), `weeks` (Wochen) oder `months` (Monate) angegeben werden.

```
<meta name="revisit-after" content="14 days">
```

Auch dieses Meta-Tag ist nur als Empfehlung für Webcrawler anzusehen. Sie können sicher sein, dass sich keine bedeutende Suchmaschine daran hält. Die Crawler haben eigene (feste oder dynamische) Intervalle. Generell gilt zwar die Faustregel, dass größere Sites mit häufigem Inhaltswechsel auch häufiger frequentiert werden, jedoch steht das in keinerlei Zusammenhang mit dem Meta-Tag `revisit-after`.

Meta-Tag »expires«

Sind Informationen auf einer Webseite ab einem bestimmten Zeitpunkt nicht mehr gültig oder veraltet, will man in der Regel diese auch nicht weiter verbreiten. Mit dem Meta-Tag `expires` kann man den Suchmaschinen mitteilen, ab wann eine Seite nicht mehr in der Ergebnisliste anzuzeigen ist, selbst wenn diese indexiert ist.

`<meta name="expires" content="Sun, 12 Dec 2004 12:30:00 GMT">`

Im Wertebereich müssen Sie dabei eine Zeitangabe gemäß des RFC 1123 [24] machen. Auf manchen Seiten findet sich dort auch eine Null. Das wird von Browsern dahingehend interpretiert, dass die Seite nicht im Browser-Cache abgelegt werden soll. Suchmaschinen reagieren hier jedoch empfindlich. Wieso sollten sie auch Seiten erfassen, die ständig abgelaufen sind?

Meta-Tag »content-type«

Anders als bei den üblichen Meta-Tags handelt es sich bei dem Meta-Tag `content-type` um eine Anweisung für Browser und Webcrawler (`meta http-equiv = " "`).

`<meta http-equiv="content-type" content="text/html; ⮐ charset=iso-8859-1">`

Im Wertebereich wird der Dateityp des Dokuments bestimmt, der bei HTML-Dateien `text/html` lautet. Außerdem wird der Zeichensatz definiert. Bei dem Zeichensatz `iso-8859-1` handelt es sich um den westeuropäischen Zeichensatz. Diese Angaben stellen sicher, dass der Browser Umlaute und sonstige Sonderzeichen richtig anzeigt, selbst wenn sie nicht maskiert sind. Maskierte Sonderzeichen sind spezielle Zeichenkombinationen, die der Browser interpretiert und anschließend korrekt darstellen kann. So wird zum Beispiel die Zeichenfolge `&auml;` in ein »ä« umgewandelt und `&euro;` in ein Euro-Zeichen. Oftmals werden Sonderzeichen jedoch von Autoren nicht maskiert, weder im Seitentext noch in den Meta-Tag-Angaben. Die Angabe des Zeichensatzes ist somit auf jeden Fall von Vorteil und sollte als erstes Meta-Tag nach dem `<title>`-Tag folgen.

Meta-Tag »refresh«

Wird die überwiegende Mehrheit von Meta-Tags nicht im besonderen Maße von Suchmaschinen in das Ranking mit einbezogen, beachten Suchmaschinen das Meta-Tag `refresh` hingegen sehr stark – allerdings im negativen Sinne.

`<meta http-equiv="refresh" content="15"; URL="website.de/i2.htm">`

Dieses Meta-Tag veranlasst den Browser, nach 15 Sekunden die Seite `i2.htm` aufzurufen. Ohne URL-Angabe würde die betreffende Seite neu geladen werden. Solche Brückenseiten zur Weiterleitung werden von den meisten Suchmaschinen als Unsinn gewertet, weil sie den Datenbestand an sinnvollen inhaltlichen Seiten nicht erhöhen, sondern lediglich Datenballast darstellen. Daher ist die Verwendung des Meta-Tags `refresh` bei Seiten, die von Suchmaschinen aufgenommen werden sollen, nicht zu empfehlen.

2.1.4 Sonstige Meta-Tags

Es gibt noch eine Reihe weiterer Meta-Tags, die hier nicht im Detail aufgeführt werden sollen. Die meisten besitzen für Suchmaschinen keine oder lediglich eine verschwindend geringe Bedeutung.

So zeigte Fireball beispielsweise als einzige Suchmaschine vor einiger Zeit noch den Verfasser einer Seite in der Ergebnisliste an, sofern das Meta-Tag `author` gesetzt wurde:

```
<meta name="author" content="Paul Müller">
```

Bei diesem Beispiel wird auch die Notwendigkeit des Meta-Tags `content-type` ersichtlich, damit der nicht maskierte Umlaut »ü« korrekt interpretiert wird.

Viele weitere Meta-Tags sind vor allem bei Publikationen wissenschaftlicher Arbeiten von Relevanz, damit diese durch spezielle Katalogsysteme besser erfasst werden können. So kann neben den Meta-Tags `date` (Erstellungsdatum), `publisher` (Herausgeber) und `copyright` (urheberrechtlicher Hinweis) auch die Zielgruppe mittels `audience` definiert werden. Die Liste ließe sich beliebig fortsetzen. Es ist kaum verwunderlich, dass diese nicht standardisierte Vielfalt auch bei internationalen Experten Handlungsbedarf geweckt hat. Daraufhin wurden die sogenannten *Dublin Core-(DC-)Meta-Tags* ausgearbeitet, die seit 1998 von dem W3-Konsortium offiziell unterstützt werden. Man erkennt Meta-Tags nach der Dublin-Core-Konvention [25] an dem vorangestellten `DC`.

```
<meta name="DC.description" content="Beschreibung">
```

Die Suchmaschinen-Welt hat bislang noch nicht nennenswert darauf reagiert und verarbeitet die `DC`-Meta-Tags nicht. Die Zukunft wird zeigen, ob sich der Dublin Core-Standard durchsetzen kann. Sein bis heute geringer Bekanntheitsgrad trägt sicherlich nicht zu einer raschen Verbreitung bei. Schaut man sich auf einzelnen Seiten im World Wide Web um, findet man kaum Meta-Tag-Angaben nach der DC-Norm.

Einen individuellen Weg beschreitet hier Google. Mit einem eigenen Meta-Tag kann man dem Webcrawler Googlebot mitteilen, dass eine Kopie der Webseite nicht lokal auf den Google-Servern im Cache gespeichert werden soll.

```
<meta name="googlebot" content="noarchive">
```

Dieses Meta-Tag hat die gleiche Funktion wie das bereits oben angesprochene Meta-Tag `robots` mit dem Wert `noarchive`, jedoch mit dem Unterschied, dass dieses Meta-Tag ausschließlich für Google gilt. Alle anderen Webcrawler würden weiterhin die Webseite »cachen«. Demnach ist es sicherlich sinnvoller, falls man ein Caching generell ausschließen möchte, das entsprechende Meta-Tag `robots` zu benutzen, das von allen Suchanbietern einschließlich Google richtig interpretiert wird. Will man zusätzlich verhindern, dass Google Snippets in der Ergebnisliste anzeigt, kann man mit einem speziellen Meta-Tag auch dies verhindern:

```
<meta name="googlebot" content="nosnippet">
```

Allerdings ist davon unter normalen Umständen abzuraten. Man könnte annehmen, dass in einem solchen Fall das Meta-Tag `description` genutzt würde, doch weit gefehlt: Solche Einträge erscheinen in der Ergebnisliste, wie bereits in Abbildung 2.3 zu sehen war, gänzlich ohne Beschreibung und wirken im Vergleich zu anderen Einträgen eher nackt und unvollständig. Außerdem nimmt man Metacrawlern die Ranking-Basis und befördert sich damit selbst ins Abseits.

Ein besonderes Meta-Tag stellt abschließend das *PICS-Label* (Platform for Internet Content Selection) dar [26]. Dieses umfangreiche Meta-Tag kann von Webautoren auf Webseiten positioniert werden und enthält eine Einstufung über die Jugendfreiheit der entsprechenden Seite. Zur Erstellung des codierten Meta-Tags stehen gesonderte Tools zur Verfügung. Suchmaschinen nutzen diese Informationen teilweise, wenn die »familiy«-Option zum Schutz vor nicht jugendfreien Inhalten bei der Suche aktiviert ist.

2.1.5 Cascading Style Sheets

Zu Beginn des World Wide Web, als überwiegend Wissenschaftler Webseiten publizierten, wurde mehr Wert auf den Inhalt als auf die Gestaltung der Webseiten gelegt. Das Streben nach ästhetischen Seiten hält bis heute an. Kaum eine Werbeagentur arbeitet derzeit wirklich nach dem Bauhaus-Prinzip »form follows function« [27]. Dafür spielen optische Kriterien noch eine zu übergeordnete Rolle in den Köpfen der Kunden und Agenturen. HTML wird eher zu gestalterischen Zwecken genutzt als zur Auszeichnung besonderer Textstellen. Das erschwert das Information Retrieval für automatische Agenten, wie es Suchmaschinen sind, enorm. Besonders deutlich wird dies beim Gebrauch von Tabellen. Sie dienen oftmals nicht als Tabelle im eigentlichen Sinne, sondern werden als Layouthilfe zweckentfremdet.

Um eine Trennung zwischen Inhalt und Darstellung zu erreichen, wurden *Cascading Style Sheets (CSS)* entwickelt. Dabei handelt es sich im Idealfall um eine gesonderte Datei, in der das Aussehen einzelner Tags global definiert ist. Damit kommt den HTML-Tags wieder ihre ursprüngliche Funktion der reinen Textauszeichnung zu. Inhalt und Design sind getrennt. Eine komplette Einführung in CSS kann und soll an dieser Stelle nicht erfolgen. Einen guten Einstieg bieten zahlreiche Tutorials im Web [28], [29] oder entsprechende Publikationen. Jedoch soll das Prinzip an einem einfachen Beispiel verdeutlicht werden, da im weiteren Verlauf mehrfach auf CSS zurückgegriffen wird. In einer CSS-Datei könnte man folgende beispielhafte Formatierungsregel für die Überschrift h1 finden:

```
h1 {
    FONT-SIZE: 14px;
    FONT-WEIGHT: bold;
    FONT-FAMILY: verdana, arial, helvetica, sans-serif;
    COLOR: green
}
```

Listing 2.2 Formatierung des <h1>-Tags innerhalb einer CSS-Datei

Dieser Befehl formatiert das <h1>-Tag, das eine Überschrift auszeichnet, in einer Schriftgröße von 14 Pixel Höhe. Die Schrift ist ferner gefettet, und es soll – sofern auf dem Client-System vorhanden – primär die Schriftart Verdana zur Anzeige genutzt werden. Des Weiteren ist in der letzten Zeile Grün als Textfarbe definiert.

In einem HTML-Dokument ohne CSS sähe das entsprechende Tag so aus:

```
<h1><font size="14px" color="green"> <b>text</b> </font></h1>
```

Unschön, nicht wahr? Mittels CSS wird nur das <h1>-Tag benötigt. In welcher Datei die zugehörige CSS-Formatierung zu einem HTML-Dokument zu finden ist, hat der Browser bereits im Seitenkopf über ein <link>-Tag erfahren. Zur gewünschten Darstellung wird nun ein deutlich kürzeres (sowie auch schöneres) Stück HTML-Code benötigt:

```
<h1>text</h1>
```

So viel zu CSS an dieser Stelle. Warum beschäftigen Sie sich gerade mit CSS, wo Sie doch ein Buch über Suchmaschinen in der Hand halten? Nun denn, ein Erklärungsversuch muss her.

Etwas übertrieben ausgedrückt, befinden sich Suchmaschinen noch immer in der Zeit, als wissenschaftliche Fließtexte das Web beherrschten. Streng genommen ist das auch gut so, denn diese wissenschaftliche Präsentationsform beinhaltet genügend Textmaterial, das eine Suchmaschine auswerten kann – ganz im Gegensatz zu den gestylten, textkargen Webseiten, die man heutzutage überall im Web antrifft. Nun möchte jedoch keiner den Fortschritt aufhalten und die einmal lieb gewonnene Ästhetik schön gestalteter Webseiten missen. Allerdings führte der Design-Trend dazu, dass zum Beispiel immer weniger Überschriften-Tags (<h1> bis <h6>) genutzt wurden, da diese gestalterisch gesehen ohne gesonderte CSS-Formatierung unschöne Eigenschaften haben und den ästhetischen Ansprüchen der Webautoren nicht genügen. Für Überschriften wird daher oftmals normaler Fließtext so umformatiert, dass er wie eine Überschrift erscheint. Das mag zwar nett sein für die Optik, ist jedoch schlecht für ein hohes Ranking. Denn gerade auf diese Überschriften-Tags achten die Suchmaschinen-Algorithmen bei der Keyword-Gewichtung besonders gern.

CSS schließt somit die Schere zwischen der visuellen Designwelt und den puristischen Suchmaschinen. Für den Benutzer werden Überschriften und andere Formate durch den Browser optisch schön dargestellt, und Suchmaschinen finden die aussagekräftigen Tags. Übrigens verarbeiten die meisten Suchmaschinen heutzutage noch kein CSS, sodass man hier mit einem gezielten Einsatz die Webseite mit einigen Tricks noch optimieren kann. Doch dazu später mehr in Abschnitt 7.2.2, »Einsatz von CSS«.

2.2 Trägermedium Internet

Jetzt wissen Sie, wie einzelne HTML-Dokumente aufgebaut sind und was es mit der Auszeichnungssprache HTML auf sich hat.

Was geschieht aber nun, wenn ein Autor in einem einfachen Texteditor eine HTML-Datei geschrieben und sie auf der Festplatte abgespeichert hat? Ein Browser liest diese Datei ein, interpretiert die darin enthaltenen Tags und baut die Webseite für den Benutzer auf. So weit, so gut – vorausgesetzt, das alles findet auf einem einzelnen Rechner statt. Nun sollte jedoch die Webseite weltweit und nicht nur für die lokalen Benutzer verfügbar sein.

Das World Wide Web ist – genau betrachtet – eines von vielen Medien, die es im Internet gibt. Mit 60 Prozent des gesamten Internet-Transfervolumens ist es zwar das größte, aber bei Weitem nicht das einzige. E-Mail, FTP (File Transfer Protocol) zum Übertragen von Dateien, News, Chat-Systeme wie IRC oder ICQ und etliche andere Dienste stellen die Gattungen der unterschiedlichsten Online-Medien dar. Ein Vergleich kann dies verdeutlichen: Das Internet ist ein Trägermedium im technischen Sinne, wie etwa die Radiowellen. Über Radiowellen können nicht nur Sprache für das alltägliche Radio, sondern auch Bilder für das Fernsehen oder sonstige Signale übermittelt werden. Im alltäglichen Sprachgebrauch wird das Internet allerdings oftmals fälschlicherweise mit dem World Wide Web gleichgesetzt. Kommen wir jedoch wieder zu der Frage zurück, wie im World Wide Web die einzelnen HTML-Dateien global zur Verfügung gestellt werden – denn nichts anderes bedeutet doch das »weltweite Netz«. Dazu müssen wir zunächst einmal betrachten, wie das Internet funktioniert. Denn was für das Internet im Allgemeinen gilt, gilt auch für das World Wide Web im Speziellen.

2.2.1 Client-Server-Prinzip

Die meisten Online-Medien im Internet basieren auf dem sogenannten Client-Server-Prinzip. Im einfachsten Fall kommunizieren dabei zwei Teilnehmer (Hosts) miteinander über die Leitungen und Knoten des Internets.

Ein Host tauscht mit einem anderen Host dabei über ein standardisiertes Verfahren Informationen aus. In den meisten Fällen handelt es sich nicht um gleichwertige Kommunikationsrollen, sondern ein Host will bestimmte Informationen von einem anderen Host abfragen. Den anfragenden Host bezeichnet man als Client. Hinter dem Client sitzt meistens ein Mensch, der ein Benutzer-Interface wie etwa einen Webbrowser oder ein E-Mail-Programm bedient. Client-Prozesse zeichnen sich dadurch aus, dass sie nur dann gestartet werden, wenn sie tatsächlich benötigt werden. Der Client versucht mit der Gegenseite, dem Server, Verbindung aufzunehmen. Dies setzt voraus, dass auf dem Ziel-Host der gewünschte Server-Prozess permanent zur Kontaktaufnahme und Datenübermittlung bereit ist. Dem ist auch wirklich so: Ein Webserver-Prozess wartet die ganze Zeit passiv auf Anfragen eines Clients.

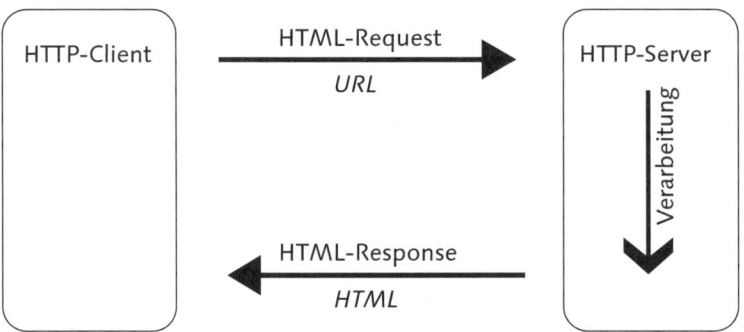

Abbildung 2.4 Client-Server-Kommunikation

Diese Kommunikation nach dem Frage-Antwort-Prinzip ist allerdings nicht ganz so trivial, wie man vermuten möchte. Allein in einer einzigen größeren Firma wird man heute sicherlich mehrere Betriebssysteme oder zumindest mehrere Versionen eines Betriebssystems finden. Aus diesem und einigen anderen (technischen) Gründen entwickelte eine Gruppe der *International Standards Organization (ISO)* das *Open Systems Interconnection-(OSI-)Referenzmodell*, das den eingängigen Namen ISO-OSI-Modell trägt. Hierbei handelt es sich um ein Modell, das Protokollcharakteristika und -funktionen beschreibt. Unter Protokoll ist hierbei im übertragenen Sinne das Gleiche zu verstehen wie unter dem Protokoll bei einem Staatsbesuch. Es regelt das Verhalten aller Beteiligten und besagt, wann wer agieren soll und wie darauf wiederum reagiert werden soll. Das OSI-Modell besteht aus sieben Schichten, jede Schicht bietet der jeweils übergeordneten Schicht bestimmte Dienstleistungen an. So wird die unterste Schicht zum Beispiel als Bitübertragungsschicht (engl.: physical layer) bezeichnet, was nichts anderes bedeutet, als dass etwa Telefonkabel, Glasfasern oder WLAN-Funkwellen die einzelnen Computersignale weiterleiten und die darüber liegenden Schichten diesen Service nutzen können.

Die einzelnen Rechner im Internet sind über viele Knoten miteinander verbunden. Daher können einzelne Teile bei der Kommunikation zwischen zwei Hosts auf unterschiedlichen Wegen zum Ziel gelangen. Genau für diesen Zweck ist der Vorgänger des Internets, das ARPANET, im Jahr 1957 vom US-Verteidigungsministerium geschaffen worden. Die dezentrale Struktur ermöglichte damals wie heute auch bei teilweisen Netzausfällen eine störungsfreie Kommunikation über Alternativrouten. In den meisten Fällen sind die Rollen von Server und Client klar verteilt. Ein Arbeitsplatzrechner mit einem Browser als Client dient eher selten als Server, ebenso wie ein reiner Webserver im Internet meist nur als Server seine Dienste anbietet. Suchmaschinen stellen im Gegensatz dazu eine Zwitterfunktion dar. Die Crawler-Komponente einer Suchmaschine besucht die einzelnen Webserver und fordert von ihnen Webseiten an. Dabei hat der Webcrawler die Rolle des Clients inne. Anders verhält es sich bei einer Suchanfrage eines Benutzers auf dem Webinterface, also dem Searcher einer Suchmaschine. Hier ist die Suchmaschine der Server und beliefert den Client, sprich den Suchenden, mit Informationen.

Abbildung 2.5   ISO-OSI-Modell

2.2.2 TCP/IP

Die Daten müssen über das verzweigte Internet von Host zu Host gelangen und werden dazu in einem ersten Schritt in einzelne Pakete zerteilt und anschließend kontrolliert versendet. Das setzt eine strenge Organisation voraus, damit die am Ziel angekommenen Pakete auch wieder richtig zusammengesetzt werden können. Gerät ein einzelnes Paket auf einem Netzknoten (Router) in eine Warteschlange, kann es passieren, dass ein früher verschicktes Paket später beim Empfänger ankommt als ein später verschicktes. Es wird demnach ein Protokoll benötigt, das auch Pakete wieder zusammensetzt, die in falscher Reihenfolge ankommen – von der erneuten Anforderung von verloren gegangenen Paketen ganz zu schweigen. Für diese Aufgaben hat sich im Internet das heute übliche *TCP/IP* als Protokoll durchgesetzt. Streng genommen handelt es sich hierbei um zwei getrennte Protokolle.

Im OSI-Modell befindet sich das *Internet Protocol* (IP) auf der Netzwerkschicht (network layer). Eine der wichtigsten Aufgaben von IP ist die Auswahl von Paketrouten bzw. das Routing vom Absender zum Empfänger. Damit stellt es die Basis für das eine Schicht höher angesiedelte *Transmission Control Protocol* (TCP) dar. TCP hat, wie der Name bereits sagt, die Aufgabe, den Datenfluss zu steuern und die Unverfälschtheit der Daten zu gewährleisten. TCP ist ein verbindungsorientiertes Protokoll. Das bedeutet, es merkt, wenn einzelne Elemente aus dem Paketstrom fehlen. Am Ziel angekommen, muss ein Paketstrom sinnvoll verarbeitet werden. Damit mehrere Anfragen parallel bedient werden können und es nicht zu langen Wartezeiten kommt, laufen auf einem Server üblicherweise mehrere Server-Prozesse gleichzeitig. Nun kommt häufig erschwerend hinzu, dass unterschiedliche Server-Prozesse auf ein und demselben Server ihre Dienste anbieten. So ist es bei kleineren Servern nicht unüblich, neben einem Webserver auch einen Mailserver zu betreiben, mit dem Mails empfangen und versendet werden können. Woher weiß jedoch ein Server, dass der anfragende Client-Prozess ein Webbrowser ist und nicht ein E-Mail-Programm, wo doch beide per TCP/IP transportiert werden? Auch zu dieser Frage haben die Protokolle eine Lösung parat: Die einzelnen Server-Dienste warten hinter speziellen Ports auf Anfragen; und die Clients sprechen genau die für sie in Frage kommenden Ports an. Man kann sich das wie einen Wohnblock mit Hunderten von Klingeln und Türen vorstellen, wobei jede Klingel und jede Tür eine spezifische Nummer besitzen. Für Anfragen an Webserver hat sich der Port 80 eingebürgert. Auf einigen Servern wartet der Webserver aber auch auf einem anderen Port. Diese Abweichung vom Standard muss dann auf der Client-Seite separat angegeben werden.

2.2.3 Adressierung der Hosts

Bevor man sich für die passende Türklingel entscheiden kann, muss man zuerst die Hausnummer kennen. Jeder an das Internet angeschlossene Host besitzt eine solche »Hausnummer«, auch *IP-Adresse* genannt. Dabei handelt es sich um eine eindeutige Kombination aus vier Zahlenblöcken mit Zahlen zwischen 1 und 255, die jeweils durch Punkte voneinander getrennt sind (z. B.: 196.128.100.001). Diese 32-Bit-Zahl entspricht der Adressierung nach Version 4 des Internet-Protokolls (IPv4). Die Nachfolgeversion IPv6 mit 128 Bit existiert bereits seit mehreren Jahren, wird aber im Internet bislang noch nicht großflächig eingesetzt.

Generell unterscheidet man zwischen festen und dynamischen IP-Adressen. Server und Router im Internet besitzen in der Regel feste Adressen, die sich nicht ändern. Dynamische IP-Adressen werden meist an Teilnehmer vergeben, die sich über einen Internetanbieter, auch *Internet Service Provider* (*ISP*) genannt, in das Internet einwählen. Bei jeder Einwahl erhält der Teilnehmer eine andere IP-Adresse aus dem Pool der freien Adressen zugewiesen.

Die Welt der Computer besteht bekanntermaßen aus Zahlen. Dagegen kennen viele Menschen in Zeiten des allzeit bereiten Telefonbuchs in Form des Handys kaum noch die Telefonnummern ihrer engsten Freunde. Weil sich Menschen ohnehin noch nie besonders gut Zahlen merken konnten, wurde ein Dienst im Internet eingerichtet, der sich *Domain Name Service* (*DNS*) nennt. DNS-Server haben keine andere Aufgabe, als Domain-Angaben wie etwa `www.mindshape.de` in IP-Adressen umzuwandeln und umgekehrt. Das DNS-Protokoll befindet sich in der obersten Schicht des OSI-Modells, der Applikationsschicht (application layer). Es gibt ein verzweigtes Netz von DNS-Servern, die unterschiedliche Zonen abdecken. Vereinfacht gesagt hat jeder DNS-Server von allen Rechnern innerhalb seiner Zone eine lange Liste, auf der jeweils links eine IP-Adresse und rechts der zugehörige Domain-Name stehen. Für die Vergabe von deutschen Domain-Namen mit der Endung ».de« ist das *Deutsche Network Information Center* (*DENIC*) zuständig.

2.2.4 Funktion und Aufbau eines URL

Die Domain, die beispielsweise von einem Benutzer im Webbrowser eingegeben wird, übersetzt der DNS-Server in eine IP-Adresse, damit TCP/IP anschließend weiß, wohin die Pakete geschickt werden sollen.

Dieser Eingabetext im Textfeld des Browsers trägt den Namen *Uniform Resource Locator* (*URL*). URLs stellen nicht nur die genaue Adresse eines Servers dar, sondern bestimmen vor allem ein Zieldokument. Heutzutage findet man überall URLs, die Werbung für Websites machen. Meist haben sie die Form:

`www.domain.de`

Dabei ist dies nur ein verkürzter URL von vielen möglichen. Der URL berücksichtigt sehr viele Adressierungsarten. Der schematische Aufbau sieht wie folgt aus:

`Ressourcentyp://User:Passwort@Host.Domain.tld:Port/Pfad/Datei?Parameter#sprungmarke`

Der Ressourcentyp kennzeichnet das zu verwendende Protokoll auf der Anwendungsebene des OSI-Modells. Die gängigen Protokolle sind hierbei HTTP für das Web, MAIL für den E-Mail-Verkehr, NNTP für den Abruf von News-Diensten und FTP für den Dateitransfer. Der Doppelpunkt trennt den Ressourcentyp von dem übrigen Ressourcenzeiger. Die beiden Schrägstriche // (Doppel-Slash) weisen auf eine externe Ressource hin. Optional folgen ein Benutzername und das zugehörige Passwort, das übrigens beim Absenden über einen Browser mittels HTTP ohne Verschlüsselung (engl.: plaintext) übertragen wird. Sofern mindestens der Benutzername angegeben wird, folgt ein @-Zeichen (gesprochen »ät« oder »Klammeraffe«). Ein sehr häufig genutzter URL ist die E-Mail-Adresse nach dem folgenden Schema:

`mailto:benutzer@domain.tld`

Nach der ursprünglichen Spezifikation folgen der Zielrechner (Host) und eine bestimmte Domain, die sich innerhalb einer *Top Level Domain* (*TLD*) befindet. Diese Top Level Domains bezeichnen beispielsweise das Land (`de` für Deutschland, `fi` für Finnland), die Art der Organisation (`com` für ein Unternehmen, `org` für eine Organisation) oder sonstige Dienste (`info`, `biz` etc.).

Der Host-Eintrag wird auch als sogenannte *Subdomain* bezeichnet und ist entweder in Wirklichkeit ein eigenständiger Rechner oder ein virtueller Host. Virtuelle Hosts sind Webserver-Prozesse, die zwar auf dem gleichen Server laufen, jedoch auf unterschiedliche Domain-Anfragen reagieren. Die Angabe `host.domain.tld` wandelt der DNS-Dienst schließlich in eine IP-Adresse um, die alternativ auch direkt angeben werden kann. Der Port ist, wie bereits angesprochen, eine Art Tür, hinter der ein Server-Dienst wartet. Ist ein Webserver auf den Port 8080 konfiguriert, muss dies explizit in dem URL angegeben sein. Webbrowser setzen ansonsten standardmäßig den Port 80 ein. Am hinteren Ende des URL befinden sich die Pfadangabe auf dem Serversystem und die gewünschte Datei. Steht wie im oberen Beispiel keine Pfad- und keine Dateiangabe, wird im Root-Verzeichnis das Standarddokument angefragt – das ist im Web meist die Datei `index.html`.

Parameter werden nicht von jedem Ressourcentyp akzeptiert. Im Web werden solche Angaben oftmals bei Content-Management-Systemen (CMS) genutzt. Ein CMS trennt das Aussehen von dem Inhalt und erlaubt angemeldeten Redakteuren, Seiten und Texte innerhalb eines vorher definierten Layouts auch ohne technische Vorkenntnisse anzulegen und zu pflegen. Die Daten werden in einer Datenbank gespeichert. Fragt ein Client an, wird die Textinformation zusammen mit dem Layout zur Verfügung gestellt. Ein typischer URL sieht zum Beispiel so aus:

```
http://www.contentmanagement.de/index.php?page_id=43&print=yes
```

Die aufzurufende Datei (`index.php`) besitzt die Parameter `page_id` und `print` mit den Werten `43` bzw. `yes`. In dem Beispiel würde das CMS daraufhin den Seiteninhalt mit der Kennziffer 43 aus der Datenbank laden und diesen zusammen mit demjenigen Layout anbieten, das für die Druckansicht bestimmt wurde. Diese dynamisch generierten Dateien sind im Zusammenhang mit der Suchmaschinen-Indexierung meist heikel. Viele Suchmaschinen-Anbieter ignorieren die Parameter oder nehmen dynamisch generierte Dateien erst gar nicht auf. Google nimmt nach eigenen Angaben nur besonders wichtige Anbieter mit dynamischem Inhalt auf. Es ist dennoch ratsam, dynamische URLs möglichst zu vermeiden. Wie statische URLs im Zusammenhang mit einem CMS umgesetzt werden können, wird in Abschnitt 14.3.2, »RealURL«, am Beispiel von TYPO3 erläutert.

Hinter den optionalen Parametern kann schließlich noch eine seiteninterne Sprungmarke (Anchor) definiert sein. Ein Browser scrollt sozusagen genau an diese Stelle des Dokuments. Dabei muss allerdings der Anchor im Vorhinein im HTML-Code definiert sein.

Im Zusammenhang mit dem URL sieht man oftmals auch eine ähnliche Abkürzung, nämlich *URI*. *Uniform Resource Identifier* ist der Oberbegriff für eine unverwechselbare und einheitliche Ressourcenkennzeichnung. Die Definition des URI stammt aus dem Jahre 1998 und umfasst auch alle davor erschienenen Einzelkonzepte, also auch den URL. Alle URIs haben das Schema:

```
Ressourcentyp: Ressource
```

Neben dem URL ist auch der *URN* (*Uniform Resource Name*) im Alltag häufig vertreten. So ist die überwiegende Anzahl Produkte im Alltag mit dem EAN-Code (European Article Number) gekennzeichnet. Bücher tragen den ISBN-Code (International Standard Book Number). Dieses Buch trägt beispielsweise den eindeutigen Code: `ISBN: 978-3-8362-1233-5`, mit dem Sie in jeder Bücherdatenbank genau dieses Buch finden.

2.3 HTTP

Neben dem Client-Server-Prinzip und der Adressierung mittels eines URL fehlt abschließend noch die dritte Komponente, um die Funktionsweise des World Wide Web zu beschreiben. Das *Hypertext Transfer Protocol* (*HTTP*) sorgt, wie der Name bereits vermuten lässt, für den Transport von miteinander verknüpften, hypertextuellen Text-, Bilder-, Video- und Audioressourcen. HTTP definiert die Kommunikation zwischen einem HTTP-Client und einem HTTP-Server. Dabei bedient es sich eines einfachen und gleichzeitig doch mächtigen Systems. Der Client sendet eine Anfrage an den Server und wartet unmittelbar darauf auf eine Antwort. Diese Aktion wird im Fachjargon auch als *Request* bezeichnet. Der Server wiederum empfängt diese Anfrage, verarbeitet sie und schickt eine Antwort (*Response*) zurück an den Client.

HTTP ist wie andere Anwendungsprotokolle auf der obersten OSI-Schicht anzusiedeln und bedient sich im praktischen Einsatz im Internet des Protokolls TCP/IP, das sich auf den unteren OSI-Schichten befindet und den Transport der HTTP-Pakete übernimmt. Die erste Version, HTTP 0.9, bestand nur aus rudimentären Befehlen zum Abrufen von HTML-Dokumenten und wurde 1990 von HTTP 1.0 abgelöst. Seit 1997 existiert die bislang aktuelle Version HTTP 4.1. Sie beinhaltet zahlreiche Neuerungen. Sie trägt vor allem dem Wachstum des Webs Rechnung und enthält neben Erweiterungen im Bereich der Proxies und des Cachings vor allem die Unterstützung persistenter Verbindungen und virtueller Hosts. Der Vorteil der CPU- und speicherfreundlichen persistenten Verbindung bei HTTP 1.1 ist besonders dann gegeben, wenn mehrere zeitnahe Anfragen an einen Server gestellt werden. Derzeit wird von Webcrawlern neben HTTP 1.1 jedoch immer noch HTTP 1.0 für einzelne Anfragen verwendet, da hierbei keine persistente Verbindung aufgebaut wird und die Protokollanforderungen für die Kommunikation geringer sind. Abbildung 2.6 zeigt den typischen Ablauf auf Protokollebene bei der Anfrage an einen Server. Dabei ist der Ablauf bei einem Browser als User-Agent der gleiche wie bei einem Webcrawler.

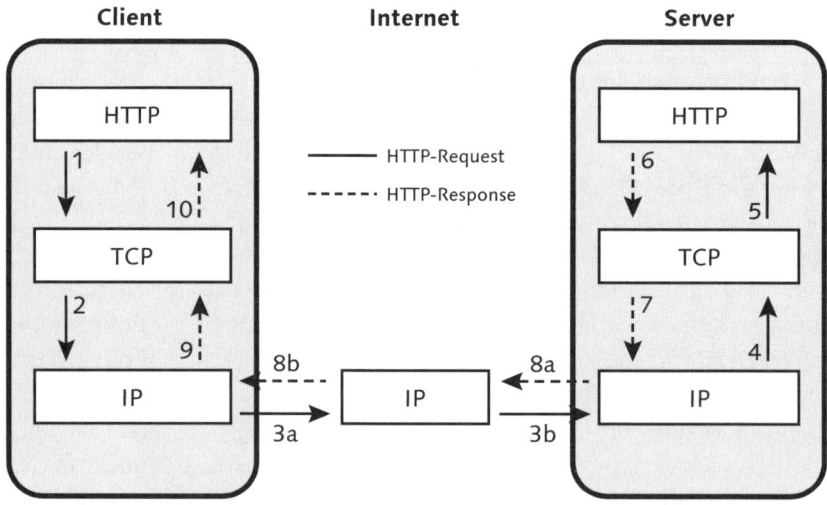

Abbildung 2.6 HTTP-Ablaufschema

- Der Browser initiiert nach Eingabe eines URL durch den Benutzer eine Verbindung zum Server und sendet einen Request ab (**1**).
- TCP unterteilt die Daten in Pakete und gibt diese nummeriert an das IP weiter (**2**).
- Die Datenpakete gelangen vom Client über verschiedene Router im Internet (**3a, 3b**) über das Internet-Protokoll zum Zielrechner, dem Server.
- Dort fügt die TCP-Schicht die einzelnen Pakete wieder zusammen und überprüft die Daten auf Fehlerfreiheit (**4**) hin.
- Die vollständigen Daten werden anschließend zum entsprechenden Port geleitet, wo der Webserver die Anfrage aufnimmt (**5**).
- Nach der Bearbeitung der Anfrage sendet dieser die Antwort über TCP (**6**) und IP (**7**) über Router im Internet (**8a, 8b**) wieder zurück.
- Die TCP-Schicht des Clients (**9**) nimmt diese Daten wiederum auf und liefert dem HTTP-Client (**10**) die Daten, die dieser dann für den Benutzer auswerten oder darstellen kann.

Die inhaltliche Struktur von Request und Response sind dabei nahezu identisch aufgebaut. Sie bestehen aus vier Elementen. Einer einzelnen Startzeile folgt eine Reihe von Kopfzeilen. Eine Leerzeile trennt diese Informationen von einem optionalen Nachrichtenkörper, der die Nutzinformation enthält.

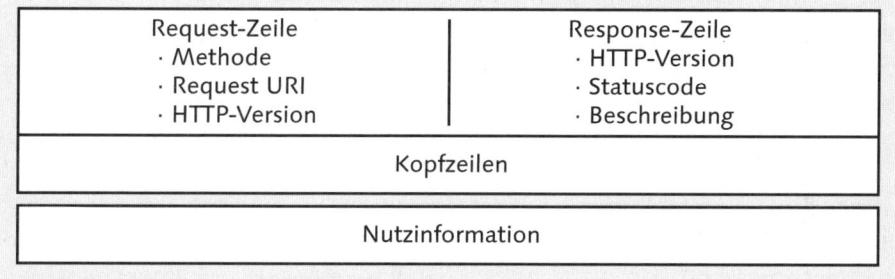

Abbildung 2.7 Schematischer Aufbau von HTTP-Request/-Response

In Bezug auf die Startzeile unterscheiden sich Aussehen und Aufgaben je nach Nachrichtenart. Beim Request enthält die erste Zeile eine Anfrage, bei der Response enthält sie einen Statuscode über den Erfolg oder Misserfolg der Anfragebearbeitung. Jede Kopfzeile enthält einen Bezeichner mit dem zugehörigen Wert, der ebenfalls durch einen Doppelpunkt getrennt wird. Die HTTP-Spezifikation legt die meisten Bezeichner fest. Es ist zwar auch möglich, proprietäre, anwendungsspezifische Kopfzeilen zu nutzen, im praktischen Einsatz mit Suchmaschinen spielen diese jedoch keine Rolle. Eine Leerzeile dient als Trennsignal zur Kennzeichnung der eigentlichen Nutzinformation, etwa des HTML-Dokuments.

2.3.1 Request

Der typische HTTP 1.1-Request enthält nach dem Verbindungsaufbau zu einem Server in der ersten Zeile die Angaben zur Anfrageart, zur Ressource, auf die sich die Anfrage bezieht, und abschließend eine Information über die genutzte Protokollversion.

```
GET /pfad/datei.html HTTP/1.1
Host: www.domain.de
[Leerzeile]
```

Listing 2.3 HTTP-Request mit Host-Header

Im Unterschied zu HTTP 1.0 ist bei der Version 1.1 der Host-Header in der zweiten Zeile zwingend. Anhand dieses Bezeichners kann auch bei virtuellen Hosts der korrekte Host angesprochen werden. Die Zeilenenden werden mit einer speziellen Zeichenkombination (CRLF) gekennzeichnet, die zum Beispiel auch beim Betätigen der Eingabe-Taste auf Ihrer Tastatur ausgelöst wird. Die Leerzeile erhält man demzufolge durch zwei unmittelbar aufeinander folgende CRLF-Sequenzen.

Dem Client stehen verschiedene Anfragearten, auch Methoden genannt, zur Verfügung, um mit dem Server zu kommunizieren. Die Webcrawler der Suchmaschinen verwenden dabei insbesondere zwei der insgesamt sieben Methoden. Die meistgenutzte Anfrageart ist die GET-Methode. Sie fordert den Server dazu auf, die angegebene Ressource an den Client zu übertragen. Außerdem werden gleichzeitig dazugehörige Meta-Informationen verlangt, die sich innerhalb der Response im Kopfbereich befinden. Dieser Kopfbereich kann mit der HEAD-Methode auch ohne Nutzdaten angefordert werden. Für Suchmaschinen ist diese Methode insbesondere bei der Überprüfung bereits indexierter URLs von Vorteil. Melden die Header im Kopfbereich der Response keine neuere Dokumentversion als die bereits in der Datenbank vorliegende, muss das Dokument nicht erneut übertragen werden. Das spart enorme Bandbreite bei den Millionen Anfragen täglich, da die Nutzinformation im Allgemeinen wesentlich größer ist als die Informationen der Kopfzeilen.

Eine Methode, die vor allem für Browser Bedeutung hat, sei hier noch zusätzlich erwähnt. Die POST-Methode kann vom Client genutzt werden, um Daten an den Server zu übertragen. Dies wird etwa beim Übermitteln der Inhalte von Formularfeldern genutzt. Übrigens nutzen Meta-Suchmaschinen genau diese Methode zur Übertragung der Suchdaten an die einzelnen Quell-Suchmaschinen. Neben diesen und anderen Methoden stellt HTTP Suchmaschinen hilfreiche Filter für die Anfragen zur Verfügung. Bei einem Request können neben dem in HTTP 1.1 erforderlichen Host-Header noch weitere übermittelt werden. Insgesamt existieren

46 standardisierte Header [30]; in HTML 1.0 waren es lediglich 16. Dabei haben insbesondere vier Header im Kontext der Suchmaschinen besondere Bedeutung. Bei den ersten beiden nachfolgend erwähnten Headern handelt es sich um sogenannte konditionale Bezeichner. Die Nutzinformationen nach einer Anfrage durch die GET-Methode werden hier nur dann übertragen, sofern die gestellte Bedingung auch tatsächlich erfüllt ist.

If-Modified-Since

Der Inhalt der angeforderten Seite wird nur dann übermittelt, wenn der Stand der Ressource aktueller ist als das mitgelieferte Datum. Die Suchmaschine hat das Datum der letzten Indexierung einer Seite in der Datenbank abgespeichert und sendet dieses mit der GET-Methode im Header-Bereich mit.

```
If-Modified-Since: Sat, 29 Oct 1994 19:43:31 GMT
```

Liegt keine neuere Version der angeforderten Seite vor, teilt der Server dies dem Client in seiner Response mit. Dafür ist in HTTP der Statuscode 304 (Not Modified) als standardisierte Rückmeldung vorgeschrieben. Für den Fall, dass eine neuere Version vorhanden ist, antwortet der Server wie auf einen normalen GET-Request.

Gerade im Hinblick auf die Pflege und Aktualisierung des Datenbestandes ist der `If-Modified-Since`-Header bei Webcrawlern von enormer Bedeutung. Denn Nutzinformationen werden nur dann übertragen, falls sie wirklich in aktueller Form noch nicht in der Datenbank vorliegen. Das Verhalten ist ähnlich wie bei der HEAD-Methode, nur ist diese konditionale GET-Methode noch effizienter einzusetzen.

Der gegensätzliche Bezeichner `If-Unmodified-Since` überträgt ein Dokument nur, wenn es seit einem bestimmten Datum nicht verändert wurde. Für Webcrawler hat dies normalerweise keinerlei Bedeutung, weil unveränderte HTML-Seiten auch keine neuen Informationen für eine Dokumentbewertung bringen.

If-None-Match

Dieser Header weist den Server an, die angeforderte Datei nur zu senden, wenn sie nicht dem angegebenen Entity-Tag entspricht. Näheres dazu finden Sie in Abschnitt 2.3.2, »Response«, unter »ETag«.

```
If-None-Match: "ze-j1979n"
```

Mehrere Werte werden durch ein Komma voneinander getrennt. Alternativ kann auch ein Stern verwendet werden. Er gilt als Standard, wenn alle Dateien erwünscht sind.

User-Agent

Um dem Webserver mitzuteilen, welcher Client gerade eine Anfrage stellt, übermitteln Browser sowie Suchmaschinen ihre Bezeichnung.

```
User-Agent: msnbot/0.3 (+http://search.msn.com/msnbot.htm)
```

In diesem Beispiel sehen Sie die Angabe des MSN-Webcrawlers in der Version 0.3. Noch vor wenigen Jahren bekamen Suchmaschinen-Betreiber E-Mails und sogar Anrufe von verwunderten Seitenbetreibern, nachdem der Webcrawler viele Seiten besucht hatte. Um diesbezüglich Aufklärung zu betreiben, liefern manche Suchdienste einen URL in der Kennung mit, um Interessierten weiterführende Informationen zu bieten.

Der Header `User-Agent` ist besonders im Hinblick auf die Auswertung der Logdateien hilfreich. So können Zugriffe und Suchbegriffe auch auf einzelne Suchmaschinen bezogen analysiert werden. Darauf gehe ich an späterer Stelle gesondert ein (siehe Abschnitt 11.2, »Controlling«).

Accept

Suchmaschinen können nur bestimmte Informationen für das Information Retrieval verwerten. Texte innerhalb von Bildern können beispielsweise nicht analysiert werden, da es sich hierbei für Suchmaschinen nur um Pixel innerhalb einer Grafik handelt. Daher ist es sinnvoll, dem Server mitzuteilen, welche Mediatypen verlangt beziehungsweise erwartet werden.

```
Accept: text/html, text/pdf
```

Der Mediatyp besteht aus zwei Teilen: dem Haupt- und dem Untertyp, die durch einen Schrägstrich voneinander getrennt sind. Statt eines konkreten Untertyps kann auch hier wiederum ein Sternchen als Platzhalter für alle möglichen Untertypen gesetzt sein. Verschiedene Formate können durch ein Komma getrennt aneinander gereiht werden. Im Beispiel akzeptiert der Client nur Dokumente vom Mediatyp `html` oder `pdf`.

2.3.2 Response

Der Client sendet in den meisten Fällen mittels der GET-Methode und variablen Headern einen Request an den Server. HTTP definiert ein standardisiertes Antwortformat – quasi ein Antwortvokabular, das jeder Webserver beherrschen muss. Die Statuszeile der Response enthält wie bereits im Request die HTTP-Version. Danach folgen ein Statuscode und eine Beschreibung, die den Client über Erfolg oder Misserfolg seiner Anfrage informieren. Gefolgt von den Headern und der trennenden Leerzeile folgt die Nutzinformation. Im nachstehenden Beispiel handelt es sich hierbei um ein HTML-Dokument, wie auch aus dem `Content-type`-Header ersichtlich wird.

```
HTTP/1.1 200 OK
Date: Thu, 07 Okt 2004 19:49:00 GMT
Server: Apache/2.0.49
Content-type: text/html
Content-length: 2832
Connection: close
Etag: "has273gs"
[Leerzeile]
<html>
[...]
</html>
```

Listing 2.4 HTTP-Response

Im Header-Bereich sind genauere Angaben über den Server und das zurückgelieferte Dokument enthalten. So weist `Date` auf die Antwortzeit des Requests hin. Der verarbeitende Server ist in diesem Fall der Apache-Webserver; und es handelt sich um ein HTML-Dokument mit einer Länge von 2.832 Byte. Eine Besonderheit in HTTP 1.1 ist der `Connection`-Header, der das Ende der persistenten (dauerhaften) Verbindung anzeigt. Getrennt durch eine Leerzeile findet sich schließlich auch der Quellcode des HTML-Dokuments.

Der `Etag`-Header ist die Chiffriersumme (Entity-Tag), die der Server errechnet hat und mit der er das angeforderte Dokument eindeutig kennzeichnet. Diese kann vom Client wiederum in Kombination mit den konditionalen `If-Range`-, `If-Match`- oder `If-None-Match`-Headern bei zukünftigen Requests genutzt werden. HTTP definiert für eine einheitliche Rückmeldung der Server an Clients verschiedene Statuscodes, auch Response-Code [31] genannt. Diese dreistellige Zahl zwischen 100 und 599 teilt dem Client das Ergebnis seiner Anfrage mit. Suchmaschinen verarbeiten diesen Code nach Erhalt der Response intern, Browser zeigen die Fehlercodes auch oftmals mit einer Beschreibung an. Die Codes selbst sind in bestimmte Bereiche gegliedert:

- **Statusbereich 100**
  Dieser Bereich wird meist nur im Zusammenhang mit bestimmten Headern und mit HTTP 1.1 verwendet, um das Versenden mehrteiliger Nachrichten (100 Continue) oder den Protokollwechsel (101 Switching Protocols) zu kommunizieren.

- **Statusbereich 200**
  Diese Response-Codes zeigen dem Client, dass sein Request erfolgreich war. Wie im obigen Beispiel zu sehen ist, sind glücklicherweise auch die meisten Anfragen in der Praxis erfolgreich (200 OK). Die angeforderte Ressource wird übertragen und kann vom Client verarbeitet werden.

- **Statusbereich 300**
  In diesem Bereich finden sich hauptsächlich Codes, die eine Weiterleitung signalisieren. Eine Weiterleitung (Redirect) dient sowohl dazu, Anfragen nach permanent verschobenen Dateien (301 Moved Permanently) als auch nach temporär verschobenen Dateien (302 Found, 307 Temporary Redirect) abzufangen und dem User-Agent mittels des `Location`-Headers im Response mitzuteilen, wo die Ressource nun zu finden ist.

  Eine spezielle Art der Weiter- bzw. Umleitung stellt der Code dar, der beispielsweise auf einen Request mit einer konditionalen `If-Modified-Since`-Methode folgt. Wurde die Ressource nicht verändert (304 Not Modified), so wird der User-Agent angewiesen, die Datei aus dem eigenen Cache zu laden – was damit im Grunde genommen auch wieder eine Umleitung darstellt.

- **Statusbereich 400**
  Fehler bei der Request-Verarbeitung werden in diesem Bereich behandelt. Dabei kann die Anfrage nicht dem HTTP-Standard entsprechen (400 Bad Request), oder der Client kann versuchen, auf einen geschützten Bereich ohne entsprechende Zugriffsberechtigung zuzugreifen (401 Unauthorized, 403 Forbidden). Der sicherlich berühmteste Statuscode wird übermittelt, wenn die gesuchte Ressource nicht (mehr) auf dem Server existiert (404 Not Found). Erhält ein Webcrawler diesen Code zurück, läuft das mit ziemlicher Sicherheit auf das Entfernen des URL aus dem Datenbestand hinaus.

- **Statusbereich 500**
  Für Fehler, die auf Seiten des Servers entstehen, ist ein eigener Bereich vorgesehen. Dabei kann es beispielsweise vorkommen, dass es sich um einen veralteten Server handelt, der gewisse Standards noch nicht beherrscht (501 Not Implemented), oder dass administrative Arbeiten erledigt werden und daher der Webserver vorübergehend nicht zu erreichen ist (504 Service Unavailable). In einem solchen Fall würde der Webcrawler zu einem späteren Zeitpunkt erneut eine Abfrage starten.

2.3.3 HTTP live erleben

Falls Sie möchten, können Sie die HTTP-Anfragen auch selbst einmal online durchführen. Beinahe jedes Betriebssystem stellt ein Telnet-Tool zur Verfügung, mit dessen Hilfe man eine HTTP-Kommunikation durchführen kann. Damit öffnen Sie eine interaktive Verbindung zu einem Server Ihrer Wahl und können per Hand einen Request abschicken und sehen, wie der Server darauf antwortet. Geben Sie dazu in der Kommandozeile Ihres Betriebssystems Folgendes ein:

```
telnet www.domain.de 80
```

Danach geben Sie einen Request ein, etwa:

```
GET /pfad/dateiname.html HTTP/1.0
[Header, falls gewünscht, oder ENTER]
[ENTER]
```

Anschließend bekommen Sie die Response des Servers angezeigt, welche die Statuszeile mit Headern enthält sowie – sofern erfolgreich – die Nutzinformation.

Alternativ finden Sie auf *http://web-sniffer.net* auch eine leichter zu bedienende Weboberfläche, allerdings nicht mit allen Freiheiten wie bei der Telnet-Anwendung.

Abbildung 2.8 Web-Sniffer zeigt die HTTP-Request- und Response-Header.

> »Das Ziel sollte sein, einen Platz zu haben, an dem jede Information oder jeder Hinweis gefunden wird, die jemand als wichtig erachtete, und einen Weg zu ermöglichen, die Information danach wieder zu finden.«
> – Timothy Berners-Lee (Erfinder des World Wide Web, 1990)

3 Architektur von Suchmaschinen

Im ersten Abschnitt bin ich bereits auf den Unterschied zwischen einem Webkatalog und einer Suchmaschine eingegangen. Erinnern Sie sich an die drei Komponenten einer Suchmaschine? Die Datengewinnung und die darauf folgende Datenanalyse und -verwaltung werden innerhalb eines komplexen Systems organisiert, das als Ganzes den Namen »Suchmaschine« trägt. In diesem Kapitel beschreibe ich die Funktionsweise eines solchen Systems im Detail. Dabei wird deutlich werden, wie Suchmaschinen ihre Daten erhalten, weiterverarbeiten und schließlich dem Suchenden die Ergebnisse präsentieren.

Bei der Aufnahme und Verarbeitung der Dokumente im Kontext von Information-Retrieval-Systemen, zu denen die Suchmaschinen gehören, existieren typische und charakteristische Komponenten und Filtermethoden. Diese werden im Folgenden beschrieben. Denn viele Stolperfallen bei der Webseiten-Optimierung sind oftmals nicht erkennbar, falls man den Ablauf auf Seite der Suchmaschinen nicht kennt. Oder positiv ausgedrückt: Wenn Sie die prinzipielle Funktionsweise einer Suchmaschine kennen, vermeiden Sie Fehler bei der Optimierung. Dabei ist es nicht wichtig, ob es sich um Google, Yahoo! oder irgendeinen anderen Anbieter handelt. Die genaue Systemzusammenstellung mit ihren einzelnen Komponenten und Aufgaben wird ohnehin wie so vieles wie möglich zum Thema Suchmaschinen geheim gehalten. Kein Anbieter will einem Konkurrenten wertvolle Informationen zukommen lassen. Dennoch arbeiten alle nach den gleichen Grundprinzipien.

Eine erste grundlegende Arbeit über den Systemaufbau veröffentlichten die beiden Google-Erfinder Sergey Brin und Lawrence Page unter dem Titel »The Anatomy of a Large-Scale Hypertextual Web Search Engine« [32]. Damals noch aus vorwiegend wissenschaftlichem Interesse stellten sie 1998 neben dem Pagerank-Algorithmus auch die Systemkomponenten des damaligen Prototyps vor. Auch wenn die Beschreibungen stellenweise ungenau sind, gilt dieses Werk dennoch als eine wichtige Grundlage für Wissenschaftler und andere Suchmaschinen-Betreiber. Wer will schon das Rad noch einmal erfinden, wenn es bereits rollt? Die folgende Beschreibung basiert allerdings nicht nur auf der Beschreibung der Systemarchitektur von Brin und Page, sondern bezieht auch andere Veröffentlichungen aus Wissenschaft und Industrie mit ein. Ich möchte Ihnen dadurch ein Grundverständnis für die Systemkomponenten vermitteln, die an der Generierung des Datenbestandes beteiligt sind. Dieses Wissen lässt sich bei der Optimierung sehr gewinnbringend verwenden.

3.1 Dokumentgewinnung mit dem Webcrawler-System

Bevor Daten innerhalb des Information-Retrieval-Systems ausgewertet oder bewertet werden können, müssen sie zunächst einmal aus dem World Wide Web beschafft werden. Dafür ist das bereits erwähnte Webcrawler-System zuständig. Seine primäre Aufgabe besteht im Herunterladen (Download) von Dokumenten aus dem Web, die der Suchmaschine bislang unbekannt sind. Dabei werden nicht wie bei Webkatalogen nur die angemeldeten URLs abgefragt. Die überwiegende Anzahl der abgefragten URLs ist selbstständig aus dem Web akquiriert.

Eine zweite Aufgabe gewinnt mit zunehmendem Datenbestand an Bedeutung: Die bereits erfassten Dokumente müssen auf ihre Aktualität hin überprüft werden, und der betreffende Datensatz muss gegebenenfalls anschließend modifiziert werden. Auch hierzu wird eine Schnittstelle in das World Wide Web benötigt. Bevor es um die eigentliche Datenaufbereitung geht, muss daher im Vorfeld das Webcrawler-System ganze Arbeit leisten.

Es ist sozusagen die Schnittstelle nach außen in das World Wide Web. Abbildung 3.1 zeigt die einzelnen Komponenten und deren Zusammenspiel. Man unterscheidet innerhalb des Webcrawler-Systems drei Arten von Modulen. Einerseits gibt es die *Protokollmodule* (*Proctocol Modules*), die als Clients in direktem Kontakt zu Servern im World Wide Web stehen. Dazu gehören vor allem die einzelnen Crawler.

Auf der anderen Seite stehen die *Verarbeitungsmodule* (*Processing Modules*), die für das Verarbeiten und Speichern der gewonnenen Informationen verantwortlich sind. Zu dieser Art gehören der Storeserver und der Scheduler, wobei der Storeserver, wie später deutlich werden wird, auch zu den Protokollmodulen gezählt werden kann, da er teilweise auch die Auswertung der HTTP-Daten übernimmt. Der Dokumentenindex (Document Index) und das Depot (Repository) gehören zu den *Datenspeichermodulen*.

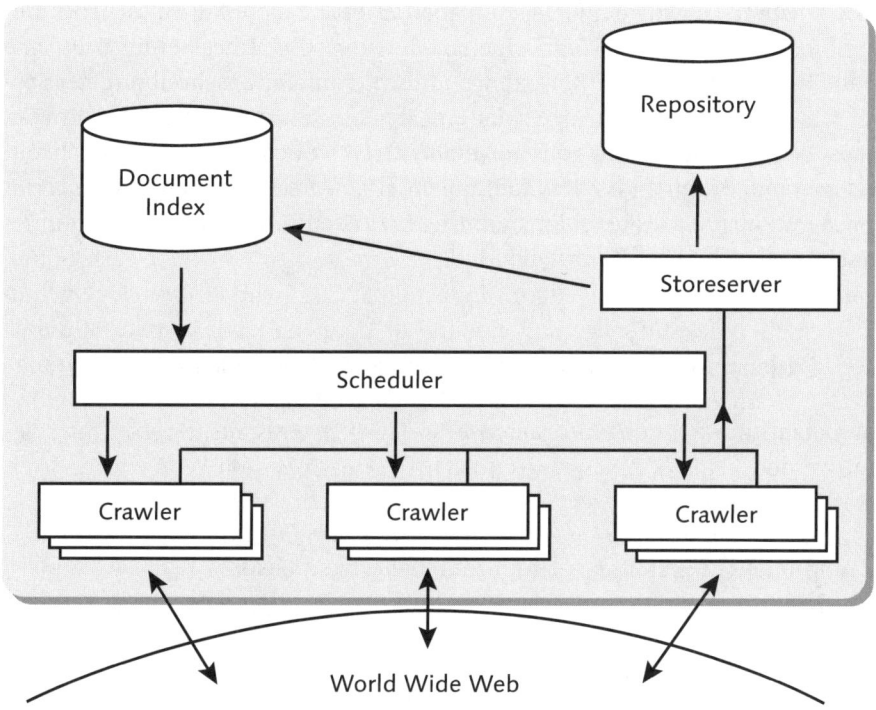

Abbildung 3.1 Webcrawler-System

3.1.1 Dokumentenindex

Der Dokumentenindex (Document Index) enthält Informationen zu jedem Dokument in der Datenbank. Innerhalb der Dokumentverarbeitung wird einem Dokument ein eindeutiger Schlüssel zugeteilt, der auch *Dokumentenidentifikation* (DocID) genannt wird. Die Einträge innerhalb des Dokumentenindex sind nach dieser DocID geordnet und enthalten weitere wichtige Informationen.

Zum einen wird hier der augenblickliche Dokumentstatus definiert. Dieser kann beispielsweise auf »wird gerade gecrawled« stehen, falls der betreffende URL in diesem Moment durch einen Crawler von einem Webserver heruntergeladen wird. Der Dokumentstatus verrät auch, ob ein URL überhaupt schon indexiert wurde oder noch zu den URLs gehört, die zum ersten Mal besucht werden müssen. Dabei wird keine beschreibende Zeichenkette (»wird gerade gecrawled« oder »noch nicht indexiert«) genutzt, sondern ein kurzer systeminterner Code für jeden Status vergeben. Das Ziel ist stets, möglichst viel Platz in der Datenbank zu sparen. Des Weiteren verweist ein Zeiger auf die lokale Kopie innerhalb des Repositorys, das weiter unten angesprochen wird.

Für das effiziente Abwickeln vieler Aufgaben ist eine *Check-Summe* für jedes Dokument und jeden URL von besonderer Bedeutung. Eine Check-Summe ist eine Zeichenfolge aus Ziffern und Buchstaben und wird anhand eines Algorithmus berechnet. Dieser Algorithmus erhält als Eingabewert etwa ein HTML-Dokument, den URL oder Ähnliches und gibt eine eindeutige Zeichenfolge aus, die unabhängig von der Quelle immer die gleiche Länge besitzt. Ändert man in der Quelle nur ein einziges Zeichen, ändert sich auch die Check-Summe. Sie kann somit als Repräsentant einer Quelle genutzt werden. Eine bekannte Form der Check-Summenberechnung ist der MD5-Algorithmus; die Suchmaschinen-Betreiber benutzen jedoch überwiegend selbst implementierte Algorithmen. Die Check-Summen dienen in der Praxis hauptsächlich zum Abgleich zweier Dokumente. Erhält man für zwei Dokumente die gleichen Check-Summen, so handelt es sich um ein und dasselbe Dokument. Neben diesen Angaben enthält der Dokumentenindex für jeden Eintrag noch verschiedene statistische Daten wie etwa:

- Länge des Dokuments
- Zeitstempel des Erstellungsdatums und des letzten Besuchs
- Wert der beobachteten bzw. errechneten Änderungshäufigkeit
- Dokumenttyp (Content-Type)
- Seitentitel aus dem `<title>`-Tag
- Informationen aus der Datei *robots.txt* bzw. aus dem Meta-Tag `robots`
- Statusinformationen über den Server
- Hostname und IP-Adresse des Hosts

Die Erfassung der IP-Adressen wird unter anderem dazu eingesetzt, alle URLs eines Hosts aus dem Bestand zu löschen. So weist Northernlight ausdrücklich darauf hin, dass bei einer Entdeckung pornografischer Inhalte auf einem URL alle URLs mit der gleichen IP-Adresse gelöscht werden. Der Dokumentenindex wird ständig durch bislang nicht erfasste URLs erweitert. Einerseits gelangen die URLs von der manuellen Anmeldung durch die Autoren über das Webinterface in den Dokumentenindex, andererseits werden selbstständig Links ausgewertet und hinzugefügt. Aus diesem Grund wird der Dokumentenindex oftmals auch als *URL-Datenbank* einer Suchmaschine bezeichnet.

Google bietet Webautoren seit Mitte 2005 zusätzlich die Möglichkeit, ihre URLs über eine standardisierte XML-Datei anzumelden. Mehr dazu erfahren Sie in Abschnitt 12.6, »Hilltop-Prinzip und Trustrank«.

3.1.2 Scheduler

Der Scheduler ist das zentrale Verwaltungsorgan im Webcrawler-System. Er koordiniert die verschiedenen Crawler und verteilt Aufträge. Dabei bekommt er die notwendigen Informationen aus dem Dokumentenindex. Der Scheduler hat zwei Richtlinien, anhand derer er entscheidet, welcher URL als Nächster bearbeitet werden soll. Je nach Politik der Suchmaschinen-Betreiber liegt das Bestreben primär auf der Erweiterung oder der Pflege des Datenbestandes. Oft wird auch ein alternierendes Wellensystem angewandt, sodass zu bestimmten Zeiten das Neuerfassen Vorrang vor dem Aktualisieren der URLs hat und umgekehrt. Dem Scheduler wird ein bestimmtes Verhältnis zwischen neu zu erfassenden und zu pflegenden URLs vorgegeben, auf Grund dessen er die richtige Mischung der Auftragsarten errechnet.

In der Praxis unterstehen einem Scheduler sehr viele Crawler. Um die ständig steigende Zahl der Millionen von Webseiten überhaupt bewältigen zu können, setzen Suchmaschinen auf ein sogenanntes verteiltes Rechnersystem (Cluster) mit vielen einzelnen Crawlern. Dabei laufen auf mehreren Rechnern parallel die gleichen Crawler-Algorithmen unabhängig voneinander. Die Arbeit wird untereinander aufgeteilt.

Dem Scheduler ist dabei der Status eines jeden Crawlers bekannt. Die Crawler können sich in verschiedenen Zuständen befinden:

- Der Crawler ist frei und kann erneut einen Auftrag entgegennehmen.
- Der Crawler tritt mit dem Server in Verbindung und sendet einen HTTP-Request.
- Der Crawler wartet auf eine Antwort des Servers.
- Der Crawler verarbeitet die HTTP-Response und gibt diese weiter.

Daraus erkennt der Scheduler jederzeit die Belastung jedes einzelnen Crawlers. So kann er neue Aufträge immer an einen Crawler mit wenig Last verteilen. Die Crawler selbst liefern das Ergebnis ihrer Arbeit an den Storeserver. Dies kann zum einen das Dokument nach erfolgreichem Download sein oder aber auch eine Fehler- oder Statusmeldung. Dabei wird je nach Art der Rückmeldung des Crawlers nach Auftragserledigung angemessen reagiert. Konnte ein Dokument nicht unter dem angegebenen URL gefunden werden, gibt der Storeserver zum Beispiel die Anweisung an den Dokumentenindex, den betreffenden URL zu löschen.

Bei einer erfolgreichen Neuerfassung oder einer aktuelleren Dokumentvariante werden die entsprechenden Parameter in den Dokumentenindex übertragen. Diese Arbeit erledigt in der Regel der Storeserver, je nach Systemarchitektur aber auch der Scheduler. Für die Überprüfung der Aktualität des Datenbestandes müssen unzählige URLs erneut besucht werden. Dabei wird nicht jede Website in gleichen Abständen besucht. Der Scheduler gewichtet nach einem bestimmten Verfahren die zu besuchenden URLs aus dem Dokumentenindex und übergibt die ermittelten URLs an die Crawler. Dabei wird bei der Kalkulation einerseits auf die berechnete Aktualisierungsfrequenz der Zielressource zurückgegriffen. Je öfter ein Dokument aktualisiert wird, desto relevanter und zeitgemäßer ist offenbar die darin enthaltene Information und umso häufiger wird sie von Webcrawlern besucht. Andererseits wirkt noch eine Vielzahl anderer Parameter darauf ein, wann eine Seite erneut besucht wird. Oftmals spielt auch die Tiefe eines Dokuments innerhalb des Verzeichnissystems eine bedeutende Rolle.

`www.domain.de/inhalt/sonstiges/datei.html`

Aus diesem URL würde der Scheduler beispielsweise herleiten, dass das Dokument `datei.html` die Tiefe zwei besitzt. Null würde bedeuten, dass sich das Dokument direkt auf der obersten Root-Ebene befände. Der Gedanke dahinter ist, dass tiefer liegende Informationen weniger relevant und vor allem weniger aktuell sind als höher liegende und daher nicht so häufig auf Änderungen hin überprüft werden müssen. Des Weiteren kann jeder URL-Eintrag der Relevanz nach sortiert erneut besucht werden. Bei einer anderen Gruppierungsmethode werden URLs nach IP-Bereichen, Art der Seiten (statisch oder dynamisch) oder nach dem Dokumenttyp geordnet. Die genaue Zusammenstellung der einzelnen Methoden zur Berechnung der Wiederbesuchsfrequenz ist allerdings auch hier bei jedem Anbieter unterschiedlich.

3.1.3 Crawler

Crawler werden auch als Spider, Robots, Webwanderer oder Webcrawler bezeichnet. Sie stellen in einem gewissen Sinne die heikelste Komponente der Suchmaschine dar, da sie die einzige Komponente sind, die außerhalb des sonst in sich abgeschlossenen Systems arbeitet. Die Kontaktpartner der Crawler sind insbesondere Web- und DNS-Server, und diese liegen außerhalb des Einflussbereichs der Systemadministratoren. Daher muss bei der Implementierung sehr sorgfältig gearbeitet werden, um Fehler zu vermeiden beziehungsweise um alle möglichen Fremdfehler frühzeitig zu erkennen und angemessen darauf reagieren zu können.

Die Aufgabenbeschreibung eines Crawlers ist im Prinzip recht einfach. Er bekommt von dem Scheduler den konkreten Auftrag, einen bestimmten URL zu besuchen und von dort entweder eine neue Ressource herunterzuladen oder eine in der Datenbank bestehende Ressource darauf hin zu prüfen, ob sie noch existiert oder verändert wurde. In Abbildung 3.1 sahen Sie drei Crawler, die den Cluster symbolisieren. In der Praxis sind es jedoch wesentlich mehr. So betreibt

Google derzeit über ein Dutzend Rechenzentren, die hauptsächlich in den USA, aber auch in Irland liegen. In diesen Rechenzentren stehen über 10 000 Server, auf denen jeweils wiederum ca. 200 Crawler-Prozesse laufen. Diese Architektur ist heutzutage üblich, da sie enorme Vorteile bietet. Zum einen sind Linux-Rechner mit handelsüblicher Hardwareausstattung in Anschaffung und Wartung im Vergleich zu großen Serversystemen preisgünstiger. Zum anderen fallen Ausfälle einzelner Rechner weniger ins Gewicht. Ein defekter Rechner kann zur Wartung und Reparatur vom Cluster getrennt werden, ohne die Gesamtleistung des kompletten Systems merkbar zu verringern oder gar das gesamte System stillzulegen. Der Scheduler erteilt automatisch keine Aufträge mehr an dieses Cluster-Element, bis der Rechner wieder in Bereitschaft ist. Jeder einzelne Crawler-Prozess bearbeitet über 300 Verbindungen zu URLs gleichzeitig. Mit diesem mehrschichtigen System werden Tausende von Ressourcen pro Sekunde heruntergeladen.

Wie läuft nun eine Auftragserledigung konkret ab? Nachdem der Crawler seine Bereitschaft an den Scheduler gemeldet hat, erhält er einen neuen Auftrag. Angenommen, dabei handelt es sich um die einfachste Variante, nämlich einen bislang nicht erfassten URL. Der Crawler löst den URL zuerst mittels DNS in eine IP-Adresse auf. Damit die Bandbreite nicht ständig durch wiederholte DNS-Abfragen unnötig geschmälert wird, befindet sich auf jedem Crawler-Rechner ein temporärer DNS-Cache. DNS-Anfragen werden nur noch dann gestellt, falls der gewünschte URL nicht im lokalen DNS-Cache zu finden ist. In diesem Fall wird das Ergebnis der DNS-Abfrage mit einer gewissen Halbwertszeit, der sogenannten *TTL (Time To Life)*, in den DNS-Cache geschrieben. In manchen Architekturen haben bestimmte Cluster-Elemente feste DNS-Sektoren. Der Scheduler kennt diese und verteilt Aufträge mit Anfragen an bestimmte Zonen an die entsprechenden Crawler. So können die DNS-Anfragen zusätzlich minimiert werden.

Doch zurück zum Beispiel: Der Crawler sendet mittels des DNS-Caches einen HTTP-Request an die betreffende IP-Adresse des Servers und fordert ihn mit der GET-Methode zum Übertragen der Ressource auf. Diese Aktion wird auf der Serverseite im Log-Buch festgehalten und ist landläufig als »die Suchmaschine hat die Webseite besucht« bekannt. Die HTTP-Response enthält, wie in Kapitel 2, »Anatomie des World Wide Web«, erklärt, neben den Dokumentdaten auch einige Header-Informationen. Diese Daten übergibt der Crawler nach Erhalt dem Storeserver zur Weiterverarbeitung. Anschließend meldet er sich wieder beim Scheduler und ist für den nächsten Auftrag bereit.

Mit der Ausdehnung von multimedialen Elementen wurden einzelne spezialisierte Webcrawler entwickelt. So gibt es bei Yahoo! separate Crawler, die nur Flash-Animationen oder PDF-Dateien abfragen. Dabei übernehmen diese spezialisierten Crawler vor der Übergabe an den Storeserver noch die Konvertierung in ein durch das System lesbares Format. Jedem Crawler diese erweiterten (Multimedia-)Fähigkeiten zu verleihen, würde derzeit aus Effizienzgründen noch nicht sinnvoll sein, da die Auswertungsmechanismen beispielsweise bei Flash-Dateien wesentlich komplexer sind als bei einfachen HTML-Dateien und der Anteil der einfachen HTML-Dokumente noch deutlich überwiegt. Besäße jeder Crawler alle Fähigkeiten, so würde er erheblich mehr Speicherbedarf haben, um die oben angesprochene Fehlerbehandlung hundertprozentig sicherzustellen.

3.1.4 Storeserver

Der Storeserver ist im Wesentlichen für die Sicherung der Daten verantwortlich, die von den Crawlern geliefert werden. Er erfüllt jedoch noch verschiedene andere Funktionen zur Sicherung der Datenintegrität.

Storeserver				
HTTP-Statuscode	Dokumenttyp	Dublettenerkennung	URL-Filter	etc.

Abbildung 3.2 Detailaufbau des Storeservers

Die Aufgaben des Storeservers lassen sich in drei Bereiche gliedern:

1. Er erhält von den Crawlern den HTTP-Response-Header der angesprochenen Webserver zur Auswertung.
2. Der Dokumentenindex wird sowohl bei erfolgreicher Abfrage einer Ressource als auch bei einem Misserfolg auf den aktuellen Stand gebracht.
3. Der Storeserver unterzieht eine erfolgreich übermittelte Ressource einer Aufnahmeprüfung, für die gewisse Filter eingesetzt werden.

Als Eingabe erhält der Storeserver in jedem Fall die Header aus der HTTP-Response. Ferner wird das HTML-Dokument bzw. die vom Crawler angeforderte Ressource übertragen. Oftmals kommt es bei der Anfrage seitens des Crawlers zu Fehlern, zu unbeantworteten HTTP-Requests oder Ähnlichem.

Dabei erhält der Crawler in jedem Falle in der HTTP-Response einen Statuscode zurück, der auf die Ursache des nicht erfolgreichen Auftrags schließen lässt. Für den Crawler war der Auftrag an sich jedoch dennoch erfolgreich, da er ein Ergebnis erzielt hat. Er übermittelt dieses Ergebnis daher an den Storeserver.

Der Storeserver wertet die Statuscodes und Header-Informationen aus und ergreift entsprechende Maßnahmen. Bei Aufträgen mit konditionalen Headern zur Überprüfung der Aktualität des Datenbestandes wird beispielsweise der If-Modified-Since-Header angewendet; das dazu notwendige Datum hatte der Scheduler aus dem Dokumentenindex als Parameter an den Crawler übergeben. Das Ergebnis ist unter Umständen ebenfalls ein Statuscode, der vom Storeserver verarbeitet werden muss. Als Beispiel sollen die Reaktionen auf gebräuchliche Statuscodes beschrieben werden:

- **Statuscode 200 (OK)**
  Die Anfrage war erfolgreich, der URL existiert, das Dokument wird von dem Storeserver verarbeitet, die Header-Informationen werden aus der HTTP-Response ausgewertet und die Daten werden in dem Dokumentenindex aktualisiert.

- **Statuscode 301 (Moved Permanently)**
  Unter dem abgefragten URL befindet sich kein Dokument mehr. Der Server hat den Request weitergeleitet und dem neuen URL übermittelt. Der Storeserver aktualisiert den Eintrag in dem Dokumentenindex und überschreibt damit den veralteten URL. Auf den Webseiten von Google [33] erfährt man, dass solche Änderungen innerhalb von sechs bis acht Wochen bei der Darstellung von Suchergebnissen berücksichtigt werden. Das hat allerdings andere Ursachen als die Aktualisierung des Dokumentenindex, auf die ich später noch eingehe.

- **Statuscode 302 (Moved Temporarily)**
  Die gewünschte Zielressource ist zeitweilig nicht unter dem verwendeten URL erreichbar, ein neuer URL wird in der Response angegeben. Im Gegensatz zum Statuscode 301 wird in der Regel der ursprüngliche URL nicht geändert. Damit wird auch exakt die Anweisung des RFC 2616 (HTTP 1.1) befolgt:

»The requested resource resides temporarily under a different URI. Since the redirection might be altered on occasion, the client SHOULD continue to use the Request-URI for future requests.«

- **Statuscode 304 (Not Modified)**
  Diese Antwort auf einen konditionalen HTTP-Request teilt dem Storeserver mit, dass seit dem Datum des letzten Zugriffs keine Änderung an der angesprochenen Ressource erfolgt ist. Der Storeserver wird daraufhin den Wert zur Aktualisierungshäufigkeit des URL in dem Dokumentenindex herabsetzen, was zur Konsequenz hat, dass der betreffende URL in Zukunft weniger häufig frequentiert werden wird.

- **Statuscode 401 (Unauthorized)**
  Um auf den gewünschten URL zugreifen zu können, werden bestimmte Zugriffsrechte vorausgesetzt, die nicht erfüllt wurden. Da die Suchmaschine bei solchen Ressourcen keine für die Allgemeinheit hilfreichen Informationen zu finden glaubt, wird der Storeserver in der Regel die Löschung des URL einleiten. Ein ähnliches Verhalten folgt auf den Statuscode »403 Forbidden«.

- **Statuscode 404 (Not Found)**
  Die gewünschte Ressource ist nicht (mehr) verfügbar, und es existiert keine Umleitung. Der Storeserver gibt die Anweisung, den URL aus dem Dokumentenindex zu löschen, ebenso wie alle anderen Datensätze, die diesen URL betreffen.

- **Statuscode 414 (Request URL Too Long)**
  Der angeforderte URL ist zu lang und kann daher nicht ordnungsgemäß verarbeitet werden. Daher wird der Eintrag ebenfalls gelöscht.

- **Statuscode 500 (Internal Server Error)**
  Der angefragte Server kann die Anfrage aufgrund eines internen Fehlers nicht beantworten. Je nach Einstellung des Storeservers wird der URL-Eintrag gelöscht oder ein Marker gesetzt. Häufen sich nach mehrfachen Anfragen diese Marker über eine gewisse Zeit, wird der URL-Eintrag aufgrund permanenter Unerreichbarkeit entfernt.

- **Statuscode 503 (Service Unavailable)**
  Ist ein Server temporär nicht in der Lage zu antworten, merkt der Storeserver den URL im Dokumentenindex für einen späteren Besuch vor. Dies kann bei stark frequentierten Webservern zu Stoßzeiten vorkommen.

Das Auswerten der HTTP-Response-Header und das anschließende Aktualisieren des Dokumentenindex sichert die Konsistenz des Datenbestandes. Der Statuscode ermöglicht dem Storeserver insbesondere beim Auftreten von Fehlern eine passende Reaktion.

Sofern ein Dokument ordnungsgemäß an den Storeserver übergeben wurde, muss die Ressource auf ihre Speicherungswürdigkeit und Verarbeitbarkeit hin geprüft werden, bevor sie im Repository endgültig gespeichert werden kann. Hierbei handelt es sich um eine Kette von verschiedenen Filtern, welche die Ressource nacheinander durchläuft. Durch diese Filterkette wird sichergestellt, dass nur solche Ressourcen in das System und zur weiteren Verarbeitung gelangen, die einerseits überhaupt verarbeitbar und andererseits auch erwünscht sind.

Diese Stelle ist für den Webautor von besonderem Interesse, da es hier erstmalig zu einer Ablehnung einer Ressource kommen kann. Hierbei zeigt sich sehr schön, dass das Wissen über die prinzipielle Funktionsweise von Suchmaschinen hilft, Fehler bereits im Vorfeld zu vermeiden. Die genaue Art und Anordnung der Filter ist systemspezifisch. Allerdings lassen sich drei wesentliche Filterprozesse herausstellen, die praktisch in jeder Suchmaschine Anwendung finden.

Dokumenttyp

Suchmaschinen mit ihren Information-Retrieval-Systemen können Informationen nur aus bestimmten Medientypen gewinnen. Eine voll automatisierte Informationsgewinnung aus Audio- und Videoressourcen ist heutzutage noch im wahrsten Sinne des Wortes Zukunftsmusik, und so stellen viele Medientypen für Suchmaschinen informationslosen Ballast dar. Der Storeserver hat klare Vorgaben, welche Medientypen zu akzeptieren und welche abzulehnen sind. Dazu werden bei der Analyse vor allem der `MIME-Type-` bzw. `Content-type`-Header aus der HTTP-Response verarbeitet.

Dublettenerkennung

Nachdem die Ressource den Dokumentfilter erfolgreich durchlaufen hat, muss überprüft werden, ob die vorliegende Ressource nicht bereits unter einem anderen URL erfasst wurde.

Diese Dubletten sind dabei nicht nur tatsächliche Kopien, sondern auch inhaltlich identische Ressourcen. Insbesondere Unternehmen besitzen oftmals mehrere Domains, die auf ein und dieselbe Webpräsenz verlinken:

```
www.fahrrad-krause.de/service/wintercheck.html
www.rad-service.de/service/wintercheck.html
```

Beide Domains haben bei den DNS-Servern die gleiche IP-Adresse, verweisen also auf denselben Webserver. Im Beispiel gelangt man somit in beiden Fällen auf das gleiche Dokument, was jedoch bei einer reinen Betrachtung des URL nicht ersichtlich ist. Die gleiche Verzeichnisstruktur und der gleiche Dateiname, ohne die Domain zu betrachten, sind leider für eine Dublettenerkennung nicht ausreichend. Denken Sie beispielsweise an `/kontakt/anfahrt.html`. Dieser Ausschnitt kommt sicherlich in zahllosen URLs vor, die jedoch keine identischen Dokumente darstellen.

Im zweiten Fall kann eine Ressource unter anderem Namen auf einem anderen Server auftreten, die aber dennoch inhaltlich hundertprozentig identisch ist:

```
www.radfahr-erlebnisse.de/routentipps.html
www.biking.com/germany/routes.htm
```

Eine Erkennung über den URL ist hier nicht möglich. Heutige Information-Retrieval-Systeme verfügen über eine effektive Methode zum Vergleich zweier Ressourcen. Dabei kommt die bereits weiter oben angesprochene Check-Summe zum Einsatz. Für die neue Ressource wird eine Check-Summe gebildet. Der Dokumentenindex wird darauf hin überprüft, ob diese Check-Summe vorkommt. Liefert die Suche ein positives Ergebnis, befindet sich bereits eine inhaltlich identische Kopie der Ressource im Datenbestand. Eine erneute Erfassung bringt aus Sicht der Suchmaschinen-Betreiber keinen Gewinn und wird daher abgelehnt.

URL-Filter

Auch wenn die Dublettenerkennung über den URL nicht funktioniert, gibt es dennoch eine Reihe von Filtern, die ein neuer URL vor der Aufnahme in das Repository durchlaufen muss. Die Existenz und Erreichbarkeit einer Ressource, auf die ein URL verweist, ist mit der Übermittlung der Nutzdaten im Vorfeld zumindest temporär bereits gesichert. Jetzt müssen der URL und damit auch die betreffende Ressource weitere Kriterien erfüllen, um in den Datenbestand aufgenommen werden zu können.

Ein URL ist der einzige Schlüssel für den erneuten Zugriff auf eine Ressource. Dabei ist der spätere Besuch eines Crawlers zur Aktualisierung eher von sekundärer Bedeutung. Es muss vielmehr sichergestellt werden, dass genau die erfasste Ressource auch jedes Mal beim Aufruf des URL zu finden ist und nicht etwa eine andere Fassung oder gar eine ganz andere Ressource. Stellen Sie sich vor, bei der Darstellung der Ergebnisliste würde später jedes Mal bei ein und demselben Link ein anderes Dokument erscheinen. In erster Linie wird überprüft, ob der URL dem Standard entspricht. Des Weiteren wird der URL auf Anzeichen untersucht, die auf ein dynamisch generiertes Dokument schließen lassen. Denn gerade bei dynamisch erzeugten Dokumenten besteht die größte Gefahr, bei mehrmaligen Anfragen jeweils verschiedene Dokumentvarianten zu erhalten. Zur Erkennung werden die in der URL-Spezifikation definierten Sonderzeichen wie ?, &, =, % genutzt, was das Erkennungsverfahren enorm erleichtert.

Natürlich können weitere Kriterien an einzelne Elemente des URL angelegt werden. So kann ein Suchdienst-Betreiber beispielsweise festlegen, dass nur Ressourcen mit einer bestimmten Verzeichnistiefe in den Index aufgenommen werden. Ebenso wäre eine Ablehnung aller URLs außer denen der Top Level Domain de relativ einfach realisierbar. Beide Verfahren finden aber nur in sehr kleinen, meist experimentellen Suchmaschinen überhaupt Anwendung.

Weit verbreitet ist hingegen die Verwendung einer sogenannten *Black List*. Diese »schwarze Liste« enthält Wörter und Phrasen, die nicht erwünscht sind. Meist handelt es sich dabei um Wörter, die gegen die Nutzungsordnung des Suchmaschinen-Betreibers oder gegen nationale und internationale Gesetze verstoßen. Die Einträge werden manuell in die Black List eingepflegt. Erscheint ein Wort der Black List in irgendeiner Form in dem URL, sei es in Form der Domain oder in Form eines Verzeichnis- oder Dateinamens, wird die Aufnahme in den Datenbestand abgelehnt.

Eine weitere Art von Filter errechnet aus dem Dokumentenindex die Anzahl der URLs für die Domain, aus der der zu filternde URL stammt. Eine Variable setzt dazu die maximale Anzahl von URLs einer einzelnen Domain fest. Ist diese Anzahl erreicht, wird der URL abgelehnt. Allerdings wird diese Technik selten verwendet, da die Anzahl an URLs einer Domain kein Kriterium für die Güte eines URL beziehungsweise der betreffenden Ressource darstellt und die Hardware-Kapazitäten glücklicherweise durch die ständig sinkenden Speicherkosten mit dem wachsenden Web Schritt halten können. Allerdings findet des Öfteren eine Filterung in Kombination mit der Verzeichnistiefe statt. Manche Provider bieten geringen Webspace an, der mittels eingeblendeter Werbebanner finanziert wird. Dabei beinhaltet eine Domain unzählige Unterverzeichnisse oder Subdomains, die jeweils eine eigenständige Webpräsenz darstellen. Erfahrungsgemäß werden hier oftmals erste Schritte von jungen Webautoren gemacht. Kommt es bei einem URL unter der Domain eines solchen Massen-Providers zu einer enormen Verzeichnistiefe in Kombination mit einer hohen URL-Anzahl, kann dies durchaus zur Ablehnung führen.

3.1.5 Repository

Hat eine Ressource alle bisherigen Hürden überstanden, wird sie als lokale Kopie in das *Repository* gespeichert und zur weiteren Verarbeitung markiert.

Das Repository stellt den Datenspeicher dar, der überwiegend Webseiten mit HTML-Code enthält. Die Datensätze sind in der Regel nicht sortiert, sondern erhalten beim Eingang eine fortlaufende Kennzahl, nämlich die betreffende DocID entsprechend dem Dokumentenindex. Außerdem werden die Länge des URL, der URL selbst sowie die Länge bzw. Größe der Ressource mit aufgenommen.

Um den vorhandenen Speicherplatz effektiv zu nutzen, werden diese Daten komprimiert abgelegt. Das Erstellen der angesprochenen Daten, ihre Komprimierung und Speicherung übernimmt je nach Systemarchitektur der Storeserver oder das Repository selbst. Wird eine neue Version eines bereits erfassten Dokuments entdeckt, wird der vorhandene Eintrag anhand der DocID identifiziert und durch die aktuellen Daten ersetzt.

Das Repository beinhaltet gewissermaßen das Resultat der Arbeit des Webcrawler-Systems. Alle relevanten Dokumente liegen hier auf Vorrat im Originalzustand bereit und werden im nächsten Schritt, der Datenaufbereitung, zu einer durchsuchbaren Struktur weiterverarbeitet.

3.2 Datenaufbereitung und Dokumentanalyse

Die Aufgabe einer Suchmaschine besteht darin, relevante Dokumente auf Basis eines oder mehrerer Suchbegriffe zu finden. Das ist so weit nichts Neues. Das Webcrawler-System hat dazu auch schon ganze Arbeit geleistet, jedoch müssen die gesammelten Dokumente noch in den Index aufgenommen werden.

Man kann sich das sehr schön anhand eines Buches vorstellen, in dem man zu einem bestimmten Stichwort Informationen sucht. Das Suchen innerhalb des Buches an sich würde sehr lange dauern. Sie müssten jeden Abschnitt und jedes darin stehende Wort von vorne bis hinten durchschauen. Das tun Sie nicht. Denn in Ihrem Buch gibt es hinten eine Liste von alphabetisch sortierten Stichwörtern mit der Angabe der Seite, auf der das betreffende Wort zu finden ist. Und in aller Regel erwartet Sie auf der dann aufgeschlagenen Seite auch tatsächlich ein Thema, das mit dem Stichwort zu tun hat.

Suchmaschinen stellen im übertragenen Sinne diesen Index für Webseiten zur Verfügung. Dabei muss der Index im Vergleich zu der Buchmetapher jedoch automatisch erstellt werden. Eine schwierige Aufgabe, denn wie bei dem Buch möchte man auch bei einer Suchmaschine valide und relevante Ergebnisse erzielen. Diese Aufgabe löst das Information-Retrieval-System – oder es versucht vielmehr, diese Aufgabe zu lösen. Denn bei der Wiedergewinnung und Strukturierung von Textinformationen sind vielerlei Hindernisse zu überwinden.

Dabei kommen insbesondere dem Information-Retrieval-System innerhalb einer Suchmaschine die folgenden drei Aufgabenbereiche zu:

▶ Datennormalisierung
▶ Datenanalyse
▶ Generierung einer durchsuchbaren Datenstruktur (Index)

Die Ausgangsbasis für diesen Schritt stellen die vom Webcrawler-System gesammelten Dokumente im Repository dar. Abbildung 3.3 zeigt eine schematische Darstellung desjenigen Teils der Suchmaschine, der für die Datenaufbereitung zuständig ist.

Bevor ich den genauen Ablauf der Indexierung durch eine Suchmaschine erläutere, möchte ich vorab den Unterschied zwischen dem Information Retrieval und dem Fakten-Retrieval verdeutlichen. Dies ist erfahrungsgemäß hilfreich, da Sie sicherlich wie die meisten Menschen im (Arbeits-)Alltag überwiegend mit Fakten-Retrieval statt mit Information Retrieval zu tun haben.

Fakten-Retrieval beruht im Wesentlichen auf tabellenorientierten Datenbanksystemen. Im Alltag tauchen strukturierte Tabellen inzwischen selbst in versteckten

Büros auf. Und auch im Web stehen Datenbanken mittlerweile nicht mehr nur hinter einem Shopsystem. Eine typische Tabelle besteht dabei immer aus Zeilen und Spalten. Jede Spalte trägt einen Namen und besitzt einen bestimmten Feldtyp. Dieser wird in der Regel bei der Erstellung definiert und bestimmt Art, Länge und verschiedene Attribute des Eintrags. Beispielsweise können Sie festlegen, dass eine Zeile etwa nur Zahlen oder Buchstabenketten mit einer maximalen Länge von 20 Zeichen enthalten darf. In relationalen Datenbanken können zusätzlich diverse Regeln (Constraints) sowie bedingte Aktionen (Trigger) definiert sein.

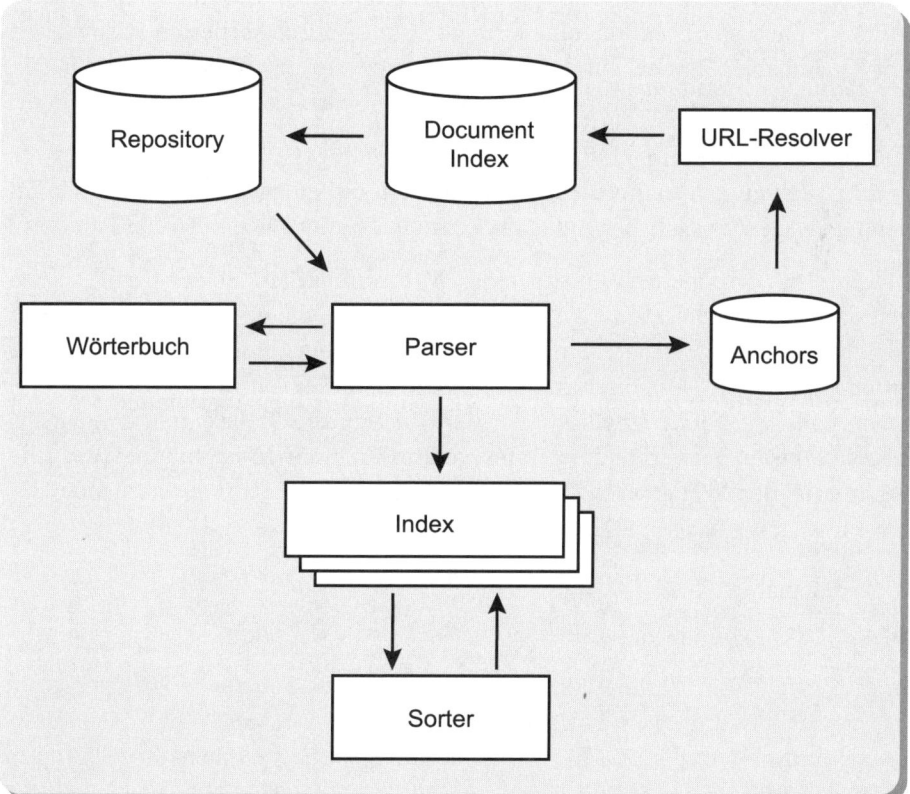

Abbildung 3.3 Information-Retrieval-System-Information

Eine Zeile bildet jeweils einen kompletten *Datensatz*, der auch *Tupel* genannt wird. Eine Tabelle für Gebrauchtwagen könnte beispielsweise folgendermaßen aussehen:

3 | Architektur von Suchmaschinen

G-NR	MODELL	KLIMA	BAUJAHR	PS	KM	PREIS
117	OPEL	Ja	2003	60	22 000	27 000
872	PEUGEOT	Nein	1992	110	9 000	13 000
726	PORSCHE	Nein	1980	120	90 000	9 000
343	VW	Ja	2001	160	1 000	11 000
...	...	...	...	...	...	...

Tabelle 3.1 Gebrauchtwagen

Sicherlich findet man eine solche oder ähnliche Tabelle irgendwo im Web in einer Datenbank – beispielsweise im Hintergrund der Website eines Gebrauchtwagen-Händlers. Die Datenbank wird über ein Webformular abgefragt, in dem der Benutzer bestimmte Kriterien angeben kann. So kann beispielsweise ein Wagen gesucht werden, der weniger als 25 000 Kilometer gefahren wurde, nach 1980 gebaut wurde und mindestens 100 PS unter der Haube hat. Außerdem sollte er möglichst günstig sein, da es sich schließlich um einen Gebrauchten und keinen Neuwagen handelt.

Der Benutzer gibt diesen Wunsch in das Webformular ein. Beim Absenden wandelt das Interface diese Anfrage in eine Sprache um, die von der Datenbank verstanden wird. Diese Art von Sprache nennt man in der Informatik *Data Manipulation Language* (DML). Ein bekannter Vertreter dieser Gattung ist die *Structured Query Language*, üblicherweise unter der Abkürzung SQL bekannt. SQL hat sich aufgrund vieler frei verfügbarer Datenbanksysteme wie zum Beispiel MySQL besonders in der Webgemeinde etablieren können. Die Anfrage nach dem Gebrauchtwagen würde in SQL etwa so aussehen:

```
SELECT *
FROM Gebrauchtwagen
WHERE Kilometer < 25000
   AND BAUJAHR > 1980
   AND PS >= 100
ORDER BY PREIS ASC;
```

Diese Anfragesprache ist im Grunde genommen mit geringen Englischkenntnissen durchaus zu verstehen. Nach der Anfrage erhielte man diese Informationen in Tabellenform zurück:

343	VW	Ja	2001	160	1 000	11 000
872	PEUGEOT	Nein	1992	110	9 000	13 000

Tabelle 3.2 Ergebnis der SQL-Anfrage

Diese beiden Wagen erfüllen alle geforderten Kriterien und sind zusätzlich aufsteigend nach dem Preis sortiert.

Worin besteht nun der Unterschied zwischen Information Retrieval und Fakten-Retrieval? SQL stellt eine künstliche Sprache mit einer definierten Grammatik und Semantik dar, mit der eine Anfrage an eine Datenbank gestellt werden kann. Die Eingabe der Daten erfolgt nicht nur durch eine Eingabemaske, sondern über den Import einer Datenstruktur in SQL. Suchmaschinen erhalten hingegen Anfragen, die auf einer natürlichen Sprache beruhen, und die Daten liegen schwach strukturiert im Repository als HTML-Dokument vor statt in einer genormten Datenbankstruktur. Um die Datenkonsistenz zu erhalten, besteht eine korrekt aufgebaute SQL-Datenbank beim Füllen einer Tabelle meist auf der vollständigen Eingabe eines jeden Tupels. So dürfen beispielsweise keine Daten innerhalb einer Zeile fehlen, damit später nach jedem Kriterium gesucht werden kann. Innerhalb eines Information-Retrieval-Systems können Datenbestandteile dagegen unvollständig sein, weil die Eingangsdaten nicht normiert sind.

Das Ergebnis beim Fakten-Retrieval ist, wie im Beispiel gezeigt, eindeutig entscheidbar. Es werden nur diejenigen Ergebnisse geliefert, die exakt auf die Anfrage passen. Bei Information-Retrieval-Systemen gibt es hingegen keine harten Grenzen der Entscheidbarkeit. Es geht darum, die relevantesten Informationen auf eine Suchanfrage zu finden. Bei der strukturierten Tabelle war dies relativ leicht. Durch die Vorgabe, die Ergebnisliste nach dem günstigsten Preis zu sortieren, ist das erste Tupel zugleich das am besten passende. Streng genommen entsprechen alle anderen Ergebnisse nicht mehr der Anforderung, den günstigsten Wagen zu finden. Das zweite Ergebnis bleibt nun mal nur das zweitbeste.

Das Auffinden des »besten« Eintrags gestaltet sich bei Information-Retrieval-Systemen nicht ganz so trivial. Hier müssen Gewichtungsmodelle eingesetzt werden, die wiederum verschiedene Analyse- und Bewertungsverfahren nutzen, um ein Gewicht für ein Dokument zu berechnen. Das Dokument mit dem höchsten Gewicht ist dann sozusagen das »beste«. Dabei sind Information-Retrieval-Systeme meist fehlertolerant. Da das Ergebnis einer Anfrage ohnehin nicht immer als korrekt eingestuft werden kann, sind im Gegensatz zu Fakten-Retrieval-Systemen auch leichte Fehleingaben tolerierbar. Sie sehen: Das Fakten-Retrieval unterscheidet sich enorm vom Information Retrieval. Die Bestimmtheit einer tabellenorientierten Datenbank lässt keine Vagheit des Ergebnisses zu. Die Suche endet irgendwann, sie ist deterministisch.

Wie wohl jeder Suchmaschinen-Nutzer zu berichten weiß, sind die Ergebnisse der Suchmaschinen keineswegs immer exakt. Es gibt einen unscharfen Übergang zwischen relevanten und irrelevanten Dokumenten zu einem Suchbegriff. Die

Formulierung der Anfrage in der natürlichen Sprache und die schwach strukturierten Quelldokumente erschweren dies zusätzlich. Aber vor allem die Herausforderung, den Sinn und das Thema aus einem niedergeschriebenen Text in Form eines HTML-Dokuments zu extrahieren, lässt die Grenzen noch weiter verschwimmen.

Das Information-Retrieval-System erkennt zunächst einmal keinerlei Struktur innerhalb eines Dokuments. Für die Algorithmen stellt eine Ressource nur eine willkürlich erscheinende Abfolge von einzelnen Zeichen dar. Ziel des Information-Retrieval-Systems ist es, aus diesen Zeichen Stichwörter zu extrahieren, die obendrein auch den Inhalt repräsentieren sollen. Das ist ungefähr so, als wenn Sie ein Buch in chinesischen Zeichen vorgesetzt bekämen und daraus einen Index erstellen sollten. Eine spannende Aufgabe, finden Sie nicht auch?

3.2.1 Datenaufbereitung durch den Parser

Genau diese Aufgabe wird bei der Dokumentanalyse erledigt. Zuvor müssen die Daten jedoch so aufbereitet werden, dass sie für das System überhaupt automatisiert verarbeitbar sind.

Der *Parser*, gelegentlich auch als *Indexer* bezeichnet, bezieht ein Dokument aus dem Repository und unterwirft es einem mehrstufigen Prozess. Dadurch wird ein einheitliches Datenformat hergestellt. Damit ist einerseits die Grundvoraussetzung für eine gleichartige Verarbeitung geschaffen, andererseits reduziert sich der Speicherbedarf, da nicht verwertbare Informationen im Vorhinein ausgeschlossen werden. Das Web besteht aus einer riesigen Menge inhomogener Dokumente. Unterschiedliche Programmiererweiterungen wie JavaScript und unzählige Multimedia-Elemente bieten zwar dem menschlichen Betrachter zusätzliche Informationen, müssen aber bei der Informationsgewinnung von Suchmaschinen herausgefiltert werden, weil sie meist nicht verwertbar oder analysierbar sind. In der Dokumentanalyse werden die relevanten Informationen aus den weniger relevanten extrahiert. Das Ziel ist hier, Schlüsselwörter zu ermitteln, die das Thema einer Ressource beschreiben.

Innerhalb der Suchmaschinen wendet der Parser dabei charakteristische Prozesse an, deren Ausprägung und Anordnung auch hier wieder systemspezifisch sind. Jedoch stellt er die zentrale Komponente der Suchmaschine dar. Daher ist eine Kenntnis der Funktionsweise unerlässlich. Abbildung 3.4 veranschaulicht den mehrstufigen Prozess, den jedes Dokument innerhalb des Parsers durchlaufen muss. Anschließend sollen die einzelnen Schritte genauer erläutert werden.

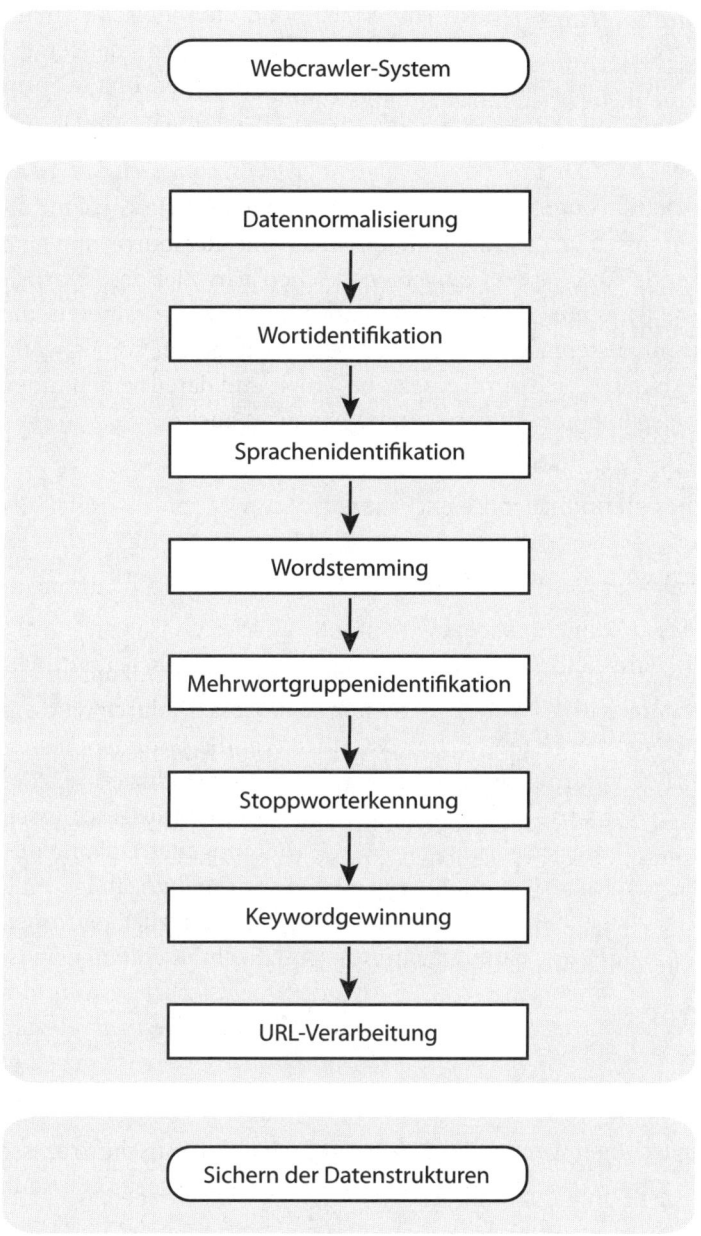

Abbildung 3.4 Mehrstufiger Prozess innerhalb des Parsers

3.2.2 Datennormalisierung

Im ersten Schritt muss das vom Webcrawler-System gewonnene Dokument im Repository in ein einheitliches Datenformat umgewandelt werden. Die späteren Prozesse können nur korrekt und effizient arbeiten, wenn sie immer das gleiche Datenformat als Eingabe erhalten. Kern der *Datennormalisierung* ist dabei das Entfernen von informationslosem Ballast, vor allem von Programmiercode in HTML oder JavaScript.

Dabei müssen gleichzeitig jedoch auch die Struktur und die darin befindlichen Textauszeichnungen erhalten bleiben. Die schwache Strukturierung der HTML-Dokumente findet, wie in Kapitel 2, »Anatomie des World Wide Web«, erläutert, mittels der `<head>`- und `<body>`-Tags zumindest grob statt. Innerhalb des Dokumentkopfes werden das `<title>`-Tag und eventuelle Meta-Tags extrahiert. Der Parser erkennt die öffnende und schließende Klammer des `<title>`-Tags und nimmt alle dazwischen befindlichen Zeichen heraus. So wird zum Beispiel aus `<title> Bremsen für jedes Wetter </title>` der Text `Bremsen für jedes Wetter` extrahiert. Dieser Text wird systemintern als Titel des Dokuments vermerkt.

Der Text innerhalb des Dokumentkörpers wird auf die gleiche Weise von HTML-Tags befreit. Oftmals wird eine Strukturierung durch `h1`–`h6`-Überschriften, Fettungen oder sonstige Hervorhebungen erkannt und gesondert markiert.

Bei diesem Vorgang können bei fehlerhaftem HTML wichtige Informationen verloren gehen. Natürlich besitzen auch die Parser eine gewisse Fehlertoleranz, jedoch ist sie nicht so hoch wie bei den gängigen Browsern. So kommt es nicht selten vor, dass Webseiten in gebräuchlichen Browsern zwar richtig angezeigt werden, der Parser jedoch das Dokument nicht korrekt verarbeiten kann. Eine häufige Fehlerquelle sind hier Tippfehler oder Buchstabenverdreher innerhalb der HTML-Tags. Ein vereinfachtes Beispiel soll dies verdeutlichen:

```
<h1>Überschrift 1</j1>
   <p>Text zur Überschrift 1</p>
<h1>Überschrift 2</h1>
   <p>Text zu Überschrift 2</p>
```

Der Parser sucht zum vorderen öffnenden `<h1>`-Tag das passende schließende Tag. In der obersten Zeile sollte das hintere `<h1>`-Tag das schließende Tag `</h1>` sein. Allerdings hat sich der Webautor vertippt und ein »j« statt eines »h« eingegeben. Daher ist für einen wenig fehlertoleranten Parser die Überschrift erst in der dritten Zeile beendet.

Zusätzlich meinen bestimmte Browserhersteller, eigene Tags und Konventionen einführen zu müssen, sodass im gewissen Sinne verschiedene »HTML-Dialekte« existieren. Nicht nur Webdesigner kämpfen regelmäßig mit unterschiedlichen

Darstellungsarten auf verschiedenen Browsern – die Parser von Suchmaschinen ebenso. Falls eine Umwandlung von Sonderzeichen nicht bereits im Vorfeld durchgeführt wurde, findet diese spätestens zu diesem Zeitpunkt statt. Vornehmlich werden deutsche und französische Umlaute in ein systemeigenes Format konvertiert, das von allen folgenden Komponenten ordnungsgemäß verarbeitet werden kann.

3.2.3 Wortidentifikation durch den Tokenizer

Bislang wurde das auszuwertende Dokument normalisiert. Der Parser hat aus einer einzigen Aneinanderreihung von Zeichen mittels der HTML-Struktur und der Tag-Entfernung verschiedene Aneinanderreihungen von Zeichen gewonnen. Immerhin ein Fortschritt. Um die Semantik des Dokuments zu ermitteln und repräsentative Stichwörter zu finden, müssen jedoch einzelne Wörter aus der scheinbar willkürlichen Ansammlung von Zeichen entschlüsselt werden. Die Wortidentifikation überführt dazu zunächst den Zeichenstrom in einen Wortstrom. Diesen Vorgang bezeichnet man als *Tokenisierung*. Gemeint ist damit die Zerlegung eines Textes in einzelne Token.

Auf den ersten Blick scheint das Problem relativ einfach lösbar zu sein. Jede Ansammlung von Zeichen zwischen zwei Leerzeichen ist ein semantisches Wort. Das führt allerdings relativ schnell zu unsauberen Ergebnissen. Besonders im Englischen sind zusätzlich einzelne Wörter in ihrem semantischen Sinn nur gemeinsam in Wortgruppen sinnvoll (z. B. Information Retrieval). Im Deutschen sind hingehen Bindestricherergänzungen häufiger. Leider gibt es kein Patentrezept, um die »Wortstromgenerierung« einheitlich zu lösen. Dazu sind die natürlichen Sprachen in ihren Ausprägungen zu unterschiedlich. Neben der Zerlegung in Wortgruppen anhand von Wortseparatoren wie Leer- oder Satzzeichen existiert gleichwohl eine weitere gängige Methode. Hauptsächlich bei vielen asiatischen Sprachen sind Wortgrenzen nicht durch Separatoren festgelegt. Der Text wird in sogenannte N-Gramme zerlegt. Dabei werden Zeichenfolgen in bestimmten Längen gebildet und dann anhand eines Lexikons auf Übereinstimmung hin geprüft.

Die westlich geprägten Suchmaschinen verwenden allerdings hauptsächlich Leer- und Satzzeichen als Separatoren. Sonderzeichen wie #, +, ? etc. werden herausgefiltert und gelten ebenfalls als Wortseparator. Eine Suche nach der Raute (#) in Google oder Yahoo! liefert daher auch keine Ergebnisse. Zulässige Zeichen innerhalb eines Wortes werden in einem Alphabet aufgelistet, das alle gültigen Symbole enthält. Dieses Alphabet ist im Prinzip eine Liste von Zeichen. Ein zweites Alphabet enthält die Wortseparatoren. Der Parser durchläuft das normalisierte Datum von vorn bis hinten und überprüft für jedes Zeichen, in welchem Alphabet es vorkommt.

Solange der Parser auf ein Zeichen aus dem zulässigen Alphabet stößt, wird das Zeichen an einem bestimmten Speicherplatz an eventuell bereits vorhandene Zeichen angehängt. Erst wenn der Parser auf ein Zeichen aus dem Wortseparatoren-Alphabet stößt, werden die bis dahin gesammelten Zeichen als eigenständiges Wort in eine Liste der extrahierten Wörter aufgenommen, und der Prozess beginnt wieder von vorn. Vielleicht kennen Sie das Wortspiel Scrabble? So ähnlich stellt auch der Parser Zeichen für Zeichen die Wörter des Dokuments zusammen. Das Ergebnis der Wortidentifikation ist eine Liste von Wörtern aus dem Dokument. Diese Liste enthält alle Begriffe, jedoch bislang noch nicht zwingend im lexikalischen Sinne. Ein Beispiel soll dies verdeutlichen:

```
Neble stieg aus dem Wald empor,so
war's zu sehen - von der Fenster-
bank aus.
```

Die Wortidentifikation würde eine Liste liefern wie diese:

```
Neble, stieg, aus, dem,
Wald, empor, so, war, s, zu,
sehen, von, der, Fenster, Bank, aus
```

Zunächst werden alle Begriffe extrahiert, auch falsch (`Neble`) geschriebene. Leider ist die Rechtschreibprüfung in heutigen Webautoren-Tools zur schnellen Erstellung von Webseiten zwar ansatzweise vorhanden, wird aber im Gegensatz zu den gängigen Office-Programmen eher stiefmütterlich behandelt. So schleichen sich auf Webseiten immer noch überdurchschnittlich viele orthografische Fehler ein, die in der Form auch vorerst als Wort extrahiert werden.

Im Beispiel trägt das Komma als Wortseparator dazu bei, dass selbst bei einem Fehler – kein Leerzeichen nach einem Satzzeichen zu machen (wie bei `empor,so`) – die beiden Wörter korrekt getrennt werden. Der Bindestrich ist ebenfalls im Alphabet der Wortseparatoren und wird daher nicht mit aufgenommen. Dies trifft ferner auch auf den manuell gesetzten Trennstrich zu. Dieser führt dann auch dazu, dass die eigentlich als ein Begriff gedachte »Fensterbank« als zwei eigenständige Wörter »erkannt« wird.

Je nach Systemarchitektur kann nach der Wortlistengenerierung eine erste grobe Bereinigung angeschlossen werden. Dabei werden in einem ersten Schritt sehr kurze Begriffe mit nur einem oder zwei Zeichen entfernt. Im Beispiel würden somit das `s` und gegebenenfalls die Wörter `zu` und `so` entfallen. In einem zweiten Schritt kann dann ein internes Lexikon herangezogen werden, mit dem jeder einzelne Begriff abgeglichen wird. Somit wird sichergestellt, dass die Wortliste nur aus lexikalisch korrekten Begriffen besteht. Bei den gebräuchlichen Suchmaschinen wird aber weder eine Kontrolle der Mindestanzahl an Zeichen noch die lexikalische Überprüfung durchgeführt. Probieren Sie es bei Ihrer Lieblingssuchmaschine einmal aus, und geben Sie nur einen einzigen Buchstaben ein. Auch auf die Suchanfrage nach einer willkürlichen Zeichenkombination wie `qweew` zeigt Google eine Trefferliste. Platz Nummer eins befand sich zur Zeit des Abrufs noch im Aufbau, und das Stichwort war Teil des vorübergehenden Fülltextes (siehe Abbildung 3.5).

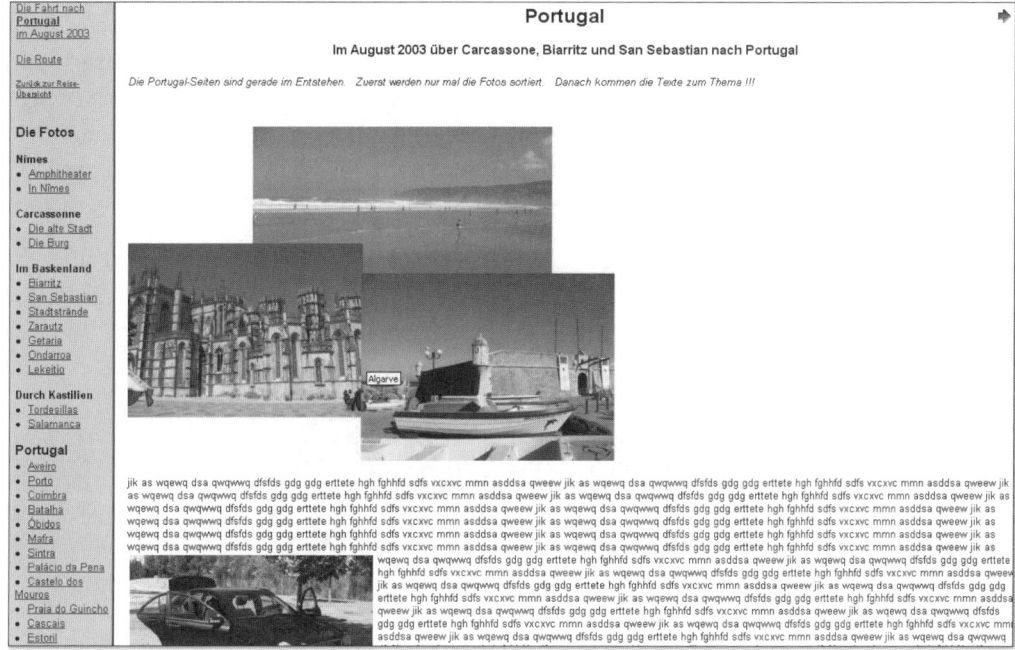

Abbildung 3.5 »qweew jik as wqewq dsa qwqwwq...« wird auch indexiert.

Während alle großen Betreiber an diesem Punkt keine Bereinigung vornehmen, unterscheiden sie sich jedoch bei der Behandlung der Groß- und Kleinschreibung. Darauf gehe ich im Abschnitt über die Deskriptorengewinnung noch ausführlicher ein.

3.2.4 Identifikation der natürlichen Sprache

Das World Wide Web besteht zum Großteil aus Dokumenten, die in englischer Sprache, in asiatischen sowie in westeuropäischen Sprachen verfasst sind. Durch die hypertextuelle Struktur sind von einem Quelldokument ausgehend oftmals auch fremdsprachige Dokumente verlinkt. Somit können Dokumente aller Sprachen bis zum Parser gelangen, wenn alle Filter erfolgreich durchlaufen wurden. Stellen Sie sich aber vor, dass als Suchergebnisse alle möglichen Dokumente in unterschiedlichen Sprachen zurückgeliefert würden. Wenn Sie nicht gerade ein Sprachgenie sind, ist das unpraktikabel und meist auch unerwünscht.

Dabei stehen gerade Webseiten aus dem asiatischen Raum schon bald in ihrer Anzahl den westlichen Sprachen nicht mehr viel nach. Bislang dominierten westliche Sprachen das Web, doch nach und nach wächst das Angebot besonders im asiatischen Bereich immer stärker.

Damit rückt die Sprachenrepräsentation der Webseiten in das passende Verhältnis zu den Rezipienten. Das Unternehmen Global Reach hat in einer aufwändig durchgeführten Studie für Ende 2004 Werte zusammengetragen [34], nach denen 35,2 Prozent der Internetnutzer Englisch als Muttersprache haben. Allein 13,7 Prozent entfallen auf Chinesisch an zweiter Stelle. Die Tendenz in den letzten Jahren war allein hier stark ansteigend. In den kommenden Jahren wird fast mit einer Verdopplung des Anteils chinesischer Internetnutzer gerechnet. Abbildung 3.6 zeigt die Verteilung als Diagramm.

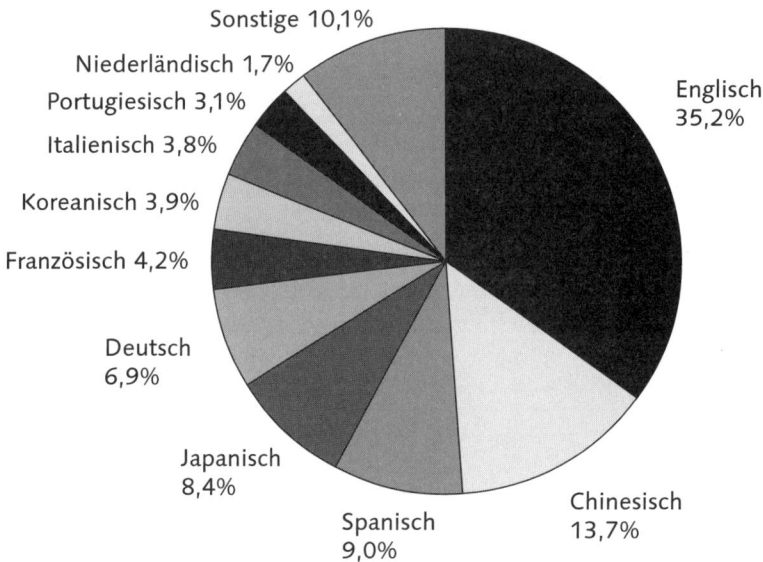

Abbildung 3.6 Sprachen der Webnutzer

Diese Daten belegen die enorme Bedeutung einer Trennung der Dokumente nach Sprachen innerhalb der Suchmaschinen. Doch neben der »unschönen« Eigenschaft, verschiedensprachige Dokumente angezeigt zu bekommen, gibt es noch einen ganz anderen Grund für die Sprachtrennung.

Als *Polyseme* bezeichnet man Wörter, die trotz gleicher Schreibweise unterschiedliche Bedeutung haben. Schon innerhalb der deutschen Sprache existiert eine Vielzahl dieser Polyseme. Eine Bank kann zum einen ein Sitzplatz im Park sein, andererseits aber auch ein Gebäude, in dem Sie Ihre Geldgeschäfte erledigen. Oder was machen Sie mit Staubecken? Gehen Sie mit dem Staubsauger gegen *Staub*ecken vor, oder wird Ihnen schwindlig, wenn Sie von einem Staudamm auf ein *Stau*becken herunter blicken?

Polyseme stellen eine große Herausforderung für das Information Retrieval dar. Die aktuelle Forschung ist immer noch intensiv auf der Suche nach effektiven Algorithmen, um den semantischen Kontext von Begriffen zu erfassen. Um die bereits in jeder Sprache vorhandene Zahl Polyseme nicht noch zu erweitern, werden die Dokumente in den Indexen der Suchmaschinen mit Sprachmarkern gekennzeichnet. Je nach Architektur existieren auch separate Indexe für jede natürliche Sprache.

Google stellt wie die meisten anderen Anbieter zur Bestimmung der gewünschten Sprache einen Filter zur Verfügung, bei dem nur Dokumente angezeigt werden, die in der geforderten Sprache verfasst sind.

Abbildung 3.7 Google lässt Ihnen bei der Sprache die Wahl.

Probieren Sie es aus: Bei der Suche nach der Phrase »Just goethe« (Sinn im Deutschen: »gerade, nur«) erhalten Sie bei Google bei der Einstellung »Das Web« überwiegend englischsprachige Dokumente mit der englischen Bedeutung von »just«. Bei der Einstellung »Seiten auf Deutsch« hingegen werden eher Seiten mit dem passenden Kontext in deutscher Sprache angegeben. Die Betonung liegt bewusst auf dem Wort »eher«. Wenn Sie es selbst ausprobieren, werden Sie vielleicht schon auf Platz eins der Ergebnisliste feststellen, dass Information-Retrieval-Systeme nicht selten erhebliche Probleme mit der Spracherkennung haben, insbesondere in Dokumenten, die mehrere Sprachen enthalten. Wieso ist das so?

Die Spracherkennung kann unterschiedlich ausgerichtet sein. Einerseits ist sie derart konzipiert, dass sie alle Sprachen eines Dokuments auffinden und zurückliefern kann, andererseits verfügt sie über die Fähigkeit, ein Dokument auf eine einzige natürliche Sprache hin zu untersuchen. Um die natürliche Sprache eines Dokuments möglichst genau zu bestimmen, werden in der Regel statistische Verfahren mit einer Wörterbucherkennung kombiniert. Eine Berücksichtigung des language-Meta-Tags findet – wenn überhaupt – nur in Ausnahmefällen statt.

Bei der Berechnung mittels statistischer Verfahren wird oftmals auf die Theorie der *Hidden-Markov-Modelle* zurückgegriffen. Diese werden überwiegend auch im Bereich der auditiven Spracherkennung eingesetzt und stammen unter anderem aus dem Bereich der künstlichen Intelligenz. In einer vorangehenden Trainingsphase lernt das Modell typische Muster einer Sprache. Dazu werden dem Algorithmus verschiedene Dokumente einer einzigen Sprache vorgelegt. Eine so trainierte Markov-Kette erkennt daraufhin typische Muster der erlernten Sprache auch in fremden Dokumenten. Vereinfacht gesagt muss für jede relevante Sprache eine solche Markov-Kette gebildet werden. Diese rechenintensive Lernphase findet einmalig im Vorfeld statt und wird höchstens zur Optimierung wiederholt.

Bei Vorlage eines Dokuments mit unbekannter Sprache liefert das Markov-Modell anhand der Ähnlichkeit der Muster eine Wahrscheinlichkeitsabschätzung über die Art der Sprache. Zur Unterstützung wird der normalisierte Text nach Sonderzeichen durchsucht. Ein überdurchschnittliches Auftreten von deutschen Umlauten lässt meistens auch auf einen Text in deutscher Sprache schließen.

Ergänzend kommt weiterhin ein Lexikon zum Einsatz. Die Stärke des Hidden-Markov-Modells wird aufgrund der Mustererkennung besonders bei der Spracherkennung innerhalb von Fließtexten deutlich. Bei stichwortlastigen Textinhalten treten die sprachtypischen Muster jedoch nicht deutlich genug auf. Zudem bestehen viele Texte verstärkt aus Eigennamen, Lehnwörtern und Fachtermini, die eine statistische Spracherkennung zusätzlich erschweren. Der Abgleich der im Text auftretenden Begriffe mit einem gut gepflegten Wörterbuch kann hier Abhilfe schaffen.

Die endgültige Bestimmung der natürlichen Sprache, in der ein Dokument verfasst ist, errechnet sich aus diesen und anderen Verfahren mit unterschiedlicher Gewichtung. In der überwiegenden Zahl der Fälle verläuft die Erkennung erfolgreich, da Dokumente meist einheitlich in einer Sprache verfasst sind oder nur einen geringen Anteil einer fremden Sprache beinhalten. Diese fällt dann oftmals unter den Tisch. Problematisch wird es allerdings dann, wenn die Anteile annähernd gleich sind. Gerade bei Webseiten mit Übersetzungen von Gedichten oder Liedtexten ist häufig zu beobachten, dass sie trotz nicht passender Sprache als Ergebnis angezeigt werden.

3.2.5 Grundformreduzierung durch Word Stemming

Die Bestimmung der Sprache ist auch für den nächsten Schritt von Bedeutung, da die Wahl der benötigten Algorithmen sehr stark sprachabhängig ist.

Als *Stemming* bezeichnet man ein Verfahren zum Zusammenführen von lexikalisch verwandten Termen. Das wird dadurch erreicht, dass verschiedene Varianten eines Wortes auf eine Repräsentation, den sogenannten *Stamm*, zurückgeführt werden. Diese Reduktion wird auch als *Conflation* bezeichnet.

Die Idee dahinter ist folgende: Der Stamm trägt die Bedeutung des Konzepts, das mit einem Wort verbunden ist. Endungen, Vorsilben, Konjugationen, Deklinationen oder andere Verformungen eines Wortes ändern nicht dessen eigentliche Bedeutung. Der errechnete Wortstamm ist dabei allerdings nicht immer mit dem grammatikalischen Stamm identisch, sondern ist eher ein künstlicher. An der englischen Sprache wurden Stemming-Algorithmen erstmalig erprobt. Hier entspricht beispielsweise der sprachlich korrekte Stamm »beauty« nach einem Stemming-Algorithmus dem Stamm »beauti«.

In der Praxis hat dies aber keinerlei negative Folgen, im Gegenteil. Wichtig ist nur, dass sozusagen sinngleiche Wörter erfolgreich auf den gleichen Stamm zurückgeführt werden. Außerdem muss darauf geachtet werden, dass die Suchmaschine dieses Stemming-Verfahren nicht nur beim Indexieren der Dokumente anwendet, sondern auch bei den Stichwörtern einer späteren Suchanfrage. Nur so findet eine Anfrage nach »Öffnungszeit« auch Dokumente mit »Öffnungszeiten«.

Insbesondere das Stemming für die Indexierung erweist sich als effizient und verkleinert die Indexdateien, was sich positiv auf den später zu durchsuchenden Datenbestand auswirkt. Allerdings gehen Informationen zu den ursprünglichen Termen verloren. Wenn Sie explizit nach einem Plural wie »Autos« suchen, werden auch Ergebnisse mit »Auto« angezeigt, wenn nicht sogar »autonom«. Um dies zu umgehen, würde man zusätzlichen Speicher benötigen – einmal für die »gestemmte« Form und einmal für die »ungestemmte« Form. Das Stemming der Suchbegriffe ist zusätzlich problematisch, denn die Errechnung des Stamms kostet Rechenzeit. Besonders bei der Menge der Anfragen entsteht so ein enormer Kapazitätsbedarf.

Eine einfachere Lösung zum Stemming stellt die *Trunkierung* dar. Hierbei muss meist durch den Benutzer ein *Trunkierungsoperator* gesetzt werden. Das kennen Sie vielleicht aus der Kommandokonsole: Ein Stern (*) steht dort für »beliebig viele oder gar kein Zeichen«. Das Problem hierbei wird aber schnell ersichtlich, wenn man erneut das Auto-Beispiel bemüht. So wird eine Suche nach »auto*« neben »Auto« und »Autos« auch »automatisch«, »Autor«, »Autobiografie« und Ähnliches finden. Das Verfahren hat – wie man deutlich sieht – keinen Vorteil gegenüber dem Stemming, was das Ergebnis betrifft. Die Trunkierung ist insbesondere im Kontext der Suchmaschinen daher nicht verbreitet. Stemming scheint daher trotz des Rechenaufwandes die bessere Lösung zu sein.

Im wissenschaftlichen Bereich gibt es mehrere Kriterien zur Beurteilung der Leistungsfähigkeit eines Information-Retrieval-Systems. Die zwei bekanntesten sind der *Recall* und die *Precision*.

Der Recall ist ein Kennwert für den Anteil an relevanten Dokumenten, die mit einer Suchanfrage innerhalb der Datenbank gefunden werden können. Er kann durch eine einfache Formel errechnet werden. Dazu teilt man die Anzahl der relevanten gefundenen Dokumente durch die Gesamtzahl aller relevanten Dokumente und erhält einen Wert zwischen 0 (keine relevanten Treffer) und 1 (alle relevanten Treffer). Findet eine Suchmaschine 100 von insgesamt 1 000 eigentlich relevanten Dokumenten, beträgt der Recall-Wert also 0,1. Das heißt, es wären hier nur 10 Prozent aller in Frage kommenden Dokumente innerhalb des Datenbestandes angezeigt worden.

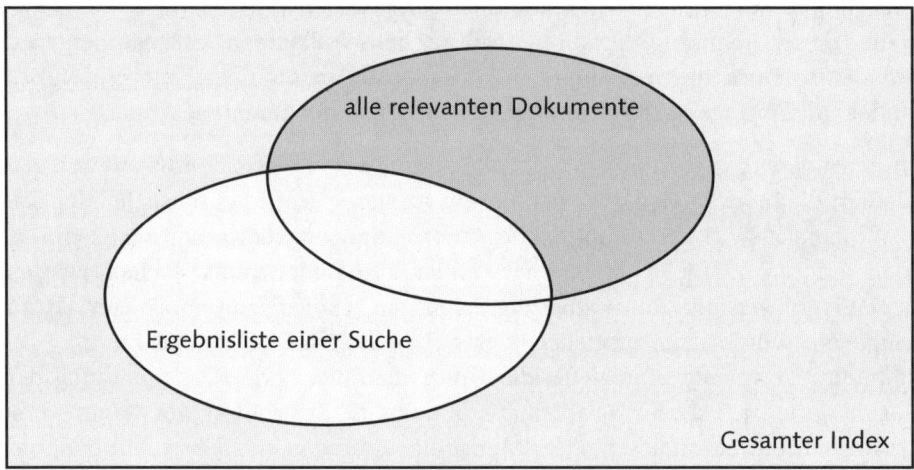

Abbildung 3.8 Precision und Recall im Information-Retrieval-System

Die Precision beziffert hingegen den Anteil aus der Menge der gefundenen Dokumente, die auch tatsächlich relevant sind. Denn leider passen nicht immer alle vermeintlichen Treffer auch wirklich auf die Suchanfrage. Natürlich ist auch dieser Wert berechenbar. Die Precision entspricht der Anzahl der gefundenen relevanten Dokumente, geteilt durch die Anzahl aller gefundenen Dokumente. Eine Suchmaschine, die 100 Treffer zurückliefert, von denen nur 20 wirklich auf die Suchanfrage passen, besitzt eine Precision von 0,2, also 20 Prozent.

Ein optimales Retrieval besitzt sowohl bei der Precision als auch beim Recall jeweils einen Wert von 1. In Abbildung 3.8 wären in diesem Fall beide Ovale deckungsgleich. In der Regel finden Suchmaschinen jedoch nicht alle relevanten Dokumente und liefern zusätzlich nichtrelevante Ergebnisse. Die Berechnung der

Gesamtheit aller relevanten Dokumente auf das Web bezogen ist – nebenbei gesagt – auch ein sehr schwieriges Unterfangen, das aufgrund der enormen Größe nur über eine repräsentative Stichprobenziehung gelöst werden kann.

Stemming verbessert trotz allem fast immer den Recall, verschlechtert in der Regel im Gegenzug aber auch die Precision. Hierbei existieren unterschiedliche Stemming-Verfahren.

Eine Kategorie bilden die *Look-up-Stemmer*. Zunächst werden sehr einfache und möglichst zuverlässige Regeln zur Stammreduktion angewendet – beispielsweise die Entfernung der relativ einfachen Pluralformen im Englischen. Anschließend wird ein Lexikon zur Hilfe genommen und das neu gewonnene Wort mit den Einträgen verglichen. Im nächsten Schritt wird es durch den Stamm ersetzt, der dem Wort im Wörterbuch am meisten gleicht. Diese Art des Stemmings gewährleistet einen hohen Precision-Wert. Allerdings erfordert ein solches Tabellen-Look-up eine große Datenstruktur – das Lexikon – und damit erhöhten Speicherplatz. Ein viel gewichtigerer Punkt ist allerdings der enorme Arbeitsaufwand für die regelmäßige Pflege und Erweiterung des Wörterbuches.

Daneben gibt es das Verfahren der Ähnlichkeitsberechnung. Hier werden Ähnlichkeiten zwischen Wörtern wie etwa »sieben« und »gesiebt« errechnet. Die am weitesten verbreitete Art von Stemming ist allerdings das Entfernen von Affixen. Diese Stemmer arbeiten meist iterativ und versuchen entweder die längstmöglichen Affixe zu entfernen oder »stemmen« sozusagen flach, indem sie nur bestimmte Flexionen entfernen. Diese als *Affix-Removal-Stemmer* bezeichneten Algorithmen sind schnell und leicht zu implementieren und erfordern zusätzlich keine großen Ressourcen. Das erklärt ihre Verbreitung, obwohl es zu einem Verlust an Precision kommt und die Anzahl an Anomalien, d.h. von falsch »gestemmten« Wörtern, recht hoch ist.

Der sicherlich bekannteste Algorithmus dieser Kategorie ist der *Porter-Algorithmus*. Er basiert auf einem bestimmten Regelwerk und Bedingungen für die Suffixe. Diesen Bedingungen entsprechen die Aktionen, die am Wort in mehreren Schritten durchgeführt werden. Der Porter-Algorithmus führt allerdings nur in einer grammatikalisch einfacheren Sprache wie dem Englischen zu relativ guten Ergebnissen. Bei deutschen Texten findet er daher in der Regel weniger Anwendung. Hier wird besonders deutlich, dass eine Erkennung der Sprache für ein korrektes Stemming unabdingbar ist.

Es gibt eine Vielzahl anderer Stemming-Algorithmen mit jeweils spezifischen Vor- und Nachteilen. Eine Erläuterung würde hier aber zu weit führen. Denn derzeit sieht die Realität in Bezug auf das Stemming bei Suchmaschinen weit weniger rosig aus, als die Vielzahl an Algorithmen hoffen lässt. Erst in den letzten Monaten führten die großen Anbieter das Stemming durch die Hintertür ein. Ob eine Suchmaschine Stemming unterstützt, lässt sich relativ einfach feststellen: Vergleichen Sie die Anzahl und Art der Ergebnisse auf zwei Anfragen im Singular und Plural (z. B. »Auto« und »Autos«). Google stemmt angeblich seit Ende 2003. Allerdings scheint das Stemming nur bei komplexeren Suchanfragen angewendet zu werden. Ferner ist das Stemming überwiegend bei englischsprachigen Suchanfragen festzustellen, was sicherlich auf die oben erwähnte relative grammatikalische Einfachheit der englischen Sprache zurückzuführen ist. Eine Suche nach

```
cooking octopus teacher cartoon
```

zeigt zeitweilig auf *www.google.com* auch Treffer mit dem Begriff »teaching«. Allerdings ist das nicht immer der Fall. Es hat den Anschein, dass an dieser Funktion noch gearbeitet wird; das bestätigen auch zahlreiche Diskussionsbeiträge in Online-Foren.

Für die Optimierung einer Website ist das Wissen über die Verfahrensweise beim Stemming keinesfalls uninteressant. Das gilt insbesondere für die Auswahl der richtigen Keywords. Für eine Suchmaschine, die kein Stemming nutzt, ist ein Begriff einmal im Singular und ein andermal im Plural nicht das Gleiche. Daher werden unterschiedliche Ergebnisse geliefert, obwohl der Suchende in der Regel mit Ergebnissen in der Singular- wie auch in der Pluralform zufrieden wäre.

3.2.6 Mehrwortgruppenidentifikation

In den letzten Jahren hat sich die Konkurrenz unter den Suchdienst-Betreibern verschärft. Gemäß dem Grundsatz »Wer rastet, der rostet« wird die eigene Suchmaschine ständig verbessert, um sich deutlich von den Konkurrenten abzuheben. Die zwei wichtigsten Kenngrößen für die Beurteilung der Qualität einer Suchmaschine kennen Sie bereits.

Dabei ist das Stemming nicht die einzige Möglichkeit, die Precision zu erhöhen. Oftmals sind mehrere Begriffe in einem Wort enthalten, nach denen meist nicht im Ganzen gesucht wird. Überwiegend enthalten Substantivkombinationen wertvolle Informationen, wie etwa die Beispiele »Marktforschungsinstitut«, »Luftfahrtindustrie« oder »Programmzeitschrift« verdeutlichen.

Um eine Mehrwortgruppe in ihre Komponenten zu zerlegen, wird ein spezielles Mehrwortgruppen-Wörterbuch genutzt, das nach einem robusten Verfahren [35] automatisch erstellt werden kann. Dabei werden Parameter wie der Abstand zwischen Komponenten, die Reihenfolge und die Satzstruktur berücksichtigt. Hundertprozentig zuverlässige Ergebnisse liefert das Verfahren nicht. Daher werden jeweils Wahrscheinlichkeitswerte errechnet, die dann als Gewichtung im Retrieval-Verfahren berücksichtigt werden.

Das Trennen von Mehrwortgruppen hat erst in den letzten Jahren in die Suchmaschinen-Welt Einzug genommen. Diesbezüglich kann aber sicherlich in den nächsten Jahren mit einer enormen Bewegung gerechnet werden. Die Forschung zu Information-Retrieval-Systemen untersucht schon seit Längerem Methoden zur Verbesserung der Informationswiedergewinnung. So ist beispielsweise eine Synonymkontrolle mittels eines umfangreichen Wörterbuches vorstellbar. Auch die Verwendung eines *Thesaurus*, d. h. eines kontrollierten Vokabulars, dessen Begriffe durch Relationen miteinander verbunden sind, um bedeutungsgleiche oder bedeutungsähnliche Wörter zu identifizieren, könnte die Leistungen von Suchmaschinen deutlich verbessern.

3.2.7 Stoppwörter

Für gewöhnlich besteht ein Fließtext überwiegend aus Wörtern mit geringer oder gar keiner inhaltlichen Bedeutung. Zudem treten bestimmte und unbestimmte Artikel, Konjunktionen, Präpositionen und Negationen in hoher Frequenz auf. Um bei der Textsuche diese an sich informationsleeren Wörter auszuschließen, werden solche Wörter in eine sogenannte *Stoppwortliste* eingetragen [36]. Ein Ausschnitt aus einer solchen Liste könnte etwa wie folgt aussehen:

```
aber alle allein aller alles als am an andere anderen anderenfalls
anderer anderes anstatt auch auf aus aussen außen ausser ausserdem
außerdem außerhalb ausserhalb behalten bei beide beiden beider beides
beinahe bevor bin bis bist bitte da daher danach dann darueber darüber
darueberhinaus darüberhinaus darum das dass daß dem den der des
deshalb die diese diesem diesen dieser dieses dort duerfte duerften
duerftest duerftet dürfte dürften dürftest dürftet durch durfte
durften durftest durftet ein eine einem einen einer eines einige
einiger einiges entgegen entweder erscheinen es etwas fast fertig fort
fuer für gegen gegenueber gegenüber gehalten geht gemacht gemaess
gemäß genug getan getrennt gewesen gruendlich gründlich habe haben
habt haeufig häufig hast hat hatte hatten hattest hattet hier hindurch
hintendran hinter hinunter ich ihm ihnen ihr ihre ihrem ihren ihrer
ihres ihrige ihrigen ihriges immer in indem innerhalb innerlich
irgendetwas irgendwelche irgendwenn irgendwo irgendwohin ist jede
jedem jeden jeder jedes jedoch jemals jemand jemandem jemanden
jemandes jene jung junge jungem jungen junger junges kann kannst kaum
koennen koennt koennte koennten [...] welcher welches wem wen wenige
wenn wer werde werden werdet wessen wie wieder wir wird wirklich wirst
wo wohin wuerde wuerden wuerdest wuerdet würde würden würdest würdet
wurde wurden wurdet ziemlich zu zum zur
```

Alle im Dokument vorkommenden Wörter werden mit dieser Liste abgeglichen und bei einem Auftreten aus dem Text entfernt. Dadurch werden diese Begriffe von der Indexierung ausgeschlossen. Das erhöht die Precision und vermindert quasi nebenbei die Größe des zu indexierenden Textes im Schnitt um bis zu 40 Prozent.

Neben semantisch wenig relevanten Wörtern können auf der Stoppwortliste auch Begriffe herausgefiltert werden, die aus verschiedenen Gründen nicht indexiert werden sollen. So enthalten diese Listen in der Regel Begriffe, die gegen geltendes Recht oder die Nutzungsordnung der Suchmaschine verstoßen.

Ob der Vorgänger des Suchdienstes Live.com, MSN, das Wort »geil« aus Gründen des Jugendschutzes als Stoppwort führte, ist nicht sicher. Mittlerweile findet man bei der Suche nach »geil« wieder Ergebnisse – allerdings nicht solche, die viele Suchende vermutlich gerne finden würden. Hier greift nach wie vor der Jugendschutzfilter, den man auch nicht über die erweiterten Einstellungen ausschalten kann. Interessant hierbei ist, dass Google zwar auch einen solchen Filter (SafeSearch) anbietet, dieser jedoch nicht standardmäßig aktiviert ist. Hier ist Microsoft mit MSN und Life.com also wesentlich strikter, was auch die Suche nach dem Wort »sexy« in Abbildung 3.9 zeigt.

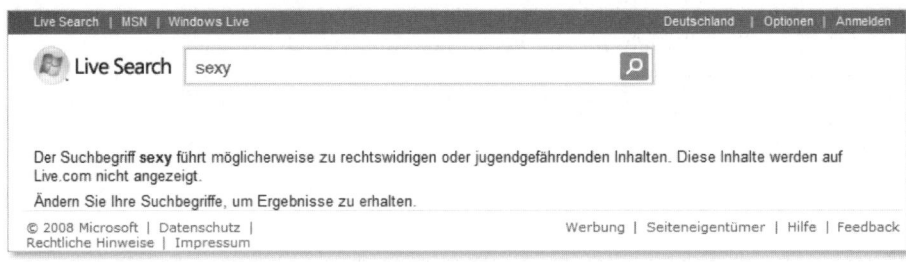

Abbildung 3.9   Nichts mit »sexy« bei MSN

Allerdings setzt die Suchmaschine eine fortschrittlichere Stoppwort-Strategie für den Jugendschutz ein. Die Suche nach dem beliebten Suchwort »Sex« oder ähnliche Begriffe laufen bei Live.com ins Leere. Der Suchende wird stattdessen auf die Gefahr von rechtswidrigen oder jugendgefährdenden Ergebnissen hingewiesen. Erst bei Eingabe eines zweiten Keywords wird eine Ergebnisliste angezeigt. Im Vergleich zu anderen Suchdiensten fällt hier allerdings auf, dass die Liste durch spezielle Filter jugendfrei gehalten werden soll – was allerdings nicht immer überzeugend zu funktionieren scheint.

Ein verwandtes Verfahren des Listenabgleichs soll in diesem Zusammenhang hier erwähnt werden. Ähnlich wie bei der Stoppwortliste handelt es sich bei einer

Black List um eine Liste von Begriffen, die nicht erwünscht sind. Jedoch ist die Konsequenz beim Auftreten eines solchen Begriffs innerhalb des Textes weitreichender. Sobald ein Wort gefunden wird, das auf der Black List steht, führt dies zur sofortigen Löschung des gesamten Dokuments. Dagegen werden Wörter innerhalb der Stoppwortliste nur von der Indexierung ausgeschlossen, nicht aber das gesamte Dokument.

Die Anwendung der Stoppwortliste und der Black List kann zu unterschiedlichen Zeitpunkten geschehen und hängt vom individuellen Zusammenspiel der einzelnen Komponenten der Suchmaschine ab.

Es gibt auch bei dem Stoppwort-Filterverfahren die berühmte andere Seite der Medaille. Die Stoppwort-Eliminierung vermindert den Recall. Shakespeares »Sein oder nicht sein« würde radikal auf den Begriff »sein« reduziert werden. Das ist sicherlich ein Grund, weshalb Google Anfang 2002 begann, Stoppwörter mit zu indexieren [37]. Auch die anderen Anbieter verfolgen mittlerweile das Prinzip der *Vollindexierung*. Jedoch werden Wörter aus der Stoppliste oftmals weniger hoch gewichtet, um die wirklich aussagekräftigen Stichwörter zu einem Thema nicht zu überdecken. Außerdem kann eine kontextsensitive Anwendung der Stoppwort-Regeln je nach Stichwortanfrage stattfinden. Google entfernt Stoppwörter bei komplexen Suchanfragen, wie in Abbildung 3.10 deutlich wird, bereits vor der Suche und versucht damit, die Precision zu erhöhen.

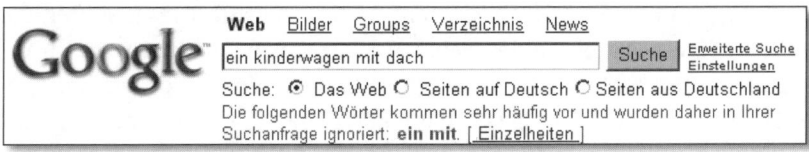

Abbildung 3.10 Stoppwort-Eliminierung bei der Suche in Google

3.2.8 Keyword-Extrahierung

Oberstes Ziel beim Information Retrieval ist das Bestimmen von Wörtern aus Textdokumenten, die dazu geeignet sind, das Thema inhaltlich zu repräsentieren. Die bisher dargestellten Filter werden in der einen oder anderen Form vorgeschaltet, um die Daten zu normalisieren und die gröbsten möglichen Störfaktoren zu beseitigen. Im letzten Schritt der Dokumentanalyse muss nun eine Liste von Begriffen aus dem übriggebliebenen Text entnommen werden. Diese nennt man *Schlüsselwörter* (*Keywords*), weil sie gewissermaßen den Zugang zum Inhalt eines Dokuments gewähren. Im wissenschaftlichen Kontext wird oftmals auch der Begriff *Deskriptor* genutzt.

Wie ich im nächsten Abschnitt über Datenstrukturen ausführlich noch besprechen werde, werden bei einer Suchanfrage nicht die gesamten Dokumente auf Treffer durchsucht, sondern nur der Index, der Verweise auf die betreffenden Dokumente enthält. Der Aufbau einer Indexdatei bestimmt nicht zuletzt die Qualität der zurückgelieferten Suchergebnisse. Und diese Indexdatei basiert wiederum auf den Ergebnissen der Keyword-Extrahierung. Dabei gibt es prinzipiell verschiedene Verfahren, um diese Aufgabe zu bewerkstelligen. Zum einen kann jeder Begriff eines Dokuments ungestemmt und ohne weitere Vorfilter zur Indexierung übernommen werden. Dies wird gelegentlich insbesondere bei der Indexierung von Fachliteratur mit vielen Eigennamen und Fremdwörtern in Bibliothekssystemen angewendet. In der Regel finden bei den üblichen Suchmaschinen im Web jedoch die oben genannten Filterprozesse statt. Hier unterscheiden sich die Methoden in Bezug auf eine Vollindexierung und auch im Hinblick auf die Menge der analysierten Dokumentbereiche.

Die benutzte Technik hängt letztendlich vom Einsatzweck und von verschiedenen anderen Faktoren ab. Neben den zur Verfügung stehenden Rechner-Ressourcen spielen auch die Größe und der Umfang der zu untersuchenden Dokumente eine wichtige Rolle. Vor wenigen Jahren analysierten die marktbeherrschenden Suchdienste nur die ersten 200 bis 300 Zeichen innerhalb des HTML-Dokumentkörpers. Mittlerweile wird die überwiegende Anzahl der Dokumente vollständig analysiert. Teilweise existieren jedoch immer noch Beschränkungen bei manchen Suchmaschinen, was die indexierte Dokumentgröße anbetrifft. Dies ist unter anderem auf die benutzte Datenstruktur beim Anlegen des Index zurückzuführen. Google untersuchte beispielsweise vor dem Frühjahr 2005 nur die ersten 101 kByte eines Dokuments. Dies schlug sich dann auch in der Cache-Darstellung nieder. Suchte man etwa nach dem Begriff »tagesschau« und verglich anschließend den Cache des gefundenen Links »www.tagesschau.de« mit der tatsächlichen Seite, konnte man feststellen, dass ab einem gewissen Punkt das HTML-Dokument abgeschnitten wurde (siehe Abbildung 3.11). Wie im Beispiel zu sehen, tauchen bei dieser begrenzten Aufnahmegröße oftmals am Ende gecachter Seiten ab einer bestimmten Größe unvollständige HTML- oder JavaScript-Codestücke auf.

Seit dem Google-Update im Jahr 2005 werden mittlerweile aber auch größere Dokumente indexiert und entsprechend im Cache angezeigt. Letztendlich besitzt die Mehrzahl der Dokumente auf den vorderen Plätzen bei Google in der Regel weniger als 40 kByte, sodass zur Suchmaschinen-Optimierung meistens solche kleineren Dateien empfohlen werden. Die Indexierung von größeren Dateien lässt zudem nicht zwingend den Schluss zu, dass der gesamte Dokumentinhalt auch zur Relevanzbewertung herangezogen wird.

Abbildung 3.11   Googles 101-kByte-Grenze vor 2005 war auch im Cache sichtbar.

```
Klostergeschichte von Heinrich Werner
Von Heinrich Werner wurden im Blick auf seine Darstellung der Klostergeschichte
ausgewertet (Nachweise in der gedruckten Darstellung): ...
www.kloster-denkendorf.de/klostergeschichte_von_heinrich_werner.htm - 226k -
Im Cache - Ähnliche Seiten
```

Abbildung 3.12   Dateien über 101 kByte werden seit 2005 auch von Google indexiert.

Yahoo! geht mit Dateigrößen bereits seit Längerem etwas großzügiger um. Dort werden Dokumente mit bis zu 500 kByte analysiert. Die automatische Keyword-Extrahierung stellt sich bei genauer Betrachtung als nicht ganz triviale Aufgabe heraus. Umso wichtiger ist eine gründliche Vorüberlegung, welche Art von Schlüsselwörtern repräsentativ für den Dokumenteninhalt sein kann. Dabei existieren verschiedene Kriterien:

- **Stichwortvalidität**
  Die Begriffe müssen später vor allem als zuverlässige Stichwörter im Index dienen, um relevante Dokumente auf eine Anfrage liefern zu können. Das ist offensichtlich, jedoch noch nicht alles.

- **Gewichtungsvalidität**
  Die Keywords müssen zusätzlich auch geeignet sein, um an ihnen eine Relevanzbestimmung mittels einer Gewichtung durchführen zu können. Dazu wurden verschiedene Methoden und Verfahren entwickelt, deren Parametern die Keywords genügen müssen. Darauf gehe ich später in Kapitel 4, »Gewichtung und Relevanz«, explizit ein.

- **Cluster-Validität**
  Abschließend sollten die Keywords geeignet sein, Verknüpfungen zu anderen thematisch verwandten Dokumenten herzustellen. Nur so kann ein automatisches Clustering funktionieren.

Dass nicht jeder Begriff diese Qualifikationen als Schlüsselwort mit sich bringt, wird an einem trivialen Beispiel deutlich. Nehmen Sie die Begriffe »und« und »jeder«. Zwar kann man sich sicherlich auch bei diesen Termen einen seltenen Fall ausdenken, bei dem die Suche nach einem dieser Begriffe sinnvoll wäre. Damit ist allerdings nur das erste Kriterium der Stichwortvalidität erfüllt. Eine Gewichtung nach solchen Begriffen ist jedoch meist für die inhaltliche Relevanz des Dokuments auf eine entsprechende Suchanfrage keineswegs repräsentativ. Und spätestens, wenn man davon ausgehen sollte, dass Dokumente mit einer ähnlichen Anzahl an »und« und »jeder« auch zwangsläufig thematisch verwandt sind, begibt man sich auf sehr dünnes Eis. Es ist deutlich, dass die Schwierigkeit bei der Keyword-Extrahierung in der Bestimmung der passenden Schlüsselwörter besteht. Mehr als anderswo müssen die gefundenen Begriffe auf den Inhalt des Dokuments bezogen erschöpfend und bezeichnend sein. Erinnern Sie sich noch an zwei bekannte Kenngrößen? Richtig, optimale Schlüsselwörter erfüllen die Kriterien des Recall und der Precision weitestgehend.

Betrachtet man die Satzstruktur einer natürlichen Sprache, wird relativ schnell deutlich, dass Artikel, Konjunktionen, Negationen usw. nicht als Schlüsselwörter in Frage kommen, da sie die genannten Kriterien nur sehr bedingt erfüllen. Nicht umsonst werden diese Wörter ja auch in vorhergehenden Schritten entfernt, wenn es sich nicht von vornherein um eine Vollindexierung handelt. Aus der linguistischen Textanalyse stammt die Erkenntnis, dass Inhalte am ehesten durch Substantive dargestellt werden. Dass der größte Teil der Semantik eines Textes von Substantiven getragen wird, können Sie selbst ausprobieren. Entfernen Sie aus einem Text alle Wörter, die keine Substantive sind. Sie werden mit hoher Wahrscheinlichkeit zumindest grob das Thema des ursprünglichen Textes erkennen können. Im umgekehrten Fall gleicht dieser Versuch eher dem Fischen in trüben Gewässern.

Damit ist bei Substantiven die Stichwortvalidität auf jeden Fall gesichert. Wie sieht es mit den beiden anderen Kriterien aus? Sind Substantive beispielsweise gewichtungsvalide? Dahinter verbirgt sich die Frage, wie wichtig ein Schlüsselwort für das Thema eines Textes ist. Oder anders ausgedrückt, wie thematisch repräsentativ ein Begriff ist. Stellen Sie sich einen Text vor, der einen neu eröffneten Fahrradweg beschreibt. Die Substantive »Fahrrad« und »Weg« werden sicherlich in ihren Abwandlungen, die durch das Stemming vereinheitlicht werden, enorm häufig in dem Text auftreten. Vielleicht erwähnt der Autor nebenbei, dass die Strecke teilweise über eine stillgelegte Bahntrasse führt. Das gestemmte Wort »Bahn« ist ein Substantiv und würde daher als Schlüsselwort herangezogen. Die ersten beiden Terme sind aufgrund der häufigeren Nennung offensichtlich bedeutender für den Text als der Begriff »Bahn«. Es wird deutlich, dass die Häufigkeit des Vorkommens eines stichwortvaliden Begriffs als legitimes Gewichtungsmaß genutzt werden kann.

Dieser eher intuitive Ansatz ist in der ersten Hälfte des 20. Jahrhunderts von dem Harvard-Professor für Linguistik George Kingsley Zipf auch wissenschaftlich korrekt beschrieben worden. Das nach ihm benannte *Zipfsche Gesetz* besagt, dass die empirisch gefundene Häufigkeit von Wörtern eines ausreichend langen Textes mit dem Rang ihrer Bedeutung korreliert. Das bedeutet: Je häufiger ein Begriff in einem Text auftritt, desto bedeutender ist dieser für die inhaltliche Beschreibung. Zipf begründete mit dieser Erkenntnis die quantitative Linguistik. Wie jedes empirische Gesetz ist auch das Zipfsche Gesetz nur näherungsweise gültig. Liefert es in dem mittleren Bereich einer Häufigkeitsverteilung sehr gute Ergebnisse, ist seine Aussagekraft bei sehr häufig oder sehr selten auftretenden Begriffen dagegen weniger stark.

Der Wissenschaftler Hans Peter Luhn beschäftigte sich 1958 mit dem automatischen Generieren von Zusammenfassungen aus literarischen Texten [38]. Er erweiterte sozusagen die Idee von Zipf, indem er zwei Grenzen einführte. Über Schwellenwerte können diese Grenzen jeweils bestimmt werden. In Abbildung 3.13 wird deutlich, wie das Prinzip der Trennung funktioniert. Die obere Grenze grenzt die häufig auftretenden Begriffe ab, die untere Grenze die selten auftretenden. Der markierte Mittelbereich enthält die inhaltsrelevanten Begriffe, die das Kriterium der Gewichtungsvalidität erfüllen.

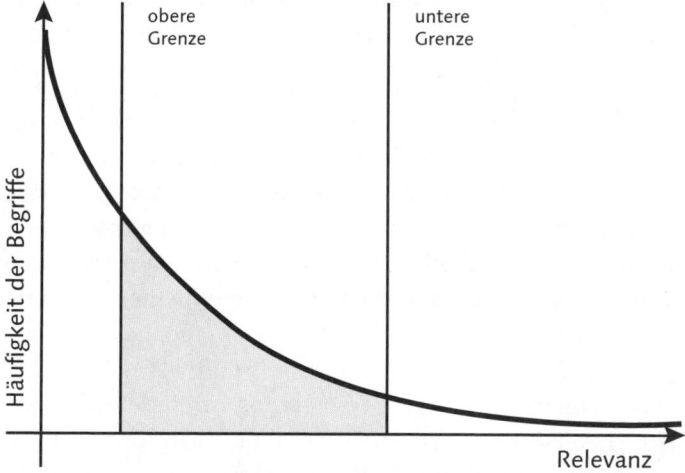

Abbildung 3.13   Worthäufigkeit und Relevanz nach Luhn

Nur durch die Erkenntnis von Luhn und anderer Wissenschaftler ist es überhaupt erst möglich, eine gültige Indexierung oder gar eine Vollindexierung durchzuführen. Sind die beiden Schwellenwerte für allgemeinsprachliche Texte richtig gesetzt, können übermäßig auftretende Wortformen wie Artikel, Konjunktionen usw. herausgefiltert werden. Das verhält sich ähnlich wie ein mehrstufiges Sieb, bei dem die mittelgroßen Körnungen im mittleren Sieb hängen bleiben und dann anschließend mit der größten Bedeutung versehen werden können. Die zu großen und zu kleinen Körnungen befinden sich in anderen Sieben und finden keine Beachtung.

Substantive mit einem mittleren Vorkommen eignen sich somit am besten als repräsentative Begriffe für einen Text. Damit ist auch das dritte Kriterium der Cluster-Validität erfüllt. Erschließen die gefundenen Schlüsselwörter einen beliebigen Text gleich gut, so ist die Basis für die Verknüpfungen gleichwertig und damit auch durchführbar.

3.2.9 URL-Verarbeitung

Der Parser erfüllt neben den bisher dargestellten Aufgaben noch eine weitere wichtige Funktion. Er extrahiert die Links, auch Anchors genannt, und fügt sie einer temporären Liste hinzu. Diese Anchors-Datei wird von einer eigenen Systemkomponente namens *URL-Resolver* weiterverarbeitet. Der URL-Resolver nimmt aus der Anchors-Datei einen Eintrag nach dem anderen, konvertiert den relativen URL in einen absoluten und speichert ihn dann in dem Dokumentenindex ab, sofern er nicht bereits dort vorhanden ist. Dort wartet der URL dann, bis der Scheduler ihn an einen Crawler gibt und der Verarbeitungsprozess so von neuem beginnt.

Durch das Extrahieren von URLs aus bereits gesammelten Dokumenten kann eine Suchmaschine theoretisch das gesamte Web erfassen. Legt man die Idee zugrunde, dass jede Webseite von mindestens einer anderen Webseite verlinkt ist, erhält man ein Spinnennetz ohne ein alleinstehendes Element. Gerade hier wird der Vorteil einer automatischen Suchmaschine im Vergleich zu den manuell zu pflegenden Webkatalogen besonders deutlich. Suchmaschinen erweitern ihren Bestand hauptsächlich durch das Auswerten vorhandener Dokumente selbstständig.

3.3 Datenstruktur

Als Ergebnis der Datenaufbereitung und Dokumentenanalyse liefert der Parser als verantwortliche Systemkomponente eine Liste von Schlüsselwörtern, die die betreffende Ressource beschreiben. Der aufwendige Prozess kann nicht während jeder Suchanfrage bei allen Dokumenten immer wieder aufs Neue durchgeführt werden. Daher muss eine Datenstruktur entworfen werden, um die Ergebnisse dauerhaft zu speichern und effizient darauf zurückgreifen zu können. Zusätzlich muss die Datenstruktur möglichst viele Kriterien zur Berechnung der Relevanz während einer Suchanfrage leicht zugänglich bereitstellen.

Die Umsetzung erfolgt nahezu in allen Information-Retrieval-Systemen im Web – sprich Suchmaschinen – über ein gewichtetes invertiertes Dateisystem. Dieses basiert im Allgemeinen auf drei verschiedenen Strukturen, die sich gegenseitig ergänzen, nämlich

- der Hitlist,
- dem direkten Index,
- dem indirekten Index.

Sie werden es sich sicherlich denken, dennoch will ich es noch ein letztes Mal an dieser Stelle in Erinnerung rufen: Die Zusammensetzung der einzelnen Komponenten, insbesondere der nachfolgend vorgestellten Dateistrukturen, variiert von System zu System. Ferner ist die tatsächliche Implementierung weitaus komplexer und detaillierter als dargestellt. Das tut jedoch dem notwendigen Verständnis der Arbeitsweise einer Suchmaschine keinerlei Abbruch – im Gegenteil.

3.3.1 Hitlist

Im Gegensatz zu einem datenbankorientierten Index besteht eine charakteristische Eigenheit von Information-Retrieval-Systemen in der Relevanzbewertung und in der dieser zugrunde liegenden Gewichtung einzelner Begriffe. Für viele Details wird später jeweils ein Gewicht verteilt. Die Summe der Gewichtungen ergibt einen Wert, der die Relevanz eines Dokuments in Bezug auf einen Suchbegriff widerspiegelt. Jedes dieser Schlüsselwörter, die von dem Parser in einer Liste geliefert werden, muss daher mit weiteren Informationen versehen werden, um später eine differenzierbare Berechnung der Relevanz in Bezug auf einen Suchbegriff durchführen zu können. Dazu werden verschiedene statistische Informationen zu jedem Begriff erstellt, die im späteren Verlauf jeweils mit abgespeichert werden. Ziel dieses Schrittes ist, die Eigenschaften eines betreffenden Schlüsselwortes innerhalb des Dokuments möglichst genau zu beschreiben, um eine detaillierte Berechnung des Gewichts zu ermöglichen.

Diese Ansammlung von Informationen nennt man *Hitlist* oder auch *Location List*, da sie unter anderem die Position des zugehörigen Begriffs enthält. Diese Position ist eine der wichtigsten Informationen, denn sie beschreibt den Rang eines Begriffs innerhalb des Dokuments. Dem liegt der Gedanke zugrunde, dass ein Schlüsselwort umso wichtiger für die inhaltliche Aussage ist, je weiter oben es auftritt. Die Positionsangabe kann wahlweise global sein, sodass alle Wörter inklusive des Header-Bereichs mitgezählt werden. In der Regel ist sie aber kombiniert mit einem systeminternen Schlüssel, der codiert, in welchem Dokumentbereich der Begriff auftritt. So könnte die Zahl 1 für die Titelzeile, die 2 für den Kopfbereich und die 3 für den Dokumentkörper stehen. Diese Unterscheidung ist von Bedeutung, da beispielsweise das Vorkommen eines Suchwortes in der Titelzeile in der Regel höher bei der Berechnung des Relevanzwertes gewichtet wird als etwa ein Vorkommen am Ende eines langen Fließtextes im Dokumentkörper.

Zusätzlich wird das Gesamtvorkommen des Wortes innerhalb des Dokuments festgehalten. Für jedes Auftreten wird eine eigene Hitlist erstellt, um später beispielsweise den Abstand zwischen gleichen Schlüsselwörtern innerhalb eines Dokuments mit in die Berechnung einfließen lassen zu können. Daneben sind Informationen über die Formatierung gegebenenfalls von Interesse. Die Schriftart sagt meist wenig über die Bedeutung eines Schlüsselwortes für ein Dokument aus, die Schriftgröße jedoch umso mehr. Jedem Autor ist freigestellt, welche Schriftgröße er als Standard auf seinen Webseiten festlegt. Üblicherweise findet man im Web Fließtexte in den Größen zwischen zehn und 16 Pixel. Große Lettern werden häufig auf sogenannten barrierefreien Seiten genutzt, die zum Beispiel für Menschen mit Sehschwächen oder Sehbehinderungen entworfen werden. Das ist übrigens ein Prinzip, das man auch im Printsektor beobachten kann. Zeitschriften für ältere Menschen sind im Vergleich zu Jugendzeitschriften tendenziell in größeren Lettern gesetzt. Um eine Vergleichbarkeit zwischen allen Webseiten zu erreichen, wird die Schriftgröße eines Schlüsselwortes daher relativ zu den verwendeten Schriftgrößen innerhalb des Dokuments bestimmt. Man erhält dementsprechend eine relative Größenangabe für die Hitlist.

Neben der Schriftgröße ist außerdem die Art der Groß- bzw. Kleinschreibung von Interesse und wird daher ebenfalls in der Hitlist festgehalten. Alle Begriffe werden in der Regel in Kleinschreibung als Ausdruck einer einheitlichen Formatierung umgewandelt. Dies vereinfacht viele Abfragen an das Wörterbuch. Daher muss diese Information gesondert gespeichert werden. Ein Wort im Dokument kann dabei ausschließlich aus Großbuchstaben bestehen oder auch nur aus Kleinbuchstaben. Ferner haben Substantive meist einen führenden Großbuchstaben, die gemischte Groß- und Kleinschreibung tritt eher seltener auf.

- ÖFFNUNGSZEIT
- öffnungszeit
- Öffnungszeit
- öFfNunGsZeIT

Eine genauere Betrachtung der Schreibweise und ihrer Handhabung seitens der Suchmaschinen zeigte vor wenigen Jahren noch starke Unterschiede. Google und Yahoo! setzten bereits von Beginn an Groß- und Kleinschreibung gleich.

Noch im Jahr 2005 betrachtete Google unterschiedliche Schreibweisen von Umlauten (beispielsweise »oe« für »ö«) als jeweils separate Stichworte. Die Tabelle 3.3 aus der ersten Auflage dieses Buches im Jahr 2005 hat allerdings nur noch historischen Wert. Heute finden sich kaum noch Unterschiede: Abgesehen davon, dass Fireball die Ergebnisse unter anderem von Google erhält, unterscheiden alle gängigen Suchmaschinen mittlerweile nicht mehr zwischen Groß- und Kleinschreibung und auch nicht mehr zwischen unterschiedlichen Schreibweisen von Umlauten.

Stichwort	Google 2005	Fireball 2005
ÖFFNUNGSZEIT	713 000	1 192 672
öffnungszeit	713 000	1 191 010
Öffnungszeit	713 000	1 180 571
öFfNunGsZeIT	713 000	1 192 672
OEffnungszeit	40 000	1 194 327
Oeffnungszeit	53 700	1 180 573

Tabelle 3.3 Unterschiedliche Trefferzahlen bei Google und Fireball im Jahr 2005

Sie können selbst herausfinden, wie andere Suchmaschinen sich in Sachen Groß- und Kleinschreibung bzw. Umlautkonvertierung verhalten. Geben Sie einfach die unterschiedlichen Schreibweisen eines Wortes in die Suchmaske ein und vergleichen Sie die Anzahl der gefundenen Treffer. Verschiedene Betreiber regeln die Konvertierung von Sonderzeichen immer noch unterschiedlich.

Abgesehen von diesen Formatierungen werden auch typografische Hervorhebungen wie gefettete, kursive, unterstrichene oder sonstige Buchstaben im Datenbestand vermerkt. Begriffe sind innerhalb eines Textes in der Regel vom Autor hervorgehoben, wenn sie eine besondere Bedeutung für den Inhalt besitzen. Diese wertvollen Informationen dürfen keinesfalls durch die Indexierung verloren gehen.

Neben den Formatierungsinformationen kann für eine spätere Relevanzberechnung anhand der Begriffe von Interesse sein, welche Funktion der Begriff innerhalb des Dokuments erfüllt. So werden im Allgemeinen Begriffe, die im einfachen Fließtext vorkommen, weniger relevant sein als beispielsweise Wörter in Überschriften, Links oder vielleicht als Meta-Tag. Die Funktion wird aus diesem Grunde ebenfalls in der Hitlist festgehalten. Die Hitlist beinhaltet dementsprechend eine Menge an Informationen – und dies für jedes einzelne Schlüsselwort innerhalb einer jeden Ressource. Daher ist die Gestaltung dieser Hitlist eine enorme Herausforderung für die Systemarchitektur. Da sie an jedes gefundene Schlüsselwort angehängt wird, müssen die oben erwähnten Informationen hochgradig kompakt abgespeichert werden, um den Speicherbedarf so gering wie möglich zu halten. Dabei erhält jeder Zustand und jede Eigenschaft einen internen Code, der den übrigen Komponenten insbesondere bei der Relevanzberechnung ebenfalls bekannt ist. So könnte man beispielsweise auch hier alle Begriffe, die gefettet sind, mit der Zahl 1 versehen, kursive Begriffe mit einer 2 und so weiter. Und ähnlich wird es tatsächlich in der Praxis gemacht.

Die originäre Datenstruktur von Google speichert die Hitlist in 16 Bits ab, was zwei Bytes entspricht. Näheres können Sie in dem bereits erwähnten Paper von S. Brin und L. Page nachlesen [39]. Die dort beschriebene Lösung ist nicht die einzige. Die Informatik stellt viele Möglichkeiten zur Verfügung: Eine weitere ist beispielsweise der Huffman-Code.

3.3.2 Direkter Index

Nachdem für jedes Schlüsselwort eine Hitlist berechnet wurde, sollen diese Informationen nun abschließend abgespeichert werden. Der direkte Index enthält dementsprechend eine lange Liste von Begriffen mit den zugehörigen Hitlisten aus der Datenanalyse. Das oben erwähnte Beispiel »Sein oder nicht sein« würde im direkten Index ohne Codierung wie folgt aussehen:

Dokument	Schlüsselwort	Hitlist
http://www.literatur.de/zitate/shakespeare.html	sein	[1,4], …
http://www.literatur.de/zitate/shakespeare.html	oder	[2], …
http://www.literatur.de/zitate/shakespeare.html	nicht	[3], …

Tabelle 3.4 Einfaches Beispiel eines direkten Index ohne Codierung

In der ersten Spalte steht das betreffende Dokument, nachfolgend das Schlüsselwort. Das doppelt auftretende Schlüsselwort wie »sein« ist hier nur einmal aufgenommen. Die Hitliste wird an jeden Begriff angehängt. Im Beispiel besagt die Hitlist des Begriffs »oder«, dass es das zweite Wort im Dokument ist. Im praktischen Einsatz ist die Hitlist mit all ihren detaillierten Informationen wesentlich komplexer.

Bei der Hitlist schien es elementar wichtig, die Daten möglichst effizient abzulegen. Der direkte Index kann also nicht so wie in dem Beispiel gezeigt stehen bleiben, finden Sie nicht auch? Allein der URL in der Dokumentspalte nimmt sehr viel Platz ein, und das kostet enorme Speicherkapazitäten und verschlechtert zusätzlich die System-Performance. Daher wird der gesamte Index in einer Datei mit einem eindeutigen Format als direkte Datei gespeichert.

Die Dokumentzuordnung erfolgt dabei über die DocID aus dem Dokumentenindex. Dieser enthält ja bereits den URL und einige zusätzliche Daten, die nicht doppelt abgespeichert werden müssen. Es ist also nicht nötig, den URL zur Beschreibung des Dokuments hier erneut zu nutzen, sondern es kann auf die eindeutige systeminterne Kennzeichnung des Dokuments aus dem Dokumentenindex zurückgegriffen werden.

Ähnlich verhält es sich mit den Begriffen. Wird eine neue Zeile in der direkten Datei angelegt, kann dazu das Lexikon als Datengrundlage genutzt werden. Analog zum Dokumentenindex enthält dieses alle Begriffe mit einer jeweiligen WordID. Wird ein Begriff nicht im Lexikon gefunden, so wird er über einen gesonderten Prozess neu hinzugefügt und erhält eine eigene WordID. Das Lexikon erfüllt eine Vielzahl von Funktionen, daher ist es hier besonders wichtig, eine schnelle Bearbeitbarkeit zu garantieren. Aus diesem Grunde liegt es in der Regel innerhalb des virtuellen Speicherbereichs. Eine Ablage auf der Festplatte würde zu lange Zugriffszeiten erfordern. Vereinfacht ausgedrückt, müsste sich die Scheibe der Festplatte bei jeder Anfrage erst an die richtige Stelle drehen und der Lesekopf entsprechend positioniert werden. Solche mechanischen Vorgänge sind beim Hauptspeicher eines Rechners nicht erforderlich, daher können die Zugriffe enorm schnell bewerkstelligt werden. Die platzsparende, codierte Tabelle würde dementsprechend so aussehen:

DocID	WordID	Hitlist
000034	004532	CE625
000034	000235	67F24
000034	001256	E42C4

Tabelle 3.5 Direkter Index im codierten Zustand

Nun, werden Sie sagen, das Beispiel zeigt immer noch eine Tabelle und keine Datei. Richtig. In der Praxis ist dem Information-Retrieval-System durch die Dateispezifikationen die Datenlänge der Zeilen bekannt, sodass die Tabelle folgendermaßen endgültig in der direkten Datei abgespeichert werden könnte:

```
000034004532CE625
00003400023567F24
000034001256E42C4
```

Listing 3.1 »Sein oder nicht sein« in einer direkten Datei

Es ist nun ein Kinderspiel, alle Schlüsselwörter zu einem gesuchten Dokument schnell zu finden und deren einzelne Positionen und weitere Merkmale anhand der Hitlist zu erfahren. Dabei können die einzelnen Einträge sogar innerhalb einer einzigen Zeile ohne Zeilenumbruch geführt werden, denn die Länge eines einzelnen Eintrags ist bekannt und stets gleich.

Der Clou dabei ist, dass dazu die ursprüngliche Datei im Repository keineswegs mehr erforderlich ist. Dank der komprimierten Datenspeicherung wird, wie soeben angedeutet, eine große Menge an Zeit und Ressourcen gespart. Damit hat der Parser nun auch endgültig seine Schuldigkeit getan. Zumindest für dieses Dokument, denn das nächste Dokument aus dem Repository wartet schon auf die Datennormalisierung und Dokumentanalyse.

3.3.3 Invertierter Index

Die eigentliche Indexierung besteht jedoch nicht im Anlegen der direkten Dateien. Streng genommen meint Indexierung erst das Anlegen eines Eintrags im invertierten Index.

Diese Struktur entspricht im übertragenen Sinne erst dem Index eines Buches und wird daher auch oftmals einfach nur als Index oder inverser Index bezeichnet. Bislang hat das Information-Retrieval-System einen direkten Index erzeugt. Damit ist es möglich, alle Schlüsselwörter und die dazugehörigen Informationen zu einem bestimmten Dokument über den URL bzw. die DocID zu erfahren.

Das ist zweifelsohne schön, bringt aber den Suchenden ohne eine weitere Komponente dennoch nicht weiter. Denn in Suchanfragen wird nicht nach Dokumenten gesucht, sondern nach Schlüsselwörtern. Es wird also zusätzlich eine Struktur benötigt, die nicht nach Dokumenten ausgerichtet ist, sondern nach Schlüsselwörtern. Genau diese Struktur stellt der invertierte Index zur Verfügung.

Für die Erstellung der invertierten Dateien, die den invertierten Index enthalten, ist eine eigene Systemkomponente zuständig. Der Sorter arbeitet kontinuierlich daran, den nach DocID sortierten direkten Index in einen nach WordID sortierten invertierten Index zu konvertieren. Die invertierte Datei ist sozusagen eine Umkehrung der direkten Datei. Dabei bleibt der direkte Index notwendigerweise bestehen und wird nicht etwa gelöscht. Später werden beide Dateistrukturen für eine Suchanfrage benötigt.

Der grundsätzliche Aufbau des invertierten Index wird in Tabelle 3.6 veranschaulicht.

WordID	DocID (Zeiger)
004532	000034, 001243, 000872, 007360, 083729
002176	000237, 371613, 002371, 927872, 298109
093278	000281, 287301, 984590, 298732, 029491

Tabelle 3.6 Invertierter Index

Bei einer Suchanfrage wird das gesuchte Stichwort durch das Lexikon in seine WordID umgewandelt. Die entsprechende Zeile des invertierten Index verweist über die Zeiger auf sämtliche Dokumente, in denen das Schlüsselwort vorkommt. Die DocID ist also auch hier als Zeiger das Bindeglied zwischen dem invertierten und dem direkten Index.

Je nach Systemarchitektur enthält der invertierte Index zusätzlich oder sogar ausschließlich die Hitlist der betreffenden Begriffe. Ebenso ist es vorstellbar, dass das Lexikon direkt einen Zeiger enthält. Dieser würde auf eine zusätzliche Datenstruktur verlinken, in der gesondert die DocIDs mit den dazugehörigen Hitlists aufgereiht sind. Unabhängig von der programmtechnischen Umsetzung entstammen die verschiedenen Systemarchitekturen jedoch alle dem gleichen Grundgedanken mit dem Prinzip der drei Komponenten Hitlist, direkter Index und invertierte Liste. Nur über die invertierten Dateien ist es möglich, einen derart großen und verwaltbaren Datenbestand aufzubauen und die notwendigen Ressourcen für die Bearbeitung von Suchanfragen anzubieten, ohne hierzu die eigentlichen Dokumente als Suchbasis nutzen zu müssen.

3.3.4 Verteilte Datenstruktur

Die meisten Anbieter betreiben mehrere eigenständige Rechenzentren. Jedes dieser Rechenzentren beherbergt Hunderte von vernetzten Servern. Dies ist notwendig, um die enormen Datenmengen und die hohe Anzahl Suchanfragen in akzeptabler Zeit bearbeiten zu können. Über ein spezielles Verfahren namens DNS-Balancing wird bei einer Anfrage auf die Google-Website immer das passende Rechenzentrum angesprochen. Die DNS-Server erhalten Informationen über Status und Auslastung der einzelnen Rechenzentren und stellen die DNS-Route entsprechend ein. Der Anwender merkt hierbei nicht, dass er immer wieder die Dienste eines anderen Rechenzentrums in Anspruch nimmt.

Sowohl der direkte als auch der invertierte Index kann auf die Rechner innerhalb eines Rechenzentrums verteilt sein. Auch in diesem Zusammenhang spricht man von Clustern. Insbesondere bei einer unkontrollierten Indexierung steigt der Platzbedarf des gesamten Index sprungartig an. Im Gegensatz zur kontrollierten Indexierung liegt dem Index dabei kein Wörterbuch der zulässigen Begriffe zugrunde. Dieses Wörterbuch ist gewissermaßen ein Positivfilter, der auch als *White List* bezeichnet wird. Die großen Suchanbieter verfolgen mittlerweile überwiegend das Prinzip der *unkontrollierten Indexierung*. Dabei kann ohne aufwendige Pflege eines Wörterbuches ein Index generiert werden, der allerdings auch Begriffe indexiert, die im lexikalischen Sinne keine Wörter sind. Sicherlich erinnern Sie sich an das »qweew«-Beispiel im Abschnitt über die Wortidentifikation. Dieser Begriff wird genauso indexiert wie lexikalisch sinnvolle Wörter und auch falsche Schreibweisen wie »Weinachten«.

Dass Sie diesen Sachverhalt jedoch auch zu Ihren Gunsten einsetzen können, wird an späterer Stelle noch deutlich. Macht man bei eBay vielleicht noch das eine oder andere Schnäppchen im Kampf um »weinachtlichen« Baumschmuck, der aufgrund der falschen Schreibweise kaum gefunden wurde und nur wenig in die Höhe gestiegen ist, so will man bei Suchmaschinen in der Regel trotz einer falschen Schreibweise gleichwohl gefunden werden. Insbesondere Google verfügt ungeachtet der unkontrollierten Indexierung über ein sehr gutes Wörterbuch. Dieses kommt vor allem bei der Korrektur von Suchbegriffen (»Meinten Sie: ... «) zum Einsatz.

Dabei wird mittels eines speziellen Algorithmus die phonetische Ähnlichkeit des falsch geschriebenen Wortes zu einem Begriff aus dem Wörterbuch errechnet und dem Benutzer ein Korrekturvorschlag unterbreitet. Mittlerweile bieten auch andere Suchdienste eine Korrektur orthografischer Fehler an.

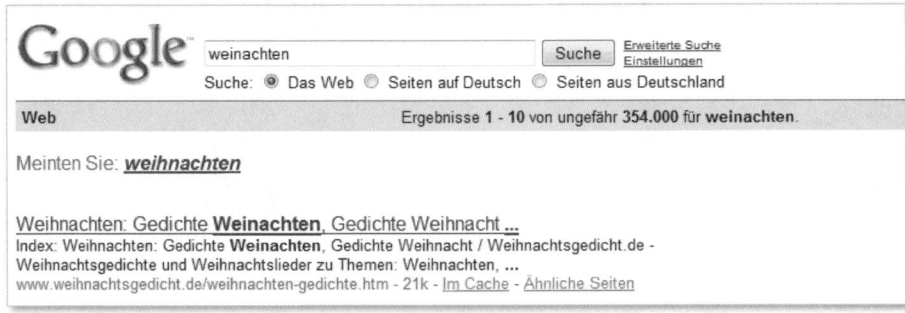

Abbildung 3.14   Korrekturvorschlag aus dem Wörterbuch

Das führt in einigen Fällen sogar soweit, dass der Nutzer bei Google und Co. nachschlägt, wie die korrekte Rechtschreibung eines Wortes lautet. Dass dieses Vorgehen nicht immer glücklich ist, zeigte lange Zeit eine Google-Suche nach »Dauerwachsein«. Wie Sie mit Google selbst feststellen können, dokumentieren mittlerweile nur noch die zahlreichen Google-Treffer den »Meinten Sie: ...«-Vorschlag.

Bei einer umfangreichen Anzahl Begriffe wachsen die Indexdateien so stark an, dass eine einzelne sequenzielle Liste auf einem Server nicht mehr genügend Effizienz bietet. Durch das Clustering kann diese Last verteilt werden. Allerdings können die Indexdateien dann meist nicht mehr aus einer einzigen sequenziellen Datei bestehen, sondern müssen in logische Einheiten auf den einzelnen Rechnern des Netzwerks verteilt werden. Für die Organisation bedient man sich eines mächtigen Konzepts aus der Graphentheorie der Informatik, der Baumstruktur. Sollten Sie erstmalig einen solchen »informatischen« Baum sehen, wundern Sie sich nicht. In der Informatik wachsen Bäume nach unten, die Wurzel (root) steht ganz oben. Die einzelnen Blöcke werden als Knoten bezeichnet, die über sogenannte Kanten miteinander verbunden sind. Am Ende einer jeweiligen Kette befindet sich immer ein Blatt.

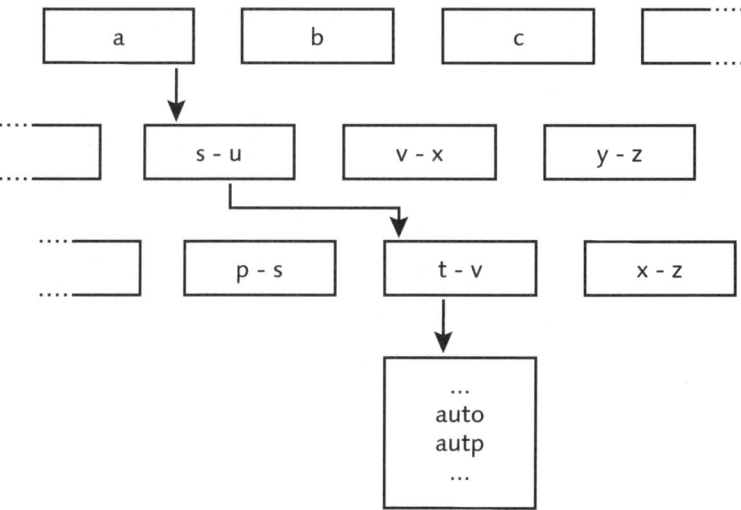

Abbildung 3.15 Schematische Darstellung eines verteilten Indexsystems

Das Beispiel verdeutlicht ausschnittsweise den schematischen Weg zu dem Rechner, auf dem der Abschnitt des Index vorhanden ist, der den Begriff »auto« enthält. Während das Wort von vorn nach hinten Buchstabe für Buchstabe zerlegt wird, gelangt der Suchalgorithmus immer eine Hierarchieebene tiefer und letztendlich auf den richtigen Rechner. Im Beispiel befinden sich auf dem gefundenen Server alle indexierten Begriffe, die mit den Buchstaben »aut« beginnen. Natürlich kann dort neben dem Ausschnitt aus dem invertierten Index auch der korrespondierende Teil des direkten Index abgelegt sein.

»Das Internet bietet unglaublich viel Mist, aber der Rest ist gar nicht übel.«
– Ernst Probst

4 Gewichtung und Relevanz

Die Schritte zum Akquirieren, Auswerten und Speichern des durchsuchbaren Datenbestandes stellen die unabdingbare Grundlage für ein weit skaliertes Information Retrieval dar. Im Gegensatz zu den datenbankorientierten Systemen muss bei der Suchanfrage die Relevanz einzelner Ressourcen durch komplexe Algorithmen ermittelt werden. Relevanz bedeutet in diesem Sinne die Ähnlichkeit eines Dokuments zu der Suchanfrage. Je genauer der Inhalt eines Dokuments zu den angegebenen Suchbegriffen passt, desto relevanter ist das Dokument für den Benutzer. Ein rein binäres Entscheidungskriterium ist in der Praxis nicht oder zumindest nicht mehr durchführbar, da die Auswahl hier nach dem Entweder-oder-Prinzip geschieht. Für klassische Datenbanksysteme ist dies durchaus erwünscht. So soll eine Anfrage an eine Adressdatenbank, in welcher Straße Frau Brosig wohnt, auch den entsprechenden Eintrag liefern. Die Anfrage »Zeige mir das Feld Straßennamen der Datensätze, die im Feld Nachname das Wort Brosig enthalten« soll eindeutig beantwortet werden. Den Benutzer interessiert dabei nicht, wo beispielsweise Herr Borsig wohnt, der einen ähnlich klingenden Namen trägt, aber sonst keinerlei Beziehung zu der gesuchten Person aufweisen kann. Die Informationen sind zu hundert Prozent genau zuzuordnen und gehören entweder in die Ergebnismenge oder eben nicht.

Die Herausforderung an Information-Retrieval-Systeme besteht hingegen darin, auch Ressourcen in die Ergebnismenge aufzunehmen, die eine Suchanfrage vielleicht zu 90 oder gar nur zu 75 Prozent erfüllen. Das ist zwingend notwendig, denn die mehrfach angesprochene Heterogenität der Texte lässt keine eindeutige thematische Zuordnung zu. Selbst Dokumente, die bei Betrachtung durch einen Redakteur einem bestimmten Themenkreis zugeordnet werden können, sind automatisch nicht ohne Weiteres als solche zu identifizieren. Zu stark wirken sich die Seitenformatierung, der Schreibstil und die Wortwahl des Webautors auf den Text aus.

4 | Gewichtung und Relevanz

Für den Menschen ist es oftmals ein Leichtes, zwischen thematisch zu einem Gebiet passenden und weniger passenden Dokumenten zu unterscheiden. Information-Retrieval-Systeme müssen diese Intelligenz bestmöglich nachahmen. Sie imitieren das menschliche Verhalten und vergeben mittels Algorithmen Gewichtungen für einzelne Dokumente. Dazu werden verschiedene Gewichtungsmodelle eingesetzt. Je ähnlicher ein Dokument der Suchanfrage ist, desto höher wird seine Gewichtung sein und desto höher die resultierende Relevanz.

Dies muss in einem gewissen Grad dynamisch bei jeder Anfrage neu geschehen, da Texte in Bezug auf die Suchanfrage, also hinsichtlich der gewünschten Themen, unterschiedlich relevant sein können. So ist die Website eines Hausboote-Herstellers sicherlich bei den Suchbegriffen »Hausboot Kauf« von gewisser Relevanz für den Suchenden, der sich zwischen zwei favorisierten Bootstypen entscheiden möchte und dafür genauere Spezifikationen benötigt. Für eine Familie, die einen Hausboote-Verleiher für einen Urlaub mit den Begriffen »Hausboot Urlaub« sucht, ist der Hausboote-Hersteller sicherlich nicht die relevanteste Seite, auch wenn diese möglicherweise beide Begriffe enthält.

Das Beispiel ist zugegebenermaßen recht trivial, es macht aber deutlich, dass die Relevanzbewertung direkt bei der Suche geschehen muss. Hier blinkt bei jedem Programmierer oder Systemadministrator sofort ein Warnlicht auf. Sollen für Millionen von Anfragen pro Minute jedes Mal die Relevanzwerte berechnet werden?

Um die Flut von Anfragen bewältigen zu können, benötigt ein Information-Retrieval-System zwei Grundvoraussetzungen: Zum einen ist dies eine effiziente Datenablage, die einen schnellen Zugriff auf die Menge der Dokumentenrepräsentanten erlaubt, die überhaupt in Frage kommen. Diese Bedingungen erfüllt der bereits behandelte invertierte Index. Dieser ermöglicht durch die inverse Struktur einen direkten und somit schnellen Zugriff auf alle Ressourcen zu einem bestimmten Stichwort. Damit werden in einem ersten Schritt bei einer Suche alle Dokumente in die nähere Auswahl einbezogen, die ein Mindestmaß an Ähnlichkeit zu der Anfrage besitzen. Um anschließend aus dieser Auswahl eine nach Relevanz sortierte Liste zu gewinnen, benötigt man im zweiten Schritt zuverlässige und effiziente Gewichtungsmodelle.

Jedes Dokument aus der Stichprobe durchläuft dabei eine Reihe von Algorithmen und bekommt letztendlich einen Platz in der Ergebnisliste zugewiesen. In der Regel schauen sich die wenigsten Benutzer mehr als die erste Ergebnisseite an. Es werden jedoch Dutzende von Seiten angeboten, und es wären Hunderte, wenn nicht gar Tausende von Seiten, würde man nicht einen Schwellenwert als Aufnahmebedingung setzen. Erlangt eine Ressource nicht einen bestimmten Relevanzwert, wird sie daher nicht in die Ergebnisliste mit aufgenommen. Dieser finale Relevanzwert errechnet sich aus allen durchgeführten Gewichtungsmodellen. Dabei werden die Anteile in der Regel ungleichmäßig verteilt. So kann beispielsweise ein Verhältnis von 2 : 1 gegeben sein. Der erste Algorithmus würde die endgültige Gewichtung doppelt so stark beeinflussen wie der zweite Algorithmus. In der Praxis wird eine Fülle von Gewichtungsmodellen eingesetzt. Die jeweilige Kombination, ihre genaue Ausarbeitung sowie Anordnung zueinander führen zu unterschiedlichen Relevanzbewertungen und somit zu unterschiedlichen Ergebnislisten bei den diversen Suchmaschinen.

4.1 Statistische Modelle

In diesem Abschnitt sollen zunächst die wichtigsten Gewichtungsmodelle vorgestellt werden. Dabei verzichte ich überwiegend auf mathematische Darstellungen und stelle stattdessen das Thema allgemeinverständlich dar. Die Mathematiker und Wissenschaftler unter Ihnen mögen mir dies verzeihen.

4.1.1 Boolesches Retrieval

Das boolesche Retrieval ist historisch das erste entwickelte und eingesetzte Modell. Vermutlich wurde das Verfahren eingesetzt, um das Retrieval von Schlitzlochkarten durchzuführen. Auch als man später Daten auf Magnetbändern speicherte, war die Speicherkapazität der Rechner noch sehr gering. Direkt bei dem Einlesen musste also entschieden werden, ob ein Dokument relevant war oder nicht.

Obwohl derartige Beschränkungen heutzutage nicht mehr existieren, hat sich das boolesche Modell im Information Retrieval bis heute nicht grundlegend verändert, sondern sich lediglich mit einigen funktionalen Erweiterungen begnügt. Das binäre Prinzip lässt nur zwei Zustände zu:

Ein positiver Zustand, oftmals als wahr (true) bezeichnet und mit einer »1« codiert, und ein negative Zustand, als falsch (false) bezeichnet und mit einer »0« codiert. Werte dazwischen gibt es nicht, die binäre Welt ist eine ohne Graustufen.

Daraus resultiert als Antwort auf eine Anfrage eine Zweiteilung der Dokumente in passende (true bzw. 1) und nicht passende (false bzw. 0) Dokumente. In realen IR-Systemen ist das boolesche Retrieval meist in einer modifizierten Form implementiert. Dabei können Konjunktionen mit der Suchanfrage übermittelt werden, die als Kriterien das Ergebnis beeinflussen. So ist der AND-Operator (und) eine Verknüpfung aller Suchwörter und lässt nur Dokumente als Ergebnis zu, in denen alle genannten Suchwörter mindestens einmal enthalten sind. Der OR-Operator bewirkt hingegen, dass bereits das Vorkommen eines einzelnen Suchwortes aus der Suchwortkette ausreicht, um den Wert »true« zu erhalten. Ferner bewirkt die Anwendung des NOT-Operators das Ausschlussprinzip. Es werden nur Dokumente akzeptiert, die nicht das mit NOT gekennzeichnete Suchwort beinhalten. Die Anwendung des NOT-Operators ist vor allem dann sinnvoll, wenn der Informationsgehalt eingeschränkt werden soll – wie etwa bei der Suche »insel AND strand NOT karibik«.

Durch die strikte Trennung des relativ simplen booleschen Retrievals ergeben sich nur zwei Ergebnismengen: passende und nicht passende Treffer. Die Menge der erfolgreich gefundenen Dokumente ist allerdings in keiner Weise sortiert. Man würde sich jedoch wünschen, irgendeinen Mechanismus anzuwenden, der die unterschiedliche Relevanz der Dokumente in Bezug auf die Suchanfrage unterscheiden kann und somit eine absteigende Rangfolge ermöglicht. Aus diesem Grunde eignet sich das boolesche Retrieval nicht für offene Dokumentkollektionen, wie sie im Web zu finden sind, sondern eher für tabellenorientierte Datenbanksysteme. Die voll strukturierten Datenbanksysteme, die beispielsweise mit SQL angesprochen werden, basieren auf einer solchen binären Suche. Als Ergebnisse sollen nur solche Daten zurückgeliefert werden, die auch hundertprozentig der Anfrage entsprechen. Wenn ein Benutzer nach dem Autoverkäufer Engler sucht, will er nicht noch Ergebnisse des Verkäufers Enghauser haben. Praktisch erfolgt die Suche durch einen Zeichenvergleich des Suchwortes mit den Einträgen in der Datenbank.

Bei Information-Retrieval-Systemen ist die Anforderung eine andere. Die Datenbasis ist heterogen und nicht standardisiert. Verschiedene Texte können je nach Art, Schreibstil, Darstellungsform, Zielsetzung des Autors und nicht zuletzt abhängig von der persönlichen Motivation stark in Inhalt und Form variieren. Suchanfragen können daher oftmals nicht zu 100 Prozent beantwortet werden. Wie erwähnt, müssen daher Systematiken eingesetzt werden, die auch nur eine 90-prozentige Relevanz zulassen.

4.1.2 Fuzzy-Logik

Durch die Zweiteilung des booleschen Retrievals entsteht recht schnell eine unübersichtlich große Ergebnisliste. Die Trennung der gefundenen und nicht gefundenen Dokumente ist oftmals zu streng. Die *Fuzzy-Logik* wurde daher als Lösung für dieses Problem gesehen. Fuzzy (engl. für »ungenau«) ist eine Verallgemeinerung der zweistelligen Logik. Sie lässt auch abgestufte Werte zwischen den extremen Polen »wahr« und »falsch« zu. Die Fuzzy-Logik wird heutzutage auch außerhalb von Information-Retrieval-Systemen eingesetzt. Beispielsweise regeln

Waschmaschinen die Länge des Waschvorgangs und die Menge an Waschmittel je nach Verschmutzung der Wäsche. Eine exakte Definition des Verschmutzungsgrades ist nicht genau zu bestimmen, daher findet eine Annäherung statt.

Diese Ungenauigkeit war allerdings der Grund, dass sich die Fuzzy-Logik bei den Suchmaschinen nicht durchsetzen konnte. Zwar kann durch die feinere Abstufung ein Ranking der Dokumente erreicht werden, allerdings ist die Retrieval-Qualität im Vergleich zu anderen Verfahren wie dem nachfolgend beschriebenen Vektorraummodell nicht annähernd so gut.

4.1.3 Vektorraummodell

Das wahrscheinlich bekannteste Modell aus der Information-Retrieval-Forschung basiert auf der Idee, die Suchanfrage und Stichwörter aus den Dokumenten in Vektoren umzuwandeln und anschließend zu berechnen, wie ähnlich, sprich wie nah, sich diese Vektoren sind. Die Relevanz eines Dokuments lässt sich also als Ähnlichkeit zwischen dem Dokument und der Suchanfrage auffassen. Eine Voraussetzung für die Anwendung des Vektorraummodells ist ein festes Vokabular von Termen, welche die Dokumente beschreiben. Spätestens hier wird deutlich, wieso jedes Dokument im Voraus, wie in Kapitel 3, »Architektur von Suchmaschinen«, beschrieben, einer aufwendigen Keyword-Extrahierung unterzogen wird.

Im Modell bildet jedes Keyword eine Dimension des Vektors ab. Bei zwei Keywords besitzt der Vektor also zwei Dimensionen, bei drei Keywords entsprechend drei Dimensionen und so weiter. In der Mathematik spricht man verallgemeinernd von einem *n*-dimensionalen Vektor bei einer Anzahl von *n* Keywords. In einem Beispiel wird das Verfahren deutlich. Ein ursprünglicher Text eines Dokuments könnte beispielsweise wie folgt aussehen:

```
Sein oder nicht Sein. Denn Sein ohne Sinn ist nicht Sein.
```

Eine Menge Terme wären bereits bei der Stoppworterkennung entfernt worden, sodass noch die beiden Terme `Sein` und `Sinn` als Deskriptoren übrig bleiben. Zwei Terme bedeutet, dass man einen zweidimensionalen Vektor erhält, der folgendermaßen aussieht:

```
dokumentvektor = (4,1)
```

Der Term `Sein` kommt viermal in dem untersuchten Dokument vor, der Term `Sinn` nur einmal. Entsprechendes wird in den Vektor übertragen. Dieser Vektor wird für jedes in Frage kommende indexierte Dokument berechnet. Hierbei ist der invertierte Index ungemein hilfreich, da wirklich nur die Vektoren aus den Dokumenten bzw. den Dokumentrepräsentationen zu berechnen sind, die die Stichwörter auch tatsächlich enthalten. Nun sollen nicht die Dokumente untereinander verglichen werden, sondern jedes einzelne in Frage kommende Dokument mit einer Suchanfrage des Benutzers. Eine Suchanfrage eines zugegeben puristischen, aber dennoch philosophischen Menschen könnte etwa so lauten:

```
Ist da Sinn?
```

Durch Stoppworteleminierung erhält die Suchmaschine den Term Sinn, der ebenfalls in einen zweidimensionalen Vektor umgewandelt wird.

```
suchvektor = (0,1)
```

Dabei wird bei den Dimensionen, die keine Entsprechung in der Suchanfrage haben, eine Null eingetragen. Der Term Sinn tritt im Gegensatz zu dem Term Sein in der Suchanfrage auf und erhält daher einen positiven Wert. Als Ergebnis des ersten Schrittes stehen jeweils ein Dokumentvektor und ein Suchvektor als Paar zur Verfügung. Die Vektoren bezeichnen jetzt einheitlich die Dimensionen (Sein, Sinn). Als letzter Schritt folgt abschließend der eigentliche Vergleich des Suchvektors mit den einzelnen Dokumentvektoren. Zur Bestimmung der Ähnlichkeit eignet sich ein gängiges, leicht verständliches und damit einfach zu implementierendes Verfahren. Die Berechnung erfolgt über den Cosinus-Wert des Winkels zwischen den beiden Vektoren. Dabei handelt es sich um das binäre Vektorraummodell, das unabhängig von der tatsächlich auftretenden Anzahl Begriffe nur die zwei Zustände »vorhanden« bzw. »nicht vorhanden« kennt. Daher wird der Dokumentvektor binär normalisiert; aus dem Dokumentvektor (4,1) wird (1,1).

```
dokumentvektor = (1,1)
suchvektor     = (0,1)
```

Abbildung 4.1 veranschaulicht die Ähnlichkeitsbestimmung über den Cosinus-Winkel.

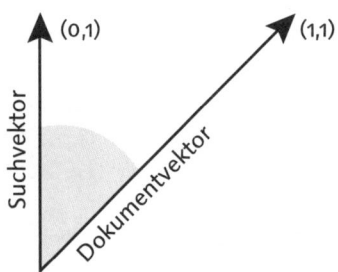

Abbildung 4.1   Veranschaulichung des binären Vektorraummodells

Je größer der Cosinus-Wert ist, desto passender ist die Suchanfrage an das Dokument. Bei einem Cosinus-Wert von eins würden beide Vektoren deckungsgleich übereinander liegen und eine maximale Entsprechung besitzen. Mit diesem Ähnlichkeitsmaß erhält man ein Ranking. Allerdings birgt das ungewichtete, binäre Vektorraummodell eine gravierende Schwäche:

Die Länge der Vektoren bleibt unberücksichtigt, das heißt, die Anzahl der auftretenden Keywords innerhalb der Dokumente wird nicht beachtet. Ein Dokument, das einmalig den Term Sein enthält, wird gleich gewichtet wie ein Dokument, das den Term etwa viermal nennt. Viel gravierender ist jedoch, dass die Abstufungen durch das binäre System eher theoretischer Natur sind. Eine ausreichende Differenzierung zwischen den einzelnen Begriffen beziehungsweise letztendlich zwischen den Dokumenten findet hier nicht statt.

Um dieses Problem zu lösen, werden in der Praxis zwei Alternativen angewandt. Zum einen kann die Häufigkeit der Terme über weitere Algorithmen berechnet werden (siehe nächsten Abschnitt), zum anderen wird häufig eine erweiterte Form des Vektorraummodells genutzt. Bei dem gewichteten Vektorraummodell werden zwar nach wie vor die Terme aus den Dokumenten in Vektoren verwandelt, jedoch nicht binär normiert. Der grundlegende Unterschied besteht allerdings im Verarbeiten der Suchanfrage. Im gewichteten Modell spannen die Gewichtungen der Suchwörter den Vektorraum selbst auf. In Abbildung 4.2 wird dies deutlich: Die Achsen entsprechen den Gewichtungen der Stichwörter aus der Suchanfrage.

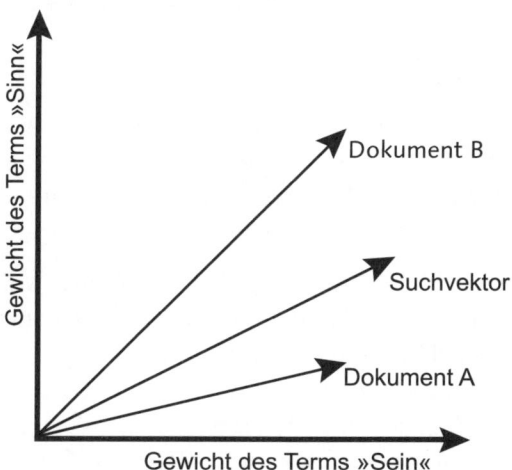

Abbildung 4.2   Gewichtetes Vektorraummodell mit zwei Termen

In der Abbildung sind innerhalb des Vektorraums exemplarisch zwei Dokumentvektoren zu sehen:

```
dokumentvektor_A = (4,1)
dokumentvektor_B = (4,4)
```

Es wird deutlich, dass bei dem gewichteten Vektorraummodell über die Länge der Vektoren, also die Häufigkeit des Auftretens der Stichwörter innerhalb der einzelnen Dokumente, und über die Richtung ein wesentlich differenzierteres und effektiveres Ranking erfolgen kann. Hier gilt: Je höher die Ähnlichkeit eines Dokumentvektors mit dem Suchvektor ist, desto höher ist auch die Gewichtung und damit letztendlich die Relevanz. Das Ziel ist somit erreicht. Um ein Dokument als relevant nachzuweisen, wird nun nicht mehr eine völlige Übereinstimmung von Dokument- und Suchvektor gefordert wie im binären Modell, sondern man erhält eine abgestufte Gewichtung.

Dabei ist dieses zweidimensionale Beispiel für die Veranschaulichung sehr gut geeignet. In der Praxis sind die Anfragen jedoch in der Regel mehrdimensional, wodurch die Stärken des Vektorraummodells noch stärker in Erscheinung treten. Jedes Verfahren hat seine spezifischen Vor- und Nachteile. In der Praxis wird oftmals nicht nur ein einziger Ranking-Algorithmus zur Relevanzberechnung angewandt, sondern eine Mischung aus verschiedenen. Dabei kann über Parameter der Einfluss eines jeden Verfahrens auf das endgültige Gewicht bestimmt werden. So können etwa das Ergebnis der relativen Worthäufigkeit mit 70 Prozent und das Ergebnis aus der Vektorraumberechnung mit 30 Prozent ins Gewicht fallen.

4.1.4 Relative Worthäufigkeit (TF)

Das auch als *Term Frequency* (*TF*) bezeichnete Verfahren basiert auf der Idee, dass die Bedeutung eines Terms mit seinem vermehrten Aufkommen in einem Dokument steigt. Die Häufigkeit eines Wortes in einem Dokument ist ein empirisch gesicherter Indikator, wie repräsentativ es für den gesamten Inhalt ist.

Bei der einfachsten Form zur Berechnung dieser Bedeutungsdichte zählt man das Auftreten eines bestimmten Terms. Die Summe der Häufigkeit entspräche dann dem Gewicht des Dokuments. Ein Beispiel macht dies deutlich und zeigt gleichzeitig die Schwäche dieses Verfahrens auf. Denn ginge man von einem Dokument mit 168 Termen aus, das bei gestemmter Betrachtungsweise das Wort »Gretchen« fünfmal enthält, würde sich aus dieser Summe ein absoluter TF-Wert von 5 ergeben. Betrachtet man im Vergleich dazu ein wesentlich längeres Dokument mit 1 032 Termen, das »Gretchen« zwanzigmal enthält, errechnet man hier einen TF-Wert von 20. Das zweite Dokument würde also wesentlich höher gewichtet. Diese einfache Berechnungsweise führt aber offensichtlich dazu, dass längere Dokumente mit einer großen Wahrscheinlichkeit höher gewertet werden als kürzere, weil die Suchterme absolut betrachtet häufiger vorkommen. Einen Ausweg bietet das erweiterte Verfahren der relativen Worthäufigkeit. Man setzt dabei die Summe des Suchterms mit der Gesamtzahl der Wörter ins Verhältnis.

$$TF = \frac{\text{Häufigkeit eines Terms im Dokument}}{\text{Anzahl der Wörter im Dokument}}$$

Abbildung 4.3 Formel zur Berechnung der relativen Worthäufigkeit

Für das erste Dokument im Beispiel würde man folglich TF = 5 / 168 = 0,030 erhalten. Für das zweite Dokument TF = 20 / 1032 = 0,019. Hier wird sehr deutlich, dass die Bedeutungsdichte bei einer relativen Betrachtungsweise im ersten Dokument mit drei Prozent höher ist als im zweiten mit knapp zwei Prozent. In der Praxis wird die relative Häufigkeit oftmals in einer verfeinerten Form angewandt. Um einen engeren Ergebnisbereich zu erreichen, arbeitet man mit logarithmischen Werten. Dieses Verfahren wird allerdings selten allein eingesetzt, sondern trägt zu einem systemspezifischen Anteil zum Endgewicht eines Dokuments bei. Im Web existieren zahlreiche Tools [40], um die relative Worthäufigkeit von Webseiten zu bestimmen.

4.1.5 Inverse Dokumenthäufigkeit (IDF)

Alle bisherigen Überlegungen bezogen sich auf die jeweilige Betrachtung eines einzelnen Dokuments in isolierter Form. Indexierte Dokumente sind jedoch nur ein Teil einer großen Dokumentsammlung. Da liegt der Gedanke nahe, das Vorkommen des gesuchten Terms mit anderen Dokumentrepräsentationen in Verhältnis zueinander setzen. Wie die Bedeutungsdichte im vorigen Abschnitt belegt hat, ist ein Stichwort umso aussagekräftiger für den Dokumentinhalt, je häufiger es darin vorkommt. Die inverse Dokumenthäufigkeit fügt zusätzlich hinzu, dass ein Term noch bedeutsamer ist, je seltener er im Datenbestand insgesamt auftritt. Genau dies besagt die inverse Dokumenthäufigkeit, die auch als *Inverse Document Frequency* (*IDF*) bekannt ist.

Die Formel in Abbildung 4.4 berechnet die IDF als Relation der Gesamtzahl aller Dokumente zu denjenigen Dokumenten, in denen der Suchterm vorkommt.

$$IDF = \log_2 \frac{\text{Gesamtzahl der Dokumente in der Datenbank}}{\text{Anzahl der Dokumente, in denen der Term vorkommt}}$$

Abbildung 4.4 Formel zur Berechnung der inversen Dokumenthäufigkeit

Diese Berechnung kann sehr effizient durchgeführt werden, da lediglich die Anzahl der Verweise eines Terms innerhalb des Lexikons bzw. des inversen Index gezählt werden muss. Bei heutigen Suchmaschinen wird die Gewichtung der Terme als eine Kombination der relativen Worthäufigkeit und der inversen Dokumenthäufigkeit bestimmt. Damit kombiniert man die beiden Annahmen, dass zum einen besonders gute Deskriptoren bezogen auf die Dokumentlänge relativ häufig vorkommen (TF), und zum anderen gute Deskriptoren in der Dokumentsammlung insgesamt eher selten vorkommen (IDF). Die gängige Formel zur Berechnung erfolgt also über das Produkt aus TF und IDF.

4.1.6 Bedeutung der Lage und Auszeichnung eines Terms

Die bislang vorgestellten Verfahren beruhen alle auf der Annahme, dass sämtliche Terme innerhalb eines Dokuments gleichwertig sind. Dabei lässt man aber die durch HTML bewirkte Formatierung außer Acht und nimmt einen Informationsverlust in Kauf. Daher werden in heutigen Information-Retrieval-Systemen die Lage und Art der untersuchten Terme mit in die Relevanzbewertung einbezogen.

Dass eine Unterscheidung bei der Gewichtung einzelner Terme vorgenommen wird, wurde bereits im vorigen Abschnitt beim Thema Hitlist-Erzeugung erwähnt. So ist es beispielsweise üblich, dass das `<title>`-Tag nicht gemeinsam mit dem Dokumentkörper ausgewertet wird, sondern aufgrund seiner Bedeutung für die inhaltliche Repräsentation des Textes separat behandelt wird. So werden die TF und IDF von verschiedenen Bereichen einzeln berechnet und abschließend in einem bestimmten Verhältnis zueinander aufgerechnet. Dabei werden auch sonstige Auszeichnungen wie Hervorhebungen oder Überschriften gesondert betrachtet. Diese Analyse muss sehr effizient bei jeder Suchanfrage geschehen. Die Hitlist-Struktur des Information-Retrieval-Systems ist genau für diese Aufgabe ausgelegt.

Die Verfeinerung der Gewichtung wird aber nicht nur durch die Verarbeitung der unterschiedlichen Auszeichnungen erreicht. Empirische Beobachtungen zeigen, dass inhaltsrelevante Terme besonders am Dokumentanfang platziert werden. Das verwundert kaum, da zu Beginn eines Textes in der Regel auch eine Einführung in das entsprechende Thema vorgenommen wird. Dabei ist es irrelevant, ob es sich um eine Einleitung zu einem Themenbereich oder um einen speziellen Einzelaspekt handelt, denn ein Autor nennt gezwungenermaßen zu Beginn einführende und somit relevante Wörter, um dem Leser mitzuteilen, worum es sich bei dem Text handelt.

Daher gilt prinzipiell der Leitsatz: Je weiter sich ein Term am Dokumentanfang befindet, desto höher ist seine Bedeutung. Nun werden Sie diesem Verfahren nicht ganz unskeptisch gegenüberstehen – zu Recht. Abhängig vom Stil des Autors und seinen Satzkonstruktionen können beispielsweise Nebensätze in der Abfolge vor Hauptsätzen stehen, die im Allgemeinen die inhaltlich relevantere Botschaft transportieren. Daher wird das restriktive Verfahren abgeschwächt, indem nicht mehr die einzelnen Terme in eine Rangfolge gebracht werden, sondern der Text in einzelne Klassen eingeteilt wird. Eine Klasse könnte etwa aus den ersten 50 Termen eines Dokumentkörpers bestehen, die zweite Klasse aus den Termen 51 bis 100 und so weiter. Durch diese Klasseneinteilung bleibt das Grundprinzip zwar erhalten, lässt aber gleichzeitig genügend Freiraum für sprachliche Eigenheiten des Autors.

Mittlerweile werden immer seltener einzelne Terme in die Suchfelder der Suchmaschinen eingegeben. Meist handelt es sich um zwei oder mehr Terme, die inhaltlich das gesuchte Thema umreißen. Angesichts dieser Erkenntnis bietet sich ein Vorgehen an, das insbesondere diejenigen Dokumente bevorzugt, welche die Kombination der Suchterme möglichst genau abbilden. Neben der angesprochenen Reihenfolge spielt dann plötzlich die Nähe zweier Terme zueinander eine wesentliche Rolle. Denn je enger die gesuchten Terme zusammenstehen, desto wahrscheinlicher ist ihre thematische Verwandtschaft. Das Verfahren zur Bestimmung der Nähe einzelner Terme nennt man auch *Proximity-Verfahren*. Seit 2002 bezieht Yahoo! die TF/IDF- und Proximity-Werte im Dokumentkopf wie auch im Körper stärker in das Gesamtgewicht mit ein als beispielsweise Google [41].

4.1.7 Betrachtung des URL

Neben dem Text innerhalb des Dokumentkopfes oder -körpers werden noch weitere dokumentbezogene Daten ausgewertet. Einen großen Einfluss innerhalb der statistischen Ranking-Verfahren hat in diesem Zusammenhang die Untersuchung des URL auf den entsprechenden Suchterm.

1. http://www.wohnmobil.de/wohnmobile/wohnmobil-uebersicht.html
2. http://www.womos.de/modelle/index.html

Es ist selbsterklärend, dass das erste Beispiel, nachdem gewisse Zeichen aus dem URL-Standard entfernt wurden und ein Stemming der Terme stattfand, sicherlich eine höhere Relevanz zu dem Begriff »Wohnmobil« zugesprochen bekommt als das zweite Beispiel. Bezogen auf die inhaltliche Relevanz besagt die Art des URL nichts, daher wird auch dieses Verfahren wie alle anderen niemals allein die endgültige Gewichtung beeinflussen. Allerdings ist die Verzeichnis- und Dokumentstruktur in Bezug auf die Suchmaschinen-Optimierung von großem Interesse. Dazu an späterer Stelle mehr.

4.2 Pagerank

Mit der Betrachtung des Domain-Namens und der Verzeichnis- oder Dateistruktur haben wir bereits einen ersten Blick über den Tellerrand des reinen HTML-Dokuments gewagt. Das Web bietet aber aufgrund seiner Hypertextualität, also die gegenseitige Verlinkung zwischen Webseiten, weit umfassendere Möglichkeiten zur Relevanzbewertung von Dokumenten. Eine schöne grafische Darstellung der Link-Strukturen ist im Web als Touch-Graph zu finden [42].

Im Verlauf der letzten Jahre hat sich Google weltweit zur bedeutendsten Suchmaschine entwickelt. Neben der hohen Performance und der großen Benutzerfreundlichkeit ist dies maßgeblich auf die Verwendung des Pagerank-Verfahrens zurückzuführen, das die Qualität der zurückgelieferten Suchergebnisse deutlich steigerte.

Pagerank verdankt seinen Namen, wie man leicht vermuten könnte, nicht etwa dem englischen Wort für Seite, sondern seinem Erfinder Lawrence Page. Er programmierte gemeinsam mit Sergey Brin an der Stanford University als Graduiertenstudent die Suchmaschine Google, und beide veröffentlichten dazu eine wissenschaftliche Arbeit [43]. Zusätzlich ließ sich Page das Pagerank-Verfahren patentieren (United States Patent 6,285,999). Diese beiden Dokumente sollen aufgrund ihrer Bedeutung primär als Grundlage für die folgende Darstellung dienen. Gewiss dienten sie auch anderen Suchmaschinen-Betreibern als Grundlage zur Implementierung eigener hypermedialer Ranking-Verfahren. Sie erinnern sich – das Rad wird hier sicherlich nicht zweimal erfunden, insbesondere wenn eine wissenschaftliche Arbeit über die Funktionsweise des Pagerank-Verfahrens der Öffentlichkeit zugänglich ist.

Man sollte dennoch im Hinterkopf behalten, dass im Verlauf der letzten Jahre mit großer Wahrscheinlichkeit zahlreiche Änderungen und Anpassungen am ursprünglichen Pagerank-Algorithmus vorgenommen wurden, die nicht veröffentlicht wurden, um den Wettbewerbsvorsprung gegenüber den Mitbewerbern zu sichern. Allerdings ist das ursprüngliche Konzept des Verfahrens immer noch gültig.

4.2.1 Link-Popularity

Oftmals wird das Pagerank-Verfahren im allgemeinen Kontext auch als Link-Popularity bezeichnet. Dieses Verfahren wurde jedoch vereinzelt bereits vor Googles Durchbruch eingesetzt. Worum handelt es sich hierbei?

Nachdem die Manipulationsversuche seitens der Webautoren zur besseren Platzierung ihrer Seiten zunahmen, wurde der Ruf nach weniger beeinflussbaren

Ranking-Methoden laut. Als Lösung wurde ein in der Wissenschaft anerkanntes Prinzip auf das Web übertragen. Dabei gelten wissenschaftliche Veröffentlichungen im Allgemeinen als umso bedeutender, je öfter sie zitiert werden. Im übertragenen Sinne könnte folglich jeder eingehende Link auf eine Webseite als eine Zitierung bzw. Empfehlung eines anderen Autors gesehen werden. Die konkrete Umsetzung erfolgt, indem die Anzahl der sogenannten Inbound-Links (eingehende Links) summiert wird und sich daraus eine Popularität aufgrund dieser Verweise (Link-Popularity) ergibt. Je mehr eingehende Links eine Seite zählt, desto bedeutsamer ist ihr Inhalt.

Dabei ist die Betrachtung eines ausreichend großen Ausschnitts aus dem Web erforderlich. Würde man zum Beispiel lediglich zwei Seiten betrachten, von denen Seite B auf Seite A verlinkt, müsste man die generelle Gültigkeit dieser Empfehlung stark anzweifeln, da es sich nur um die Empfehlung seitens einer einzelnen Person handelt. Erst wenn genügend Personen auf die Seite A verlinken, entsteht sozusagen eine empirische Objektivität. Die in die Berechnung einbezogene Anzahl von Webseiten muss also genügend groß sein, um aus vielen subjektiven Empfehlungen eine quasiobjektive Meinung bilden zu können.

4.2.2 Pagerank-Konzept und Random Surfer

Das reine Link-Popularity-Verfahren betrachtet ausschließlich die quantitativen Aspekte des hypertextuellen Mediums. Das wurde auch relativ schnell seitens der Webautoren erkannt, und es sprossen sogenannte Link-Farms wie Pilze aus dem Boden. Link-Farms sind Seiten mit einer enormen Ansammlung von Links, die auf externe Seiten verweisen. Diese Link-Sammlungen haben in der Regel keinen informationellen Mehrwert, sondern dienen lediglich als Trägermaterial, um die Anzahl eingehender Links anderer Seiten zu erhöhen. Die Argumentation der Google-Gründer, nicht jedes Dokument im Web dürfe gleichwertig behandelt werden, ist in Anbetracht dieses Phänomens gut nachzuvollziehen. Aus diesem Grund zieht das Pagerank-Verfahren nicht nur die Anzahl (Quantität), sondern auch die Güte (Qualität) der einzelnen Links beziehungsweise der verlinkenden Seiten mit in Betracht.

Daher sollte einem Dokument ein höherer Rang zugewiesen werden, wenn es von anderen bedeutenden Dokumenten aus verlinkt wird. Die eigentlichen Inhalte der Seiten spielen übrigens bei dieser Überlegung zunächst keine Rolle und werden daher auch nicht betrachtet. Die Auswertung erfolgt lediglich auf Basis der Vernetzung durch Links.

Lawrence Page und Sergey Brin bieten in ihren Veröffentlichungen eine sehr einfache und intuitive Rechtfertigung des Pagerank-Algorithmus an. Dabei drückt der Pagerank die bestimmte Wahrscheinlichkeit aus, mit der ein Surfer eine Webseite besucht. Dieser typische Benutzer wird als »Random Surfer« bezeichnet, weil er sich von einer Seite zur nächsten bewegt und dabei einen beliebigen Link nutzt, ohne dabei auf dessen Inhalt zu achten. Die Wahrscheinlichkeit, einen bestimmten Link zu verfolgen, ergibt sich demnach einzig und allein aus der Anzahl der zur Verfügung stehenden Links auf einer Seite. Aus diesem Grunde fließt immer die Anzahl der ausgehenden Links einer Seite in die Pagerank-Berechnung mit ein.

4.2.3 Pagerank-Formel

Zur Berechnung des Pageranks einer Seite wird dementsprechend auch die Anzahl der Links mit berücksichtigt. Der ursprüngliche Algorithmus berechnet dabei den Pagerank einer Seite iterativ aus dem Pagerank der Seiten, die auf Erstere verweisen.

```
PR(A) = (1-d) + d (PR(T1)/C(T1) + ... + PR(Tn)/C(Tn))
```

Hierbei gilt:

- ▶ `PR(A)` ist der Pagerank der Seite A
- ▶ `PR(Ti)` ist der Pagerank der Seiten, von denen ein Link auf die Seite `A` zeigt.
- ▶ `C(Ti)` ist die Anzahl aller Links auf der Seite `Ti`.
- ▶ d ist ein Dämpfungsfaktor.

Dabei stellt `Ti` eine der Seiten zwischen `T1` und `Tn` dar. Bei drei Seiten ist beispielsweise n = 3 und `Ti` entweder `T1`, `T2` oder `T3`. Man sieht anhand der Formel, dass der Pagerank der Seiten `Ti`, die alle auf die Seite `A` verweisen, nicht gleichmäßig in den Pagerank der Seite `A` einfließt. Die Gesamtzahl der auf der Seite `Ti` befindlichen Links, nämlich der Wert `C(Ti)`, relativiert die Weitergabe eines Pageranks. Das bedeutet: Je mehr ausgehende Links eine Seite `Ti` besitzt, desto weniger Pagerank wird aufgrund des geringeren Quotienten `C(Ti)` an die Seite `A` weitergegeben.

Die Quotienten der Seiten, die auf die Seite `A` verweisen, werden wiederum addiert, sodass jeder zusätzlich eingehende Link den Pagerank der Seite `A` stets erhöht. Schließlich wird die Summe mit dem Dämpfungsfaktor d multipliziert. Dieser Wert liegt immer zwischen 0 und 1 und ist manuell definiert. Damit wird das Ausmaß der Weitergabe des Pageranks von einer Seite auf eine andere verringert, sodass eine Seite ihren Pagerank nicht eins zu eins weitergeben kann. Im Kontext des Random-Surfer-Modells entspricht der Dämpfungsfaktor der Wahrscheinlichkeit, dass der Benutzer die Verfolgung durch einen Klick auf einen der Links nicht aufnimmt, sondern eine neue Seite aufruft und somit die vorgegebene Hypertext-Struktur verlässt. Je höher d ist, desto wahrscheinlicher ist es, dass der Zufallssurfer Links weiterverfolgt. Die Wahrscheinlichkeit, mit welcher der Surfer eine neue Seite aufruft, geht mit dem Wert (1-d) als Konstante in die Berechnung des Pageranks für jede Seite mit ein.

In der einschlägigen Literatur wie auch in der originären Arbeit von Page und Brin wird der Dämpfungsfaktor auf 0,85 gesetzt. Dieser Faktor bewirkt zusätzlich, dass selbst eine Seite, die keine eingehenden Links auf sich verzeichnen kann, einen geringen Pagerank von (1 – 0,85) = 0,15 besitzt. Abgewandelte Formen der Pagerank-Berechnung beziehen zusätzlich einen Erwartungswert für den Besuch der entsprechenden Seite mit ein, der in einer Relation zur Größe des gesamten Webs steht. Darauf soll jedoch hier nicht näher eingegangen werden, da der ursprüngliche Algorithmus für das grundlegende Verständnis vollkommen ausreichend ist. Ein Problem, das sich in der Praxis recht schnell zeigt, beruht auf der Tatsache, dass sich immer nur ein Teil des World Wide Web in der Datenbank befindet. Das hat zur Konsequenz, dass Links auf Seiten verweisen, die bislang noch gar nicht indexiert wurden und über die keine Auswertung im Sinne des Pageranks durchgeführt werden kann. Diese sogenannten *Dangling Links* werden bei der Berechnung des Pageranks zunächst entfernt und später wieder eingefügt. Die Berechnung, die ja stets auf der Gesamtzahl der vorhandenen Verweise basiert, wird durch dieses pragmatische Verfahren nur in geringem Maße beeinflusst. Aus den bereits berechneten Pageranks der Dokumente, die in der Datenstruktur vorhanden sind, kann ein Wert für die nicht erfassten Dokumente angenähert werden.

4.2.4 Beispiel zur Pagerank-Berechnung

Ein Beispiel soll verdeutlichen, dass die Formel keineswegs so völlig unverständlich und kompliziert ist, wie sie auf den ersten Blick vielleicht erscheinen mag. Wie eingangs erwähnt, handelt es sich bei der Berechnung des Pageranks nicht um einen rekursiven, sich selbst aufrufenden, sondern um einen iterativen Algorithmus. Daher sind bei der Berechnung eines Pagerank-Wertes mehrere Iterationen notwendig. Dabei können zwei Wege eingeschlagen werden, damit die Iteration irgendwann beendet ist und schließlich ein Ergebnis liefert. Zum einen kann man eine bestimmte Anzahl Wiederholungen festsetzen. Die Berechnung wird dann jeweils mit den neuen Zwischenergebnissen durchgeführt. Glaubt man diversen Diskussionen in Internetforen, so beträgt die Anzahl der Iterationen bei Google zwischen 20 und 100. Zum anderen kann ein Ergebnis aber auch jeweils mit dem Vorergebnis verglichen werden, und die Berechnung wird dann erst gestoppt, wenn keine wesentliche Veränderung mehr eintritt.

4 | Gewichtung und Relevanz

Um einen Startwert für die Berechnung zu haben, wird jeder Seite zu Beginn ein Pagerank von 1 zugeteilt, das entspricht sozusagen dem durchschnittlichen Pagerank aller Seiten. Somit erhält man eine Ausgangssituation, wie sie in Abbildung 4.5 zu sehen ist.

Geht man davon aus, dass auf jeder Seite nur ein Link existiert, der durch die Pfeile symbolisiert ist, ergibt sich mit d = 0,85 folgende Rechnung nach der Pagerank-Formel:

```
PR(A) = (1 - 0,85) + 0,85 (PR(C)/1)
      = 0,15 + 0,85 * 1 = 1
```

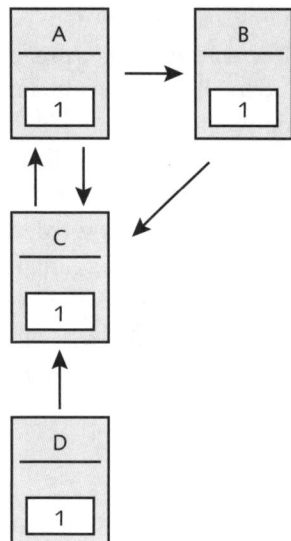

Abbildung 4.5 Ausgangssituation vor der ersten Iteration

Für die Berechnung von PR(B) setzt man den vorher berechneten Wert PR(A) ein, der derzeit noch 1 beträgt. PR(A) wird durch zwei geteilt, da die Seite A zwei ausgehende Links besitzt, also C(A) = 2 ist. Die weiteren Schritte laufen nach dem gleichen Schema ab:

```
PR(B) = (1 - 0,85) + 0,85 (PR(A)/2)
      = 0,15 + 0,85 * 0,5 = 0,58
PR(C) = (1 - 0,85) + 0,85 (PR(A)/2 + PR(B)/1 + PR(D)/1)
      = 0,15 + 0,85 * (0,5 + 0,58 + 1) = 1,91
PR(D) = (1 - 0,85) + 0,85 * 0 = 0,15
```

Mit den neuen Werten beginnt man anschließend die zweite Iteration:

```
PR(A) = (1 - 0,85) + 0,85 (PR(C)/1)
      = 0,15 + 0,85 * 1,91 = 1,77
PR(B) = (1 - 0,85) + 0,85 (PR(A)/2)
      = 0,15 + 0,85 * 0,89 = 0,91
PR(C) = (1 - 0,85) + 0,85 (PR(A)/2 + PR(B)/1 + PR(D)/1)
      = 0,15 + 0,85 * (0,89 + 0,91 + 0,15) = 1,80
PR(D) = (1 - 0,85) + 0,85 * 0 = 0,15
```

Man müsste etwa zwanzig Iterationen berechnen, um zu einem stabilen Ergebnis zu gelangen. Das soll Ihnen hier erspart bleiben. Stattdessen sehen Sie in Abbildung 4.6 das Endergebnis der Berechnung.

Sehr schön zu sehen ist, dass sich der Wert der Seite D nicht verändert. Er bleibt konstant bei 0,15, da keine eingehenden Links auf die Seite verweisen. Dagegen besitzt Seite C mit der höchsten Anzahl an eingehenden Verweisen auch den höchsten Pagerank. Seite A erreicht aufgrund des einkommenden Links von C auch einen wesentlichen höheren Wert als Seite B, die keinen einkommenden Link von C aufweisen kann. Der hohe Pagerank von C wird hier auf die Seite A sozusagen teilweise zurückgegeben – das Verfahren funktioniert offensichtlich.

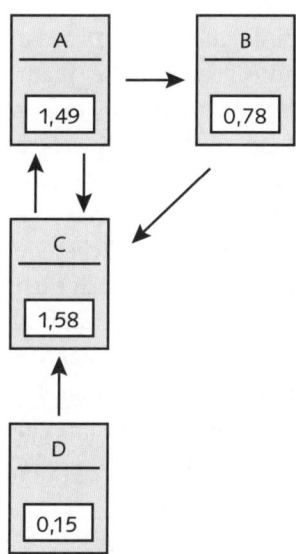

Abbildung 4.6 Ergebnis der Pagerank-Berechnung

4.2.5 Effekte des Pageranks

Es ist deutlich geworden, dass anhand der hypertextuellen Struktur mit dem Pagerank ein qualitativ hochwertigeres Ranking durchgeführt werden kann als mit dem einfachen Link-Popularity-Verfahren, das rein quantitative Aspekte berücksichtigt. Errechnet man den Pagerank über das obere Beispiel hinaus einmal für verschiedene Anordnungen und Verlinkungsarten, trifft man immer wieder auf charakteristische Effekte, die bei der Bewertung des Pageranks auftreten.

Geht man von einer hierarchisch aufgebauten Website aus, wie sie im Netz oftmals mit einer Startseite und vielen gleichwertigen Unterkategorien zu finden ist, sollten die untersten Seiten in jedem Fall einen Link zurück zur Homepage besitzen. Andernfalls wird der erreichte Pagerank dieser Seiten verschwendet. Es hat sich mittlerweile eingebürgert, dass das Logo immer auf die Homepage einer Seite verweist. Damit schlägt man gleich zwei Fliegen mit einer Klappe. Zum einen erhöhen Sie den Pagerank der Homepage, und zum anderen schaffen Sie eine etablierte Navigationsmöglichkeit für die Besucher Ihrer Website, was sich positiv auf die Gebrauchstauglichkeit (Usability) Ihrer Website auswirkt.

Generell lässt sich feststellen, dass hierarchisch aufgebaute Seiten den Pagerank auf eine Seite konzentrieren. Baut man hingegen ein Kreisnetz auf, in dem jede Seite auf die nächste verlinkt, so verteilt man den Pagerank gleichmäßig. Dies ist auch dann der Fall, wenn Sie alle Seiten vollständig untereinander verlinken (fully meshed).

Ein ausgehender Link reduziert in jedem Fall den Pagerank einer Seite. Das lässt sich an dem Random-Surfer-Modell sehr einfach erläutern. Denn die Wahrscheinlichkeit, innerhalb einer einzelnen Website zu bleiben, sinkt, sobald Verweise auf externe Seiten gesetzt werden. Nun könnte man zu der Schlussfolgerung gelangen, überhaupt keine externen Links zu setzen. Allerdings ist es sicherlich nicht im Sinne des World Wide Web, dass Webautoren von ihren eigenen Seiten nicht mehr auf externe Ressourcen verlinken, nur um möglichst viel Pagerank bei sich zu horten. In den meisten Fällen wird dies ohnehin auch nicht möglich sein. Es ist also unweigerlich so, dass es zu einem Verlust an Pagerank kommt. Eine Minderung des Effekts kann erzielt werden, indem man von der Seite, die die externen Links beinhaltet, zusätzlich auf interne Seiten verlinkt. Daneben besteht ferner durchaus die Möglichkeit, dass die Anzahl der externen Verweise an einer anderen Stelle der Bewertungsmechanismen positiv mit in die Relevanzbewertung eingeht.

In diesem Zusammenhang ist auch der Einsatz einer *Sitemap* hilfreich. Diese Seite trägt keine Nutzinformationen für den Besucher an sich, sondern enthält eine Übersicht der gesamten Website mit Links zu den einzelnen Seiten der Webpräsenz. In der Regel findet man eine gegliederte Anordnung der Links vor, die der hierarchischen Gliederung der Website entspricht. Und schon wieder hat man zwei weitere Aufgaben mit wenig Aufwand gelöst: Zum einen erhöhen Sie mit einer Sitemap die Anzahl der internen Links zum Erhalt der Pagerank-Werte.

Zum anderen ermöglicht die Sitemap gerade bei größeren Auftritten dem Besucher eine Orientierung und gibt ihm somit einen Überblick über das verfügbare Angebot.

4.2.6 Intelligente Surfer und weitere Einflussfaktoren

Im vorigen Abschnitt wurden bereits vier Fliegen mit nicht mehr als zwei Klappen geschlagen. Mit dem weiteren Fliegenfangen wird es allerdings schwer, da im Verlauf der letzten Jahre immer neue Kriterien zur Pagerank-Berechnung hinzugezogen wurden.

Matthew Richardson und Pedro Domingos erläutern in diesem Zusammenhang einen erweiterten Begriff des zufälligen Surfers [44]. Sie schlagen ein Modell vor, in dem der Benutzer nicht mehr wahllos einen der zur Verfügung stehenden Links verfolgt, sondern sich vielmehr von einer zielorientierten Motivation lenken lässt. Dieser intelligente Surfer ruft nur Seiten auf, die für sein Ziel, beispielsweise die Suche nach einem neuen Wok-Kochrezept für einen Kochabend, relevant sind.

In der praktischen Anwendung bedeutet dies, dass der Link-Text, auf den ein Surfer klickt, um auf eine andere Seite zu wechseln, mit berücksichtigt werden muss. Das bedeutet wiederum, dass ein Abgleich zwischen dem Text und dem tatsächlichen Inhalt des Zieldokuments stattfinden muss. Eine Seite mit Wok-Rezepten bekäme im Falle einer Verlinkung von außerhalb ein höheren Wert zugewiesen, falls der Link-Text beispielsweise »Leckere Wok-Rezepte« hieße statt »hier«. Insbesondere das Wort »hier« wird sehr häufig verwendet, um eine Verlinkung für den vorigen Satz anzubieten (»Gute Rezepte für den Wok gibt es *hier*«). Da hierbei nur das einzelne Wort verlinkt ist, gehen eventuell wichtige Ranking-Punkte verloren.

Aus diesem Grund nennt Page in dem US-Patent zusätzliche Faktoren, die durchaus im Sinne eines intelligenten Surfers zu verstehen sind.

Neben der Stärke der Hervorhebung einzelner Links spielt auch die Position eines Verweises innerhalb des Dokuments eine Rolle. Bekommt eine Seite A einen eingehenden Verweis von Seite B, der relativ weit oben platziert ist, so wird Seite A höher bewertet werden, als wenn der Link auf Seite B erst tiefer erscheinen würde. Die Erklärung ist recht eingängig: Weiter oben platzierte Links werden mit großer Wahrscheinlichkeit von einem Surfer häufiger wahrgenommen und angeklickt als tiefer liegende, zu denen erst einmal gescrollt werden muss. In diesem Zusammenhang steht übrigens auch der Eisberggeffekt. Viele Webseiten sind extrem lang, und daher ist zu Beginn nur ein kleiner Ausschnitt – nämlich die sprichwörtliche Spitze des Eisbergs – zu sehen. Dieses Phänomen ist unter anderem besonders bei deutschen Nachrichtenportalen [45] zu beobachten und macht deutlich, dass die Betrachtung der Position eines Links durchaus sinnvoll ist.

Bislang wurde der Fokus primär auf Verweise innerhalb einer Website und weniger auf eingehende Links von anderen Websites gelegt. Allerdings sind insbesondere die eingehenden Verweise von externen Seiten im Sinne der Objektivität für eine Bewertung der Relevanz bedeutend. Aus diesem Grund wird zusätzlich ein weiteres Gütekriterium in die Pagerank-Berechnung mit einbezogen.

Die Distanz zwischen zwei Webseiten bezeichnet einen Wert, wie nahe das verweisende Dokument zu dem Dokument steht, auf das verwiesen wird. Je größer die Distanz, desto unwahrscheinlicher ist es, dass es sich bei den beiden Seiten um denselben Webautor handelt. Oder mit anderen Worten ausgedrückt: Je größer die Distanz ist, umso unwahrscheinlicher ist die Einflussnahme eines Webautors auf eine andere Seite. Die Betrachtung der Distanz sichert somit die Objektivität eines eingehenden Links. Berechnungsgrundlage kann dabei das Kriterium sein, ob sich beide Dokumente A und B innerhalb der gleichen Domain befinden. Damit würden interne Links weniger stark gewichtet werden als externe. Ein weiter fassendes Kriterium wäre beispielsweise auch, ob beide Dokumente auf dem gleichen Webserver liegen, was anhand der IP-Adresse herausgefunden werden kann. Hinsichtlich der Fantasie der Entwickler sind hier keine Grenzen gesetzt.

Abschließend könnte man noch die Aktualität der Webseiten und deren Verlinkungen als Faktor in Betracht ziehen. Es mag auf der Hand liegen, dass aktuelle Webseiten auch auf aktuelle Inhalte verweisen. Jedoch ist hier Vorsicht geboten. Ziel des Pagerank-Prinzips soll es nach wie vor sein, relevante Dokumente von nicht relevanten zu unterscheiden. Das Kriterium der Aktualität ist hier nicht zwingend in beide Richtungen tauglich; man stelle sich nur einmal Gesetzestexte vor. Diese ändern sich eher selten, besitzen aber vielleicht für einen Hobby-Juristen, der die gegenüberliegende Kneipe wegen Ruhestörung anzeigen möchte, eine starke Relevanz. Hier gilt es also vor allem, die Aktualität eingehender Links anstelle ausgehender zu betrachten. Und somit haben auch neuere Seiten eine adäquate Chance auf einen guten Pagerank. Das ursprüngliche Pagerank-Verfahren bevorzugt ältere Seiten stärker, da die Anzahl der eingehenden Links meist erst allmählich wächst.

Derzeit ist die Umsetzung des Intelligenten-Surfer-Modells aus technischen Gründen noch nicht ohne Weiteres anwendbar. Ohne Zweifel steckt in der Idee aber eine Menge Potenzial für zukünftige Entwicklungen.

Was allerdings bereits seit Längerem eingesetzt wird, ist eine manuelle Anhebung des Pageranks einzelner Seiten. So ist bei Google gut zu beobachten, dass der Pagerank einer Seite deutlich gesteigert wird, sobald diese etwa im Open Directory-

Webkatalog anzutreffen ist. Google weist bedeutenden Seiten wie dem ODP oder Yahoo! manuell einen höheren Pagerank zu, den diese Seiten dann wiederum wie oben erläutert weitergeben. Das ist durchaus im Sinne des intelligenten Surfers, der nicht auf einer willkürlichen Seite seine Surf-Sitzung beginnt, sondern gezielt auf bekannten und renommierten Webseiten. Die Ausführungen zum Thema Pagerank sollen an dieser Stelle genügen. Nach und nach sind auch die anderen marktführenden Suchmaschinen-Betreiber – wen wundert es – auf den Zug aufgesprungen. Yahoo! taufte das Kind auf den Namen *Web-Rank*. Und auch Lycos und AltaVista haben das Konzept als Baustein in ihre Relevanzbewertung mit übernommen.

Auch wenn man einige Zeit das Gefühl hatte, dass bei Google der Pagerank – etwas überspitzt formuliert – das alleinige Kriterium der Relevanzbewertung einer Seite darstellte, so stellt das Verfahren bei Google zwar in abgeschwächter Form, aber dennoch nach wie vor den größten Bestandteil des endgültigen Rankings dar. Bei den Mitbewerbern zählen dagegen die bereits angesprochenen Ranking-Algorithmen inhaltlicher Art teilweise wesentlich stärker.

Teoma preist auf seinen Seiten ein sensibleres Verfahren als die Bewertung mittels Pagerank an. *Subject-Specific Popularity* wird es dort genannt [46]. Es nimmt die Link-Popularity-Methode als Grundlage, bezieht jedoch die gesamtthematische Nähe zwischen verlinkten Dokumenten stärker mit ein. Über diesen themenbasierten Pagerank kann man auch in diversen Online-Foren zahlreiche Beiträge finden. Dort wurde lange Zeit auch diskutiert, inwieweit Google Verweise zwischen themenverwandten Webseiten höher gewichtet als andere. Mittlerweile hat aber auch Google den themenbasierten Pagerank eingeführt. Allerdings ist die technische Umsetzung nicht ganz trivial; die Benutzung von Termvektoren stellt aber zumindest eine theoretische Möglichkeit dar [47]. Der Aufbau einer Termvektor-Datenbank muss parallel zum invertierten Index stattfinden. Der Aufwand ist also nicht unerheblich. Betrachtet man dagegen die Arten von Verlinkungen im Web, findet man überwiegend Links, die auf ein nicht verwandtes Thema verweisen. Man denke dabei nur an die Unzahl von Links auf beliebten Portalen oder Nachrichten-Websites. Hier stimmen höchstens einzelne Bereiche thematisch mit anderen Seiten überein.

4.2.7 Bad-Rank

Google bot als erster Suchmaschinen-Betreiber eine Browser-Leiste mit diversen Funktionen für den Internet Explorer an. Dort befindet sich auch eine Anzeige, die den Pagerank einer Webseite zwischen 0 und 10 anzeigt. Die Spanne spiegelt dabei nicht den tatsächlichen Pagerank wider, sondern bezeichnet vielmehr ein logarithmisches Maß, vermutlich mit einer Basis zwischen 6 und 10. Der genaue

Umrechnungswert wird in etlichen Foren rege diskutiert. Zur Verdeutlichung sei ein Beispiel angeführt:

Toolbar-Pagerank	Tatsächlicher Pagerank
0	0,00000 bis 0,90909
1	0,90909 bis 1,81818
2	1,81818 bis 2,72727
...	...
8	7,27272 bis 8,18181
9	8,18181 bis 9,09090
10	9,09090 bis 10,0000

Tabelle 4.1 Pagerank-Umrechnung in der Google-Toolbar

In diesem Beispiel werden Werte unter 0,90909 mit einem Pagerank von null in der Toolbar angezeigt. Ende 2004 wurde in einem Interview bekannt, dass der angezeigte Pagerank-Wert der Google-Toolbar absichtlich veraltet ist und nur sehr unregelmäßig aktualisiert wird. Die Nachricht sorgte für helle Aufregung in der Community [48]. Google missfiel das massenhafte Auftreten von Pagerank-Tools [49]. Der angezeigte Pagerank-Wert ist daher nicht der vom System zur Berechnung tatsächlich verwendete, sondern ein bereits drei bis vier Monate alter Wert. Dennoch kann man die Anzeige der Toolbar als groben Anhaltspunkt nutzen.

Oftmals wird die Ansicht vertreten, dass der sogenannte PR0 (Pagerank Null) nur dann erscheint, wenn die Seite entweder noch nicht voll indexiert wurde oder der Pagerank aufgrund des »Bad Neighbourhood«-Phämomens auf null herabgesetzt wurde. Das Phänomen, zu Deutsch »schlechte Nachbarschaft«, bezeichnet Webseiten, die aus verschiedenen Gründen die Ungunst der Suchmaschine auf sich gezogen haben. Damit verknüpft ist die Systematik des Bad-Rank. Sozusagen als Gegenpol zum Pagerank werden Negativbewertungen an Seiten vergeben, die auf andere Seiten verlinken, falls diese sich in der Kategorie »Bad Neighbourhood« befinden. Wer also einen ausgehenden Link auf eine dieser Seiten setzt, riskiert eine Abwertung der eigenen Seite. Nicht bekannt ist, ob eingehende Links von einer »schlechten« Seite auch die eigenen Werte herabsetzen. Dies ist aber eher unwahrscheinlich.

Die Seiten der »schlechten Nachbarschaft« werden oftmals per Hand in der Form einer Blacklist von den Suchmaschinen-Betreibern definiert. Meist handelt es sich hierbei um Seiten, die grob gegen die Nutzungsordnung der Suchmaschine verstoßen, etwa aufgrund inhaltlicher Kriterien oder durch Spam-Versuche.

Wie kann man sich davor schützen, aus Versehen auf eine solche Seite zu verlinken? Grundsätzlich ist jede Webseite als »Bad Neighbourhood« zu bewerten, die über einen Pagerank von null verfügt, obwohl sie bereits *seit Längerem* indexiert ist. Die Betonung ist hier beabsichtigt, da beispielsweise die Toolbar von Google hin und wieder keinen Wert beziehungsweise einen PR0 anzeigt, obwohl durchaus ein positiver Pagerank vergeben wurde. Auch neu indexierte Seiten besitzen häufig noch nicht direkt einen Pagerank. Oftmals werden solche »schlechten Nachbarn« auch aus dem Index der Suchmaschine entfernt. Hier sollten Sie dennoch Vorsicht walten lassen und eine ausgehende Verlinkung von Ihren Seiten auf jeden Fall vermeiden. Eine Faustregel gilt für die Bad-Rank-Problematik im Speziellen ebenso wie für alle Link-Popularity-Verfahren insgesamt: Versuchen Sie, eingehende Links von solchen Seiten zu erhalten, auf denen sich Ihr Wunschpublikum aufhält, und die gut besucht werden und einen entsprechend hohen Pagerank-Wert besitzen [50].

4.3 Click-Popularity

Alle bisher genannten Ranking-Verfahren funktionieren vollautomatisch auf Seiten der Suchmaschinen-Software. Dagegen stammt die Bewertung innerhalb der Webkataloge aus der Feder von fleißigen Redakteuren. Das Prinzip der Click-Popularity gibt schließlich auch dem dritten Beteiligten, nämlich dem Benutzer, die Möglichkeit einer Bewertung.

Eine Form der Ranking-Generierung basiert auf der Beobachtung des Benutzerverhaltens (User-Tracking). 1998 setzte die Suchmaschine DirectHit das Verfahren mit dem gleichlautenden Namen erstmalig ein. Auf eine Suchanfrage hin wird eine Ergebnisliste nach den oben erwähnten statistischen Methoden erzeugt. Der Benutzer klickt anschließend auf ein Ergebnis seiner Wahl und wird nicht direkt zu der entsprechenden Seite geleitet, sondern aktiviert mit dem Klick einen Zähler (Counter). Dieser speichert in einer gesonderten Datenstruktur den Klick auf eben diesen Eintrag und leitet den Benutzer anschließend auf die Zielseite. Das Ganze geschieht meist in Bruchteilen von Sekunden und wird seitens der Surfer selten bemerkt. Man kann allerdings in manchen Fällen den Verweis auf den Counter in der Statusleiste des Browsers erkennen (siehe Abbildung 4.7).

Abbildung 4.7 msn.com verweist nicht immer direkt auf den Ziel-Link.

Die zugrunde liegende Vorstellung ist, dass häufiger angeklickte Seiten wohl relevanter für eine Anfrage sind als die weniger oft angeklickten. So werden Einträge mit vielen verzeichneten Klicks zusätzlich höher gewertet als Seiten mit entsprechend weniger Klicks und erscheinen demzufolge weiter oben in der Ergebnisliste.

Ein Problem wird bei der Anwendung eines solchen Verfahrens recht schnell deutlich: Wie können die Suchmaschinen-Betreiber verhindern, dass ein Webseitenbesitzer selbst etliche Male auf den Eintrag seiner eigenen Seite klickt und damit die Relevanz künstlich erhöht? Eine Möglichkeit, wie man diesen Missbrauch unterbinden kann, ist die Speicherung der IP-Adresse des Surfers. Diese wird mit dem Klick in der Datenbank temporär gespeichert. Erfolgt in einem festgelegten Zeitfenster ein erneuter Klick auf die betreffende Seite von derselben IP-Adresse aus, wird der Counter nicht erhöht. Dieses Verfahren hat allerdings gewisse Grenzen, da sich die Mehrzahl der Webbenutzer über ein Einwahlverfahren mit dem Internet verbindet und in der Regel dabei eine dynamische IP-Adresse erhält. Sofern sich der Surfer also zwischen jedem Klick neu einwählt, erhält er eine neue IP-Adresse und umgeht somit die IP-Sperre.

Eine Alternative zu der genannten Methode stellen die sogenannten *Cookies* dar. Dabei handelt es sich um Textdateien mit diversen Informationen, die auf das Kommando einer Webseite automatisch auf der Festplatte des Clients abgelegt werden. So kann der Benutzer bei einem Wiederbesuch anhand des bereits vorhandenen Cookies identifiziert werden. Die Cookie-Technologie ist allerdings recht umstritten, und viele Webbenutzer nutzen die Einstellungsmöglichkeit ihres Browsers, das Anlegen von Cookies generell zu verhindern.

Neben der reinen Häufigkeit spielt auch ein zweiter Faktor bei der Relevanzbewertung durch User-Tracking eine Rolle. Die Verweildauer (Stickiness) auf den einzelnen Zielseiten soll mit in die Bewertung einfließen. Unter dieser Dauer ist die Zeit zu verstehen, die der User auf einer Zielseite verbringt, bis er zur Ergebnisliste zurückkehrt und weiter recherchiert. Technisch ist die Verweildauer also die Zeit zwischen einem Klick innerhalb der Ergebnisliste und dem nächsten. Prinzipiell ist das eine pfiffige Idee. Je mehr Zeit ein Surfer auf einer Webseite verbringt, umso zufriedener ist er mit den dort angebotenen Informationen und umso höher kann dann die Seite bewertet werden. Allerdings setzt das Verfahren voraus, dass der Surfer erneut zu der Ergebnisliste der Suchmaschine zurückkehrt. Wenn Sie Ihr eigenes Surfverhalten diesbezüglich einmal beobachten, ist dies nicht immer der Fall. Abgesehen davon, besteht hier erneut das Problem, die einzelnen Surfer wiederzuerkennen. Auch hier wird auf die IP-Adresse oder das Cookie zurückgegriffen. Die Problematik in Sachen aktivierter Cookie-Ablehnung seitens des Browsers führt hier zur völligen Funktionsuntauglichkeit des Verfahrens. Kann der Surfer nicht wiedererkannt werden, kann auch keine Verweildauer bestimmt werden. Und auch die IP-Adresse ist leider kein eindeutiger Hinweis auf die Identität eines Surfers. Die meisten Firmen und Organisationen besitzen in ihrem internen Netzwerk einen Router, der die Schnittstelle zwischen Internet und Intranet darstellt. Über ihn laufen alle Anfragen, die von den einzelnen Rechnern der Firmenangestellten kommen. Da dieser Router in der Regel nur eine IP-Adresse in das Internet besitzt, haben plötzlich alle Angestellten nach außen hin die gleiche IP-Adresse – das Todesurteil für die Berechnung der Verweildauer.

Das Verfahren hat sich aus diesen Gründen bis heute nicht durchsetzen können. Zwar gab es vor vier bis fünf Jahren eine Phase, in der die Click-Popularity vermehrt eingesetzt wurde, aber spätestens nachdem die meisten Suchmaschinen-Betreiber nicht mehr den Inhalt des `description`-Meta-Tags in die Ergebnisliste eingebunden hatten, verlor auch die Click-Popularity an Bedeutung. Denn diese Seitenbeschreibung ist der werbende Text, der einen Surfer auf eine Seite zieht oder eben nicht. Die automatisch generierten Snippets, die die Suchwörter und deren Umgebung enthalten, stehen in puncto Werbewirksamkeit einem sorgfältig und liebevoll geschriebenen `description`-Meta-Tag um einiges nach.

Die Betreiber setzen heutzutage lieber auf statistische Methoden oder Pagerank-Derivate. Betrachtet man die großen Suchmaschinen, stellt man allerdings auch fest, dass hier und da der Link nicht direkt auf die Zielseite verlinkt, sondern erst ein Umweg gemacht wird. So werden bei Yahoo! alle Links der Ergebnisliste über eine Art Verteiler geschickt, dessen URL eine komplexe Parameterliste besitzt.

```
http://de.wrs.yahoo.com/S=2114718003/K=hausboot/v=2/SID=e/l=WS1/
R=1/SS=2026077688/H=0/IPC=us/SHE=0/SIG=10sakq142;_ylt=
AvlyrC3dES1TY1e681WxRB4zCQx.;_ylu=X3oDMTA2bTQ0OXZjBHN1YwNzcg--/
*-http%3A//www.hausboot.de/
```

Die genaue Bedeutung der einzelnen Parameter soll uns an dieser Stelle nicht interessieren, jedoch zeigt diese Beobachtung, dass die Betreiber durchaus noch Formen von User-Tracking durchführen. Allerdings fließen die Erkenntnisse vermutlich, falls überhaupt, nur noch sehr schwach in die gesamte Relevanz eines Eintrags mit ein. Vielmehr erlaubt ein solches User-Tracking die Überprüfung einiger wichtiger Kriterien: Klicken die Benutzer meistens auf den ersten angezeigten Treffer? Nutzen die Benutzer die Funktionen wie »Cache« oder »Weitere Seiten dieser Website anzeigen?« Dies sind beispielhafte Fragen, die mithilfe des User-Trackings beantwortet werden können und somit der Verbesserung der Suchmaschine dienen.

Letztlich kann die Güte der Link-Popularity beziehungsweise des Pagerank-Verfahrens bewertet werden, indem die Click-Popularity quasi als Stichprobe den mathematischen Ergebnissen gegenübergestellt wird. Sind die am häufigsten angeklickten Suchergebnisse zugleich die Topseiten auf der Ergebnisliste, ist das System optimal austariert. Andernfalls kann vielleicht an der einen oder anderen Einstellung wie an einer Stellschraube korrigiert werden.

4.4 Cluster-Verfahren

Ein von den bisher dargestellten Ranking-Methoden abweichendes Verfahren stellt das Clustering dar. Die Fülle der auf eine Suchanfrage gefundenen Seiten soll dabei in Gruppen von Dokumenten geordnet werden, die jeweils einander ähnlich sind. Die Gruppenzuordnung basiert auf einer Ähnlichkeitsberechnung, bei der die Dokumentinhalte und -eigenschaften miteinander verglichen werden. In einem Cluster finden sich nach erfolgreicher Durchführung des Verfahrens Dokumente mit einer hohen inhaltlichen und thematischen Ähnlichkeit.

Die Vorteile bei der Anwendung eines Cluster-Verfahrens liegen auf der Hand. Es soll eine Struktur von ähnlichen Dokumenten aufgebaut werden, um auch Dokumente zu finden, die nicht direkt auf die Suchanfrage passen. Außerdem wird die Fülle von Dokumenten in der Ergebnisliste thematisch gegliedert und somit der Zugang zu den gesuchten erleichtert. Auf die Suchanfrage nach dem Begriff »auto« erhält der Benutzer nunmehr keine inhomogene Liste, die zwar nach Relevanzkriterien geordnet ist, jedoch keine thematische Gliederung enthält. Stattdessen werden ihm einzelne Cluster angeboten, wie etwa »Versicherungen«, »Autokauf«, »Zeitschriften«, »Technisches« und so weiter. Diese enthalten dann wiederum einzelne Suchergebnisse zu dem jeweiligen Themenkomplex.

Die Zuordnung von Dokumenten erfordert zunächst einmal das prinzipielle Vorhandensein von Clustern mit definierten Grenzen. Dabei existieren grundsätzlich zwei Möglichkeiten zur Cluster-Bildung. Einerseits können die Cluster bereits im Voraus fest definiert sein. Die Dokumente werden in diesem Fall dem jeweils passenden Cluster zugewiesen. Streng genommen spricht man hier nicht von Clustering, sondern von Klassifizierung, da die Klassen von Hand erweitert werden müssen. Der amerikanische Betreiber NorthernLight verkauft Suchdienste an Unternehmen und verwendet bereits im Vorhinein definierte Gruppen zur Klassifizierung. Das Verfahren des Clusterings bedeutet hingegen, die Cluster automatisch und dynamisch aufzubauen. Es finden keinerlei strukturelle Überlegungen im Voraus statt.

4.4.1 Cluster-Verfahren im Einsatz

Google band als einer der ersten Suchmaschinen-Betreiber das Cluster-Verfahren in die Ergebnisdarstellung mit ein. Über den Link »Ähnliche Seiten« kann sich der Benutzer das Cluster zu einem betreffenden Eintrag anzeigen lassen (siehe Abbildung 4.8).

Abbildung 4.8 »Ähnliche Seiten« – die Cluster-Funktion von Google

Die Cluster-Bildung bei Google basiert auf der Hyperlink-Struktur. Das ausgewählte Dokument wie auch die darauf verweisenden Dokumente werden einem Cluster zugeordnet. Daraus folgt zwangsläufig, dass Dokumente nicht exklusiv zu einem Cluster gehören, sondern in verschiedenen Clustern auftreten können. Insgesamt kann man das Cluster-Verfahren bei Google als eher wenig gelungen bezeichnen. Die Link-Beschriftung »Ähnliche Seiten« verleitet den Benutzer zu der Annahme, er erhielte thematisch ähnliche Seiten zu der jeweils angegebenen Seite. Eine thematische Behandlung findet jedoch gar nicht statt.

Nur wenige Suchmaschinen setzen ein echtes Cluster-Verfahren ein. Eine der Ausnahmen neben Google bildet die amerikanische Suchmaschine Teoma. Im Gegensatz zu Google basiert ihre Cluster-Bildung nicht auf Grundlage der Link-Struktur, sondern auf der Berechnung von inhaltlichen Ähnlichkeitswerten.

Über den Link »Related Pages«, den Sie in Abbildung 4.9 im zweiten und dritten Eintrag sehen, werden thematisch verwandte Seiten angezeigt. Das Hauptkriterium für die inhaltliche Ähnlichkeit und somit die Zuordnung zum selben Cluster ist das Auftreten der passenden Keywords auf Basis der Suchanfrage.

4 | Gewichtung und Relevanz

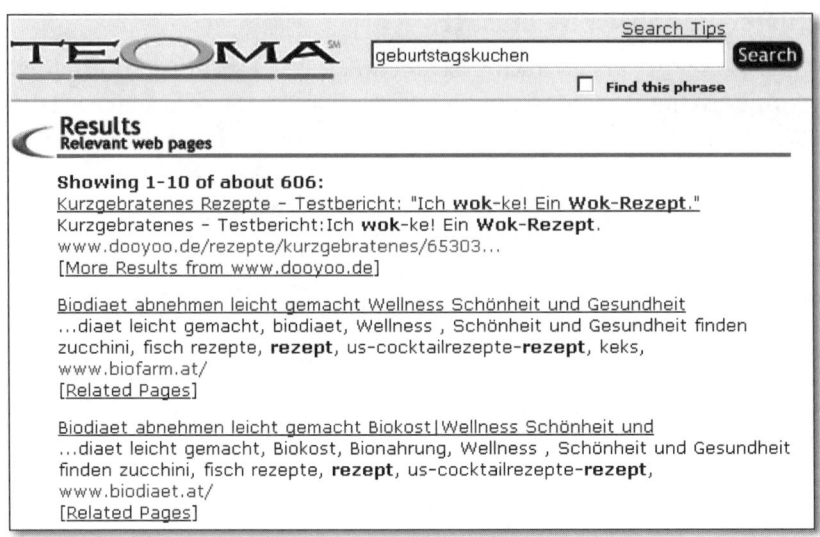

Abbildung 4.9 Related Pages – Cluster-Verfahren mit Ähnlichkeitsberechnung

4.4.2 Vivisimo – ein Pionier

Sowohl bei Google als auch bei Teoma ist das Cluster-Verfahren eher als Randerscheinung zur Abrundung des Angebots einzustufen. Der Suchmaschinen-Betreiber Vivisimo [51] mit der Suchmaschine Clusty.com schreibt sich die Technologie allerdings groß auf die Fahne und versucht sich dadurch von den Mitstreitern abzuheben. Wie so oft in der Suchmaschinen-Branche stammt Vivisimo aus Forschungsarbeiten, in diesem Fall an der Universität in Pittsburgh. Die Vivisimo-Gründer Christopher Palmer, Raul Valdes-Perez und Jerome Pesenti gründeten im Sommer 2000 eine eigene Firma. Sie kombinierten Kenntnisse aus den Bereichen der künstlichen Intelligenz, der kognitiven Wissenschaft und Mathematik mit Erkenntnissen aus den Computersystemen und schufen somit eine vollautomatische Cluster-Suchmaschine.

Mit heuristischen Algorithmen werden on-the-fly, also während der Suchanfrage, thematische Cluster gebildet. Dazu werden die Inhalte der in Frage kommenden Dokumente mittels Stoppwortlisten und Stemming normalisiert und anschließend verglichen. Um eine hohe Qualität sicherzustellen, verwendet Clusty das »conceptual clustering«. Ein Hauptaspekt dieses Vorgehens besteht in der Erkenntnis, dass ein gutes Cluster nur dann besteht, wenn auch eine gute und lesbare Beschreibung dafür existiert. Daraus folgt konsequenterweise der Schritt, Cluster abzulehnen, die nicht präzise beschrieben werden können. Das ist ein wesentlicher Vorteil im Vergleich zu den rein mathematischen Modellen.

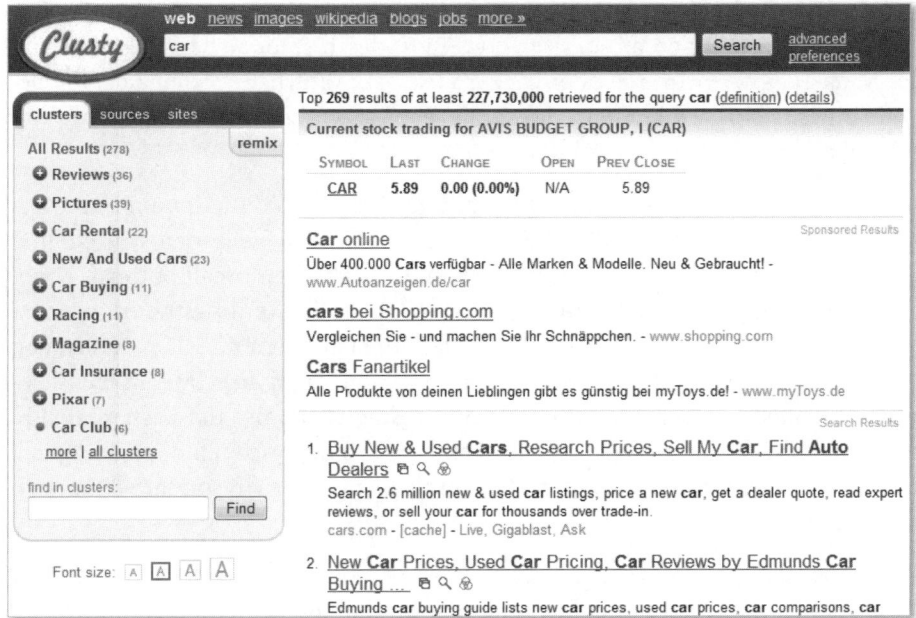

Abbildung 4.10 Die Ergebnisanzeige bei Clusty nutzt das Cluster-Verfahren.

Die Ergebnisdarstellung der Meta-Suchmaschine Clusty erinnert an die Baumdarstellung des Explorers in Windows. Die Cluster sind hierarchisch angeordnet und in gewohnter Weise navigierbar. Im rechten Teil wird jeweils der Inhalt des ausgewählten Clusters angezeigt.

4.4.3 Single-Pass-Methode

Ein rein mathematisches Modell zur Cluster-Bildung stellt die Single-Pass-Methode dar. Ursprünglich wurde sie eingesetzt, um ähnliche Daten zu gruppieren und dicht nebeneinander zu speichern, damit schneller auf diese Datengruppen zugegriffen werden konnte. Geht man davon aus, dass ein Benutzer inhaltlich verwandte Daten nacheinander betrachtet, bringt diese Methode auch hier den Vorteil, dass der Zugriff auf Dokumente innerhalb einer Gruppierung schneller erfolgen kann.

In Bezug auf das Information Retrieval und die Suchmaschinen im Speziellen ist insbesondere das Zusammenfassen von Dokumenten zur Erschließung von inhaltlichen Themengebieten interessant. Die Single-Pass-Methode findet auch hier Anwendung. Dazu muss zunächst eine Startkonfiguration geschaffen werden. Wie bereits angesprochen, kann dies durch eine manuelle Definition von groben Clustern geschehen oder auch automatisch anhand diverser Algorithmen. Diese greifen auf charakteristische Meta-Eigenschaften der Dokumente zurück, wie etwa auf Begriffe innerhalb des `<title>`-Tags, des URL oder Begriffe innerhalb der Meta-Tags `description` oder `keywords` selbst. Natürlich spielen auch die Begriffe innerhalb des Dokuments eine Rolle, ebenso wie deren Anzahl und die eingehende und ausgehende Verlinkung.

Das Ziel des ersten Schritts bei der Herstellung einer Startkonfiguration ist die Gewinnung von sogenannten *Zentroiden*. Diese stellen jeweils den Mittelpunkt eines Clusters dar und repräsentieren seinen thematischen Inhalt optimal. Nachdem alle benötigten Cluster mit den Zentroiden erstellt und bestimmt wurden, wird im Folgenden ein neues Dokument nach dem anderen mit allen Zentroiden verglichen. Dabei wird jeweils ein Ähnlichkeitskoeffizient errechnet und das Dokument schließlich dem Cluster mit dem höchsten Wert, also der besten inhaltlichen Übereinstimmung, zugeordnet. Ist eine Zuordnung nicht eindeutig möglich, kann ein Dokument auch mehreren Clustern angehören. Man spricht hierbei von einer *Überlappung*.

Nach Zuweisung eines Dokuments zu einem oder mehreren Clustern findet für diese veränderten Cluster anschließend eine erneute Berechnung der Zentroiden statt.

Kann kein passendes Cluster für ein neues Dokument gefunden werden, so wird ein neues Cluster generiert und das entsprechende Dokument als Zentroid definiert. Aus diesem Grund beginnt man bei der Single-Pass-Methode auch mit einer leeren Menge von Clustern. Das erste Dokument wird logischerweise zwangsläufig ein neues Cluster generieren.

Neben diesem Verfahren gibt es eine Fülle weiterer Abwandlungen und eigenständiger Methoden zur Generierung von Clustern. So sei hier abschließend die Theorie der unscharfen Mengen [52] als mathematische Alternative unter vielen erwähnt. Sie bedient sich der bereits erwähnten Fuzzy-Logik.

4.4.4 Cluster aus Netzwerken

Als eine besondere Form von Clustern können auch Netzwerke angesehen werden. Informatiker und Mathematiker sehen Netzwerke als Graphen an, die aus Knoten (einzelne Einheiten) und deren Verbindungen, den Kanten, bestehen. Über graphen-algorithmische Verfahren lassen sich aufgrund der Netzwerktopografie bestimmte besonders eng verbundene Gruppen bilden, sogenannte N-Cliquen. Ebenso können Ähnlichkeits- und Verwandtschaftsbeziehungen explizit formuliert und ausgewertet werden.

Implizit werden solche Netzwerk-Verfahren bei allen Suchmaschinen bereits eingesetzt. Bislang konnte sich jedoch noch keine Suchmaschine mit einer Netzwerk-Visualisierung durchsetzen. Die Netzwerk-Visualisierungstechnik findet man allerdings immer häufiger, wenn der Schwerpunkt der Suche darauf liegt, ähnliche Elemente zu finden. So gibt es nicht nur bei Community-Anwendungen Visualisierungen von Freundschaftsnetzwerken, sondern auch Suchmaschinen wie Liveplasma (*liveplasma.com*), die ähnliche Musiker gruppiert.

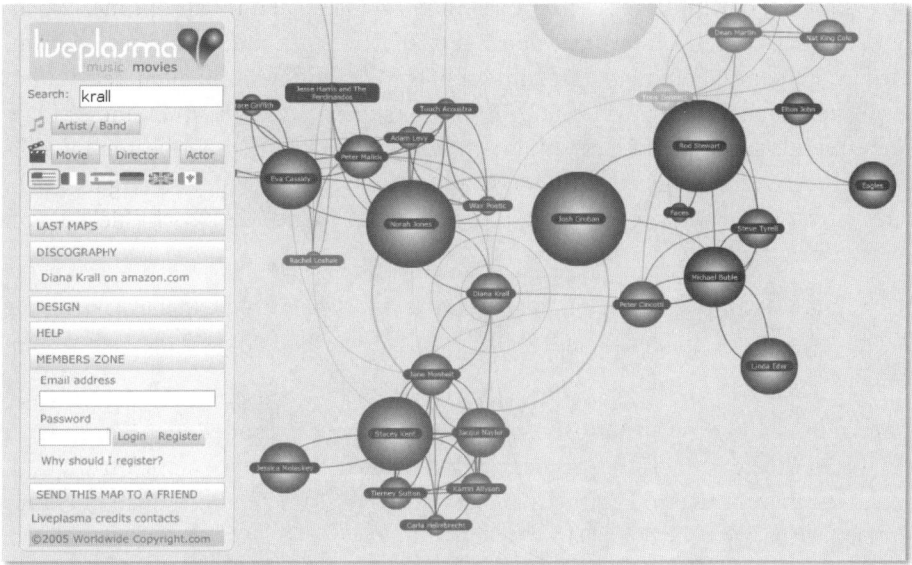

Abbildung 4.11 Cluster-Verfahren auf Netzwerkbasis: Liveplasma

> »*Tendenziell nutzten erfahrene Webuser jeweils nur eine Suchmaschine. Bei mangelhaften Ergebnissen wechselten sie nicht etwa das Recherche-Instrument, sondern die Begriffe. Dabei blieben nur 21 % der Bemühungen ohne Erfolg, während auf satte 50 % aller Anfragen zwischen 1 und 103 Antworten folgten. Immerhin 10 % lieferten bis zu 1 000 Suchergebnisse.«*
> – aus der Studie »Webzapping und seine Folgen« [53]

5 Suchprozess

Im vorigen Abschnitt habe ich ausführlich beschrieben, mithilfe welcher Methoden und Modelle die Relevanz eines Dokuments anhand von Suchbegriffen bestimmt werden kann. Im Folgenden betrachten wir abschließend die bislang noch ausstehende Komponente der Suchmaschine, den *Query-Prozessor*. Während das gesamte übrige System kontinuierlich daran arbeitet, die Datenstruktur zu erweitern und zu aktualisieren, stellt der Query-Prozessor die Funktionalität zur Verfügung, die im Allgemeinen von einer Suchmaschine erwartet wird. Er verarbeitet die Eingaben des Nutzers und liefert Ergebnislisten, die nach der Relevanz der Dokumente auf die Anfrage geordnet sind.

Die auch als *Searcher* bezeichnete Komponente stellt für den Benutzer das Interface beziehungsweise Frontend zum Information-Retrieval-System dar. An dieser Stelle laufen alle Fäden zusammen; der Query-Prozessor vereint alle Funktionen des gesamten Systems. Ein Schlüsselkriterium ist hierbei die Bearbeitungsgeschwindigkeit. Man könnte annehmen, dass die Qualität der Suchergebnisse umso höher ist, je länger der Benutzer auf die Ergebnisliste warten muss. Dies trifft sicherlich bis zu einer gewissen Grenze zu. Die Konzeption eines Query-Prozessors oder des gesamten Systems erfordert einen Spagat bei der Architekturplanung. Schnelligkeit muss gegen Qualität abgewogen werden. Suchmaschinen im Web entscheiden sich zumeist zu Gunsten der schnellen Bearbeitung. Eine andere Entscheidung ist in Anbetracht der immensen Anzahl an zu bewertenden Dokumenten de facto auch nicht möglich.

Die Suchanfrage wird in den meisten Fällen von den Benutzern in ein einzeiliges Textfeld eingegeben und anschließend als Zeichenkette an den Query-Prozessor übermittelt. Dabei lassen sich die Arbeitsschritte in drei Bereiche gliedern: Nach der Erfassung und Verarbeitung der Suchanfrage findet eine Relevanzbewertung der Dokumente anhand der bereits vorgestellten Gewichtungsmodelle statt. Anschließend wird dem Benutzer als Antwort auf seine Anfrage eine Trefferliste präsentiert.

5.1 Arbeitsschritte des Query-Prozessors

Die Bearbeitung der Suchanfrage (Query Processing) ähnelt in vielerlei Hinsicht der Normalisierung des Datenbestandes. Dies scheint auch logisch, da in beiden Fällen von Menschenhand geschriebene Texte in ein einheitliches, verarbeitbares und vergleichbares Format umgewandelt werden müssen. Nur so können gesuchte Dokumente und Suchanfragen miteinander verglichen werden. Diesen Vorgang bezeichnet man auch als *Matching*. Dabei werden die Stichwörter aus der Suchanfrage mit den Einträgen aus dem invertierten Index verglichen.

Allerdings sind von der Eingabe in die Suchmaske bis zum Matching bestimmte Schritte zwingend erforderlich. Wie sehen diese im Einzelnen aus?

5.1.1 Tokenizing

Nachdem der Benutzer die Suchanfrage eingegeben hat und der Browser den Inhalt des Formularfeldes mittels HTTP an den Query-Prozessor gesendet hat, müssen einzelne Elemente, die als Token bezeichnet werden, aus dem Zeichenstrom identifiziert werden. Das betrifft einerseits die reinen stichwortbasierten Suchmaschinen wie Google, Yahoo! und so weiter, andererseits aber auch die natürlichsprachigen Systeme (NLP Systems, Natural Language Processing Systems) wie beispielsweise AskJeeves. Letztere sind darum bemüht, komplexe Anfragen wie beispielsweise »Wie wird das Wetter morgen?« sinnvoll zu beantworten, um eine benutzerfreundliche Suche zu ermöglichen.

5.1.2 Parsing

Da die Suchanfragen der Benutzer oftmals nicht nur reine Stichwörter, sondern auch spezielle Operatoren enthalten, muss jedes einzelne Token aus dem vorigen Schritt auf seine Funktion hin geprüft werden. Die Operatoren werden anhand einer Liste von reservierten Zeichen und Begriffen bestimmt. So können Anführungszeichen, boolesche Operatoren wie AND und OR und sonstige spezielle Funktionen wie etwa die Einschränkung bei Google, nur nach PDF-Dateien zu suchen (`filetyp:pdf`), erkannt werden.

Im Falle der natürlichsprachigen Systeme werden solche Operatoren implizit erkannt. Dabei wird die Suchanfrage einer Sprachanalyse unterzogen, die Kriterien anhand von Präpositionen, Konjunktionen und der Wortreihenfolge bewertet und daraus logische Zusammenhänge zwischen den Begriffen generiert.

5.1.3 Stoppwörter und Stemming

Sofern bereits während der Dokumentnormalisierung eine Stoppwortliste angewandt wurde, müssen freilich auch die Suchbegriffe auf Stoppwörter hin untersucht werden. Natürlich könnte man die Stoppwörter auch in der Suchanfrage belassen. Ein Ergebnis würde ohnehin nicht erzielt werden, da keine Entsprechung zu den Stoppwörtern im Index gefunden würde. Allerdings kostet das Erkennen und Entfernen der Stoppwörter im Vorhinein weniger Rechenzeit als die erfolglose Suche im Index. Des Weiteren würden vorhandene Stoppwörter in der Stichwortliste die Ergebnisse verschiedener Algorithmen verzerren. So steht beispielsweise das Wort »Neuseeland« in der reinen Suchanfrage »Urlaub machen in Neuseeland« an Position vier. Die Stoppworteliminierung würde ein anderes Ergebnis liefern (»Urlaub Neuseeland«), das mit hoher Wahrscheinlichkeit eine bessere Voraussetzung für das Matching darstellt.

Google wendet zum Beispiel, wie ich bereits in Abschnitt 3.2.7, »Stoppwörter«, dargestellt habe, eine Stoppworteliminierung erst ab einer bestimmten Anzahl Suchbegriffe an. Adäquat dazu findet ein Stemming der Suchbegriffe auch nur dann statt, wenn dies bereits während der Dokumentverarbeitung im Information-Retrieval-System durchgeführt wurde. In diesem Fall ist ein Stemming sogar unumgänglich, da die Begriffe beider Textmengen – das Dokument und die Suchanfrage – auf einen gemeinsamen Stamm reduziert werden müssen, um überhaupt ein Matching erfolgreich durchführen zu können.

Führt ein Information-Retrieval-System weder eine Stoppwortprüfung noch ein Stemming durch, werden diese beiden Schritte übersprungen.

5.1.4 Erzeugung der Query

Die bisherigen Schritte dienten der Normalisierung der Suchanfrage. Man kann diesen Prozess auch als eine Form der Übersetzung ansehen. Das wird besonders bei den natürlichsprachigen Anfragen deutlich. Hier wird eine umgangssprachliche Frage »Wie lang ist der Nil?« in ein Format übersetzt, anhand dessen der Query-Prozessor ein Matching durchführen kann. Durch Stoppwortbetrachtung und Stemming erhält man das Paar »lang nil« (wobei »lang« beispielsweise auch die gestemmte Form des Wortes »Länge« darstellen würde).

Um das Matching durchzuführen, fehlt lediglich die Relation zwischen den erhaltenen Suchbegriffen. Dazu werden die extrahierten Operatoren aus dem zweiten Schritt genutzt. Dadurch entsteht ein systemspezifisches Format, das die Repräsentation der ursprünglichen Suchanfrage darstellt.

An diesem Punkt übernehmen die meisten Suchmaschinen die Repräsentation der Suchanfrage und führen das Matching mit dem invertierten Index durch.

5.1.5 Verwendung eines Thesaurus

Bei weitergehenden Entwicklungen zeichnet sich die Verwendung eines Thesaurus ab. Eine speziell erweiterte Datenstruktur enthält ein Wortnetz, dessen Einträge miteinander verbunden sind und so in sinnvoller Relation zueinander stehen. So lassen sich beispielsweise Synonyme, Abkürzungen sowie Ober- und Unterbegriffe zu einzelnen Termen bestimmen. Der Thesaurus ist ein effektives Hilfsmittel zur Sacherschließung.

Diese Erkenntnis kann man sehr gut in den Query-Verarbeitungsprozess mit einbeziehen. Oftmals nutzen Surfer eine Suchmaschine, um zu einem gewissen Themengebiet mehr zu erfahren. Infolgedessen ist das Wissen über spezielle Begriffe meist eher dünn gesät und die Suche nicht selten wenig erfolgreich oder sehr mühsam. Eine Suchmaschine, die auf Wunsch gleichzeitig alle möglichen Synonyme und verwandten Ober- und Unterbegriffe in die Suche mit einbezieht, kann hier wahre Wunder bewirken.

5.1.6 Matching und Gewichtung

Der Normalisierungsprozess ist spätestens an dieser Stelle abgeschlossen. Das Matching kann nun durchgeführt werden. Das grundsätzliche Vorgehen wurde bereits eingangs kurz angesprochen.

Im Vorlauf des Matchings werden zunächst die Begriffe der Anfrage-Repräsentation in die entsprechenden WordIDs übersetzt. Anschließend werden die grundsätzlich in Frage kommenden Dokumente bestimmt. Dazu wird die WordID anhand des invertierten Index durchsucht. Das Ergebnis dieser Suche ist eine Auswahl an Dokumenten, die den gesuchten Begriff enthalten.

Handelt es sich um eine Suchanfrage mit mehreren Begriffen, muss die Bedeutung der Relation zwischen den jeweiligen Begriffen berücksichtigt werden. Bei einem AND-Operator zwischen zwei Begriffen würden beispielsweise nur solche Dokumente bei der Suche im invertierten Index herausgefiltert, die auch tatsächlich beide Begriffe enthalten.

Anhand der Hitlist der gefundenen Einträge, die wichtige Werte über die Wortposition, Formatierung, Häufigkeit u. Ä. enthält, werden die weiteren Berechnungen durchgeführt. Dazu werden an dieser Stelle die im vorigen Abschnitt vorgestellten statistischen Gewichtungsmodelle eingesetzt. Oftmals werden zusätzlich auch die Link-Strukturen beispielsweise mittels Pagerank ermittelt. Durch dieses Verfahren erhält jedes Dokument eine Gewichtung, welche die Relevanz im Hinblick auf die Suchanfrage ausdrückt. Diese Gewichtung bezieht dann je nach Auswahl der verwendeten Algorithmen zum einen die Art und Weise des Auftretens der Begriffe mit ein. Zum anderen werden makrostrukturelle Verlinkungen betrachtet, und nicht zuletzt wird das einzelne Dokument in Relation zu den anderen in Frage kommenden Dokumenten gesetzt.

5.1.7 Darstellung der Trefferliste

Die Relation zu anderen Dokumenten zeigt sich in der Listenposition innerhalb der Trefferliste. Je weiter oben ein Dokument anzutreffen ist, desto höher ist die vom System angenommene Ähnlichkeit mit der Suchanfrage. Die Seite auf Platz eins ist somit die vermeintlich ähnlichste und damit die optimal passende Ressource zur Anfrage.

Die Darstellung der Trefferliste stellt den letzten Schritt des Query-Prozessors dar. Der Benutzer erhält diese als Antwort auf seine Anfrage und muss nun anhand der präsentierten Informationen zu jedem Treffer entscheiden, auf welcher Seite er seinen Wissensdurst befriedigen möchte.

Die Mehrheit der Suchmaschinen stellt hier noch die Möglichkeit zur Verfügung, das Suchergebnis zu verfeinern. Das geschieht allerdings in unterschiedlichem Ausmaß. Bei den meisten Betreibern erfolgt dies leider nur sehr rudimentär. Die Suchanfrage wird einfach nochmals in dem Suchfeld über der Ergebnisliste angezeigt und kann somit verfeinert werden. Die meisten Suchmaschinen übergeben die vorige Suche auch auf Wunsch zur Verfeinerung an die erweiterte Suchfunktion. Nur bei HotBot sieht es diesbezüglich nicht ganz so rosig aus – der Benutzer muss die Suchanfrage erneut formulieren. Bei Lycos erhält der Webbenutzer erst gar nicht die Möglichkeit, über einen Link zur erweiterten Suche zu gelangen.

Eine Besonderheit bietet AllTheWeb nach manchen Suchanfragen. Es werden bis zu zehn weitere Begriffe zur gegebenen Anfrage vorgestellt, die der Benutzer durch einen Klick auf ein Plus oder Minus zur Suche hinzufügen (AND) oder ausschließen (NOT) kann. Abbildung 5.1 zeigt beispielhaft eine Liste der vorgeschlagenen Begriffe zu der Suche nach dem Begriff »wok«.

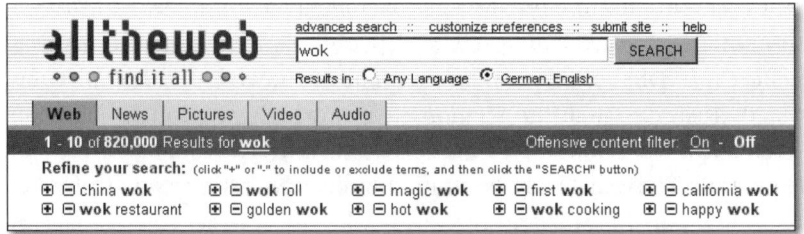

Abbildung 5.1 Verfeinerte Suche bei AllTheWeb

Auch bei Google findet man bei bestimmten Suchbegriffen »Verwandte Suchvorgänge«, die meist unter der Trefferauflistung zu finden sind. Abbildung 5.2 zeigt, wie Yahoo! ein umfangreiches Menü zur Verfügung stellt, mit dem man die Suche ergänzen und verfeinern kann. Zahlreiche Studien zur Nutzung von Suchmaschinen zeigen allerdings, dass solche erweiterten Suchfunktionen nur sehr selten beachtet und genutzt werden.

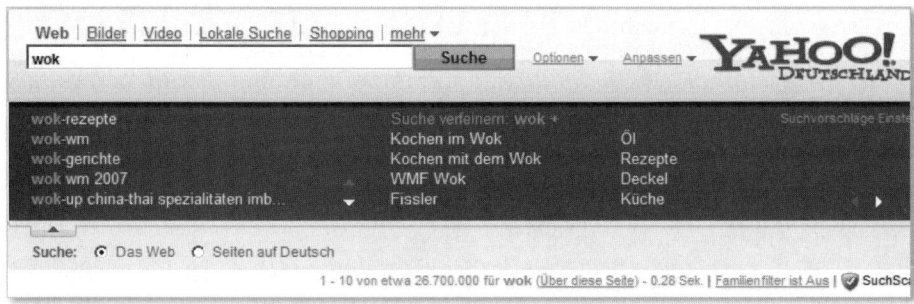

Abbildung 5.2 Verfeinerte Suche bei Yahoo!

Dies mag auch daran liegen, dass sich die vorgeschlagenen Begriffe oftmals nicht sonderlich gut dazu eignen, um die Treffermenge der eigenen Suche sinnvoll zu erweitern beziehungsweise zu reduzieren. Meist gibt der Suchende schneller einen weiteren, eigenen Begriff per Hand ein, als einen geeigneten aus einer Liste auszuwählen.

5.2 Suchoperatoren

Die wachsende Anzahl von Webseiten im Index der Suchmaschinen zwingt den Benutzer, immer genauere Suchanfragen zu stellen. Die Eingabe eines einzelnen Begriffs liefert heutzutage oftmals einen undurchdringbaren Wald an Treffern, bei dem selbst die Ergebnisse an erster Stelle selten dem Wunsch des Benutzers entsprechen. In diesem Zusammenhang spricht man auch von der *Practical Precision*. Diese bezeichnet die Leistung der Suchmaschine, speziell auf der ersten und zweiten Ergebnisseite eine hohe Precision-Rate zu erzielen. Der Hintergrund dieser Überlegung ist, dass sich die wenigsten Benutzer weiter hinten liegende Seiten der Trefferliste anschauen, und dass sich somit die tatsächliche Präzision nicht auf die gesamte Trefferliste, sondern nur auf die meistbeachteten Treffer beziehen sollte.

Um das Gesuchte näher einzugrenzen und die Precision von der Benutzerseite aus zu erhöhen, bedarf es einer mächtigen Anfragesprache. Diese ermöglicht es, einzelne Stichwörter in logische Verbindung zueinander zu stellen und Begriffe mit Attributen zu versehen. Dabei beherrscht heutzutage jede Suchmaschine im Web diese Grundfunktionalität, die man durchaus als gemeinsamen Standard definieren könnte.

5.2.1 Boolesche Ausdrücke

Die meisten Suchenden sind sich gar nicht bewusst, dass sie bei einer Suchanfrage mit mehr als einem Begriff bereits von der booleschen Logik Gebrauch machen. Das ist für die Suchmaschinen-Optimierung jedoch eine enorm wichtige Erkenntnis. Denn werden in dem Suchfeld beispielsweise zwei Suchbegriffe direkt hintereinander ohne Zuhilfenahme eines Operators eingegeben, setzen alle großen Suchmaschinen automatisch ein AND dazwischen ein. Der Benutzer bemerkt dies nicht, weil er intuitiv eine AND-Verknüpfung beabsichtigt, wenn er zwei Begriffe eingibt. Erfahrene Webuser benutzen die ausgefeilte Technik der verschiedenen Operatoren, um die Anfrage im Voraus zu präzisieren. Und auch bei weniger erfahrenen Benutzern ist zunehmend zu beobachten, dass die booleschen Ausdrücke immer häufiger Verwendung finden, nachdem ein erster »Blindschuss« mit einem Begriff nicht das gewollte Ergebnis erzielt hat. Der Boom an Praxisbüchern, die das Geheimnis der effektiven Suche im Web zu lüften versprechen, ist sicherlich als ein Zeichen für diesen Trend zu sehen.

An dieser Stelle soll nur ein kurzer Überblick über die Operatoren und deren Abkürzungen gegeben werden, um Ihr Wissen abzurunden und an späterer Stelle darauf zurückgreifen zu können.

- **AND (+)**
  Jeder Begriff muss mindestens einmal im Suchergebnis enthalten sein. Als Abkürzung kann auch das Pluszeichen (+) direkt vor das zu verknüpfende Wort gestellt werden.
  ```
  hausboot AND neuseeland
  hausboot +neuseeland
  ```

- **OR (|)**
  Hier muss nur einer der beiden Begriffe in einem Dokument vorhanden sein, damit das Dokument mit in die Treffermenge aufgenommen wird. Wie alle Operatoren kann auch dieser mittels Klammern kombiniert werden. Dabei gilt die aus der Schulmathematik bekannte Regel, dass ein Term von innen nach außen hinsichtlich der Klammern verarbeitet wird. So würde die Anfrage eines Benutzers, der an dem Erwerb eines neuen Autos interessiert ist und sich über Kauf- und Leasingangebote informieren möchte, wie folgt aussehen:
  ```
  auto AND (kauf OR leasing)
  ```
  Dabei würden sowohl alle Dokumente mit den beiden Begriffen `auto kauf` wie auch `auto leasing` in Frage kommen. Dokumente mit dem Thema `auto mieten` kämen hingegen nicht in Frage.

- **NOT (-)**
  Um gewisse Themen bei der Suche auszugrenzen, kann der negative Operator verwendet werden. Möchten Sie beispielsweise alle Computermessen angezeigt bekommen, wollen aber die im Web stark repräsentierte Messe CeBIT ausschließen, so können Sie einen der folgenden Ausdrücke verwenden:
  ```
  Computermesse NOT cebit
  Computermesse -cebit
  ```

5.2.2 Phrasen

Durch Verwendung von Anführungszeichen können mehrere Wörter zu Ausdrücken vereint werden. Manche Begriffe lassen sich nicht in einem Wort fassen, sondern es bedarf der genauen Anordnung mehrerer Wörter. Dies trifft insbesondere auf die Kombination von Vor- und Nachnamen zu. Aber auch bei den Ausdrücken »Bundesrepublik Deutschland« oder »Universität Freiburg« ist eine Phrasensuche sinnvoll. Oftmals können auch Zitate auf diese Art leichter gefunden werden.

Die Phrasen werden dann genau in der vorgegebenen Anordnung und Schreibweise gesucht. Mit der Eingabe »Universität Freiburg« ohne Anführungszeichen erhält man eine Ergebnismenge mit Seiten, die zwar beide Wörter enthalten, aber nicht zwingend in der Reihenfolge direkt hintereinander. Die Phrasensuche ist neben den booleschen Operatoren eine weitverbreitete Methode.

5.2.3 Wortabstand

Kann oder will man den Abstand zwischen zwei Begriffen nicht genau definieren, stehen verschiedene Ausdrücke zur Verfügung, die angeben, wie nahe beieinander die Wörter in etwa stehen dürfen.

- **ADJ**
  Dieser Operator bedingt, dass beide Begriffe direkt nebeneinander stehen müssen. Dieser Operator ist der Phrasensuche sehr ähnlich, nur dass es hierbei nicht auf die Reihenfolge der Begriffe ankommt.

- **NEAR (~)**
  Um die gewünschte Nähe zweier Begriffe auszudrücken, kann dieser Operator benutzt werden. Zwischen den beiden Begriffen dürfen nicht mehr als zehn andere Begriffe stehen, ansonsten wird eine Seite nicht in die Ergebnismenge mit aufgenommen.

  ```
  Schneewittchen NEAR Zwerge
  ```

  Im Beispiel würde ein Dokument mit dem Satz »Schneewittchen und die sieben Zwerge« gefunden. Andere Seiten, die diese Begriffe mit größerem Wortabstand enthalten, hingegen nicht.

- **FAR**
  Dieser Operator ist das Gegenstück zum vorigen. Beide Begriffe müssen in einem Dokument vorkommen und dürfen nicht nahe beieinander stehen.

Bislang unterstützen nur wenige Suchmaschinen diese Funktionen. AltaVista und Fireball sind neben Lycos genau genommen derzeit die einzigen Betreiber. Aber auch diese unterstützen die Funktionen nur in den Detailsuchen oder erweiterten Suchen. Die geringe Verbreitung liegt sicherlich an der höheren Anforderung, die hiermit an den Benutzer verbunden ist. Dieser muss eine abstrakte Vorstellung haben, wie die von ihm gesuchten Begriffe zueinander stehen. Dies ist jedoch in der Regel nicht der Fall.

5.2.4 Trunkierung

Ein Stern (*) wird als Platzhalter, ein sogenanntes *Wildcard*, einem Begriff voran- oder nachgestellt. Der Query-Prozessor interpretiert diesen und sucht nicht nur ausschließlich nach dem angegebenen Begriff, sondern auch nach entsprechend erweiterten Begriffen. So werden bei der Suche nach »haus*« nicht nur Dokumente mit dem Begriff »Haus« angezeigt, sondern auch beispielsweise Seiten mit den Wörtern »Hausmann«, »Haushalt«, »Hausboot« und so weiter. Entsprechendes gilt für ein vorangestelltes Wildcard.

Google, Lycos, AltaVista und Yahoo! wenden die Trunkierung bereits automatisch an. Will man dies verhindern, ist nicht selten ein glückliches Händchen bei der Suche nach der Funktionsbeschreibung der Suchmaschine nötig. Diese Beschreibungen sind oftmals nicht sofort auffindbar oder recht undurchsichtig. Generell sollte die Phrasensuche mit einem Begriff jedoch Abhilfe schaffen, damit keine Trunkierung stattfindet. Bei Google erreicht man dies durch Eingabe eines Begriffs im Format [+begriff].

Bei Fireball ist bei einem Vergleich zwischen der Verwendung eines trunkierten und eines nicht trunkierten Begriffs eine unterschiedliche Trefferliste festzustellen. Jedoch weicht diese nicht in vielen Treffern ab, da der ursprüngliche Begriff ohne Trunkierung bereits hohe Ranking-Werte erreicht. Dieses Phänomen lässt sich auch bei den oben genannten Anbietern beobachten. Die Anwendung der Wildcards führt daher selten zum gewünschten Ziel, die Ergebnismenge zu einem Begriff weiter zu fassen, da die Ranking-Kriterien relativ konstant bleiben.

5.3 Erweiterte Suchmöglichkeiten

Um die spezifischen Eigenschaften der Anfragesprache einer Suchmaschine, die nicht zu einem Quasistandard zusammengefasst werden können, komfortabel nutzen zu können, stellen alle Suchmaschinen-Betreiber eine erweiterte Suche zur Verfügung.

AllTheWeb	http://www.alltheweb.com/advanced?advanced=1&&q
AltaVista	http://www.altavista.com/web/adv
AskJeeves	http://www.ask.com/webadvanced?o=0
Fireball	http://www.fireball.de/adv.html
Google	http://www.google.de/advanced_search?hl=de
HotBot	http://www.hotbot.de/?command=adv
Lycos	http://www.lycos.de/suche/profisuche.html
MSN/Live.com	http://search.live.com/results.aspx?qb=1&FORM=AXLH
Web.de	http://suche.web.de/search/profi/?su=&mc=hp@suche.suche@home
Yahoo!	http://de.search.yahoo.com/web/advanced?fr=fp-top

Tabelle 5.1 Eine Auswahl von Links zu den erweiterten Suchfunktionen

Oftmals wird die erweiterte Suche auch als Experten- oder Profisuche bezeichnet. Dieser Begriff ist insofern unglücklich gewählt, als die Vermutung nahe gelegt wird, diese Suche sei nur von Experten oder Profis zu bedienen oder diene sogar nur den Interessen von Experten. Dem ist aber keineswegs so. Die erweiterte Suchfunktion weist die charakteristische Eigenschaft auf, mehrere Formularfelder zu besitzen.

Ganz im Gegensatz zum Verständnis der Expertensuche stellt die erweiterte Suche zunächst einmal die Möglichkeit zur Generierung der booleschen Ausdrucksformeln zur Verfügung. Abbildung 5.3 zeigt den entsprechenden Ausschnitt des Formulars von Yahoo!.

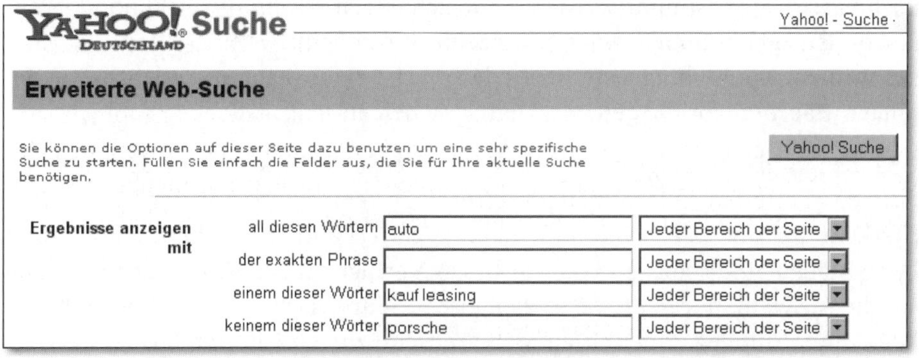

Abbildung 5.3 Zusammenstellung eines booleschen Ausdrucks

Nach Absenden des Formulars wandelt Yahoo! die Eingaben des Formulars in folgende boolesche Anfrage um:

```
auto kauf OR leasing -porsche
```

Generell lässt sich feststellen, dass bei der Mehrzahl von Suchmaschinen in dem oberen Bereich der erweiterten Suche die Grundfunktion der booleschen Anfragesprache umgesetzt ist.

Des Weiteren findet sich in den Formularen zur erweiterten Suche bei allen Betreibern eine Vielzahl an Möglichkeiten, die Anfrage zu präzisieren. Allerdings benutzen die wenigsten Webuser diese Detailsuchen. Um die Funktionsweise einer Suchmaschine zu verstehen, sind diese Formulare jedoch eine kleine Fundgrube. Die diversen Möglichkeiten zur Suche setzen voraus, dass eine Differenzierung des Datenmaterials im Vorhinein stattgefunden hat. Wird beispielsweise die Möglichkeit gegeben, Stichwörter ausschließlich im `<title>`-Tag zu suchen, legt dies die Vermutung nahe, dass dieses auch in einer spezifischen Weise eigenständig in die Gewichtung mit einfließt. Natürlich ist dies kein hundertprozentig zuverlässiges Verfahren, und der Umkehrschluss gilt ebenso wenig. Jedoch rundet die Betrachtung in jedem Fall das Wissen ab, um später eigenständig eine Suchmaschinen-Optimierung durchzuführen.

Die wichtigsten Suchoptionen neben den bereits angesprochenen booleschen Operatoren sollen daher jetzt kurz behandelt werden.

5.3.1 Sprachfilter

Die Sprache, in der die gesuchten Dokumente verfasst sein sollen, kann bei allen Suchmaschinen bestimmt werden. Unterschiedlich ist die Auswahlmöglichkeit. So können Sie bei Google nur eine einzelne Sprache mittels eines Dropdown-Feldes wählen. Yahoo! hingegen listet jede Sprache explizit auf und erlaubt dem Benutzer, Häkchen vor die gewünschten Sprachen zu setzen.

Unabhängig davon zeigt das bloße Vorhandensein eines solchen Sprachfilters, dass das betreffende Information-Retrieval-System die Ressourcen einer Spracherkennung unterzieht und diese dann entsprechend abspeichert. Fireball und Lycos stellen einen solchen Filter nicht zur Verfügung. AltaVista beschränkt sich auf die Auswahl, nur deutsche und englische Seiten in die Suche mit einzubeziehen. Yahoo! hingegen betont auf der Webseite zur erweiterten Suche, dass bei der Auswahl »alle Sprachen« Dokumente in deutscher Sprache höher gewichtet werden. Diese Beobachtung zeigt, welche Detailinformationen bei genauerer Betrachtung zum Vorschein kommen, die bei der Optimierung gezielt eingesetzt werden können.

Ist die Auswahl an Sprachen bei einer Suchmaschine geringer, sodass gewisse Sprachen nicht auswählbar sind, ist dies ein Zeichen dafür, dass Seiten in dieser Sprache mit hoher Wahrscheinlichkeit nicht indexiert werden. So ist beispielsweise der Umfang der angebotenen Sprachen bei HotBot geringer als bei AllTheWeb.

5.3.2 Positionierung

Interessant ist eine weitere spezielle Suchfunktion, nämlich eine Eingrenzung, wo die Stichwörter positioniert sein sollen. Inwieweit diese Option in der Praxis angewandt wird, ist jedoch fraglich. Für den Benutzer ist es in der Regel nicht von Bedeutung, ob sich der gewünschte Suchbegriff im Titel, im Haupttext, in dem URL oder in Verweisen zu einer Seite befindet. Der Suchende will lediglich ein zu der Anfrage möglichst passendes Ergebnisdokument erhalten.

Google ermöglicht es, alle Bereiche eigens zu durchsuchen, inklusive der eingehenden Link-Bezeichnungen. Bei Fireball, Lycos und Web.de können Sie zwischen Titel und Seitentext wählen. AskJeeves und Yahoo! lassen dem Benutzer die Wahl zwischen dem Gesamttext, dem URL und dem Titel.

Hier wird deutlich sichtbar, dass das `<title>`-Tag und der URL bei der Mehrzahl der Betreiber gesondert in der Datenstruktur behandelt werden. Eine besondere Beachtung bei der Relevanzberechnung ist daher so gut wie sicher.

5.3.3 Aktualität

Eine durchaus hilfreiche Option ist die Wahl des Aktualitätsgrades. Oftmals suchen Benutzer nach besonders aktuellen Informationen zu einem bestimmten Thema. Daher unterstützen bis auf Fireball und Lycos auch alle Suchmaschinen diese Option. Dabei kann der Benutzer entweder einzelne Zeiträume (meist in dreimonatigen Schritten) wählen oder das Zeitfenster auf das Anfangs- und Enddatum genau eingrenzen.

5.3.4 Domain-Filter

Zur Eingrenzung auf ein bestimmtes Gebiet stehen bei allen Betreibern Filter zur Bestimmung der gewünschten Top Level Domain (.de, .fi usw.) bereit. Zusätzlich kann oftmals der gesamte Domain-Name bestimmt werden. Dabei ist allerdings zu beachten, dass eine Domain nur wenig über den Inhalt einer Website aussagt. Auch die verwendete Sprache ist erfahrungsgemäß nicht an die Domain gebunden. So haben viele größere Unternehmen eine mehrsprachige Webpräsenz innerhalb einer einzigen Domain. Auch besagt der TLD-Bereich, beispielsweise mit dem .de-Suffix, lediglich, dass der Antragsteller alle Kriterien der DENIC zur Erteilung einer .de-Domain zum Zeitpunkt der Beantragung erfüllt hat. Ein Rückschluss auf den geografischen Standort des Servers innerhalb von Deutschland lässt sich jedoch daraus nicht ableiten. Dies trifft auch auf die Auswahlmöglichkeit der gewünschten Kontinente bei AskJeeves und HotBot zu. Hierbei handelt es sich lediglich um Zusammenfassungen einzelner TLD-Bereiche, die dem Benutzer die Übersicht vereinfachen sollen.

Einen sinnvollen Einsatz kann man dem Domain-Filter jedoch attestieren. Gibt man ein Stichwort ein und beschränkt gleichzeitig die Suche über den Domain-Filter auf eine Webpräsenz, kann diese durchsucht werden. Manchmal ist dies hilfreich, da die Website keine eigene Suchfunktion enthält.

5.3.5 Dateityp

Auch wenn HTML den größten Anteil an vorhandener Information im Web darstellt, kommen doch vermehrt andere Formate auf. Die Suchmaschinen-Betreiber bemühen sich, auch diese Formate mit in ihre Suche einzubinden. Technisch setzt dies gewisse Umwandlungsprozesse voraus, die bereits im Zusammenhang mit dem Crawler-System erwähnt wurden.

Insbesondere das Dateiformat PDF (Portable Document Format), das ursprünglich von dem Adobe-Gründer John Warnock als Technik für ein papierloses Büro eingeführt wurde, erfreut sich seit Anfang der 90er-Jahre immer größerer Beliebtheit. Die Plattformunabhängigkeit trägt zur weiten Verbreitung bei. Zusätzlich können aus nahezu allen Datenquellen PDF-Dateien generiert und somit im Web komfortabel und kostengünstig publiziert werden. Insbesondere bei wissenschaftlichen Arbeiten ist dies mittlerweile zum Regelfall geworden. Nicht nur deswegen beachten die großen Suchmaschinen PDF-Dokumente bei der Erfassung und Durchsuchung des Webs.

So bezieht Google neben PDF-Dateien auch PostScript-Dateien (.PS) sowie Word- (.DOC), Excel- (.XLS) und Powerpoint-Dateien (.PPT) aus der Microsoft Office-Familie mit ein. Lange Zeit war Google mit dieser Formatfülle führend. Die Mitbewerber, allen voran Yahoo!, haben allerdings in den letzten Jahren wie so oft nachgezogen.

5.3.6 Sonstige Suchmöglichkeiten

Neben den bislang erwähnten Optionen stehen bei den unterschiedlichen Anbietern noch viele weitere Möglichkeiten zur Verfeinerung der Suche bereit.

So stellt beispielsweise Lycos eine Wahl des Suchbereichs zur Verfügung. Mit dieser kann wahlweise im gesamten Web, im Webkatalog, nach Bildern und in ähnlichen Kategorien gesucht werden.

Der Familienfilter findet ebenfalls zunehmend Einzug in die Suchmaschinen. Seiten werden hierbei unter anderem anhand von Stichwörtern auf einer Blacklist als nicht jugendfrei eingestuft. Für den Betreiber bestimmter Websites, und seien es beispielsweise nur aufklärende Informationen über jugendgefährdende Schriften, kann dies durchaus von Bedeutung sein. In diesem Fall hilft auch keine Optimierungsstrategie, denn der Familienfilter blockiert gegebenenfalls auch diese Angebote. Der unwissende Webautor staunt dann wahrscheinlich nicht schlecht darüber, wieso seine Seite nicht bei bestimmten Suchmaschinen gelistet ist.

Neben diesen Optionen existieren noch spezifischere Formen. So kann man hier und da einen IP-Adressen-Filter benutzen, die Dokumentgröße bestimmen oder die maximale oder minimale Tiefe der Dokumente innerhalb ihrer Seitenstruktur festlegen. Diesen Funktionen wird aber anscheinend wenig Aufmerksamkeit seitens der Webuser gezollt. So hatte AllTheWeb vor etwa zwei Jahren noch ein wesentlich umfangreicheres Formular zur erweiterten Suche.

Ein aktueller Trend, der in diesem Zusammenhang zu verzeichnen ist, kann unter dem Begriff *Personalisierung* gefasst werden. Die Suchmaschinen bieten auf den einzelnen Benutzer abgestimmte Inhalte an. Dies kann verschiedene Formen annehmen. Angefangen vom Merken der Suchbegriffe, über das Speichern von einmal getätigten Sprach- und Sucheinstellungen, über die Anzeige zielgruppengerechter Werbung bis hin zur Gestaltung der eigenen Google-Startseite seit 2005 wird alles geboten. So kann man auch bei HotBot einzelne Filtermöglichkeiten personalisiert auf die Homepage einbinden und hat die individuell als wichtig empfundenen Suchfilter immer sofort parat. Die Wiedererkennung des Benutzers erfolgt in der Regel über Cookies. Das gleiche Prinzip verfolgt auch Google. Allerdings wird die Möglichkeit der Veränderung beziehungsweise des Speicherns der Einstellungen von den wenigsten Benutzern wahrgenommen. In den meisten Fällen wird die Standardeinstellung verwendet.

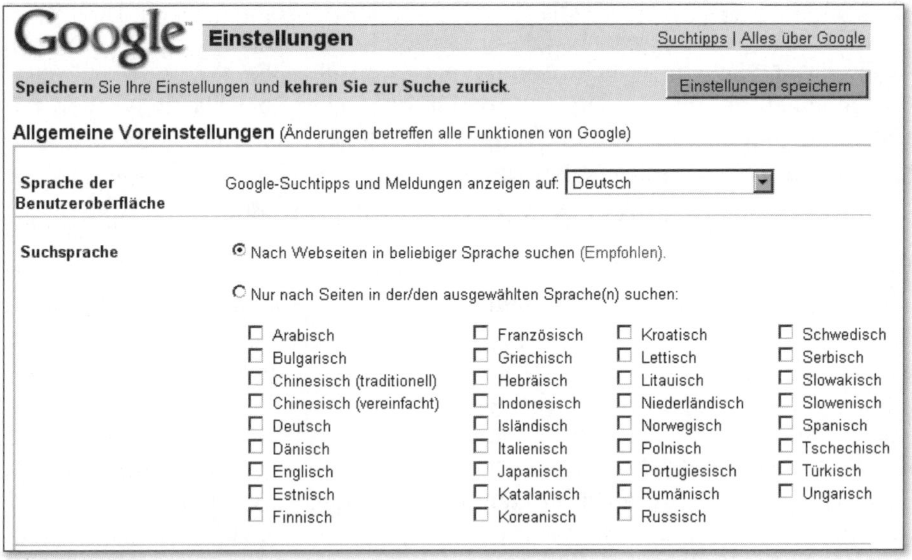

Abbildung 5.4 Das Verändern der Einstellungen in Google wird kaum wahrgenommen.

Es bleibt dennoch festzuhalten, dass es sich in jedem Falle lohnt, ab und an einen Blick auf die Detailsuchen der Suchmaschinen zu werfen. So entdeckt man vielleicht eine Neuerung, die auf bestimmte Datenstrukturen oder Gewichtungsverfahren schließen lässt. Das kann bei der Webseitenoptimierung durchaus einen Vorsprung gegenüber einem Mitbewerber schaffen.

5.4 Nutzerverhalten im Web

Bislang haben wir lediglich die technische Seite der Information-Retrieval-Systeme betrachtet. Dabei wurde stillschweigend die Tatsache vorausgesetzt, dass potenzielle Besucher einer Website überhaupt eine Suchmaschine nutzen, um bislang unbekannte Informationsquellen zu erschließen. Nur wenn die überwiegende Anzahl von Nutzern eine Website über Suchmaschinen findet, lohnt sich überhaupt erst die aufwendige Suchmaschinen-Optimierung.

Prinzipiell muss sich jeder Seitenbetreiber zu Beginn die Frage stellen, welches Zielpublikum erreicht werden soll. Eine kleine lokale Tageszeitung wird vielleicht den Schwerpunkt auf die Abonnenten des Muttermediums, der gedruckten Zeitung, und die in der Nähe wohnende Bevölkerung legen. Diese Zielgruppe besucht die Website sicherlich direkt, indem die bekannte Domain eingegeben oder der Bookmark ausgewählt wird.

Große Firmen sind auch nicht hauptsächlich bestrebt, ihre Webseiten für Suchmaschinen zu optimieren. Oftmals kommen Besucher über klassische Werbung in Printmedien oder den Rundfunk direkt auf die Website. Andere Besucher, die bereits Kunde sind, wollen Service-Informationen zu dem erworbenen Produkt und entnehmen die Webadresse beispielsweise dem Handbuch.

Was bleibt, sind vor allem kleine und mittelständische Unternehmen, private Webseiten und natürlich auch Dotcom-Unternehmen wie Amazon. Der bekannte Bücherversand optimierte vor zwei Jahren seine Webseiten recht erfolgreich, sodass oftmals bei Eingabe eines Buchtitels oder Autors die entsprechende Buchseite von Amazon eine obere Listenposition erzielt.

Bei der Optimierung ist es von enormer Bedeutung, nicht nur Kenntnisse über technische Grundlagen in Hinblick auf die Suchmaschinen zu besitzen, sondern auch das Wissen über die grundsätzlichen Strategien potenzieller Besucher beziehungsweise Kunden. Das Suchen nach Informationen ruft ein klassisches Problemlöseverhalten auf den Plan, das immer gewissen Regelmäßigkeiten folgt.

5.4.1 Suchaktivitäten

Um die unterschiedlichen Suchverhalten im Web zu beschreiben, hat sich das von Aguilar 1967 [54] entwickelte und durch Weick und Daft im Jahr 1983 [55], [56] erweiterte Modell über die Jahre durchgesetzt. Das Modell beschreibt vier Suchmodi, von denen jeder Modus verschiedenartige Informationsbedürfnisse befriedigt und sich eine andere Strategie zu Nutze macht. Bevor ich im folgenden Abschnitt näher auf die Suchmodi eingehe, sollen zunächst die zugrunde liegenden Suchaktivitäten beschrieben werden.

- **Starting**
  Diese Aktivität gilt, wie der Name bereits vermuten lässt, als Ausgangssuche von Informationen. Es werden Quellen identifiziert und genutzt, die das spezifische Informationsbedürfnis bestmöglich erfüllen. Diese Quellen sind in der Regel vertraute Websites wie Suchmaschinen, Portale, Webkataloge und

andere Link-Listen. Man kann diese Seiten als Typen definieren, deren primärer Nutzen für den Benutzer darin besteht, zusätzliche Quellen oder Referenzen empfohlen zu bekommen. Nur in seltenen Fällen wird beim Starting auf wenig bekannte Seiten zurückgegriffen. Jedoch sind es auch in diesem Falle Seiten, von denen sich der Benutzer schnell weiterführende Informationen erhofft.

- **Chaining**
Das Verfolgen von Verweisen von diesen Startseiten aus nennt man Chaining (Verkettung). Bildlich gesprochen bewegt sich der Webnutzer entlang eines Pfades, indem er sich von einer Seite zur nächsten klickt. Dieser Pfad wird in diesem Bild als Kette (engl.: chain) gesehen, wobei die Kettenglieder die einzelnen Seiten darstellen. Damit wird also die Navigationsbewegung des Benutzers ausgedrückt. Chaining kann vorwärts oder rückwärts betrieben werden, was dementsprechend als Forward- bzw. Backward-Chaining bezeichnet wird.

- **Browsing**
Nachdem die Ressourcen entdeckt sind, werden diese auf ihre Eignung als potenzielle Informationsquelle durchsucht. Dieser Vorgang beschränkt sich häufig auf das schnelle Überfliegen der Gliederung, von Überschriften, Zusammenfassungen oder typografisch hervortretenden Punkten. Er wird auch als Scannen oder Skimmen bezeichnet. Man kann sich als Analogie einen Bibliotheksbesucher vorstellen, der langsam an den Büchern im Regal entlanggeht und die Bücherrücken nach dem gewünschten Titel oder der Signatur absucht. Jakob Niesen, der für seine zahlreichen Publikationen zum Thema Usability bekannt ist, befasste sich näher mit dem Thema und erstellte als Konsequenz seiner Erkenntnis, dass Webnutzer oftmals scannen, einen Regelkatalog, wie webfreundliche Texte geschrieben sein sollten [57].

- **Differentiating**
Stehen mehrere Informationsquellen zur näheren Auswahl bereit, wählt der Benutzer aus diesen die wichtigen Ressourcen aus. Dabei werden die verschiedenen Dokumente untereinander anhand der subjektiv erhobenen Kriterien Qualität, Niveau und Inhalt miteinander verglichen und entsprechend den gestellten Ansprüchen ausgewählt. Ein wichtiger Aspekt diesbezüglich ist die Seriosität des Angebots, also gewissermaßen der Grad an Vertrauen, den der Benutzer den offerierten Informationen entgegenbringen kann. Ohne ein gewisses Maß an Vertrauen ist die Information nicht glaubwürdig, oder – wenn man noch einen Schritt weitergehen möchte – es kann und wird ohne Vertrauen auch kein Kaufprozess stattfinden. In diesem Zusammenhang wird auch von der Socio-Usability [58] gesprochen. Der Differentiating-Prozess wird nicht nur durch den direkten, spontanen Eindruck beeinflusst, sondern

auch durch frühere Erfahrungen, Meinungen oder Empfehlungen anderer Personen.

- **Monitoring**
  Eine Suchaktivität, die kein Suchen mehr erforderlich macht, ist das regelmäßige Besuchen von bestimmten Webseiten. Dort werden Informationen angeboten, die der Webuser für wichtig erachtet. Darunter fallen beispielsweise Nachrichtenportale wie Spiegel-Online [59] oder sonstige Themenportale wie die Heise News [60]. Oftmals werden seitens solcher Anbieter Newsletter angeboten, die das Monitoring erleichtern sollen. Nicht selten sind diese überwachten Websites auch als schnell zugängliche Bookmarks im Browser abgespeichert.

- **Extracting**
  Besonders bei intensiveren Recherchen oder zum direkten Weiterverwerten der Informationen findet ein systematisches und exaktes Durchsuchen einer Quelle statt. Man extrahiert die Informationen aus der Quelle. Im einfachsten Fall merkt sich der Benutzer den Inhalt. Alternativ speichert er ihn lokal auf der Festplatte, kopiert ihn per Copy&Paste oder druckt die gesamte Ressource aus. Dieser Vorgang wird als Extracting (Extrahieren) bezeichnet.

5.4.2 Suchmodi

Diese verschiedenen Suchaktionen treten in bestimmten Konstellationen und Ausprägungen in den bereits erwähnten vier Suchmodi auf. Dabei kann man einem Benutzer beziehungsweise dessen Verhalten immer einen Suchmodus zuweisen. Der Benutzer kann jedoch während der Webnutzung zwischen verschiedenen Modi hin- und herspringen.

- **Undirected Viewing**
  Der Benutzer befindet sich in einem Zustand, in dem er keine konkrete Vorstellung hat, was er sucht. Man könnte diesen Zustand auch als paratelisch, also im Sinne von »nicht vorausschauend«, bezeichnen. Der Benutzer flaniert wie auf einer Einkaufsstraße ziellos von einer Seite zur anderen, klickt eher von Neugier geleitet auf weiterführende Links oder Werbung (Chaining). Dabei beginnt er bei einer Startseite, die mit hoher Wahrscheinlichkeit zu seinen Lieblingsseiten gehört (Starting). Dieses Nutzerverhalten wird im Alltag auch einfach als »Surfen« bezeichnet.

- **Conditioned Viewing**
  Wenn der Benutzer eine ungefähre Vorstellung von dem hat, was er sucht, spricht man von abhängiger Nutzung. Sie besteht im Web aus den Suchaktivitäten Browsing, Differentiating und Monitoring. Bedingt im Sinne des Condi-

tioned Viewing ist die Nutzung insofern, als der Webuser Seiten auswählt, die er bereits von vorigen Besuchen her kennt oder die ihm von anderen Personen empfohlen wurden. Dabei kann es sich um Mund-zu-Mund-Propaganda unter Freunden oder Bekannten handeln. Oder aber der Benutzer hat einen Artikel in einer Zeitung oder Zeitschrift gelesen, Werbung im Fernsehen gesehen oder über ein anderes Medium von der Website erfahren. Die Auswahl solcher Seiten wird durchgesehen (Browsing) und bei Gefallen oftmals in die Bookmarks übernommen. Anschließend kehrt der Benutzer in unbestimmten Zeitabständen zurück, um sich nach neuen Informationen umzusehen (Monitoring).

- **Informal Search**
  Der Benutzer ist sich hier bewusst, zu welchem Thema er Informationen erhalten möchte. Bei dieser offenen Suche kommen überdurchschnittlich oft Suchmaschinen zum Einsatz. Der Nutzer hat oftmals als Ziel, die gesuchten Informationen weiterzuverwerten (Extracting) und möchte daher möglichst schnell und bequem an Informationsquellen gelangen, die sowohl qualitativ hochwertig als auch für ihn relevant sind. Das erklärt auch die wichtige Rolle von Suchmaschinen bei diesem Suchverhalten. Sie übernehmen den Differentiating-Prozess für den Benutzer.

- **Formal Search**
  Auch bei der formellen Suche weiß der Benutzer exakt, welche Informationen er sucht. Im Gegensatz zur offenen Suche ist ihm jedoch bekannt, wo er die gewünschten Informationen erhalten kann. Beispielsweise werden viele Webuser ein Buch immer bei Amazon bestellen, sie sind sozusagen Stammkunden. Dieser Modus beschränkt sich überwiegend auf das Extrahieren von Informationen – um beim Beispiel zu bleiben, etwa auf das Bestellen eines Buches oder auf das Lesen von Bewertungen. Ein Monitoring der betreffenden Webseiten ist dieser Suchform gewissermaßen implizit, wenn man davon ausgeht, dass ein Benutzer sich für die Neuerscheinungen auf dem Buchmarkt interessiert.

Bei einer Untersuchung mit 34 Teilnehmern wurden sämtliche Aktivitäten mit dem Browser am Arbeitsplatz aufgezeichnet. Sowohl die besuchten URLs, Speichervorgänge, das Ausdrucken von Seiten, das Verfolgen von Links als auch das Vor- und Zurücknavigieren und einige Aktionen mehr konnten so ausgewertet werden. Von 61 Suchvorgängen wurden

- 23 als Informal Search,
- 18 als Conditioned Search,
- 12 als Undirected Viewing und
- 8 als Formal Search identifiziert.

Lediglich das ziellose Surfen (Undirected Viewing) ist bei der Privatnutzung höher anzusiedeln. Das schmälert jedoch nicht die Tatsache, dass durch den Modus der Informal Search der Einsatz von Suchmaschinen sehr häufig ist. Auch wenn diese Studie Personen an ihrem Arbeitsplatz erfasste, spiegelt sie doch die Erkenntnisse anderer Studien wider. So fand DoubleClick [61] in einer Untersuchung heraus, wie Käufer zu Online-Shops gelangen. Die Daten dieser Studie decken sich mit den vorherigen Erkenntnissen zum Nutzerverhalten.

Benutzer finden ein Angebot über ...	Prozent
Suchmaschinen	41 %
Bekannter URL	28 %
Internet-Werbung	10 %
Print-Werbung	9 %
TV-Werbung	9 %
E-Mail-Werbung	7 %

Tabelle 5.2 Wie finden Benutzer zu einem Angebot?

Man kann bei den 41 Prozent durchaus von einer niedrigen Zahl sprechen. Andere Studien liegen bei einem Anteil der Recherche über Suchmaschinen bei weit über 70 Prozent.

Es ist auf jeden Fall deutlich, dass der Markterfolg und die Besucherzahlen von Webseiten immer mehr in Abhängigkeit von den Besucherströmen stehen, die von den Suchmaschinen generiert werden. Hier stellt sich nun die Frage, welche Suchmaschinen hauptsächlich und in welcher Art und Weise genutzt werden? Nur mit diesem Wissen können Webseiten auch gezielt optimiert werden.

5.4.3 Welche Suchmaschine wird genutzt?

Der Anbieter Webhits bietet zahlenden Kunden allerhand statistische Auswertungen zu den Besuchern von deren Webseiten. Die gewonnenen Daten aus Tausenden von Zugriffen auf zahlreiche Websites werden zu einem sogenannten Web-Barometer [62] zusammengerechnet. Zu dem Web-Barometer gehört neben einer Anzeige über die verwendeten Browsertypen und Bildschirmauflösungen unter anderem auch eine Auswertung zur Nutzung von Suchmaschinen.

Dabei zeigt sich recht eindrucksvoll, dass Google den Markt deutlich anführt: Im Sommer 2008 besaß Google laut Webhits einen Anteil von ca. 89 Prozent. Yahoo! folgt weit abgeschlagen mit 3,5 Prozent. T-Online kann in Deutschland mit 2,1 Prozent noch vor MSN Live mit 1,9 Prozent punkten. In den USA besitzt Yahoo! noch einen etwas stärkeren Anteil. Jedoch ist auch dort Google unangefochten die Nummer eins auf dem Suchmaschinen-Markt.

Bei diesen Zahlen handelt es sich nicht um ein kurzzeitiges, aktuelles Phänomen. Google ist bereits kurz seit seiner Veröffentlichung im Jahr 2001 der zentrale Suchdienst im World Wide Web. Das lässt sich mit Daten anderer Studien über die letzten Jahre hinweg zeigen: So maß eine Studie von Forrester Research schon Mitte 2004 einen Marktanteil von 74 Prozent für Google, gefolgt von Yahoo! mit circa sieben Prozent. Diese Studie wurde in 60 000 amerikanischen Haushalten durchgeführt; die Vorreiterstellung von Google scheint also nicht nur ein europäisches Phänomen zu sein. Eine ebenfalls zu diesem Thema veröffentlichte Studie des Marktforschungsinstituts Niesen-Netratings erhob zusätzlich die monatliche Nutzungsdauer pro Person für Januar 2004 in Europa [63].

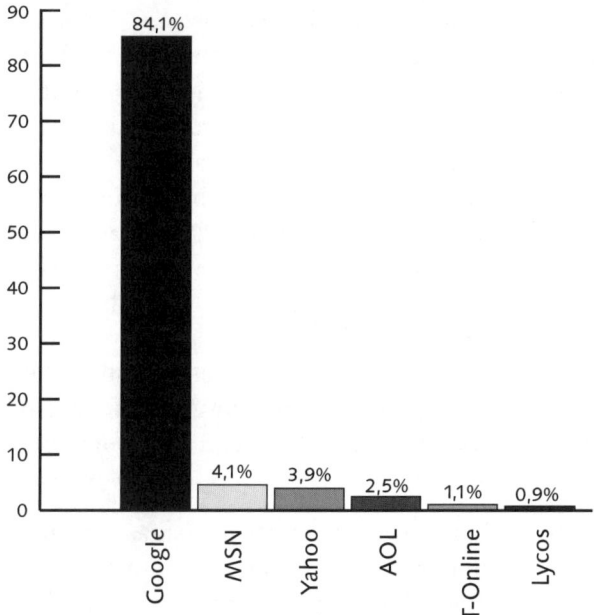

Abbildung 5.5 Nutzung von Suchmaschinen

Anbieter im Januar 2004	Einzelne Besuche	Zeit pro Person
Google	55 641 382	00:15:24
MSN	27 151 382	00:04:08
Yahoo!	12 676 097	00:07:30
Google-Bildersuche	10 275 673	00:09:13
AOL	5 846 613	00:09:05
Virgilio Ricerca (Italien)	4 350 538	00:07:57
T-Online	3 898 809	00:04:15

Tabelle 5.3 Nutzung von Suchmaschinen in Europa, Niesen-Netratings 2004

Anbieter im Januar 2004	Einzelne Besuche	Zeit pro Person
Voila Search	3 458 755	00:08:03
Lycos Europe	3 117 113	00:04:54

Tabelle 5.3 Nutzung von Suchmaschinen in Europa, Niesen-Netratings 2004 (Forts.)

Die Tabelle zeigt sehr eindeutig die Überlegenheit von Google mit einer durchschnittlichen Verweildauer von einer viertel Stunde pro Monat, dem Vierfachen gegenüber dem Zweitplatzierten. Nicht umsonst ist das geflügelte Wort »googlen« zu einem Synonym für die Websuche geworden.

Das amerikanische Marktforschungsunternehmen Vividence [64] untersuchte führende Suchmaschinen auf deren Popularität. Auch hier lag Google deutlich vorne. Als Begründung wurde insbesondere die aufgeräumte Benutzeroberfläche angemerkt. Diese ist im Vergleich zu vielen anderen Suchportalen sehr minimalistisch und enthält auf der Startseite keinerlei Werbung. Die Anforderungen der US-User im Bereich der Websuche unterscheiden sich jedoch gravierend von den Erwartungen deutscher Benutzer. In den USA zählen zu den wichtigsten Kriterien für einen »Lieblingssuchdienst« die Punkte: Personalisierung, Präsentation und Qualität der Suchergebnisse und vor allem sogenannte integrierte Webdienste wie ein News-Portal, ein E-Mail-Dienst und ein Shopping-Ratgeber. Deutsche Benutzer legen überwiegend Wert auf Relevanz und Aktualität der angebotenen Suchergebnisse. Ferner ist eine einfache und schnelle Ergebnisdarstellung von Bedeutung. Dieser Unterschied in den Erwartungen kann mittelfristig dazu führen, dass Google in den USA an Marktanteilen verlieren wird, während in Europa seine Stellung gefestigt werden kann.

Die Daten über die eindeutige Marktdominanz von Google dürfen zudem nicht darüber hinwegtäuschen, dass die Hauptkonkurrenten Yahoo! und MSN-Suche durch einen gezielten Ausbau der eigenen Technologien und durch die Übernahme anderer Dienste mit einer großen Reichweite mit Hochdruck daran arbeiten, mittel- bis langfristig Google im wahrsten Sinne des Wortes den Rang abzulaufen. Anfang 2005 veröffentlichte MSN eine verbesserte Suche und versuchte dabei möglichst viel Medienaufsehen zu erzielen. Drei Jahre später gab es erste Versuche für eine Übernahme von Yahoo! – allerdings war das Angebot von 44,6 Milliarden Dollar zunächst nicht ausreichend. Dabei ging es bei der versuchten Übernahme nicht um das direkte Suchmaschinen-Geschäft, sondern vor allem um den rentablen Online-Werbemarkt.

Wollen Sie Ihre Website optimieren, sollten Sie aufgrund dieser Erkenntnisse derzeit auf jeden Fall die dominante Position von Google berücksichtigen. Außerdem wird deutlich, dass außer den »Global Player« kaum andere Suchmaschinen für die allgemeine Recherche genutzt werden, sodass eine »Breitband-Optimierung« zusätzlich eher unsinnig erscheint.

5.4.4 Was wird gesucht?

Eine der zentralen Fragen stellt sich, wenn man die Webnutzung im Zusammenhang mit der Suchmaschinen-Nutzung betrachtet? Welche Themengebiete werden mit welchen Begriffen gesucht? Ließen sich hierbei Regelmäßigkeiten entdecken und verallgemeinernde Aussagen treffen, so wäre das durchaus ein großer Gewinn für den eigenen Optimierungsvorgang.

Der amerikanische Webanalyse-Dienst OneStat [65] fasste Log-Bücher mehrerer Kunden zusammen und kam zu dem Ergebnis, dass knapp ein Drittel aller Suchanfragen aus zwei Suchbegriffen bestand.

1 Begriff	24,76 %
2 Begriffe	29,22 %
3 Begriffe	24,33 %
4 Begriffe	12,34 %
5 Begriffe	5,43 %
6 Begriffe	2,21 %
7 Begriffe	0,94 %

Tabelle 5.4 Meistbenutzte Begriffskombinationen

Der Anteil der Suchanfragen mit zwei und drei Begriffen macht mit über 53,55 Prozent über die Hälfte der Suchanfragen aus. Das zeigt die Notwendigkeit, Webseiten nicht mehr nur auf einen Begriff hin zu optimieren, sondern gewisse Begriffspaare zu favorisieren.

Die optimalen Suchbegriffe sind diejenigen, die zum einen von Suchenden häufig verwandt werden und zum anderen nicht allzu häufig im Netz vertreten sind. Die oberen Plätze der meistgesuchten Begriffe sind dabei seit einiger Zeit relativ gleichbleibend. Wer versuchen möchte, unter diesen Begriffen eine Top-Position zu erreichen, wird es hier angesichts der großen Konkurrenz allerdings schwer haben.

1	download
2	Warez
3	Sex
4	Free

Tabelle 5.5 Die zehn häufigsten allgemeinen Suchbegriffe in Deutschland

5	mp3
6	Berlin
7	Bilder
8	crack
9	2000
10	Software

Tabelle 5.5 Die zehn häufigsten allgemeinen Suchbegriffe in Deutschland (Forts.)

Diese Begriffe weisen eindeutig darauf hin, dass im Web vorwiegend Materialien aus den Bereichen Software, Pornografie und Unterhaltung gesucht werden. Allerdings muss man bei solchen Auswertungen berücksichtigen, dass sich die meisten anderen Suchbegriffe nur einer sehr kurzen – aber nicht weniger starken – Beliebtheit erfreuen. Bei Google findet man unter dem sogenannten Zeitgeist [66] die meistgefragten Suchen der letzten Monate. Yahoo! gibt seit 2003 am Ende eines jeden Jahres ebenfalls eine Liste [67] heraus. Betrachtet man die beiden Listen im Vergleich, wird der Unterschied zwischen dem »Zeitgeist« eines Jahres und einer längeren Betrachtung wie oben deutlich.

Position	Google.de 2004	Yahoo! 2004	Yahoo! 2005	Google.com 2006
1	routenplaner	routenplaner	routenplaner	wikipedia
2	wetter	telefonbuch	Chat	antivir
3	telefonbuch	wetter	Erotik	tokio hotel
4	paris hilton	chat	telefonbuch	valentinstag
5	chat	billigflüge	Wetter	heidi klum
6	christina aguilera	spiele	billigflüge	torino games
7	bild	horoskop	horoskop	50 cent
8	britney spears	grußkarten	Spiele	icq
9	aldi	arbeitsamt	partnervermittlung	bmw
10	arbeitsamt	big brother	sarah connor	bushido

Tabelle 5.6 TopTen von Google und Yahoo! im Zeitraum 2004–2005

Leider veröffentlicht Google für das deutsche Portal *www.google.de* seit Anfang 2006 keine Zeitgeist-Daten mehr.

Begriffe wie »Routenplaner«, »Telefonbuch« oder auch »Wetter« gehören aber nicht erst seit 2004 zu den beliebtesten Anfragen. Der Suche nach Serviceleistungen kann damit ein starkes Gewicht zugesprochen werden. Sicherlich spiegeln die Suchbegriffe teilweise die gesellschaftlichen Schwerpunkte der Webnutzer wider. Somit könnte man die aktuelle Gültigkeit der mehrjährigen Liste aufgrund eines Wandels wahrscheinlich in Frage stellen. Weder um Service noch um Download-Material geht es bei der Suche nach Prominenten. Deren Namen finden sich oftmals nur kurz in den Toplisten – in der Regel beim Erscheinen eines neuen Albums, bei Skandalen oder nach der Veröffentlichung von Photos im Playboy-Magazin. Natürlich spielt auch die Jahreszeit eine Rolle. So sind im Dezember um Weihnachten herum regelmäßig andere Begriffe zu beobachten als im Februar für den Valentinstag. Um die »Karriere« eines Begriffs zu verfolgen, bietet Google mit dem Dienst Google Trends unter *www.google.com/trends* ein entsprechendes Werkzeug an:

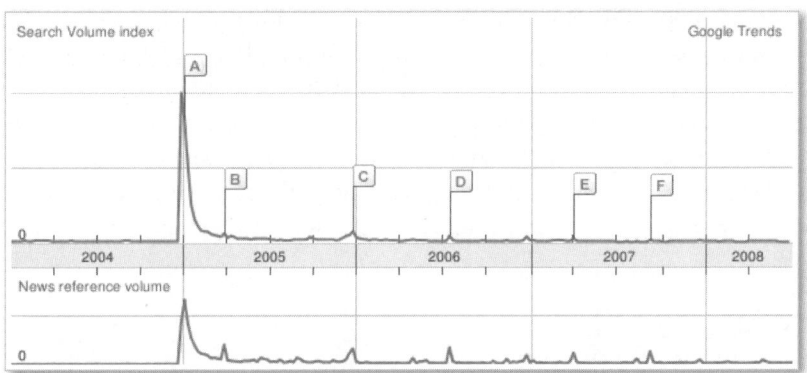

Abbildung 5.6 Google Trends bei der Suche nach »Tsunami«

Man kann deutlich das unterschiedliche Suchvolumen in Abbildung 5.5 erkennen. Die Kurve zeigt den Verlauf des Suchbegriffs »Tsunami« an. Zur Zeit der verheerenden Flutwelle in Südostasien Ende 2004 macht die Kurve einen nicht zu übersehenden Sprung nach oben.

Die untere Kurve zeigt als Referenz die massenmediale Berichterstattung. Hier sieht man eindrucksvoll, wie Google es versteht, unterschiedliche Quellen miteinander zu verbinden und neue Informationsbestände damit zu erschließen. So stammen die Zahlen zur Berechnung des » news reference volume « von Google News, indem alle Artikel gezählt werden, in denen das gesuchte Keyword (hier »Tsunami«) auftritt. Dieses Verfahren ist natürlich nicht nur für die interessierte Nutzerschaft gedacht. Google kann mit diesem automatischen Verfahren schnell feststellen, welches Keyword gerade sozusagen eine außergewöhnliche Karriere macht: Verstärkt sich das Rauschen im Kanal zu einem deutlichen Signal, wie im Falle des Tsunami-Beispiels, können mittels dieses Buzz-Trackings bestimmte Webseiten, die über dieses vermeintlich aktuelle Ereignis schreiben, kurzzeitig höher gelistet werden. Genau dies macht Google seit 2007.

Das Unternehmen Certo bietet als Anhaltspunkt eine wöchentliche Zusammenstellung der Top-Suchbegriffe an [68]. Bei derartigen Listen muss jedoch stets die zugrunde gelegte Datenbasis beachtet werden, die bei Google ohne Zweifel repräsentativer ist. Dennoch ist die wöchentliche Liste als Anhaltspunkt sicherlich hilfreich. Wer sich für den amerikanischen Markt interessiert, kann auch direkt bei Yahoo! unter *buzz.yahoo.com* die stündlich aktualisierten Top-Suchbegriffe einsehen.

Für kleine und mittelständische Unternehmen und die meisten privaten Website-Betreiber sind diese Listen der Top-Begriffe allerdings von eher geringer Bedeutung. In der Regel geht es darum, dem Webnutzer spezielle Produkte, Dienstleistungen oder spezifische Themengebiete näherzubringen. In diesem Fall helfen die Top-Listen nur bedingt weiter. Es gibt jedoch auch Möglichkeiten, das Suchverhalten zu analysieren, ohne auf die statistischen Auswertungen dieser Bestenplätze zurückgreifen zu müssen. Dazu bieten verschiedene Suchdienste sogenannte *Live-Suchen* an. In einer Auflistung wird hier in kurzen Abständen eine Auswahl von Suchen angezeigt, die andere Benutzer soeben durchgeführt haben.

Abbildung 5.7 Ausschnitt aus der Live-Suche von Lycos

Diese Funktionalität ermöglicht es dem Webautor, sich auf einfache Art und Weise ein Bild über das Nutzungsverhalten von Suchmaschinen zu machen. Die folgende Tabelle bietet eine kurze Übersicht über einige Live-Suchen. Teilweise zeigen diese nur gefilterte, jugendfreie Suchbegriffe an.

Abacho	*http://suche.abacho.de/livesuche/*
AskJeeves	*http://sp.ask.com/docs/about/jeevesiq.html*
Fireball	*http://www.fireball.de/livesuche/*
Lycos	*http://www.lycos.de/suche/livesuche.html*
MetaCrawler	*http://www.metacrawler.de (Such-Charts)*
Web.de	*http://suche.web.de/LiveSuche*

Tabelle 5.7 Übersicht über einige Live-Suchen

> »Ich höre mich gerne reden. Es ist eins meiner größten Vergnügen. Oft
> führe ich lange Selbstgespräche, und ich bin so gescheit, dass ich von
> dem, was ich sage, manchmal kein einziges Wort verstehe.«
> – Oscar Wilde

6 Keyword-Recherche

Die Wahl der richtigen Wörter ist eine der wichtigsten Phasen bei der Suchmaschinen-Optimierung. Häufig wird dieser Punkt jedoch zu stiefmütterlich behandelt. Die Konsequenz ist dabei erst nach einer technisch erfolgreichen Optimierung zu spüren. Die auf Suchmaschinen optimierten Seiten sind zwar in entsprechenden Positionen gelistet, eine deutlich sichtbare Steigerung der Besucherzahlen lässt sich jedoch nicht beobachten. Woran liegt das?

Das Ausbleiben des erhofften Besucherstroms kann viele Ursachen haben. Die häufigste Ursache ist hier erfahrungsgemäß eine fehlerhaft durchgeführte Keyword-Recherche. Suchmaschinen-Optimierung zu betreiben meint nicht nur, die technischen Möglichkeiten auszunutzen, sondern auch die Website auf dem Markt, also dem Web, entsprechend zu positionieren. Hier spielen die Keywords eine elementare Rolle, denn sie sind sozusagen der Schlüssel, mit dem Besucher auf Ihre Website gelangen.

Keywords müssen daher bestimmten Gütekriterien entsprechen. Dabei gibt es, wie Sie sich sicherlich vorstellen können, nicht *die* idealen Keywords. Die Wahl hängt von Fall zu Fall von verschiedenen Faktoren ab. Die wichtigsten sind dabei die Zielgruppe und die Zielsetzung der Website. Auf diese soll zunächst eingegangen werden.

6.1 Ausrichtung einer Website

Das Web ist derzeit das neueste Medium, das als Werbe- und Informationsträger genutzt wird. Daher muss in den Agenturen und in den Köpfen der Kunden und Privatanwender erst ein Bild entstehen, wie der Entstehungsprozess einer erfolgreichen Website aussieht. Dass hier vielerlei Gehversuche unternommen werden, ist unschwer an den semiprofessionell gestalteten und programmierten Websites von überwiegend kleinen und mittelständischen Unternehmen zu erkennen. Oftmals hat der Sohn, ein Freund oder ein Bekannter um fünf Ecken die Präsenz erstellt. Nicht selten geht das Wissen dieser Person nicht über die grundsätzliche Bedienung eines Webdesign-Programms hinaus. Aber selbst durch professionelle Programmierer »gut programmiert« bedeutet nicht automatisch »gut gewonnen«.

Beide Ansätze schlagen sich leider zu oft nicht nur in der Optik und damit in der Glaubwürdigkeit der Website (und des Unternehmens) nieder, sondern auch in den Optimierungen für eine gute Usability und insbesondere für die Suchmaschinen. Dieser Erkenntnisprozess setzt nur allmählich ein, ist aber unaufhaltsam, wie man schon im Druckbereich erkennt. Die Besitzer einer solchen semiprofessionellen Seite würden sicher niemals Geschäftspapiere oder gar Broschüren von Nichtprofessionellen gestalten lassen. Würden Sie das tun?

Die Konzeption einer Website im professionellen Bereich beginnt in der Regel mit der Festlegung der Ausrichtung. Was soll mit dem Angebot erreicht werden? Wer soll angesprochen werden? Die Definition der beiden »Z«, der Zielgruppe und der Zielsetzung, steht hier an erster Stelle.

6.1.1 Zielgruppe

Die Festlegung auf eine Zielgruppe ist dabei eine der wichtigsten zu beantwortenden Fragen zu Beginn eines Projekts. Nach ihr richtet sich nicht nur die Werbestrategie außerhalb der zukünftigen Website oder das Design. Die Seiten müssen den Anforderungen der Zielgruppe möglichst passgenau entsprechen. Angefangen von der vermittelten Stimmung bis hin zu der Planung der Navigation – eine Seniorenseite muss sich nun mal grundlegend von der Seite eines Jugendportals unterscheiden, um erfolgreich zu werden.

Die Zielgruppe sollte im Zuge des *Customer Profilings* zu Beginn eines Projekts schriftlich festgelegt werden. Das erleichtert die Bestimmung meistens um ein Vielfaches, da Sie als Anbieter gezwungen werden, Ihre zunächst recht grobe Vorstellung der Zielgruppe in genaue Worte zu fassen. Eine schriftliche Festlegung hat sich aber auch für die spätere Keyword-Recherche und für das Controlling nach der Optimierungsphase bewährt.

Prinzipiell gibt es zwei Möglichkeiten, die Zielgruppe zu beschreiben. Einerseits können einzelne Attribute aufgezählt werden. Jede Person, die diese Bedingungen erfüllt, gehört dementsprechend zur Zielgruppe. Andererseits können Idealtypen beschrieben werden. Hier werden eine oder mehrere imaginäre Personen entworfen, die dann in ihren demographischen Eigenschaften, Gewohnheiten, Charakterzügen usw. beschrieben werden. Dieses Verfahren nennt man *Persona-Erstellung*. Häufig wird auch jeweils ein passendes Bild dieser Person gesucht, um den Eindruck visuell zu unterstützen.

Beide Varianten der Zielgruppenbeschreibung sollten vor allem folgende Fragen beantworten:

- Wie alt ist die Zielgruppe durchschnittlich? Welche Altersspanne soll hauptsächlich angesprochen werden?
- Soll die Zielgruppe hauptsächlich männlich oder weiblich sein oder ist das nicht von Bedeutung?
- Welche Vorlieben und Hobbies haben die Nutzer?
- Welchen Beruf, welches Bildungsniveau und welches Einkommen haben sie?
- Welche Erfahrung hat die Zielgruppe im Umgang mit dem Web?
- Wie hoch ist die Bereitschaft, Transaktionen im Web durchzuführen? Welche Kriterien sind dann für diese Nutzer wichtig? (Diese Frage ist insbesondere bei Projekten relevant, bei denen es darum geht, Leistungen oder Produkte zu verkaufen).

Die Liste lässt sich, je nach spezieller Ausrichtung und Umfang eines Projekts, beliebig erweitern. Viele Punkte lassen sich bei entsprechender Erfahrung ad hoc beantworten. In größerem Kontext ist es sicherlich sinnvoll, die Besucher einer Website direkt zu befragen, die Zielgruppe der Mitbewerber aufgrund deren Auftretens zu interpretieren, entsprechende Studien zu konsultieren oder gar ein externes Marketing-Unternehmen für die Untersuchungen zu beauftragen.

6.1.2 Zielsetzung

Die Wahl der Zielgruppe muss jedoch nicht immer strikt nach Alter, Geschlecht oder sonstigen Merkmalen geschehen. Hier kommt die Zielsetzung der Webpräsenz mit ins Spiel. Prinzipiell kann man von einer Vermarktungsfunktion sprechen, die die Webseiten übernehmen sollen. Ein Content-Anbieter will, dass seine Publikation von anderen genutzt wird, und muss sie daher vermarkten. Ob es sich hierbei um die kostenfreie Vermarktung von Informationen handelt oder um eine Vermarktung im klassischen Sinn, sei hierbei dahingestellt.

In sehr vielen Fällen ist selbst bei gewinnorientierten Unternehmen der direkte Verkauf über das Web nicht das Primärziel. Vielmehr soll hier die Website die Funktion des Presales übernehmen, eine Marke publik machen oder lediglich die Verbindung und den Service zum Kunden verbessern. Image-Pflege ist hier Trumpf.

Die Antwort auf die Frage nach der Zielsetzung deutet dabei in den meisten Fällen bereits das weitere Vorgehen und die Anwendung der primären Optimierungsstrategie an. So wird an dieser Stelle geklärt, ob die Auffindbarkeit über

Suchmaschinen das wichtigste Kriterium ist. Dies ist meistens dann nicht der Fall, wenn beispielsweise ein neues Produkt auf einer Seite eigens beworben wird und der gewünschte Besucherstrom über Bannerwerbung, Affiliate-Marketing oder über andere Medien herangezogen werden soll. Hier wäre vielleicht eine freche Flash-Seite angebrachter, und im Sinne einer Optimierung des gewünschten Effekts würde die Suchmaschinen-Optimierung hintanstehen.

In der überwiegenden Anzahl der Fälle wird die Zielsetzung einer Website jedoch erlauben oder sogar voraussetzen, dass ein Besucherstrom über das Suchmaschinen-Marketing generiert werden muss. Das Suchmaschinen-Marketing (SEM) beinhaltet hier zum einen die vorwiegend technisch orientierte Suchmaschinen-Optimierung, um in den generischen Ergebnislisten der Suchmaschinen möglichst gut platziert zu sein. Andererseits beinhaltet es an sich den Teilbereich, der dafür verantwortlich ist, mit eingekauften Links (Paid Listing) für entsprechende Besucherzahlen zu sorgen.

Es lohnt sich auf jeden Fall auch in diesem Kontext, die Zielsetzung einer Website schriftlich zu fixieren. Eine genaue Festlegung hilft dem Webautor hier auch über eine längere Dauer hinweg, den »roten Faden« zu wahren und sich nicht in Details zu verlieren. Damit vermeidet man auch das Problem, dass eine Website für den Nutzer auch bei näherer Betrachtung keinen erkennbaren Zweck erfüllt und damit zunächst unattraktiv erscheint.

Ein besonderer Schwerpunkt sollte bei der Definition der Zielsetzung auf die Bestimmung des Mehrwertes des Webauftritts gelegt werden. Es existieren bereits Millionen von Webseiten, sodass für Nutzer und Suchmaschinen insbesondere die Seiten von besonderem Interesse sind, die etwas Neues und möglichst Einzigartiges bieten. Im Marketing nennt man dies »Alleinstellungsfaktor« oder auch »Unique Selling Proposition« (USP) und bezeichnet damit ein Leistungsmerkmal, mit dem sich ein Angebot deutlich von denen der Wettbewerber unterscheidet.

6.1.3 Leads und Konversionsraten

Als eine Möglichkeit, den tatsächlichen Erfolg einer Website zu messen, hat sich das Prinzip der Konversion etabliert. Vor allem im kommerziellen Sektor definiert man als Ziel einer Website nicht unbedingt eine »hohe Besucherzahl«, da der bloße Besuch eines Nutzers an sich meist noch keinen Umsatz generiert.

Erst ein **Lead**, eine seitens des Anbieters fest definierte Aktion des Website-Besuchers, wird als Zielerfüllung angesehen. Das kann beispielsweise das Bestellen eines Artikels aus dem Online-Shop sein, das Ausfüllen eines Adressformulars, das Anmelden zu einem Newsletter oder das Herunterladen eines PDF-Dokuments.

Die *Konversionsrate* (*Conversion Rate*) gibt dabei an, wie viel Prozent der Besucher einen Lead durchgeführt haben, oder anders formuliert: wie viele Besucher zu Kunden »konvertiert« wurden.

Dabei werden für die verschiedenen Leads jeweils eigene Konversionsraten angegeben. So wäre die Formel für die Berechnung der Konversionsrate »C1« mit dem Lead »Herunterladen des Katalogs im PDF-Format« folgende:

```
C1 = (Anzahl der PDF-Downloads  /  Anzahl der Besucher) * 100
```

Die C1 läge beispielsweise bei 2.000 Besuchern pro Tag und einer Download-Zahl von 12 bei 0,6 Prozent.

Einen globalen Richtwert für »gute« Konversionsraten gibt es leider nicht, da der Wert stark von der Zieldefinition, dem Lead, abhängt. In vielen Fällen sind jedoch Konversionsraten von drei bis fünf Prozent bereits überdurchschnittlich.

Konversionsraten eignen sich nicht nur für die Langzeitmessung des Erfolgs einer Website (Conversion Tracking), wobei die Daten insbesondere zur Erfolgsbewertung nach Marketingaktionen wie beispielsweise einer AdWords-Kampagne herangezogen werden können. Die Überlegung, welche Aktionen Sie als Lead auf Ihrer Website definieren, hilft erfahrungsgemäß enorm bei der Konzeption. Ein Lead muss dabei nicht immer als Bedingung wie »Kauf durchgeführt« oder »Download getätigt« definiert werden. Ein Lead kann durchaus auch das Lesen eines Artikels oder das komplette Anschauen einer Fotogalerie sein. Dabei sollte allerdings bedacht werden, dass der bloße Seitenabruf keine hinreichende Bedingung für das Lesen ist, da Sie nicht bei jedem Benutzer automatisch annehmen können, dass dieser bei einem Abruf einer Seite auch den Text gelesen hat.

6.2 Gütekriterien

Nachdem die Zielgruppe und Zielsetzung der Website bekannt sind, ist als nächster Schritt bei der Suchmaschinen-Optimierung die Frage zu beantworten: Was sind gute und effiziente Keywords für die Optimierung der Website? Oder anders formuliert: Für welche Keywords lohnt es sich, die Seiten zu optimieren?

Im Grunde geht es darum, den Information-Retrieval-Systemen ein inhaltlich möglichst optimales Ausgangsmaterial zur Bewertung zur Verfügung zu stellen. Dazu sind, wie bereits in den vorigen Abschnitten immer wieder angeklungen ist, die Schlüsselwörter innerhalb eines Dokuments maßgeblich. Nicht umsonst werden sie so bezeichnet, denn sie sind der Schlüssel, mit dem der Inhalt eines Dokuments erschlossen werden kann. Die Wahl der richtigen Schlüsselwörter hat somit unmittelbare Auswirkungen auf den Erfolg einer Webseite.

Die Wortart mit der höchsten Aussagekraft in Bezug auf einen Text sind erwiesenermaßen Substantive. Sie repräsentieren das Thema eines Textes, in dem sie enthalten sind, am besten. Aus diesem Grund gibt auch die Mehrzahl der Benutzer Substantive in Suchmaschinen ein, um das gesuchte Thema zu umschreiben. Demnach ist es mehr als sinnvoll, primär Substantive auch als Schlüsselwörter auszuwählen.

Dabei wird ein Textdokument, wie in den vorigen Abschnitten zur Funktionsweise von Information-Retrieval-Systemen deutlich geworden ist, nur dann überhaupt in die Ergebnismenge einer Suchanfrage aufgenommen, wenn einer der gesuchten Begriffe auch als Schlüsselwort in einem Dokument gefunden werden konnte. Eine automatische Anwendung eines Thesaurus, der selbstständig den Suchraum um Synonyme und themenverwandte Begriffe erweitert, findet bislang bei keinem kommerziellen Suchmaschinen-Betreiber statt. Dies unterstreicht die Bedeutung der richtigen Schlüsselwörter für die Suchmaschinen-Optimierung.

Denn selbst die optimal auf Suchmaschinen ausgerichtete Seite bringt keinen Erfolg, sofern sie nicht tatsächlich diejenigen Schlüsselwörter enthält, nach denen gesucht wird. Das mag banal klingen; die strikte Umsetzung hat jedoch ihre Tücken. Und so findet man nicht selten technisch korrekt optimierte Webseiten mit Begriffen, die an der Zielgruppe vorbeigehen. Man stelle sich als Beispiel einen neuen Anbieter von Internet-Telefonie vor, der als Dienstleistung »VoIP« (Voice over Internet Protocol) anbietet und mit seinem Service darauf abzielt, kleinen Unternehmen eine kostengünstige Alternative zu den konventionellen Anschlüssen zu liefern. Die Website dieses Anbieters ist auf den Begriff »VoIP« hin optimiert worden, der erhoffte Besucheransturm bleibt jedoch aus, und die wenigen Besucher interessieren sich anscheinend nur für die erklärenden Informationen zur Technik, jedoch nicht für die Dienstleistung als solche.

Woran kann das liegen? Zum einen ist es sicherlich nicht glücklich, eine Abkürzung als alleiniges Schlüsselwort zu nutzen. Aber viel gravierender ist die Missachtung des Suchverhaltens der anvisierten Zielgruppe. Denn der Geschäftsführer eines kleinen Unternehmens sucht mit hoher Wahrscheinlichkeit nicht nach »VoIP«, sondern nach Begriffen wie »Telefon Internet« oder »Internet Telefonie«. Das Schlüsselwort wurde hier offensichtlich unglücklich gewählt und würde daher womöglich für ein rein im Internet operierendes Gewerbe das schnelle Aus bedeuten. Das durchgängige Desinteresse an dem Dienstleistungsangebot einerseits und das vermehrte Interesse an den technischen Informationen andererseits zeigt außerdem, dass der Begriff »VoIP«, sofern er denn gesucht wird, vermehrt von technisch orientierten Besuchern genutzt wird. Das zeigt, wie bedeutsam ein nachträgliches Beobachten des Benutzerverhaltens mithilfe der Log-Bücher ist, um gegebenenfalls in Nachhinein den eingeschlagenen Kurs zu korrigieren.

Die richtige Wahl an Schlüsselwörtern ist anscheinend dann gegeben, wenn sie den Inhalt widerspiegeln und gleichzeitig im aktiven Wortschatz der gewünschten Zielgruppe vorhanden sind. Man muss sich also in den Besucher hineinversetzen. Andernfalls – es wird leider zu oft falsch gemacht, sodass es nicht oft genug gesagt werden kann – hilft die bestoptimierte Seite gar nichts für ein Schlüsselwort, das nicht gesucht wird.

Zusammenfassend lassen sich drei Hauptkriterien für jeweils unterschiedliche Positionen formulieren, die zusammen die Gütekriterien für optimale Suchbegriffe darstellen:

- **Themen-Adäquatheit**
  Optimale Keywords beschreiben zunächst das Thema einer Seite möglichst genau. Gelangt ein Besucher mit einem Keyword auf Ihre Seite, zu dem aber der Inhalt nicht passt, ist der Besucher schnell wieder fort. Die Optimierung war in diesem Fall vergebens.

- **Nutzungspotenzial**
  Außerdem werden gute Keywords häufig von der Zielgruppe genutzt, das heißt, die potenziellen Besucher müssen solche Keywords in die Suchfelder der Suchmaschinen eingeben. Sicherlich lassen sich unzählige Begriffskombinationen finden, die das Thema einer Webseite gut beschreiben, allerdings gilt es diejenigen herauszufinden, nach denen auch tatsächlich häufig gesucht wird.

- **Quantitative und qualitative Mitbewerberstärke**
  Wie überall im Leben ist es einfacher, an erster Position zu stehen, falls nicht sehr viele Mitbewerber das gleiche Ziel haben. Für die Keyword-Güte bedeutet dies, dass eine Seite für ein Keyword oder eine Keyword-Kombination tendenziell umso leichter zu optimieren ist, je weniger Wettbewerb um dieses Keyword oder die Keyword-Kombination herrscht. Zusätzlich zu der Quantität der Mitbewerber kommt noch die Qualität hinzu. Ein Beispiel verdeutlicht dies recht schnell: Versuchen Sie mit dem Begriff »Suchmaschinen-Optimierung« eine Position in den Top-Ten bei Google zu erreichen, liegt aufgrund der Optimierungs-Qualität der Mitbewerberangebote der Aufwand mit großer Wahrscheinlichkeit um ein Beträchtliches höher als beispielsweise der Versuch, bei der Kombination »Massagepraxis Hintertupfingen« gut platziert zu werden.

Ein »gutes« Keyword für die Suchmaschinen-Optimierung zeichnet sich dementsprechend dadurch aus, dass es alle drei Kriterien möglichst vollständig erfüllt.

6.3 Erstellen einer Keyword-Liste

Gute Keywords sind also vor allem solche, nach denen die Nutzer suchen. Und das sind leider oftmals nicht diejenigen, die Ihnen spontan einfallen. Das lässt sich auch nicht so einfach bewerkstelligen, denn schließlich sollte man auf dem Gebiet, für das man ein Produkt, eine Dienstleistung oder hochqualitative Informationen anbietet, auch über tiefgreifendes Wissen verfügen. Dieses vernebelt jedoch oftmals die Sicht auf die Eigenschaften und Kenntnisse der Zielgruppe. Man ist schließlich oftmals betriebsblind.

Folgt daraus also, diese wichtige und scheinbar komplexe Angelegenheit außer Haus zu geben und dafür hochwertige Schlüsselwörter geliefert zu bekommen? Nichts weniger versprechen viele Dienstleister im Web. Doch hier ist Vorsicht geboten. Denn keiner kennt Ihre Zielgruppe so gut wie Sie. Wenn dem nicht so ist, werden Sie mit Sicherheit bereits in naher Zukunft enorme Probleme bekommen, sofern Sie finanziell auf Ihr Angebot angewiesen sind.

Die Suche nach den passenden Keywords ist daher keine Aufgabe, die von anderen alleine übernommen werden kann oder vollständig automatisierbar ist. Zumindest Ihre Mitarbeit ist in der Regel immer nötig. Leider versprechen viele Produkte aber gerade das »schnelle Glück«. Jedoch allein die Tatsache, dass Hunderte die gleiche Software anwenden und zu immer den gleichen Ergebnissen kommen, sollte schon stutzig machen. Sie erinnern sich sicherlich an den IDF-Algorithmus, der Begriffe höher wertet, je weniger diese insgesamt in allen Dokumenten des Datenbestandes enthalten sind. Jeder Webautor mit diesem Wissen wird an dem CD-Regal in der Computerabteilung mit einer Software, die Hunderte Webseiten auf gleiche Weise mit den gleichen »besten« Begriffen optimiert, leicht schmunzelnd vorbeigehen. Dieses anschauliche Beispiel zeigt, dass effektive Suchmaschinen-Optimierung kein stupides Anwenden von vorgefertigten Rezepten ist, sondern grundlegendes Wissen voraussetzt.

Doch zurück zu den Schlüsselwörtern: Diese zu finden, gehört zu einer der schwierigsten Aufgaben im gesamten Optimierungsprozess. Dieser Schritt muss zudem von Menschen durchgeführt werden, die eine genaue Kenntnis der angebotenen Produkte, Dienstleistung oder Information im Allgemeinen besitzen. Und dessen nicht genug: Wie Sie im Beispiel des Internet-Telefonie-Anbieters gesehen haben, ist zusätzlich die genaue Kenntnis der Zielgruppe und nicht zuletzt auch das Wissen um spezifische Fachausdrücke und passende Synonyme von Bedeutung. Kommen dabei mehrere Personen in Frage, muss zunächst die Person oder, noch besser, ein Team von Personen ausgewählt werden, die bzw. das die genannten Kriterien am besten erfüllt. Natürlich erübrigt sich die Auswahl bei privaten oder anderen kleineren Ein- oder Zweimann-Projekten. Bei größeren

Projekten stehen aber oftmals mehrere Personen zur Verfügung. Hier und da mag es auch vorteilhaft sein, mehrere Abteilungen oder Hierarchie-Ebenen in die Überlegungen mit einzubeziehen.

Im Folgenden stelle ich eine Strategie zum Finden passender Schlüsselbegriffe vor, die sich über Jahre hinweg im praktischen Einsatz bewährt hat und die mit Sicherheit in abgewandelter Form beinahe überall dort angewendet wird, wo man professionell Suchmaschinen-Optimierung betreibt. Ob Sie diese Strategie ganz alleine durchführen oder sich dabei von einer professionellen Agentur unter die Arme greifen lassen, ist dabei zunächst unerheblich – die Schritte dürften überall die gleichen sein.

Im Prinzip geht es darum, eine Liste mit in Frage kommenden Keywords zu erstellen und diese anschließend sinnvoll auf wenige gute zu reduzieren. Je nach Gesamtkonzept kann diese Liste für eine gesamte Website funktionieren, für einzelne Bereiche einer Präsenz oder – wie in den meisten Fällen – für jede einzelne Seite im Angebot. Die Frage danach ist üblicherweise bereits mit der Strukturplanung der Website beantwortet worden. Denn dort lassen sich bequem die Themen beziehungsweise die separaten Themengebiete der Website herauslesen. In der Regel wird es jedoch tatsächlich darauf hinauslaufen, dass die Keyword-Suche für jede einzelne Webseite durchgeführt wird.

Im Folgenden sind daher verschiedene Schritte beschrieben, die Sie aufeinander aufbauend zu einer fertigen Keyword-Liste führen. Sollten sich in einem Schritt Schlüsselwörter ergeben, die sich bereits in einem vorherigen Schritt auf der Liste befinden, so markieren Sie diese entsprechend. Das mehrfache Auftreten oder die Mehrfachnennung sind erfahrungsgemäß ein verlässliches Zeichen für die Güte eines Keywords.

6.3.1 Erstes Brainstorming

In diesem ersten Schritt geht es darum, die bislang leere Liste mit anfänglichen Kandidaten für Schlüsselwörter zu füllen. Diese Liste können Sie auf einem ausreichend großen Blatt Papier erstellen oder ein Text- oder Tabellenverarbeitungsprogramm nutzen. Egal wie Sie sich entscheiden – die stichwortartige Definition Ihrer Zielgruppe sollte stets sichtbar sein. Denn in diese gilt es, sich nun hineinzuversetzen.

Sozusagen als Einstimmung kann es gelegentlich hilfreich sein, sich die in Abschnitt 5.4.3, »Welche Suchmaschine wird genutzt?«, erwähnten Live-Suchen für eine Weile anzusehen. Dabei ist es nicht erheblich, welchen Anbieter Sie auswählen. Es soll Ihnen lediglich ein Gefühl für die Art und Weise vermitteln, wie andere Benutzer Suchanfragen formulieren.

Anschließend beginnt man und schreibt alle Wörter auf, die einem in den Sinn kommen. Das kann durchaus einige Zeit in Anspruch nehmen. Wenn Ihnen nichts mehr einfällt, lesen Sie die bisherige Liste nochmals durch und ergänzen Sie Ihre neuen Einfälle ebenfalls. Sicherlich fallen Ihnen im Verlauf des Tages oder gar der nächsten Tage noch ein paar Begriffe ein, die Sie sich ebenfalls notieren sollten.

Es hat sich gezeigt, dass gewisse Begriffsarten besser und manche eher weniger gut geeignet sind. So sollte man ganz im Sinne einer zielgruppengerechten Lösung nicht allzu spezielle Begriffe wählen, sondern eher auf Gattungsbegriffe oder übergeordnete Kategorien zurückgreifen. Nehmen Sie auch diese Art von Begriffen in Ihre Liste auf. Als meist nicht besonders gut geeigneter Begriff hat sich der Firmenname herausgestellt. Die Zielgruppe sucht in der Regel nach einem Produkt oder einem Service jedweder Art, in den seltensten Fällen aber direkt nach einem Firmennamen. Und dieser steht ohnehin in der Mehrheit aller Fälle in der Domain und muss daher normalerweise nicht als gesondertes Schlüsselwort auftreten und optimiert werden. Ein weiteres Problem stellen oftmals auch Produkt- oder Artikelbezeichnungen dar. Insbesondere wenn der Bekanntheitsgrad des Produkts in der Zielgruppe (noch) nicht sehr hoch ist, wird sicherlich selten danach gesucht werden. Stattdessen werden vermehrt die bereits genannten Gattungsbegriffe genannt. Eine unumstößliche Regel ist dies nicht, sondern muss von Fall zu Fall abgewogen werden. Oftmals ist dies eine Frage der Bekanntheit eines Namens auf dem Markt.

Schließlich sollten Sie die Liste erneut durchgehen. Sie finden dann sicherlich Synonyme für bereits vorhandene Begriffe. Fehlen noch Begriffe, vielleicht fachspezifische Ausdrücke, sofern die Zielgruppe ausreichend Wissen besitzt, um danach zu suchen?

6.3.2 Logdateien nutzen

Jeder Zugriff auf einen Webserver wird durch diesen in der Regel protokolliert. Diese Logdateien oder Log-Bücher enthalten die IP-Adresse, den Zeitpunkt und die Anfrageart der jeweiligen Aktion. Ein Beispiel aus der Logdatei eines Apache-Webservers zeigt folgende Informationen:

```
124.165.172.128 - [16/Feb/2007:04:29:20 +0100] "GET /aktuelles/ ↪
/kanada/visum.html HTTP/1.1" 200 5510 "http://www.google.lu/↪
search?q=Kanada+Visum&hl=de&lr=lang_de &start=10&sa=N")"
```

Durch Analyse-Tools lassen sich unter anderem die Begriffe herausfiltern, mit denen Anfragen bei Suchmaschinen gestellt wurden und die schließlich auf die betreffende Seite geführt haben. Im Beispiel ist dies `Kanada+Visum`. Ein solches Tool wird später noch im Detail beschrieben.

Die Log-Bücher stehen nur bei einem Relaunch bereits zur Verfügung. Bei einem Neustart einer Website können Sie diesen Schritt getrost übergehen. Es sei denn, Sie besitzen Zugriff auf Log-Bücher bzw. Auswertungen von Seiten eines gleichen oder zumindest stark verwandten Themengebiets.

Manchmal tun sich hier Begriffe auf, die besonders häufig zu Besuchen führten. Die Häufigkeit sollten Sie mit in die Liste aufnehmen. Denn natürlich macht es einen Unterschied, ob 200 Besucher pro Tag mit einer Suchanfrage bei Ihnen landen oder nur 17. Die Gründe hierfür können jedoch unterschiedlich sein, und die Häufigkeiten sollten daher nicht überbewertet werden. Sie dienen bei der abschließenden Gütebewertung erfahrungsgemäß jedoch als sinnvolle Interpretationshilfe.

Sind bereits ähnliche oder gar identische Schlüsselwörter auf der Liste enthalten, war das erste Brainstorming bereits schon erfolgreich. Decken sich jedoch die Begriffe nicht mit den Erwartungen, die Sie an die Besucher aus Ihrer Zielgruppe gestellt haben, gilt es, eine kurze Ursachenforschung zu betreiben. Das Ganze ist nicht weiter tragisch, falls sich die Zielgruppendefinition mit dem Relaunch ändert. Bleibt sie jedoch erhalten, so kann ein großer Unterschied ein Hinweis darauf sein, dass entweder die alte Seite mit den Schlüsselwörtern ungünstig ausgerichtet war oder die jetzige Liste der Schlüsselbegriffe (noch) nicht ausreichend auf die Zielgruppe angepasst ist.

6.3.3 Mitbewerber analysieren

Nachdem man sich zunächst vorwiegend auf die eigene Webpräsenz konzentriert hat, sollte man im Folgenden einen Blick über den Tellerrand wagen. Die ganze Optimierung müsste nicht geschehen, falls Sie der einzige Anbieter von Informationen wären. Wieso sollten Sie sich also nicht anschauen, was die (erfolgreichen) Mitbewerber tun?

Dabei ist der Begriff »Mitbewerber« hier in zweierlei Sinne zu verstehen. Zunächst ist das klassische Verständnis nach wie vor angebracht, wie beispielsweise die konkurrierende Spedition aus der Nachbarstadt, der andere Handwerker um die Ecke oder vielleicht die beliebte Seite, auf der ebenfalls saarländische Kochrezepte angeboten werden. Demnach hat dieses Verständnis von Mitbewerber zunächst einmal nicht zwingend etwas mit dem Web zu tun, sondern beruht auf dem vorhandenen Markt. Hier gilt es folglich, in einer kleinen Marktanalyse die entsprechenden Websites herauszufinden, sofern diese Ihnen nicht ohnehin schon bekannt sind. Dabei sollte man sich allerdings auf die wesentlichen beschränken und nicht zu weit gefächert vorgehen.

Der erweiterte Begriff von »Mitbewerber« zielt auch auf die besser platzierte Konkurrenz auf den Ergebnislisten der Suchmaschinen ab. Dazu sucht man mithilfe der Suchmaschinen oder Webkataloge die passenden Seiten heraus. Die ersten drei bis vier Einträge einer Ergebnisliste sind Ihre virtuellen Mitbewerber. Im Idealfall decken sich diese mit den realen Mitbewerbern auf dem Markt.

Bei der Analyse von Seiten der Mitbewerber soll herausgefunden werden, welche Schlüsselbegriffe dort verwendet werden. Das dient primär der Erweiterung Ihrer eigenen Schlüsselwort-Liste. Insbesondere bei Seiten von Mitbewerbern, die für Suchmaschinen optimiert wurden, kann man sich deren Arbeit sehr gut zunutze machen. Hierzu findet man zahlreiche Tools im Web, die nach Eingabe eines URL eine entsprechende Keyword-Analyse [69] durchführen. Hauptsächlich werden dabei die Häufigkeit des Auftretens und die Dichte der Keywords gezählt. Abbildung 6.1 zeigt das Ergebnis einer solchen Analyse bei Abakus-Internet-Marketing [70].

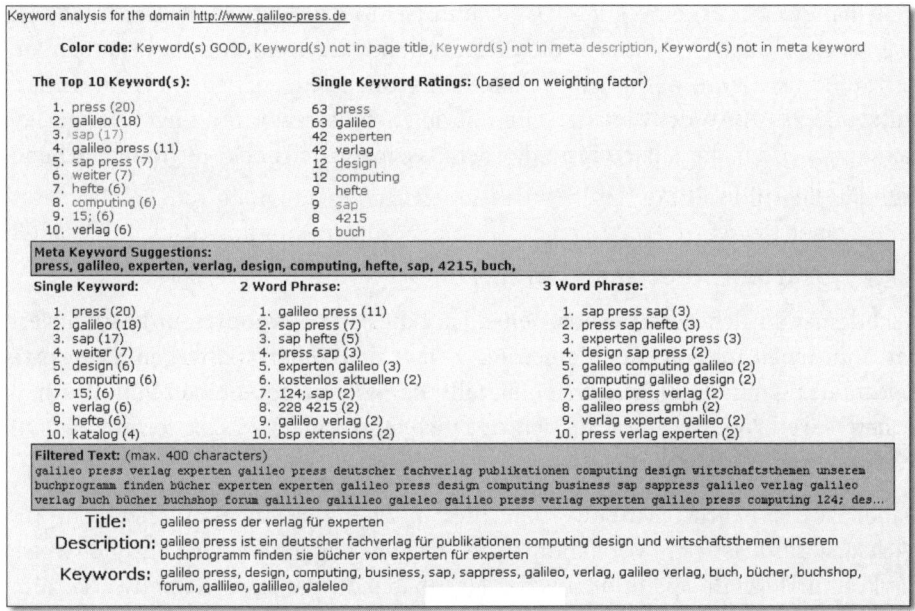

Abbildung 6.1 Das Tool zur Keyword-Analyse liefert schnelle Ergebnisse.

Bei einer derartigen Analyse lässt sich sehr deutlich erkennen, auf welche Begriffe eine Seite abgestimmt wurde. Zu diesem Zeitpunkt soll es dabei nur um die Erweiterung der Liste gehen. Später ist eine derartige Analyse besonders auf Seiten hilfreich, die sich auf oberen Rangpositionen befinden. Auf diese Art kann Ihre optimale Keyword-Dichte [71] für die TF-Algorithmen bestimmt werden.

An der Übernahme bestimmter Begriffe ist rechtlich nichts auszusetzen, solange diese nicht geschützt oder allzu speziell sind. Dies betrifft insbesondere auch Begriffskombinationen. Auch die als geschützt ausgezeichneten Slogans sind hier mit eingeschlossen. Besondere Vorsicht sollte man bei der Übernahme von Firmen- und Produktnamen walten lassen. Beim Deutschen Patent- und Markenamt (*www.dpma.de*)lässt sich übrigens im Anschluss an eine kostenlose Registrierung nach geschützten Marken suchen [72]. Insbesondere bei den Produktkategorien sowie bei den Oberbegriffen im Allgemeinen lassen sich erfahrungsgemäß durch eine Analyse anderer Webseiten hier und da Ergänzungen zur bisherigen Liste finden.

Man sollte jedoch nicht dem Irrtum verfallen, eine in Schlüsselwörtern, Häufigkeiten und Dichte nachgeahmte eigene Seite würde zu dem gleichen Ranking-Erfolg führen wie bei einem Mitbewerber. Denn neben diesen Faktoren spielen, wie Sie wissen, auch die Formatierung, Positionierung und vor allem auch die Link-Popularity eine wichtige Rolle. Als Vergleich und gutes Vorbild taugt eine solche Analyse dennoch allemal.

6.3.4 Synonyme finden

Da es das Ziel der Keyword-Recherche ist, möglichst alle für Sie in Frage kommenden Begriffe zu finden, gehört die Suche nach Synonymen zum Standardvorgehen einer Keyword-Recherche. Denn meist nutzen Ihre potenziellen Besucher oder Kunden nicht immer den Begriff, den Sie als Ersten im Kopf haben.

Eine unkomplizierte Variante neben dem klassischen Synonym-Wörterbuch ist der Thesaurus, der bei den gängigen Textverarbeitungsprogrammen wie MS Word oder OpenOffice Writer zumeist mit enthalten ist (siehe Abbildung 6.2).

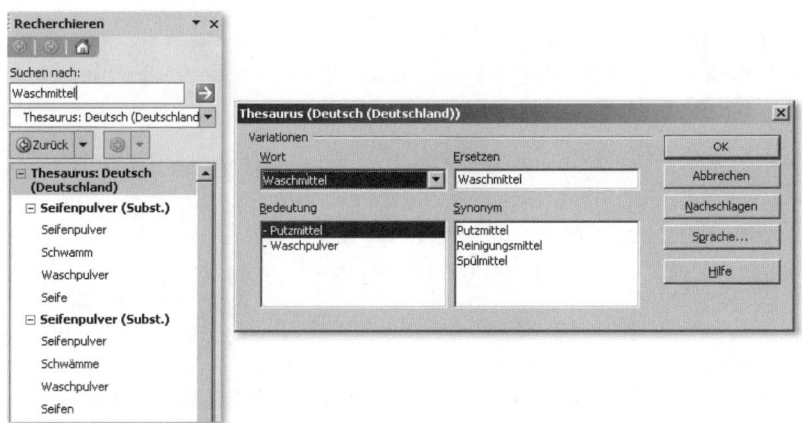

Abbildung 6.2 Synonyme finden mit einer Textverarbeitung (MS Word und OpenOffice)

6.3.5 Umfeld: Freunde, Kollegen, Bekannte und Besucher

Sie sollten nunmehr bereits eine recht gute Liste in Händen halten. Mit der Analyse der Mitbewerber wurden bereits externe Ressourcen angezapft. Dies soll im nächsten Schritt noch verstärkt werden.

Fragen Sie in Ihrem Umfeld nach Unterstützung. Bei privaten Projekten sind dies oftmals Freunde und Bekannte. Professionell erstellte Auftritte können dabei zunächst auf die intern vorhandenen Ressourcen, sprich auf die Mitarbeiter, zugreifen. In seltenen Fällen wird außerdem ein Prototyp der zukünftigen Website als Studie in Auftrag gegeben. Viele kommerzielle Institute wie auch Universitäten führen dann diesbezüglich Usability-Tests mit Probanden durch. Eine Abfrage der Schlüsselwörter findet dabei jedoch leider selten statt, könnte aber ohne Weiteres in den ohnehin vorgelegten Fragebogen aufgenommen werden.

In der Regel bleibt es bei den direkten Kontakten. Diesen Personen sollte man nicht etwa die Seite als Prototyp zeigen oder die bisherige Konzeption vorlegen. Vielmehr sollte die Frage lauten, welche Begriffe die Person nutzen würde, um den Inhalt Ihrer Webpräsenz oder einer Seite zu beschreiben oder danach zu suchen. Überprüfen Sie währenddessen, ob sich die genannten Begriffe bereits auf der Liste befinden, und markieren Sie jeweils diese pro Nennung. Falls Begriffe genannt werden sollten, die bislang noch nicht aufgetreten sind, so werden diese ebenfalls hinzugefügt.

Als Nächstes legt man den Personen die Liste vor und geht mit ihnen jeden Begriff unter dem Gesichtspunkt durch, ob der Begriff geeignet ist, das gewünschte Thema oder Produkt zu beschreiben. Hier wird man bereits eine Abstufung erhalten, die eine Unterscheidung von geeigneten und weniger geeigneten Begriffen erkennen lässt.

Ferner hilft dieses Verfahren manchmal, den einen oder anderen Hirnknoten zu lösen oder den notwendigen Schritt vom Schlauch zu tun, auf dem man die ganze Zeit gestanden hat.

Im größeren Umfeld werden immer öfter auch Online-Befragungen auf den betreffenden Seiten durchgeführt. Bei der Suchmaschinen-Optimierung für die Website des führenden Reiseführer-Anbieters *www.marcopolo.de* haben wir beispielsweise eine solche Online-Befragung durchgeführt.

Die Umfrage enthielt neben den Fragen zu Keywords auch Skalen zur Einschätzungen der Usability und zur Motivation sowie zum Interesse der Besucher. Ein besonderer Vorteil von Online-Befragungen insbesondere im Vergleich zu der Logdateien-Analyse besteht darin, dass auch zukünftige Seiten oder Seitenbereiche abgefragt werden können, die noch nicht veröffentlicht wurden.

Dabei muss bedacht werden, dass, sofern die Umfrage auf der betreffenden Webpräsenz durchgeführt wird und keine externen Aufrufe stattfinden, die Stichprobe nur die tatsächlichen Besucher der Website repräsentiert.

Andere Methoden wie die Gruppendiskussion oder die direkte Nutzerbeobachtung werden in bestimmten Fällen vorwiegend von Optimierungs-Agenturen eingesetzt. Dazu werden Nutzergruppen, die der Zielgruppe angehören, zu Gesprächen über das Projekt beziehungsweise über die Website eingeladen. Die Nutzerbeobachtung hingegen wird üblicherweise mit einem Probanden und einem Moderator durchgeführt. Dabei werden die Aktionen auf dem Bildschirm samt der Äußerungen in einem Video zur Analyse aufgezeichnet.

Diese Methoden dienen jedoch nicht nur der Erweiterung der Keyword-Liste alleine, sondern sollen gleichzeitig andere Fragen, wie etwa nach der Usability, beantworten.

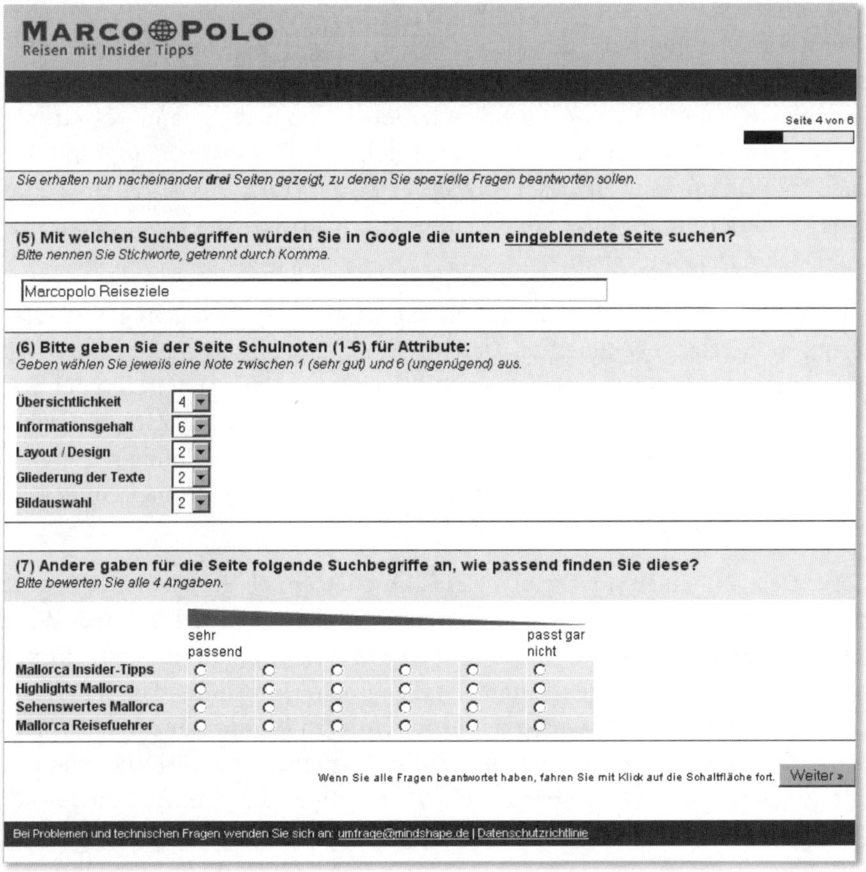

Abbildung 6.3 Umfrage zur Keyword-Recherche (gekürzte Darstellung)

6.3.6 IDF überprüfen

Gute Schlüsselwörter zeichnen sich, wie bereits festgestellt, nicht nur dadurch aus, dass sie ein Thema besonders gut repräsentieren, sondern sind auch umso besser geeignet, je weniger sie in den restlichen Dokumenten auftreten. Das Prinzip der inversen Dokumenthäufigkeit (IDF) führt dementsprechend dazu, dass sich ein Dokument mit global gesehen eher selten auftretenden Begriffen besser dazu eignet, ein gutes Ranking zu erzielen als andere Dokumente. Für einen wissenschaftlichen Aufsatz über das Medium E-Mail könnte man so sicherlich die Schlüsselwörter »email« oder »E-Mail« benutzen. Allerdings tauchen diese Begriffe wie auch »Telefon« oder »Adresse« innerhalb jeder dritten Kontaktseite im Web auf. Außerdem gibt es viele Anbieter für kostenlose E-Mail-Accounts, die aufgrund der Link-Popularity sehr hohe Ranking-Werte besitzen und damit eine starke Konkurrenz bilden. Die IDF für diesen Begriff wäre in diesem Falle sehr ungünstig, und daher eignet sich der Begriff nur bedingt als Schlüsselwort. Stattdessen könnte man mit den Schlüsselwörtern »electronic mail« mehr Erfolg haben. Denn auch der Benutzer, der nach einem derartigen wissenschaftlichen Aufsatz sucht, wird nach einer ersten Eingabe des Begriffs »email« angesichts der unpassenden Ergebnisse seine Suche präzisieren. Ob dabei dann »electronic mail« eine häufige Wahl ist und diese zum Erfolg führt, ist jedoch aufgrund der enormen Zahl Dokumente zu dieser Anfrage ebenso fraglich. Als Alternative böte sich eine Optimierung für eine Kombination von Begriffen wie etwa »email studie« an. Doch dazu später mehr.

Wie findet man schließlich heraus, ob ein Begriff grundsätzlich genügend Differenzierungspotenzial gegenüber der Datenbasis einer Suchmaschine besitzt? Das ist kinderleicht. Man startet lediglich eine Suchanfrage mit dem betreffenden Begriff bei einer Suchmaschine. Alle Ergebnislisten enthalten eine Zahl, wie viele Dokumente die Ergebnismenge enthält. Diese grobe Größenordnung sollte man sich zu dem entsprechenden Begriff auf der Liste notieren. Je seltener ein Begriff vorkommt, umso besser.

Bei dieser Gelegenheit lässt sich auch gleich abschätzen, ob ein einzelner Begriff als Schlüsselbegriff zuverlässig funktionieren wird. Beim Beispiel mit dem Wort »eMail« ist abgesehen von der enorm hohen Treffermenge die Konkurrenz auf den ersten beiden dargestellten Seiten ziemlich hoch. Hier sollte man den Tatsachen ins Auge sehen und die Größe der beabsichtigten Webpräsenz in die Waagschale werfen. Um beim Beispiel zu bleiben: Selbst eine stark verlinkte und gut optimierte Website einer Universität, auf der ein Artikel über das Medium E-Mail publiziert wird, wird es angesichts der Top-Platzierten Yahoo! Mail und Co. schwer haben. Gegebenenfalls sollte man sich daher verstärkt auf die Optimierung anderer Begriffe oder Begriffskombinationen konzentrieren.

Gehen Sie die einzelnen Begriffe nach dieser Methode durch und markieren Sie jene, bei denen eine besonders starke Konkurrenz zu erwarten ist. Wenn sich im Vorhinein bereits abzeichnet, dass man mit einem Schlüsselwort wahrscheinlich nicht unter die ersten zehn bis zwanzig Treffer kommt, ist blindes Weiterarbeiten eher eine Verschwendung von Zeit und Geld.

Leider lassen sich hier keine genauen Richtwerte angeben, ab welcher Trefferzahl ein Keyword zur Optimierung nicht mehr rentabel ist. Oftmals werden Erfahrungswerte genannt, die sich etwa wie folgt gliedern lassen:

Anzahl der Treffer	Optimierbarkeit
bis 60 000	leicht
60 000–230 000	schwieriger, jedoch im Bereich des Möglichen
230 000–1 000 000	aufwendig, hoher Arbeitsaufwand
über 1 000 000	nur in Ausnahmefällen möglich

Tabelle 6.1 Optimierbarkeit von Keywords in Abhängigkeit zur Trefferzahl

Bei näherer Betrachtung kann eine derartig pauschale Angabe jedoch nur in wenigen Fällen tatsächlich Gültigkeit beanspruchen. Zu unterschiedlich sind die Einflüsse anderer Faktoren, die ebenfalls eine entscheidende Rolle spielen. Etwa die Frage, wie relevant eine Website zum gesuchten Themenkomplex ist. Oder: Wie ist die Einbettung in die Verlinkungsstruktur von anderen Websites aus? Wie gut hat die Konkurrenz ihre Seiten optimiert? Und wie hoch ist schließlich deren Themenrelevanz und Link-Popularität?

Daher kann die Anzahl der gefundenen Treffer für eine Suchanfrage zwar durchaus als Anhaltspunkt genutzt werden, um die Tendenz im Sinne der IDF für die Optimierung abzuschätzen. Eine scharfe Abgrenzung ist jedoch in den wenigsten Fällen sinnvoll.

6.3.7 Erste Bereinigung

Bislang wurde die Liste stetig erweitert und sollte nunmehr eine beachtliche Anzahl guter Schlüsselwörter aufweisen. Sicherlich finden Sie dort auch weniger geeignete Begriffe. Diese gilt es an dieser Stelle zu entfernen, um die späteren Arbeitsschritte nicht an zu vielen Begriffen durchführen zu müssen.

Bei der ersten Bereinigung sollten all jene Begriffe herausgefiltert werden, die bei einer Recherche definitiv nicht von der Zielgruppe ausgewählt würden. Schauen Sie sich nochmals die Zielgruppendefinition an. Und überprüfen Sie diesbezüglich anschließend die Liste. Ferner ist im besten Falle die Mehrheit der Begriffe mit Markierungen aus vorangegangenen Schritten versehen. Haben Begriffe bereits hier schon schlecht abgeschnitten und keine Markierung erhalten, sollte überlegt werden, ob diese als Schlüsselwort überhaupt sinnvoll eingesetzt werden können.

Findet man Einträge auf der Liste, die weniger als drei Zeichen zählen, sollte man diese ebenso entfernen. Viele Betreiber haben die Mindestzahl an Zeichen für ein gültiges Schlüsselwort auf drei Zeichen gesetzt. Dennoch indexieren die großen Betreiber sogar teilweise einzelne Buchstaben. Das ist angesichts der Nutzungsgewohnheiten der Benutzer allerdings wenig sinnvoll. Selten wird nach Stichwörtern unter drei Zeichen gesucht, es sei denn, es handelt sich um Abkürzungen oder seltene Produktnamen. Aber wie viele Produktnamen oder sinnvolle Schlüsselwörter mit zwei oder drei Zeichen fallen Ihnen auf Anhieb ein? Vermutlich eher weniger. Ein gutes Schlüsselwort besitzt zwischen fünf und vierzehn Zeichen. Nach oben sind keinerlei Grenzen gesetzt, zumindest nicht seitens der Suchmaschinen. Allerdings sollte man auch hier wiederum versuchen, sich in den Nutzer hineinzuversetzen. Dieser möchte möglichst schnell an sein Recherche-Ziel gelangen. Wahrscheinlich wird solch ein Benutzer in der Regel eher kürzere und prägnantere Begriffe verwenden, anstatt sich bereits bei der Eingabe des Suchbegriffs aufzuhalten.

Sonderzeichen in den Keywords sollten Sie aufgrund der Verarbeitung durch Suchmaschinen ebenfalls vermeiden. Die Eingabe von »work%travel« oder »work$travel« wird bei Google beispielsweise wie die Begriffskombination »work travel« angesehen. Dazu später mehr.

Erfahrungsgemäß fällt die Bereinigung bei kürzeren Listen meist eher spärlich aus. Bei ausführlicheren Listen kann es durchaus vorkommen, dass von den Einträgen ein Drittel oder mehr entfernt wird. Man sollte diese Einträge jedoch nicht endgültig löschen oder bis zur Unkenntlichkeit übermalen, sondern für eventuelle spätere Verwendungen vorsorglich erhalten. Dieser Schritt soll lediglich die gänzlich unpassenden Begriffe herausfiltern. Im Zweifel sollte ein Begriff daher auf der Liste bleiben.

6.3.8 Keyword-Datenbanken

Im nächsten Schritt sollen verschiedene Online-Datenbanken abgefragt werden, die mit ihren spezifischen Ausrichtungen die Suche nach den Schlüsselwörtern erheblich vereinfachen. Darunter gibt es kostenlose wie auch kostenpflichtige Tools unterschiedlicher Qualität.

Besonders die Frage nach der Datengrundlage ist in diesem Kontext relevant, wenn Suchhäufigkeiten angegeben werden. Die unterschiedliche Datenherkunft lässt nicht ohne Weiteres einen Vergleich der angegebenen Suchhäufigkeiten zu.

Erstellen einer Keyword-Liste | **6.3**

Google AdWords-Keyword-Tool

Es liegt zunächst nahe, bei demjenigen Anbieter eine Datenbankabfrage durchzuführen, bei dem die meisten Anfragen stattfinden. Dafür stellt Google im Rahmen des AdWords-Programm ein Abfrage-Tool zur Verfügung, welches auch für die Keyword-Recherche bei der Suchmaschinen-Optimierung hilfreich ist. In der ersten Version gab Google noch keine Suchhäufigkeiten aus. In der zweiten Version des Tools sind mittlerweile zumindest grobe Angaben über das Suchvolumen und die Mitbewerberdichte zu sehen.

Unter der Adresse *https://adwords.google.de/select/KeywordToolExternal* ist dieses Tool öffentlich zugänglich:

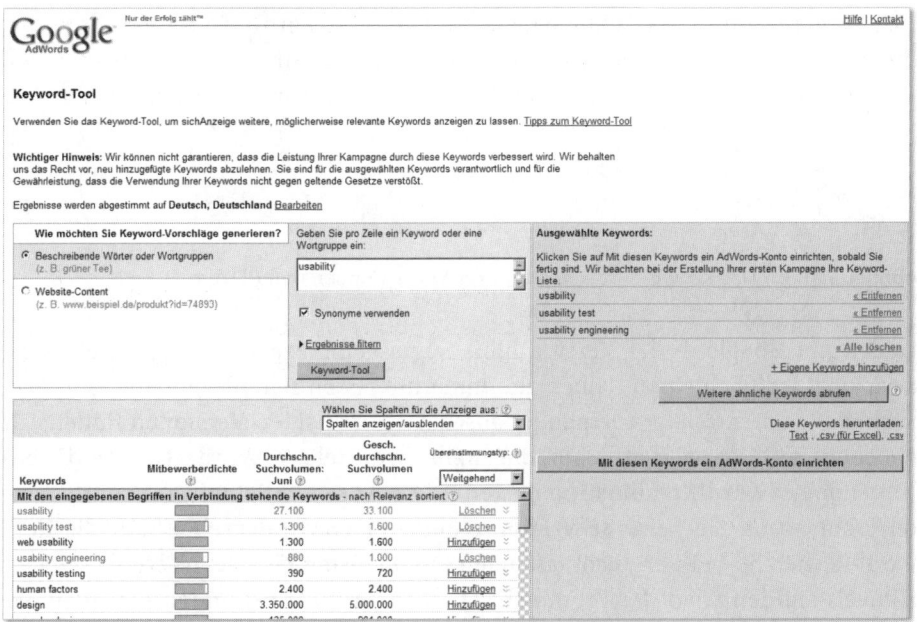

Abbildung 6.4 Google AdWords-Keyword-Tool für die Keyword-Recherche

Nach der Eingabe eines oder mehrerer Keywords wird eine Liste von Keywords angezeigt. In der linken Spalte findet man Keyword-Kombinationen, die eines der oben angegebenen Keywords enthalten. Die Sortierung erfolgt standardmäßig nach der Relevanz, die das Tool automatisch berechnet. Ist die Anzeigeart »Keyword-Suchvolumen« ausgewählt, so wird zu jeder Keyword-Kombination das monatliche Suchvolumen angegeben. Unter Suchvolumen ist dabei die Anzahl der Google-Suchanfragen von Nutzern nach dem betreffenden Keyword bzw. der betreffenden Keyword-Kombination zu verstehen.

Sollten Sie bereits einen AdWords-Account besitzen oder sich einen neuen anlegen, kommen Sie auch in den Genuss von Zahlen anstellerr einfacher Balken. Diese eignen sich natürlich wesentlich besser für eine Berechnung der Keyword-Effizienz (vgl. Abschnitt »Keyword-Effizienz berechnen«) als die groben Angaben der Balken.

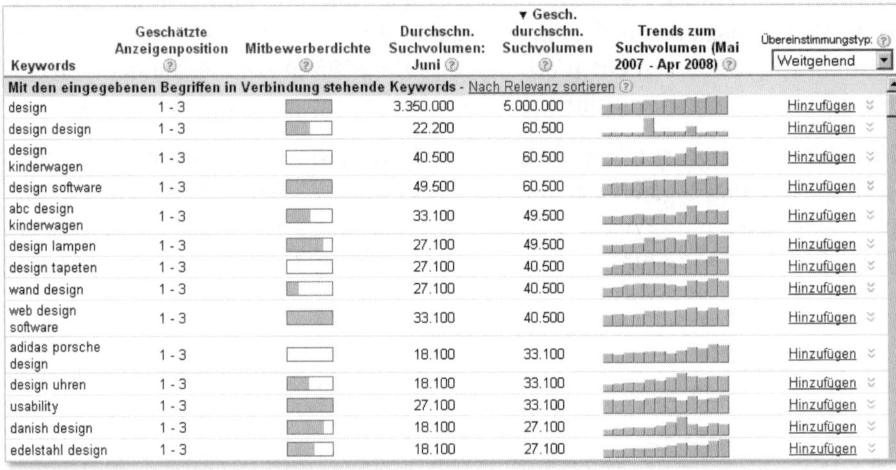

Keywords	Geschätzte Anzeigenposition	Mitbewerberdichte	Durchschn. Suchvolumen: Juni	▼ Gesch. durchschn. Suchvolumen	Trends zum Suchvolumen (Mai 2007 - Apr 2008)	Übereinstimmungstyp:
Mit den eingegebenen Begriffen in Verbindung stehende Keywords - Nach Relevanz sortieren						Weitgehend
design	1 - 3		3.350.000	5.000.000		Hinzufügen
design design	1 - 3		22.200	60.500		Hinzufügen
design kinderwagen	1 - 3		40.500	60.500		Hinzufügen
design software	1 - 3		49.500	60.500		Hinzufügen
abc design kinderwagen	1 - 3		33.100	49.500		Hinzufügen
design lampen	1 - 3		27.100	49.500		Hinzufügen
design tapeten	1 - 3		27.100	40.500		Hinzufügen
wand design	1 - 3		27.100	40.500		Hinzufügen
web design software	1 - 3		33.100	40.500		Hinzufügen
adidas porsche design	1 - 3		18.100	33.100		Hinzufügen
design uhren	1 - 3		18.100	33.100		Hinzufügen
usability	1 - 3		27.100	33.100		Hinzufügen
danish design	1 - 3		18.100	27.100		Hinzufügen
edelstahl design	1 - 3		18.100	27.100		Hinzufügen

Abbildung 6.5 Das Keyword-Tool zeigt für AdWords-Kunden mehr Daten.

Leider gibt Google in der Version ohne Login keine exakten Zahlen preis, sondern zeigt lediglich einen Balken an. Immerhin lassen sich hiermit aber auch die Suchhäufigkeiten relativ zueinander abschätzen. In beiden Versionen findet sich daneben die Mitbewerberdichte, die angibt, wie viele AdWords-Kunden die betreffende Keyword-Kombination nutzen. Diese Angabe ist einerseits natürlich interessant, wenn Sie bezahlte Werbung über AdWords anstreben. Für die Keyword-Recherche bei der Suchmaschinen-Optimierung gibt der Wert auch einen Hinweis auf den Grad der Prominenz: Je mehr AdWords-Kunden für einen Begriff werben, desto stärker werden dieser Begriff oder die Begriffskombination auch in den organischen Ergebnislisten »umkämpft« sein.

Die Anzeigeart »Trends zum Suchvolumen« gibt das durchschnittliche Suchvolumen an und zeigt den Trend über zwölf Monate. Diese Ansicht liefert weitere Informationen zur Relevanz der Suchbegriffe. Allerdings hat sich für die Suche nach Begriffen die Ansicht »Keyword-Suchvolumen« aufgrund ihrer Aktualität als effizienter erwiesen.

Für die Keyword-Recherche mit dem Google-Tool gilt als Daumenregel: Geben Sie die Keywords auf Ihrer Liste in das Formularfeld ein und übernehmen Sie vor allem neue Kombinationen aus der linken Spalte. Die Informationen der rechten Spalten dienen als gute Hilfe zur Einschätzung der Suchhäufigkeit. Achten Sie allerdings hier besonders darauf, inwieweit die Begriffe tatsächlich die von Ihnen angebotenen Ziele beschreiben.

Overture

Eine ebenfalls beliebte Datenbank wurde lange Zeit von Overture angeboten. Das Unternehmen startete 1998 unter dem Label Goto.com und belieferte MSN und Yahoo! mit Payed-Placement-Werbung. Im Jahr 2003 übernahm Yahoo! dann das Unternehmen, das sich mittlerweile in Overture umbenannt hatte.

Anfang 2007 wurde zunächst gemunkelt, der Keyword-Suchdienst würde nach vielen Jahren abgeschaltet werden. Im Sommer 2007 war es dann auch soweit. Mit dem nützlichen Keyword-Suchdienst verschwand jedoch auch die gesamte Marke Overture und wurde mit anderen Diensten bei Yahoo! Search Marketing eingegliedert.

MIVA

Natürlich lässt sich die Konkurrenz im PPC-Bereich nicht lumpen. MIVA, ehemals unter dem Namen Espotting bekannt, bietet ebenfalls eine Recherchemöglichkeit in der eigenen Datenbank an. Unter der Adresse *https://account.de.miva.com/advertiser/Account/Popups/KeywordGenBox.asp* kann nach Eingabe eines »Sicherheitscodes«, der eine automatische Abfrage verhindern soll, eine ähnliche Abfrage wie bei Overture durchgeführt werden.

Die vorgeschlagenen Keywords sind »verwandte Begriffskombinationen« und entsprechend zu interpretieren. An den angegebenen Häufigkeiten erkennt man bereits, dass die Reichweite von MIVA relativ gering ist.

Sie sollten bei der Verwendung solcher Zahlen immer bedenken, dass die Daten eine wesentlich geringere Reichweite besitzen als die Daten von Google. Hilfreich für die tendenzielle Interpretation im Kontext der Keyword-Recherche sind sie natürlich schon. Erfahrungsgemäß sollten Sie die Zahlen für die Keyword-Recherche jedoch nicht alleine von MIVA beziehen, sondern stärker auf die Zahlen von Google Bezug nehmen.

Oftmals werden die Zahlen aus den Keyword-Tools direkt mit in die Keyword-Liste übernommen, um abschließend bestimmte Kalkulationen damit durchzuführen – dazu später mehr. Dies führt allerdings oftmals zu Interpretationen, die auf der Grundlage von wenigen Tausend unterschiedlichen Häufigkeiten basieren und für die Beurteilung der Keyword-Qualität nicht zweckdienlich sind. Neben der Aufnahme der Zahlen hat sich daher vor allem eine eigene, genormte Ranking-Skala bewährt. Übertragen Sie die absoluten Häufigkeiten in eine relativ interpretierbare Skala wie beispielsweise »sehr häufig – häufig – durchschnittlich – seltener – sehr selten«.

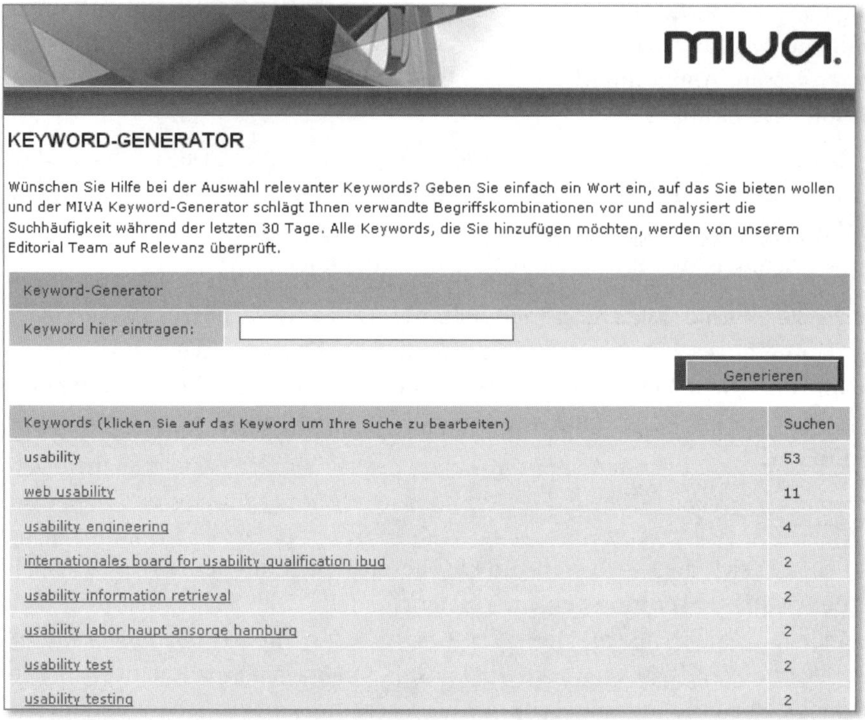

6 | Keyword-Recherche

Abbildung 6.6 Keyword-Abfrage bei MIVA

Im Vordergrund sollte beim Einsatz der Keyword-Datenbanken eine sinnvolle Erweiterung der eigenen Liste stehen. Die Erfahrung zeigt, dass die Verwendung solcher und ähnlicher Online-Tools immer noch einige gute Schlüsselwörter hervorbringt, an die man zuvor nicht gedacht hat. Natürlich erhalten Sie durch die Angaben der Suchhäufigkeiten auch gleichzeitig einen guten Einblick, inwieweit ein bestimmtes Keyword überhaupt das Kriterium des Nutzungspotenzials erfüllt.

Such-Vorschläge

Einen Blick über die Schulter der anderen Nutzer lässt vor allem Lycos zu. Der Betreiber zeigt nach einer gewöhnlichen Anfrage über dem Ranking-Ergebnis einen Kasten an, der die Suchanfragen anderer Benutzer zu dem genutzten Stichwort auflistet.

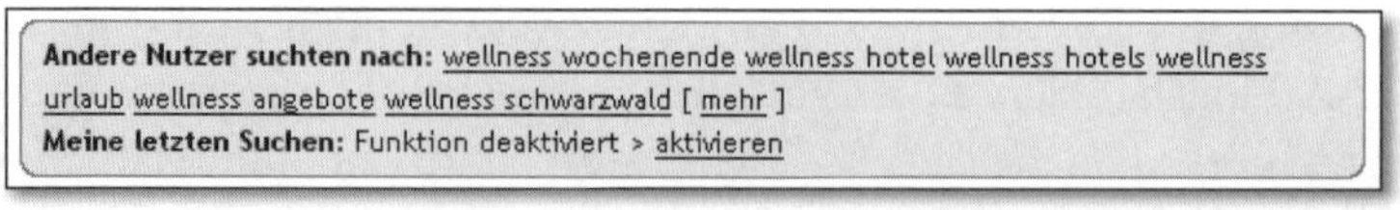

Abbildung 6.7 Lycos schlägt beliebte Suchvarianten vor.

Doch auch Google und die anderen Suchmaschinen-Betreiber warten mit unterschiedlichen Varianten auf, die sich für die Keyword-Recherche gewinnbringend einsetzen lassen. Abbildung 6.8 zeigt beispielsweise die Vorschläge von Google zur Suche nach dem Begriff »Freiburg«.

Verwandte Suchvorgänge: **Freiburg**			
breisgau	freiburg elbe	schwarzwald	freiburg veranstaltung
freiburg sehenswürdigkeiten	uniklinik freiburg	breisach	freiburg tourismus

Abbildung 6.8 Auch Google schlägt Alternativen vor.

MetaGer

Ein gänzlich nichtkommerzielles Tool findet sich bei MetaGer. Der Web-Assoziator unter *http://metager.de/asso.html* liefert bei der Eingabe eines Begriffs verschiedenartige Assoziationen (siehe Abbildung 6.9). Das kann besonders bei der Erweiterung Ihrer Liste hilfreich sein, falls diese zu einem bestimmten Thema noch gewisse Lücken aufweist oder bislang nur Schlüsselbegriffe mit starker Konkurrenz enthält.

Abbildung 6.9 MetaGer Web-Assoziator (gekürzte Darstellung)

Beachten Sie, dass es sich hierbei nicht um rein statistische Werte aus den echten Suchanfragen bei MetaGer handelt. Teilweise werden nach Angaben der Betreiber Webseiten automatisch nach Assoziationen durchsucht. Hier wird folglich die Produzentenseite analysiert und nicht, wie bei den oben besprochenen Anbietern, die Konsumentenseite.

Wordtracker und Co.

Falls englische Begriffe gesucht werden, steht dazu ein sehr komfortables, leider aber auch kostenpflichtiges, Online-Tool zur Verfügung. Das oft genutzte Programm namens Wordtracker [73] hilft bei der Suche nach passenden Schlüsselbegriffen. Nach einer kostenpflichtigen Registrierung gibt man die Liste der in Frage kommenden Schlüsselbegriffe ein und erhält wie bei Overture und Co. verschiedene Analysen, Erweiterungsvorschläge und Nutzungszahlen für einzelne Begriffe. Die Datengrundlage wird monatlich von führenden Meta-Suchmaschinen wie MetaCrawler und Dogpile erkauft. Seit 2007 stellt Wordtracker eine frei zugängliche und kostenlose Keyword-Suche unter *http://freekeywords.wordtracker.com* zur Verfügung. Neben den Keywords wird jeweils das tägliche Suchvolumen geschätzt. Ausführlichere Informationen stehen in der kostenpflichtigen Version zur Verfügung. Neben den entstehenden Kosten hat Wordtracker zusätzlich den Nachteil, dass es nur mit englischsprachigen Begriffen arbeitet. Daher gehe ich hier nicht näher auf die umfangreichen Einsatzmöglichkeiten ein.

Bei deutschen Anbietern wie *www.keyword-datenbank.de* oder *http://kwdb.mindshape.de* kann ein ähnlicher Service auf Deutsch in Anspruch genommen werden. Allerdings stammt hier die Datenbasis nicht von derart hochkarätigen Quellen wie bei Wordtracker. Das muss allerdings nicht zwingend eine Verschlechterung der Analyseergebnisse mit sich bringen, sollte jedoch bedacht werden. Denn das Kriterium einer repräsentativen Datenquelle stellt bei vielen Anbietern kleineren Maßstabs ein ernst zu nehmendes Problem dar.

Auch wenn die Schlüsselwortsuche durch derartige kostenpflichtige Analyse-Tools vereinfacht wird, kann man dennoch mit ein wenig Mehraufwand erfolgreich die frei zugänglichen Tools nutzen. Bei der gesamten Recherche sollte man sich jedoch stets bewusst sein, dass auch andere diese Produkte nutzen, um ihre Keyword-Liste zu erweitern. Dennoch tun Sie gut daran, ein wenig mit den Tools und den bisherigen Begriffen auf Ihrer Liste zu experimentieren. Erweitern Sie Letztere um sinnvolle und prägnante Wörter und markieren Sie sich die Häufigkeiten in Ihrer Liste.

eBay

Das Online-Auktionshaus ist zugegebenermaßen nicht gerade bekannt als Keyword-Datenbank zur Suchmaschinen-Optimierung. Dennoch spielen Suchbegriffe zum Finden von Auktionen eine zentrale Rolle bei eBay. Insbesondere für Projekte, in denen es um das Bewerben von Produktgruppen geht, kann eBay aber auch bei der Keyword-Recherche weiterhelfen.

Unter dem URL *http://kaufen.ebay.de/handy* finden Sie beispielsweise neben der Anzeige der Kategorien um den Begriff Handy (die eventuell auch eine dankbare Keyword-Quelle sein können) auf der rechten Seite die Rubriken »Ähnliche Suchen« und »Alternative Suchbegriffe«.

Abbildung 6.10 Auch eBay kann für die Keyword-Recherche genutzt werden.

Hier werden Suchalternativen vorgeschlagen, die aus häufigen Nutzereingaben generiert werden. Selbstverständlich können Sie den Begriff »handy« in dem URL durch jeden anderen Begriff ersetzen. Mit der Anfrage »http://kaufen.ebay.de/suchmaschinenoptimierung« werden Sie bislang allerdings noch keine Ergebnisse erzielen.

Es existieren noch zahlreiche andere, teils kommerzielle, teils private Keyword-Datenbanken im Web. Diese hier zu nennen, würde jedoch den Rahmen sprengen und den schnellen Entwicklungen im Web nicht gerecht werden. Sie finden mithilfe einer Suchmaschine jedoch sicherlich auch selbstständig die entsprechenden Adressen.

6.4 Eigenschaften der Keywords

Bei der Auswahl der geeigneten Schlüsselwörter haben wir bislang nicht auf die verschiedenen Formen geachtet, die ein Substantiv oder ein Begriff generell annehmen kann. Diese können jedoch vielfältig sein und den Erfolg einer Optimierungsstrategie beträchtlich beeinflussen.

6.4.1 Groß- und Kleinschreibung

Nahezu keine Suchmaschine speichert bei der Index-Erstellung die Stichwörter in ihrer tatsächlichen Ausprägung ab, sondern verarbeitet alle Wörter in durchgängiger Kleinschreibung. Zwar sind bei der Eingabe eines gleichen Stichwortes in unterschiedlichen Schreibweisen ab und zu verschieden große Treffermengen zu beobachten. Allerdings ist die Abweichung sehr gering, und auf den Top-Positionen ändert sich meist nichts. Somit gilt für die Schlüsselwörter eine absolute Freiheit hinsichtlich der Groß- und Kleinschreibung.

6.4.2 Singular oder Plural

Anders sieht es dagegen bei der Frage aus, ob das Subjektiv in der Einzahl- oder Mehrzahlform als Schlüsselbegriff auftreten soll. Wie ich bereits erwähnt habe, sind Information-Retrieval-Systeme im Prinzip durchaus in der Lage, durch Stemming die verschiedenen Pluralformen auf einen Stamm zurückzuführen und somit auch entsprechende Substantivformen im Singular zu finden. Allerdings findet dies in der Regel bei deutschen Suchmaschinen nicht statt. Der Webautor sollte sich dessen bewusst sein und dementsprechend die passende Form für die späteren Schlüsselwörter wählen.

Übrigens findet ein Stemming auch bei sehr wenigen englischsprachigen Suchmaschinen statt. Das verwundert angesichts des Porter-Algorithmus, der besonders im Englischen sehr gute Ergebnisse liefert. Die Suchmaschinen-Betreiber sind derzeit offensichtlich noch der Meinung, die Suchanfragen möglichst wenig im Sinne einer Qualitätsverbesserung zu verändern. Bei bezahlten Links, die meist prominent auf der Ergebnisliste platziert werden, funktioniert das Stemming gleichwohl sehr gut.

Oftmals fällt die Wahl der passenden Form nicht so leicht, wie man denken möchte. Ein Beispiel soll dies verdeutlichen. Für einen Händler, der nur eine einzige sensationelle Bratpfanne auf seiner Seite bewirbt, ist nicht zwangsläufig der Begriff »Bratpfanne« in der Singularform die optimale Wahl. Das Entscheidende ist auch hier, wonach die Zielgruppe suchen würde. Mit den vorangegangenen Schritten sollte es leichter fallen, eine geeignete Wahl zu treffen. Eine Faustregel gibt es hier aber nicht. Es lässt sich jedoch festhalten, dass selbst in Kombination mit Produktkategorien durchschnittlich mehr Singularformen gesucht werden.

6.4.3 Sonderzeichen

Bei der Normalisierung von Dokumenten werden die Begriffe auf das Auftreten von Bindestrichen, Unterstrichen, Punkten, Kommata, Klammern usw. hin untersucht und bereinigt. Je nach Anbieter variieren die gefilterten Sonderzeichen leicht. Bei der Schlüsselwortsuche muss jedoch auf jeden Fall beachtet werden, dass Begriffe, die Zeichen und Interpunktionen enthalten, auf eine bestimmte Art zur Indexierung verändert werden. So sind die Begriffe »e.mail«, »e-mail«, »e/mail« oder »e_mail« unter Umständen gleichbedeutend mit »e mail«. Oftmals tauschen die Seiten ihre Listenpositionen bei den unterschiedlichen Schreibweisen leicht untereinander aus. Im Wesentlichen bleibt die Rangfolge jedoch erhalten.

Umlaute fallen ebenfalls unter die Sonderzeichen. Viele Betreiber behandeln dabei ein »ä« ebenso wie ein »ae«, ein »ö« wie ein »oe« und so weiter. In diversen Online-Foren wird die Umformung der Umlaute mittels HTML-Entities empfohlen. Die Mehrzahl der WYSIWYG-Programme setzt so beispielsweise automatisch ein `&auml;`, sobald der Nutzer ein »ä« eingibt. Es ist auch oftmals zu lesen, dass Dokumente mit direkt codierten Umlauten höher gewichtet werden. Diese Äußerungen beruhen wahrscheinlich auf einzelnen Beobachtungen. Die Unschärfe dieses Sachverhalts zeigt, dass die Suchmaschinen-Betreiber mehrfach in den letzten Jahren die Verarbeitung von Sonderzeichen in Bezug auf ihre Gewichtung abgewandelt haben. Schlüsselwörter mit Umlauten können jedoch ohne Bedenken gemäß den W3C-Richtlinien genutzt werden, um erfolgreich indexiert zu werden.

6.4.4 Sonstige Eigenschaften

Kleinere Schwierigkeiten bringt auch die neue deutsche Rechtschreibung mit sich. Viele Anbieter wenden kein Wörterbuch vor Abwicklung der Suchanfrage an, sodass eine Suche bei Yahoo! nach »Delphin« andere Ergebnisse zeigt als die Suche nach »Delfin«. Interessanterweise findet Yahoo! bei der Suche nach einem »photograph« auch Seiten mit dem Begriff »fotograf«. Bei Google kommt das sehr gut gepflegte Lexikon zum Vorschein. Hier werden Begriffe in neuer sowie auch in alter Rechtschreibung gleichermaßen gesucht. Interessant ist auch, dass die einzelnen Rangpositionen je nach verwendetem Begriff dennoch leicht variieren. Es ist daher nicht leicht, eine Universallösung zu entwickeln. Mit einem Blick auf die Zielgruppe erhöht man jedoch hier und da die Chancen der richtigen Wahl. Alles in allem sollte man diesem Punkt jedoch keine so große Tragweite zusprechen und die Begriffe auf jeden Fall im Sinne eines einheitlichen Textbildes der verwendeten Rechtschreibung angleichen.

6.4.5 Falsche orthografische Schreibweise

Unter das Thema Rechtschreibung fällt auch eine Strategie, die sicherlich nicht immer bewusst angewandt wird. Ob Begriffe unabsichtlich oder absichtlich falsch geschrieben sind – die Suchmaschinen indexieren auch Wörter mit Rechtschreibfehlern. Und auch, wenn beispielsweise Google nach einer Anfrage mit dem Begriff »fahrad« den Nutzer freundlich mit »Meinten Sie: fahrrad« auf seine Falschschreibung hinweist, finden sich dennoch unzählige Dokumente mit der orthografisch falschen Schreibweise in der entsprechenden Trefferliste. Oftmals handelt es sich hierbei um Unwissen oder lediglich um ein Versehen beim nicht sorgfältigen Erstellen von Texten. Jedoch kann und wird eine falsche Rechtschreibung auch absichtlich dazu genutzt, Nutzer bei einer entsprechenden Fehleingabe zu gewinnen.

Diese Strategie kann auch durchaus weiter ausgebaut werden, wenn man etwa an die regelmäßigen »Vertipper« denkt. Bei häufigen Fehleingaben lohnt sich diese Strategie sicherlich. Insbesondere bei hart umkämpften Schlüsselwörtern besteht hier die Möglichkeit, einen Mitbewerber zu übertrumpfen. Denn dieser taucht erst gar nicht auf, sofern nicht auch er seine Webseite auf das falsch geschriebene Schlüsselwort hin optimiert hat.

Man sollte die eigene Liste nach Begriffen durchschauen, die entweder häufig falsch geschrieben werden oder bei denen oftmals Buchstaben bei der Eingabe verdreht werden. Mögliche alternative Schreibweisen werden neben das orthografisch korrekte Wort geschrieben, um die Zugehörigkeit zu erhalten. Weniger sind dabei hier ähnlich klingende Begriffe wie beispielsweise »Freiflug« und »Freuflug« gemeint, sondern vielmehr Fehler, die beim flotten Tippen auf der Tastatur auftreten. Dabei können unter Umständen auch einzelne Buchstaben ausgelassen werden. Auf den Seiten von Wikipedia findet man einige Beispiele, die das Genannte verdeutlichen: »Östereich«, »Enwicklung«, »Maschiene«, »Anschaung«, »Enstehung«, »Menscheit«, »Aktzeptanz«.

Für die Optimierung auf ein falsch geschriebenes Wort sollte man jedoch auf jeden Fall eine eigene Seite einbinden, die eine Kopie der eigentlichen Seite mit dem korrekt geschriebenen Begriff darstellt. Denn orthografische Fehler innerhalb der eigentlichen Website wirken unseriös und schaden mehr, als sie helfen.

6.4.6 Getrennt oder zusammen?

Der berühmte Donaudampfschifffahrtskapitän beweist eindrucksvoll, dass die deutsche Sprache eine unendlich lange Aneinanderreihung von Substantiven ermöglicht. Bei der Suche nach den optimalen Schlüsselwörtern stolpert man daher gelegentlich über ein zusammengesetztes Wort. Eignen sich solche Substantive als Schlüsselwörter?

Kurz gesagt: nein. Zumindest nicht im Allgemeinen, wenn man sich einmal mehr den eiligen Webnutzer vor seinem geistigen Auge vorstellt. Denn mehr als drei Kettenelemente einzugeben, nimmt unnötig viel Zeit in Anspruch. Außerdem sind lange Wörter von sich aus unübersichtlich und lassen sich nicht mit einem Blick nochmals auf ihre Korrektheit hin überprüfen, bevor die Anfrage gestartet wird. Betrachtet man die Live-Suchen, scheint die Würze tatsächlich in der Kürze zu liegen. Insbesondere nichtetablierte, zusammengeschriebene Substantive werden in der Mehrzahl getrennt geschrieben. So ist beispielsweise die Zahl der Anfragen nach »web design« um ein Vielfaches höher als nach dem Begriff »webdesign«. Natürlich werden die wenigsten Benutzer allerdings auf den Gedanken kommen, das Wort »fensterbank« in der Form »fenster bank« anzugeben. Das Phänomen, Begriffe zu zerteilen, findet man häufig bei komplexen Substantiven und Fremdwörtern.

Ein Trick, der zwar typografisch nicht zwingend eine schöne Lösung darstellt, jedoch von etlichen professionellen Suchmaschinen-Optimierern eingesetzt wird, ist die Verwendung von Sonderzeichen. Konkret wird ein Bindestrich als Kettenbindeglied genutzt. So wird das Wort »fensterbank« im HTML-Dokument als »fenster-bank«, also mit Bindestrich, auftreten. Das Ziel ist, mit beiden Stichwörtern gefunden zu werden, da die Suchmaschine bei der Normalisierung wie gesehen die Sonderzeichen entfernt. Der Plan geht allerdings nur teilweise auf. Eine Eingabe der beiden Varianten liefert bei Google unterschiedliche Ergebnislisten. Ähnlich verhalten sich auch AltaVista und AskJeeves. Für Yahoo! und Fireball sind die beiden Begriffe hingegen gleichwertig und führen somit zu gleichen Ergebnislisten. Die Verwendung eines Bindestrichs als Kettenbindeglied funktioniert offensichtlich nicht überall.

Wie sieht es allerdings mit der Mehrwortgruppenidentifikation aus, die bei der Betrachtung der Funktionsweise von Suchmaschinen erwähnt wurde? Durch diese Methode würden die Suchmaschinen bei der Indexierung einzelne Glieder aus einer Substantivkette extrahieren und separat erfassen. Prinzipiell ist dies eine elegante Lösung, die auf der anderen Seite jedoch auch zu einer geringeren Precision führen kann. Welcher Nutzer, der nach »Fensterbank« sucht, möchte schon einen Treffer angezeigt bekommen, der ihm vielleicht eine Geldanlagemöglichkeit einer »Bank« anbietet. Die Zerlegung der Suchanfrage findet daher bislang noch bei keinem Anbieter statt. Befindet sich ein Suchbegriff allerdings in einem Schlüsselwort, wird er in nahezu allen Suchmaschinen auch gefunden und in die Treffermenge mit aufgenommen. Allerdings finden solche Funde kaum Beachtung, da die obersten Listenplätze mit dem wortgenauen Treffer höhere Ranking-Werte erzielen. Sucht man beispielsweise nach dem Begriff »boot«, so werden Treffer mit dem Begriff »hausboot« oder ähnlichen Kombinationen meistens nicht einmal auf den ersten zehn Seiten angezeigt.

Sie müssen sich also bei langen Schlüsselwörtern auf der Liste entscheiden. Verwendet man den Bindestrich, lässt man das Wort zusammengeschrieben oder trennt man es? Als Faustregel gilt, dass man zu lange Begriffsketten vermeiden sollte und eher im Sinne des rastlosen Nutzers handelt, der überdurchschnittlich viele kurze Begriffe eingibt. Ausnahmen bestätigen auch hier wie anderswo die Regel.

6.4.7 Wortkombinationen und Wortnähe

Bei den Online-Tools um Overture traten schon häufig Kombinationen verschiedener Begriffe auf. Wie im Abschnitt über das Suchverhalten von Benutzern gezeigt bereits wurde, werden auch die meisten Anfragen mit mehreren Wörtern gestellt. Bislang wurde das Augenmerk bei der Erstellung der Liste primär auf einzelne Schlüsselbegriffe gerichtet. Nun soll es darum gehen, bestimmte Gruppen zu bilden, die später gemeinsam im Dokument platziert werden.

Bei der Auswahl dieser Gruppen sind die bereits vorgestellten Tools sicherlich eine nützliche Hilfe. Die gezielte Kombination von Begriffen bereits in dieser Phase zu bestimmen, birgt den enormen Vorteil, dass die Umsetzung später konsequent verfolgt werden kann.

Die Platzierung von Wortkombinationen hat sich als sehr effektiv erwiesen, da meist mit einzelnen Begriffen nicht leicht gegen die übermächtige Konkurrenz anzukommen ist. Mit zwei oder drei gut gewählten Begriffen kann man allerdings bereits mit wenig Aufwand stolze Ergebnisse erzielen.

Nachdem Sie sich für ein Begriffspaar entschieden haben, sind bei der Zusammenstellung im Detail auch hier gewisse Punkte zu beachten. So berücksichtigen die meisten Suchanbieter die Reihenfolge der Suchbegriffe. Eine Seite erhält somit ein höheres Ranking, wenn die Begriffe in der gesuchten Abfolge auch im Dokument auftreten. Daher ist die Anordnung der gewählten Wortkombinationen durchaus die eine oder andere Überlegung wert. Berücksichtigen Sie dabei neben logischen und inhaltlichen Kriterien auch die Vorgehensweise der Suchverfeinerung. Denn oftmals beginnen Nutzer eine Suche nur mit einem Begriff, der jedoch nicht zu einem befriedigenden Ergebnis führt. Die Suche wird daraufhin verfeinert, indem ein neuer Begriff hinter den bereits vorhandenen angefügt wird, um die Anfrage zu präzisieren. Die Berücksichtigung dieses Phänomens kann einer Seite durchaus Vorteile im Ranking verschaffen.

Nicht immer eignen sich Schlüsselwörter, um durchweg direkt aufeinanderfolgend platziert zu werden. Das ist auch nicht bei jedem Auftreten zwingend nötig. Jedoch sollte der Abstand zwischen den einzelnen Termen nicht zu groß sein. Die Wortnähe spielt, wie Sie gesehen haben, neben der Wortdichte über den gesamten Text gesehen eine wichtige Rolle bei der Vergabe von Gewichtungen. Hier sollten Sie auf das Wissen über die Funktionsweisen der Gewichtungsverfahren aufbauen.

Aber apropos Nähe: Insbesondere bei Dienstleistungen, die sich primär innerhalb eines lokalen Radius abspielen, sollte man den Stadt- oder Regionsnamen als Begriff in die Wortkombination mit aufnehmen. Vor allem nach touristischen Themen wird vorwiegend mit Städtenamen gesucht. Zusätzlich ist es auch nicht hilfreich, eine Webseite beispielsweise nur auf die Begriffe »hotel sauna« hin zu optimieren. Die wenigsten Erholungssuchenden wählen sich ihre Urlaubsregion nach einem Hotel mit Sauna aus. Vielmehr wird ein Urlaub in einer bestimmten Region gesucht. Eine typische Suchanfrage könnte demzufolge so lauten:

```
hotel sauna eifel
```

Bedenkt man diese spezielle Situation und nimmt man die Örtlichkeit mit in die Wortkombination auf, macht man etliche Plätze auf den Ergebnislisten wett.

Wie die programmtechnische Einbettung solcher Kombinationen im Dokument aussehen kann, wird im nächsten Kapitel gezeigt. Zunächst müssen jedoch alle sinnvollen Begriffskombinationen zusammengestellt und bewertet werden.

6.5 Bewerten der Listeneinträge

Im letzten Schritt wird die Schlüsselwortliste nicht mehr erweitert. Nun gilt es, geeignete von weniger geeigneten Begriffen und Begriffskombinationen zu trennen. Eine einzelne Webseite sollte niemals zu viele Schlüsselwörter enthalten. Genau dies ist jedoch ein immer wieder gemachter Fehler, der allen Optimierungsmühen den Garaus macht. Ein Dokument mit vielen Schlüsselwörtern nimmt zwar an mehreren Suchanfragen teil, wird jedoch immer auf den hinteren

Bänken landen und im unendlichen Meer von Treffern untergehen. Der TF-Algorithmus bevorzugt Dokumente, die ein einzelnes Thema oder zumindest sehr wenige Themen enthalten. Für die Anwendung der Schlüsselbegriffe bedeutet dies, dass ein Dokument höchstens auf drei bis vier Wörter hin optimiert sein darf. Diese Werte gelten erfahrungsgemäß unabhängig von der Dokumentgröße oder dem enthaltenen Text.

6.5.1 Liste bereinigen

Die Liste muss demzufolge ein letztes Mal gekürzt werden. Dabei haben bestimmte Begriffe innerhalb des vorangegangenen Verfahrens bereits gewisse »Qualifikationen« erlangt. Diese sollten durch die verschiedenen Markierungen und Werte deutlich sichtbar sein. Eine besondere Auszeichnung sollten auch die im vorigen Schritt erstellten Wortkombinationen erhalten. Diese sind oftmals effektiver als einzelne Begriffe mit hoher Verwendung im Web.

Bevor man dazu übergeht, die Liste zu bereinigen, ist es ratsam, sich ein letztes Mal die Zielgruppendefinition und das zu beschreibende Thema der Webseite vor Augen zu führen. Anschließend fallen oftmals Begriffe auf, die der Zielgruppe nicht gerecht werden oder nicht prägnant genug für die Beschreibung des Themas sind. Ebenfalls sollten Wörter mit doppelter Bedeutung nicht in die engere Auswahl gelangen. Falls ein solcher Term unumgänglich für die Beschreibung des Sachverhalts ist und kein anderer Begriff dazu zur Verfügung steht, fallen Ihnen vielleicht Synonyme ein. Zur Not wiederholen Sie für einzelne Begriffe, mit denen Sie noch nicht ganz zufrieden sind, selektiv vorangegangene Schritte.

Selbstverständlich ist auch, dass keine Terme als Schlüsselwörter taugen, die entweder auf Stoppwortlisten oder sogar auf Blacklists stehen oder in irgendeiner Form gegen die Nutzungsbedingungen der Suchmaschinen-Betreiber verstoßen. Hier hilft die beste Optimierung nichts, da solche Begriffe erst gar nicht indexiert werden.

Mittlerweile sollte die Liste recht kompakt sein und viele gute Schlüsselwörter enthalten. Ob die Liste eine »ausreichende« Anzahl Einträge enthält, muss von Fall zu Fall entschieden werden. Mit einer gewissen Erfahrung läuft der gesamte Prozess natürlich wesentlich schneller und zuverlässiger ab. Falls Sie noch nicht über die entsprechende Erfahrung verfügen, und Ihr Blatt Papier mit den Markierungen eher einem Schlachtfeld gleicht als einer schön sortierten Liste, haben Sie dennoch alles richtig gemacht – oder gerade dann!

Sagt Ihr Bauchgefühl, dass die Liste noch zu lang ist, und macht die überwiegende Zahl der Begriffe Sie noch nicht glücklich, sollten Sie entweder Alternativen suchen oder die in Frage kommenden Begriffe entfernen. Denken Sie dabei immer aus Sicht des potenziellen Besuchers, und bleiben Sie so nahe wie möglich an dem zu beschreibenden Thema.

6.5.2 Keyword-Effizienz berechnen

Für die Auswahl der richtigen Keywords bei einer Optimierung benötigt man die richtige Mischung aus Themen- und Branchenkenntnis, Erfahrung sowie Intuition. Wie schön wäre es, wenn man die Güte eines Keywords einfach berechnen könnte und so einen objektiven Wert in der Hand hätte, der die Qualität des Begriffs für die Optimierung angibt.

So einen Wert gibt es tatsächlich. Der sogenannte *Keyword-Effizienz-Index* (*KEI*), oder im englischen Sprachraum auch Keyword-Efficiency-Index genannt, wurde erstmalig von Sumatra Roy entwickelt und erlangte Bekanntheit über die Einbindung in Wordtracker.

Der KEI ist ein Quotient, der im Zähler die Suchpopularität und im Nenner die Anzahl der Anfragen für ein Keyword oder eine Keyword-Kombination berechnet.

Dabei liegen dem KEI folgende drei Axiome zugrunde:

1. Der KEI für ein Keyword steigt, wenn die Keyword-Popularität steigt. Dabei ist Popularität definiert über die Häufigkeit, mit welcher ein Keyword in einem definierten Zeitraum gesucht wird.
2. Der KEI für ein Keyword sinkt, wenn der Begriff stärker beworben ist. Bewerben meint in diesem Zusammenhang die Anzahl der Seiten, die auf eine Suchanfrage bei einer Suchmaschine mit diesem Keyword zurückgeliefert werden.
3. Wenn die Keyword-Popularität und die Mitbewerberzahl im gleichen Verhältnis zu den Werten anderer Keywords stehen, soll das Keyword mit der höheren Keyword-Popularität und der höheren Mitbewerberzahl einen höheren KEI verzeichnen.

Während die ersten beiden Axiome weitgehend selbsterklärend sind, soll das dritte an einem Beispiel verdeutlicht werden:

Nehmen wir an, dass die Popularität des Keywords »sprachurlaub« bei sechs Anfragen pro Monat liegt (was natürlich nicht der Realität entspricht, aber sich zur Verdeutlichung besser eignet). Eine Abfrage bei AltaVista würde 100 Ergebnisse liefern, sodass die Anzahl der Mitbewerber 100 ist. Der Quotient der beiden Werte wäre demzufolge 6 / 100 = 0,06.

Nehmen wir weiter an, dass bei einem zweiten Keyword »sprachreise« sich eine höhere Keyword-Popularität von 60 feststellen ließe. Die Mitbewerberzahl liege sogar bei 1 000 Seiten. Der Quotient wäre hier 60 / 1000 = 0,06.

Interessanterweise ist der Quotient für beide Begriffe gleich. Dabei ist es offensichtlich, dass der zweite Begriff »sprachreise« wesentlich attraktiver für eine Suchmaschinen-Optimierung ist als der erste. Für sechs Suchanfragen pro Monat ist es wenig sinnvoll, eine Optimierung zu unternehmen, auch wenn bei 100 Seiten die Wahrscheinlichkeit für ein besseres Ranking in der Regel höher ist als bei 1 000 Mitbewerbern. Bemüht man eine Kosten-Nutzen-Rechnung, ist der zweite Begriff mit 60 Suchanfragen pro Monat wesentlich ergiebiger für eine Optimierung.

Der KEI muss daher, und das fordert das dritte Axiom, bei dem zweiten Begriff einen höheren Wert liefern als bei dem ersten. Dies wird dadurch erreicht, dass man die Popularität potenziert. Die Formel für den KEI eines Keywords lautet demnach wie folgt:

```
KEI = Keyword-Popularität2 / Anzahl der Mitbewerber
```

Häufig findet man auch die verkürzte Angabe, bei der die Keyword-Popularität mit P und die Anzahl der Mitbewerber mit C abgekürzt wird:

```
KEI = P² / C
```

Dieser KEI erfüllt nun alle drei Axiome:

1. Wenn P steigt, steigt auch P² und entsprechend der KEI.
2. Wenn C steigt, sinkt der KEI.
3. Wenn P und C gemeinsam stärker steigen als bei anderen Keywords, steigt der KEI bei dem »stärkeren« Keyword trotz des gleichen Quotienten (wie im Beispiel gezeigt).

Mit dem KEI gibt es scheinbar eine einfache mathematische Lösung zur Berechnung der Keyword-Güte, die quasi von jedermann durchgeführt werden kann. Man berechnet für alle Keywords einer Liste jeweils den KEI, sortiert dann die Ergebnisse und hat im Handumdrehen eine Hierarchie der besten Begriffe für die Optimierung. Man sagt in diesem Kontext oftmals, dass Begriffe unter einem KEI von 10,0 nicht für die Suchmaschinen-Optimierung geeignet sind, und dass Keywords zwischen 1,0 und 10,0 eher für das Suchmaschinen-Marketing, sprich für Paid-Listing-Programme, geeignet sind. Keywords mit einem KEI unter 1,0 sind zu vernachlässigen.

Doch ist es wirklich so einfach? Schön wäre es. Jedoch gibt es zahlreiche Fallstricke zu beachten, welche die Aussagekraft des KEI erheblich in Frage stellen können.

Ein Grundproblem ist die Herkunft der Daten. Für die Berechnung benötigen Sie die beiden Zahlenwerte zur Keyword-Popularität und zur Anzahl der Anfragen. Die Keyword-Popularität wird bei Wordtracker beispielsweise unter anderem durch den Einkauf von Suchdaten bei MetaCrawler bestimmt. Ihnen bleibt in der Regel nur die Nutzung von Online-Datenbanken wie Overture. Die diesbezüglichen Einschränkungen in Bezug auf die Gültigkeit und Aussagekraft der Häufigkeiten kommen hier besonders zum Tragen, denn die KEI-Berechnung steht und fällt mit der Keyword-Popularität. Inwieweit die Daten von Overture und Co. verlässlich sind, ist erfahrungsgemäß stark abhängig vom Keyword. Bei manchen Anfragen liefert die Berechnung über die Overture-Daten zuverlässige Ergebnisse, in vielen Fällen leider aber auch nicht.

Die Bestimmung der Mitbewerberzahl fällt hingegen wesentlich leichter aus. Während Wordtracker sich auf die Angabe von AltaVista stützt, kann Google als Marktführer eine höhere Aussagekraft für sich beanspruchen. Für die Abfrage gibt man das entsprechende Keyword in Google ein und liest anschließend in der Ergebnisliste die Zahl der Treffer ab (im Beispiel 779 000).

Ergebnisse **1 - 10** von ungefähr **779.000** für **sprachurlaub**. (0,12 Sekunden)

Abbildung 6.11   Google liefert die Mitbewerberzahl für ein Keyword.

Nun könnte man sich mit der Tatsache anfreunden, dass die Zugriffshäufigkeiten von Overture nicht das Nonplusultra darstellen, jedoch immerhin die Möglichkeit bieten, den KEI überhaupt zu berechnen. Im Prinzip mag das sicherlich stimmen, praxistauglich wird das Konzept allerdings dadurch immer noch nicht. Es bestehen gewisse andere Einschränkungen bei der KEI-Berechnung, die ich Ihnen hier nicht verschweigen will.

Zum einen erhalten sehr populäre Begriffe aufgrund der Potenzierung der Keyword-Popularität einen überdurchschnittlichen KEI. Dies wird besonders deutlich, wenn man die Liste mit den fertigen KEI-Berechnungen sortiert und sich die vermeintlich »besten« Keywords anschaut. Abhilfe schafft hier die Einführung eines Grenzwertes. Das bedeutet, dass ab einem bestimmten Popularitätswert ein definierter Maximalwert eingesetzt wird.

Weiter sollte beachtet werden, dass bei der Berechnung von mehreren Stichwörtern die Mitbewerberzahl je nach Verwendung von Operatoren bei der Suchanfrage schwanken kann. So liefert Google für die Anfrage »"KEI berechnung"« als Phrase lediglich sechs Treffer zurück, bei der gleichen Anfrage ohne Anführungszeichen hingegen über 300 000 Ergebnisse. Je mehr Begriffe eine untersuchte Anfrage enthält, desto gewichtiger wird dieses Phänomen. Sie sollten daher unbedingt darauf achten, dass Sie einheitlich entweder immer oder nie Operatoren zur Datenerhebung für die Berechnung verwenden. Ansonsten ist die Vergleichbarkeit der KEI-Werte nicht unbedingt gegeben. Im Allgemeinen empfiehlt es sich, die Mitbewerberzahl für die KEI-Berechnung ohne Phrasensuche oder Ähnliches durchzuführen, da die meisten Nutzer ohnehin Suchbegriffe ohne Operatoren eingeben.

Letztendlich stellt sich generell die Frage, ob die Zahl der Mitbewerber tatsächlich eine Aussage zur Güte eines Keywords zulässt. Ist ein Keyword automatisch weniger gut geeignet, weil es unzählige Mitbewerberseiten gibt?

Diese und ähnliche Fragen sind nicht einfach zu beantworten, und das führt dazu, dass die KEI-Berechnung unter den Suchmaschinen-Optimierern umstritten ist.

Als probates Mittel zur Einschätzung lässt sich der KEI aber dennoch verwenden, wenn man alle genannten Bedingungen und Einschränkungen berücksichtigt. An eine interessante Weiterentwicklung des KEI ist auch zu denken. So können verschiedene andere Faktoren mit in die Effizienz-Berechnung eingehen und die Aussagekraft um ein Vielfaches erhöhen.

Bei *mindshape* wenden wir bei der Suchmaschinen-Optimierung von Kunden-Websites eine stark erweiterte KEI-Berechnung an. Dabei spielen unter anderem der Pagerank der oberen Ranking-Positionen sowie deren Optimierungsgrad mit hinein. Die einzelnen Faktoren sowie ihre Zusammenstellung und Gewichtung soll aber weiterhin ein Geschäftsgeheimnis bleiben. Mit ein wenig Gespür, dem entsprechenden Aufwand und den nötigen Erfahrungswerten kann man aber auch selbst zu einem besseren Ergebnis als dem über die oben vorgestellte Formel gelangen.

6.5.3 Finale Auswahl und Zuweisung von Seiten-Keywords

Die endgültige Auswahl der wenigen Schlüsselwörter für eine Webseite gleicht – mit oder ohne mathematische Grundlage – einer Gratwanderung. Einerseits sollte der Begriff möglichst oft in Anfragen genannt werden. Ein nie gesuchtes Wort wird sicherlich auch niemals gefunden werden. Andererseits darf man nicht der Versuchung verfallen, besonders weitverbreitete Terme auszuwählen. Die Anzahl der Konkurrenten steigt dann nämlich enorm an; und häufig genutzte Begriffe werden durch die statistischen Gewichtungsverfahren weniger hoch gewertet.

Die abschließende Wahl der wenigen Schlüsselbegriffe für eine Webseite will daher gut überlegt sein. Letztendlich ist diese Entscheidung aber keine über Leben und Tod. Es können jederzeit Veränderungen an der bestehenden Webseite durchgeführt werden. Sie sollten sich dennoch bewusst sein, dass die Suchmaschinen diese nicht allzu häufig besuchen können und ihren Index ebenso selten aktualisieren.

Sortieren Sie abschließend also Ihre Keyword-Liste nach Wichtigkeit der Begriffe und Kombinationen, indem Sie die einzelnen Werte und gegebenenfalls den KEI sowie auch Ihre Intuition mit in die Bewertung einbeziehen.

Legen Sie dabei auch die Reihenfolge, Ausprägung und Zuordnung insbesondere bei Keyword-Kombinationen genau fest. Diese sollten auch in der Form später einheitlich optimiert werden.

Es hat sich für das weitere Vorgehen bewährt, den Seiten die Keywords aus der Liste gleich zuzuordnen, auf die sie im Folgenden hin optimiert werden sollen. Hier können Sie beispielsweise die Dateinamen hinter die entsprechende Zeile schreiben. Oder Sie haben ohnehin eine grafische Übersicht der Website, sozusagen eine Sitemap als Baumdiagramm, die Sie um die Begriffe ergänzen können. Die einer Seite zugeordneten Keywords bezeichnet man im Kontext der Suchmaschinen-Optimierung auch als Seiten-Keywords.

Diese wie auch immer geartete Übersicht soll als Grundlage dienen, um im fortschreitenden Optimierungsprozess durch entsprechende Modifikationen im HTML-Code eine gute Rangposition in den Ergebnislisten zu erwirken.

Abschließend sei noch erwähnt, dass durch die Suche nach den passenden Schlüsselwörtern ein entscheidender Vorteil gegenüber den Mitbewerbern entsteht: Man erhält einen ausgezeichneten Blick dafür, wie die Zielgruppe nach Produkten, Dienstleistungen und Informationen sucht. Die wenigsten Webseiten-Betreiber machen sich diese Mühe und verschwinden mit ihren Seiten in den meisten Fällen im dichten Nebel des Webs.

> »6 560 000 Treffer für ›irgendwie‹ in der derzeit beliebtesten Suchmaschine Google – das zeigt doch irgendwie, dass das Wort ›irgendwie‹ irgendwie suboptimal ist.«
> – Knut Hansen

7 Onpage-Optimierung

Nachdem Sie nun über ein exzellentes Basiswissen über Information-Retrieval-Systeme und Suchmaschinen verfügen, befinden Sie sich schon fast in der Lage, Webseiten selbstständig zu optimieren. Aber wie so oft ist das Wissen nur die eine Hälfte der Miete. Die notwendige Erfahrung ist leider nicht gänzlich durch Lektüre zu gewinnen. Die folgenden Abschnitte sollen Ihnen daher einen möglichst leichten Einstieg in die praktische Optimierung ermöglichen.

Zuvor sei jedoch einmal die grundsätzliche Frage aufgeworfen, was Optimierung überhaupt bedeutet. Im allgemeinen Sprachgebrauch bedeutet Suchmaschinen-Optimierung, die Inhalte und Struktur einer Website derart gezielt zu verändern, dass sie bei den Suchmaschinen eine obere Rangposition erhalten. Wie in den vorigen Abschnitten deutlich geworden ist, spielt sich die Rangbildung auf der Ebene der Dokumente ab und bezieht sich primär auf Schlüsselwörter. Eine Ressource, sei es ein HTML-Dokument, eine PDF- oder eine Word-Datei, kann dabei immer nur für einige wenige Schlüsselwörter eine gute Rangposition erzielen. Diese Schlüsselwörter müssen gezielt gewählt sein und möglichst effektiv platziert werden, um den maximalen Erfolg zu erzielen.

Ebenso wichtig ist ein konsequentes Verfolgen der Optimierungsstrategie. Diese Prämisse gilt gleich in zweierlei Punkten. Zum einen darf nicht erwartet werden, dass der Rang nach einer Optimierung unmittelbar direkt ansteigt. Die Suchmaschinen-Optimierung ist ein längerer Prozess, der stets zwischen Beobachten und gezielter Veränderung wechselt. So kann es durchaus Wochen bis Monate dauern, bis eine akzeptable Position innerhalb der Ergebnisliste einer Suchmaschine erreicht ist. Neben Geduld setzt die Optimierung auch eine gewisse Akribie voraus. Dies ist leider der Grund, weshalb die Mehrzahl der Optimierungsversuche scheitert. Die Frage, welche der vielen Optimierungsmaßnahmen zu priorisieren wäre, ist in den meisten Fällen jedoch nicht zu beantworten. Um eine gute Rangposition zu erzielen, reicht es nicht aus, nur eine Auswahl der zur Verfügung stehenden Optimierungsmethoden anzuwenden. Es müssen alle Mittel konsequent eingesetzt werden, nur so ist ein Erfolg wahrscheinlich – und erst dann lohnt sich die Arbeit überhaupt. Das ist für alle die, die möglichst schnell zum Ziel gelangen möchten und nur halbherzig ihre Optimierung betreiben, häufig eine bittere Kost. Allen anderen gereicht die Ungeduld der Mitbewerber zum Vorteil.

Allerdings sieht die Realität in Sachen Suchmaschinen-Optimierung eher düster aus. Der durchschnittliche Privatanwender, der seine Seiten im Web publiziert, ist meist schon froh, überhaupt eine komplette Seite erstellt zu haben und mit dieser nach monatelanger Arbeit endlich »online« zu sein. Eine Suchmaschinen-Optimierung findet hier meist nicht statt. Doch auch in Agenturen, die mit der Aufgabe betraut werden, eine Webpräsenz zu entwickeln, sieht die Wirklichkeit leider oftmals nicht viel anders aus. Man könnte vermuten, dass hier der Faktor Zeit in Kombination mit dem (nicht) zur Verfügung stehenden Budget die Ursache wäre, dass eine Suchmaschinen-Optimierung nicht oder meist nur sehr halbherzig stattfindet. In den meisten Fällen konkurrieren hier neben bloßem Unwissen mehr denn anderswo die verschiedenen Zielaspekte miteinander.

Das primäre Ziel bei der Entwicklung eines Webauftritts durch eine professionelle Agentur ist zumeist die Optik. Daran tragen nicht nur die Agenturen alleine Schuld. So manch guter Design- oder Textentwurf musste verworfen werden, weil der Auftraggeber, sprich Kunde, die Zielgruppe aus dem Auge verloren hat und sich stattdessen mit einer pompösen Selbstdarstellung ohne nennenswerten Mehrwert für den Benutzer präsentiert.

Die heutige Ausbildung der Designer hat einen weiteren neuen und wichtigen Aspekt der Optimierung hervorgebracht, sodass dieses Wissen sich allmählich auch in den Agenturen verbreitet. Die Website-Usability gewann in den letzten Jahren immer mehr an Bedeutung. Mag diese Gebrauchstauglichkeit elementar wichtig für den Erfolg einer Website sein, so ist sie doch ein weiterer Konkurrent für die Suchmaschinen-Optimierung.

Dies alles macht deutlich, dass ein Konzept mehr denn je notwendig ist, um mit der investierten Zeit oder Geldsumme das gewünschte Ziel zu erreichen. Dieses Konzept sollte im besten Fall einer der ersten Punkte sein, die nach dem Entschluss, eine Website zu veröffentlichen oder zu relaunchen, angegangen werden. Wie ein großer Teil an konzeptioneller Vorarbeit bereits mit der Keyword-Recherche geleistet werden kann, wurde bereits im vorherigen Kapitel beschrieben. Nun soll es darum gehen, die strukturellen Rahmenbedingungen innerhalb des Webangebots optimal vorzubereiten. Hierzu sind bei einer Neukonzeption sowie bei einem Relaunch erfahrungsgemäß gewisse Aspekte für eine erfolgreiche Suchmaschinen-Optimierung besonders zu berücksichtigen.

7.1 Spezielle Situation bei einem Relaunch

Bislang wurde stets von der kompletten Neugestaltung einer Website ausgegangen. Oftmals werden aber auch bereits bestehende Seiten um neue Inhalte erweitert und mit einer verbesserten Optik und Navigation versehen. Das führt zu einer inhaltlichen Umgliederung und einem neuen Erscheinungsbild des Webauftritts und wird als *Relaunch* bezeichnet.

In Bezug auf das Konzept zur Entwicklung beziehungsweise Weiterentwicklung einer Website müssen meist die bereits bestehenden Bausteine mit eingeplant werden. Dies schließt sowohl die Seiten mit ihre Inhalte als auch die Stammbenutzer und allgemeinen Besucherströme mit ein. Letztere werden bei einem Relaunch allzu oft vernachlässigt. Um diesbezüglich eine Entscheidungsgrundlage zu erhalten, empfiehlt sich zum einen der Blick in Richtung Suchmaschinen und zum anderen der Blick in die eigenen Log-Bücher des Webservers. Wie später noch ausführlich gezeigt wird, lassen sich bei der Auswertung der Logdateien unter anderem die am häufigsten besuchten Seiten analysieren. Hier sollte man sich fragen, weshalb diese Seiten mit ihrem Inhalt anscheinend besonders beliebt sind, und die gewonnenen Erkenntnisse für den Aufbau der neuen Site nutzen.

Auf der anderen Seite liefern Suchmaschinen vor einem Relaunch wertvolle Informationen zu erfassten Strukturen, die es zu kennen lohnt. Dieser Schritt kann ausschließlich bei einem Relaunch stattfinden, da bei einer Neuveröffentlichung einer Site keine alten Datenbestände von Suchmaschinen erfasst werden können. In Zuge der Planungsphase ist das Wissen von Vorteil, inwieweit die bislang vorhandenen Seitenstrukturen aufgenommen worden sind. Diese würden dann nach einem Relaunch relativ schnell durch einen Wiederbesuch neu indexiert werden – vorausgesetzt, der URL ist unverändert geblieben. Um bei Google oder Yahoo! herauszufinden, welche Seiten einer Webpräsenz bereits indexiert wurden, gibt man in das Suchfeld den folgenden Befehl ein:

`site:www.sportalis.de`

Daraufhin sollten alle indexierten Seiten der Domain `sportalis.de` geliefert werden. In einigen Fällen werden auf diese Anfragen keine Ergebnisse gefunden. In diesem Fall sollte man es ohne »www« probieren:

`site:sportalis.de`

Diese Anfrage beeinhaltet dann unter Umständen auch Subdomains wie beispielsweise `freiburg.sportalis.de`. Falls auch auf diese Anfrage keine Ergebnisse folgen, wurde die angefragte Domain wahrscheinlich bislang noch nicht indexiert oder eventuell wegen eines Verstoßes gegen die Nutzerordnung gesperrt.

Bei einer erfolgreichen Suche wird die Gesamtzahl der erfassten Seiten – bei Google in der hellblauen Leiste – ersichtlich (»Ergebnisse 1 – 10 von ungefähr 176«).

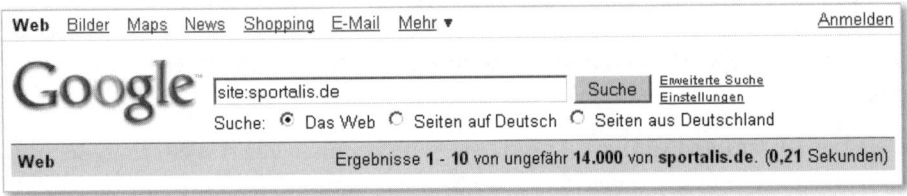

Abbildung 7.1 Überprüfung der bereits indexierten Dokumente bei Google

Deckt sich diese Zahl mit der Anzahl Seiten der Webpräsenz, war die alte Seite bereits recht gut strukturiert, sodass der Webcrawler die Links zu allen Seiten finden konnte. Weicht die Zahl stark ab, so sollten Sie bei dem Relaunch auf jeden Fall die interne Verlinkung verstärkt beachten.

Die spezifische Anfrage nach Domains bei anderen Suchmaschinen läuft ähnlich ab, sofern eine solche Funktionalität vorgesehen ist. Diese ist meist in der erweiterten Suche zu finden. Zur Not hilft hier und da auch die Eingabe der Domain als Phrasenbegriff:

`"sportalis.de"`

Die Benutzung der Phrase ist wichtig, da andernfalls der Punkt als Sonderzeichen in ein Leerzeichen umgewandelt und man nach zwei Begriffen suchen würde.

Neben den Suchmaschinen ist das Auftreten in Webkatalogen, wie zu Beginn erwähnt wurde, äußerst wichtig und sollte daher zusätzlich überprüft werden. Die relevanten Kataloge sind vor allem das Open Directory, der Yahoo!-Katalog und das Webverzeichnis von Web.de. Bei allen drei Angeboten kann der Domain-Name ohne Zusätze als Suchbegriff verwendet werden:

`sportalis.de`

Bei Web.de und anderen Verzeichnissen müssen gewerbliche und teilweise auch private Anbieter eine Gebühr für die Eintragung entrichten. Hier sollte es also wenig verwundern, wenn die gesuchte Website nicht im Verzeichnis enthalten ist, falls man nicht auch dafür bezahlt hat. Nur in wenigen Fällen, in denen die Betreiber eine Website für sehr bedeutend halten, wird diese auch ohne Bezahlung und ohne Vorschlag seitens des Webautors aufgenommen.

7.2 Strukturelle Maßnahmen

Nachdem diese Rahmenbedingungen geklärt sind, das Konzept so weit entworfen ist, die Seiten-Keywords definiert sind und die Seitenoptimierung für Suchmaschinen konzeptionell zumindest nicht ganz hinten anstehen muss, ist es an der Zeit, eine solide Basis für die Feinumsetzung der Optimierung aufzubauen.

7.2.1 Gültiges HTML

Die Grundvoraussetzung für eine erfolgreiche Optimierung und eine gelungene Website überhaupt ist der korrekte Umgang mit den zugrunde liegenden Webtechnologien HTML und CSS.

Auch wenn der Browser oftmals durch einen sehr toleranten Parser eine Seite trotz gravierender Fehler im HTML-Code korrekt interpretiert und anzeigt, reagieren die Parser der Webcrawler-Systeme oftmals nicht so fehlertolerant. Sie sollten daher dringend auf »sauberes HTML« achten, das keine syntaktischen Fehler enthält. Wie Sie gesehen haben, extrahieren Information-Retrieval-Systeme einzelne Kernstücke wie beispielsweise das `<title>`-Tag oder Überschriften aus dem Code, um diese gesondert zu gewichten. Dies ist nur realisierbar, solange ein Extrahieren überhaupt möglich ist, sprich, solange der HTML-Code das Erkennen der Auszeichnungen wie `<title>` oder `<h1>` zulässt.

Im schlimmsten Fall kann das Vergessen einer schließenden eckigen Klammer bereits dazu führen, dass ganze Teile des Dokuments nicht berücksichtigt werden. Im folgenden Beispiel könnten die zwei Begriffe von einem Parser sehr gut als weitere Attribute des `<h1>`-Tags gewertet werden:

`<h1 class="css_uebeschrift1" begriff1 begriff2 </h1>`

Die korrekte Schreibweise sieht nach dem zweiten Anführungszeichen des `class`-Attributs, das dem Tag einen bestimmten CSS-Style zuweist, eine schließende Klammer (`</`) vor. Der gleiche Fehler führt ebenso bei `<p>`-Tags und anderen Elementen zu einer entsprechenden Fehlinterpretation.

Eine häufige Fehlerquelle ist außerdem die unglückliche Verwendung der Anführungszeichen. Hierbei ist darauf zu achten, dass sie jeweils im Paar auftreten, sodass der Wert des Attributs von ihnen umschlossen wird. Andernfalls kann dies dazu führen, dass der gesamte Text von einem ersten Anführungszeichen bis zum nächsten als Wert interpretiert wird.

`<a href="`**`start.html hier</a> und er fragte `**`"wie geht's?"`

Im Beispiel würde der fett markierte Text als Wert des Attributs `href` angesehen werden, weil das eigentlich führende Anführungszeichen bei dem Zitat `wie` geht's? als schließendes Anführungszeichen bezüglich des Attributwerts interpretiert wird. Gereifte Parser würden eventuell bei dem schließenden `</a>`-Tag einfach ein schließendes Anführungszeichen annehmen. Jedoch wäre die Linkbezeichnung `hier` dennoch verloren.

Diese Fehler sind ebenso ärgerlich wie häufig. Sie geschehen meist nicht aus Unwissen, sondern aus Unachtsamkeit. Sehr weitreichend ist leider auch die Angabe eines falschen URL.

```
<a href="http://www.mindshape.de//projekte/index.html">
<a href="http//www.mindshape.de">
```

Hier wird nicht nur der Besucher einen 404-Fehlercode für eine falsch verlinkte und daher nicht existierende Ressource angezeigt bekommen, sondern auch die Suchmaschine kann diesen Teil der Website nicht erschließen und indexieren. Um derartige Fehler zu vermeiden, können die Link-Strukturen unter Zuhilfenahme von Online-Tools überprüft werden [75].

Die wenigsten Webseiten werden heutzutage noch von Hand programmiert. In der Regel werden WYSIWYG-Autoren-Programme genutzt. Diese bringen besonders bei einer Verwendung älterer Versionen nicht selten Codestücke mit ein, die nicht dem offiziellen W3C-Standard für HTML entsprechen [76]. Dies gilt besonders für die weniger verbreiteten Produkte. Außerdem sind in den letzten Jahren mit dem Konkurrenzkampf zwischen den verschiedenen Browserherstellern zunehmend proprietäre HTML-Tags eingeführt worden. Diese Tags, die nicht im W3C-Standard definiert sind, funktionieren – zumindest wenn sie neu erscheinen – ausschließlich auf den Browsern der entsprechenden Firma und bieten meist eine erweiterte Darstellungsmöglichkeit. Damit erhofften sich die Unternehmen einen Vorteil gegenüber ihren Mitbewerbern auf dem Browsermarkt. Dokumente, die eines dieser Tags enthalten, werden auf anderen Browsern folglich gar nicht oder nicht korrekt dargestellt. Die Parser der Suchmaschinen unterstützen in der Regel diese proprietären Tags ebenso wenig. Glücklicherweise ließen zumindest die professionellen Designer und Programmierer nach anfänglicher Euphorie von dem überschwänglichen Gebrauch solcher Tags ab.

Um den HTML-Code einer Webseite zu überprüfen, bietet das W3C einen Gültigkeitscheck an. Der *W3C-Validator* [77] bietet die Möglichkeit, sowohl mittels Eingabe des URL online verfügbare Dokumente zu prüfen als auch unveröffentlichte HTML-Dokumente zur sofortigen Prüfung temporär hochzuladen.

Für das Dokument als Beispiel in Abbildung 7.2 fand das Tool keinen Fehler. Im Falle, dass Fehler vorhanden sind, zählt das Tool diese anschließend jeweils einzeln inklusive mehr und weniger brauchbarer Tipps für deren Beseitigung auf.

Nicht zuletzt ist ein Dokument mit validem (X)HTML-Code ein Nachweis für die Sorgfalt und Professionalität des Webautors und daher ein durchaus anwendbares Gütekriterium für die Bewertung seitens der Suchmaschinen. Und wenn man schon einmal bei der Sorgfalt ist: Rechtschreibfehler sind zwar kein Problem für Suchmaschinen, dem Besucher fallen sie jedoch bei häufigem Auftreten besonders negativ auf und tragen nicht dazu bei, den Autor als Quelle für die angebotenen Informationen glaubwürdiger wirken zu lassen.

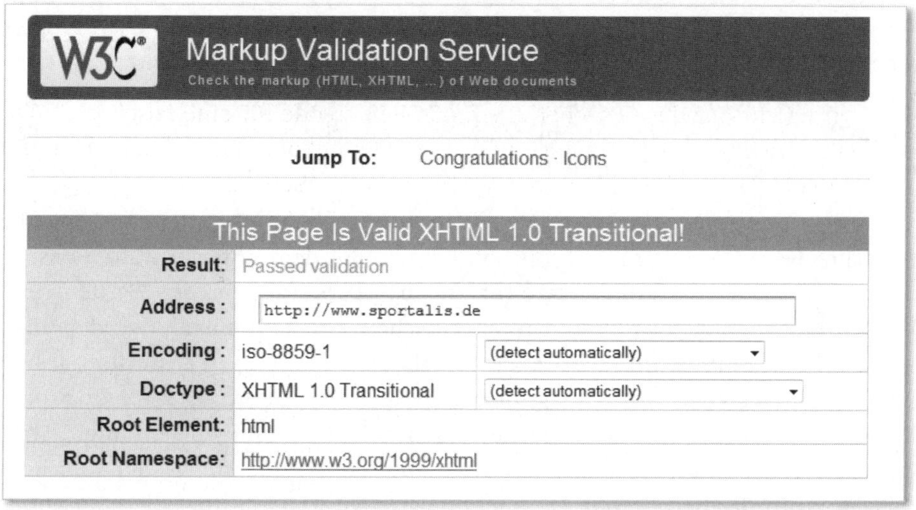

Abbildung 7.2 HTTP-Code mit dem W3C-Validator überprüfen

7.2.2 Einsatz von CSS

In den letzten drei Jahren ist der Einsatz von CSS zunehmend beliebter geworden – zu Recht. Die Trennung von Inhalt und Design bietet auf vielen Feldern bessere Möglichkeiten. Allein die Vielfalt an verschiedenartigen Formatierungsmöglichkeiten macht den Einsatz sinnvoll. Ein Schlüsselelement bei der Entwicklung von CSS war die Auslagerung der grafischen Beschreibungssprache. Wie das Projekt CSS Zen Garden [78] eindrucksvoll beweist, lässt sich das Layout beinahe komplett aus den HTML-Dokumenten auslagern und somit das Aussehen der gesamten Website zentral bestimmen. Zum Auslagern schreibt man lediglich die CSS-Formatierungen in eine eigene Datei und speichert diese von den Dokumenten zentral erreichbar ab. Anschließend bindet man die CSS-Datei (z. B. *site.css*) über folgenden Befehl in den Head-Bereich des HTML-Dokuments ein:

```
<link rel="stylesheet" href="site.css" type="text/css">
```

Aber auch für die Suchmaschinen-Optimierung ist CSS eine sehr hilfreiche Angelegenheit. Denn bislang interpretiert keine Suchmaschine die Formatierungen der Cascading Style Sheets. Das lässt sich wunderbar zur Optimierung einsetzen, auch wenn man hier eine Gratwanderung begeht. Solange die Suchmaschinen CSS nicht berücksichtigen, können Inhalte positioniert werden, die zwar für die Benutzer, aber nicht für Suchmaschinen sichtbar sind. Streng genommen handelt es sich hierbei um einen Täuschungsversuch. Früher oder später werden die Suchmaschinen auch CSS berücksichtigen. Man sollte bei der Anwendung solcher Tricks daher ständig auf dem Laufenden bleiben, was aktuelle Entwicklungen diesbezüglich betrifft. Denn als Strafe droht die Entfernung der Seiten aus dem Index. Daher ist die Auslagerung der CSS-Datei hier besonders empfehlenswert, da die Erfassung durch die Suchmaschine somit erschwert wird. Der Webcrawler müsste jedes Mal zwei Dokumente, nämlich das HTML-Dokument und die dazugehörige CSS-Datei, herunterladen und interpretieren.

In Sachen Formatierung und Layout sollte man außerdem Vorsicht walten lassen, wenn man Texte oder komplexere Inhalte aus MS Word per Copy&Paste in ein WYSIWYG-Programm einfügt. Die spezifischen Formatierungen werden hier nämlich übernommen und führen das Prinzip der Trennung ad absurdum. Ironischerweise bietet Microsoft in seinem eigenen Webpublishing-Produkt FrontPage eine Funktion an, die importierte Word-Formatierungen bereinigt. Aber auch andere Programme bieten derartige Funktionen an. Am besten speichert man in Word das betreffende Dokument als HTML-Datei, öffnet diese anschließend mit einem Webpublishing-Programm und lässt die Bereinigungsfunktion werkeln. Besser ist es jedoch, Sie vermeiden den direkten Import derartiger Inhalte im Vorhinein und ersparen sich somit die Verschandelung Ihres Codes. Falls es sich nur um einzelne Textpassagen handelt, können Sie den Text gegebenenfalls auch erst in den Windows-Editor Notepad hinein kopieren. Dieser beherrscht keine Formatierung und stellt den Text im ASCII-Standard dar. Wenn Sie nun den Text erneut markieren und quasi in Rohform in die Zwischenablage kopieren, haben Sie einen formatierungsfreien Text zum Einfügen in die Webseite.

Dies soll als Bemerkung zu den grundsätzlichen Vorbereitungen an dieser Stelle genügen. An späterer Stelle wird eigens auf die Optimierung mithilfe von CSS eingegangen.

7.2.3 Korrekter Einsatz von HTML-Tags

Vor allem bei der Optimierung bestehender Webseiten kommt es häufiger vor, dass es der Webentwickler zu gut gemeint hat. Statt einer `<h1>`-Überschrift findet man beispielsweise eine solche Lösung für Überschriften:

```
<div class="ueberschrift_gross">Über Baumwurzeln</div>
```

Natürlich erscheint für den Nutzer im Browser auch diese Formatierung als Überschrift – CSS sei Dank. Doch eine gute Onpage-Optimierung sieht definitiv anders aus. Hier gilt der unabdingbare Grundsatz: Verwenden Sie für spezielle Formatierungen auch die entsprechenden HTML-Tags. Die korrekte Anwendung wäre demzufolge:

```
<h1 class="ueberschrift_gross">Über Baumwurzeln</h1>
```

Natürlich können Sie auf das Class-Attribut hier auch verzichten, wenn Sie allen `<h1>`-Überschriften das gleiche Aussehen geben möchten (das Sie im Übrigen genauso mittels CSS bestimmten können).

Warum ist es aber so wichtig, das spezielle HTML-Tag zu nutzen, wenn es am Aussehen nichts ändert? Für den Nutzer ändert sich in der Tat nichts, zumindest nicht für die Mehrheit der Nutzer, wenn man einmal den Aspekt der Barrierefreiheit außer Acht lässt. Woher soll allerdings ein Crawler oder ein Browser für Blinde wissen, dass es sich bei dem oberen Beispiel um eine Überschrift handelt – und eine der ersten Ebene obendrein? Hier verschenkt der Webautor wertvolle Punkte im Ranking, denn die semantische Struktur des Dokuments kann nicht korrekt erkannt und damit auch nicht entsprechend bewertet werden: Denn Keywords in Überschriften werden höher bewertet als Keywords in einem losen Fließtext – und nichts anderes lässt sich aus dem oberen Beispiel ableiten. Das untere hingegen verwendet das standardisierte Tag für Überschriften der ersten Ebene. Das verstehen Suchmaschinen wie barrierefreie Browser gleichermaßen.

Die folgende Tabelle gibt einen kurzen Überblick über die strukturierenden Tags, die Sie für die Onpage-Optimierung verwenden sollten:

HTML-Tag	Funktion
`<h1>` bis `<h6>`	Überschrift der Ebene eins bis sechs
`<p>`	Fließtext-Abschnitt (paragraph)
`<ul>`	unsortierte Liste (unordered list)
`<ol>`	sortierte Liste (ordered list)

Tabelle 7.1 HTML-Tags zur Strukturierung von Texten

7.2.4 Seitenstruktur

Der strukturelle Aufbau einer Website ist von zentraler Bedeutung. Die Seitenstruktur jeder einzelnen Seite muss in einer Art und Weise arrangiert sein, dass alle Seiten einer Webpräsenz zueinander in logisch hierarchischer Beziehung stehen und diese Anordnung für den Benutzer transparent erscheint. Was hier im

Allgemeinen für den menschlichen Besucher gilt, verhält sich für Suchmaschinen im Speziellen nicht wesentlich anders. Weshalb also nicht ein wenig Usability-Optimierung gleich mit der Suchmaschinen-Optimierung gemeinsam erledigen?

Zur optimalen Seitenstruktur nach Kriterien der Usability gibt es etliche Publikationen. Hier kann man sich auch für die Suchmaschinen-Optimierung gut bedienen. Wenn man die Kriterien nämlich zu vier Leitfragen zusammenfasst, ergeben sich gleichzeitig wichtige Aspekte, anhand derer die Tauglichkeit einer Website-Konzeption in Bezug auf die Suchmaschinen-Tauglichkeit geprüft werden kann. Man sollte sich bei der Planung der Seitenstruktur folgende Fragen stellen:

▶ **Ist die Struktur vom Standpunkt des Besuchers aus sinnvoll?**
Innerhalb einer sinnvoll und klar gegliederten Website können sich die Benutzer wesentlich besser orientieren. Suchmaschinen dagegen beziehen die Gesamtstruktur unter anderem in ihre Berechnungen mit ein, wenn sie die Verzeichnistiefe eines Dokuments bestimmen. Je tiefer die Dokumente liegen, desto weniger relevant sind sie für die Suchmaschinen. Das spiegelt sich auch in der Wiederbesuchsfrequenz wider, die in tieferen Ebenen meist geringer ausfällt. In der Regel ist das Link-Netz in den unteren Ebenen wesentlich verzweigter als in den oberen Bereichen. Das bedeutet für Webcrawler und Besucher gleichermaßen, dass es prinzipiell aufwendiger ist, diese Dokumente zu finden als vergleichsweise höher liegende. Daher sollten wichtige Inhalte möglichst in einer flachen Hierarchieebene positioniert werden.

▶ **Können Besucher schnell finden, was sie suchen?**
Leider können Suchmaschinen noch keine Suchfunktionen innerhalb einzelner Websites nutzen. Für die Benutzer ist eine Suchfunktion nachgewiesenermaßen das Recherche-Instrument Nummer eins, wenn es um die gezielte Suche von Informationen geht (Informal Search). Daneben ist eine gut durchdachte und ebenso gut organisierte Navigation die Bedingung für das schnelle Auffinden von gewünschten Informationen. Und diese Navigation kommt den Besuchern wie den Suchmaschinen zugute. Die Navigation ist das zentrale Organ, um eine Website zu erschließen. Daher gehe ich in Abschnitt 7.2.4, »Navigation«, detailliert auf die suchmaschinenfreundliche Gestaltung der Navigation ein.

▶ **Gibt es Sackgassen?**
Die auch als Dangling Pages bezeichneten Seiten bilden das »blinde« Ende einer Verlinkungskette. Für den Besucher sind sie eine Einbahnstraße, aus der er nur über die Zurück-Funktion des Browsers herausgelangt. Jede Seite eines Angebots sollte daher zumindest die Navigationsmöglichkeit bieten, auf die Homepage eines Angebots zurückzukehren. Die meisten Benutzer orientieren sich dort neu, nachdem sie sich im Angebot verirrt haben.

Für die Berechnung des Pageranks ist die Bedeutung solcher Dangling Pages bereits erwähnt worden. Sackgassen können sich allerdings auch auf die statistischen Bewertungsmethoden auswirken. Stellen Sie sich vor, ein Besucher gelangt von der Ergebnisliste auf eine solche Seite. Er erhält keine Möglichkeit, das weitere Webangebot des Anbieters zu erkunden, weil kein weiterführender Link zur Verfügung steht. In diesem Sinne ist die Seite selbst bei annähernd inhaltlich gleicher Qualität weniger wert als eine gut aufbereitete und thematisch vernetzte Seite.

▶ **Weiß der Benutzer zu jeder Zeit, wo er sich befindet?**
Nur, wenn der Benutzer weiß, wo er sich relativ zu seinem Startpunkt befindet, kann überhaupt so etwas wie Orientierung entstehen. Eine elegante und mittlerweile immer häufiger verwendete Art der Orientierungshilfe ist die sogenannte Breadcrumb-Navigation (Brotkrumen). Wie bei Hänsel und Gretel hinterlässt der Benutzer eine Spur, je tiefer er in den Seitenwald vordringt.

```
Home > Support > Downloads > Firmware & Treiber > SD-D22
```

Jeder Link vor einem anderen repräsentiert die nächsthöher liegende Ebene. Die oberste Ebene ist die Wurzel (root) der Website und zumeist die Homepage. Eine Studie von Wissenschaftlern der Wichita State University [79] untersuchte die Effektivität dieses Navigationstyps und kommt zu dem Ergebnis, dass eine oben positionierte Breadcrumb-Navigation die Orientierung fördert und die Nutzungsrate der Zurück-Funktion des Browsers senkt. So weit, so gut, was nützt sie allerdings der Suchmaschine? Eine derartige Navigationshilfe erhält zusätzliche wertvolle Verweise auf andere Seiten der Webpräsenz. Wertvoll daher, weil die Beschreibung in den meisten Fällen wirklich präzise das beschreibt, was auf der Seite zu erwarten ist. Das ist oftmals bei dem Hier- oder Mehr-Link (»klicken Sie hier«, »hier weiter«, »mehr hier« etc.) nicht der Fall. Zweitens sind die Breadcrumbs wertvoll, weil erneut interne Links platziert werden und dem Webcrawler »extra Futter« zur weiteren Erfassung gegeben wird. Kurzum: Diese Navigationsform erfreut Benutzer und Suchmaschinen gleichermaßen.

So viel zu den Fragen zur Seitenstruktur. Was kann man tun, falls diese Fragen nicht alle mit einem bewussten »Ja« beantwortet werden können? Es gibt natürlich mehrere Wege, die zum Erfolg und zu einer guten Seitenstruktur führen. Und genau dieses Prinzip sollte auch auf einer Website verfolgt werden. Bieten Sie mehrere Wege zum Ziel an. Denn jeder Benutzer denkt anders und versucht sein Glück auf anderen Pfaden. Als positiven Nebeneffekt bieten Sie den Suchmaschinen mehr Informationen, um die Website zu erschließen. Ändern Sie daher die geplante Struktur so weit ab, dass die genannten Punkte auch auf Ihre Website zutreffen. Hierbei können verschiedene zusätzliche Navigationssysteme zum Einsatz kommen:

- **Sitemap**
  Diese Seite gibt eine Übersicht über die Struktur des Webauftritts und verweist auf jede einzelne Seite des Angebots. Die Visualisierung kann dabei unterschiedliche Ausmaße annehmen. Wichtig ist nur, dass es sich hierbei um ein für Suchmaschinen lesbares Format handelt und nicht etwa um eine Flash-Animation.

- **Index von A – Z**
  Hierbei handelt es sich um eine alphabetische Auflistung von Stichwörtern, die jeweils verlinkt sind. Im Gegensatz zu der Sitemap geht es hier nicht um eine eindeutige Abbildung der Verweise auf die Seiten. Das bedeutet insbesondere, dass mehrere Stichwörter bzw. Verweise des Index auch auf eine einzige Seite verlinken können. In Studien wurde häufig die Benutzung des Index beobachtet. Vor allem bei großen Angeboten mit vielen verschiedenen Themengebieten wie bei den Webseiten der öffentlich-rechtlichen Sendeanstalten scheint der Index eine gute Orientierungsfunktion zu bieten.

- **Navigationsleisten**
  Meistens findet man diese Form der Navigation als horizontale Reiter-Navigation im oberen Bereich einer Seite oder als vertikale Aufzählung auf der linken Seite. Auf der Mehrzahl von kleineren Webpräsenzen findet sich ausschließlich diese Art von Navigationssystem. Es ist ferner auf jeder Seite vorhanden. Häufig tritt die horizontale Navigation als Hauptnavigation, die vertikale als Subnavigation auf. Dabei bestehen die Links nicht zwingend aus Text, sondern je nach Umsetzung auch aus Grafiken.

- **Text-Links**
  Neben den im Fließtext eingebetteten Links (embedded links) findet man häufig am unteren Seitenrand eine Wiederholung der Hauptnavigation in reiner Textfassung. Diese Form ist besonders nützlich. Denn bei einer grafisch gestalteten Hauptnavigation sind die jeweiligen Links einzelne Bilder oder gar eine Image-Map und kein Text. Daraus kann die Suchmaschine keinen Verweistext extrahieren. Sie erinnern sich: Suchmaschinen lesen keine Bildinhalte. Daher wirken die zusätzlichen Text-Links hier unterstützend. Nebenbei kommen diese Text-Links oftmals auch der Barrierefreiheit zu Gute. Diese ist seit April 2002 im Gesetz zur Gleichstellung behinderter Menschen in Paragraph 11 über die barrierefreie Informationstechnik zumindest für gewerbliche Anbieter empfohlen. Webseiten sollen auch für behinderte Menschen grundsätzlich uneingeschränkt nutzbar sein. So können Vorlese-Programme für blinde Surfer die Text-Links im Gegensatz zu den Grafik-Links vorlesen. Mit gewissen Einschränkungen könnte man sagen, je barrierefreier eine Webseite gestaltet ist, desto besser ist sie von Suchmaschinen indexierbar.

Zusammenfassend lässt sich sagen, dass man in jedem Fall eine Sitemap anbieten sollte. Das sorgt sowohl bei kleineren als auch bei komplexen Angeboten für Übersicht. Außerdem ist es hilfreich, den Webserver derart zu konfigurieren, dass bei einer nicht gefundenen Ressource (HTTP-Fehlercode 404) nicht die entsprechende Standard-Fehlerseite erscheint, sondern die Sitemap. Das gibt dem Besucher die Chance, doch noch das zu finden, was er sucht; und Sie verlieren ihn vielleicht nicht sofort wieder.

Sofern es angesichts der Größe des Webangebots sinnvoll ist, sollte ein Index ebenso als Selbstverständlichkeit angesehen werden, von einer Navigation und den Text-Links ganz zu schweigen. So schaffen Sie verschiedene Wege für Mensch und Maschine zur Exploration Ihrer Website-Struktur.

7.2.5 Navigation

Das Thema Navigation ist im vorigen Abschnitt bereits mehrfach angesprochen worden. Sie kennen nun die verschiedenen Navigationssysteme, die es Besuchern wie Suchmaschinen ermöglichen, sich auf mehreren Wegen Ihre Webpräsenz zu erschließen. Doch gibt es bei der Gestaltung der Navigation immer wieder Stolperfallen, die eine Indexierung unmöglich machen oder zumindest erschweren und damit die gesamte Vorarbeit zunichte machen.

Ganz oben auf der Problemliste stehen Navigationsmenüs, die mit clientseitigen Script-Sprachen umgesetzt sind. Der Client, sprich der Browser oder der Webcrawler, muss eine zusätzliche Systemkomponente (Plug-in) installiert haben, die für die lokale Ausführung der Script-Sprache verantwortlich ist. Zu diesen clientseitigen Sprachen gehören Java Applets, JavaScript und Macromedia Flash. Serverseitige Sprachen wie PHP, ASP, Perl usw. werden, wie der Name bereits andeutet, auf dem Webserver ausgeführt und liefern dann das dynamisch generierte Ergebnis in HTML. Der Client benötigt folglich keine zusätzlichen Plug-ins.

Die Webcrawler der Suchmaschinen haben Probleme mit clientseitigen Scripten, deswegen ist vom Einsatz einer Java- oder Flash-Navigation abzuraten. Oftmals nutzen Webpublishing-Programme Java Applets oder JavaScript zur Erstellung einer Navigation. Das sieht hübsch aus, und der Webautor ist zufrieden und bemerkt gar nicht, dass er soeben einen schwerwiegenden Fehler begangen hat. Denn die Suchmaschine kann keine Verweise für eine weitere Exploration der Website extrahieren, weil für sie eine solche clientseitige Script-Navigation schlichtweg nicht existiert.

Oftmals optimiert man Seiten, die man gar nicht selbst geschrieben hat. Wenn Sie sich nicht sicher sind, ob eine Seite clientseitige Script-Sprachen enthält, können

Sie in allen Browsern JavaScript und Active Scripting abschalten und sich dann die fragliche Seite anschauen. Taucht an der Stelle der Navigation nichts oder nur ein grauer Kasten auf, hat Java zugeschlagen.

Auch im Code lässt sich die Verwendung eines solchen Java Applets sehr leicht finden, zum Beispiel, indem man nach dem Wort »applet« sucht:

```
<applet code="MenueApplet" width="200" height="450" ⮐
   archive="menu.jar">
```

Und auch ein ausgelagertes Menü mit JavaScript ist schnell im HTML-Code identifiziert:

```
<script type="JavaScript" src="menue/menue.js"></script>
```

Diese beiden Fälle sind leicht zu entdecken und zu vermeiden. Ähnlich verhält sich die Einbettung einer Flash-Navigation. Diese erkennt man an dem Embedded- oder Object-Tag in Kombination mit etlichen Attributen. Die Flash-Animation ist dabei in der Regel eine Datei mit der Endung *swf*.

Mittlerweile ist die Welle der Popup-Fenster bereits wieder im Abebben begriffen, den Popup-Blockern sei dank. Jedoch ist hier und da ein Popup durchaus brauchbar und sinnvoll. Allerdings gibt es auch hier wiederum Probleme, wenn der Inhalt des Popups von einer Suchmaschine entdeckt werden soll.

```
<a href="JavaScript:void(0)"
onClick="JavaScript:window.open('popup.html',
   'Popup-Fenster','width=500, height=700, resizeable=yes,
   scrollbars=no')>
<img src="images/nav_link02.gif"></a>
```

Diese Form des Aufrufs verwendet einen sogenannten *Event-Handler*. Bei einem Klick auf den Link wird nicht der übliche href-Wert ausgeführt. Dieser wurde im obigen Beispiel deaktiviert. Stattdessen wird das onClick-Event ausgeführt: der Aufruf eines JavaScript-Befehls, der ein neues Fenster öffnet. Auch diese Art der Verlinkung ist in der Welt der Suchmaschinen leider unsichtbar, da sie auf JavaScript basiert.

Wie lassen sich derartige Probleme beheben? Die beste Alternative ist, eine solche clientseitige Script-Navigation erst gar nicht zu verwenden. Oftmals kommt man aber nicht umhin – sei es aus ästhetischen oder technischen Gründen oder weil der Kunde schlichtweg nicht davon abzubringen ist. In diesem Fall empfiehlt sich die bereits erwähnte Text-Link-Navigation am unteren Ende einer Seite.

Ein Popup lässt sich ohne clientseitige Scripts nicht realisieren, da das Fenster nun mal auf dem Client erscheinen soll. In vielen Fällen ist es sicherlich auch weniger tragisch, wenn eine Suchmaschine den Inhalt eines Popup-Fensters nicht indexiert, da ohnehin meist Werbung in Form von Grafiken enthalten ist. Nach diesen Informationen wird sicherlich selten gesucht, und sie bieten dem Suchmaschinen-Nutzer an sich auch keinen Mehrwert. Manchmal finden sich jedoch auch wichtige Informationen in einem Popup, wie etwa die Ankündigung für den bevorstehenden Tag der offenen Tür. Hier sollte man zuerst überlegen, ob diese Informationen nicht vielleicht doch so wichtig sind, dass sie in das Webangebot direkt einbettet werden sollten – vielleicht in Form einer aktuellen Mitteilung direkt auf der Startseite? Der Gedanke, besonders wichtige Mitteilungen in Form eines Popups zu publizieren, ist veraltet. Oftmals werden diese Informationen durch einen Popup-Blocker unterdrückt. Diese durchaus nützlichen Tools finden mehr und mehr Verwendung und sind sogar standardmäßig in aktuellen Browser-Versionen enthalten. Wenn jedoch alles nichts hilft und das Popup so bestehen bleiben soll, hilft nur noch der Versuch, die entsprechende Popup-Seite manuell bei den Suchmaschinen anzumelden. Dazu jedoch an späterer Stelle mehr.

Neben den rein technischen Hürden bei der Umsetzung einer Navigation bestehen auch noch kleinere, aber nicht unbedingt weniger bedeutende Probleme. Die Bezeichnung des Verweises (Anchor-Text), der sich zwischen dem öffnenden und dem schließenden Tag befindet, muss dem Benutzer deutlich machen, was ihn bei einem Klick auf den entsprechenden Link erwartet. Dazu bedarf es einer guten Link-Beschreibung, im Fachjargon auch *Wording* genannt. Gutes Wording hilft dem Besucher bei der Auswahl seines nächsten Schritts. Zusätzlich führt es aber auch zu einer höheren Bewertung bei der Vergabe von hypertextuellen Ranking-Algorithmen, die themenrelevant sind. So wird ein eingehender Link auf eine Seite, die das Thema »Krawatte binden« in allen Facetten beleuchtet, mit einem höheren Rank versehen, wenn eingehende Links auch das Stichwort »Krawatte« enthalten. Das bringt eine wesentlich höhere Gewichtung als die oft anzutreffenden Verweistexte »hier«, »mehr« oder »weiter«. Google beispielsweise misst diesem themenrelevanten Link-Prinzip viel Relevanz zu.

```
Hier finden Sie eine <a href="krawatten_anleitung.html">Anleitung ⮐
zum Binden Ihrer Krawatte</a>.
```

Usability-Studien belegen, dass Benutzer sich wesentlich besser auf einer Seite zurechtfinden, wenn Link-Texte aus mehr als einem einzelnen Wort bestehen und der Verweis genauer beschrieben ist. Wen wundert es? – Bietet doch ein längerer Verweistext dem Benutzer mehr Informationen, um sich eine Meinung zu bilden, was ihn nach einem Klick erwartet.

Was bei Embedded Links im Fließtext oftmals leicht zu realisieren ist, stößt innerhalb der Navigation schnell an die Grenzen des Machbaren. Die Gestaltungsrichtlinien von Designern lassen oftmals nicht mehr als ein Dutzend Zeichen Verweistext als Navigationspunkt zu und bringen damit sogar einen erfahrenen Texter ins Schwitzen. Hier ist sicherlich die Verwendung des <alt>- oder <title>-Tags förderlich (siehe Abschnitt 7.3.8, »Bilder und Image-Maps«).

7.2.6 Seiteninterne Suchfunktion

Noch vor 2007 war die seiteninterne Suchfunktion für die Suchmaschinen-Optimierung uninteressant. Doch mittlerweile suchen nicht nur Nutzer mit der Suchfunktion nach interessanten Themen, sondern auch die Suchmaschinen. Dazu nutzt zum Beispiel Google themenrelevante Begriffe, um mit ihnen über das Suchformular auf der betreffenden Website zu suchen.

Daher sollten Sie darauf achten, dass die Suchfunktion direkt über das klassische POST/GET-HTML-Verfahren und nicht etwa ausschließlich mit JavaScript bedienfähig ist. Außerdem sollten natürlich auch die präsentierten internen Suchergebnisse derart gestaltet sein, dass der Suchmaschinen-Crawler die Möglichkeit hat, die dort vorgefundenen Links auszuwerten.

7.2.7 Frames

Vor einigen Jahren war die Verwendung von Frames sehr beliebt und weitverbreitet. Mittlerweile sind jedoch nahezu alle großen Content-Anbieter wieder zu einer Darstellungsform ohne Frames zurückgekehrt, weil die Frame-Technologie gewisse Tücken hat. Die Überlegung, Frames einzusetzen, sollte bereits im Vorfeld der Konzeption einer Website stattfinden.

Insbesondere Suchmaschinen tun sich mit Frames schwer und indexieren Frame-Seiten wenn überhaupt erst seit wenigen Jahren – leider in den meisten Fällen immer noch fehlerhaft. Was ist so anders an diesen Frames, dass sie Suchmaschinen solche Probleme bereiten? Bei den möglichen Gründen zur Nichtbeachtung einer Seite kann man bei Google Folgendes erfahren:

> »*Google unterstützt Frames so weit wie möglich. Frames erzeugen jedoch potenziell Probleme bei Suchmaschinen, Bookmarks, E-Mail-Links usw., da sie dem Grundmodell des Webs – eine Seite entspricht einem URL – widersprechen. Wenn eine Benutzeranfrage eine vollständige Site als Ergebnis liefert, gibt Google das Frameset zurück. Wenn die Anfrage als Ergebnis eine einzelne Seite der Site ergibt, gibt Google diese Seite zurück. Diese Seite wird dann nicht in einem Frame angezeigt, da es eventuell kein Frameset gibt, das mit dieser Seite verknüpft ist.*« [80]

Normale HTML-Dokumente enthalten den darzustellenden Inhalt in Form von Text und Bild direkt in der betreffenden Datei. Bei Verwendung von Frames erstellt man mit einer Frameset-Page zunächst einmal eine Aufteilung des Browserfensters in verschiedene Bereiche, eben die Frames. Eine solche Seite enthält demnach keinen direkten eigenen Inhalt, sondern teilt lediglich den Raum in Teile ein und bestimmt, welche weiteren HTML-Dokumente innerhalb dieser definierten Rahmen angezeigt werden sollen. Die eigentlichen Inhaltsseiten können so gleichzeitig nebeneinander dargestellt werden. Man spricht dabei auch von einer Verschachtelung der einzelnen Seiten zu einem Frameset. Abbildung 7.3 verdeutlicht dieses Prinzip.

Der HTML-Code innerhalb der entsprechenden Frameset-Seite sieht dabei wie folgt aus:

```
<html>
<head>
</head>
   <frameset rows="20 %,80 %">
      <frame src="nav_leiste.html" name="nav">
      <frame src="startseite.html" name="main">
   </frameset>
<body>
</body>
</html>
```

Listing 7.1 HTML-Code einer Frameset-Seite

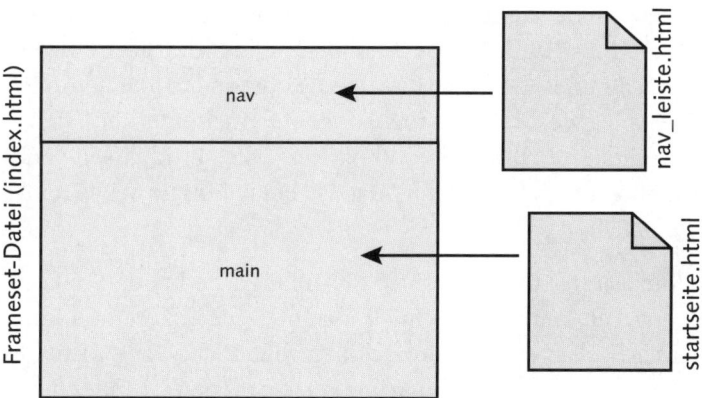

Abbildung 7.3 Prinzip einer Frameset-Seite

Das Frameset-Tag definiert eine Zweiteilung der Grundfläche. Der obere Frame bekommt 20 Prozent der Höhe zugewiesen, der untere Frame die restlichen 80

Prozent. Die zwei Frame-Tags stehen jeweils für den oberen und den unteren Frame. So wird im oberen Frame das HTML-Dokument `nav_leiste.html` angezeigt, im unteren Frame die Seite `startseite.html`.

Die Navigation befindet sich im oberen Frame und enthält einzelne Verweise, die mit dem `target`-Attribut versehen sind.

```
<a href="produkte.html" target="main"> Produkte </a>
```

Dieses Attribut bewirkt, dass der neue Link im unteren Frame geöffnet wird. Auf diese Art bleibt die obere Navigation ständig sichtbar, selbst wenn man im unteren Frame die Seite wechselt oder herunterscrollt. Dies ist der Grund, weshalb Framesets so gern verwendet wurden.

Bei der Erfassung der Seiten durch den Webcrawler kommt es oftmals schon bei der Erkennung des Framesets zu Problemen. Der eigentliche Inhalt der Seite, definiert durch das `<body>`-Tag, ist leer. Somit wurden lange Zeit Seiten, die mit Frames gestaltet wurden, gar nicht erst erfasst. Mittlerweile werten zumindest die großen Betreiber die Frameset-Tags aus und können somit die Inhalte der Frames extrahieren.

Jedoch ergibt sich hier bereits das nächste Problem. Denn die Suchmaschine erfasst und indexiert nun die jeweiligen Seiten des Framesets als einzelne Dokumente. So würde im Beispiel oben die Navigationsleiste separat von der Startseite indexiert werden. Einmal abgesehen von der Frage, ob es sinnvoll ist, eine reine Navigationsseite zu indexieren, bekommt der Suchende in der Ergebnisliste natürlich nur die Einzelteile aufgelistet. Denn diese enthalten die relevanten Stichwörter, nicht die Frameset-Seite. Außerdem existiert ein unschöner Nebeneffekt in Bezug auf eingehende Links. Diese können nämlich nur auf die Startseite verweisen, weil nur hier das Frameset definiert ist. Dies ist besonders dann von Bedeutung, wenn man beispielsweise ein Werbebanner auf einer externen Site geschaltet hat und interessierte Besucher direkt auf die Produktseite des beworbenen Gegenstandes gelangen wollen. Das ist beim Einsatz von Frames nicht ohne Weiteres möglich.

Diese Probleme sind die Hauptgründe, weshalb die anfängliche Frame-Euphorie bei den großen Content-Anbietern sehr schnell abebbte. Die Erkenntnis unter dem Strich lautet demnach, dass eine suchmaschinenfreundliche Seite nicht aus Frames bestehen darf. Was jedoch, wenn man aus verschiedenen Gründen nicht umhinkommt, Frames einzusetzen?

Zunächst muss dafür gesorgt werden, dass auch Webcrawler ausreichend Informationen aus einer Frameset-Seite gewinnen können, um den Weg zu den verschiedenen Seiten der Webpräsenz zu finden. Damit sichert man in einem ersten

Schritt zunächst die Erfassung der einzelnen Seiten. Im nachfolgenden Schritt muss man sich um das Problem der Darstellung kümmern. Gelingt es vielleicht beim Öffnen eines einzelnen Dokuments außerhalb des Framesets, dieses dennoch automatisch in die eigentliche Frame-Struktur zu laden?

Das Liefern von Informationen innerhalb der Frameset-Seite sollte zunächst durch den Einsatz verschiedener Tags geschehen. Als wichtigstes Tag gehört hierbei das `<title>`-Tag in den Kopfbereich. Außerdem empfiehlt sich der Einsatz der beiden Meta-Tags `description` und `keywords`. Im Abschnitt zu den Meta-Tags habe ich bereits angesprochen, dass Suchmaschinen generell diese Tags nicht mehr berücksichtigen. Eine Ausnahme wird allerdings oftmals gemacht, falls keine anderen Informationen zur Verfügung stehen. Dies ist bei Frames durchaus der Fall – also hinein mit den Meta-Tags.

Zur Anzeige in Browsern, die keine Frames unterstützen, stellt HTML ferner das `<noframes>`-Tag zur Verfügung. Dieses muss sich in dem Frameset-Bereich befinden. Der Inhalt zwischen dem öffnenden und schließenden Tag wird angezeigt, wenn keine Frames geladen werden können. Dies kann wunderbar dazu genutzt werden, an dieser Stelle eine inhaltliche Beschreibung von 200 bis 400 Wörtern zu platzieren, um dem Webcrawler etwas Textmaterial für die Auswertung zu bieten. Dieser Text sollte zwar sehr stark mit Keywords versehen werden, allerdings muss er immer noch für den menschlichen Besucher sinnvoll erscheinen. Anderweitige Versuche können sonst leicht als Spam gewertet werden. Leider missbrauchen viele Webautoren dieses Tag. Das führt dazu, dass einige Suchmaschinen den Inhalt des `<noframes>`-Tags weniger stark gewichten oder gänzlich ignorieren. Kommt man um Frames jedoch nicht herum, ist das Setzen dieses Tags dennoch ein Muss.

Ebenso ein Muss ist das Verlinken innerhalb dieses Textes zu einzelnen Seiten der Webpräsenz. Platziert man Text-Links, gibt man dem Webcrawler die Möglichkeit, auch weitere Seiten zu erfassen. Ein Link auf die Sitemap gehört ebenso dazu. Der gesamte Code für eine gute Frameset-Seite würde demnach so aussehen:

```
<html>
<head>
<title>Segeln - Törns, Häfen, Inseln - Alles rund ums Segeln ↵
</title>
<meta name="description" content="Segeln Sie gerne? Informationen ↵
zu Törns, Häfen und Inseln weltweit. Alle Finten beim Chartern, ↵
Adressen und Kontakte zu den besten Seglern. Alles rund ums ↵
Segeln.">
<meta name="keywords" content="segeln, törns, häfen, insel, ↵
```

```
segeltörn, chartern, segel, segelboot, vercharterer, adressen, ⮐
kontakt, [...]">
</head>
   <frameset rows="20 %,80 %">
      <frame src="navigation_leiste.html" name="nav">
      <frame src="startseite.html" name="main">
      <noframes>
         <body>
            <h1>Segeln - Alles, was Sie jemals über das
               Segeln wissen wollten</h1>
            <p>Dies ist die weltweit beste Seite zum Thema
               Segeln. Hier erfahren Sie alles über
               <a href="toerns.html">Törns</a>,
               <a href="haefen.html">Häfen</a> und
               <a href="inseln.html">Inseln</a>.
            </p>
            <p>[mehr Text mit Verweisen]</p>
            <p>Erfahren Sie mehr in der
               <a href="sitemap.html">Übersicht über unser
               Angebot</a>.
            </p>
         </body>
      </noframes>
   </frameset>
</html>
```

Listing 7.2 Vollständiger HTML-Code einer guten Frameset-Seite

Die Optimierung der einzelnen Unterseiten eines Framesets wird oftmals vernachlässigt. Die meisten Webautoren setzen beispielsweise auf der Frameset-Seite ein `<title>`-Tag, vergessen es jedoch anschließend auf den einzelnen Unterseiten des Framesets. Das ist nicht weiter tragisch und fällt auch nicht auf, solange man einen Frame-fähigen Browser nutzt. Denn dieser zeigt immer nur das `<title>`-Tag der Frameset-Seite in der Fensterleiste oben an. Für Suchmaschinen, die die Webpräsenz jedoch auf Umwegen erforschen, sollte man in jedem einzelnen Dokument ein `<title>`-Tag platzieren. Außerdem schadet es auch hier nichts, jeder Seite eine Fußnavigation aus Text-Links zu geben. Im Gegenteil, denn Suchmaschinen können so noch weiter in die Site-Struktur vordringen. Dabei sollten alle Verweise das bereits vorgestellte `target`-Attribut erhalten, das auf den Frame verweist, in dem die verlinkte Seite angezeigt werden soll. Somit wird sichergestellt, dass Surfer bei einem Klick auf diese Links innerhalb des Framesets bleiben.

Der Link auf die Homepage bedeutet technisch gesehen einen Verweis zurück auf die Frameset-Seite. Hier muss ein anderer Attributwert benutzt werden, um die Funktionalität sowohl mit als auch ohne Frames zu gewährleisten.

`<a href="index.html" target="_top"> Home </a>`

Der Wert `_top` gibt das Kommando, alle vorigen Framesets zu überschreiben. Wird der Verweis von einer Seite außerhalb des Framesets aufgerufen, macht dies keinen Unterschied, weil ohnehin keine Frames vorhanden sind. Ist allerdings bereits ein Frameset definiert, würde ohne das `target`-Attribut das neue Frameset innerhalb des alten geladen und man erhielte eine nicht gewollte Verschachtelung der Inhalte.

Abschließend bleibt noch zu klären, wie man auch bei einem direkten Aufruf einer Unterseite dennoch das gesamte Frameset laden kann. Denn wenn eine Website mit Frames gebaut ist, will der Webautor wahrscheinlich auch, dass die Besucher seine Website entsprechend sehen. Eine wirklich elegante Lösung für dieses Problem gibt es leider nicht, da man hier auf JavaScript zurückgreifen muss. Auch dies ist prinzipiell wiederum nicht tragisch, denn die meisten Frame-fähigen Browser sind auch in der Lage, JavaScript auszuführen. Allerdings sollte man sich bewusst sein, dass die Lösung keine zuverlässige ist und eher als Notnagel angesehen werden sollte, wenn man denn schon Frames nutzen will oder muss.

Um beim Aufruf einer isolierten Seite das gesamte Frameset zu laden, muss auf jeder einzelnen Seite folgender JavaScript-Code im `<head>`-Bereich positioniert werden:

```
<script language="JavaScript">
   <!--
   if (top == self) self.location.href="index.html";
   // -->
</script>
```

Listing 7.3 JavaScript-Überprüfung, ob das Frameset korrekt geladen wurde

Dieses Script überprüft beim Laden einer Seite, ob diese sich innerhalb eines Frames befindet. Ist dies nicht der Fall, wird hier die Frameset-Datei `index.html` geladen. An dieser Stelle wird allerdings schon ein Problem dieser relativ einfachen Lösung deutlich. Denn der Besucher wird sofort bei einem Aufruf der isolierten Seite auf die Startseite geleitet. Diese baut zwar das Frameset korrekt auf, zeigt aber die Homepage an und nicht die eigentlich gefundene Seite. Das ist natürlich nicht im Sinne des Erfinders, denn der Besucher muss sich über die seiteninterne Navigation erst wieder zu der betreffenden Seite durchklicken. Und eins ist dabei sicher: Die wenigsten Benutzer werden dies auf komplexen Seiten tun. Bei weniger umfangreichen Seiten besteht zumindest die reelle Chance, dass die Besucher einen Klick tätigen, um an die gewünschte Information zu gelangen. Mehr dürfen es aber im Sinne des Kosten-Nutzen-Gedankens auch nicht sein. Hier gilt der viel bemühte Satz, dass die Konkurrenz im Web nur einen Mausklick entfernt ist – insbesondere wenn die Website Ihres Konkurrenten leichter zu erreichen ist als die Ihrige.

Eine komplexere Lösung des Frame-Problems besteht darin, auf der Frameset-Seite eine Differenzierung durchzuführen, von wo aus sie aufgerufen wurde, und dann im Falle der oben erwähnten Weiterleitung die gewisse Unterseite direkt anstelle der Startseite anzuzeigen. Das setzt jedoch ein komplexeres JavaScript voraus, auf das hier nicht weiter eingegangen werden soll. Schließlich löst selbst dieser Weg nicht den unschönen Nebeneffekt, dass beim Betätigen der Zurück-Funktion des Browsers die Weiterleitung den Besucher wieder zurück auf die Startseite wirft. Das mag nur als kleines Detail erscheinen, verärgert aber die Besucher enorm.

Was letztendlich bleibt, ist die Erkenntnis, möglichst keine Frames einzusetzen.

7.2.8 Die Startseite

Oftmals wird bei der Planung während der Konzeptionsphase ein Organigramm angelegt, das die Inhalte der einzelnen Seiten und deren Verbindung zueinander darstellt. Dies muss nicht zwingend immer stattfinden, hilft hier und da jedoch insbesondere bei unübersichtlichen und größeren Projekten. Und auch für die Präsentation der Konzeption bei dem Kunden hat sich diese Form bewährt.

Spätestens bei einer solchen Darstellung stößt man auf die Frage, welcher Inhalt auf die Startseite kommen soll. Nicht selten fehlen hier die Ideen, weil bereits alle Informationen anderweitig gut untergebracht wurden. Das Resultat ist oft eine wenig aussagekräftige Willkommensrede oder eine puristische Seite, auf der man zunächst vor die unausweichliche Wahl gestellt wird, die gewünschte Sprache zu bestimmen oder sich wie in Abbildung 7.4 zu entscheiden, ob man lieber die HTML- oder die JavaScript-Version sehen möchte.

Eine solche Startseite zeigt, dass bei der Konzeption und Umsetzung der Aspekt »Suchmaschine« überhaupt nicht berücksichtigt wurde. Schade, denn in dem Beispiel handelt es sich um die neue Website eines mittelständischen Unternehmens, das sicherlich auch über die Suchmaschinen den einen oder anderen Interessenten hätte gewinnen können. Wieso ist es also schlecht, dem Besucher die Wahl zu lassen, was er sehen möchte?

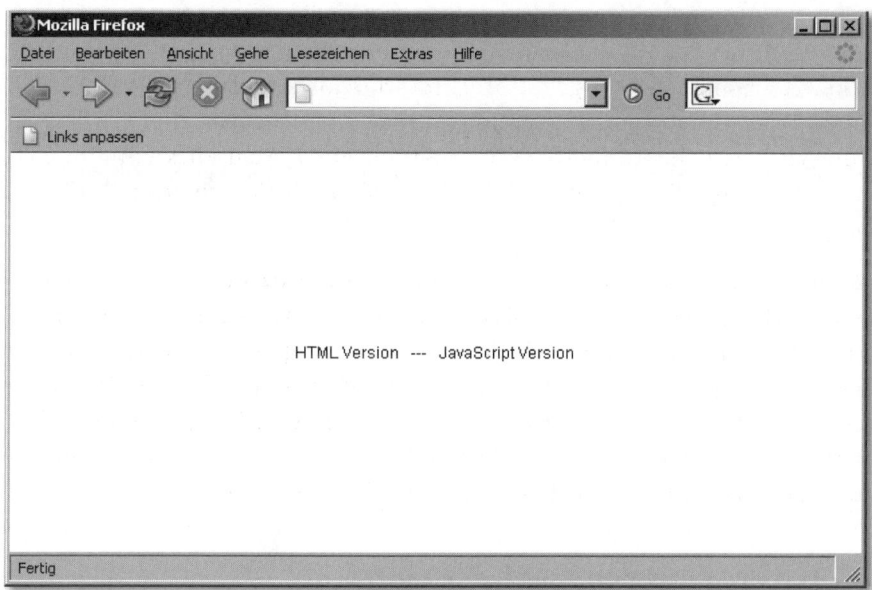

Abbildung 7.4 Puristischer geht es kaum – und auch nicht sinnloser.

Zunächst ist der Gedanke natürlich löblich, denken Sie? Die wenigsten Benutzer wissen allerdings, worin genau der Unterschied zwischen HTML und JavaScript besteht, geschweige denn, wo auf der betreffenden Seite denn nun der inhaltliche Unterschied ist, da sie diese noch nicht gesehen haben. Aus Sicht der Suchmaschinen-Optimierung verschenkt man vor allem durch diesen Unsinn den Vorteil der von den Ranking-Verfahren besonders beachteten Homepage. Der Einsatz eines Flash-Intros auf der Startseite ist daher aus dem gleichen Grund eher kontraproduktiv, zumal Umfragen ergeben haben, dass erstaunlicherweise die wenigsten Benutzer die Bedeutung des Skip-Links verstehen. Mit ihm kann man den Flash-Film überspringen und zum Hauptangebot gelangen. Sofern die Benutzer diese Funktion allerdings nicht kennen, sich den meist wenig informativen Flashfilm aber nicht in voller Länge ansehen möchten, bleibt ihnen nicht selten der Klick auf den Zurück-Knopf des Browsers. Die Folge: ein potenzieller Kunde weniger.

Manche Webautoren denken bereits weiter und versuchen, das Unternehmen auf der Homepage vorzustellen. Um dabei von den Suchmaschinen besser gefunden zu werden, bietet sich doch nichts besseres an, als alle Stichwörter zu nennen, die mit dem Unternehmen in Verbindung gebracht werden können, so zumindest der Gedanke einiger Webautoren oder Agenturen. Und so findet man nicht selten eine Liste von Leistungsbeschreibungen auf der Homepage, frei nach dem Motto »Wir leisten ...«. Da hier jedes Stichwort meist nur als Aufzählungspunkt einmal vorkommt und somit von den Gewichtungsmethoden nur beiläufig beachtet wird, hat auch diese Methode – um es gelinde auszudrücken – wenig Aussicht auf Erfolg.

Wieso also nicht die Einstiegsseite effektiv nutzen? Inhaltlich bietet sich die Positionierung aktueller Mitteilungen an. Daneben kann auf der Startseite bereits das Prinzip der verschiedenen Wege angewandt werden. So kann man dem Besucher, der sich im ziellosen Modus des Undirected Viewings befindet, als Orientierungshilfe ausführliche Informationen zum Gesamtangebot geben. Dies kann beispielsweise geschehen, indem man die Hauptnavigationspunkte in etwas umfangreicheren Textblöcken beschreibt und darin weiterführende Verweise platziert. Dies ist eine gute Möglichkeit, Stichwörter bereits auf der Startseite auf natürliche Weise zu positionieren. Die optimale Lösung ist wie so oft diejenige, die Besuchern und Webcrawlern gleichermaßen zusagt. Dabei sind der Fantasie und Kreativität der Content-Anbieter keine Grenzen gesetzt.

7.2.9 Dateityp und dynamische Seiten

Eine zentrale Frage, die ebenfalls bereits während der Konzeptionsphase beantwortet werden muss, ist die Frage nach dem zu wählenden Dateityp. Suchmaschinen als Information-Retrieval-Systeme basieren primär auf der Auswertung von Textelementen und den darin enthaltenen Stichwörtern. Daher bilden HTML-Dokumente bislang das dominierende Format im Web. In den letzten Jahren haben die Suchmaschinen allerdings die Liste der indexierbaren Formate erweitert, sodass heutzutage ebenso PDF-Dokumente, MS Office-Programmdateien und ähnliche Textformate ausgewertet werden können.

Ebenso hat sich eine Suche nach Bildern etabliert, und auch die Suche nach Audio- und Videodateien wird angestrebt. Anfang 2005 stellte Google eine Vorabversion eines neuen Video-Dienstes vor, der das Programm einiger amerikanischer Fernsehsender durchsucht [81]. Man sollte jedoch beachten, dass selbst die Suche nach einzelnen Bildern noch in den Kinderschuhen steckt, von bewegten Videos ganz zu schweigen. Denn es wird nicht nach dem eigentlichen Inhalt der Bilder gesucht, sondern nach dem Dateinamen des Bildes oder sonstigen aus der Umgebung extrahierten Informationen wie Bildunterschriften oder Ähnlichem. Eine echte Bildersuche basiert allerdings auf mathematischen Modellen und Algorithmen zur Mustererkennung. Bislang konzentrieren sich die großen Suchmaschinen daher alle auf das eigentliche Text-Retrieval im Web. Denn auch dort ist noch nicht alles perfekt, wie man an den vielen falschen »erfolgreichen« Treffern in den Ergebnislisten sieht.

Eine Neuheit stellt allerdings die Indexierung von Flash-Dateien dar. Aus den Flash-Animationen konnten lange Zeit keine Informationen extrahiert werden. Die FAST-Technologie, die von Lycos, AllTheWeb, T-Online, Looksmart und anderen genutzt wird, ermögliche recht früh das einfache Erfassen von Texten und Hyperlinks aus Flash-Dateien. Erst 2008 stellte Adobe den Suchbetreibern Yahoo! und Google die Technik bereit, um bislang nicht erschließbare Flash-Dateien verarbeiten zu können.

Bei manchen Projekten fällt die Wahl zwischen einer Flash- und einer HTML-Seite nicht leicht, da die Flash-Animationen durchaus gewisse Vorzüge bieten. Insbesondere in der »ästhetischen Branche« wie beispielsweise bei Websites von Fotografen, Models, Werbeagenturen usw. wird häufig die visuell ansprechende Flash-Variante gewählt. Als Kompromiss wurde nicht selten eine abgespeckte HTML-Version erstellt, was zumindest ein wenig den texthungrigen Webcrawlern entgegenkam. Heutzutage wird davon leider immer mehr abgesehen, da die Produktions- und Wartungskosten durch die doppelte Ausführung zu hoch sind und Flash mittlerweile weit verbreitet ist.

Für eine suchmaschinenoptimierte Website heißt es also, auf das gute alte HTML zurückzugreifen und möglichst viel Textmaterial zur Verfügung zu stellen. Was hierbei eigentlich selbstverständlich ist, jedoch immer wieder als Fehlerquelle auftaucht, ist die Umsetzung von Texten als Grafikdateien. Nicht selten sieht man insbesondere bei typografisch anspruchsvollen Seiten, dass Fließtexte als Grafik abgespeichert sind, statt direkt in HTML codiert zu sein. Für die Webcrawler sind diese Texte lediglich eine Ansammlung von Pixeln, ebenso wie eine Grafik von Edvard Munchs »Der Schrei« oder Ihr schönstes Urlaubsphoto. Texte müssen als Texte direkt in HTML stehen, um mit Gewissheit erfolgreich erfasst werden zu können.

Doch wie man sich denken kann, ist das nicht der Weisheit letzter Schluss. Sobald man sich für die Publikation in HTML entschlossen hat, steht man bereits vor der nächsten Entscheidung. Dynamisches oder statisch generiertes HTML? Prinzipiell kommen beide Varianten als identisch formatierte HTML-Dokumente beim Browser an. Der Unterschied besteht in der Verarbeitung innerhalb des Webservers. Mit der zunehmenden Verbreitung von Shop-Systemen und Content-Management-Systemen (CMS), die auch als Redaktionssysteme bezeichnet werden, wächst auch die Anzahl an dynamischen Webseiten.

Die, wenn man so will, klassische Variante ist das statische HTML-Dokument. Der gesamte HTML-Code einer Seite wird innerhalb einer Textdatei gespeichert und anschließend auf den Webserver geladen. Dort wird diese Datei von Clients angefordert und vom Webserver unverändert via HTTP verschickt.

Dynamisch generierte Dokumente zeichnen sich dadurch aus, dass keine fertige Seite zum Versenden existiert. Der Programmierer gibt lediglich ein Skelett der Seite vor, das mit Platzhaltern, sogenannten Variablen, aufgefüllt ist. Diese Variablen werden bei einer Anforderung on-the-fly aus einer Datenbank eingefügt, und anschließend wird das Dokument wie bei statischen Seiten als HTML-Dokument via HTTP an den Client übergeben. Folgendes Ablaufschema soll diesen Prozess verdeutlichen:

1. Ein Client stellt via HTTP die Anfrage an den Webserver, das Dokument *index.php* herunterzuladen.
2. Der Webserver wertet den URL inklusive der Parameter aus und lädt anschließend die entsprechende Datei in den Speicher, übergibt dieser die Parameter und führt den dynamischen Code darin aus.
3. Der dynamische Code bestimmt, welche Informationen in welcher Anordnung aus einer Datenbank ausgelesen werden und führt entsprechende Operationen durch.
4. Der Webserver fügt die Inhalte aus der Datenbank in das dynamische Dokument ein und generiert daraus eine HTML-Datei.
5. Diese wird als Antwort auf den HTTP-Request an den Client versendet.

Wie man sieht, sind sowohl dynamische als auch statische Seiten, wenn sie bei dem Client ankommen, prinzipiell in ihrer Struktur gleich. Der Unterschied zwischen dynamischen und statischen Webseiten liegt lediglich in der Verarbeitung auf dem Webserver.

Dabei liegen die Vorteile dynamischer Webseiten auf der Hand. Insbesondere bei Shop-Systemen muss eine Produktseite nur einmal programmiert werden. Das Produkt mit seinem Namen, einer Beschreibung, einem Bild usw. kommt aus der Datenbank. Dort hat jedes Produkt eine eindeutige Nummer, über die der Datensatz aufgerufen werden kann. Die Pflege der Daten findet folglich auch nicht mehr innerhalb der HTML-Produktseite statt, sondern über ein Datenbank-Interface. Das erlaubt die komfortable Koppelung und Einbindung weiterer Daten innerhalb der Datenbank, wie beispielsweise der aktuelle Lagerbestand.

Kurzum, je nach Konzeption und Art der Website kommt man um dynamische Dokumente nicht herum. Aber ist das so schlimm, das Ergebnis ist doch hier wie da eine gleichwertige HTML-Datei? Wieso sollten Suchmaschinen also mit solchen dynamischen Dokumenten Probleme haben? Leider liegt die Problemquelle nicht in der technischen Übermittlung des Dokuments selbst, sondern in der Anfrage über den URL und in dem variierenden, weil dynamisch erstellten Seiteninhalt. Besonders Letzterer bringt gewisse Nachteile für die Indexierung durch die Suchmaschinen mit sich:

- Seiteninhalte können sich teilweise schnell ändern, sodass die einmal erfassten Inhalte bereits während des Indexierungsvorgangs nicht mehr der aktuellen Fassung entsprechen. Die Suchergebnisse werden demzufolge ungenau.
- Dynamisch generierte Seiten weichen meist nur geringfügig voneinander ab, da das Skelett grundsätzlich das gleiche ist. Es mag hier und dort durchaus sinnvoll erscheinen, alle Seiten trotz ihres geringfügigen Unterschieds zu indexieren. Oftmals steigt aber die Anzahl der indexierten Dokumente jedoch in den Hunderterbereich an, ohne nennenswerte Mehrinformationen für die Suchenden zu bieten.
- Dynamisch generierte Dokumente bieten in vielen Fällen die Möglichkeit, via POST oder GET Formulare auszufüllen oder sonstige Eingaben zu tätigen. Die Suchmaschine kommt an diese Informationen gar nicht erst heran.
- Je nach Programmierung der Seiten kann sich ein URL ändern, sodass eine erneute Anfrage über den gleichen URL zu keinem Ergebnis, sondern zu einer Fehlermeldung oder einem Verweis auf die Homepage führt. Diese Problematik tritt besonders bei der Verwendung von SessionIDs auf. Diese eindeutigen Zeichenkombinationen werden häufig in dem URL transportiert und dazu genutzt, den Besucher von einer Seite zur nächsten wiederzuerkennen. Ruft man nach einer gewissen Zeitspanne den URL mit einer bereits abgelaufenen SessionID auf, so kommt es in der Regel zu Komplikationen, weil der spezielle URL nicht mehr gültig ist. Dies ist somit ein absolutes Ausschlusskriterium für die Aufnahme in einen Index.

Dies ist eine Auswahl an Problemen, die beim Einsatz von dynamisch generierten Seiten auftreten können. Aus diesem Grund indexierten Suchmaschinen lange Zeit keine dynamischen Seiten. Mittlerweile haben sich auf dem Markt jedoch Content-Management- und Shop-Systeme derart etabliert, dass viele Suchmaschinen-Betreiber Zugeständnisse machen. So indexiert beispielsweise Google mittlerweile auch dynamische Dokumente, wenn diese eine gewisse Bedeutung erlangt haben. Die Bedeutung wird primär anhand von eingehenden Links bemessen. Nach einem ähnlichen Verfahren erfassen auch die anderen Betreiber dynamische Seiten. Vor wenigen Jahren boten Lycos, Inktomi, AltaVista und andere eine Aufnahme dynamischer Seiten nur über ein kostenpflichtiges Verfahren an. Die Seiten dieses Dienstes werden in der Datenstruktur der Suchmaschine separat behandelt, treten aber innerhalb der Ergebnisliste gleichwertig auf. Da Google sich gegen ein solches Verfahren gesträubt hat, nehmen die Mitbewerber mittlerweile auch von selbst dynamische Seiten in ihren Bestand auf, um der Konkurrenz keinen noch größeren Wettbewerbsvorteil zugestehen zu müssen.

Bei den meisten Anbietern werden jedoch oftmals lediglich solche dynamischen Seiten indexiert, die nur wenige Parameter besitzen. Das erscheint angesichts der oben genannten Punkte nachvollziehbar. Denn je mehr Parameter ein URL enthält, desto mehr Variablen werden an das dynamische Dokument übergeben und desto ausgeprägter sind mit hoher Wahrscheinlichkeit die genannten Effekte. Wie stellen Suchmaschinen jedoch fest, wie viele Parameter ein URL enthält, und wie kann man überhaupt erkennen, ob ein URL ein statisches oder dynamisches Dokument aufruft?

Die Diagnose läuft in jedem Fall über eine Zeichenanalyse anhand des URL ab. Dabei wird dieser zum einen auf standardisierte Dateiendungen hin durchsucht. PHP, ASP, JSP und SHTML sind die derzeit meistverbreiteten Script-Sprachen, die auf dynamisch generierte Dokumente schließen lassen. Des Weiteren kann nach dem Auftreten des *cgi-bin/*-Verzeichnisses gesucht werden. Dieses enthält ebenfalls dynamisch ausführbare Programme. Inwieweit eine Erkennung dieser Elemente bereits zu einer Ablehnung führt, ist nicht mit Sicherheit bekannt und hängt von den jeweiligen Einstellungen der Suchmaschine ab. Aktuelle Suchdienste werfen zusätzlich einen Blick auf die Anzahl der Parameter.

`http://www.firmenname.de/katalog/produkt.php?id=23&viewmode=3D`

Zu Beginn wurde bereits erläutert, dass ein URL verschiedene Parameter tragen kann. Das Information-Retrieval-System kann anhand der auftretenden Sonderzeichen leicht die Anzahl der verwendeten Parameter bestimmen. Häufig werden dynamische Seiten mit zu vielen Parametern von der Indexierung ausgeschlossen, um die Integrität des Datenbestandes zu sichern.

Dies hat auch der große Buchanbieter Amazon erkannt, der ein erfolgreiches Shop-System auf die Beine gestellt hat – mit dynamischen Seiten versteht sich. Schaut man sich jedoch den URL aus der Ergebnisliste für einen Treffer bei Amazon an, so zeigt er (wie man in Abbildung 7.5 unschwer erkennen kann) keinen der soeben erwähnten Indikatoren für ein dynamisch generiertes Dokument.

Amazon nutzt eine Technik, die als **URL-Rewrite** oder in Form des Apache-Moduls auch als **mod_rewrite** bekannt ist. Der weitverbreitete und kostenlose Apache-Webserver erlaubt wie auch andere Produkte eine Form der URL-Übersetzung zwischen dem Request des Clients und der Bearbeitung durch den Server.

Amazon.de: Bücher: So zähmen Sie Ihren inneren **Schweinehund**!
... So zähmen Sie Ihren inneren **Schweinehund**! von Marco von Münchhausen So zähmen Sie Ihren inneren **Schweinehund**! **Amazon**-Preis: EUR 9,90 Kostenlose Lieferung. ...
www.**amazon**.de/exec/obidos/ASIN/3492239617 - 46k - Im Cache - Ähnliche Seiten

Abbildung 7.5   URL-Rewrite: www.amazon.de/exec/obidos/ASIN/3492239617

Folgender Eintrag in die *.htaccess*-Datei würde beispielsweise eine derartige Übersetzung veranlassen:

```
RewriteEngine On
RewriteBase /
RewriteRule ^artikel(.*).html$ article.php?id=$1
```

Listing 7.4 mod_rewrite in der Datei .htaccess

Die dritte Zeile schreibt alle Anfragen von Clients nach der genannten Regel um. Praktisch würde demnach die Anfrage

http://www.domain.de/shop/artikel21.html

für den Webserver umgewandelt werden zu:

http://www.domain.de/shop/artikel.php?id=21.

Die Suchmaschine als Client benutzt den ersten URL, ohne zu wissen, dass es sich hierbei eigentlich um ein dynamisches Dokument handelt. Das URL-Rewrite setzt zwar gewisse Kenntnisse bei der Administration eines Webservers bzw. das Vorhandensein gewisser Rechte voraus, ist jedoch eine sehr elegante Lösung, um die Erkennung von dynamischen Webseiten seitens der Suchmaschinen zu umgehen. Eine genauere Beschreibung der Funktionsweise finden Sie auf einschlägigen Websites [82] oder in der Online-Dokumentation des Apache-Webservers [83].

7.3 Optimierung durch Tags

Nachdem die allgemeine Site-Struktur soweit optimiert wurde und die Schlüsselwörter für jede einzelne Datei feststehen, kann es an den HTML-Code der einzelnen Dateien selbst gehen. Ob Sie diese mit einem Webpublishing-Programm erstellen oder per Hand, ist dabei vollkommen Ihnen überlassen. Bei der Optimierung bereits bestehenden Codes sollte man vorweg die vorher besprochenen Voraussetzungen wie sauberes HTML, das Benutzen von CSS usw. schaffen.

Bei der Optimierung ist es besonders wichtig, nicht nur einen einzelnen Aspekt zu berücksichtigen. Vielmehr kommt es darauf an, durch die Anwendung aller Mittel den Bewertungsalgorithmen der Suchmaschinen eine große Bandbreite an Möglichkeiten zu bieten, anhand derer sie Schlüsselwörter bewerten können. In diesem Zusammenhang ist es natürlich selbstverständlich, dass jedes Dokument einzeln und individuell optimiert werden muss. Dabei gibt es nahezu bei jedem HTML-Element bestimmte optimierbare Eigenschaften und Ausprägungen, auf die ich im Folgenden eingehe.

7.3.1 Titel

Der Text innerhalb des `<title>`-Tags im `<head>`-Bereich gehört mit zu den wichtigsten Elementen bei der Optimierung. Er wird nicht nur von sämtlichen Suchmaschinen in hohem Maße gewichtet, sondern erscheint in beinahe jeder Ergebnisliste prominent in gefetteter und unterstrichener Schrift.

Die hohe Bedeutung des Titels rührt daher, dass nirgendwo sonst der Inhalt des Dokuments so knapp und präzise formuliert werden muss. Da die Darstellung in der Titelzeile des Browsers erfolgt, steht auf allen Systemen nur eine einzige Zeile mit beschränkter Breite zur Verfügung. Das verstärkt den Druck auf den Webautor, sich kurz zu fassen, und sichert damit gleichzeitig die Integrität des Titels.

Die Nennung aller entsprechenden Schlüsselwörter im Titel ist aufgrund der enormen Bedeutung natürlich Pflicht. Nach den bisher getroffenen Vorbereitungen sollten diese Begriffe den Inhalt bereits sehr gut beschreiben. Damit wäre dann prinzipiell die Arbeit getan.

Nicht ganz, denn das `<title>`-Tag ist ein zweischneidiges Schwert. Der Titel muss inhaltlich nicht nur den Suchmaschinen, sondern auch den Nutzern gefallen. Denn selbst der erste Platz auf der Ergebnisliste ist nicht von Vorteil, wenn die Nutzer sich für die anderen sichtbaren Einträge mehr begeistern können. Das `<title>`-Tag muss daher auch beim Lesen ansprechend sein und sozusagen auf den ersten Blick vermitteln, dass sich dahinter das gewünschte Dokument für den Suchenden verbirgt. Bei Studien wurde mehrfach der Blickverlauf eines Nutzers mit einer Kamera aufgezeichnet. Dort wird ersichtlich, dass eine Mehrzahl der Webnutzer oftmals nur kurze Zeit die Titel innerhalb einer Ergebnisliste anschaut und dann relativ schnell eine Entscheidung fällt.

Die bisher verheißungsvolle Wortfolge ist demnach nicht zwingend die attraktivste Form der Präsentation. Zumindest nicht in Reinform. Wie sich Stoppwörter im `<title>`-Tag auf die Gewichtung auswirken, ist umstritten. Man kann jedoch davon ausgehen, dass sie bei einem maßvollen Einsatz eher nützlich sind. Der Text kann so wesentlich lesefreundlicher gestaltet werden, und die Suchmaschinen entfernen die Stoppwörter ohnehin bei der Normalisierung. Ähnlich verhält es sich mit Sonderzeichen. So kann der gezielte Einsatz eines Bindestrichs oder Doppelpunktes wahre (optische) Wunder wirken.

Machen Sie die Probe aufs Exempel. Auf welchen Titel würden Sie in einer Ergebnisliste intuitiv eher klicken?

```
segeln yacht charter elba
Segeln: Yacht-Charter auf Elba
```

Nach der Normalisierung des zweiten Titels ist dieser mit dem oberen absolut identisch. Die Attraktivität hat sich jedoch um Etliches gesteigert. Insbesondere bei Suchmaschinen, die noch das Click-Popularity-Verfahren einsetzen, gewinnt ein attraktiver Titel zusätzlich an Bedeutung.

Und schließlich wird das `<title>`-Tag als Vorlage für die Bookmark-Bezeichnung im Browser genutzt. Das mag mit der Suchmaschinen-Optimierung zunächst herzlich wenig zu tun haben. Aber ist das Ziel der gesamten Arbeit nicht, die Besucherzahlen auf einer Website zu erhöhen? Und hier schließt sich der Kreis. Denn es wäre fatal, wenn ein Benutzer sich schon dazu entschlossen hätte, Ihre Seite in seine Bookmarks aufzunehmen und sie Tage später nicht mehr in dem Meer von Einträgen finden könnte.

Achten Sie bei dem Auffüllen mit Sonderzeichen und Stoppwörtern dennoch auf die Nähe der Schlüsselwörter. Auch wenn die Stoppwörter entfernt werden, kann immer noch die eigentliche Position im `<title>`-Tag vor der Normalisierung gespeichert werden. Der Query-Prozessor berechnet mit dem Proximity-Verfahren den Abstand zwischen zwei Termen und vergibt eine höhere Gewichtung an das Dokument, das der Suchanfrage in Wortnähe und bezüglich der Wortreihenfolge am ehesten entspricht. Google äußert sich zu diesem Thema konkret:

> »*Google berücksichtigt den Ort Ihres Suchwortes auf der Seite. Aber Googles Suchergebnisse enthalten nicht nur alle Ihre Begriffe, sondern Google analysiert ebenfalls die Nähe dieser Begriffe auf einer Seite. Im Unterschied zu anderen Suchmaschinen weist Google den Suchergebnissen eine Priorität nach der Nähe der Suchbegriffe zu. Seiten, auf denen die Suchbegriffe näher beieinander stehen, werden von uns höher bewertet, sodass sie weniger Zeit mit unwichtigen Ergebnissen verschwenden.*« [84]

Dies gilt insbesondere für Wörter, die wahrscheinlich in den Suchanfragen besonders häufig nebeneinander stehen werden oder nach denen gar mittels Phrasensuche gefragt wird. Im Beispiel beträfe das etwa die beiden Terme »Yacht Charter«. Hüten Sie sich demnach auch vor dem Ändern der Reihenfolge, die Sie im vorigen Schritt bereits festgelegt haben. Beim »Verschönern« des Titels für den Webuser schleicht sich oftmals der ein oder andere Optimierungsfehler ein. Dies führt dann zu Uneinheitlichkeiten zwischen den einzelnen Seitenelementen und mindert den gesamten Optimierungserfolg.

Über die optimale Länge des `<title>`-Tags gehen die Ansichten auseinander. Suchmaschinen indexieren zwischen 80 und 250 Zeichen des `<title>`-Tags. Ein guter Titel sollte jedoch nur zwischen 40 und maximal 100 Zeichen beinhalten. Das entspricht etwa vier bis zehn Wörtern. Das reicht in aller Regel vollkommen aus. Die Suchmaschinenbetreiber schlafen nicht und haben begonnen, die Länge des Titels mit in die Berechnung einzubeziehen. Benutzt man zu viele Wörter, nimmt die Bedeutsamkeit der einzelnen Begriffe ab.

```
Segeln - Yacht Charter auf Elba im Revier der sanften Winde
Segeln - Yacht Charter auf Elba
```

Ein kürzerer Text erhält mit denselben Schlüsselbegriffen und ähnlichen Eigenschaften im Gegensatz zu einem längeren eine höhere Gewichtung. Das macht auch durchaus Sinn, denn der kürzere Titel beinhaltet eine höhere Informationsdichte. Hier ist jeder der indexierten Begriffe auch tatsächlich ein Schlüsselbegriff. Im oberen Beispiel mit dem längeren <title>-Tag sind dagegen nur zwei Drittel der indexierten Begriffe wirklich relevant.

In manchen Publikationen wird die Wiederholung von Schlüsselwörtern innerhalb des Titels empfohlen. Von einem übertriebenen Vollstopfen des Tags mit Schlüsselbegriffen (Keyword-Stuffing) ist jedoch hier wie anderswo abzuraten, da Suchmaschinen durchaus sensibel auf diese Art von Spam reagieren. Aufgrund der genauen Ranking-Verfahren ist nicht sicher, ob eine Wiederholung der Stichwörter innerhalb des <title>-Tags sinnvoll oder förderlich ist. Diesbezügliche Tests zeigen jedoch prinzipiell keine Verbesserung der Rangposition durch Erhöhung der Keyword-Nennungen im <title>-Tag. In einigen Fällen kommt es dennoch zu kleinen Verbesserungen. Diese sind mit hoher Wahrscheinlichkeit aber eher durch die veränderte Position des Schlüsselwortes bedingt. Generell lässt sich konstatieren, dass eine Wiederholung im Titel nicht zwingend erforderlich ist. Auf keinen Fall darf sie übertrieben werden. Falls ein bestimmtes Schlüsselwort innerhalb des Dokuments bezüglich des Numerus ähnlich häufig vorkommt, empfiehlt es sich jedoch, eventuell die Singular- bzw. Pluralform im hinteren Bereich des Titels anzufügen. Ferner findet man mehrfach typografische Verzierungen im Titel, wie eine kleine Auswahl an besonders hübschen Exemplaren zeigen soll:

```
.....:::::::: warez download ::::::::.....
[[[[[-- KOSTENLOSE FREEWARE DEMOS SHAREWARE --]]]]]
.oO(gedanken zur weidequalität in schottland)
```

Auch wenn diese oder ähnliche Formatierungen sicherlich aus dem alltäglichen Rahmen fallen und die Sonderzeichen bei der Normalisierung entfernt werden, verschenkt man insbesondere im ersten Beispiel jedoch die wertvollen ersten Zeichen. Auf derartige typografische Betonung sollte man gänzlich verzichten, da sie meist zusätzlich unseriös wirkt und außerdem durch die Formatierung innerhalb der Ergebnisliste eher an Schönheit verliert - um es einmal milde auszudrücken. Gleiches gilt für eine übertriebene Großschreibung. Diese schreckt Webnutzer eher ab, als dass Aufmerksamkeit im positiven Sinne erzeugt wird. In der allgemeinen Chat-Kommunikation, die sich insbesondere durch Instant Messenger wie ICQ wachsender Beliebtheit und Verbreitung erfreut, wird die einheitliche Großschreibung sogar als lautes Schreien interpretiert.

Neben dem `<title>`-Tag können im `<head>`-Bereich eines jeden Dokuments auch die entsprechenden Meta-Tags positioniert werden. Die genauen Ausprägungen der Meta-Tags wurden bereits behandelt. An dieser Stelle sei jedoch zusätzlich angemerkt, dass natürlich die gleichen Schlüsselwörter wie im `<title>`-Tag verwendet werden müssen.

7.3.2 Fließtext und Keyword-Dichte

Der `<body>`-Bereich enthält in einer suchmaschinenfreundlichen Webseite den Fließtext, der das Thema inhaltlich vermitteln soll. Die beste Optimierung ist in der Tat, einen Text zu schreiben, der das beabsichtigte Thema intensiv behandelt. Dort werden dann wie von selbst die relevanten Schlüsselbegriffe genannt. Oftmals handelt es sich bei Webtexten jedoch um Werbebotschaften mit eher geringer informativer Kommunikationsleistung, oder es gilt, einen bereits vorhandenen Text zu optimieren.

Wie dem auch sei, ebenso wie bei dem Titel gilt es beim Schreiben des Haupttextes einer Seite einmal mehr, Suchmaschinen wie Benutzer gleichermaßen zufriedenzustellen. Über optimales Schreiben im Web sind in den letzten Jahren etliche Bücher erschienen, die dieses Thema mehr oder minder rein von Seiten der Benutzeroptimierung sehen. Jakob Nielsen veröffentlichte bereits 1997 eine Studie über das Leseverhalten von Nutzern im Web [85]. Dabei kommt er zu dem Ergebnis, dass im Web nicht gelesen wird, sondern der Text einer Seite von der Mehrzahl der Benutzer lediglich in einem Scan-Vorgang überflogen wird. Interessanterweise decken sich die Befunde zur Verbesserung der Textgestaltung beinahe komplett mit einer optimalen Textgestaltung für Suchmaschinen. Das ist ungemein praktisch, kann man so neben der Suchmaschinen-Optimierung gleichzeitig die Usability erhöhen, damit Webnutzer die Texte in höherem Maße erfassen.

Der wichtigste Aspekt, der beim Schreiben eines Fließtextes berücksichtigt werden will, ist ein altes journalistisches Grundprinzip. Die invertierte Pyramide wird tagtäglich insbesondere bei der Darstellungsform »Nachricht« in jeder Zeitung angewandt. Das Prinzip besagt, dass das Wichtigste an den Anfang eines Textes gestellt werden soll, und die Bedeutung mit der Länge des Textes stets abnimmt.

Angeblich ist dieses Prinzip entstanden, als Nachrichten noch per Telegraf übermittelt wurden. Bei einem Abbruch sollte der bisher übertragene Text dennoch verständlich und nutzbar sein. Das birgt selbst in den heutigen Zeiten des Desktop-Publishings (DTP) noch ungemeine Vorteile, denn ein solcher Text kann, überspitzt formuliert, ohne Kenntnis des Inhalts so lange von hinten gekürzt werden, bis er in das Layout passt, ohne dass die eigentliche Botschaft verloren geht.

Abbildung 7.6 Das Prinzip der invertierten Pyramide aus dem Journalismus

Dieses Prinzip der invertierten Pyramide sollte auch bei Texten im Web Anwendung finden. Die wichtigen Schlüsselbegriffe gehören prominent an den Anfang. Suchmaschinen mögen Texte besonders gerne, die gleich zur Sache kommen, und honorieren dies durchaus. Daher sollten alle Schlüsselbegriffe möglichst mehrfach bereits in den ersten 1 000 Zeichen auftreten. Vermeiden Sie jedoch auch hier absichtliches Keyword-Stuffing.

Häufig meinen es Webautoren bei der Verwendung der Schlüsselbegriffe zu gut und nennen diese absichtlich besonders häufig. Generell gilt für jede Seite, dass der enthaltene Text eine gewisse Kompetenz beweisen muss. Das setzt voraus, dass die Schlüsselbegriffe in einem gesunden Verhältnis zum Gesamttext stehen müssen. Eine zu hohe **Stichwort-Dichte (Keyword-Density)** ist daher nicht selten schädlich, da man hierdurch in Betrugsverdacht im Sinne eines Spam-Versuchs kommt. Die Stichwort-Dichte ist ein bedeutendes Kriterium zur Relevanzbewertung, denn sie beschreibt das Verhältnis der Anzahl an Schlüsselwörtern zur Gesamtzahl an Wörtern innerhalb des Dokuments. Dieser Wert hängt unmittelbar mit der relativen Worthäufigkeit zusammen, die mittels des besprochenen TF-Algorithmus bestimmt wird. Dieser leicht und schnell zu berechnende Wert lässt demzufolge eine einfache quantitative Aussage über die thematische Repräsentativität eines Begriffs in Bezug auf den Gesamttext zu.

Die optimale Stichwort-Dichte hängt von den einzelnen Parametern einer jeden Suchmaschine ab. In der Praxis hat sich jedoch eine Keyword-Density zwischen drei und acht Prozent, gemessen am Gesamttext innerhalb des Dokumentkörpers, als optimal erwiesen. Prinzipiell hilft in diesem Punkt eine Dichte-Analyse der Top-Positionierten. Ein Online-Tool aus den Niederlanden [86] eignet sich hervorragend für diese Aufgabe.

Man sollte sich jedoch nicht in die Irre führen lassen. Google bewertet die Stichwort-Dichte teilweise recht eigenartig. So zeigt die Analyse eines gut Platzierten nicht selten einen Dichtewert jenseits der 15-Prozent-Marke. Dies kommt insbesondere häufig bei Suchanfragen vor, deren Treffer allesamt über einen relativ niedrigen oder gleichen Pagerank verfügen. Hier zeigt sich eine Schwäche von Google, weil die eigentlich stark dominierende Link-Analyse in der Relevanzberechnung bei gleichwertigen Partnern hier nicht ausreichend zum Tragen kommt. In diesem Fall ist besondere Obacht geboten. Denn andere Anbieter werten einen Dichtewert über acht Prozent oftmals als Spam-Versuch und schließen die Seite von der Indexierung aus. Ein geringer Ranking-Erfolg bei einer Verwendung der empfohlenen Werte zwischen drei bis sieben Prozent sollte daher auch nicht zu einer blinden Erhöhung der Keyword-Dichte führen. Vielmehr liegt die Ursache in der Regel in einer nicht konsequenten Umsetzung aller Optimierungspunkte oder in einer unglücklichen Wahl der Schlüsselbegriffe.

Nielsen nennt neben der invertierten Pyramide einen weiteren Punkt in Bezug auf die thematische Gliederung des Textes. Das <p>-Tag (paragraph) definiert einzelne Absätze, die im Browser mit einem bestimmten Zeilenabstand dargestellt werden. Auch Suchmaschinen erkennen diese Tags bei ihrer Analyse und werten die einzelnen Abschnitte gegebenenfalls einzeln aus. Hierbei ist es von Vorteil, wenn in einem Abschnitt ein stark vertretener Hauptgedanke zu finden ist. Die Betreiber der Suchmaschinen sind stets bemüht, möglichst natürlich geschriebene Texte besonders hoch zu gewichten. Eben diese behandeln ein Thema besonders gründlich, wenn sich die thematischen Schwerpunkte gruppenweise auf einzelne Abschnitte verlagern. Jeder andere Textverlauf würde wahrscheinlich ein inhaltliches Durcheinander ergeben und die Webnutzer verwirren. Achten Sie daher darauf, dass Sie im Optimalfall für jedes Schlüsselwort einen eigenen Abschnitt durch das <p>-Tag einbinden, in dem dieses stärker vertreten ist als andere Schlüsselwörter. Verlieren Sie dabei jedoch nicht die definierten Wortketten aus dem Auge. Diese sollten möglichst nicht getrennt werden.

7.3.3 Aufzählungen

Aufzählungen erhöhen Nielsen zufolge ebenfalls die Lesbarkeit. Sie gelten als effektives Mittel, um schnell und übersichtlich Informationen zu vermitteln. Suchmaschinen erkennen diese Formatierung innerhalb des HTML-Codes und gewichten die Inhalte der einzelnen Punkte höher als beim bloßen Auftreten innerhalb des reinen Fließtextes.

```
<p>Wir bieten Ihnen einen besonderen Service an:</p>
<ul>
<li>Segeln rund um Elba</li>
```

```
<li>unkomplizierte Charter</li>
<li>Yachten und andere Bootsklassen verfügbar</li>
</ul>
```

Listing 7.5 Einfache Aufzählung in HTML-Code

Die einzelnen Punkte (`<li>`-Tag) sollten die Schlüsselbegriffe in vernünftiger Anzahl enthalten. Vergessen Sie insbesondere hier nicht das schließende Tag (`</li>`). Oftmals gilt dieses zwar als entbehrlich, das entspricht jedoch nicht der Prämisse, es dem Parser einer Suchmaschine möglichst einfach zu machen, den HTML-Code korrekt zu interpretieren.

7.3.4 Texthervorhebungen

Selbst ein gut unterteilter Fließtext mit einigen Aufzählungen enthält hier und da längere Abschnitte, die auf den ersten Blick einer Bleiwüste gleichen. Um Nutzern das Scanning zu erlauben und gegebenenfalls einen Einstieg mitten in den Text zu bieten, sollte die Aufmerksamkeit auf bestimmte Wörter innerhalb des Textes gelenkt werden. Und welche Begriffe eignen sich dazu besser als die Schlüsselwörter? Wie man sich unschwer vorstellen kann, bewerten Suchmaschinen Dokumente mit ausgezeichneten Schlüsselwörtern wieder ein Stück besser.

Innerhalb des Fließtextes dient die Hervorhebung einzelner Begriffe demzufolge beiden Parteien: dem Nutzer als Leser und der Suchmaschine als Information-Retrieval-System. Dabei stellt HTML eine Vielzahl von Möglichkeiten zur Verfügung, die eine Hervorhebung einzelner Zeichen oder Wörter erlauben. Die folgende Tabelle zeigt eine Auswahl an Tags zur Hervorhebung von Termen samt ihrer Funktion. Zu den einzelnen öffnenden Tags gehört selbstverständlich jeweils das schließende mit hinzu. Diese wurden jedoch zur besseren Übersicht nicht mit aufgelistet.

HTML-Tag	Funktion
`<strong>` oder `<b>`	fett (bold)
`<i>`	kursiv (italic)
`<u>`	unterstrichen (underline)
`<s>`	durchgestrichen (strike)
`<em>`	hervorgehoben (emphasized)
`<cite>`	Zitat (citation)
`<sub>`	tiefer gestellter Text
`<sup>`	höher gestellter Text

Tabelle 7.2 HTML-Tags zum Hervorheben von Schlüsselwörtern

Sie haben sicherlich bemerkt, dass es sich hierbei zunächst nicht um eine Formatierung mittels CSS handelt, sondern um reines HTML. Wurde aber nicht zuvor betont, man solle für optische Belange auf den Einsatz von CSS zurückgreifen? Sicherlich, man könnte die Hervorhebung prinzipiell auch durch eine gesonderte CSS-Klasse erreichen:

```
<p>Segeln Sie mit uns um <span class="fett">Elba</span>
auf [...] </p>
```

In der Tat wird dieser Fehler relativ häufig begangen, weil der allerorts empfohlene Einsatz von CSS zu stark beherzigt wird. Mit einer entsprechenden CSS-Klasse .fett {font-weight: strong} mag das Beispiel sicherlich in jedem Browser zum gewünschten Ziel führen; Suchmaschinen interpretieren jedoch derzeit noch kein CSS. Somit würde die Formatierung zur Hervorhebung der Schlüsselwörter hier wie an allen anderen Stellen verloren gehen. Um dies zu vermeiden, setzt man deshalb von Anfang an auf die entsprechenden HTML-Tags. Diese können dann natürlich durch CSS mit dem gewünschten Aussehen versehen werden.

```
<html>
<head>
    <style type="text/css">
        b {font-weight: normal}
    </style>
</head>
<body>
    <p> Suchmaschinen sehen anders als <b>Webuser<b></p>
</body>
</html>
```

Listing 7.6 Das Aussehen eines HTML-Tags mittels CSS verändern

So glaubt die Suchmaschine in diesem Beispiel einen besonders ausgezeichneten Begriff vorzufinden; der Nutzer sieht mit einem CSS-fähigen Browser allerdings keinen Unterschied zu dem vorigen Text. Inwieweit eine solche Markierung konsequent bei allen Schlüsselwörtern innerhalb des Fließtextes angewandt werden soll, wird durchaus kontrovers diskutiert. Auf jeden Fall sollten Keywords, die innerhalb der erwähnten Ersten-1 000-Zeichen-Grenze auftreten, alle hervorgehoben werden. Bei einem längeren Text ist es erfahrungsgemäß nicht nötig, ein Schlüsselwort bei jedem Auftreten zu markieren. Hier kann meist ein Drittel bis die Hälfte der Terme ohne gesonderte Markierung belassen werden.

Neben der Hervorhebung durch die dazu vorgesehenen HTML-Tags mag der findige Webautor eine Änderung der Schriftgröße, Schriftart oder Schriftfarbe anwenden, um den gewünschten Effekt zu erzielen. Dass Suchmaschinen bei der Indexierung das Verhältnis der im Dokument auftretenden Schriftgrößen relativ zueinander berechnen, habe ich bereits erwähnt. Um Schlüsselbegriffe auch für Suchmaschinen typografisch größer darzustellen, muss leider auf reine HTML-Formatierung zurückgegriffen werden. Nur so ist eine korrekte Erkennung auch durch die nicht-CSS-fähigen Webcrawler gesichert.

In Bezug auf Schriftart und Schriftfarbe gilt jedoch wieder der Einsatz von CSS. Nutzen Sie die vorhandenen Tags zur Hervorhebung, und verwenden Sie keine Mühe darauf, das <font>-Tag direkt in den HTML-Code einzubinden. So kennzeichnet man beispielsweise ausschließlich die gewünschten Begriffe mittels des <em>-Tags und formatiert dieses durch CSS. Die Technik verläuft wie in Listing 7.6. Die gewünschte Schriftart, Farbe und sonstige Attribute werden dem <em>-Tag dann ohne weiteres Hinzutun bei einer Verwendung zugewiesen.

7.3.5 Überschriften

Nichts ist besser geeignet, das Thema eines Abschnitts zu bestimmen, als eine beschreibende Überschrift. Diese Erkenntnis machen sich natürlich auch die Suchmaschinen bei ihrer Analyse zu Nutze.

In HTML sind Überschriften (Headings) mit dem <h1>- bis <h6>-Tag vorgesehen. Die Abstufung ist in Form einer Untergliederung zu verstehen, bei der beispielsweise <h2> die »Unterüberschrift« zu einer <h1>-Überschrift ist. Das <h1>-Tag stellt somit die höchste Ebene dar. Hier sollten dementsprechend auch die primären Schlüsselbegriffe positioniert werden. Die <h2>-formatierten Überschriften können dann für die weiteren Begriffe verwendet werden.

```
<h1>Segeln Sie mit uns</h1>
    <h2>Geschichte von Elba</h2>
<h1>Charter - Konditionen und Verträge</h1>
    <h2>Yacht - eine Woche</h2>
    <h2>Yacht - zwei Wochen</h2>
```

Listing 7.7 Positionierung von Begriffen samt Gliederung der Überschriften

Im Idealfall ergibt sich durch die Formatierung der Überschriften und die Themenschwerpunkte innerhalb der einzelnen <p>-Tags für die Absätze eine einheitliche Gliederung.

Leider muten die HTML-Überschriften typografisch eher unschön an. Außerdem wird nach unten ein gewisser Zeilenabstand automatisch gesetzt. Das ist insbesondere bei der <h1>-Formatierung der Fall. Dies passt verständlicherweise nicht zu einem schönen Design und führt daher in aller Regel zu einer Nichtverwendung. Früher wurde oftmals erst mit der <h2>-Überschrift begonnen, da CSS noch nicht weit verbreitet war. Hier werden jedoch gegebenenfalls Punkte verschenkt, denn Suchmaschinen können Schlüsselbegriffe durchaus umso höher bewerten, je höher die Ebene der Überschrift ist. Eine ebenso oft genutzte – wie leider auch unglückliche – Praxis ist es, gänzlich auf die HTML-formatierten Überschriften zu verzichten und stattdessen auf normalen Fließtext zu setzen. Dieser ist dann meist mit dem `<font>`-Tag speziell formatiert, sodass typografisch zumindest ein Überschriftenformat erkennbar ist. Denn die `h`-Überschriften lassen sich nicht ohne Weiteres so komfortabel mit diesem `<font>`-Tag formatieren wie normaler Fließtext.

Dabei gibt es aber eine sehr elegante Lösung, sofern man auf CSS zurückgreift. Denn hier kann man bequem das festgelegte Aussehen der einzelnen Tags verändern, und das sogar inklusive des unbeliebten Abstands unter der Überschrift. Die CSS-Formatierung für eine `h1`-Überschrift würde beispielsweise wie folgt aussehen:

```
h1 {
    font-size : 12pt;
    line-height : 12pt;
    font-family : verdana, arial, helvetica, sans-serif;
    margin-bottom: 1px;
    margin-top: 1px;
}
```

Listing 7.8 h1-Überschrift mithilfe von CSS formatiert

Die letzten beiden Zeilen sind dabei für den Abstand nach oben bzw. unten zuständig. Man sollte auf keinen Fall auf die HTML-eigenen Überschriften verzichten, sondern stattdessen eine optische Anpassung mit CSS vornehmen. Ansonsten vergibt man vielleicht grundlos entscheidende Bewertungspunkte. Letztendlich hilft das nicht nur dem Webautor, sondern auch dem Leser, der sich anhand der Überschriften eine bessere Orientierung verschaffen kann.

7.3.6 Links und Anchor-Text

Der Beschaffenheit der Links kommt bei der Optimierung ebenfalls eine wichtige Rolle zu. Denn die `<a>`-Tags werden insbesondere unter Berücksichtigung des Anchor-Textes analysiert und bilden somit in Bezug auf die hypertextuellen Gewichtungen ein wichtiges Kriterium der Suchmaschinen-Optimierung.

Dem Anchor-Text kommt daher eine besondere Bedeutung zu. Deshalb ist auf jeden Fall von der Benutzung von Grafiken als Ersatz für einen Text abzuraten.

```
<a href="impressum.html"><img src="menu/impressum.gif"></a>
```

Die Suchmaschine kann aus einem derartigen Konstrukt keinen Text extrahieren. Eine eventuell höhere Gewichtung ist somit ausgeschlossen. Oftmals findet man das Einbinden reiner Grafikdateien ohne Anchor-Text bei der Umsetzung von Navigationen.

In der Regel wird ein Webseiten-Design zunächst in einem Grafikprogramm entworfen und anschließend in kleine Bildsegmente zerschnitten, die als eigenständige Grafiken abgespeichert werden. So besteht jeder Menüpunkt einer Hauptnavigation aus einer Grafikdatei, die wie in dem oben gezeigten Beispiel in den Code implementiert wird. Insbesondere für die Hauptnavigation hat sich gezeigt, dass ein Verzicht auf eine grafische Realisierung zugunsten eines reinen Anchor-Textes durchaus Vorteile bringen kann. Denn zumeist befindet sich die Navigation am oberen Seitenbeginn oder am linken Rand. In beiden Fällen ist dies folglich eine Stellung innerhalb des HTML-Codes, die relativ weit vorne liegt und somit eine verstärkte Optimierung erfahren sollte. Je weiter vorne sich ein Text befindet, umso wichtiger ist er für die Bewertung durch die Suchmaschinen.

Ausnahmsweise darf und soll der Anchor-Text nicht zwingend die festgelegten Schlüsselbegriffe enthalten. Vielmehr ist bei der Verwendung des Link-Textes darauf zu achten, dass auch die Seiten-Keywords des Dokuments verwendet werden, auf welches der Verweis zeigt. So sollte ein Verweis von Dokument A, der auf Dokument B verlinkt und auf den Begriff »Charterverträge« optimiert wurde, auch diesen Begriff enthalten:

```
... unsere <a href="chartervertraege.html">Charterverträge</a>.
```

Das erhöht zum einen die Link-Popularity von Dokument B, insbesondere weil der Link-Text korrekt auf den zu erwartenden Inhalt hinweist. Viel wichtiger in Bezug auf die Onpage-Optimierung ist allerdings, dass die eigene Seite, die den Link enthält, ebenfalls höher gewichtet wird. Denn auch hier verstärkt die thematische Passgenauigkeit des Anchor-Textes mit dem zu erwartenden Inhalt die Bewertung.

Falls Grafiken eingebunden werden sollen, gibt es ebenfalls Mittel und Wege, dort Schlüsselbegriffe zu positionieren. Da diese jedoch nicht direkt auf der Browserseite angezeigt werden, erhalten sie von den Suchmaschinen eine geringere Bewertung als ein reiner Anchor-Text.

Ursprünglich wurde das alt-Attribut als alternative Beschreibung einer Grafik in HTML eingebunden. Vor wenigen Jahren waren die Bandbreiten durch die analoge Modem-Technologie recht begrenzt, und viele Nutzer verzichteten zugunsten schnellerer Ladezeiten auf die Anzeige von Grafiken innerhalb des Browsers. Stattdessen wird ein stellvertretender Rahmen angezeigt, der den Inhalt des alt-Attributs enthält. Heute wird dieses Attribut oftmals zur genaueren Beschreibung eines kurzen Links genutzt, da etliche Browser eine Tooltip-Zeile wie in Abbildung 7.7 mit dem entsprechenden Text anzeigen, sobald man mit der Maus über eine entsprechend formatierte Grafik fährt.

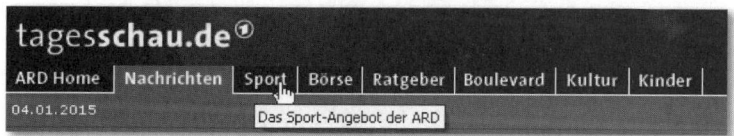

Abbildung 7.7 Das alt-Attribut als Tooltip-Anzeige innerhalb des Browsers

In diesem Beispiel sieht der zugehörige HTML-Code wie folgt aus:

```
<a href="http://sport.ard.de/sp/" title="Das Sport-
Angebot der ARD"><img src="/image/nav_sport_
00.gif" width="47" height="18" alt="Sport"></a>
```

Es fällt auf, dass in Wirklichkeit nicht der Inhalt des alt-Attributs, sondern des title-Attributs angezeigt wird. Dieses Attribut überschreibt das alt-Attribut. Ist kein Titel vorhanden, wird jedoch in den meisten Browsern das alt-Attribut angezeigt. Streng genommen entspricht dies nicht dem Standard, weshalb beispielsweise Firefox das alt-Attribut auch wirklich nur innerhalb des Grafikrahmens als alternative Beschreibung anzeigt. Das title-Attribut – übrigens nicht zu verwechseln mit dem <title>-Tag – erlaubt es, beinahe jedes HTML-Element mit einem kommentierten Text in Sinne einer Meta-Information zu versehen. Dies ist insbesondere bei Bildern sehr hilfreich, da hier zusätzliche Informationen über das Bild, den Entstehungsort, den Fotografen oder Ähnliches gegeben werden können.

Aus diesem Grund wird das title-Attribut auch von Suchmaschinen berücksichtigt. In der Praxis sollte man eine entsprechende Bild- bzw. Link-Beschreibung unter Verwendung der Schlüsselwörter im title-Attribut platzieren. Schließlich braucht man auch auf das alt-Attribut nicht zu verzichten. Dieses wird in ähnlicher Form, jedoch kürzer und stichwortartiger, ebenfalls in den Link gesetzt. Bei der Platzierung gelten selbstverständlich auch hier die bislang genannten Kriterien zur Verwendung der Schlüsselwörter.

Denkt man einen Schritt weiter, kann das title-Attribut auch in Verweisen mit reinem Anchor-Text platziert werden. Insbesondere bei kurzen Verweisen bietet sich so die Gelegenheit, dem Benutzer mehr Informationen über das Link-Ziel zu geben. Inwieweit Suchmaschinen jedoch eine Verwendung im <a>-Tag oder anderen Tags generell honorieren, ist unklar. Jedoch wird es gewiss nicht negativ in die Gewichtung mit eingehen, sodass ein sinnvoller Gebrauch ratsam ist.

7.3.7 Tabellen

Es werden sicherlich noch einige Generationen von Webentwicklern und Webdesignern das Tageslicht erblicken, bis Webseiten nicht mehr mit Tabellen gestaltet werden, sondern mit reinem CSS oder einem entsprechenden Nachfolger.

Ursprünglich wurde das `<table>`-Tag natürlich nicht dazu entwickelt, die gesamte Seiteneinteilung zu übernehmen. Aber die relativ beschränkten Layoutmöglichkeiten ließen den Webautoren keine Wahl. So ist heute beinahe jede Seite durch Tabellen strukturiert. Stellt man sich eine einfache Seite vor, die links eine schmale vertikale Navigation besitzt und in der größeren rechten Hälfte den eigentlichen Inhalt anbietet, wird dieses Layout in aller Regel mit einer zweispaltigen Tabelle umgesetzt. Das Tabellengitter wird unsichtbar gemacht, und die Tabelle dient fortan als reines Skelett. Allerdings ist dieses Vorgehen problematisch, wenn man sich den HTML-Code einer solchen Seite vergegenwärtigt.

```
<table>
   <tr>
      <td>Navigation</td>
      <td>Content-Bereich</td>
   </tr>
</table>
```

Listing 7.9 Seitenstrukturierung mithilfe einer Tabelle

Betrachtet man eine solche Seite mit einem Online-Tool, das die Sichtweise der Suchmaschine simuliert [87], wird man feststellen, dass der Text der Navigation über dem eigentlichen Seiteninhalt steht. Das ist auch nicht weiter verwunderlich, steht doch die Navigation im HTML-Code ebenfalls vor dem Inhalt.

Für die Suchmaschinen-Optimierung ist dieses Phänomen allerdings nicht optimal. Der rechte Content-Bereich der Tabelle ist nach einer Optimierung in aller Regel ergiebiger in Bezug auf die Schlüsselwörter als die linke Navigation. Daher sollte dieser auch dringend möglichst weit oben positioniert werden. Wie kann man dieses Problem lösen?

Zunächst einmal natürlich durch den Einsatz von reinem CSS. Da aber selbst heute noch viele Browser nicht gerade wenige Probleme mit der korrekten Darstellung von CSS haben, kann man einen einfachen, aber wirkungsvollen Trick anwenden.

```
<table>
   <tr>
      <td><!-- Kommentar: Diese TD leer lassen --></td>
      <td rowspan="2">Content-Bereich</td>
```

```
      </tr>
      <tr>
         <td>Navigation</td>
      </tr>
</table>
```

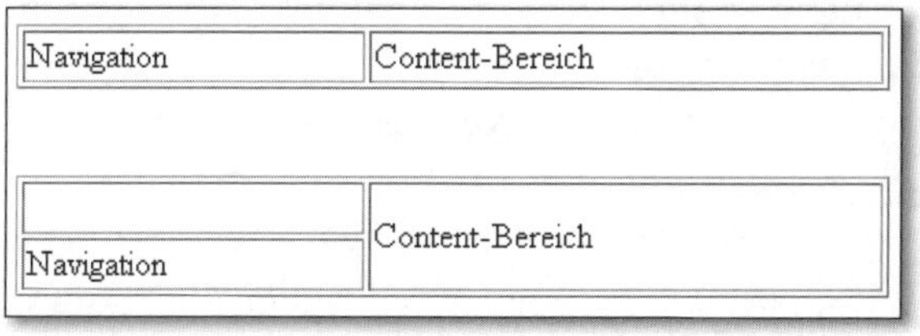

Listing 7.10 Seitenstruktur mit dem <table>-Trick

Man fügt eine leere Zelle im linken Bereich ein und lässt die rechte Spalte mit dem wichtigen Inhalt über zwei Zeilen laufen. Dies wird mit dem HTML-Attribut `rowspan` bewerkstelligt. Somit steht schließlich innerhalb der HTML-Datei der Code mit dem Inhalt über der Navigation. Abbildung 7.8 verdeutlicht dieses Prinzip nochmals grafisch.

Tabellen dienen natürlich nicht immer nur als Layouthilfe, sondern werden auch zu ihrem ursprünglichen Zweck genutzt. In diesem Zusammenhang gibt es das `summary`-Attribut, das eine Zusammenfassung einer Tabelle beinhalten kann.

```
<table summary="segeln per yacht charter auf elba"> ... </table>
```

Abbildung 7.8 Vorher – Nachher, Verbesserung durch den <table>-Trick

Dies bietet wiederum eine Gelegenheit, die Schlüsselwörter zu platzieren. Hoffen Sie jedoch nicht auf einen allzu großen Effekt. Die Platzierung von Begriffen in solchen Tags ist eher als Sahnehäubchen auf der Optimierungstorte anzusehen.

Die wirklich einflussreichen Bereiche sind das <title>-Tag, der Fließtext mit den Hervorhebungen, die Überschriften und, nicht zu vergessen, die Verweise. Diese Elemente gehören der ersten Klasse an und sollten unbedingt sorgfältig optimiert werden. Alle weiteren Elemente sind Teil der zweiten Klasse und tragen nicht mehr zu einem bedeutenden Anteil zu einer höheren Gewichtung bei.

Vernachlässigen sollte man diese jedoch keineswegs. Denn obwohl die positive Auswirkung von geringerer Natur ist, kann ein Missbrauch oder der unwissend falsche Umgang mit diesen Elementen die bedeutenden Punkte und somit den gesamten Optimierungserfolg zunichte machen.

7.3.8 Bilder und Image-Maps

Wie Sie wissen, spielen Bilder und Grafiken bei dem heutigen Information Retrieval keine Rolle und werden nicht beachtet. Oftmals ist das weniger tragisch, da viele Grafiken lediglich eine Schmuckfunktion erfüllen. Auf manchen Seitentypen stellen Grafiken und Bilder jedoch themenrelevante Informationen dar. Diese gehen ohne weiteres Zutun bei der Indexierung verloren.

Die Möglichkeiten der Attribute `alt` und `title` wurden bereits bei den Verweisen besprochen. Die Verwendung dieser beiden Hilfsmittel gilt auch bei Bildern, die nicht als Link dienen. Somit wird sichergestellt, dass zumindest auf Umwegen ein Stück der Bildinformation erfasst werden kann. Leider wird insbesondere das `alt`-Attribut sehr häufig übermäßig mit Schlüsselbegriffen gefüllt. Die Suchmaschinen-Betreiber reagierten daraufhin mit einer geringeren Gewichtung dieses Attributs. Achten Sie daher auf eine korrekte Anwendung. Platzieren Sie die Schlüsselbegriffe mit wenigen Stoppwörtern und bauen Sie keinesfalls identische Inhalte in die `alt`- und `title`-Attribute verschiedener Bilder mit ein.

Ein besonderer Blick soll auf die sogenannten Image-Maps geworfen werden. HTML stellt eine Funktion zur Verfügung, um innerhalb von Bildern gewisse sensible Bereiche zu definieren und diese mit einem Link zu versehen. Dieses Verfahren eröffnet sehr interessante Möglichkeiten. So könnte man sich beispielsweise eine Europakarte innerhalb einer Unternehmens-Website vorstellen, auf der die einzelnen Standorte markiert sind. Dabei handelt es sich um eine einzige Grafikdatei. Mittels einer Image-Map könnte man hier nun die einzelnen Standorte als Link einbinden. Ein entsprechender Klick könnte dann jeweils genauere Informationen und Kontaktdaten aufzeigen. – Eine sehr interessante Geschichte, allerdings mit gewissen Tücken für Suchmaschinen.

Denn nicht alle Anbieter sind fähig, die Links innerhalb einer Image-Map korrekt zu extrahieren und zu verarbeiten. Ferner existiert hier ebenfalls das Problem, dass kein Anchor-Text vorhanden ist. Leider wird eine Image-Map gelegentlich als Navigationsstruktur eingebunden. Die Hauptnavigation wird durch eine einzige Grafik dargestellt, und die einzelnen Verweise sind Zonen innerhalb der Image-Map. Dies sollte mit Rücksicht auf die Suchmaschinen auf jeden Fall vermieden werden. In Bezug auf den HTML-Code und seine Konvertierung durch die Webcrawler ist auch hier wiederum zu beachten, dass die Anwendung einer Image-Map nicht die oberen Positionen »klaut«. Das kommt jedoch bei der grafisch unterstützten Erstellung in Webpublishing-Programmen sehr häufig vor, insbesondere wenn sich das Bild der Image-Map wie im folgenden Beispiel oben am Seitenkopf befindet.

```
<img name="europa" src="images/europe.gif"
usemap="#eu_karte">
```

Die Definition der Zonen wird automatisch meist direkt hinter dieses Tag gestellt. Es beeinträchtigt die Funktion jedoch in keiner Weise, wenn die Definition an das Ende des Dokuments gestellt wird. Denn dort stört sie keinesfalls. So würde diese kurz vor dem schließenden `</body>`-Tag platziert werden:

```
[...]
   <map name="eu_karte">
      <area shape="rect" coords="234,122,123,184"
        href="berlin.html">
      <area shape="rect" coords="41,190,23,211"
        href="paris.html">
   </map>
</body>
</html>
```

Listing 7.11 Definition der Image-Map-Zonen

Dabei ist oftmals eigenes Handanlegen erforderlich. Jedes gute WYSIWYG-Programm bietet allerdings auch einen HTML-Modus an, in dem man den Code direkt in Textform bearbeiten kann. Kopiert man hier den entsprechenden Abschnitt wie in Listing 7.11 nach unten, hat man einem wesentlichen Störfaktor vorgebeugt.

7.3.9 Phantom-Pixel

Die soeben gewonnenen Erkenntnisse über Bilder sowie das `<title>`- und `<alt>`-Tag können noch weitergehend angewandt werden, selbst wenn man keine Grafiken innerhalb eines Dokuments positionieren will oder kann.

Dazu bindet man einen oder mehrere sogenannte Phantom-Pixel als Grafik an oberster Stelle im Dokument ein. Diese Grafiken sind exakt einen Pixel groß und transparent und daher für den Benutzer unsichtbar. Dazu eignen sich die Grafikformate GIF und PNG. Dieses Phantom-Pixel wird ebenso wie andere Grafiken mit dem `<img>`-Tag eingebunden, und die Schlüsselbegriffe werden, wie oben gezeigt, in den beiden Attributen `alt` und `title` platziert.

Der Webnutzer bekommt von dem Phantom-Pixel nichts mit. Die schnelle Ladezeit und der quasi nicht vorhandene Platzbedarf tun ihr Übriges. Zugegeben, diese Form der Optimierung ist sicherlich nicht ganz im Sinne des Erfinders. Allerdings wird diese Methode an sich erfahrungsgemäß nicht als Spam gewertet. Vermeiden Sie jedoch auch hier wiederum unter allen Umständen ein Keyword-

Stuffing. Andernfalls könnte es zu einer Ablehnung des gesamten Dokuments oder gar der ganzen Website führen.

Außerdem sollten Sie die üblichen Attribute zur Bestimmung der Bildhöhe (`height`) und Breite (`width`) nicht verwenden. Da beide den Wert »1« besitzen, könnte die Methode durch eine ausführlichere Analyse seitens der Suchmaschinen entdeckt werden. Allerdings ist auch das sehr unwahrscheinlich, da die IVW (Informationsgemeinschaft zur Feststellung der Verbreitung von Werbeträgern), die die Reichweitenmessung für Online-Angebote vornimmt, ein Phantom-Pixel sogar mit den Größenangaben nutzt [88]. Dass dieses Pixel die Seitenkontakte zählt und nicht zur Suchmaschinen-Optimierung angewandt wird, spielt im Zusammenhang der Analyse durch Suchmaschinen keine Rolle. Diese Methode kann also durchaus genutzt werden, auch wenn sie gelegentlich als Spam bezeichnet wird, da mit für den Nutzer unsichtbaren Inhalten gearbeitet wird. Allerdings sollte man keine allzu übertriebenen Erwartungen in einen großen Effekt setzen. Denn die Inhalte der Attribute beschreiben lediglich ein Bild. Suchmaschinen legen im Allgemeinen stärker Wert auf tatsächliche Inhalte und gewichten daher wie erwähnt Informationen zu Bildern nicht allzu stark. Insbesondere wenn kein Fließtext zur Verfügung steht, wie etwa bei reinen Flash-Seiten, kann dieses Verfahren ein Mindestmaß an verarbeitbaren Informationen bieten.

7.3.10 <comment>-Tag

Jede Programmiersprache oder Script-Sprache bietet dem Autor eine Möglichkeit, Kommentare zwischen den Codezeilen zu positionieren. Damit soll der Code erklärt und Übersichtlichkeit geschaffen werden. Auch HTML macht hier keine Ausnahme.

```
<!-- Das ist ein HTML-Kommentar -->
```

Kommentare tauchen natürlich nicht in der Browseransicht auf, sondern sind lediglich im HTML-Code direkt zu sehen. Mitte der 90er-Jahre gab es eine regelrechte Bewegung von Webautoren, die ihre Schlüsselwörter innerhalb dieser »unsichtbaren« Tags setzten. Die Suchmaschinen indexierten und bewerteten diese zunächst brav. Allerdings führte der Missbrauch alsbald zu einer Gegenreaktion der Betreiber. Heute werden die Inhalte der `<comment>`-Tags nicht mehr in die Gewichtung mit einbezogen. Eine absolute Sicherheit gibt es natürlich wie bei all diesen Aussagen nicht. Dazu halten die Betreiber ihre genauen Gewichtungsrezepte zu sehr unter Verschluss. Experimente haben jedoch gezeigt, dass das Setzen entsprechender Kommentare, die mit Schlüsselwörtern gespickt sind, zu keinem besseren Ranking-Ergebnis führt.

Damit folgen die Suchmaschinen-Betreiber konsequent ihrem Credo, nur solche Inhalte zu bewerten, die dem Nutzer tatsächlich auch etwas über den Inhalt vermitteln. Wundern Sie sich nicht: In semiprofessionellen Online-Foren kursiert teilweise immer noch die Meinung, das Einbinden von Kommentaren trage zu einer besseren Positionierung bei. Der Mythos um das `<comment>`-Tag wird sich daher sicherlich noch einige Zeit lang halten.

7.3.11 Formulare und das `<input>`-Tag

Das Einbinden eines HTML-Formulars zur Optimierung ist wenig verbreitet. Formulare erlauben dem Nutzer, Informationen an den Server zu übermitteln, nachdem entsprechende Formularfelder ausgefüllt wurden. Oftmals muss dabei ein Wert oder Inhalt mit übergeben werden, der an sich zwar nicht für den Benutzer, jedoch für den internen Ablauf relevant ist. Dieser Wert wird mittels eines unsichtbaren `<input>`-Tags innerhalb des Formulars platziert.

```
<input type="hidden" name="kundennummer" value="3249282">
```

Bei dem Begriff »unsichtbar« werden Sie sicherlich schon von alleine stutzig. Und in der Tat wird die Platzierung von Schlüsselbegriffen innerhalb dieses unsichtbaren Feldes ausgiebig diskutiert. Bislang konnte in Experimenten bei mäßigem Einsatz von Keywords innerhalb des `value`-Attributs weder ein positiver noch ein negativer Effekt verzeichnet werden. Es ist daher letztlich unklar, inwieweit Suchmaschinen überhaupt Formulare auswerten und indexieren. Schließlich sind Formularfelder nicht zwingend geeignet, um von dort aus auf das Thema einer Webseite zu schließen. Man kann diesem Tag wahrscheinlich einen Optimierungswert dritter Klasse attestieren. Generell sollte man jedoch nicht viel Mühe und Zeit investieren, dieses Tag zu positionieren. Falls doch, sollte gewährleistet sein, dass das unsichtbare `<input>`-Tag sich innerhalb der Form-Elemente befindet. Ansonsten flöge der Schwindel bereits vorzeitig auf.

7.3.12 `<noscript>`-Tag

Ähnlich wie das `<noframes>`-Tag wird der Inhalt des `<noscript>`-Tags dann angezeigt, wenn ein User-Agent nicht scriptfähig ist oder JavaScript ausgeschaltet hat. Das Tag wird im `head`-Bereich direkt unter dem schließenden Script-Element platziert.

```
[...]
</script>
<noscript>
   <p>Segeln mit Yacht auf Charter rund um Elba ... </p>
   <a href="sitemap.html">Sitemap</a>
```

```
</noscript>
[...]
```
Listing 7.12   Das <noscript>-Tag im Einsatz

Da sich dieser Text im `head`-Bereich sogar noch vor dem optimierten Fließtext befindet, erscheint er in einer Anzeige ganz oben auf der Seite – leider auch meist außerhalb jeder Struktur. Im Internet finden sich Beispiele, bei denen eine derartige Optimierung zum Erfolg geführt hat. Selbstverständlich darf auch hier kein Keyword-Stuffing betrieben werden.

Die vordere Positionierung kann bei einigen Suchmaschinen zu einem besseren Ranking führen, falls diese das Tag nicht explizit ausschließen oder den enthaltenen Text im Voraus schwächer gewichten. Dabei kann das Tag auch eingesetzt werden, wenn eigentlich gar kein Script auf der Seite benötigt wird. Allerdings sollte man der Vollständigkeit halber dennoch eine Dummy-Zeile in das Script einbauen, und sei es nur in Form eines Kommentars. Denn mittlerweile sind die Algorithmen zur Spam-Erkennung mancher Suchmaschinen so fein, dass nicht nur das Auftreten eines einzelnen Tags überprüft wird, sondern auch dessen sinnvolle Einbindung in die unmittelbare Nachbarschaft im HTML-Code.

Falls Sie trotz aller weiter oben angesprochenen Nachteile dennoch eine JavaScript-Navigation einbinden möchten, bietet das `<noscript>`-Tag übrigens eine interessante Rettungsmöglichkeit. Das Fehlen der eventuell nicht angezeigten Script-Navigation kann durch einen Link zur Sitemap behelfsmäßig ersetzt werden. Damit gibt man dem Besucher wenigstens die Möglichkeit, auch ohne Script-Navigation durch die Website zu wandern. Dabei wird natürlich der Link nur dann angezeigt, wenn der Client nicht scriptfähig ist.

7.3.13   <iframe>-Tag

Ursprünglich wurde dieses Tag nur vom Internet Explorer unterstützt. Mittlerweile gehört es aber auch zum Standard seitens des W3C, und andere Browser wie der Mozilla Firefox zeigen das Element ebenfalls korrekt an.

```
<iframe src="nutzungsbedingung.html"></iframe>
```

Ein *Iframe* hat dabei zunächst nichts mit den bereits behandelten Frames zu tun. Vielmehr handelt es sich hierbei um ein eingebettetes Fenster, das eine externe Ressource beherbergt. Man kennt dieses Element für gewöhnlich aus den scrollbaren Textfeldern diverser Windows-Programme. Ähnlich wie bei den Frames haben allerdings die Suchmaschinen auch mit dieser Art von verschachtelter Darstellung gehörige Probleme. Grundsätzlich ist davon auszugehen, dass der Inhalt des Iframes bei einer normalen Implementierung wie oben gezeigt nicht berücksichtigt wird.

Innerhalb des Tags lassen sich jedoch Informationen und eventuell ein Link platzieren, die von den Webcrawlern gelesen werden können. Auf diese Weise stellt man sicher, dass auch das eingebettete Dokument durch den Verweis erfasst werden kann.

```
<iframe src="nutzungsbedingung.html">
<a href="nutzungsbedingung.html" target="_blank">
    Lesen Sie die Nutzungsbedingungen</a>
    zu unserem Angebot über Segeln Yacht Charter auf Elba.
</iframe>
```

Listing 7.13 Das <iframe>-Tag für Suchmaschinen optimieren

Wichtig in diesem Zusammenhang ist der Verweis innerhalb des eingebetteten Dokuments zurück auf das Hauptdokument. Hier besteht eine ähnliche Problematik wie bei den Frames. Denn die Suchmaschine zeigt bei einem Treffer auf das eingebettete Dokument tatsächlich auch nur dieses an. Die Hauptseite wird außer Acht gelassen. Daher ist der Verweis wichtig, um dem Benutzer die Möglichkeit zu geben, auf die eigentliche Seite zu gelangen. Alternativ kann auch eine JavaScript-Lösung zur Sicherstellung der Anzeigeform angewandt werden.

Häufig werden Iframes zum Einbinden von Mashup-Angeboten oder innerhalb von Affiliate-Netzwerken genutzt. In beiden Fällen wird meist in dem Iframe ein Inhalt angezeigt, der auf einem fremden Server bereitgestellt wird. Bekannte Mashup-Dienste sind beispielsweise Google Maps oder auch zahlreiche Buchungsformulare von Reise- und Fluganbietern. Diese können mittels der Iframe-Technologie auf die eigene Website eingebunden werden, ohne dass der Nutzer direkt sieht, dass die Inhalte von verschiedenen Stellen kommen. Suchmaschinen machen hier allerdings einen Unterschied. Denn per Iframe eingebundene Inhalte von anderen Seiten werden nicht in die Onpage-Berechnungen mit einbezogen. Sie sollten daher darauf achten, dass optimierte Texte für die Seitenoptimierung nicht per Iframe eingebunden sind, sondern sich direkt im HTML-Body des betreffenden Dokuments befinden.

In den gängigen Browsern wird der Text zwischen den <iframe>-Tags nicht dargestellt. Selbst wenn der eingebettete Text prinzipiell nicht von Suchmaschinen erfasst werden soll und die Nichtindexierung wie im Falle des obigen Beispiels (einer Nutzungsbedingung) nicht sonderlich tragisch erscheinen mag, sollte man das Tag dennoch dazu nutzen, die Schlüsselwörter zu platzieren. Achten Sie dabei jedoch darauf, einen sinnvollen Zusammenhang zu dem umgebenden Inhalt auf der Hauptseite herzustellen. Leider sind immer noch einige Benutzer mit älteren Browsern im Netz unterwegs, die keine Iframes interpretieren und dementsprechend den Text angezeigt bekommen.

7.4 Web 2.0 und AJAX für die Onpage-Optimierung

Web 2.0 ist sicherlich eines der Schlagwörter in den Jahren 2006 und 2007 gewesen. Zugleich ist es vermutlich auch einer der am meisten falsch genutzten Begriffe – und für viele auch einer der leidigsten. Der Schöpfer der Idee der nächsten Version des Webs, Tim O'Reilly, sagte in einem Interview Folgendes zum Thema Web 2.0:

> »*Die Wortkreation Web 2.0 hat geholfen, die Diskussion um das Internet weiterzuführen. Klar, der Begriff wird inzwischen inflationär verwendet, auch von Leuten, die ihn gar nicht verstehen. Manche denken: Oh, es hat bestimmt was mit Blogs zu tun oder mit sozialen Netzwerken oder einer bestimmten Art, fürs Internet zu programmieren. Das ist falsch. Eigentlich bedeutet es, Computeranwendungen zu entwickeln, die ihre Stärke aus Netzwerkeffekten beziehen und dadurch Dinge möglich machen, die es sonst nicht gäbe.*«

In der Tat erwähnen Kritiker, dass häufig im Kontext von Web 2.0 genannte Technologien bereits vor dem »Hype« existierten. Der breiten Öffentlichkeit wurden sie allerdings durch die Verwendung in beliebten Web 2.0-Anwendungen näher bekannt.

7.4.1 AJAX kurz vorgestellt

Die wohl bislang bekannteste Web 2.0-Technologie ist *AJAX* (*Asynchronous JavaScript And XML*). AJAX selbst ist streng genommen eine Zusammenstellung von verschiedenen anderen Webtechnologien. Es wird zur asynchronen Datenübertragung genutzt, die das abwechselnde Anfordern (Request) und Absenden (Response) von Webseiten durchbricht und auf eine asynchrone Datenübertragung setzt. Das sogenannte Request-Response-Paradigma gehört dank AJAX in die Welt des Web 1.0 von gestern, wie man von begeisterten Anhängern der Web 2.0-Bewegung nicht selten zu hören bekommt.

Für den Nutzer bedeutet eine sinnvolle Implementation von AJAX in der Tat einen höheren Interaktivitätsgrad bei der Nutzung von Webangeboten. So werden beispielsweise Auswahllisten ohne erneutes Laden einer Webseite gefüllt, in Formulare eingegebene Daten erscheinen ohne das sonst übliche komplette Neuladen einer Seite direkt nach dem Absenden als Kommentar, oder Begriffe werden bereits während der Eingabe in Suchfelder ergänzt.

Auf der Internetseite *www.buch.de* bekommt der Nutzer beispielsweise bereits während der Eingabe eines Begriffs in das Suchfeld eine Auswahlliste angezeigt (siehe Abbildung 7.9).

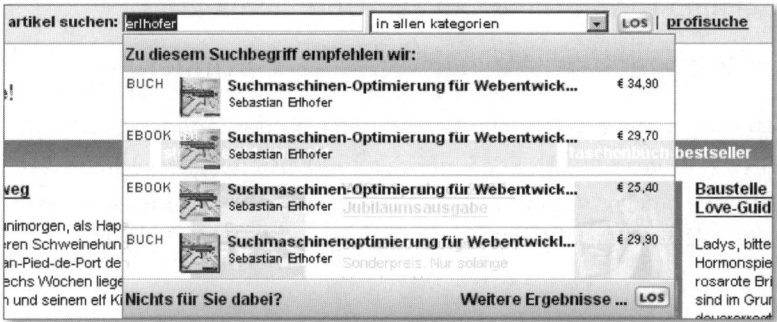

Abbildung 7.9 AJAX bei der Büchersuche im Einsatz bei www.buch.de

Google stellt Programmieren ein AJAX-Framework zur Verfügung, mit dem ähnliche Funktionen wie bei buch.de umgesetzt werden können (*http://code.google.com/apis/ajaxsearch/*). Andere Anbieter sowohl innerhalb als auch außerhalb der Suchmaschinen-Branche haben schon längst nachgezogen, sodass davon auszugehen ist, dass die asynchrone Datenübertragung im Web stark zunehmen wird. Auf den Google Labs-Seiten, auf denen Experimente von Google-Programmierern zu sehen sind, ist beispielsweise Google Suggest zu sehen, welches ähnlich funktioniert wie die Sucheingabe bei buch.de (siehe Abbildung 7.10).

Abbildung 7.10 Auch Google Suggest nutzt AJAX.

Auf der Seite *http://www.google.com/webhp?complete=1&hl=en* können Sie Google Suggest selbst ausprobieren.

7.4.2 Sorgenkind AJAX bei der Onpage-Optimierung

Vor allem bei der Onpage-Optimierung spielt AJAX eine besondere Rolle. Vielleicht müsste man es auch anders ausdrücken: Soll auf einer Webseite AJAX eingesetzt werden, müssen bestimmte Dinge besonders für die Suchmaschinen-Optimierung berücksichtigt werden. Dies lässt sich am Beispiel von Yahoo! sehr schön verdeutlichen.

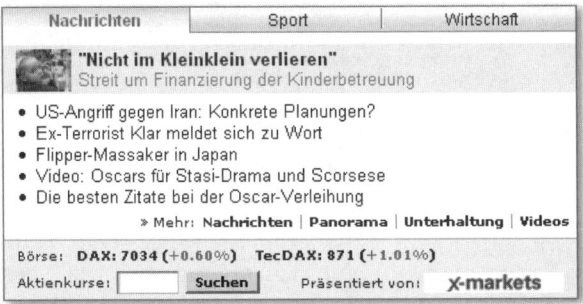

Abbildung 7.11 Reiter bei Yahoo! sind mit AJAX umgesetzt.

Klickt man bei Yahoo! auf einen Reiter (etwa »Sport«), wird nicht die gesamte Website neu geladen, sondern lediglich der betreffende Bereich wird mit neuem HTML-Code gefüllt. Während man früher häufig alle Inhalte in versteckten `div`-Layern auf der Seite mit einem Mal lud, geschieht bei einer Umsetzung einer solchen Reiter- oder Tab-Lösung Folgendes (ohne dabei auf alle technischen Details genau einzugehen):

1. Das auslösende Moment ist der Klick des Nutzers auf den Reiter »Sport«.

2. Der Browser übermittelt daraufhin eine Nachricht im Datenaustauschformat XML mittels eines standardisierten *XMLHttpRequest*-Objekts an den Webserver.

3. Dieser antwortet mit einer XML-Nachricht, welche die angeforderten Daten enthält, ähnlich dem normalen Request-Response-Verfahren.

4. Der Browser liest die Inhalte aus dem XML-Code und fügt sie in den entsprechenden HTML-Container (z. B. ein `<div>`-Tag) ein.

Auf diese Art wird der HTML-Code eines bestimmten Bereichs innerhalb der Webseite ersetzt oder ergänzt. Voraussetzung für das Funktionieren dieser Technologie ist neben einem AJAX-fähigen Browser das eingeschaltete JavaScript.

Dieses ist hauptsächlich zur Manipulation des bestehenden HTML-Gerüsts (DOM, Document Object Model) und zur dynamischen Darstellung der Inhalte verantwortlich.

Genau hier liegt der Hase im Pfeffer. Die Crawler von Suchmaschinen verarbeiten nämlich kein JavaScript. So bleiben die Informationen, die erst über AJAX nachgeladen werden, und nicht bereits im ursprünglich angebotenen HTML-Code enthalten sind, im Verborgenen.

7.4.3 Richtlinien für den Einsatz von AJAX für die Suchmaschinen-Optimierung

Will man auf seinen Webseiten AJAX einsetzen, was für die Nutzerfreundlichkeit durchaus wünschenswert sein kann, muss man im Hinblick auf die Onpage-Optimierung besonders zwei mögliche Stolperfallen berücksichtigen:

1. Crawler von Suchmaschinen lesen nur den Quellcode der initial gesendeten Seite.
2. Die über AJAX und JavaScript erreichbaren Seiteninhalte (im oberen Beispiel bei Yahoo! die Inhalte des Reiters »Sport« bleiben den Suchmaschinen verborgen. Außerdem stehen keine Verweise zur Verfügung, die eine Weiterverfolgung durch die Crawler ermöglichen.

Für die Onpage-Optimierung bedeutet dies, dass Sie auf jeden Fall die Hauptinhalte auf der initial gesendeten Webseite zur Verfügung stellen müssen. So können Sie sicher sein, dass auch Suchmaschinen ohne den Einsatz von JavaScript an die relevanten Daten gelangen.

Wie können Sie aber nun die anderen Inhalte auch für Suchmaschinen sichtbar machen, die ansonsten nur Nutzer mit einem AJAX-fähigen Browser sehen können? Zunächst sollten Sie sich die Frage stellen, ob die zunächst verborgenen Inhalte inhaltlich wie mengenmäßig für eine gezielte Onpage-Optimierung taugen. In der Regel wird man hier nämlich auf eine Optimierung verzichten können, da die verborgenen Informationen meist kleinere Texte sind, die bei der Dokumentenbewertung nur sehr wenig oder gar nicht ins Gewicht fallen würden.

Falls es sich aber um längere Texte handelt oder die Inhalte immanent wichtig sind, müssen Sie dafür sorgen, dass Suchmaschinen auch ohne den Einsatz von JavaScript oder AJAX an die Inhalte gelangen. In der Praxis wird man hier meist auf alternative Seiten zurückgreifen. Das heißt, Sie bieten zusätzlich zu einer einzelnen Seite, die mittels AJAX-Funktion die anderen Texte einbindet, eigenständige Spezialseiten an, die jeweils bei der initialen Anforderung die entsprechenden weiteren Texte enthalten. Sie haben so letztendlich für jeden Text eine eigene

Seite. Natürlich müssen Sie auf der Hauptseite innerhalb eines `noscript`-Bereichs (`<noscript>` … `</noscript>`) Verweise auf die Spezialseiten setzen, damit die Crawler diese Seiten finden.

Beachten Sie auf jeden Fall, dass Sie auch bei solchen alternativen Texten die Kohärenz innerhalb des Dokuments erhalten. Sprich: Titel, Meta-Tags, Überschriften, andere Textbereiche und sonstige Ranking relevanten Kriterien sollten mit dem jeweils unterschiedlich angebotenen Texten nach wie vor bei einer Analyse durch die Suchmaschinen zueinander stimmig sein. Ansonsten verpufft der Effekt und Sie haben sich umsonst Arbeit gemacht.

7.5 PDF-Dokumente optimieren

HTML-Dokumente dominieren das Bild im Web nach wie vor. Das PDF-Dokument hat aufgrund seiner Plattformunabhängigkeit in den letzten Jahren jedoch enorm an Zuwachs gewonnen. Das spiegelt sich auch im Internet wider. Dort werden mittlerweile druckfertige PDF-Dateien per E-Mail an Druckereien versandt. Tageszeitungen bieten PDF-Dokumente in Form von E-Paper als Alternative zu den Printprodukten an, und auch Bücher sind mittlerweile vermehrt als E-Books in PDF erhältlich.

Die meisten Suchmaschinen sind in den letzten Jahren auf diesen Zug aufgesprungen und indexieren daher PDF-Dokumente ebenso wie HTML-Dateien. Prinzipiell gelten für das Optimieren von PDF-Dateien die gleichen Regeln wie für das Publizieren im Web mit HTML. Abgesehen von den speziellen HTML-Eigenschaften sollten Sie daher alle Verfahren auch auf diesen Dokumenttyp anwenden.

PDF stellt bei der Konvertierung bestimmte Felder zur Verfügung, die zur Platzierung von Meta-Informationen eingerichtet sind. Im gewissen Sinne sind die Feldtypen ähnlich den Meta-Tags in HTML. Eine Publikation der US-amerikanischen Regierung [89] erwähnt, dass diese Felder bei Websuchmaschinen derzeit nicht ausgewertet werden. Es ist dennoch ratsam, insbesondere das `title`-Feld mit den Schlüsselwörtern wie bei dem `<title>`-Tag zu besetzen.

Der Text für die Kurzbeschreibung und das `keyword`-Feld sollten bereits für die Meta-Tags geschrieben worden sein. Wenn man dort bereits sorgfältig gearbeitet hat, kann man ihn ohne Bedenken übernehmen, sofern der Inhalt und die Schlüsselwörter sich mit denen der HTML-Ressource decken. Andernfalls ist das bereits bekannte Verfahren für das PDF-Dokument separat anzuwenden.

Verwenden Sie allerdings nicht allzu viel Mühe und Zeit darauf. Achten Sie eher auf eine gute Schlüsselwort-Platzierung zu Beginn des Dokuments und auf sonstige Merkmale wie die Keyword-Dichte und Keyword-Nähe sowie auf die Hervorhebung der einzelnen Schlüsselwörter. Ferner spielt auch hier die thematische Strukturierung mit Überschriften und Sinnabschnitten eine wichtige Rolle.

»Rezepte aus dem Internet machen den User selten fett.«
– Kalenderspruch

8 Offpage-Optimierung

Ein großer Teil der Relevanzbewertung eines Dokuments basiert auf der hypertextuellen Analyse der Link-Strukturen. Optimierungen auf den einzelnen Seiten stellen daher nur eine Seite der Medaille dar. Die Offpage-Optimierung folgt demzufolge im Optimierungsprozess den Arbeiten innerhalb der einzelnen Webseiten. Die Einflussnahme ist hier natürlich in einigen Bereichen geringer, da Faktoren mitspielen, die außerhalb der Reichweite des Webautors liegen.

Dennoch ist die Beachtung und Optimierung bestimmter Umgebungsbedingungen entscheidend für ein gutes Ranking. Und besonders bei der Wahl der Dateinamen und sonstigen strukturellen Entscheidungen werden häufig Fehler gemacht, die eine Abstufung der Gewichtung zur Folge haben.

8.1 Webserver und Restriktionen

Zunächst fasse ich den Fokus allerdings etwas weiter. Eine Webseite ist nach der Onpage-Optimierung nicht automatisch online. Dazu ist ein Webserver erforderlich, der ständig im Internet für die Anfragen von Clients zur Verfügung steht. Die wenigsten Webautoren, selbst die wenigsten Firmen oder Organisationen, haben einen eigenen Webserver in ihrem Keller. Daher ist die Frage nach dem richtigen Webhosting durchaus von entscheidender Bedeutung.

8.1.1 Webhosting

Die Kosten für die Anschaffung und den Unterhalt eines eigenen Webservers inklusive der nötigen Verbindung zum Internet sind selbst bei den meisten großen Firmen nicht rentabel. Nicht umsonst bauen große Webhosting-Anbieter in den letzten Jahren ihre Rechenzentren weiter aus. Bei der Wahl des Servers, auf dem die Website »beheimatet« sein soll, sind bestimmte Faktoren zu berücksichtigen, die in Bezug auf Suchmaschinen eine grundlegende Rolle spielen.

Meist ist neben dem lückenhaften Basiswissen in Sachen Webhosting der Geldbeutel das bestimmende Kriterium bei der Auswahl eines Angebots. Während das Basiswissen mit gezielter Lektüre und Weiterbildung relativ leicht zu vervollständigen sein sollte, ist dies bei dem Geld in aller Regel nicht der Fall. Privatanwender, Vereine oder auch kleinere Unternehmen entscheiden sich daher meist für ein einfaches Webhosting-Paket. Auf einem betreuten Webserver wird dabei eine bestimmte Menge an Platz zur Verfügung gestellt. Oft erhält man eine bis drei Domains kostenlos zur Registrierung hinzu. Erscheint das Angebot nach außen hin zwar als eigenständige Webpräsenz, handelt es sich technisch gesehen jedoch meist um einen virtuellen Webserver. Das bedeutet, die Websites anderer Kunden liegen sozusagen auf der gleichen Festplatte und werden von dem gleichen Server verwaltet. Dies kann insbesondere dann Auswirkungen haben, wenn die gesamten IP-Adressen seitens der Suchmaschinen gesperrt werden.

Um diesem Problem aus dem Wege zu gehen und um insbesondere bei aufwendigen dynamischen Webpräsenzen mehr Unabhängigkeit oder Freiheit zu besitzen, besteht auch die Möglichkeit, einen gesamten Server anzumieten. In Online-Foren wird dieser oftmals auch als *Root-Server* bezeichnet, weil man als Kunde der alleinige Administrator (root) ist. Allerdings setzt diese Form voraus, dass sich der Kunde mit der Pflege eines Webservers auskennt. Ein anderes Angebot sind die sogenannten *Managed-Server*. Hier wird nach wie vor ein eigener Webserver angemietet. Allerdings wird die Wartung und Pflege als Dienstleistung mitgekauft. Der Preis ist hier natürlich um einiges höher.

Kostenloser *Webspace* ist nach wie vor im Web erhältlich. Allerdings bietet dieser etliche technische Restriktionen, und die Anzeige von Bannerwerbung wird in der Regel im Nutzungsvertrag verlangt. Daher findet man bei solchen Anbietern vornehmlich Webautoren, die ihre ersten Schritte im Webpublishing gehen. Diese Websites besitzen in der Regel auch keine eigene Domain, sondern müssen über ein Unterverzeichnis aufgerufen werden. Ein Beispiel:

```
http://www.geocities.com/Thavery2000/
```

Diese Form der Adressierung ist nicht nur unschön, sondern bei Suchmaschinen auch äußerst uneffektiv. Eine eigene Domain ist daher zwingend Pflicht, wenn man eine Website optimieren möchte. Alles andere steht für gewerbliche Anbieter ohnehin nicht zur Debatte. Anbieter eines solchen kostenlosen Webspace ist beispielsweise Yahoo! mit Geocities. Hier wird wie bei allen ähnlichen Angeboten damit geworben, ein Online-Tool zur Webseitenerstellung zur Verfügung zu stellen. Eine Onpage-Optimierung ist allerdings hier nicht mehr möglich. Diese Tools lassen meist nur das rudimentäre Erstellen einer Seite über Online-Formulare zu.

Ein professioneller Webhoster sollte daher die Möglichkeit bieten, die lokal erstellten Dokumente auf den Server zu übertragen. In den meisten Fällen wird dies über das FTP (File Transfer Protocol) angeboten. Wählen Sie demnach keinen Anbieter, bei dem Sie nicht jederzeit die volle Kontrolle über Ihre Webseiten besitzen. Das betrifft auch alternative Lösungen, bei denen die Webseiten nicht sofort online erscheinen und sich somit eine Änderung zeitlich verzögert. Ferner sollte der Anbieter dem Webautor zumindest den Zugang zu den eigenen Logdateien des Webservers gewähren. Noch besser ist es natürlich, wenn gleich eine entsprechend aufbereitete Auswertung angeboten wird. Dabei sollte man allerdings darauf achten, dass nicht jedes Analyse-Tool die Suchbegriffe anzeigt, mit denen Besucher von Suchmaschinen kommen. Diese Möglichkeit ist jedoch besonders wertvoll. Darauf gehe ich in Abschnitt 11.3, »Logdateien-Analyse«, noch detaillierter ein.

8.1.2 Restriktionen

Dass eine ständige Verfügbarkeit des Servers garantiert sein muss, steht gewiss außer Frage. Suchmaschinen indexieren nur solche Dokumente, die für spätere Benutzer auch zugänglich sind. Bleibt eine wiederholte Anfrage des Webcrawlers nach einem Dokument unbeantwortet, führt dies zur Löschung der betreffenden Einträge aus dem Index.

In diesem Fall kann die Konsequenz sogar noch weitreichender sein. Stellt die Suchmaschine fest, dass der gesamte Server nicht zu erreichen ist, wird die komplette Website aus dem Index entfernt. Dabei wird entweder nach dem Domain-Namen oder im schlimmeren Fall nach der IP-Adresse vorgegangen. Insbesondere bei Servern, bei denen Websites mehrerer Kunden unabhängig voneinander auf virtuellen Hosts liegen, kann dies fatale Folgen haben. Denn auch die anderen Websites wären betroffen.

Die Entfernung kann allerdings auch andere Gründe haben. Kommt es zu einem Verstoß der Nutzungsordnung, etwa wenn ein Spam-Versuch erkannt wurde, kann ebenfalls eine IP-bezogene Löschung erfolgen. In diesem Falle ist es besonders ärgerlich und fatal, als eigentlich Unbeteiligter über die IP-Sperrung derart bestraft zu werden. Verhindern kann man dies im Voraus nicht, denn in den seltensten Fällen weiß man, welche anderen Webpräsenzen sich auf dem Webserver befinden. Die marktführenden Suchmaschinen scheinen allerdings bei normalen Verstößen lediglich eine Domain-Sperrung durchzuführen, die dann nur den betreffenden Anbieter trifft. Sind Sie allerdings dringend darauf angewiesen, dass Ihr Angebot über die Suchmaschinen zu finden ist, sollten Sie in jedem Falle darauf achten, eine eigene IP-Adresse zu erhalten.

Dies umgeht auch eine andere Beschränkung, die auf Seiten der Suchmaschinen besteht, bereits im Voraus. Die Suchmaschinen sind bestrebt, das gesamte Web zu erfassen. Der Datenbestand ist allerdings derart enorm, dass einige Betreiber lieber nur Teile einer Website erfassen, um insgesamt ein größeres Spektrum abdecken zu können. Bei kleineren Webseiten spielt dies in der Regel keine Rolle. Diese werden komplett erfasst, sofern es dem Webcrawler möglich ist. Insbesondere bei größeren Seiten ist dieses Phänomen allerdings je nach Suchdienst zu beobachten. Dabei wird die Anzahl der maximal erfassbaren Dokumente ebenfalls über die IP-Adresse berechnet. Daher kann es sein, dass eine Suchmaschine nur eine bestimmte Anzahl Dokumente pro IP-Adresse indexiert. Befinden sich große Webseiten auf dem gleichen Webserver wie Ihre Website, kann dies im Extremfall durchaus Einfluss auf die Erfassung Ihrer Seiten haben. Insbesondere bei den kostenlosen Webspace-Anbietern ist dies häufiger der Fall, da sich hier der URL nur in dem Unterverzeichnis, nicht aber in der Domain selbst ändert.

8.2 Domain- und Dateinamen und Verzeichnisse

Hat man einen bezahlbaren und guten Webhoster gefunden, steht meist schon bei der Anmeldung des Webspace die Frage an, welchen Domain-Namen man wählen möchte. Lassen Sie sich hier nicht unter Druck setzen. Falls Sie sich bis zum Zeitpunkt der Anmeldung noch keine Gedanken gemacht haben, wie Ihre Domain lauten soll, treffen Sie hier keine unüberlegten Entscheidungen aus dem Bauch heraus.

8.2.1 Domain-Name

Die Wahl des Domain-Namens ist eine sehr wichtige Entscheidung. Aus der Sicht des Marketings muss ein guter Domain-Name bestimmte Kriterien erfüllen. In erster Linie sollte er einprägsam sein, damit Kunden auch über die direkte Eingabe in den Browser zu der Website gelangen können. In diesem Zusammenhang spielt die Länge der Domain eine wesentliche Rolle. Zwar lässt sich nicht jede kurze Domain allgemein gesehen besser behalten als eine längere, jedoch sollte man dennoch bemüht sein, einen möglichst kurzen und prägnanten Domain-Namen zu finden. Hier sind andernfalls negative Effekte auf die Übermittlung bei der Mund-zu-Mund-Propaganda oder etwa bei Telefonaten zu erwarten (»... sehr gerne, schauen Sie doch einmal auf unserer Website *www.hypermaysenthalkraftwerke.de* nach Angeboten«).

Diese Kriterien gelten nicht weniger, wenn die Website-Optimierung für Suchmaschinen mit ins Spiel kommt. Hier kommen vielmehr wichtige Punkte hinzu.

Suchmaschinen bewerten nicht nur die Schlüsselwörter innerhalb der Dokumentstruktur, sondern beziehen auch möglichst viele andere Quellen in die Schlüsselwortanalyse mit ein. Eine von diesen ist selbstverständlich der URL, dessen Begriffe separat indexiert werden. Eine konsequente Optimierung muss daher auch innerhalb des Domain-Namens stattfinden. Dazu sollte man zumindest das erste definierte Schlüsselwort integrieren, das die wichtigste thematische Bedeutung aufweist. Natürlich kann man auch versuchen, möglichst viele oder alle Schlüsselwörter mit einzubinden.

Dabei sollten sich die genannten Schlüsselwörter nach wie vor konsequent auch im Titel der Seite befinden, von dem Dokumentinhalt ganz zu schweigen. Hier kommt allerdings die Frage auf, welche Keywords verwendet werden sollen. Nicht jeder Begriff kann in der Domain auftreten, wenn einzelne Seiten der Website auf unterschiedliche Begriffe hin optimiert wurden. Hier wählt man logischerweise diejenigen Begriffe aus, die für die gesamte Website am bedeutendsten sind. Bei thematisch orientierten Präsenzen ist dies meist das Hauptthema, bei gewerblichen Websites das beworbene Produkt.

Oftmals soll der Firmenname die Domain bilden. Denn diese wird auf Geschäftspapieren, Visitenkarten und ähnlichen Erzeugnissen in die Welt getragen. Bekommt man damit zwangsläufig ein Problem, weil das Schlüsselwort hier nicht enthalten ist? Glücklicherweise nicht. Es besteht die Möglichkeit, mehrere Domains auf ein- und dieselbe IP-Adresse zu verlinken. Das DNS-Protokoll lässt diese Art der Verknüpfung ohne Weiteres zu. So könnte ein Unternehmen namens »Neumcke Sails« seine Segelreisen ab Kiel dementsprechend unter folgenden Domains anbieten:

```
www.neumcke.de
www.neumcke-segeln.de
www.neumcke-segeln-kiel.de
```

Auf Geschäftsdrucken wie auch bei der sonstigen Kundenkommunikation würde die erste Domain genutzt werden. Die Anmeldung bei den Suchmaschinen findet allerdings unter den anderen beiden Domains statt. Die Webseiten mit den Schlüsselbegriffen »segeln« und »kiel« werden durch ihr zusätzliches Auftreten im Domain-Namen nochmals an Relevanz gewinnen.

Hierbei verhält sich die Datennormalisierung im Übrigen in Bezug auf die Sonderzeichen nicht viel anders als bereits beschrieben. Der Bindestrich wird bei der Indexierung entfernt, und übrig bleiben nur noch die Stichwörter. Generell sollte man für die Domains zur Anmeldung bei den Suchmaschinen immer mit Bindestichen arbeiten und weniger auf zusammengeschriebene Domains setzen. Das hat den Vorteil, dass die Suchmaschinen die einzelnen Wörter indexieren und diese bei entsprechenden Suchanfragen höher gewichten. Denn allein stehende Begriffe werden bei den meisten Suchmaschinen höher bewertet als beim Auftreten innerhalb einer Wortkette.

Um sich einen Überblick zu verschaffen, wie Stichwörter in Domains genutzt werden, kann man auf eine Funktion bei Google zurückgreifen.

```
allinurl: segeln
allinurl: segeln AND kiel
```

Gibt man eines der beiden Beispiele in das Suchfeld von Google ein, erhält man eine Trefferliste, in der im ersten Beispiel das Wort `segeln` und im zweiten Beispiel die Wörter `segeln` und `kiel` in dem URL enthalten sind.

Bei der Suche nach einem passenden Domain-Namen wird man häufig auf bereits vergebene Namen stoßen. Die Erweiterung des bereits vergebenen Domain-Namens mit der Bindestrich-Taktik ist daher auch in diesem Punkt hilfreich. Achten Sie jedoch darauf, dass Domains, die ausschließlich für Suchmaschinen gedacht sind, innerhalb eines vernünftigen Rahmens bleiben. Denn diese werden schließlich innerhalb der Trefferliste angezeigt und sollten daher einen seriösen Eindruck machen.

In Bezug auf die TLD (Top Level Domain) empfiehlt sich bei deutschen Webseiten immer die Endung ».de«. Auch wenn eine solche Domain nicht zwingend auf eine Website mit deutschem Inhalt verweist, steckt diese Assoziation doch in den Köpfen der meisten Nutzer. Anscheinend werden häufig gerne *net*- und *org*-Domains registriert, weil eine entsprechende *de*-Domain bereits vergeben ist. Davor sollte man sich allerdings hüten, solange man nicht einen entsprechenden Status besitzt. Im Falle der *org*-TLD wäre dies eine nichtkommerzielle Organisation. Das stört natürlich die Suchmaschinen nicht, es kostet Sie aber erfahrungsgemäß Besucher. Denn die gehen meist davon aus, dass es sich bei deutschen Unternehmen um *de*-Domains handelt, da sich der Benutzer oftmals nur an den eigentlichen Teil einer Domain erinnert und nicht an die TLD. Zusätzlich wird selbst von internationalen Firmen häufig erwartet, dass unter der *de*-TDL das deutschsprachige Angebot zu finden ist.

8.2.2 Domain-Alter

Neben der Ausgestaltung des Domain-Namens ist noch ein ganz anderer Punkt besonders wichtig: das Alter der Domain. Grundsätzlich haben Domains, die bereits seit Längerem registriert sind, bessere Chancen, bei den Suchmaschinen gut gelistet zu werden. Der Hintergedanke ist dabei, dass ältere Domains sich im Web bereits etabliert haben und sich neuere Domains zunächst erst einmal beweisen müssen. Damit wollen die Suchmaschinen-Betreiber auch Unternehmungen Einhalt gebieten, die zu bestimmten Werbeaktionen oder Themengebieten eine neue Webpräsenz erstellen.

Ob es nun am Alter der Domain direkt liegt, die über die WHOIS-Daten in der Regel in Erfahrung gebracht werden kann oder über das Alter der eingehenden Verweise als Backlinks, kann letztendlich nicht mit Gewissheit gesagt werden. Fest steht allerdings, dass es einen Seniorenbonus für Domains gibt.

Mit dem Sitereport-Tool von Netcraft unter der Adresse *http://toolbar.netcraft.com/site_report* lässt sich unter anderem auch das Alter einer Domain einsehen.

Für den Start einer neuen Domain kommt somit natürlich auch der Kauf einer bereits existierenden Domain in Frage. Aufgrund der meist vergebenen Domain-Namen ist es heute häufig notwendig, sich für den Kauf einer Domain zu entscheiden. Dabei sollte man allerdings nicht nur auf den passenden Domain-Namen achten, sondern auch auf das Alter der Domain und ihren Status bei den Suchmaschinen. Letzteres meint hauptsächlich die Tatsache, dass Domains bei Google & Co. »verbrannt« sein können. Das heißt, dass die Domain aus dem Index entfernt wurde. Dies geschieht meist aufgrund von missglückten Spam-Versuchen des Voreigentümers.

Erkennbar sind solche Domains meist daran, dass die öffentliche Domain bereits älter als ein halbes Jahr ist, Sie allerdings mit einer Abfrage nach dem Schema `site:DOMAIN` nur die Rückmeldung »Zur URL X wurden keine Informationen gefunden« erhalten.

Eine solche Verbrennung kann durch einen Reinclusion Request rückgängig gemacht werden. Allerdings mindert diese Tatsache zunächst den Wert (und damit im Prinzip auch den Preis) einer Domain, da Sie nicht von Beginn an mit den alleinigen Vorteilen, sondern auch mit den erkauften Nachteilen arbeiten müssen.

8.2.3 Verzeichnis- und Dateinamen

Ein URL besteht bekanntermaßen nicht nur aus dem Domain-Namen, sondern auch aus Verzeichnis- und Dateinamen. Hier werden Schlüsselbegriffe ebenso berücksichtigt wie im Domain-Namen. Bei einigen Suchmaschinen erhält ein Schlüsselwort innerhalb des Dateinamens sogar noch eine höhere Gewichtung als innerhalb der Domain.

Verzeichnisse wie auch Dateinamen sollten keine Umlaute enthalten. Einerseits kann eine Website so ohne Probleme von einem Betriebssystem zum anderen transportiert werden. Dieser Punkt ist besonders wichtig, da Webserver in den letzten Jahren vermehrt unter Linux laufen. Die meisten Webseiten entstehen jedoch in Windows- oder Apple-Macintosh-Umgebungen. Jedes System besitzt natürlich spezielle Eigenschaften bezüglich der Dateinamen. Damit es beim Upload der Dateien keine Probleme gibt, sollten Sie zusätzlich auf Leerzeichen in Verzeichnis- und Dateinamen verzichten und eine durchgängige Kleinschreibung anwenden.

Die Dateien bekommen nicht selten ungünstige Namen, die negativen Einfluss auf das Ranking haben. Oftmals findet man beispielsweise Namen wie:

- `main.html`
- `einstieg.html`
- `produkte.html`

Viel effektiver ist die Platzierung von Schlüsselwörtern innerhalb des Dateinamens. Dabei kann auch hier auf den Bindestrich-Trick zurückgegriffen werden. Der Bindestrich in Dateinamen ist dem Unterstrich immer dann vorzuziehen, wenn auch die Schreibweise ohne Bindestrich als einzelnes Wort oder in der Getrenntschreibung mit berücksichtigt werden soll. Nehmen Sie sich demnach die Schlüsselwort-Definition für jede einzelne Seite vor, die Sie zu Beginn des Optimierungsprozesses erstellt haben. Benennen Sie alle Dateien entsprechend um, sodass ein bis zwei Schlüsselbegriffe auch im Dateinamen enthalten sind.

- `Segeln_kiel.html`
- `Neumcke_adresse_kiel.html`
- `charter-vertrag.html`

Das bringt nicht nur bei Suchmaschinen den ein oder anderen Platz auf der Ergebnisliste, sondern hilft dem Webautor insbesondere bei Websites ohne komplexere Verzeichnisstruktur, sich in dem wachsenden Sammelsurium von Dateien zurechtzufinden.

Entsprechend lassen sich auch die Verzeichnisnamen optimieren. Diese können dazu genutzt werden, das primäre Schlüsselwort nochmals zu betonen.

- `charter/charter-vertrag.html`
- `charter/charter-bedingungen.html`
- `charter/charter-preise.html`

So erhält man im Optimalfall eine gute Positionierung der Schlüsselwörter bereits in dem URL. Natürlich müssen diese Schlüsselwörter – man kann es nicht häufig genug betonen – im Titel und im Dokument konsequent optimiert sein.

Die mit Schlüsselwörtern versehenen Verzeichnis- und Dateinamen treten auch innerhalb des HTML-Codes der einzelnen Seiten wieder auf. Insbesondere bei Verweisen innerhalb der Website erhöhen sie die Stichwortnennung und tragen auch zu einer besseren Link-Popularity bei, falls thematische Ähnlichkeiten zum Zieldokument berücksichtigt werden.

8.2.4 Dateinamen von Bildern und sonstigen Dateien

Im Übrigen trifft die Benennung der Dateinamen nicht nur auf HTML-Dokumente zu. Auch andere Dateien wie Bilder, Flash-Animationen, PDF-Dokumente oder sonstige Dateien können so optimiert werden und tragen somit indirekt zu der Onpage-Optimierung bei.

Insbesondere bei eingebundenen Bildern wird häufig ein kryptischer Dateiname gewählt. Dabei wäre ein aussagekräftiger Name hier nicht nur für die Keyword-Nennung aus Onpage-Gesichtspunkten hilfreich. Auch die Bildersuchen der Suchmaschinen benötigen Stichwörter, um ein passendes Bild auf eine Suche anzuzeigen. Und da die Bilder nicht selbst analysiert werden können, nutzen die Suchmaschinen hauptsächlich die Dateinamen der Bilder als Quelle für Schlüsselwörter. Das Bild eines Produktes mit dem Namen »XF20« sollte daher nicht nur im <title>- und <alt>-Tag benannt und namentlich eingebunden werden:

```
<img src="/images/x8237hd/archive/293/2323HDASVsss28h38hdash.jpg" title="XF20" alt="XF20">
```

Schöner und vor allem effektiver ist die Einbindung mit der Produktkategorie und dem Produktnamen:

```
<img src="/images/beamer/beamer-XF20_23271623.jpg" title="XF20" alt="XF20">
```

Im Beispiel wird die Produktkategorie nochmals als Pfadangabe und innerhalb des Dateinamens wiederholt. Benötigt man zusätzlich einen Produktcode oder ähnliches im Dateinamen – etwa zur Verwaltung der Bilder über das Dateimanagementsystem –, kann man diesen zusätzlich, jedoch eben nicht ausschließlich, in den Dateinamen integrieren.

Gleiches gilt natürlich für PDF-Dokumente sowie Video- und Audiodateien.

8.2.5 Verzeichnistiefe und Aktualität

Neben der Bezeichnung eines Verzeichnisses spielt dessen Rangordnung innerhalb der gesamten Verzeichnisstruktur eine Rolle. Die Mehrzahl an Websites beweist, dass die Bedeutung eines Dokuments allgemein abnimmt, je tiefer es in die

Verzeichnisstruktur eingebettet ist. Demnach haben folgende Dokumente abnehmende Bedeutung.

URL	Verzeichnisebene
www.segeln.de/index.html	0 (Root-Ebene)
www.segeln.de/boote/index.html	1
www.segeln.de/boote/typen/index.html	2
www.segeln.de/boote/typen/bilder/index.html	3

Tabelle 8.1 Beispiel für unterschiedliche Verzeichnistiefen

Manche Suchmaschinen indexieren nur Seiten bis zu einer gewissen Verzeichnisebene. Damit soll vermieden werden, dass einige umfangreiche Seiten ganz erfasst werden und derart viel Rechen- und Speicherkapazität in Anspruch nehmen, dass andere Seiten nicht gleichwertig im Datenbestand repräsentiert werden können. Das würde zu einer ungleichen Verteilung bei der Erfassung des World Wide Web führen und die Suchergebnisse verzerren.

Man unterscheidet bei der Exploration einer Website zwei Vorgehensweisen. Je nach Ausrichtung einer Suchmaschine erfasst ein Webcrawler eine Website in der *Breitensuche* oder in der *Tiefensuche*. Diese beiden Begriffe stammen aus der Graphentheorie. Der Graph einer Website sieht in der Regel wie ein umgekehrter Baum aus. Abbildung 8.1 verdeutlicht dies. Der Root-Knoten, zumeist die Homepage in Form der Datei *index.html*, befindet sich dabei ganz oben an der Spitze.

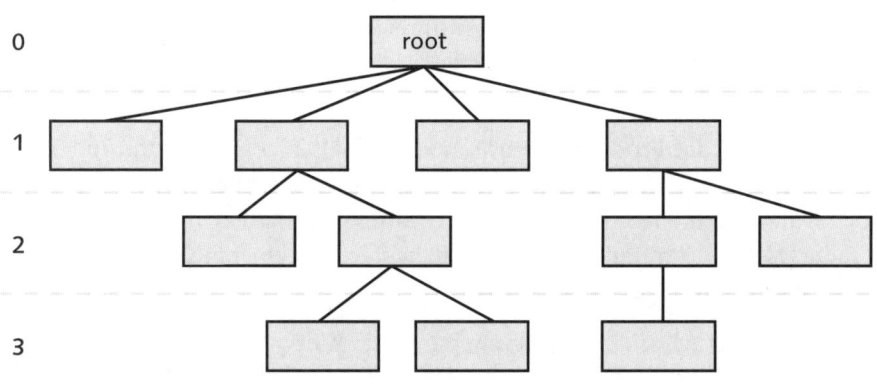

Abbildung 8.1 Die Site-Struktur als Graph

Während der Breitensuche werden zunächst alle Seiten einer einzelnen Ebene erfasst. Dabei wird sukzessive von der Homepage nach unten gegangen. Die Indexierung ist somit in Bezug auf die direkte Nachbarschaft erschöpfend. Erst wenn eine Ebene komplett abgearbeitet ist, werden die Dokumente der nächsten Ebene untersucht. Dieses Vorgehen wird meist angewandt, wenn Webcrawler eine Website wie erwähnt nur bis zu einer bestimmten Verzeichnistiefe erfassen sollen. So bewegen sich AltaVista und Fireball nach diesem Prinzip nur in den obersten Ebenen. Google, Yahoo! und andere Suchmaschinen arbeiten hingegen nach dem Prinzip der Tiefensuche. Dabei klettert die Suchmaschine einen Ast so lange hinunter, bis die letzte Seite erfasst ist. Danach kehrt der Webcrawler zu der höher liegenden Ebene zurück und geht von dort aus wieder auf dem Alternativweg nach unten. Dieses Verfahren führt so zu einer vollständigen Erfassung der Website.

Eine vollständige Erfassung führt allerdings auch bei der Tiefensuche nicht zwingend zu einer besseren Gewichtung. Im Allgemeinen sollte man im Sinne einer Faustregel nicht mehr als zwei oder drei Verzeichnisebenen verwenden und wichtige Seiten immer in einer möglichst flachen Struktur halten.

Dabei ist die Verzeichnistiefe nur eine Determinante, die bei der Gewichtung von Seiteneigenschaften eine Rolle spielt. Ebenso wichtig ist die Aktualität einer Seite. Diese wird durch das Datum der letzten Änderung über den Response-Header geliefert, und bei einem erneuten Besuch fragt der Webcrawler mit dem `If-Modified-Since`-Header zunächst nach einer aktuelleren Version. Das genaue Vorgehen wurde bereits in Abschnitt 2.3.2, »Response«, vorgestellt. Trifft der Webcrawler trotz wiederholten Besuchs stets ein unverändertes Dokument an, wird die Besuchsfrequenz in der Konsequenz seltener. Man sollte jedoch darauf achten, die Wiederbesuchsfrequenz möglichst hoch zu halten. Denn je kürzer die Zeitspanne zwischen den Veränderungen an Ihrer Website und deren Aufnahme in den Suchmaschinen-Index ist, desto flexibler können Sie die Website optimieren. In den seltensten Fällen ist eine Suchmaschinen-Optimierung nach einer einmaligen Anpassung abgeschlossen. Die Erfahrung zeigt, dass eine permanente Beobachtung und Anpassung notwendig ist. Diese wird aber insbesondere dann vernachlässigt, wenn die Änderungen, die Sie vorgenommen haben, erst Wochen oder gar Monate später Wirkung zeigen, da die Suchmaschinen die Website selten besuchen.

Ebenso gewichten einige Suchmaschinen aktuellere Dokumente höher als ältere. Insbesondere wenn die Link-Popularity einen relativ großen Gewichtungsfaktor bildet, liegt diese Vermutung nahe. Denn neue Dokumente haben in der Regel weniger eingehende Links zu verzeichnen. Der gebotene Inhalt ist aufgrund der Neuheit jedoch nicht von vornherein weniger bedeutend als ein älteres Angebot. Da dieses aufgrund seiner längeren Existenz meist mehr Link-Popularity besitzt, kann das neuere Dokument durch eine höhere Gewichtung der Aktualität diesen Vorsprung ein wenig aufholen.

Dabei hilft es nicht zwingend, wenn man die identische Datei täglich aufs Neue auf den Webserver kopiert. Der Hashwert liefert immer noch identische Ergebnisse, und die Suchmaschine erkennt, dass keine inhaltliche Veränderung stattgefunden hat. Durch einfache Mittel lässt sich jedoch auch diese Beschränkung aufheben. Platziert man beispielsweise einen Aktualitätshinweis auch für die Benutzer sichtbar am unteren Rand der Webseite, so hat sich die Seite für die Suchmaschine geändert. Außerdem zeigen Sie Ihren Besuchern dadurch, dass die Seite nicht vernachlässigt wird.

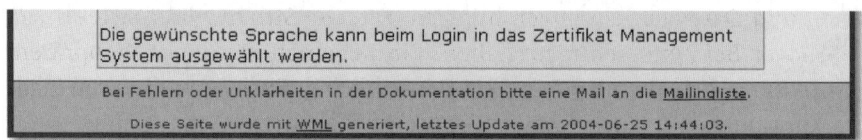

Abbildung 8.2 Das Datum der letzten Aktualisierung als Optimierungsmittel

Dabei muss der Hinweis, wie Abbildung 8.2 zeigt, nicht groß erkennbar sein. Es geht in erster Linie darum, die Seite an sich leicht zu verändern, um die Erkennungsmechanismen der Suchmaschinen auszuhebeln.

Entscheiden Sie sich für die Platzierung eines solchen Zeitstempels, so sollten Sie dann auch besonders auf eine regelmäßige Aktualisierung achten. Andernfalls bewirken Sie nämlich genau das Gegenteil. Denn Besucher werden einer Seite, die als letzte Änderung beispielsweise den 18. April 2002 anzeigt, nicht allzu viel Vertrauen entgegenbringen.

Findige Webautoren basteln sich auf dem Webserver ein kleines Programm, das einmal am Tag automatisch das aktuelle Datum in die statischen HTML-Dateien einbindet und diese dann neu abspeichert. Unter Linux-Systemen kommt dann der sogenannte Cronjob zum Einsatz, der Kommandos zeitgesteuert aufruft. Programmiert man eine Seite dynamisch, ist eine ähnliche Umsetzung mittels PHP oder ähnlicher Sprachen ohnehin kein Problem.

Die Änderungsfrequenz muss dabei natürlich nicht einen Tag betragen, sondern kann auch über längere Zeit geschehen. Eine gut gepflegte Website sollte ohnehin lebendig sein und nicht einmal hochgeladen und nie wieder angefasst werden. In diesem Fall relativiert sich die Notwendigkeit eines Zeitstempels ohnehin.

8.3 Site-Struktur

Eine lebendige Seite wächst und entwickelt sich ständig weiter. Das bedeutet oft, dass sich die Seitenstruktur verändert. Nicht selten wird der Inhalt einer Seite erweitert und auf neue Seiten aufgeteilt. Die alte Seite wird dann entfernt. Allerdings könnte ihr URL von Suchmaschinen erfasst worden sein. Bei einem erneuten Besuch würde die Datei nicht gefunden und der Webserver einen Fehlercode 404 für »Datei nicht gefunden« zurückliefern. Die Seite würde sofort aus dem Datenbestand entfernt werden.

Insbesondere bei einem Relaunch kommt es häufig vor, dass die bis dato von Suchmaschinen erfassten URLs nicht mehr existieren. Eine Überarbeitung einer bestehenden Website bringt meist eine neue Site-Struktur, veränderte Verzeichnisnamen und Dateibezeichnungen mit sich. Die alte Struktur lässt sich oftmals trotz ehrlicher Bemühungen nicht halten. Ein Relaunch gibt einer Webpräsenz daher zwar sicherlich einen optischen und inhaltlichen Push, aber die alten Pfade und Link-Strukturen existieren zum Großteil nicht mehr. Auch hier wird die Suchmaschine alle »verschwundenen« Seiten samt der Schlüsselwörter aus dem Index entfernen.

Daher melden die meisten Webseiten-Betreiber die Website neu bei den Suchmaschinen an. Diese lassen sich jedoch für einen Erstbesuch auf der neuen Website gehörig Zeit. Und so kann es durchaus vorkommen, dass die Inhalte über die diversen Suchdienste in einem Zeitraum von ein bis drei Monaten nicht auffindbar sind. Zu Beginn werden außerdem noch die alten Pfade in den Ergebnislisten angezeigt. Das bedeutet in der Konsequenz, dass Besucher auf einen Treffer klicken und ebenfalls auf einer 404-Fehlerseite landen. Das gefällt den wenigsten Nutzern, und sie kehren umgehend zu der Ergebnisliste zurück und wählen einen anderen Eintrag.

Aus diesem Grund sollte man den Webserver so konfigurieren, dass eine individuelle Fehlerseite bei einem 404-Fehler angezeigt wird. Diese Seite würde beispielsweise den Hinweis enthalten, dass der anvisierte URL nicht vorhanden ist, jedoch eine Übersicht über das gesamte Angebot gegeben wird. Eine so präsentierte Sitemap hält sicherlich den ein oder anderen interessierten Nutzer auf der eigenen Website.

Das ist jedoch nur ein Tropfen auf den heißen Stein und stimmt nur die Benutzer etwas freundlicher. Für Suchmaschinen bleibt eine nicht gefundene Seite eine nicht gefundene Seite und wird daher aus dem Index entfernt. Viel schlimmer noch wirkt sich eine Umgestaltung aus, wenn es sich um die eingehenden Links von anderen Seiten handelt. Auch dort bekommen Benutzer eine Fehlerseite zu sehen, wenn sie der Link-Empfehlung folgen. Für die Berechnung der Link-Popularity verweisen diese Links allerdings alle ins Nichts. Die Wirkung der mühsam erarbeiteten externen Verweise auf Ihre Webseiten verpufft dann ohne Effekt.

8.3.1 Redirects korrekt umsetzen

Daher muss ein Weg gefunden werden, um der URL-Datenbank der Suchmaschine mitzuteilen, dass gewisse Inhalte fortan unter einem anderen URL zu finden sind. In der Regel verschwinden Seiten mit ihren Inhalten nicht bei einem Relaunch, sondern werden lediglich in veränderter bzw. erweiterter Form unter einem anderen Dateinamen gespeichert. Hier läge es also nahe, der Suchmaschine einen derartigen Umzug mitzuteilen.

Um die URLs herauszufinden, die bereits von Suchmaschinen indexiert wurden, kann man beispielsweise den folgenden Befehl unter Google verwenden:

```
site: www.mindshape.de
```

Ähnliche Funktionen bietet nahezu jede Suchmaschine. Über diesen Weg lässt sich eine Liste aller URLs erstellen, die nicht mehr aktuell sind und zu einem 404-Fehler führen würden.

Beim ersten Überlegen liegt der Gedanke nahe, eine Seite an dem veralteten URL zu platzieren, die eine Weiterleitung zu dem neuen URL übernimmt. Dazu wird häufig das Meta-Tag `refresh` eingesetzt.

```
<META HTTP-EQUIV="refresh" content="0;URL=http://www.firma.de/neu.htm">
```

Beim Einsatz dieses Tags ist allerdings äußerste Vorsicht geboten. Denn Suchmaschinen reagieren sehr empfindlich auf eine derartige Weiterleitung. Eine verbreitete Spam-Methode benutzt eben diese Technik. Dabei wird eine Seite rein für Suchmaschinen auf ein bestimmtes Schlüsselwort hin optimiert, um ein möglichst gutes Ranking zu erzielen. Gelangt der Besucher auf diese Seite, wird er auch schon sofort auf die eigentliche Seite geleitet. Diese ist nicht optimiert und enthält auch nicht zwingend das gewünschte Thema. Aus diesem Grund sollten Sie in jedem Fall auf diese Art der Weiterleitung verzichten, da Sie hier mehr Schaden anrichten als Nutzen bewirken.

Eine Methode, diese Erkennung zu umgehen, ist der Einsatz von JavaScript. Durch die Platzierung einiger Zeilen im Kopfbereich des HTML-Dokuments werden die Besucher automatisch auf die neue Seite verwiesen:

```
<SCRIPT LANGUAGE="JavaScript">
<!--
window.location.replace('neu.html');
//-->
</SCRIPT>
```

Listing 8.1 JavaScript als Redirect

Da die Webcrawler der Suchmaschinen kein JavaScript interpretieren, finden sie zwar die Seite, finden aber auch einen veränderten Seiteninhalt vor und indexieren diesen als neues Dokument. Das führt ebenfalls zu ungewollten Ergebnissen. Eine einfache Seite nur mit einer Weiterleitung scheint also auch nicht in jedem Falle zu genügen. Kopiert man hingegen die neue Seite auf den URL der alten und versieht diese dann mit dem genannten JavaScript, erreicht man das gewünschte Ziel.

Zugegeben, dies ist keine elegante Lösung. Denn bei Änderungen auf der Hauptseite müssen diese immer doppelt durchgeführt werden. Prinzipiell könnte man es daher gleich bei dem ursprünglichen URL belassen. Jedoch passt dieser nicht mehr in das neue Konzept oder ist aus anderen Gründen nicht mehr haltbar. Ein unlösbares Problem? Keineswegs, denn HTTP stellt eine sehr elegante Lösung bereit. Wieso lesen Sie aber dann etwas über den Einsatz von JavaScript, wenn es einen besseren Weg gibt?

Das hat einen guten Grund, wie Sie sich denken können. Die elegante Lösung basiert nicht auf einer Weiterleitung über eine Datei, sondern auf einer direkten Weiterleitung über den URL. Dazu muss der Webserver den Einsatz der *.htaccess*-Datei unterstützen, in der diese Weiterleitungen verwaltet werden. Und genau hier liegt der Hase im Pfeffer. Denn viele Webhosting-Pakete bieten leider eben diese nützliche Funktion nicht an. Informieren Sie sich daher, ob eine derartige Funktion unterstützt wird, bevor Sie eine Weiterleitung per JavaScript einsetzen. Falls nicht, sollten Sie dennoch auf die JavaScript-Lösung setzen, denn diese ist immer noch besser, als den Suchmaschinen einen 404-Fehler zu bieten.

Beim Einsatz der Datei *.htaccess* werden alle veralteten URLs automatisch bei einer Anfrage auf die neuen umgeleitet. Dabei wird der Client zum einen auf die neue Seite umgeleitet, zum anderen enthält er die Rückmeldung mit dem Code 301 »Moved Permanently«:

```
redirect 301 /alt/veraltet.html http://www.firma.de/neu.htm
redirect 301 imp.html http://www.firma.de/impressum.html
```

Bei der Anfrage nach `imp.html` würde der Client zum Beispiel umgehend auf die Seite `www.firma.de/impressum.html` weitergeleitet und die HTTP-Response den Code 301 enthalten.

Diese Rückmeldung hat einen unschlagbaren Vorteil im Vergleich zu allen anderen Methoden: Die Suchmaschine erfährt, dass der bisherige URL nicht mehr aktuell ist, und kann entsprechend darauf reagieren. Da kommuniziert wird, dass es sich um eine permanente Veränderung handelt, wird der veraltete URL in der URL-Datenbank mit dem neuen überschrieben. Die Wiederbesuchsfrequenz wird im Allgemeinen von dieser Weiterleitung nicht beeinflusst, sodass eine erneute

Anmeldung nicht erforderlich ist. Verwenden Sie daher, falls möglich, immer die *.htaccess*-Datei. Der Punkt vor dem Dateinamen ist übrigens per Standardeinstellung definiert. Wenn Sie ihn auslassen, ist dies häufig die Fehlerquelle für eine nicht korrekte Erkennung der Datei seitens des Webservers, der die Anfragen bearbeitet. Eine sehr gute Übersicht über die mächtigen Funktionen dieser Methode finden Sie auf den Seiten von Stefan Münz, der das SELFTML-Angebot pflegt [90].

Sie sollten übrigens darauf achten, nicht mehr als fünf Redirects hintereinander zu verschachteln, da der Googlebot und andere Crawler ab dieser Zahl Probleme mit der Verfolgung haben.

8.3.2 Deep Web

Bislang habe ich den Schwerpunkt auf die angemessene Reaktion im Falle einer Strukturveränderung gelegt. Allerdings ist in puncto suchmaschinenfreundlicher Site-Struktur damit das Thema bei weitem noch nicht abgeschlossen.

Das ehrgeizige Ziel des Information Retrievals im Web ist dessen gesamte Erfassung und Auswertung. Vorsichtige Schätzungen gehen allerdings davon aus, dass hundertmal mehr Informationen im World Wide Web existieren, als von den Suchmaschinen überhaupt erfasst werden können. Dabei fällt häufig der Begriff des *tiefen* oder des *unsichtbaren Webs* (deep bzw. invisible web). Hier ist allerdings nicht die technische Begrenzung gemeint, die durch Rechenzeit oder Speicherkapazität bedingt ist. Diese Grenzen rücken durch fortschrittlichere Hardware- und Softwarelösungen nahezu täglich ein Stück weiter. Vielmehr sind mit dem Begriff des tiefen Webs die unzähligen Informationen gemeint, die in Datenbanken und geschützten Bereichen für Suchmaschinen unzugänglich gespeichert sind. Suchmaschinen beherrschen derzeit noch nicht die Handhabung von Suchformularen, mit deren Hilfe die Inhalte aus Datenbanken ausgelesen werden können.

Man stelle sich eine Datenbank vor, in der alle Inhalte einer Zeitschrift digital erfasst sind. Über ein öffentlich zugängliches Suchformular sei es jedem Benutzer möglich, interaktiv durch das Ausfüllen des Formulars an vorhandene Informationen zu gelangen. Die Algorithmen der Suchmaschinen sind leider nicht in der Lage, diese Interaktivität nachzuahmen. Theoretisch wäre solch ein Vorgehen sicherlich denkbar und in gewissen Grenzen auch praktikabel. Jedoch legen die großen Betreiber derzeit den Schwerpunkt auf die Erfassung des direkt erreichbaren »Surface Web«. Denn auch hier ist bei weitem noch nicht jede Präsenz erfasst.

Für die strukturelle Optimierung einer Website kann das Phänomen des Deep Web gegebenenfalls eine entscheidende Bedeutung gewinnen. Sollen die zunächst unzugänglichen Informationen durchsuchbar sein, muss eine erfassbare Darstellungsform konzipiert werden. Die Möglichkeiten dazu sind vielfältig und hängen stark von den speziellen Anforderungen ab.

Oftmals sind private Content-Anbieter gar nicht im Besitz einer derartigen Informationsmenge, dass diese nicht in suchmaschinenfreundlicher Darstellung präsentiert werden könnte. Bei diesem Personenkreis besteht das Problem des Deep Web überwiegend aus geschützten Bereichen in Bezug auf fehlende Rechte seitens der Clients. Selbstverständlich können Suchmaschinen solche Bereiche nicht erfassen, die mit einem Passwort geschützt sind. Meistens sollen sie das auch nicht, denn wo nur ein bestimmter Benutzerkreis erwünscht ist, will man in aller Regel keine Suchmaschinen.

In einigen Fällen schützen Webautoren prinzipiell öffentliche Bereiche jedoch unbewusst vor Suchmaschinen. Dies ist insbesondere dann zu beobachten, wenn bestimmte Techniken zur Verfolgung und Beobachtung der Besucherströme angewandt werden. Dies bezeichnet man auch als *User-Tracking*. Der Nutzer muss bei dem Besuch verschiedener Seiten immer wieder aufs Neue identifiziert werden, um so die Sequenz der besuchten Seiten zu erhalten. Dazu verwendet man in der Praxis einerseits *Cookies*, wodurch Daten auf der lokalen Festplatte gespeichert werden. Mittels dieser Cookies ist dann eine Wiedererkennung möglich. Alternativ werden sogenannte *SessionIDs* vergeben. Diese werden als Parameter in dem URL mitgegeben und führen somit zum gleichen Ergebnis. Weshalb handelt es sich hierbei nun um einen geschützten Bereich?

Auch die Suchmaschine besucht eine solche Seite und erhält ein Cookie oder eine SessionID. Meist akzeptieren Suchmaschinen überhaupt keine Cookies, und bei einer mangelhaft programmierten Seite führt dies bereits zu Problemen. Besonders bei SessionIDs kommt es allerdings vermehrt zu Schwierigkeiten. Denn die Suchmaschine speichert die SessionID des Webcrawlers in die URL-Datenbank. In der Trefferliste wird diese natürlich auch Monate später angezeigt, wenn die SessionID bereits längst abgelaufen ist. Die Laufzeit ist zwar variabel, jedoch ist die Gültigkeit meist auf wenige Stunden oder gar Minuten beschränkt. Was geschieht nun, wenn ein Besucher per Klick auf den Eintrag mit einer veralteten SessionID auf die betreffende Seite gelangt? Da die Website-Betreiber das User-Tracking durchführen möchten, kommt es nicht selten vor, dass ein Besucher mit einer ungültigen SessionID automatisch auf die Startseite verwiesen wird, um dort eine neue gültige ID zu erhalten. Im Sinne des User-Trackings ist dieses Vorgehen selbstverständlich zweckdienlich. Für den Benutzer ist eine solche Umleitung allerdings ärgerlich, und vor allem leidet die Qualität der Suchergebnisse unter solchen Verfahren. In Bezug auf das Deep Web ist ein Wiederbesuch durch die Suchmaschine mit einer veralteten SessionID nicht möglich. Oftmals erfasst ein Webcrawler eine Website nicht in einem, sondern analysiert zunächst nur die Links, um sie für eine spätere Erfassung in die URL-Datenbank aufzunehmen. In diesem Fall wird der prinzipiell öffentlich zugängliche Bereich zum geschützten Bereich. Denn der Webcrawler, der die Seiten Tage später anhand der vorhandenen URLs mit der veralteten SessionID erfassen will, wird zurückgewiesen.

Aus diesem Grund sollte man bei der Konzeption der Struktur unbedingt darauf achten, dass Seiten, die erfasst werden sollen, auch tatsächlich erfassbar sind. Weder ein direkt erforderliches Log-in noch ein quasigeschützter Bereich sind dafür geeignet. Erfreulicherweise nimmt jedoch die Zahl der Fehloptimierungen in diesem Bereich in den letzten Jahren ab.

8.3.3 Seiten ausschließen (robots.txt)

In einigen Fällen mag es durchaus erwünscht sein, bestimmte Ressourcen von Suchmaschinen nicht erfassen zu lassen. Das kann verschiedene Gründe haben. Gerade noch nicht fertig gestellte Teile einer Website eignen sich nicht zur Indexierung durch Suchmaschinen. Aber auch Informationen, die für Suchanfragen nicht relevant sind, müssen nicht zwingend erfasst werden. Dies betrifft beispielsweise Dateien oder gesamte Verzeichnisse, die Scripts oder CSS-Befehle enthalten. Es muss demnach möglich sein, eine Indexierung seitens der Suchmaschinen bewusst zu verhindern.

Eine Möglichkeit haben Sie bereits soeben kennengelernt. Ein geschützter Bereich, der nur über ein Log-in zugänglich ist, wird in keinem Fall erfasst werden. Im Falle der oben genannten Beispiele ist diese Lösung jedoch nicht immer angemessen oder realisierbar. Im Kontext der Meta-Tags haben Sie daneben eine weitere Methode kennengelernt, um Suchmaschinen Anweisungen zur Indexierung bzw. Nichtindexierung zu geben.

```
<meta name="robots" content="noindex, nofollow">
```

Wie erwähnt, halten sich Suchmaschinen allerdings nicht zwingend an solche Anweisungen. Die Platzierung dieses Meta-Tags ist daher sicherlich gut gemeint, führt aber nicht zwingend zum gewünschten Ziel.

Dahingegen beachten alle Suchmaschinen das *Robots Exclusion Protocol* (REP). Über eine Datei namens *robots.txt* im Root-Verzeichnis kann man es effektiv anwenden, um das Indexierungsverhalten der Suchmaschinen zu steuern. Webcrawler verlangen vor dem Besuch einer Website in der Regel diese Datei. Ist sie nicht vorhanden, werden Sie sicherlich in den Logdateien des Webservers unbeantwortete Anfragen nach der Datei *http://www.domain.de/robots.txt* feststellen können. Prinzipiell sollte man diese Datei anlegen, auch wenn man zumindest vorerst keine Ressourcen von der Indexierung ausschließen möchte.

Bei dem Inhalt der Datei *robots.txt* handelt es sich um einzelne Zeilen, die von Parsern der Suchmaschine analysiert werden.

```
User-agent: *
Disallow: /css/
Disallow: /scripts/
Disallow: /webserver_statistik/
Disallow: /mitarbeiter.html
```

Listing 8.2 Inhalt einer robots.txt-Datei

Das Protokoll lässt vielfältige Möglichkeiten zur Bestimmung der Parameter zu. So können wahlweise gesamte Verzeichnisse wie in der zweiten bis vierten Zeile in Listing 8.2 von der Erfassung ausgeschlossen werden. Aber auch die Nennung einzelner Ressourcen wie im Falle der Datei `mitarbeiter.html` ist möglich. Der Bezeichner `Disallow` besagt, dass der Webcrawler den genannten Bereich nicht erfassen soll. Dabei sollte man beachten, dass diese Bereiche dennoch prinzipiell zugänglich bleiben. Das heißt, insbesondere Benutzer sind in der Lage, sich diese Dateien und Verzeichnisse anzusehen. Das Robots Exclusion Protocol schließt, wie der Name bereits verdeutlicht, lediglich Webrobots von Suchmaschinen aus.

Diesbezüglich besteht die Möglichkeit, dass Beschränkungen nur für einzelne Suchmaschinen gelten. Im oben gezeigten Beispiel wird in der ersten Zeile durch den Stern allerdings vermittelt, dass nachfolgende Regeln für alle Webcrawler gelten. Die Liste aller Webcrawler ist lang. Martijn Koster macht auf seiner Website [90] den Versuch, die Kennung möglichst vieler, auch weniger bekannter Crawler zu sammeln. Eine Auswahl einiger bekannter Suchdienste zeigt, dass der Name des Webcrawlers nicht immer direkt auf den zugehörigen Suchdienst schließen lässt.

Suchdienst	Webcrawler
AltaVista	Scooter
Hotbot/Inktomi	Slurp
Fireball	KIT-Fireball
Google	Goolebot
Google Bilder	Google-Image
Lycos	Lycos
MSN Search	MSNBot

Tabelle 8.2 Namen einiger Webcrawler für die Datei robots.txt

Die Namen der Crawler können verwendet werden, um einzelne Suchdienste gesondert zu behandeln. In den meisten Fällen wird eine separate Behandlung jedoch nicht angewandt, da die Website in möglichst allen Suchmaschinen einheitlich erscheinen soll. Und die nicht zu indexierenden Bereiche betreffen demnach alle Suchmaschinen.

Jedoch mag vielleicht ein Webautor einer Website mit vielen persönlichen Bildern von Freunden und Bekannten insbesondere nicht in der Bildersuche von Google in Erscheinung treten. Für die Bildersuche ist bei Google ein spezieller Webcrawler zuständig, der den Namen Google-Image trägt. Um diesen an der Indexierung der unter dem Verzeichnis `galerie` befindlichen Bildergalerie zu hindern, muss eine spezielle Ausnahmeregel eingebunden werden:

```
User-agent: *
Disallow: /css/
User-agent: Google-Image
Disallow: /galerie/
```

Listing 8.3 Bilder bei Google nicht indexieren lassen

Allen Webcrawlern wird hier die Erfassung des Verzeichnisses `css` untersagt. Dem Bild-Crawler von Google wird außerdem das Verzeichnis `galerie` nicht zur Indexierung freigegeben. Um eine komplette Website von der Erfassung auszuschließen, würde folgende Zeile nach der entsprechenden `User-agent`-Definition eingebunden werden:

```
Disallow: /
```

Beträfe diese Zeile den Webcrawler Google-Image, so würden keine Grafiken oder Bilder der gesamten Website erfasst werden. Beachten Sie jedoch, dass beim Setzen eines Sterns in Kombination mit diesem generellen Erfassungsverbot kein einziger Webcrawler Ihre Seite mehr erfassen wird. Weiterführende Informationen zu dem Robots Exclusion Protocol finden Sie neben der oben genannten Adresse auch wiederum schön aufbereitet bei SELFHTML [91].

In einigen Fällen möchte man eine Ressource aus dem Index entfernen, nachdem sie bereits erfasst wurde. Dazu ist der entsprechende Eintrag in die Datei *robots.txt* Pflicht. Bei dem nächsten Besuch des Webcrawlers wird die betroffene Seite aus dem Index entfernt. Dies kann allerdings mehrere Wochen dauern. In einigen Fällen kann nicht so lange gewartet werden. Daher machen die Suchmaschinen-Betreiber das Angebot, die Entfernung der Seite aus dem Index manuell vorzunehmen. Meist muss dies per E-Mail beantragt werden. Google bietet diesbezüglich allerdings ein automatisiertes Verfahren an. Nach einer Anmeldung über die E-Mail-Adresse kann man bestimmte Daten aus dem Index entfernen lassen [92].

8.4 Link-Popularity erhöhen

Ein wesentlicher Bereich, der nur schwer durch eigenes Zutun optimiert werden kann, ist die Link-Popularity. Aus diesem Grund setzt Google besonders auf sein Pagerank-Verfahren. Doch auch hier kann ein Webautor gewisse Offpage-Optimierungen ansetzen, um eine höhere Link-Popularity zu erreichen.

Das Ziel der Bemühungen ist es, möglichst gewinnbringend eingehende Links auf die eigenen Seiten zu erzielen, um die eigene Link-Popularity zu erhöhen und sich somit weiter oben in den Ergebnislisten zu positionieren. Hierbei handelt es sich um einen mehrstufigen Prozess, der grundlegende Voraussetzungen erfordert. Beides soll im Folgenden beschrieben werden.

8.4.1 Interne Verlinkung optimieren

Der erste Schritt zur Erhöhung der Link-Popularity fällt streng genommen nicht in den Bereich der Offpage-Optimierung, muss aber dennoch an dieser Stelle genannt werden. Denn die Optimierung der internen Verlinkung geht selbstverständlich jeglicher anderen Optimierung voraus.

Bei der Behandlung des Pagerank-Algorithmus wurden bereits einige typische Phänomene erläutert. Diese sollen hier nicht wiederholt werden. Vielmehr werde ich auf vier generelle Verhaltensweisen eingehen, die aufgrund der genannten Phänomene zu bestimmten optimierenden Handlungen führen.

Zum einen ist es bei Seiten mit einer Vielzahl von externen Verweisen empfehlenswert, dass ebenfalls einige Links innerhalb der eigenen Website bleiben. So verteilt man den Verlust der Link-Popularity möglichst nicht nur auf die ausgehenden Links allein, sondern behält auch etwas auf den eigenen Seiten zurück.

Sie sollten zum anderen darauf achten, dass Sie auch innerhalb Ihrer Website themenrelevant verlinken. Das erhöht zusätzlich die Relevanz der Zielseiten. In der praktischen Umsetzung bedeutet dies, dass der Anchor-Text eines Verweises stets die Seiten-Keywords der Zielseite enthalten sollte.

Des Weiteren sollte man darauf achten, dass Seiten mit vielen externen Verweisen eine möglichst geringe Link-Popularity erzielen. So ist der Verlust des Link-Popularity-Wertes auf die Website insgesamt gesehen nicht so hoch. Voraussetzung für einen geringen Wert ist, dass eingehende Links nicht unbedingt auf diese Seite verweisen, sondern auf andere Seiten der Webpräsenz mit weniger ausgehenden Links.

Diese Überlegungen basieren auf dem mathematischen Funktionsmodell des Pagerank-Algorithmus. Natürlich sind die genannten Richtlinien idealtypisch, denn oftmals sind sie in der Praxis kaum in ausreichender Konsequenz durchzuführen. Ein Grund dafür ist, dass relevanter Inhalt von anderen immer als wertvoll erachtet und daher verlinkt wird.

Achten Sie außerdem darauf, dass pro Webseite nicht mehr als 100 Verweise platziert sind. Google nennt diese Zahl als Richtwert in den Hinweisen für Webmaster. Im Normalfall sollte dies auf gewöhnlichen Webseiten mit redaktionell erstellten Texten kein ernsthaftes Problem sein, auf einer Sitemap allerdings kann es durchaus vorkommen, dass sehr viele Verweise existieren. Hier empfiehlt es sich, die Sitemap in einzelne Ebenen zu untergliedern und diese dann auf verschiedene Webseiten samt der Links zu verteilen.

8.4.2 Das KAKADU-Prinzip

Bei der Optimierung der Link-Popularity muss der Schwerpunkt weiterhin zunächst nach innen gerichtet bleiben. Bemüht sich ein Webautor um eingehende Links, ist die Relevanz des Angebots natürlich entscheidend. Unbedeutende Inhalte regen andere Webautoren in den seltensten Fällen dazu an, einen Link auf das Angebot zu setzen. Die Link-Popularity bleibt folglich niedrig. Es lassen sich gewisse Faktoren formulieren, die erfahrungsgemäß erfüllt sein müssen, um eine gute Link-Popularity zu erzielen.

Beim KAKADU-Prinzip steht ein bestimmter Inhaltstyp für jeden Buchstaben des Wortes. Vereint man alle miteinander auf einer einzigen Website, sind ein gehöriges Interesse von außen und somit die Grundlage für eine gute Link-Popularity gesichert.

- **Kostenlose Informationen**
  Ob Tipps oder Tricks zu bestimmten Themen gegeben werden, Neuigkeiten aus einer Branche, lokale Nachrichten oder praxisbezogene Ratschläge – solange hochqualitative Informationen kostenlos sind, werden sie gerne angenommen. Ein besonderes Beispiel sind hier die sogenannten Tutorials, die mit praktischen Schritt-für-Schritt-Anleitungen zur Lösung von Problemen vornehmlich aus dem EDV-Bereich beitragen.

- **Aktuelles**
  Egal, welche Informationen oder Inhalte angeboten werden, die Aktualität spielt eine entscheidende Rolle. Optimal ist selbstverständlich Brandaktuelles. Dies beinhaltet demnach oft den Faktor der Exklusivität, denn neue Themen und Inhalte sind selten weit verbreitet.

- **Künstlerisches**
  Der Mensch lebt nicht nur vom Brot allein – ebenso wenig von seiner Arbeit. Der Bedarf an Videos, Musik und Grafiken aus dem Web ist in den letzten Jah-

ren enorm angestiegen. Ein Beispiel sind die begehrten Portale, die zur Verschönerung des Arbeitsplatzes eine unglaubliche Vielfalt an Desktop-Hintergründen und Bildschirmschonern anbieten. Ferner machen sich auch viele Webautoren selbst auf die Suche nach Bildmaterial und Grafiken für die eigene Webpräsenz. Der Markt an künstlerischen Werken im Netz ist breit gefächert.

▶ **Außergewöhnliches**
Je seltener ein bestimmtes Angebot zu finden ist, desto stärker konzentriert sich der Besucherstrom auf die vorhandenen Websites. Ob es sich dabei um besondere Informationen handelt, um eine außergewöhnliche Dienstleistung oder eine hervorragende Idee für das Thema einer Website, ist dabei unerheblich. Man kann Nutzer mit einem sensationellen Preisangebot ebenso begeistern wie mit einem außergewöhnlichen Online-Spiel. Der Phantasie des Content-Anbieters sind hier keine Grenzen gesetzt.

▶ **Downloads**
Mit immer schnelleren Bandbeiten erhöht sich die Zahl und Größe der Dateien, die aus dem Netz heruntergeladen werden. Der Boom der Tauschbörsen und Download-Portale, auf denen man Freeware, Shareware oder sonstige Inhalte erhält, zeigt die Stärke dieses Faktors.

▶ **Unerlaubtes**
Nicht zuletzt ist das Verbotene auch im Netz reizvoll. Dabei ist in erster Linie nicht das Anbieten von illegalen Inhalten gemeint, auch wenn diese unbestreitbar einen großen Anziehungseffekt aufweisen. Vielmehr ist der Bruch gesellschaftlich anerkannter Normen gemeint. Die Spanne ist auch hier sehr groß und führt von Bildern, die die Privatsphäre von Prominenten aufdecken, bis hin zur Anleitung zum Bau einer Kartoffelkanone. Oftmals gerät ein solches Angebot in eine rechtliche Grauzone. Man denke nur an die zahlreichen Seiten, auf denen Seriennummern und Programme zum Freischalten von Shareware (Cracks) zu finden sind.

Viele erfolgreiche Webseiten leben das KAKADU-Prinzip vor. Einige Beispiele sollen Ihnen Anregungen geben, mit welchen Elementen man das Prinzip in der Praxis umsetzen kann:

▶ Seite mit kommentierten Link-Empfehlungen zu einem Thema
▶ Sortierte Link-Listen
▶ Regelmäßiger Newsletter mit Archiv und Abo-Service
▶ PDF-Downloads vollständiger Werke oder nur Teile davon als Kaufanreiz
▶ Tools, Demoversionen oder Demovideos zum Download
▶ Kundenbereich mit Log-in und speziellen Features

- Community mit Diskussionsforum, Gästebuch oder Chat
- Weblog
- Live Online-Beratung (mit einem Avatar-System)
- Online-Umfrage mit Ergebnissen
- FAQ-Seiten
- Lern- und Weiterbildungsangebote
- Termine und Übersichten wichtiger Ereignisse in der Branche (z. B. Messen)
- Pressebereich mit Infomaterial
- Möglichkeit zur Anforderung von Gratismustern
- Online-Shop
- Elektronische Postkarten (eCards)
- Online-Spiele
- Preisausschreiben und Gewinnspiele
- Fotogalerien

Ihnen fallen für Ihre Website sicherlich noch weitere Punkte ein. Wenn man dafür sorgt, dass auf der eigenen Webpräsenz weitgehend einzigartige Inhalte angeboten werden und dem KAKADU-Prinzip folgt, kann man sich erfahrungsgemäß relativ bald einer hohen Link-Popularität erfreuen. Das bringt entsprechende Besucherzahlen und spart die teilweise mühsame Arbeit des Link-Aufbaus.

8.4.3 Qualitätskriterien potenzieller Link-Partner

Der angebotene Inhalt auf der eigenen Website stellt ein wichtiges, allerdings nicht alleiniges Qualitätskriterium dar, wenn es um die Optimierung der Link-Popularity geht. Ein Charakteristikum der Link-Popularität besteht darin, dass Hunderte von eingehenden Links von Webseiten mit eher geringem Wert nicht unbedingt einen so großen Effekt haben wie wenige Links von Webseiten mit einer hohen Link-Popularität. Die Qualität der zukünftigen Linkpartner muss daher sichergestellt werden, um den Aufwand zu rechtfertigen.

Behalten Sie die nachfolgenden Punkte ständig im Hinterkopf, so haben Sie sich eine sichere Basis für weitere Schritte geschaffen. Denn diese Grundlagen stellen die notwendige Voraussetzung dafür dar, dass eingehende Verweise auch wirklich den gewünschten Effekt, nämlich die Erhöhung der eigenen Link-Popularität, erzielen.

- **Link-Popularität prüfen**
  Wenn Sie möchten, dass jemand auf Ihre Site verlinkt, sollten Sie zunächst dessen Link-Popularity überprüfen. Denn nach dem Prinzip der Vererbung

kann ein Partner Sie bei Ihrem Vorhaben nur dann voranbringen, wenn dieser selbst über ausreichend hohe Werte verfügt.

Ein sehr umfangreiches Online-Tool zur Bestimmung der eigenen Link-Popularity im Vergleich zu anderen Websites bietet Marketleap auf seiner Website an [93]. Natürlich sind die Toolbars der einzelnen Suchdienste ebenfalls ein guter Anhaltspunkt, wenn auch die zugrunde liegenden Daten teilweise veraltet sind. Überprüfen Sie im Vorhinein die potenziellen Link-Partner auf deren Wert hin. Dabei sollte besonderes Augenmerk auf Googles Pagerank gelegt werden, da dieser Anbieter derzeit mit Abstand marktführend ist. Liegt der Pagerank einer anvisierten Seite nicht mindestens um ein oder zwei Punkte höher als Ihr eigener, lohnt sich eine Verlinkung nicht unbedingt im Vergleich zum Aufwand. Websites mit einem Pagerank-Wert ab vier sind im Allgemeinen gut geeignet.

▶ **Themenkreise wahren**
Achten Sie bei der Suche nach Möglichkeiten zur Platzierung eingehender Links darauf, dass die Partnerseiten ein möglichst ähnliches Themengebiet abdecken. Dass die thematische Verwandtschaft bei der Link-Popularity Berücksichtigung findet, wurde bereits mehrfach erwähnt. Im Sinne eines Community-Gedankens sollten Sie daher vorwiegend auf solche Seiten setzen, die sich innerhalb dieser Gemeinschaft befinden. So wird eine Seite, die sich mit Backrezepten befasst, ein höheres Gewicht erhalten, wenn sie von einer anderen Koch- oder Backseite verlinkt wird. Ein Verweis von einer gleichwertigen Website eines Autohauses bringt demnach weniger Punkte ein.

▶ **Exklusivität**
Je weniger Verweise eine Seite nach außen besitzt, desto stärker wirkt jeder einzelne nach außen. Die optimale Partnerseite besitzt daher wenige Links zu anderen Anbietern, sondern am besten ausschließlich zu Ihrem Webangebot.

▶ **Suchbegriffe im Link-Text**
Die Bedeutung des Link-Textes spielt auch in diesem Zusammenhang eine wichtige Rolle. Im optimalen Fall enthält der eingehende Link-Text von einer anderen Website nämlich die passenden Schlüsselwörter Ihrer Seite. Natürlich ist die Beeinflussung anderer Content-Anbieter nicht immer so einfach. Im nächsten Abschnitt gebe ich daher einige Tipps, wie man die Art der Verlinkung von außen zumindest ein wenig steuern kann.

▶ **Unterschiedliche IP-Adressen**
Achten Sie darauf, dass die Website Ihres Link-Partners eine andere IP-Adresse besitzt. Verweise von gleichen IPs bewerten die Suchmaschinen als weniger bedeutend, da hier die Wahrscheinlichkeit, dass es sich um ein und denselben Webautor handelt, relativ hoch ist.

8.4.4 An andere Webautoren herantreten

Sie haben soeben erfahren, dass bedeutender Inhalt die Grundlage für eine Verlinkung überhaupt ist. Außerdem kennen Sie die vier Gütekriterien für optimale Link-Partner. Wenn diese Punkte beherzigt und umgesetzt sind, kann man zum nächsten Schritt zur Optimierung der Link-Popularity kommen. Hier stellt sich die Frage, wie man an andere Webautoren mit der Bitte um einen Verweis herantritt, um eine möglichst positive Reaktion zu erhalten.

Eine Verlinkung auf die eigenen Seiten geschieht meist unkontrolliert durch andere. Im Sinne der oben genannten Punkte wäre es hingegen wünschenswert, ein wenig Einfluss auf die Platzierung und Art des eingehenden Verweises zu besitzen. Selbst wenn sich andere Autoren natürlich nicht gern beeinflussen lassen, kann man unterschwellig bestimmte Informationen übermitteln. Damit erhöht man die Wahrscheinlichkeit, dass eingehende Verweise optimal gestaltet sind. Zunächst setzt man wieder innerhalb der eigenen Webpräsenz an. Eine Seite nach dem Motto »Verweisen Sie auf uns« bietet erste Möglichkeiten zur Kontrolle eingehender Links. Bieten Sie auf dieser Seite ausgewählte URLs von Seiten der eigenen Webpräsenz an, die Sie gern verlinkt haben möchten. Stellen Sie dabei explizit den HTML-Code zur Verfügung, sodass andere Autoren diesen nur noch kopieren müssen. Oftmals werden auch Logos oder sogar Banner angeboten, die auf fremden Seiten platziert werden können. Bieten Sie in diesem Falle die Grafiken in verschiedenen Größen an. Außerdem sollte auch hier der HTML-Code zum schnellen Einbinden bereitgestellt werden.

Das Anbieten eines fertigen HTML-Codes hat den Vorteil, dass viele Autoren diesen ohne Veränderung auf ihren Seiten übernehmen können. Vergessen Sie in diesem Zusammenhang nicht die Kriterien der Onpage-Optimierung, insbesondere des Link-Textes und der Bilder. Oftmals wird man als Webautor selbst andere Anbieter per E-Mail kontaktieren. Dabei sollte man nicht automatisch auf die soeben angesprochene Seite verweisen. Kommen Sie dem anderen aktiv entgegen und bitten Sie um die Platzierung eines Verweises. Dabei liefert man am besten den entsprechenden HTML-Code in der E-Mail gleich mit, um dem Gegenüber die Sucharbeit abzunehmen.

Gelegentlich erfährt man von anderen, dass ein Link auf die eigene Seite positioniert wurde. Meist ist dies mit der Bitte um eine Rückverlinkung verbunden. Überprüfen Sie unabhängig davon die Gestaltung des eingehenden Links. Verweist er auf die gewünschte Seite? Enthält er die passenden Schlüsselbegriffe? Falls nicht, melden Sie sich möglichst rasch bei dem Autor. Die Wahrscheinlichkeit, dass er den Verweis ändert, ist erfahrungsgemäß höher, wenn nicht bereits Wochen oder Monate seit der Platzierung vergangen sind.

Natürlich kann man auch selbst nach Verweisen suchen. Nutzen Sie dazu die entsprechenden Funktionen der Suchmaschinen. Scheuen Sie auch hier nicht davor zurück, einem anderen Content-Anbieter, der einen Verweis auf Ihre Website gesetzt hat, eine Verbesserung dieses Verweises vorzuschlagen.

8.4.5 Eingehende Links erzielen

In der Regel muss ein Webautor selbst aktiv werden, um eine nennenswerte Verlinkung auf seine Seiten zu erzielen. Der Faktor Zeit tut sein Übriges dazu. Wenn der Inhalt für viele andere Anbieter relevant erscheint, werden mit der Zeit immer mehr Verweise auf die Website zeigen.

Doch natürlich will man versuchen, möglichst schnell und gezielt Links zu platzieren, um die Link-Popularity zu erhöhen. Die erste Adresse sind hier die renommierten Webkataloge. Ein Eintrag im Open Directory Project oder bei Yahoo! wird beispielsweise von Google sehr hoch bewertet. Die Aufnahme in derartige Webkataloge wurde bereits zu Beginn besprochen. Nicht weniger Beachtung sollte man anderen Katalogen schenken. So gibt es häufig auf Gemeindeportalen eine Liste ausgewählter Links. Auch spezielle Themen-Webkataloge stellen ein weites Feld dar.

Insbesondere bei nichtkommerziellen Angeboten bieten sich Freunde und Bekannte als eine der ersten Anlaufstellen an. Oftmals besitzen diese eine eigene Website. In letzter Zeit ist es auch weltweit zur Mode geworden, ein sogenanntes *Weblog* zu führen. Dabei handelt es sich um eine Seite, auf der ein Autor periodisch Kommentare, Berichte oder sonstige Beiträge zu einem bestimmten Thema veröffentlicht. Neue Einträge stehen dabei immer an oberster Stelle. Die behandelten Themen sind dabei breit gefächert und reichen von persönlichen Tagebüchern bis hin zur kritischen Betrachtung einzelner Journalisten. Diese Spezialform von Weblogs nennt man *Watchblogs*. Auch die Aktivitäten der Suchmaschinen werden in solchen Blogs beobachtet. Dazu braucht man lediglich die Stichwörter »blog suchmaschinen« in eine Suchmaschine einzugeben und erhält anschließend unzählige Treffer. Die Blogger-Community ist enorm und wächst zusehends.

Die Anmeldung, um ein eigenes Blog zu führen, ist meist kostenlos. Google selbst kaufte im Jahr 2002 einen solchen Blog-Anbieter auf [94]. Die Pagerank-Werte dort sind teilweise erstaunlich hoch. Daher sollten Sie unter Ihren Freunden und Bekannten nach Bloggern und privaten Websites fragen und sie um die Platzierung eines Verweises bitten. Sie können auch spezielle Blog-Suchmaschinen nutzen. Hier eine Auswahl der bekanntesten:

Technorati	http://www.technorati.com
Blogpulse	http://www.blogpulse.com
Google Blog-Suche	http://blogsearch.google.com

Tabelle 8.3 Bekannte Blog-Suchmaschinen

Oder warum eröffnen Sie nicht ein eigenes Blog und verlinken dort auf Ihre Website? Für Suchmaschinen gilt dies auch als unabhängige Empfehlung wie jede andere, sofern sich Ihr Blog und Ihre Ziel-Website nicht auf dem gleichen Webserver befinden. Sofern Sie dies berücksichtigen, bemerken Suchmaschinen nicht, dass es sich bei dem Blog-Autor und dem Website-Autor um dieselbe Person handelt.

Ein Punkt ist jedoch hierbei zu beachten. So versuchen die großen Suchmaschinen-Betreiber Google, Yahoo! und MSN gegen sogenannten *Kommentar-Spam* vorzugehen [95]. Damit ist das Posten von URLs in Kommentaren zu Blog-Einträgen oder in Gästebüchern gemeint, um die Link-Popularity künstlich in die Höhe zu treiben. Die technische Umsetzung soll dabei über das Einbinden des Attributs `rel="nofollow"` in das Verweis-Tag geschehen. Im Januar 2005 erklärten sich bereits mehrere Blog-Communitiy-Anbieter zu einer Kooperation bereit und sicherten das Einbinden des Attributs zu. Ohne diese Einbindung würde die Erkennung ungemein schwieriger ausfallen. Daher kann insbesondere bei Blogs außerhalb dieser Communities durchaus noch der ein oder andere Verweis gewinnbringend platziert werden.

In anderen Kontexten kommen auch Kollegen oder Angestellte als Link-Partner in Frage. Arbeitnehmer erwähnen ihre Arbeitsstelle ohnehin meistens auf privaten Webseiten. Ist Ihnen bekannt, dass jemand sich rege an der Diskussion in Online-Foren beteiligt? Diese bieten nach einem Log-in die Möglichkeit, eine Signatur zu definieren, die bei jedem Posting automatisch an den Beitrag angehängt wird. Weshalb nicht den Versuch wagen, Angestellte oder Kollegen zu bitten, eine Signatur mit einem Verweis auf Ihre Website anzulegen? Zugegeben, meistens werden Sie wahrscheinlich nur eine verhaltene Ausrede zu hören bekommen. Aber vielleicht passt ein Forum thematisch zu den von Ihnen angebotenen Inhalten, und Sie haben Erfolg mit Ihrem Aufruf.

Natürlich sollten Sie selbst innerhalb von Foren eine Signatur nutzen, die auf Ihre Website verweist. Achten Sie davon unabhängig darauf, dass der Domain-Name in einer solchen Signatur vollständig ist, das heißt, *http://www.domain.de* und nicht *www.domain.de* lautet. Erfahrungsgemäß fällt einigen Suchmaschinen eine Auswertung mit einem vollständigen URL leichter.

Neben einzelnen Personen eignen sich oftmals Websites von Organisationen oder Firmen als Link-Partner. So liegt es sicherlich nahe, dass ein Webautor mit seiner Seite über Taubenzucht bei verschiedenen Taubenzuchtvereinen um einen Verweis bittet. Kein Verein wird dies ablehnen, wenn der Autor das KAKADU-Prinzip beherzigt hat.

Im gewerblichen Bereich bestehen vielfältige Formen von geschäftlichen Beziehungen. Oftmals findet man bei Herstellern von Bauteilen aller Art Verweise auf die weiterverarbeitende Industrie oder umgekehrt. Dies trifft für Firmen-Beziehungen (Business-to-Business, B2B) ebenso zu wie für direkte Beziehungen zum Endkunden (Business-to-Customer, B2C). So wird eine Agentur für Webdesign im Impressum des Kunden stets einen Verweis auf die eigene Seite platzieren. Dies erhöht nicht nur die Link-Popularity, sondern führt zusätzlich potenzielle Kunden, denen die Aufmachung der Seite gut gefällt, zum richtigen Ziel.

Im Prinzip sind dem Webautor bei der Suche nach Personen oder Organisationen zur Platzierung keine Grenzen gesetzt. Solange man auf die genannten Qualitätskriterien achtet, ist jeder eingehende Link ein Gewinn.

Selbst auf dem klassischen Weg der Werbung erreichen viele Webautoren bereits ihr Ziel. Überall werden Newsletter an eine Vielzahl von Interessierten geschickt. Oftmals sind die Newsletter-Autoren dankbar für Tipps und Hinweise auf gute Quellen. Der Verweis auf Ihre Website im Postfach tausender Benutzer kann natürlich nicht von den Suchmaschinen in die Berechnung der Link-Popularity mit einfließen. Allerdings werden die Newsletter in der Regel im Web archiviert und sind damit auch für Webcrawler zugänglich.

Selbst klassische Öffentlichkeitsarbeit in Offline-Medien kann manchmal zum Erfolg führen. So werden Verweise, die beispielsweise in Zeitschriften vorkommen, oftmals auch auf der zugehörigen Website veröffentlicht, um den Lesern das Abtippen der URLs zu ersparen. Fallen Ihnen keine potenziellen Link-Partner mehr ein, können Sie die Suchmaschinen selbst benutzen, um an weitere zu gelangen. Untersuchen Sie dabei auch Ihre Mitbewerber. Dazu stellen viele Suchmaschinen eine Link-Analyse zur Verfügung.

Unter Yahoo! können Sie beispielsweise eine Backlink-Analyse für `www.spiegel.de` mit der folgenden Suchanfrage durchführen:

`links:www.spiegel.de`

Anschließend werden alle eingehenden Links auf die Domain angezeigt. Google bietet ebenfalls eine Backlink-Anzeige an (`link:www.spiegel.de`), allerdings weist der Suchmaschinen-Betreiber darauf hin, dass nicht alle Backlinks angezeigt werden, die auch in der Datenbank vorhanden sind. Google will damit die Suche nach Link-Partnern und somit das künstliche Offpage-Optimieren von Seiten nicht zusätzlich unterstützen. Am Beispiel »spiegel.de« zeigt sich dies recht deutlich: Während Yahoo! 12 600 000 Backlink-Seiten anzeigt, liefert Google lediglich 80 400 Ergebnisse.

Schaut man sich die Art des Verweises und den Kontext an, kann es dann und wann durchaus möglich sein, sich dort ebenfalls mit einem Verweis auf die eigenen Seiten zu platzieren.

Eine andere Möglichkeit, mögliche Linkpartner zu finden, ist die Eingabe der folgenden Anfrage in Google:

```
allinanchor:wunderkerzen
```

Google liefert daraufhin in absteigender Reihenfolge Webseiten, die mit dem Anchor-Text »wunderkerzen« verlinkt sind. Setzen Sie statt »wunderkerzen« Ihre jeweiligen Seiten-Keywords ein, haben Sie ein sehr hilfreiches Mittel, um gute Link-Partner zu finden, die bereits für Ihr Keyword gut in den Rankings stehen. Natürlich muss man eine Einschränkung machen: Nicht selten handelt es sich hierbei um Mitbewerber, die wenig Interesse daran haben, einen Link auf Ihre Website zu platzieren. Erfahrungsgemäß lohnt sich die Recherche über die vorgestellen Anfragen jedoch meistens dennoch für das Auffinden des ein oder anderen guten Link-Partners.

Letztlich kann man auch nach der Phrase `"add url"` suchen. Man erhält eine gewaltige Anzahl Einträge, von denen auf jedem einzelnen die Eintragung eines Verweises möglich ist. Fügt man der Phrasensuche zusätzlich ein Stichwort bei, erhält man eventuell thematisch verwandte Seiten, auf denen man problemlos einen Verweis setzen lassen kann. Achten Sie hier jedoch darauf, dass Sie sich nicht bei Link-Farmen eintragen und bei den Suchmaschinen in »schlechte Nachbarschaft« geraten!

8.4.6 Link-Farmen und Google-Bomben

Bei der Suche nach Link-Partnern sollten Sie stets die Qualitätskriterien im Hinterkopf behalten. Als die Link-Popularity noch in den Anfängen steckte, bildeten sich schnell lange Listen mit unzähligen Verweisen. Diese Listen waren dabei keineswegs thematisch sortiert oder in irgendeiner Weise gepflegt wie die URL-Datenbank des Open Directory. Ein Netz solcher Seiten schloss sich zusammen und führte automatisierte Austauschprogramme für Links ein. Vor solchen Link-Farmen (Link-Farms) sollte man sich als Webautor hüten. Ein dort enthaltener Verweis kann unter Umständen bereits als Spam-Versuch gewertet werden, da Suchmaschinen in diesen Link-Ansammlungen eine Gefährdung des Link-Popularity-

Prinzips sehen. Eine negative Auswirkung über die Bad-Rank-Systematik ist ebenfalls wahrscheinlich. Außerdem muss bei der Eintragung oftmals die eigene E-Mail-Adresse angegeben werden. Wenige Monate später wird man dann selbst durch unerwünschte Werbe-E-Mails zum Spam-Opfer.

Der pushende Effekt von Link-Farmen ist mittlerweile nicht mehr nennenswert. Eine viel effektivere Methode entstand in den letzten Jahren im Zusammenhang mit Online-Communities. Der Begriff *Google-Bombing* [96] hat sich hier für einen gezielten Missbrauch der Link-Popularity eingebürgert. Dabei wird ein vereinbarter Link-Text von allen Mitgliedern einer Community gesetzt. Dies führt bei entsprechender Größe der Community zu einer enormen Anzahl an Links, die wiederum zu einer hohen Bewertung der Seite, auf die verwiesen wird, durch die Suchmaschinen führen. Besonders beliebt wurden Google-Bomben im Jahr 2003 bei Gegnern des amerikanischen Präsidenten George W. Bush. Tausende von Bloggern und Website-Betreibern setzten einen Link auf Bushs Seite mit dem Linktext »miserable failure« (»jämmerlicher Versager«). Kurze Zeit später war die Website des Präsidenten bei einer entsprechenden Suchanfrage auf Position eins. Gegen eine solch gezielte Manipulation gingen Suchmaschinen lange Zeit nur durch Sperrung einzelner Websites vor, was angesichts der enormen Anzahl unmöglich erscheint. Google hat Anfang 2007 einen *Anti-Google-Bombing-Filter* aktiviert, der automatisch Google-Bomben erkennen soll und in der Folge nichts mehr anzeigt. Stattdessen werden Diskussionen und sonstige Beiträge zu dem gesuchten Thema angezeigt. Die Entschärfung von »miserable failure« funktionierte nachweislich, allerdings gibt es noch zahlreiche, weniger bekannte Google-Bomben, die noch funktionieren oder sich unterhalb der Schwelle zur Einstufung als »gefährliche Bombe« befinden.

Der Google-Bomben-Effekt kann daher auch in Ihrem Sinne für die Offpage-Optimierung genutzt werden, wenn man über entsprechende Kontakte innerhalb einer großen Online-Community verfügt und unterhalb der genannten Schwelle bleibt, die der Google-Filter als »gefährliche Bombe« einstuft.

8.4.7 Aufbau von Satelliten-Domains

Die Suche nach Link-Partnern ist oftmals ein aufwendiges Unterfangen, denn hier ist der Webautor auf die »Hilfe« von anderen angewiesen, die er nicht direkt beeinflussen kann.

Aus diesem Grund haben sich zahlreiche Suchmaschinen-Optimierer über die Zeit hinweg ein Portfolio an unterschiedlichen Websites zu unterschiedlichen Themengebieten aufgebaut, die auf den ersten Blick wie »normale« Webangebote erscheinen.

Im Prinzip haben die Betreiber solcher Websites aber hauptsächlich im Sinn, Platz für das Platzieren von themenrelevanten Verweisen zu schaffen. Diese Websites nennt man auch *Satelliten*, da sie sich um die eigentliche, zu optimierende Seite »drehen«. Viele professionelle Suchmaschinen-Optimierungs-Agenturen besitzen zahlreiche solcher Satelliten-Domains, um den Kunden einen schnellen Anstieg der Link-Popularität zu sichern.

Die Satelliten selbst müssen auch eine entsprechende Link-Popularität aufweisen, damit die Verlinkung sinnvoll ist. Aus diesem Grund werden häufig Webkataloge mit Link-Empfehlungen oder Seiten zu speziellen Themengebieten erstellt. Hier wird oftmals eine Symbiose zwischen Optimierungs-Agenturen und Organisationen oder Vereinen eingegangen. Letztere liefern dann das Textmaterial, und die Agentur kümmert sich um Design und Webhosting.

Häufig wird zunächst eine Mikroseite auf der eigentlichen, zu bewerbenden Website erstellt, die auf ein Keyword optimiert ist. Eine Mikroseite ist eine ausgelagerte Webseite, welche primär für die Suchmaschinen-Optimierung entworfen ist. Damit bewegt sich die Verwendung einer Mikroseite im Graubereich zum Suchmaschinen-Spam, auf den aber erst im nächsten Kapitel eingegangen werden soll.

Eine gute und professionell umgesetzte Mikroseite, die im Aussehen der originalen Seite recht nahe kommt, findet man für das Keyword »Reiseversicherung« auf der Website der DEVK (siehe Abbildung 8.3).

Abbildung 8.3 Optimierte Mikroseite »Reiseversicherung« auf devk.de

Der Begriff »Reiseversicherung« tritt hier insgesamt elf Mal (3,62 %) in den entsprechenden Tags im Dokumentkopf und -körper auf. Die Onpage-Optimierung ist damit bereits umgesetzt. Für die Offpage-Optimierung, sprich hauptsächlich die Gewinnung von eingehenden Links, sind auf zahlreichen anderen Seiten der Agentur des Kunden entsprechende themenrelevante Links zu finden, wie das Beispiel in Abbildung 8.4 zeigt.

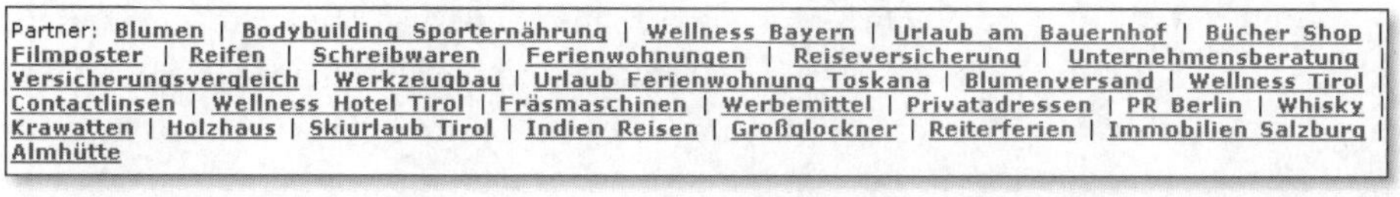

```
Partner: Blumen | Bodybuilding Sporternährung | Wellness Bayern | Urlaub am Bauernhof | Bücher Shop |
Filmposter | Reifen | Schreibwaren | Ferienwohnungen | Reiseversicherung | Unternehmensberatung |
Versicherungsvergleich | Werkzeugbau | Urlaub Ferienwohnung Toskana | Blumenversand | Wellness Tirol |
Contactlinsen | Wellness Hotel Tirol | Fräsmaschinen | Werbemittel | Privatadressen | PR Berlin | Whisky |
Krawatten | Holzhaus | Skiurlaub Tirol | Indien Reisen | Großglockner | Reiterferien | Immobilien Salzburg |
Almhütte
```

Abbildung 8.4 »Reiseversicherung« auf einer Satellitenseite mit Pagerank 6

Natürlich kann man sich bei einem solchen Vorgehen darüber streiten, ob es sich hierbei um die »feine englische Art« handelt. Ungeachtet dessen: Es funktioniert offensichtlich sehr gut.

Sollten Sie entsprechende Möglichkeiten haben und Satellitenseiten aufbauen, so achten Sie darauf, dass Sie diese auf unterschiedlichen IP-Adressen anbieten. Suchmaschinen bewerten Verweise innerhalb des gleichen IP-Bereichs als weniger hoch. Je unterschiedlicher die IP-Adressen zweier Webangebote sind, desto unwahrscheinlicher ist es in der Regel, dass es sich um den gleichen Webautor handelt. Achten Sie daher besonders darauf, dass die C-Klasse der IP-Adressen unterschiedlich ist:

234.129.**123**.3
234.129.**211**.5

Sie können die IP-Adresse einer Domain auf einem Windows-Rechner übrigens relativ einfach herausfinden. Rufen Sie dazu die Kommando-Konsole auf (unter Windows über START • AUSFÜHREN • »CMD«), und geben Sie den Befehl »ping« gefolgt von dem Domain-Namen ein. Daraufhin wird in eckigen Klammern die IP-Adresse der angefragten Domain angegeben.

Neben dem unterschiedlichen IP-Adressen-Bereich muss die Satelliten-Domain auch zunächst einmal eine entsprechend lohnenswerte Link-Popularität aufweisen. Hier wird relativ schnell klar, dass sich ein Satelliten-Netzwerk in der Regel nur für solche Optimierer lohnt, die letztlich mehr als eine Domain optimieren möchten. Denn der Aufwand, der betrieben werden muss, um Satelliten-Domains mit einer hohen Link-Popularität zu erhalten, ist um ein Vielfaches höher, als eine einzige zu bewerbende Site im Offpage-Bereich zu optimieren.

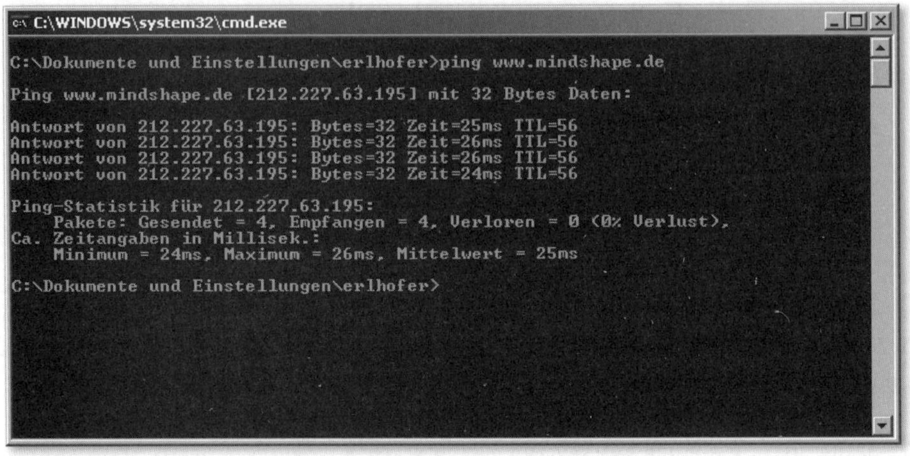

Abbildung 8.5 Herausfinden einer IP-Adresse unter Windows

Daher wird ein Großteil existierender Satelliten-Domains auch von entsprechend professionellen Agenturen betrieben, die somit Websites von mehreren Kunden gleichzeitig bedienen können.

8.5 Web 2.0 zur Offpage-Optimierung nutzen

Bereits im vorherigen Kapitel wurde Web 2.0 im Zusammenhang mit der Onpage-Optimierung von AJAX-Seiten angesprochen. Oftmals wird mit dem Web 2.0 eine Reihe neuer, technologischer Fortschritte im Web in Zusammenhang gebracht.

Im Grunde genommen ist Web 2.0 aber vielmehr. Web 2.0 ist eine Einstellung, kein technologischer Fortschritt. In dieser Tradition sind auch etwa Wikipedia oder YouTube als Web 2.0-Anwendungen zu sehen. *User-Generated-Content* (UGC) ist hier das Schlagwort, der von Nutzern erzeugte Inhalte, der eben nicht aus einer Redaktion, einer PR-Abteilung oder einer einzelnen Quelle stammt. Web 2.0-Applikationen zeichnen sich besonders dadurch aus, dass der eigentliche Mehrwert der Dienste durch den Netzwerkeffekt entsteht. Je mehr Nutzer sich beteiligen, desto attraktiver wird der Dienst.

8.5.1 Wikis nutzen

Wikipedia ist mittlerweile selbst in der Offline-Welt bestens bekannt und dient neben Google als eine der am häufigsten angefragten Sites, wenn es um die Recherche von Fakten geht. Das Wiki-Prinzip ist ebenso einfach wie genial: Jeder kann jeden Eintrag editieren; die Qualitätssicherung der Beiträge funktioniert über gegenseitige Kontrolle und Verbesserung.

Wikis scheinen daher ideal zu sein, um eingehende Links für die Offpage-Optimierung zu generieren. Allerdings sei gleich an dieser Stelle erwähnt, dass Beiträge, die mehr werbenden als informierenden oder faktischen Charakter haben, meist nur wenige Minuten zu sehen sind und dann bereits wieder von anderen Autoren gelöscht werden. Das trifft besonders auf solche Fälle zu, die eher schlecht als recht eine einzelne Seite auf ihrer Webpräsenz »zusammenschustern«, der man mit einem Blick bereits ansieht, dass hier keine Informationen zu finden sind, sondern die Seite lediglich als Bauernfänger dienen soll. So fragt beispielsweise ein Betreiber auf der Diskussionsseite der Wikipedia-Seite zu Suchmaschinen-Optimierung nach, ob er einen Link auf seine Website (mit ausschließlich Google-Anzeigen) setzen darf (vgl. Abbildung 8.6).

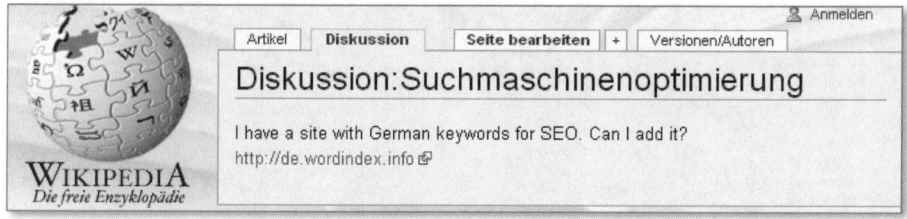

Abbildung 8.6 Frage auf der Diskussionsseite zur Link-Platzierung

Ein Blick auf die Website (siehe Abbildung 8.7) verrät allerdings sofort, dass hier keine Mehrwerte für Wikipedia-Besucher zu erwarten sind.

Man muss dem Betreiber zumindest zu Gute halten, dass er vor der Platzierung anfragt. In den meisten Fällen werden Links einfach platziert und von anderen Autoren wieder entfernt. Häufig findet man dann solche oder ähnliche Begründungen für eine Entfernung:

- ODP Link ausreichend
- kann sich im dmoz anmelden
- mit Werbung überladene Seite mit Belanglosigkeiten in einem e-book zusammengefasst … Link gelöscht
- Inhalte durch Link zum ODP abgedeckt
- Werbung entfernt
- revert linkspam
- www.XY.de ist eine Schande! Spam mit Google Anzeigen!
- no blogs, siehe Richtlinien für Links

8 | Offpage-Optimierung

Abbildung 8.7 Mehrwert für Wikipedia-Besucher? Sicherlich nicht.

Diese Beispiele zeigen anschaulich, dass werbende Seiten ohne Mehrwert kaum eine Chance bei Wikipedia haben. Auch hier gilt das KAKADU-Prinzip.

Sieht man einmal von Beispielen wie solchen ab, gibt es sicherlich eine Vielzahl von Fällen, bei denen ein Eintrag eines URL in Wikipedia etwa in den Sektionen Literatur, Quellen oder Weblinks durchaus einen Mehrwert für den interessierten Leser darstellt.

Bieten Sie eine solche Seite an, können Sie mit der internen Wikipedia nach den passenden Schlagwörtern suchen und erhalten eine Liste von in Frage kommenden Seiten angezeigt. Im einfachsten Fall können Sie einen Link mit einem Hinweis auf Ihr Angebot platzieren. Generell gilt natürlich, dass Sie auf die thematisch passende Seite verlinken und nicht auf Ihre Startseite. Dieses Deeplinking ist ohnehin effizienter für die Suchmaschinen-Optimierung, da Sie zusätzlich durch die themenrelevante Verlinkung Ranking-Punkte gutmachen. Außerdem ist hierdurch die Wahrscheinlichkeit um ein Vielfaches größer, dass der Link nicht von anderen Autoren wieder herausgenommen wird, wenn bei einem »Testklick« auch tatsächlich Relevantes zum Thema erscheint.

Noch besser ist es natürlich, wenn Sie auf einer vorhandenen Wiki-Seite oder gar auf einer von Ihnen neu angelegten Wiki-Seite interessante und relevante Inhalte beisteuern und nicht einfach nur einen Link platzieren.

Natürlich schlafen Ihre Mitbewerber nicht. So kann es durchaus passieren, dass diese einen Link aus »Wettbewerbsgründen« wieder herausnehmen – auch wenn inhaltlich wie redaktionell nichts gegen ihn spräche. Hier hilft erfahrungsgemäß nur das erneute Eintragen mit einer begleitenden Diskussion über die Relevanz dieses Links auf der Diskussionsseite, die jeder einzelnen Wiki-Seite zugeordnet ist.

In der Regel ist das Platzieren eines Links insbesondere bei Wikipedia jedoch eher schwierig, vor allem dann, wenn der Mehrwert nicht sofort für die Community ersichtlich ist. Hieran sieht man, dass die gegenseitige Kontrolle in der Regel sehr gut funktioniert. Neben Wikipedia gibt es allerdings eine ganze Reihe anderer Wikis, welche teilweise ebenfalls einen hohen Pagerank besitzen und weniger stark von anderen Autoren redigiert werden.

8.5.2 Social Bookmarking

Neben Wikis ist besonders eine Form von Plattform mit der Web 2.0-Welle bekannt geworden: Die *Social Bookmarks*. Als Social Bookmarking bezeichnet man Dienste, bei denen sich Nutzer anmelden und ihre Bookmarks (Favoriten, Lesezeichen) online platzieren können. Für den einzelnen Nutzer birgt ein solcher Dienst den Vorteil, dass er nicht mehr an die Bookmark-Sammlung seines lokalen Browsers gebunden ist und somit von überall Zugriff hat. Plug-ins für verschiedene Browser erlauben zusätzlich eine einfache Verwaltung und Pflege innerhalb des lokalen Browsers.

Die meisten Social Bookmark-Dienste bieten an, die gesammelten Links zu verschlagworten (Tagging) und der Öffentlichkeit beziehungsweise der Community zur Verfügung zu stellen. So können andere Nutzer leicht Hinweise auf interessante Webseiten zu ähnlichen Themen finden (siehe Abbildung 8.8).

Eine Bewertung der Links, die Häufigkeit eines Links in verschiedenen Bookmark-Sammlungen oder ähnliche Ranking-Mechanismen schaffen zusätzlich eine Hierarchie, welche die Auswahl erleichtern soll.

8 | Offpage-Optimierung

Abbildung 8.8 Social Bookmarks für »Web 2.0« bei del.icio.us

Social Bookmarking ist gewissermaßen der Web 2.0-Nachfolger von Webkatalogen und eignet sich im Prinzip hervorragend zur Generierung von eingehenden Links. Insbesondere wenn man bedenkt, dass die Suchdienste teilweise ohne Umwege auf den Datenbestand Zugriff haben. So gehört beispielsweise FURL (*http://furl.net*) zu dem LookSmart-Netzwerk. Yahoo! erwarb del.icio.us (*http://del.icio.us*) Ende 2005; und Google ist, wie so oft, auf dem Weg zu einer eigenen Lösung.

Für die Offpage-Optimierung empfiehlt sich auf jeden Fall der Versuch, möglichst viele eingehende Links von solchen Diensten zu bekommen. Nicht zuletzt erhöht eine häufige Nennung das Vertrauen der Nutzer an die Qualität eines Angebots. Auch hier gilt selbstverständlich das Gesetz der lokalen Nähe: Ausdrücklich deutschsprachige Dienste wie beispielsweise Mister Wong (*http://www.mister-*

wong.de) sind für die deutschsprachige Suchmaschinen-Optimierung meist interessanter als fremdsprachige. Natürlich nur, solange der Bekanntheitsgrad und damit die Nutzerzahlen im Vergleich zu den meist US-amerikanischen Vorbildern in einem passenden Verhältnis zueinander stehen. Mister-Wong setzt übrigens kein `nofollow`-Attribut ein.

8.5.3 Nofollow-Follow-These

Natürlich ist den Suchmaschinenbetreibern das Web 2.0 nicht unbekannt. Bereits im Jahr 2005 haben Google, Microsoft (MSN) und Yahoo! Gegenmaßnahmen eingeleitet, damit die innerhalb von Web 2.0-Anwendungen leicht zu setzenden Verweise nicht zu stark die Offpage-Ranking-Kriterien beeinflussen.

Sogenannte `nofollow`-Links enthalten ein spezielles Attribut, das den Crawlern anzeigt, dass dieser Verweis nicht mit in die Offpage-Bewertung, beispielsweise des Pageranks, eingerechnet werden soll.

```
<a href="http://www.seo-firma.de/" rel="nofollow" alt="seo">
  Mit uns auf Platz 1 bei Google!
</a>
```

Dieser Verweis wird aufgrund des Zusatzes `rel="nofollow"` speziell von Suchmaschinen behandelt. Die Crawler verfolgen den Link zwar und suchen nach weiteren Links auf der Zielseite; die Inhalte der Zielseite werden allerdings nur aufgrund dieses Verweises nicht indexiert. Besonders wichtig ist jedoch die Tatsache, dass der Link nicht bei der Pagerank-Berechnung berücksichtigt wird. Die Attribute `alt` und `title` werden ebenso ignoriert.

Es scheint paradox, dass gerade Google als Erfinder des Pageranks eine Initiative ins Leben rief, um Verweise zu kennzeichnen, die nicht berücksichtigt werden sollen. Offiziell wollte man damit Webmastern und insbesondere Blog-Besitzern helfen. Diese sollten standardmäßig bei einem Link in einem Kommentar das `nofollow`-Attribut setzen. Man glaubte damit der Flut an Kommentar-Spam entgegen wirken und vor allem Google-Bomben aus der Blog-Gemeinschaft vermeiden zu können.

Zunächst fand die Idee neben einigen Protesten viel Zuspruch. Heutzutage besteht jedoch für viele gängige Blog-Tools und Blog-Portale die Möglichkeit, manuell das `nofollow`-Attribut bei einzelnen Links oder sogar komplett auszuschalten. Man munkelt, dass die Suchmaschinen-Betreiber durch die Einführung des `nofollow`-Attributs dem Trend entgegenwirken wollten, dass Verweise allzu gezielt gesetzt werden, was jedoch letztendlich ein Website übergreifender Effekt des Web 2.0 ist.

Wie steht das `nofollow`-Attribut im Zusammenhang mit der Offpage-Optimierung? Wikipedia sowie auch bekannte Social Bookmarking-Portale setzen es grundsätzlich in ausgehende Links. Damit sollen potenzielle Spammer abgehalten und die Qualität der Dienste gesichert werden.

Es gibt allerdings Hinweise, dass insbesondere Google dennoch ausgehende Verweise von Wikipedia mit in die Offpage-Ranking-Berechnung einbezieht. Dies würde bedeuten, dass Google ein selbst aufgestelltes Prinzip umgeht. Ist das unlogisch? Eigentlich nicht – denn genau das besagt die *Nofollow-Follow-These*:

Die großen Suchmaschinenbetreiber führen das `nofollow`-Attribut ein, um ein deutliches Zeichen zu setzen, dass von Nutzergruppen leicht zu manipulierende Link-Netzwerke keinen Einfluss mehr auf das Ranking einer Seite haben. Inwieweit das Ziel, den Link-Spam zu reduzieren, tatsächlich erreicht worden ist, kann man nur mutmaßen. Einige große Blogs verzeichneten zumindest kurz- bis mittelfristig weniger Kommentar-Spam. Geht man also davon aus, dass bei Wikipedia und Co. die Spam-Versuche gegen null tendieren, sind die übriggebliebenen Links inhaltlich sehr wertvoll und bergen meist thematisch relevante Inhalte. Eigentlich genau das, was eine Suchmaschine sucht oder durch ein höheres Ranking begünstigen will. Und eben hier schließt sich die Nofollow-Follow-These. Nämlich dass Google `nofollow`-Links auf bestimmten Webpräsenzen wie beispielsweise Wikipedia trotz des Attributs mit in die Bewertung einbezieht und somit gute Link-Netzwerke erhält. Natürlich würden die Suchmaschinen-Betreiber ein solches Vorgehen nie zugeben, sodass dieser Sachverhalt lediglich eine These oder Vermutung sein kann.

8.5.4 Web 2.0-Nutzer arbeiten lassen

Bei dem Stichwort Web 2.0 kann man – wie bei vielen anderen Neuheiten in der Webwelt auch – die Strategien zur Suchmaschinen-Optimierung überdenken. Der klassische Weg, sozusagen die »Suchmaschinen-Optimierung 1.0«, besteht darin, dass man selbst für eingehende Verweise sorgen muss.

Unter »Suchmaschinen-Optimierung 2.0« könnte man gewissermaßen verstehen, dass die Webnutzer selbst zumindest den Bereich der Offpage-Optimierung übernehmen. Sicherlich wird es nie so sein, dass Sie als Betreiber einer Website komplett die Offpage-Optimierung aus der Hand geben können – zumindest nicht, wenn Sie es eilig haben. Aber im Falle, dass Sie auf Ihrer Website ein interessantes Angebot anbieten, das vielen Nutzern attraktiv erscheint, werden diese Nutzer durch die neuen Web 2.0-Dienste eher die Möglichkeit haben, für Sie die Offpage-Optimierung durchzuführen.

In der Praxis landet der Bookmark zu Ihrer Seite dann nicht mehr im lokalen Browser und verblasst neben unzähligen anderen, sondern wird automatisch bei einem Social Bookmarking-Dienst eingetragen, vielleicht sogar verschlagwortet und von anderen Nutzern gesehen.

Um es Ihren Besuchern einfacher zu machen, diese Dienste zu nutzen, können Sie Hilfsmittel anbieten. Abbildung 8.9 zeigt Icons bzw. Verweise dreier verschiedener Seiten. Als Betreiber positionieren Sie solche Links direkt zu Ihren Beiträgen oder in der Seitenleiste. Ein Nutzer, der die Inhalte attraktiv findet, kann somit per Klick auf den jeweiligen Link automatisch Ihren Seiten-URL hinzufügen.

Abbildung 8.9 Netzwerkbildung mit Social Bookmarks leicht gemacht

Insbesondere bei Weblogs finden solche Techniken sehr häufig Anwendung. Jedoch spricht nichts dagegen, sie auch bei anderen Webformaten einzusetzen, um die Offpage-Optimierung anzukurbeln.

8.5.5 RSS-Feeds anbieten

Im Zusammenhang mit Web 2.0 werden auch häufig *RSS-Feeds* genannt. Auch wenn diese an sich keinen direkten Einfluss auf die Verbesserung der Onpage-Bewertung einer Website haben, so kann man doch zumindest indirekt das Datenformat für seine Optimierungszwecke nutzen, um die Website bekannter zu machen.

Das Kürzel *RSS* steht für *Really Simple Syndication*, das etwa so viel bedeutet wie »wirklich einfache Verbreitung«. Genau genommen handelt es sich bei dieser Bezeichnung um RSS 2.0. RSS 1.0 trug den Namen RDF Site Summary und RSS 0.9.x den Namen Rich Site Summary. Heute wird jedoch hauptsächlich RSS 2.0 eingesetzt. RSS ist ein XML-Datenformat, das den plattformübergreifenden Austausch von Daten vereinfachen soll. Ein ähnliches, wenn auch nicht so populäres Datenformat, das als Nachfolger von RSS gehandelt wird, ist ATOM. Die folgenden Ausführungen zielen zwar hauptsächlich auf RSS ab, jedoch gilt für das ATOM-Format im Wesentlichen das Gleiche.

Der Aufbau einer RSS-Datei folgt einem standardisierten Schema, sodass es RSS-Parsern möglich ist, von jeder RSS-Datei Informationen zu extrahieren. Eine populäre Anwendung des RSS-Formats findet man innerhalb von Weblogs. In dem HTML-Head wird beispielsweise auf eine zugehörige RSS-Datei verwiesen:

```
<link rel="alternate" type="application/rss+xml"
title="meinBlog" href="http://meinblog.de/rss-feed.rss" />
```

Die RSS-Datei könnte beispielsweise wie folgt aussehen:

```
<?xml version="1.0" encoding="ISO-8859-1"?>
<rss version="2.0">
  <channel>
    <title>Mein Blog</title>
    <link>http://www.meinblog.de</link>
    <description>Kurze Beschreibung des Blogs</description>
    <language>de-DE</language>
    <pubDate> Tue, 27 Feb 2007 11:22:11 +0100</pubDate>
    <item>
      <title>Titel des ersten Artikels</title>
      <description> Kurzer Beschreibungstext
        oder auch ausführlicher Inhalt </description>
      <link>http://www.meinblog.de/artikel928372.html</link>
    </item>
    <item>
       [...]
    </item>
  </channel>
</rss>
```

Listing 8.4 Beispiel einer RSS-Datei

Die RSS-Datei beschreibt einen `<channel>`, dieser enthält den Titel, den URL sowie weitere Angaben zu dem Dokument, welches die RSS-Datei beschreibt. Innerhalb des Channels befinden sich die jeweiligen `<item>`, die im Falle eines Blogs Informationen zu den einzelnen Postings enthalten.

Eine genauere Spezifikation von RSS finden Sie im Internet unter *http://www.rss-board.org/rss-specification*.

Handelt es sich um eine kontinuierlich aktualisierte RSS-Datei, spricht man auch von einem RSS-Feed (»Einspeisung«). Diese kann man mit speziellen Programmen, aber auch beispielsweise mit Browsern abonnieren. Der Nutzer erhält dann eine Benachrichtigung, sobald neue Inhalte verfügbar sind – also sobald ein neues Item im RSS-Feed hinzugefügt wurde.

Die meisten Blog-Tools sowie Content-Management-Systeme stellen eine RSS-Export-Funktion zur Verfügung, sodass Sie neben Blog-Postings auch Artikel oder sonstige Inhalte per RSS-Feed anbieten können. Im Falle, dass Nutzer diesen abbonieren, dient der RSS als eine Form der Besucher- bzw. Kundenbindung. In dieser Form kann er als »Newsletter 2.0« angesehen werden.

Für die Offpage-Optimierung wird ein RSS-Feed interessant, wenn man ein Stück weiterdenkt. RSS-Formate können nämlich auch in andere Seiten als fremder Inhalt eingebunden werden. Der Branchenriese Google macht es selbst vor und bietet für die personalisierte Startseite News aus zahlreichen RSS-Feeds an (siehe Abbildung 8.1).

Aber auch Unternehmen können sich die RSS-Technologie zunutze machen. Das Content-Management-System der Firma B liest beispielsweise regelmäßig den RSS-Feed des Unternehmens A ein, welches Branchen-News veröffentlicht. Firma B präsentiert somit die Inhalte auf der eigenen Website – inklusive der im Feed enthaltenen Verweise.

Diese Syndication (deutsch: Zusammenschluss, Ringbildung) findet zunehmenden Zuspruch, da sie beiden Parteien hilft. Der Feed-Anbieter erhält neben einem guten Ruf und der zunehmenden Bekanntheit die Möglichkeit, Inhalte, Themen und Verweise im gewissen Rahmen zu steuern. Der Betreiber, der einen oder mehrere Feeds in die eigene Website einbindet, kann so seinen Besuchern einen informationellen Mehrwert bieten. Das ist letztlich auch für das Onpage-Kriterium der Aktualität bzw. der Aktualisierungshäufigkeit förderlich.

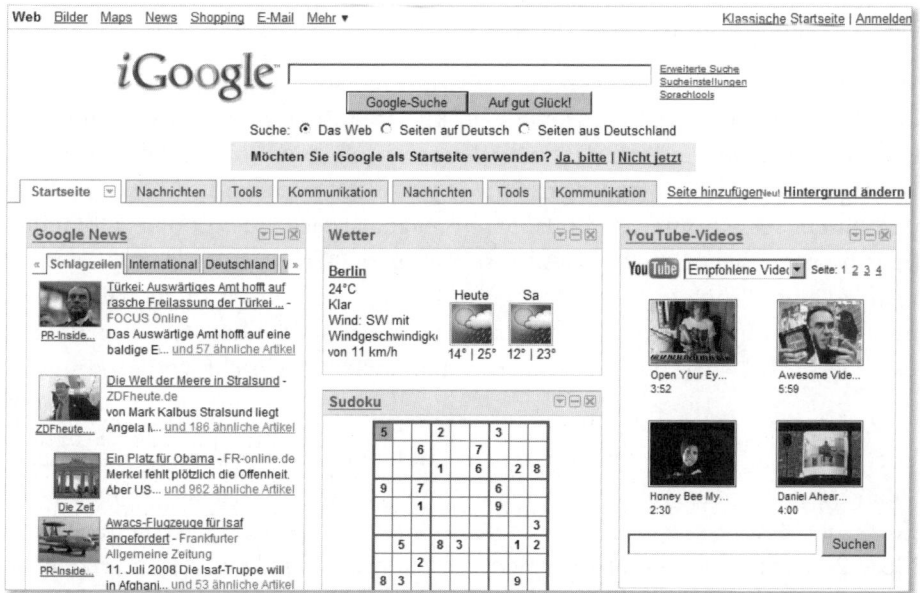

Abbildung 8.10 Google macht es vor: RSS-Feeds auf der persönlichen Startseite von iGoogle

RSS-Feeds anzubieten, lohnt sich aber auch noch aus einem ganz anderen Grund. Zahlreiche spezielle Suchmaschinen indexieren keine HTML-Inhalte, sondern ausschließlich RSS-Daten. Zu den bekanntesten Suchdiensten gehören sicherlich Technorati (*http://www.technorati.com*) und Blogpulse (*http://www.blogpulse.com*).

8.6 Click-Popularity erhöhen

Das zweite Ranking-Verfahren, das auf den hypertextuellen Eigenschaften des Webs aufbaut, ist deutlich schwieriger zu beeinflussen als die Link-Popularity. Außerdem besitzt die Click-Popularity kaum noch eine Bedeutung. Sie wird zwar von diversen Suchmaschinen eingesetzt, dient aber allem Anschein nach eher zur Überprüfung der Qualität der eigenen Ergebnislisten.

Eine Optimierung ist daher schwierig, weil kaum Parameter verändert werden können, die zu einem besseren Ranking führen. Der Suchende muss durch den Eintrag in der Ergebnisliste davon überzeugt werden, auf diesen einen betreffenden Link zu klicken und auf keinen anderen. Dazu steht dem Webautor von Seiten der Onpage-Optimierung nur das <title>-Tag zur Verfügung. Dieses wird angezeigt und bei Beachtung der Parameter wie der Länge auch entsprechend unverändert angezeigt. Die dazugehörige Beschreibung wird allerdings selten aus dem description-Meta-Tag entnommen. Vielmehr arbeiten Suchmaschinen mit eigenen Snippets aus dem Dokumentkörper.

Wie kann man, abgesehen von einem ansprechenden und animierenden Titel, die Click-Popularity erhöhen? Bei einem Klick wird ein interner Zähler um eins erhöht. Um zu verhindern, dass ein Webautor selbst unzählige Klicks auf seine Einträge tätigt, wird entweder ein Cookie eingesetzt oder die IP-Adresse des Clients für eine Zeitspanne notiert. Ist bereits ein entsprechendes Cookie vorhanden oder befindet sich dieselbe IP-Adresse im Sperrfilter, so führt der Klick nicht mehr zu einer Erhöhung des Zählers. Der Einsatz von Cookies findet dabei meist nur unterstützend zu dem IP-Filter statt, da Cookies auf der lokalen Festplatte des Benutzers gespeichert und daher auch von ihm wieder gelöscht werden könnten.

Eine Offpage-Optimierung muss demnach zwischen zwei Klicks jeweils das Cookie löschen, und der Client muss eine andere IP-Adresse vorweisen. Ersteres stellt durch die entsprechenden Funktionen in allen Browsern kein Problem dar. Eine neue IP-Adresse ist meist auch relativ einfach zu erhalten. Bei einer DSL- und ISDN-Einwahl über die großen Provider erhält man bei jedem Vorgang eine neue vorläufige IP-Adresse zugewiesen. Trennt man sich demnach zwischen jedem Klick vom Netz und löscht zusätzlich eventuelle Cookies, kann man die Click-Popularity erhöhen. Allerdings ist dieses Verfahren recht mühsam, und angesichts der geringen Gewichtung dieses Verfahrens bei der gesamten Relevanzbewertung lohnt der Aufwand tendenziell eher nicht. Der Erfolg wird erfahrungsgemäß auch nicht bedeutend größer, wenn man Freunde oder Bekannte das gleiche Verfahren exerzieren lässt.

Eine alternative Lösung wäre der Gebrauch von nichttransparenten Proxies. Um nicht direkt identifiziert werden zu können, benutzt man einen Zwischenstopp für die TCP/IP-Pakete. Der Client leitet alle Pakete zunächst an einen Proxy, und von dort aus wandern diese dann zum eigentlichen Ziel. Das klingt ähnlich wie in einem Agenten-Thriller, wo versucht wird, den Standort eines Telefonierenden zu bestimmen. So ungefähr kann man sich dieses Verfahren auch vorstellen. Je nach Proxy kann man nach dem Löschen des Cookies ohne Einwahl die Click-Popularity erhöhen.

Natürlich reagieren die Suchdienste auch auf derartige Täuschungsversuche. Zwar kann der eigentliche Schutz durch die genannten Verfahren umgangen werden, jedoch kostet es erheblichen zeitlichen Aufwand, bis ein Effekt zu erkennen ist. Ferner gibt die Suchmaschinen-Software ein Warnsignal, falls an einem Tag nur ein Klick auf ein Ergebnis verzeichnet wurde, am folgenden Tag jedoch mehrere Tausend. Dies kann zum Entfernen des Eintrags oder zumindest zum Zurücksetzen des Zählers führen, sofern nicht ohnehin durch mathematische Berechnungen solche Schwankungen nivelliert werden.

Zusammenfassend kann man sagen, dass auch ohne eine direkte Manipulation ein gutes Ranking durch die Click-Popularity erreicht werden kann. Dazu muss jedoch die Onpage-Optimierung insbesondere durch das `<title>`-Tag und gegebenenfalls durch das `description`-Meta-Tag beitragen. Nach einer Weile werden die Besucher der Suchmaschine auf natürliche Art ihr Übriges tun.

»Das Internet hat mittlerweile seine eigene Pest,
Spam genannt.«
– Johann Sigl

9 Spam

Der Begriff Spam ist in den letzten Jahren vor allem im Kontext der E-Mail-Kommunikation bekannt geworden. Unerwünschte Werbe-Mails sind damit mittlerweile ebenso weit verbreitet wie die Werbung im Briefkasten an der Haustür. Der Anteil an Spam-Mails im gesamten E-Mail-Verkehr weltweit soll weit über 50 Prozent betragen. Die Kosten, die dadurch in Unternehmen entstehen, lagen bereits 2003 deutlich über den anderen Kosten durch Viren oder Hacker. Mittlerweile etablieren sich Spam-Filter auf Servern und in E-Mail-Programmen, um der Lage Herr zu werden.

Auch in Bezug auf die Suchmaschinen wurde Spam bereits mehrfach erwähnt. Dabei versteht man hier unter Spam alle Techniken, die versuchen, Suchmaschinen Informationen vorzugaukeln, eine nicht natürliche Seitenstruktur darzustellen oder in sonstiger Weise manipulierend die Ergebnisse in den Ergebnisseiten zu beeinflussen. Das Ziel von Spam ist, eine Top-Position bei den Suchmaschinen zu erlangen und dadurch viele Besucher auf eine Website zu locken.

Streng genommen, kann all das als Spam verstanden werden, was nicht dem Nutzer zugute kommt, sondern rein zur Seiten-Optimierung und damit zur Verbesserung der Ranking-Position initiiert wird. Damit ist nicht automatisch gleich jeder Optimierungsversuch mit Spam gleichzusetzen. In den meisten Fällen der bereits erwähnten Onpage- und Offpage-Optimierung handelt es sich nicht um eine reine Optimierung für Suchmaschinen, sondern es werden vor allem auch Verbesserungen für die Benutzer erzielt. Wie Sie gesehen haben, ist ein optimal gestalteter Seitentitel für den Benutzer ebenso hilfreich wie für eine Suchmaschine. Und auch eine Strukturierung mittels Überschriften, Sinnabschnitten und Texthervorhebungen kommt dem Leseverhalten der Besucher entgegen.

Suchmaschinen sind an echten Informationen interessiert, die sie für Ihre Kunden erfassen und die diesen anschließend auch einen echten Mehrwert bieten sollen. Die Basis dafür ist eine zuverlässige Textanalyse. Aus diesem Grund reagieren die Betreiber zunehmend empfindlich auf Täuschungsversuche. Wird ein

Spam-Versuch als solcher entdeckt, folgt meist eine Abstrafung der betreffenden Seite. Dabei kann es sich einerseits um einen Ausschluss aus dem Index handeln oder andererseits um ein erhebliches Herabsetzen des Rankings durch Vergabe von Negativpunkten. Die genauen Reaktionen der einzelnen Suchmaschinen sind leider nicht bekannt. Manche Anbieter sperren auch die betreffende Domain mit allen Seiten für eine gewisse Zeit. Noch verheerender und daher seltener eingesetzt ist die Sperrung der IP-Adresse, da hier über virtuelle Hosts gegebenenfalls auch Unbeteiligte davon betroffen sind.

Die Spam-Erkennung beruht zu großen Teilen auf automatischen Algorithmen, die hauptsächlich auf statistischen Analysen basieren. Beinahe bei jedem Anbieter können Benutzer aber auch zusätzlich Seiten manuell melden [97], die durch unlautere Mittel eine gute Position erhalten haben und nicht durch automatische Verfahren erkannt werden. Eine so entdeckte Website wird von Mitarbeitern des Suchdienstes eigens geprüft und im berechtigten Falle abgestraft. Oftmals sind die Meldenden Webautoren, die einen Mitbewerber anzeigen. Hier schwingt natürlich auch die Hoffnung mit, dass dieser entfernt und die eigene Website somit höher positioniert wird. Suchmaschinen-Optimierung gleicht einem Kampf um den besten Platz, in dem bisweilen alle Register gezogen werden.

Die gemeldeten Websites dienen den Suchdiensten jedoch nicht nur zur manuellen Verbesserung der Ergebnisse. Gleichsam stellen sie auch die Grundlage zur Verbesserung der eigenen Erkennungsmechanismen dar. Die Spam-Erkennung entwickelt sich ähnlich wie der E-Mail-Bereich ständig weiter. Dabei reagieren verschiedene Suchmaschinen unterschiedlich auf Spam-Versuche. Was bei dem einen Anbieter zur Entfernung aus dem Index führt, kann bei einem anderen die Top-Position bedeuten.

Insbesondere bei hart umkämpften Schlüsselbegriffen gilt daher oftmals das Motto: »Nur was als Spam erkannt wird, ist auch tatsächlich Spam«. Im folgenden Abschnitt stelle ich die Methoden vor, die üblicherweise als Spam-Versuch erkannt werden. Hier und da gibt es aufgrund der schleppenden Entwicklung seitens der Suchmaschinen noch Schlupflöcher. Auf diese werde ich ebenso eingehen. Dabei befindet man sich allerdings stets in einer Grauzone zwischen Optimierung und Täuschungsversuch. Falls ein gewisses Experimentieren möglich ist, und Sie sich der möglichen Konsequenzen bewusst sind, sollten Sie sich schrittweise vortasten und die Veränderungen innerhalb der Ergebnislisten analysieren.

9.1 Keyword-Stuffing

Als zentrales Mittel des Information Retrievals hat sich das Bestimmen von repräsentativen Schlüsselwörtern herauskristallisiert. Je häufiger ein Begriff innerhalb eines Dokuments vertreten ist, desto bedeutender ist er für den Inhalt – so zumindest der Grundgedanke.

Eine weitverbreitete Spam-Methode setzt daher genau dort an. Keyword-Stuffing meint das exzessive Wiederholen von Schlüsselbegriffen innerhalb einer einzelnen Seite. Dabei soll die relative Worthäufigkeit, die durch den TF-Algorithmus bestimmt wird, für einen Begriff drastisch erhöht werden. Dazu wird ein Keyword oftmals für den Benutzer unsichtbar im Seitenkopf platziert. Insbesondere im Titel oder in den Meta-Tags *description* oder `keywords` ist das Phänomen häufig zu beobachten.

```
<meta name="description" content="segeln segeln segeln segeln ↵
segelnsegeln segeln segeln segeln segeln segeln segeln segeln ↵
segeln segeln segeln segeln segeln segeln segeln">
```

Eine Manipulation der Keyword-Dichte gehört zu den am einfachsten umzusetzenden Verfahren und wird daher besonders oft von unerfahrenen Webautoren angewandt. Unter anderem wurden aus diesem Grund die Meta-Tags recht früh nicht mehr so hoch gewichtet. Die Webautoren wichen folglich auf den Dokumentkörper aus. Hier trifft man dann auf Keyword-Stuffing innerhalb des Fließtextes. Diese Form wird somit auch für den Anwender direkt sichtbar.

Zusätzlich werden Schlüsselbegriffe auch häufig in Tag-Attributen wie dem `alt`- oder `title`-Attribut für Bilder genannt. Prinzipiell ist dies natürlich ein durchaus zulässiges Vorgehen, zumindest solange kein Keyword-Stuffing stattfindet. Vermeiden Sie daher auch hier eine übermäßige Nennung eines Begriffs.

Dabei ist es unerheblich, ob es sich um das stupide Aneinanderreihen eines einzelnen Wortes handelt (wie im obigen Beispiel) oder ob mehrere Schlüsselbegriffe abwechselnd genannt werden:

```
<img src="logo.gif" alt="segeln charter elba segeln charter elba ↵
segeln charter elba segeln charter elba" title=" segeln charter ↵
elba segeln charter elba segeln charter elba segeln charter elba">
<p> segeln charter elba segeln charter elba segeln charter elba ↵
segeln charter elba segeln charter elba</p>
```

Zur Erkennung solcher Täuschungsversuche werden verschiedenartige Mechanismen eingesetzt. Ein deutlicher Hinweis wird meist schon dadurch gegeben, dass einige Begriffe übernatürlich häufig innerhalb eines Textes auftreten. Erkenntnisse aus der wissenschaftlichen Textanalyse liefern grobe Maximalwerte für das relative Auftreten eines Schlüsselbegriffs, der ein Thema gut repräsentiert. Auf Grundlage dessen wird eine Seite bei einem übermäßigen Auftreten eines einzelnen Begriffs als Spam erkannt. Dieser Wert schwankt von Anbieter zu Anbieter. Wird in Diskussionen für das Auftreten eines Begriffs eine maximale relative Häufigkeit von 15 bis 20 Prozent angegeben, ist damit bei etlichen Suchmaschinen die Grenze bereits überschritten. Erfahrungsgemäß hat sich eine Häufigkeit zwischen drei und acht Prozent bewährt. Doch auch hier gilt das eingangs erwähnte Prinzip des schrittweisen Herantastens.

Dass Suchmaschinen kein Keyword-Stuffing mögen, hat sich mittlerweile bei den meisten Webautoren herumgesprochen. Besonders findige Autoren ergänzen einen Text mit anderen Substantiven oder sinnlosen Füllwörtern, um die gewünschte relative Häufigkeit für die Schlüsselbegriffe zu erzielen. Neben der Überprüfung der relativen Worthäufigkeit können allerdings zusätzlich semantische Analysen durchgeführt werden. Ein Text, der zwar keine unnatürliche Worthäufigkeit aufweist, jedoch nur aus Substantiven besteht, ist im semantischen Sinne nicht korrekt. Auch ein solches Verhalten wird demnach als Spam gewertet.

Gelegentlich trifft man »optimierte« Webseiten an, die nur ein einziges Schlüsselwort beinhalten und ansonsten keinen Text bieten. Webautoren solcher Seiten beabsichtigen damit offensichtlich, künstlich ein hohes Ranking zu erzeugen. Die Auffassung, dass Suchmaschinen diese Seiten aufgrund der enormen Keyword-Dichte von 100 Prozent besonders gut bewerten, ist natürlich falsch. Die Keyword-Dichte ist, wie Sie schon wissen, nicht das alleinige Relevanzkriterium. Neben den bereits erwähnten anderen Faktoren sind Suchmaschinen außerdem an längeren Texten interessiert und beachten daher nicht nur ausschließlich relative Werte, sondern auch die absolute Anzahl Zeichen einer Seite.

Aber auch, wenn es sich bei der Positionierung eines einzelnen Begriffs um einen Spam-Versuch im eigentlichen Sinne handelt, wird dieser von keiner Suchmaschine als solcher gewertet. Denn die Relevanzbewertung fällt ohnehin extrem niedrig aus, sodass Seiten dieser Machart auf der Ergebnisliste im Meer der besser optimierten Einträge untergehen.

9.2 Unsichtbare und kleine Texte

Die Anreicherung von Schlüsselwörtern auf einer Seite kann auch ohne ausgiebiges Keyword-Stuffing als Spam gewertet werden, sofern man die Möglichkeiten der Formatierung von Texten betrachtet. Ein alter Trick aus den Anfängen der Suchmaschinen-Optimierung hat sich unter dem Begriff *Text-Hiding* (Text-Verstecken) einen Namen gemacht. Schlüsselwörter werden hier für den Benutzer gar nicht oder nur schwer erkennbar innerhalb der Seite positioniert. Für Suchmaschinen, die den HTML-Code nicht wie Browser interpretieren, sondern vielmehr strukturell analysieren, ist der versteckte Text zunächst lesbar wie jeder andere auch.

Text ausschließlich für Suchmaschinen anzubieten, der von einem Benutzer erst gar nicht gesehen werden soll, verstößt gegen das Prinzip, eine Webseite gleichermaßen für den Menschen und eine Maschine zu optimieren. Text-Hiding ist daher eines der Paradebeispiele für Suchmaschinen-Spam. Dabei ist jedoch nicht das Platzieren von Schlüsselbegriffen in an sich unsichtbaren Bereichen wie dem `<noframes>`-Tag oder dem `hidden`-Field gemeint.

Das ursprüngliche Verfahren arbeitet mit dem `<font>`-Tag. Setzt man bei diesem die Farbe des Textes mit der des Dokumenthintergrundes im `<body>`-Tag gleich, so ist der Text für den Benutzer unsichtbar. Im HTML-Code ist er jedoch nach wie vor enthalten.

```
<body color="#ffffff">
<p> sichtbarer Text </p>
<p> <font color="#ffffff"> unsichtbarer Text </font> </p>
</body>
```

Der Farbwert `#ffffff` steht für die Farbe Weiß. Die Codierung basiert auf dem hexadezimalen System. Jeweils zwei Stellen nach der Raute (#) stellen einen Farbwert des additiven RGB-Farbraumes mit den Farben Rot, Grün und Blau dar. Die Angabe `ff` steht für den Maximalwert 255, sodass die Mischung aller drei Farben im höchsten Wert schließlich Weiß ergibt.

Nachdem die Suchmaschinen diese Art des Text-Hidings durch einen einfachen Abgleich zwischen der Hintergrundfarbe und der Schriftfarbe automatisch aufdecken konnten, veränderten Webautoren die Werte so, dass nicht mehr die identische Farbe genutzt wurde, sondern lediglich eine ähnliche. Auf weißem Hintergrund ist beispielsweise der leicht eigelbfarbene Farbton `#ffffcc` immer noch kaum lesbar und erfüllt daher seinen Zweck ebenso gut wie reines Weiß.

Allerdings zogen auch hier die Suchmaschinen schnell wieder nach und führen seitdem mathematische Ähnlichkeitsberechnungen durch. Setzt sich die Textfarbe nicht genügend von dem Hintergrund ab, wirkt sich dies über eine Erhöhung der Spam-Punkte negativ aus. Natürlich ist nicht jede Seite, auf der einige Zeichen schwer lesbar sind, automatisch gleich Spam und wird aus dem Index entfernt. Die meisten Suchmaschinen gehen ähnlich vor wie bei der Erkennung von E-Mail-Spam. Ein Dokument wird anhand verschiedener Kriterien auf Spam hin untersucht, und für jedes Auftreten wird eine bestimmte Punktezahl vergeben, um es einmal vereinfacht darzustellen. Erst wenn diese einen bestimmten

Schwellenwert überschreitet, wird ein Dokument als Spam gewertet. So führt beispielsweise der Einsatz von Text-Hiding in Kombination mit Keyword-Stuffing in den meisten Fällen zu einer Überschreitung, womit dann ein Dokument als Spam deklariert wird.

Zum Speichern in der Hitlist eines jeden Begriffs wird im Zuge der Formatierungsanalyse auch die relative Größe eines Stichwortes ermittelt. Dieser Wert wird ebenfalls zur Spam-Erkennung eingesetzt. Denn neben der Veränderung der Textfarbe kann ein Begriff auch durch eine winzige Schriftgröße nahezu unsichtbar gemacht werden. Dieses Vorgehen wird ebenso als Spam gewertet wie jeder andere erkennbare Versuch, einen Text vor dem Webnutzer zu verstecken.

Oftmals tritt Text-Hiding durch Farbformatierung und das Verkleinern von Begriffen (Text-Smalling) in Kombination mit Keyword-Stuffing auf. So soll bewirkt werden, dass die Optik der Webseite möglichst wenig verändert wird, aber dennoch genügend Informationen für ein hohes Ranking an die Suchmaschinen übermittelt werden können.

Meist befindet sich ein solcher Text am Rand oder unterhalb der eigentlichen Webseite. Oftmals zeigt der Browser daher auch einen Scrollbalken an. Bei dem Herunterscrollen zeigt sich aber nur eine leere Fläche. Ein kleiner Trick macht wenig gut versteckten Text selbst im Browser sichtbar. Durch das Markieren des gesamten Inhalts wird mit der Tastenkombination [Alt]+[A] auf PC-Systemen in allen Browsern der Text mit einem farbigen Rand umgeben und die eigentliche Textfarbe invertiert.

Sowohl der rechte als auch der untere Text sind in der normalen, nicht markierten Ansicht [98] im Browser nicht zu erkennen. Diese Seite erscheint trotz des offensichtlichen Spams auf Platz eins unter der Suchanfrage »webdesign trier« bei Google. Warum erkennt der Marktführer diese Täuschung nicht?

Wie Sie wissen, ist der Webcrawler von Google wie auch die überwiegende Anzahl anderer Webcrawler nicht in der Lage, Webseiten mit CSS korrekt zu interpretieren. Die CSS-Formatierung wird gänzlich außer Acht gelassen. Der untere Text in Abbildung 9.1 ist in HTML lediglich als `<h4>`-Überschrift formatiert.

```
<h4> Weitere Suchbegriffe für diese Seite: Webdesign Screendesign ↵
Webhosting Webpromotion... </h4>
```

In der externen CSS-Datei wird diesem Tag eine Formatierung wie einem Fließtext gegeben. Außerdem erhält es eine kleine Schriftart und eine annähernd weiße Farbe, sodass eine `<h4>`-Überschrift auf weißem Hintergrund für den Benutzer immer unsichtbar bleibt.

```
h4 {
   color:#F6F3F4;
```

```
    font-family:Arial;
    font-size:7pt;
    font-weight:normal;
    text-decoration:none;
    font-style:normal;
    margin:0
}
```

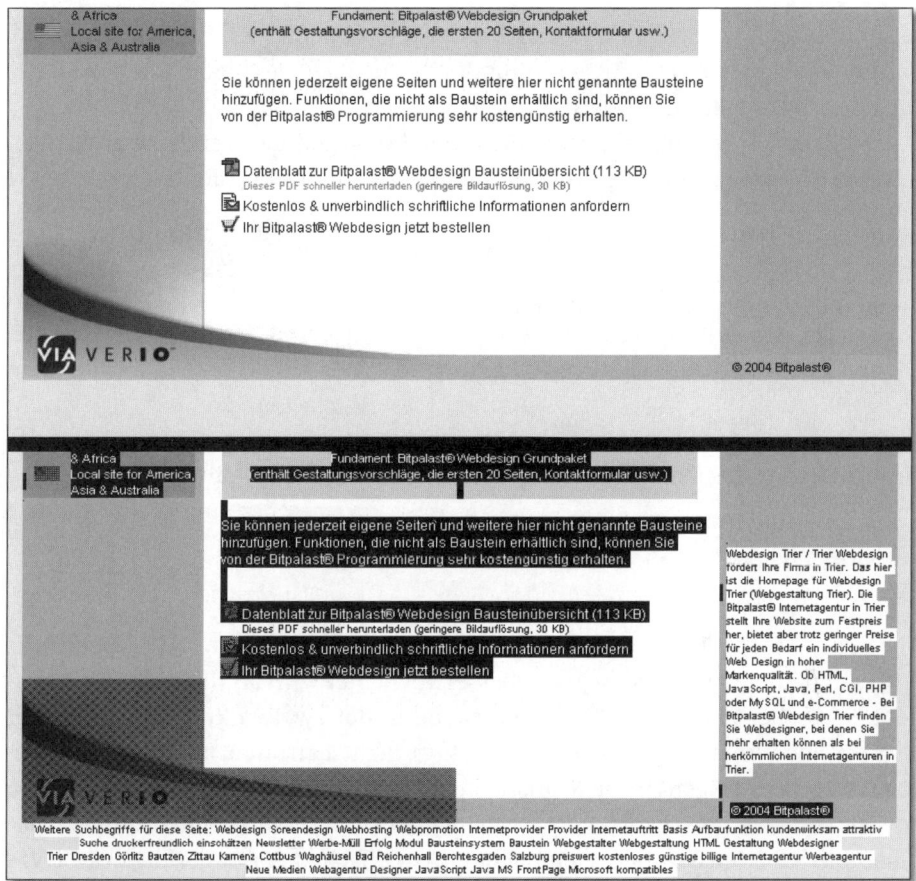

Abbildung 9.1 Entlarvter Spam-Versuch durch die invertierte Auswahl (vorher/nachher)

Der Einsatz von CSS läutet eine neue Generation des Text-Hidings ein. In den letzten fünf Jahren nahm die Zahl der auf diese Art optimierten Seiten ständig zu, ohne dass bislang eine nennenswerte Reaktion seitens der Suchmaschinen-Betreiber zu beobachten wäre. Daher erfreut sich diese Methode zur Optimierung stetiger Verbreitung und ist vor allem dann äußerst effektiv, wenn es um stark umkämpfte Begriffe geht.

Um eine Erkennung durch Suchmaschinen zu erschweren, sollte man beim Einsatz von Spam-Techniken, die auf der Anwendung von CSS basieren, immer mit einer externen CSS-Datei arbeiten. Außerdem kann diese Datei von der Indexierung über die Datei *robots.txt* ausgeschlossen werden. Damit ist der Zugriff auf die CSS-Datei natürlich generell immer noch möglich, allerdings kostet der Eintrag wenig Mühe und hilft vielleicht hier oder da, einen Spam-Versuch zu vertuschen.

Je komplexer die formatierte Struktur mithilfe von CSS ist, desto schwieriger wird eine algorithmische Auswertung durch die Suchmaschinen. Die Formatierung der `<h4>`-Überschrift weist offensichtlich eine geringe Komplexität aus. Der Vorteil liegt hier jedoch in der Verwendung des `<h4>`-Tags an sich. Denn Schlüsselwörter in Überschriften werden bekanntlich höher gewichtet.

Ein verschachteltes Konstrukt kann mit Hilfe eines allgemeinen Containers über das `<div>`-Tag noch besser versteckt werden. Die externe CSS-Datei beinhaltet unter anderem die folgenden Zeilen:

```
div {height: 3em; }
.text h1 {margin-top: 5em;}
#container {overflow: hidden;}
```

Der Ausschnitt aus der dazugehörigen HTML-Datei sähe dabei wie folgt aus:

```
<div id="container" class="text">
<h1>unsichtbare übschrift</h1>
</div>
```

Mit dieser Methode kann man sogar eine noch hochwertigere `<h1>`-Überschrift anwenden, die von Suchmaschinen besser gewichtet wird als die vorher verwendete `<h4>`-Überschrift. Durch die Vererbung in der zweiten Zeile der CSS-Datei werden anderweitig positionierte `<h1>`-Tags nicht betroffen und normal angezeigt. Neben der eigentlichen Struktur durch den Container sind die CSS-Befehle an sich komplex verschachtelt und erschweren somit eine automatisierte Erkennung durch Suchmaschinen. Denn neben der einfachen Formatierung des `<div>`-Tags in der ersten Zeile wird eine Klasse und schließlich auch eine ID definiert. Somit werden nahezu alle möglichen Definitionsarten von CSS benutzt.

Eine weitere Möglichkeit, Texte mit CSS zu verstecken, ist die Verwendung von *Layern*. Diese Ebenen können frei im und außerhalb des Dokuments positioniert werden. Dabei werden in der CSS-Formatierung die exakten Koordinaten angegeben:

```
.rahmen {
   position: ansolute;
```

```
    top: 16px;
    left: -1999px;
    width: 394px;
    height: 254px;
    visibility: visible;
}
```

Die letzte Definition lässt den Layer prinzipiell sichtbar erscheinen, wenn die Koordinaten innerhalb des sichtbaren Fensterbereichs definiert sind. Die Verwendung von `visibility: hidden` sollte vermieden werden, da dies von einem Parser zu einfach erkannt werden kann. Das dazugehörige Tag im HTML-Dokument definiert den Layer und beinhaltet die Schlüsselwörter:

```
<div class="rahmen">Segeln - Yacht Charter auf Elba ... </div>
```

Diese Methode hat den Vorteil, dass der HTML-Code zur Anzeige des Layers weit oben im Seitentext platziert werden kann. Da eine Anzeige in Browsern de facto nicht stattfindet, wird auch kein zusätzlicher Platz beansprucht. Es entsteht keine Lücke im sichtbaren Text wie bei den vorher beschriebenen Methoden.

Auf manchen Seiten wird diese Technik gar nicht zur Optimierung von Webseiten genutzt. Innerhalb des Layers wird eine Werbegrafik eingebettet, die dann über der eigentlichen Seite umherschwirrt. Dabei fliegt diese oftmals aus dem nicht sichtbaren Außenbereich ein, um den visuellen Effekt zu verstärken und so die Aufmerksamkeit auf sich zu lenken. Diese neue Form der Werbebanner-Darstellung soll der aufkommenden *Banner-Blindness* [99] entgegenwirken. Zahlreiche Studien belegen, dass Benutzer oftmals gar nicht mehr auf die Banner achten, da sich hier mittlerweile feste Größen und Positionen etabliert haben, an die sich die Benutzer gewöhnt haben und die daher bequem ausgeblendet werden können. Aus Sicht der Suchmaschinen-Optimierung ist dieses Phänomen sehr günstig. Denn eine Suchmaschine kann nicht ohne Weiteres entscheiden, ob ein außerhalb des sichtbaren Bereichs positionierter Layer mit Sicherheit ein Spam-Versuch ist oder für werbende oder anderweitige Zwecke benötigt wird.

Als Variation dieser Methode kann ein Layer innerhalb des sichtbaren Bereichs hinter einem größeren versteckt werden. Die Layer können mithilfe des sogenannten z-Index auf verschiedenen virtuellen Schichten übereinander gelegt werden. So können Schlüsselbegriffe beispielsweise hinter einer großen Grafik positioniert werden, die selbst in einem Layer eingebettet ist und sich eine Ebene höher befindet.

Sicherlich ist es nur eine Frage der Zeit, bis auch komplexe CSS-Techniken nicht mehr zum Text-Hiding genutzt werden können, weil die Suchmaschinen-Anbieter entsprechende Erkennungsmechanismen einsetzen. Dies kann allerdings noch einige Jahre dauern, und bis dahin wird CSS sicherlich ausgiebig von vielen Webautoren zur Optimierung genutzt werden.

9.3 Hidden-Links

Neben reinem Fließtext werden auch oftmals Verweise auf Seiten versteckt. Diese versteckten Links (Hidden-Links) sind für den Benutzer ebenfalls nicht sichtbar. Suchmaschinen interpretieren diese allerdings wie gewöhnlich mit dem übrigen HTML-Code. Daher spricht man auch in diesem Fall von Spam.

In seltenen Fällen bleiben dabei die Link-Texte ganz leer. Die Verweise müssen jedoch nicht tatsächlich unsichtbar sein, um als Spam zu gelten. Oft werden sie auch im Fließtext als Punkt eines Satzendes gesetzt.

```
[...] Apfelsaft ohne Zucker <a href="seite.html">.</a>
```

Ist er entsprechend mit CSS formatiert, würde man als Benutzer den Link als solchen gar nicht identifizieren können. Ein Punkt stellt außerdem eine recht minimale Klickfläche dar. Dieser wird ebenso wie ein Bindestrich oder sonstige Sonderzeichen bei der Datennormalisierung entfernt. Natürlich kann anstelle eines Sonderzeichens auch mit dem Phantom-Pixel gearbeitet werden, das im Zusammenhang mit der Onpage-Optimierung ausführlich behandelt wurde.

Der Einsatz von versteckten Links kann aus unterschiedlichen Motivationen herrühren. Zum einen finden sie oft dort regen Einsatz, wo eine Navigation nicht genügend geeignete Verweise zur Exploration der Website für den Webcrawler bereitzustellen vermag. Dies ist bekanntermaßen bei Java- und Flash-Navigationen der Fall. Andererseits wird über das Setzen der Hidden-Links der Versuch unternommen, die Link-Popularity zu manipulieren. In einigen Fällen wird dies mit dem Ziel untermauert, den Benutzer möglichst lange auf der eigenen Website zu halten. Denn die Verweildauer ist gerade im Zusammenhang mit der Click-Popularity eine wichtige Kenngröße. Offensichtliche Links, die vom Angebot wegführen, sind daher eher unerwünscht.

Allerdings sollte nach einer gelungenen Onpage-Optimierung im Allgemeinen die Anwendung von Hidden-Links ohnehin nicht mehr erforderlich sein. So kann eine nicht optimale Navigation wie schon erwähnt durch legitime Text-Links ergänzt werden. Ferner bedarf es bei interessanten Inhalten nach dem KAKADU-Prinzip auch keiner zusätzlichen Tricks, die Besucher künstlich länger auf einer Seite zu halten. Dies hätte aller Wahrscheinlichkeit nach ohnehin wenig Aussicht auf Erfolg.

Der einzige wirkliche Nutzen wäre demnach die Manipulation der Link-Popularity. Dabei kann man im Übrigen auch auf die Methoden mit CSS und den Layern zurückgreifen, die bereits beim Text-Hiding erwähnt wurden.

9.4 Meta-Spam

Eine plumpe Technik versucht, über die Meta-Informationen künstlich Einfluss auf ein höheres Ranking zu nehmen. Dabei stimmen die Meta-Angaben nicht mit dem tatsächlichen Inhalt der Webseite überein. Auf Seiten, an denen ernsthafte Optimierungsversuche stattfinden, ist diese Methode im Alltag allerdings nicht mehr anzutreffen.

Vor einigen Jahren war es jedoch regelrecht Mode, das Wort »Sex« im Meta-Tag `keywords` zu platzieren. Selbst auf Seiten seriöser Unternehmen, die keinen inhaltlichen Bezug zu dem Thema boten, konnte man dieses Phänomen beobachten. Der Hintergedanke bei diesem Verhalten ist, dass »Sex« als häufig gesuchtes Wort auch die Besucherströme auf die eigene Webpräsenz leiten könnte. Eine stiefmütterliche Nennung ohne inhaltlichen Bezug hat jedoch keine Aussicht auf Erfolg. Das mittlerweile selten gewordene Auftreten von Meta-Spam unterstreicht diese Feststellung.

Insbesondere bei derart hart umkämpften Begriffen ist es selbst mit einer sehr effektiven Optimierung schwer, unter die ersten zehn Treffer zu gelangen. Daher sollte man das Schwergewicht vornehmlich auf die Optimierung tatsächlich relevanter Schlüsselbegriffe legen.

Oftmals lassen sich falsche Meta-Informationen finden, die der Webautor unbeabsichtigt positioniert hat. Das tritt häufig dann auf, wenn eine Seitenvorlage mehrfach kopiert wurde und anschließend im Kopfbereich des neuen Dokuments keine Anpassungen getätigt wurden. Aus diesem Grund wird Meta-Spam von Suchmaschinen auch nicht mit besonders hohen Spam-Punkten gewertet. Vielmehr werden Schlüsselbegriffe nicht so hoch gewichtet, wenn sie ausschließlich im Kopf- oder Körperbereich eines Dokuments auftreten. Oder positiv ausgedrückt: Dokumente, in denen die Begriffe der Meta-Information zu dem Inhalt einer Seite passen, werden höher gewichtet.

Sie sollten es daher nicht versäumen, sich intensiv um die Onpage-Optimierung des Kopfbereichs eines jeden einzelnen Dokuments zu kümmern. Besonders wichtig ist die Kohärenz zwischen Titel, Meta-Tags und den Begriffen innerhalb des Dokumentkörpers. Ist die Diskrepanz zu hoch, passen die Meta-Informationen nicht zu dem Inhalt und dienen somit nicht ihrer ursprünglichen Funktion. Die Chance, dass es sich hierbei entweder um eine weniger sorgfältig gepflegte

Seite handelt oder gar ein beabsichtigter Täuschungsversuch vorliegt, ist relativ hoch. Wird dies von Suchmaschinen in Kombination mit anderen Spam-Verfahren – insbesondere zusammen mit dem Keyword-Stuffing – erkannt, führt dies mit hoher Wahrscheinlichkeit zu einer Abstrafung.

Außer dieser Form von Meta-Spam kann man am Rande auch die Weiterleitung mit dem Meta-Tag `refresh` zu diesem Bereich zählen. Dies wurde im Zusammenhang mit der Offpage-Optimierung im vorigen Abschnitt bereits erläutert.

9.5 Doorway-Pages

Eine *Doorway-Page* (»Brückenseite«) ist eine Webseite, die nur dazu erstellt wird, um ein spezifisches Schlüsselwort in den Ergebnislisten der Suchmaschinen gut zu platzieren und so Besucher anzulocken.

Das Ziel, eine »superoptimierte« Webseite zu schaffen, unterscheidet sich zunächst nicht von der Motivation, die eigentlichen Seiten des Angebots zu optimieren. Charakteristisch sind jedoch die isolierte Stellung außerhalb der Seitenstruktur und die Verknüpfung per Hyperlink oder eine automatische Weiterleitung, die auf die eigentliche Seite führt.

Google nahm Anfang 2006 die gesamten BMW-Seiten aus dem Index, weil das Unternehmen auf Doorway-Pages gesetzt hatte. Nachdem BMW den Spam entfernt hatte, wurden die Seiten wieder aufgenommen – was dank der Marke BMW sicherlich schneller ging als bei jedem kleineren Anbieter. Google hatte allerdings ein deutliches Zeichen gesetzt.

Abbildung 9.2 zeigt die Doorway-Page, die ausgezeichnet mit einer hohen Keyword-Dichte und Keyword-Häufigkeit auf »BMW Neuwagen« hin optimiert wurde. Ähnliche Seiten gab es für thematisch relevante Begriffe wie beispielsweise »BMW Gebrauchtwagen«. Die Besucher sahen diese Seite allerdings nicht, da jeder JavaScript fähige Browser sofort auf die eigentliche Seite (Abbildung 9.3) verwiesen wurde. Nur die Crawler von Suchmaschinen, die kein JavaScript verarbeiten, blieben auf der optimierten Seite.

Oftmals ist eine Doorway-Page etwas geschickter als Willkommen-Seite getarnt; der Benutzer muss erst durch einen Klick die eigentliche Seite aufrufen. Im Falle der Weiterleitungen bemerkt der Webnutzer das Vorhandensein einer Doorway-Page meist erst gar nicht. Dabei funktioniert die Weiterleitung über das Meta-Tag `redirect` oder via JavaScript. Der Einsatz dieser Techniken wurde bereits an anderer Stelle vorgestellt. Die dadurch entstehende Problematik trifft hier ebenso zu.

3er BMW 3er BMW - Fahrspaß pur!	**BMW Neuwagen**
Autohaus BMW Sie suchen ein BMW Autohaus?	Sie suchen einen BMW Neuwagen? Unsere Suche nach BMW Händlern in Ihrer Nähe bietet schnellen Zugriff auf BMW-Autohäuser in Ihrer Nähe, wo Sie sich die BMW Neuwagen in aller Ruhe und Ausführlichkeit ansehen können. BMW Neuwagen - Sie erhalten von uns Adresse, Telefon und Website der BMW-Händler in Ihrer Nähe. Suchen Sie über Postleitzahl, Stadt oder Name des BMW-Partners. BMW Neuwagen - In jeder Abteilung unserer BMW Niederlassung arbeiten Fachleute für Sie. Unsere Mitarbeiter werden durch intensive Schulungen der BMW AG immer auf dem aktuellen Stand des Wissens gehalten. BMW Neuwagen - Mit diesem Know-how erarbeiten sie garantiert immer die Lösung, die sich am besten an Ihre Bedürfnisse anpasst. In einem unserer vielen Autohäuser in ganz Deutschland können Sie sich rasch und unproblematisch für eine Probefahrt in Ihrem Lieblings-BMW Neuwagen anmelden. Egal, worum es geht: um die Absprache eines Service-Termins, eine Reparatur oder die Finanzierung Ihres Neuen oder Ihres neuen Gebrauchten. BMW Neuwagen - Sympathisch und kompetent. Unser Team ist immer im Einsatz für Sie. Bei uns ist immer was los! Langeweile kommt in unserer Niederlassung nicht auf. Hier finden Sie Informationen zum Thema: BMW Neuwagen gesucht?.
Behörde Fahrzeuge Anschaffung Fahrzeugverkauf an Behörden	
Behörde Fahrzeuge Beschaffung Fahrzeugbeschaffung für Behörden bei BMW	
Beschaffung Fahrzeuge Behörde Beschaffung von Behördenfahrzeugen bei BMW	
Blaulichtfahrzeuge BMW Für Polizei, Notarzt und Feuerwehr - Blaulichtfahrzeuge von BMW	
Blaulichtfahrzeug Notarzt Schnell am Einsatzort - mit einem Notarztwagen von BMW	
BMW 316 Informationen zum BMW 316	
BMW 318 Informationen zum BMW 318	**Ein BMW Neuwagen gesucht?**
BMW 318i BMW 318i - Design und Fahrkultur	BMW Neuwagen - Regelmäßig bieten wir Ihnen neue Angebote, bringen Ihnen Aktuelles über die neuesten BMW Modelle nahe und organisieren Veranstaltungen aller Art. Bei uns werden Sie gut informiert und gut unterhalten. BMW Neuwagen - Egal, welche Frage Sie an unsere Profis haben: in unseren Filialen sind Sie als unser Kunde oder als neugieriger Interessent immer herzlich willkommen. BMW Neuwagen - Wenn Ihnen das BMW-Portal im Internet Appetit gemacht hat, besuchen Sie doch einmal eine Niederlassung ganz in Ihrer Nähe - hier können Sie unseren Mitarbeitern Löcher in den Bauch fragen. BMW Neuwagen - Haben Sie Interesse an einer Probefahrt in Ihrem Wunsch-BMW? Kein Problem! Bei unseren Niederlassungen können Sie sich jederzeit für eine Probefahrt in einem unserer Automobile anmelden. In unseren Niederlassungen bekommen Sie einen Vorgeschmack auf die Freude am Fahren. BMW Neuwagen - Der Hol- und Bring-Service. Nutzen Sie die Flexibilität Ihres BMW Partners. So verlieren Sie keine unnötige Zeit. Viele BMW Autohäuser führen nicht nur die Wartungs- und Reparaturarbeiten an Ihrem BMW fachgerecht aus. Sie holen das Fahrzeug auch direkt bei Ihnen zu Hause oder im Büro ab und bringen es Ihnen nach Beendigung der Arbeiten wieder zurück. Ihr neues Auto - ein BMW.
BMW 320 Probefahrt mit einem BMW 320?	
BMW 330 Faszination BMW 330	
BMW 3er BMW 3er Editionen	
BMW 5er BMW 5er Serie	
BMW 6er Das BMW 6er Coupé	
BMW Ausbildung Stellenangebote bei BMW	
BMW Autohändler BMW Autohändler Adressen	
BMW Autohaus BMW Autohaus finden	BMW Neuwagen - Fragen Sie Ihren BMW Partner, welchen Service er Ihnen anbieten kann, damit Sie möglichst lang mit Ihrem BMW Neuwagen Freude haben. Sollten Ihre Arbeitszeiten trotz erweiterter Öffnungszeiten bei Ihrem BMW
BMW Felgen BMW Zubehör Felgen	

Abbildung 9.2 Ehemalige Doorway-Page von BMW

Meist sind Doorway-Pages nicht auf mehrere Schlüsselwörter optimiert, sondern konzentrieren sich auf ein einziges. Die gesamte Struktur sowie der Inhalt der Seite werden dabei unter alleiniger Berücksichtigung aller manipulierbaren Ranking-Kriterien optimiert. Um dies noch effektiver zu gestalten, findet die Optimierung dabei häufig speziell für die Anforderungen einer einzigen Suchmaschine statt. Durch diese Ausrichtung wird gänzlich auf Layout verzichtet. So erhält die Webseite unter Einsatz der drei elementaren Optimierungsverfahren der Keyword-Häufigkeit, der Keyword-Dichte und der Keyword-Prominenz ein typisches Aussehen aus reinem Text, das sich im Allgemeinen nicht in Einklang mit dem Standardlayout der eigentlichen Website bringen lässt.

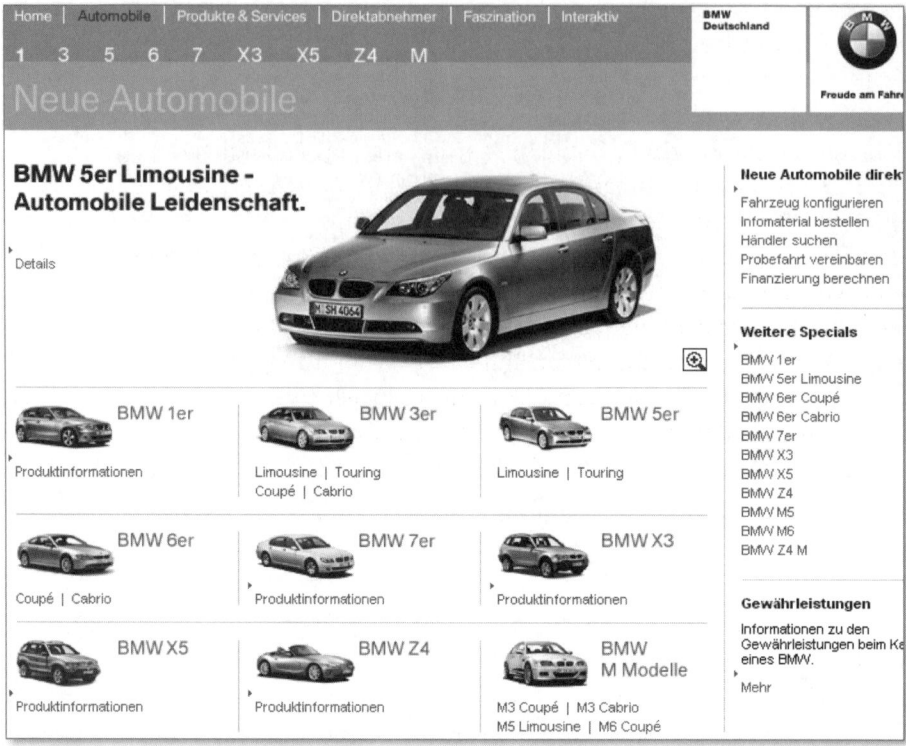

Abbildung 9.3 Eigentliche Seite, auf die per JavaScript weitergeleitet wurde

Das macht nicht nur inhaltlich, sondern vor allem auch optisch sehr deutlich, dass Doorway-Pages nicht für die Benutzer, sondern lediglich für Suchmaschinen veröffentlicht werden. Ein klarer Fall, dass die Suchdienste diese Form von Optimierungsversuch als Täuschung und damit als Spam werten.

Daran ändern auch die vielen anderen Namen nichts, die sich pfiffige Geschäftsmenschen ausgedacht haben, um Kunden ihre Doorway-Praktiken zu verkaufen. So taucht diese Technik im Web auch unter der Bezeichnung *Gateway-*, *Ghost-*, *Pointer-*, *Entry-*, *Jump-*, *Supplemental-* oder *Information-Page* auf.

Dieser üppige Wald an Bezeichnungen weist deutlich darauf hin, dass die Technik sich reger Beliebtheit erfreute. Vor einigen Jahren galten Doorway-Pages als die magische Lösung zur Website-Optimierung schlechthin. Und bei korrekter Anwendung waren sie tatsächlich eine Garantie für ein gutes Ranking – damals. Denn wie so oft wurde auch dieses Optimierungsverfahren maßlos überbeansprucht. So fand man nicht selten Webpräsenzen, die mehr Doorway-Pages als eigentliche Inhaltsseiten besaßen.

Heutige Doorway-Pages unterscheiden sich gezwungenermaßen stark von den früheren Vorgängern. Einst waren sie für einen Betrachter absolut unbrauchbar, weil sie mit einer endlosen Aneinanderreihung von Schlüsselwörtern vollgestopft waren. Vor allem das härtere Vorgehen gegen das Keyword-Stuffing zwang Webautoren zur Reaktion. Heute wird daher stattdessen häufig von *Information-Pages* gesprochen. Die Inhalte sind nach wie vor überwiegend in einfacher Form innerhalb des HTML-Codes als Text ohne Gestaltung vorzufinden. Durch die differenzierten Ranking-Algorithmen mussten Webautoren jedoch semantisch korrekte Satzstrukturen sowie eine typografische Ordnung mit Überschriften, Absätzen und Hervorhebungen einbinden. Diese Gestaltung kommt einer Inhalt tragenden Webseite schon näher und ist für Webnutzer gelegentlich tatsächlich nutzbar. Durch den Einsatz von CSS kann zusätzlich eine ansprechende Optik erzielt werden, sodass neben dem Begriff der Information-Page auch die Bezeichnungen *Affiliate-*, *Advertising-* oder *Marketing-Pages* genutzt werden.

Im Grunde handelt es sich jedoch hierbei immer noch um eine Doorway-Page, auch wenn die Namen noch so verheißungsvoll klingen mögen. Als Webautor sollte man hier sorgsame Obacht walten lassen. Viele käufliche Optimierungsprogramme basieren auf der Erstellung von Doorway-Pages. Dabei gehen solche Produkte immer nach dem gleichen Schema vor. Man gibt die Stichwörter ein, und nach einem vorgefertigten Ablauf wird daraus eine HTML-Seite mit einer Weiterleitung generiert. In manchen Agenturen wird diese »Optimierung« teuer verkauft. Nicht selten werden dabei noch alte Programmversionen eingesetzt, die nicht einmal annähernd den aktuellen Ansprüchen der Suchmaschinen an gute Seiten entsprechen. Der Kunde wird bei einem ausbleibenden Erfolg vertröstet, die Suchmaschinen bräuchten Zeit, bis sie eine Website erfasst hätten. Nach einigen Wochen lässt der versprochene Erfolg immer noch auf sich warten. Der Kunde sieht in der Regel jedoch mittlerweile das Webprojekt für abgeschlossen an. Die Website funktioniert ja, und das tägliche Geschäft beansprucht die Aufmerksamkeit für zahllose andere Dinge.

Eine wirklich gewinnbringende Doorway-Page muss demnach von Hand programmiert werden, und die Inhalte müssen mit möglichst aktuellen und besten Mitteln optimiert werden. Letztendlich hält eine solche Seite nur dann der Behauptung, eine Information-Page zu sein, stand, wenn selbst die Prüfung durch einen Mitarbeiter eines Webkatalogs keinen anderen Schluss zulässt. Alles andere wird bei einem effektiven Einsatz von Optimierungstechniken mit hoher Wahrscheinlichkeit als Spam gewertet und erst gar nicht indexiert. Und schlimmer noch: Werden Doorway-Pages als solche erkannt, entfernen einige Suchdienste zusätzlich die dort verlinkte Seite aus dem Datenbestand.

Eine sorgfältig geplante Website, die alle vorgestellten Optimierungsprozesse und -faktoren mit einschließt, macht ohnehin den Einsatz von Doorway-Pages überflüssig. Denn in diesem Fall sollten alle Seiten bereits so ausgerichtet sein, dass eine ebenso effektive Optimierung direkt auf den eigentlichen Seiten möglich ist und keine Doorway-Pages rein für die Suchmaschinen benötigt werden. Der Aufwand ist unter dieser Voraussetzung der gleiche. Weshalb daher nicht direkt die eigentliche Website optimieren? Zumal besitzt diese unter Berücksichtigung der hypertextuellen Ranking-Verfahren einen entscheidenden Vorteil. Die eingehenden Links sorgen für eine entsprechende Link-Popularity. Reine Doorway-Pages oder selbst Information-Pages besitzen in der Regel kaum eingehende Links, und somit fehlt diesen ein wichtiger Faktor für ein gutes Ranking.

Der Einsatz einer Doorway-Page ist daher überhaupt nur dort angebracht, wo die eigentliche Seite nicht optimierungsfähig ist, sei es, da bereits bestehende Seiten aus Kosten- oder Zeitgründen nicht suchmaschinenfreundlich umgestaltet werden können oder weil entsprechende Möglichkeiten oder Inhalte zur Optimierung nicht gegeben sind. Dies kann beispielsweise bei Bildergalerien oder Ähnlichem der Fall sein. Dabei gilt auch für Doorway- oder Information-Pages die Bedingung, dass nur durch das konsequente Anwenden aller zur Verfügung stehenden Optimierungsmöglichkeiten ein gutes Ranking erzielt werden kann.

Hier besteht aber nach wie vor das Problem, dass solche Doorway-Pages in der Regel nicht innerhalb der Site-Struktur verlinkt sind und somit nicht zur Indexierung kommen. Häufig wird hier versucht, über sogenannte *Hallway-Pages* Abhilfe zu schaffen. Diese Seiten dienen der Verlinkung von Doorway-Pages und sorgen somit dafür, dass Webcrawler die Doorway-Pages überhaupt finden können. Für die notwendige Link-Popularity werden oftmals Verweise von Satelliten-Domains genutzt.

9.6 Cloaking

Häufig wird eine ähnliche Form des Spams mit der Anwendung von Doorway-Pages gleichgesetzt. Tatsächlich ist das Ziel ein ähnliches, die Technik unterscheidet sich jedoch gravierend. Unter *Cloaking* (»Verhüllen«) versteht man die bedingte Präsentation einer Seite in Abhängigkeit vom anfragenden Client. Konkret bedeutet Cloaking, dass einem Webcrawler beim Besuch eines URL eine andere Seite vom Webserver zur Verfügung gestellt wird als einem Benutzer, der das HTTP-Request über einen üblichen Browser versendet.

Die Erkennung des Besuchers geschieht meist im Kopf der »echten« Seite durch ein Script. Dazu wird beim Cloaking auf die Browserkennung zurückgegriffen, die bei einem HTTP-Request mit übermittelt wird.

```
User-Agent: Googlebot/2.1 (+http://www.google.com/bot.html)
User-Agent: Mozilla/5.0 (Windows; U; Windows NT 5.1; ↩
de-DE; rv:1.7.5) Gecko/20041108 Firefox/1.0
```

Die erste Zeile wird demnach an den Webserver übermittelt, falls der Webcrawler von Google einen URL anfordert. Die zweite Zeile wird von dem Browser Firefox geliefert. Dabei ist es unerheblich, welche zusätzlichen Informationen, wie beispielsweise die Programmversion, das Betriebssystem oder Ähnliches, zusätzlich mitgeliefert werden. Entscheidend ist vor allem der Eigenname.

Dem Script zur Untersuchung der User-Agents sind die verschiedenen Eigennamen bekannt. Jede Anfrage an einen URL wird serverseitig dieser Erkennung unterzogen. Handelt es sich um einen Menschen, bekommt dieser die eigentliche Seite angezeigt. Wird jedoch über die Zeile im HTTP-Request der Webcrawler einer Suchmaschine identifiziert, so kann das Script das Senden einer anderen Seite veranlassen. Dem Webcrawler wird auf die Weise vorgegaukelt, bei dem übermittelten Dokument handele es sich um die Ressource des angefragten URL. Da jeder Webcrawler sich durch seine eindeutige Kennung nicht nur von den Browsern, sondern auch von seinen Kollegen unterscheidet, kann jeweils eine eigens optimierte Seite für die entsprechende Suchmaschine geliefert werden. Diese optimierte Seite kann natürlich wie eine Doorway-Page gestaltet werden – im Prinzip sogar noch unabhängiger, da ein Besucher diese Seite nicht einmal mehr als Zwischenstation angezeigt bekommt. Hier ist erneut der Tatbestand des Spams erfüllt: Mensch und Maschine erhalten völlig unterschiedliche Webseiten.

Das kann im Extremfall dazu führen, dass eine Seite für Suchmaschinen mit ganz anderen Schlüsselwörtern optimiert wurde als die eigentliche Seite. Der Webnutzer wundert sich über die Suchmaschine und darüber, wie ein solches Ergebnis zu Stande kommen kann. Hinweise auf das Cloaking liefert in der Regel die Cache-Funktion der Suchdienste. Vergleicht man die Kopie der Webseite im Cache – die der Sichtweise des Webcrawlers entspricht – mit der Ansicht des heimischen Browsers, kann man im Falle des Cloakings meist deutliche Unterschiede erkennen.

Von dem Suchmaschinen-Betreiber Google ist bekannt, dass ein Webcrawler mit der Kennung des Mozilla-Browsers Seiten besucht, um eventuelles Cloaking festzustellen. Dabei wird die Webseite des Crawlers mit Mozilla-Kennung mit der normalen Googlebot-Kennung verglichen. Handelt es sich hierbei um zwei deutlich unterschiedliche Webseiten, liegt ein ernsthafter Verdacht für einen Spam-Versuch vor.

Dabei wird dieses Spam-Verfahren häufig mit dem Einsatz von Browser-Weichen in Verbindung gebracht. Leider stellen die Browser unterschiedlicher Hersteller gleiche Webseiten immer noch unterschiedlich dar, falls bestimmte HTML-Codierungen auftreten. Um diesem Dilemma aus dem Wege zu gehen, werden manchmal parallel verschiedene Versionen einer Website programmiert. Dabei ist jede Version eigens für die Darstellung innerhalb eines bestimmten Browsertyps ausgelegt. Um unbedarften Webnutzern die Entscheidung abzunehmen, mit welchem Browser sie im World Wide Web unterwegs sind, wird hier ebenfalls ein Script zur Erkennung des User-Agents eingesetzt. Dieses Vorgehen ist aus Sicht der Usability durchaus löblich und wird auch nicht als Täuschungsversuch gewertet. Denn die Webcrawler würden in beiden Bereichen nahezu die gleichen Informationen nach einer Datennormalisierung erhalten. Die Unterschiede zwischen den parallelen Versionen liegen lediglich in den spezifischen Programmieranforderungen der einzelnen Browser, und diese liegen oftmals nur marginal in einzelnen HTML-Attributen oder HTML-Verschachtelungen. Der Inhalt bleibt in beiden Fassungen jedoch der gleiche – ganz im Gegensatz zum Cloaking.

Natürlich ist den Suchmaschinen-Betreibern diese Methode nicht unbekannt und gleichsam ein Dorn im Auge. Denn geschickter kann das Vorgaukeln falscher Inhalte, das zu einer erheblichen Verminderung der Precision führt, fast nicht mehr geschehen. Aus diesem Grund setzen die Suchmaschinen besondere Webcrawler zur Überprüfung bereits erfasster Dokumente ein. Diese sind sozusagen inkognito, denn sie täuschen dem Webserver und somit dem Script durch einen veränderten Eintrag des User-Agents innerhalb des HTTP-Requests vor, ein ganz anderer User-Agent zu sein. Dazu wird die Kennung eines normalen Browsers genutzt. Diese sind hinlänglich bekannt.

Als Reaktion entwickelte das Lager der Webautoren eine erweiterte Form des Cloakings. Es galt, eine Erkennung der Webcrawler unabhängig von der User-Agent-Zeile einzusetzen. Das sogenannte *IP-Delivering* basiert demnach nicht mehr auf der Erkennung über den User-Agent, sondern baut auf die nicht unmittelbar zu manipulierende IP-Adresse, die bei jedem HTTP-Request ebenfalls mitgeliefert wird.

Zur Unterscheidung zwischen Webcrawlern und Webnutzern wird dabei nicht jeweils eine einzelne IP-Adresse genutzt, sondern ein ganzer IP-Adressbereich (Range). Denn besonders bei großen Suchdiensten beherbergt eine Vielzahl von Servern mehrere einzelne Webcrawler. Der Googlebot besitzt beispielsweise den IP-Bereich 216.239.46.255, wobei der letzte Block (255) stellvertretend für die Werte 1 bis 254 steht. So hat ein Googlebot beispielsweise die IP-Adresse 216.239.46.4, ein anderer 216.239.46.212 und so weiter. Diese Angaben beziehen sich auf den Haupt-Webcrawler von Google. Ein spezieller Robot, der sogenannte Fresh-Crawler von Google, ist für die Neuerfassung von Webseiten zuständig und besitzt die IP-Range 64.68.82.255. Entsprechend aktuelle Listen der IP-Adressen zum Einbinden in Scripts finden Sie in diversen Online-Foren oder auf einschlägigen Websites. Daneben wird man dort auch fündig, wenn man entsprechende Cloaking- bzw. IP-Delivering-Scripts sucht.

Die IP-Adressen ändern sich gelegentlich, da einige wegfallen und neue hinzukommen. Es ist auch nicht auszuschließen, dass Server mit »geheimen« IP-Adressen eingesetzt werden, um von dort aus die Überprüfungen mittels Webcrawler durchzuführen. In diesem Fall würde auch das IP-Delivering als Spam-Versuch enttarnt werden, wenn der echte Webcrawler eine andere Seite erhalten hat als der Inkognito-Webcrawler.

Um jedoch die durchaus begrüßenswerten Browser-Weichen nicht zu benachteiligen, messen die Suchmaschinen den Seiteninhalten beim Auffinden zweier unterschiedlicher Versionen eine gewisse Toleranz bei, sodass hier ein Freiraum zugunsten der Webautoren besteht, der auch diese Form von Spam in gewissen Grenzen zulässt.

9.7 Bait-And-Switch

Oftmals lässt sich nicht erkennen, weshalb eine Webseite eine Top-Position innehat. Ein Unterschied zwischen der Cache-Version der Suchmaschine und der tatsächlichen Seite kann dabei auf Cloaking oder IP-Delivering hinweisen. Jedoch ist es durchaus möglich, dass ein Webautor seit dem letzten Besuch des Webcrawlers seine Seiten modifiziert hat und daher gewisse Indifferenzen entstehen. In der Regel fallen diese Änderungen jedoch nicht gravierend aus, und insbesondere die Verwendung der optimierten Schlüsselwörter bleibt erhalten.

Das komplette Austauschen einer Seite kann jedoch zu einem strategisch günstigen Zeitpunkt gezielt zur Manipulation eingesetzt werden. Die Methode *Bait-And-Switch* (»Ködern und Ändern«) läuft dabei in zwei Schritten ab. Zunächst wird eine sehr gut optimierte Seite angeboten und bei den Suchmaschinen angemeldet. Nach der Aufnahme dieser Seite in den Suchmaschinen-Index wird eine andere Seite unter dem URL platziert. Diese ist oft völlig anders gestaltet und nicht optimiert. Daher wird diese Methode oftmals auch als *Page-Swapping* bezeichnet.

Meist wird Bait-And-Switch eingesetzt, um Flash-Seiten oder ähnliche Medientypen zu verwenden, die normalerweise kein vergleichbar hohes Ranking erzielen würden wie eine rein textbasierte Webseite. Diese Methode eignet sich vorwiegend nur bei solchen Suchmaschinen, die eine niedrige Wiederbesuchsfrequenz besitzen. Denn ansonsten würde kurz nach Umstellung der Seite der Webcrawler erneut zurückkehren, um eventuelle Veränderungen zu erfassen. In diesem Fall verschwände der Effekt der ersten optimierten Seite logischerweise, weil stattdessen die Daten der neuen, eigentlichen Seite in dem Index erfasst werden.

Aus diesem Grund wird diese Methode nicht oft benutzt. Sie eignet sich jedoch insbesondere für kurzfristige Promotion-Aktionen. Die Markteinführung von Trend-Produkten wird mittlerweile meistens von umfangreichen Flash-Animationen auch im Web unterstützt. Um neben der Offline-Werbung entsprechende Besucherströme über die Suchmaschinen zu gewinnen, kann Bait-And-Switch durchaus eingesetzt werden.

Prinzipiell handelt es sich hierbei natürlich auch um Spam, da es offensichtlich ein Täuschungsversuch ist. Allerdings kann keine Suchmaschine zwischen einem regulären Seiten-Update und dem Wechsel bei Bait-And-Switch unterscheiden. Daher ist eine Abstrafung, abgesehen von Randfaktoren wie dem Auftreten von Keyword-Stuffing oder der manuellen Spam-Meldung seitens der Benutzer, sehr unwahrscheinlich.

9.8 Domain-Dubletten

Suchmaschinen sind bemüht, den Datenbestand möglichst gering zu halten, aber dennoch möglichst viele Ressourcen zu erfassen. Daher müssen Doppelungen jeglicher Art erkannt und ausgeschlossen werden. Denn diese bedeuten keinen Mehrwert an Information.

Die Riege der Webautoren steht dem in gewissen Punkten entgegen. Bedenkt man, dass die Schlüsselwörter innerhalb der Domain je nach Suchdienst das Zünglein an der Waage bedeuten können, liegt die Wahl mehrerer Domains nahe. Oft geht dieser Entschluss mit der Entscheidung einher, die identische Website auf mehreren Domains abzubilden.

Diese sogenannten *Spiegelseiten* (*Mirror-Pages* bzw. *Mirror-Sites*) sollen ferner bewirken, dass mehrere Einträge in der Ergebnisliste angezeigt werden. Denn viele Suchmaschinen beachten bei der Auswahl der angezeigten Ergebnisse nicht nur das Ranking, sondern auch die bisher genannte Anzahl Seiten innerhalb einer Domain. So zeigt Google beispielsweise oftmals nur zwei Ergebnisse einer Domain an, selbst wenn auch andere Dokumente innerhalb dieser Webpräsenz relevant wären. Diese Ergebnisse sind dann eingerückt.

Auf diese Weise soll ein breiteres Spektrum an Webseiten zur Verfügung gestellt werden. Viele Webautoren und Firmen umgehen dies, indem Spiegelseiten unter anderen, jeweils verschiedenen Domains angelegt werden. Dabei wird dieses Verhalten aus dem Lager der Suchmaschinen-Anbieter missbilligt, da sie den Datenbestand und die Systemressourcen möglichst effizient verwalten möchten. Streng genommen handelt es sich hierbei nicht um Spam. Bei der Entdeckung einer Dublette wird jedoch nur eine Ausführung beibehalten und die andere restlos aus dem Index entfernt.

> **mindshape**: medienagentur, webdesign in trier und freiburg ...
> Die Medienagentur '**mindshape**' in Freiburg und Trier ist im Bereich Webentwicklung, **Suchmaschinen-Optimierung**, Webdesign und Beratung tätig.
> www.**mindshape**.de/ - 22k - 24. Febr. 2006 - Im Cache - Ähnliche Seiten
>
>   **mindshape**: Suchmaschinen-Optimierung
>   Das Buch "**Suchmaschinen-Optimierung** für Webentwickler' ist im März 2005 im Galileo-
>   Press-Verlag erschienen. Eine Leseprobe (1.19 MB) mit 66 ausgewählten ...
>   www.**mindshape**.de/kompetenzen/ optimierung/suchmaschinen.html - 10k -
>   Im Cache - Ähnliche Seiten
> [Weitere Ergebnisse von www.mindshape.de]

Abbildung 9.4 Eingerückte Ergebnisse in der Ergebnisliste bei Google

Zur Erkennung einer Dublette werden die Check-Summen zweier Dokumente miteinander verglichen. Weichen diese nicht ab, handelt es sich um das identische Dokument. Da sich beim Abändern eines Zeichens – was für einen Webautor eine Leichtigkeit ist – die Check-Summe bereits verändert, wird das Verfahren auf spezielle Bereiche angewendet. So können die Check-Summen des Titels, Meta-Informationen oder bestimmte Textpassagen einzeln untersucht werden. Stimmen Position und Inhalt überall miteinander überein, liegt eine Doppelung vor.

Nun entfernt kein Suchdienst eine gesamte Domain aufgrund einer einzelnen Dokumentdoppelung. Daher wird ein repräsentativer Anteil der beiden Websites miteinander verglichen. Sofern es genügend Anzeichen gibt, dass es sich bei einer Webpräsenz um eine Mirror-Site handelt, kann diese entfernt werden. Dabei wird in der Regel die zuletzt erfasste Website entfernt. Das genaue Prozedere bei einer Dubletten-Erkennung unterscheidet sich jedoch von Suchdienst zu Suchdienst gravierend.

Sollten Sie sich für mehrere Domains entschieden haben, müssen Sie mögliche gemeinsame Erkennungsmerkmale vermeiden. Dies betrifft insbesondere die Seitenstruktur. Ändern Sie, falls möglich, die Verzeichnis- und Dateinamen. Außerdem sollte man in jedem Dokument der zweiten Seite andere Meta-Informationen bereitstellen. Dies betrifft insbesondere den Titel und die Meta-Tags `description` und `keywords`. Die Seiteninhalte sollten möglichst ebenso leicht variiert werden. Hier können durchaus bereits vorgestellte Mittel zum Text-Hiding eingesetzt werden. Bei dieser Gelegenheit kann ein Dokument auf andere Schlüsselwörter, passend zur Domain, hin optimiert werden.

Eine weiterführende Technik zur Erkennung von Dubletten setzt auf den Vergleich der IP-Adressen. Ist die IP-Adresse von zwei verschiedenen Domains gleich, so befinden sich beide Webpräsenzen auf dem gleichen Webserver. Die Wahrscheinlichkeit, dass diese unter dem Einfluss desselben Webautors stehen, ist sehr groß. Falls möglich, sollte man daher die Spiegel-Website auf einen anderen Webserver mit einer unterschiedlichen IP-Adresse verlagern, insbesondere sollte sich die IP-Adresse in dem dritten Zahlenblock (Class-C) unterscheiden. Ferner hat sich der Einsatz einer anderen TLD als zuträglich erwiesen.

Die gesamte Problematik betrifft natürlich nur zwei oder mehrere unabhängige Webpräsenzen. Falls mehrere Domains angelegt werden, um lediglich auf eine einzige Website zu verweisen, fallen die Änderungen aus. In diesem Fall ist die Handhabung je nach Suchdienst verschieden. Viele Anbieter erfassen mittlerweile eine gewisse Anzahl an verweisenden Domains als Alias-Domains. Das diesbezüglich teilweise variierende Verhalten lässt darauf schließen, dass beispielsweise die Popularität einer Website über die Link-Popularity einen Einfluss auf die Toleranzgrenze der Suchmaschine besitzt.

Sollten Sie mehrere Domainnamen besitzen, beispielsweise *www.lisapertagnol.de* und *www.lisa-pertagnol.de*, um möglichst bei allen Eingaben gefunden zu werden, so bestimmen Sie eine Domain als Haupt-Domain und verweisen von allen anderen Domains mit einem 301-Redirect auf diese. Dann haben Sie das sogenannte DC-Problem (Double-Content) für die Suchmaschinen optimal gelöst.

9.9 Page-Jacking

Um Besucherströme auf der eigene Website zu generieren, muss man nicht zwingend in den Top-Positionen sein – vorausgesetzt man besitzt ein gewisses Maß an krimineller Energie. Denn *Page-Jacking* wird nicht nur als Spam gewertet, sondern ist auch strafbar.

Dabei wird versucht, die Besucher einer Konkurrenz-Website auf die eigene zu lotsen. Insbesondere bei vorhandenen Sicherheitslücken in Content-Management-Systemen ist es für einen Eindringling ein Leichtes, eine Browser-Umleitung zu positionieren. Nicht selten findet man beispielsweise Installationen frei verfügbarer Content-Management-Systeme, bei denen das Standardpasswort nicht geändert wurde und so der freie Zugang gewährt ist.

Eine wesentlich beliebtere Form des Page-Jackings setzt dabei nicht auf das Umleiten von Besucherströmen, sondern auf das Entfernen der Konkurrenzseite aus dem Suchmaschinen-Index. Wie kann dies erreicht werden?

Die Idee basiert auf der Tatsache, dass Suchmaschinen versuchen, Doppelungen im Index zu vermeiden und daher Dubletten entfernen. Da der HTML-Code für jedermann offensichtlich ist, kann eine sehr gut positionierte Website der Konkurrenz ohne Weiteres von Neidern kopiert werden. Ein Page-Jacker dupliziert daher die fremde Website vollständig auf seine eigenen Webpräsenz. Zusätzlich legt er auf dieser einen 302-Redirect an. Den Suchmaschinen wird so vorgegaukelt, dass es sich um eine temporäre Umleitung von der Page-Jacking-Website zur Konkurrenz handele.

Durch den identischen Inhalt und den Redirect macht das gesamte Konstrukt den Eindruck, als wäre die Website des Page-Jackers die neue Webpräsenz der Konkurrenz, die jedoch derzeit noch in Arbeit ist, weswegen die »alte« vorübergehend noch Gültigkeit besitzt. Dies trifft natürlich nicht zu, jedoch hält die Website aufgrund des identischen Inhalts sämtlichen Prüfungskriterien stand. Im Sinne der Dubletten-Vermeidung werden die alten Einträge der URL-Datenbank auf die neuen des Page-Jackers umgeschrieben. Denn es handelt sich hier lediglich um eine temporäre Umleitung, die erwartungsgemäß bald aufgelöst wird. Somit ist die Entführung erfolgreich, denn die Einträge in der Suchmaschinen-Datenbank sind verändert worden. Der Page-Jacker kann nun die eigentlichen Inhalte auf seine Website stellen.

Dies ist eine Variante des Page-Jackings. Neben dieser gibt es weitere Varianten, die mit dem Kopieren von Seiten und Umleiten arbeiten. Dabei wird auch die Link-Popularity der betroffenen Website enorm negativ beeinflusst.

Die eigentlichen Seiten des Page-Jackers sollen meist auch während der Umleitungsphase für Besucher sichtbar sein und nicht die kopierten Seiten der Konkurrenz. Um dieses Problem zu lösen, wird zusätzlich auf Cloaking oder IP-Delivering zurückgegriffen. Der 302-Redirect gilt demnach nur für Suchmaschinen, und auch die kopierten Seiten werden nur den Webcrawlern angezeigt.

9.10 Blog- und Gästebuch-Spam

Um möglichst schnell eingehende Links zu bekommen, wandern zahlreiche Webautoren von Website zu Website auf der Suche nach Gästebüchern und Weblogs. Beide Typen erlauben Besuchern das Hinterlassen von Nachrichten, in Form von Kommentaren, Grüßen oder Ähnlichem. Beim Blog- oder Gästebuch-Spam ist die primäre Absicht allerdings nicht, sich an einer Diskussion zu beteiligen oder Grüße zu hinterlassen, sondern einen Inbound-Link auf die eigene Website zu generieren.

Die Etablierung einiger weniger Gästebuch- und Weblog-Tools hat zu einer gewissen Vereinheitlichung beigetragen. Allerdings öffnete dies auch findigen Spammern Tür und Tor für den Einsatz automatischer Scripte, die das Web nach Möglichkeiten durchsuchten, vorgefertigte Einträge zu platzieren. Auf diese Weise war es binnen weniger Stunden möglich, tausende Inbound-Links zu generieren.

Die Reaktion der Suchmaschinen ließ nicht lange auf sich warten. Im Januar 2005 führte Google ein Attribut für Verweise ein. Links mit dem Zusatz rel="nofollow" werden seither nicht mehr in die Pagerank-Bewertung mit einbezogen. Zahlreiche Blog-Anbieter zogen mit und implementierten dieses Attribut standardmäßig für alle Verweise in Kommentaren. Natürlich hat dies auch einen gewissen bitteren Beigeschmack: Denn nicht immer ist ein Link in einem Kommentar primär zur Suchmaschinen-Optimierung platziert, sondern als Hinweis auf eine weitere Quelle zum diskutierten Thema. Hier spräche nichts dagegen, dass diese Seite einen entsprechenden Pagerank erhalten würde. Aus diesem Grund sind viele Weblog-Autoren dazu übergegangen, das Attribut nicht zu verwenden, sondern das automatische Eintragen technisch, zum Beispiel durch ein *Captcha*, zu unterbinden (siehe Abbildung 9.3) und die Kommentare regelmäßig durchzusehen und gegebenenfalls zu löschen.

Abbildung 9.5 Die Verwendung eines Captchas verhindert das automatische Eintragen.

Offenbar haben Google und Co. noch weitere Maßnahmen ergriffen, um die geballte Macht von Blog- und Gästebuchverweisen zu reduzieren. So werden Verweise von Dateien mit dem Namen »guestbook.htm«, »gaestebuch.htm«, »links.htm« oder mit ähnlichen Namen nicht mehr oder mit weniger Gewichtung in die Berechnung der Link-Popularity einbezogen.

9.11 Sonstige Spam-Methoden

Bei den vorgestellten Formen des Spams handelt es sich um bekannte Phänomene, bei denen sich die Erkennung und Reaktionen der meisten Suchmaschinen ähneln. Andere Varianten des Spams, die zum Ausschluss aus dem Index führen, sind hingegen oftmals sehr spezifisch.

So wird der HTML-Code bei einigen Suchdiensten beispielsweise auf das Auftreten von Popups hin überprüft. Diese werden meist durch JavaScript realisiert und sind daher durch einen entsprechenden Parser analysierbar. Manche Betreiber sind der Meinung, dass Nutzer bei einem Klick auf ein Suchergebnis nicht mit Popups behelligt werden möchten, und schließen daher Seiten mit massivem Auftreten von Popups aus dem Index aus. Vom Ausschluss betroffen sind ferner natürlich oftmals Seiten mit illegalen oder nicht jugendfreien Inhalten. Dabei handelt es sich nicht um Spam im eigentlichen Sinne, jedoch ist die Konsequenz des Ausschlusses die gleiche. Die bereits angesprochenen Link-Farmen sind dagegen ein Paradebeispiel für einen Täuschungsversuch zur Ranking-Verbesserung.

Es ist anzunehmen, dass die Spam-Erkennung weiter verfeinert wird. Dazu tragen auch die Daten bei, die bei der Spam-Meldung seitens der Suchmaschinen-Benutzer gesammelt werden. Die entsprechenden Formulare [100] sind allerdings unter den Nutzern wenig bekannt, und das Ausfüllen erfordert zumindest ein gewisses Maß Zeit, von der ein Webnutzer bekannterweise nicht allzu viel besitzt.

Ein abschließender Punkt betrifft eine besondere Form des Spams. Beim sogenannten *Oversubmitting* meldet ein Webautor zu viele neue Links auf einmal bei einer Suchmaschine an. Je nach Betreiber führt ein solch übertriebenes Verhalten zum vorläufigen Ausschluss oder zumindest zur Nichtbearbeitung sämtlicher übermittelter Daten.

Das nächste Kapitel beschäftigt sich eingehender mit der Frage, welche Faktoren bei der Anmeldung zu berücksichtigen sind.

*»Die Hälfte meiner Werbeausgaben ist zum Fenster hinausgeschmissen
– leider weiß ich nicht welche Hälfte.«*
– John Wanamaker (Kaufhaus-Pionier, 1838 – 1922)

10 Aufnahme in die Suchmaschinen

Beherzigt ein Webautor alle genannten Möglichkeiten zur Onpage- und Offpage-Optimierung und vermeidet er auffälligen Spam, muss es im letzten Schritt darum gehen, die Seiten der Webpräsenz in den Index der Suchmaschinen zu bekommen. Denn nur dann können die Früchte der Arbeit geerntet werden.

In dieser Phase treten immer wieder die gleichen Fragen und Probleme auf. Zunächst steht natürlich die Frage im Raum, ob es überhaupt einer aktiven Anmeldung einer Website bedarf. Information-Retrieval-Systeme erfassen über die Verfolgung der Hypertext-Verweise rein theoretisch das gesamte Web und damit auch automatisch neue Webseiten. Hier helfen die Bemühungen aus der Offpage-Optimierung, eingehende Links zu gewinnen. Denn diese bringen nicht nur eine höhere Link-Popularity, sondern sorgen auch dafür, dass Webcrawler eine neue Website finden.

In der Regel will man es jedoch nicht dem Zufall überlassen, wann ein Webcrawler die neuen Seiten erfasst. Daher werden die Funktionen zur manuellen Meldung von neuen Seiten intensiv genutzt. Hierbei entstehen dann auch gleich neue Fragen. Bei welchen Suchmaschinen soll man sich anmelden? Welche Restriktionen gibt es, und wie lange dauert es schließlich, bis man das Ergebnis seiner Optimierungsmühen sehen kann?

Auf all diese Fragen – und noch einige mehr – finden Sie in diesem Kapitel Antworten.

10.1 Suchmaschinen-Kooperationen

Bevor man sich Gedanken über die Aufnahme in die Datenbestände der Suchmaschinen macht, ist es hilfreich, sich zunächst ein ungefähres Bild von der Suchmaschinen-Landschaft zu verschaffen. Auch wenn das Internet einen virtuellen Raum darstellt, sind die Anbieter von Suchdiensten durchaus real existierende

Unternehmen, die den gleichen Markt- und Wettbewerbsgesetzen unterworfen sind wie jedes andere Unternehmen auch.

Dabei kann insbesondere die Betrachtung der Kooperationen zwischen den einzelnen Unternehmen sehr gewinnbringend für die eigene Optimierungsstrategie sein. Denn nicht jeder Suchdienst unterhält einen eigenen Datenbestand, der aus eigenen Mitteln generiert wurde. Oftmals stecken durchaus gleiche Unternehmen und Suchtechnologien hinter verschiedenen Namen.

Dabei verändert sich der Suchmaschinen-Markt schneller als so manch anderer. Dies sollten Sie bei der folgenden Darstellung stets bedenken. Ein Beispiel zeigt die rasante Marktentwicklung. So vermeldeten im Jahr 2000 alle Medien, dass Yahoo! in Zukunft auf der Google-Technologie basieren würde. Noch während eine vertragliche Bindung bestand, kaufte Yahoo! dabei gehörig ein [101]. Inktomi, Overture, AltaVista und AllTheWeb gehören seitdem zum Yahoo!-Konsortium. Schon 2004 trennte sich Yahoo! wieder von Google und aktivierte einen eigenen, neuen Suchdienst. Die wenigsten Benutzer waren sich damals bewusst, dass die Yahoo!-Ergebnisse eigentlich von Google kamen. Ebenso wenig sind die heutigen Verflechtungen weit bekannt. Die meisten Nutzer verwenden ihre Lieblings-Suchmaschine, ungeachtet dessen, woher die Ergebnisse stammen. Für die Benutzer mag das Wissen über die Konstellation auf dem Suchmaschinen-Markt vielleicht nicht von entscheidender Bedeutung sein, für einen Webautor ist eine Kenntnis der Strukturen allerdings von enormem Vorteil. Das Beispiel Yahoo! zeigt die ungeheure Dynamik, die auf dem Suchmaschinen-Markt zu beobachten ist.

Generell lassen sich drei große Suchtechnologien feststellen, die den Großteil des Marktes beherrschen. Neben Google und Yahoo! stellt *FAST* (*Fast Search And Transfer*) die dritte große Suchtechnologie dar. FAST beliefert dabei unter anderem Lycos und Fireball.

Bei der ständigen Bewegung auf dem Markt ist das Medium Buch – somit auch jenes, das Sie gerade vor sich haben – natürlich nicht sonderlich gut für eine Darstellung der Verhältnisse geeignet. Das Internet bietet durch seine ständige Aktualisierbarkeit hier eine wesentlich bessere Grundlage. Daher sei an dieser Stelle auf die beliebte grafische Darstellung zur Verdeutlichung der Suchmaschinen-Verflechtungen verwiesen, die man unter anderem bei Stefan Karzauninkat findet [102]. Hier werden die verschiedenen Abhängigkeiten aller wichtigen Suchmaschinen, Webkataloge und Payed-Placement-Anbieter zueinander dargestellt.

Um Ihnen dennoch an dieser Stelle einen kurzen Überblick zu geben, zeigt die folgende Tabelle die zugrunde liegenden Technologien und verwendeten Kataloge einiger Suchdienste in Deutschland.

Suchdienst	Technologie	Katalog
AllTheWeb	FAST	ODP
AltaVista	Inktomi	Looksmart
AOL	Google	ODP
Fireball	FAST	Allesklar
Google	Google	ODP
HotBot	Inktomi	ODP
Lycos	FAST	Allesklar
MSN / live.com	MSN Search	Looksmart
T-Online	Google	Allesklar
Web.de	SmartSearch [103]	Web.de
Yahoo!	Inktomi	Yahoo!

Tabelle 10.1 Überblick über die Suchtechnologien

Dabei liefern die Webkataloge mittlerweile ebenso wichtige Daten für die Relevanzbewertung aus dem jeweiligen Datenbestand. Die Bewertungen von Redakteuren haben daher oftmals einen großen Einfluss auf das endgültige Ranking bei Suchmaschinen.

Es sollte noch erwähnt werden, dass die gleiche zugrunde liegende Suchtechnologie nicht zwangsläufig bedeutet, dass die Suchergebnisse bei gleichen Anfragen identisch sind. Jede Suchmaschine stellt durch eigene Relevanzberechnungen mehr oder weniger unterschiedliche Ergebnisse auf gleiche Suchanfragen dar. Die Suchtechnologie bezeichnet, vereinfacht gesagt, den »Kern« des Information-Retrieval-Systems. Wie das Ranking in dem Mix von Bewertungskriterien entsteht, ist nach wie vor überwiegend suchmaschinenspezifisch.

10.2 Die Anmeldung

Vor der Anmeldung stellt sich zunächst die Frage, welche Suchmaschinen denn überhaupt relevant sind. Bei der enormen Breite des Angebots an Suchmaschinen bieten sich zunächst jene an, die von den Webnutzern am häufigsten und intensivsten genutzt werden.

Bei der Betrachtung des Besucherverhaltens wurde bereits festgestellt, dass Google mit Abstand die meisten Nutzerzahlen vorzuweisen hat. Mit einem gehörigen Abstand folgt die Konkurrenz. Bei einer Anmeldung sind daher insbesondere folgende Suchdienste zu berücksichtigen:

- Google
- Yahoo!
- MSN / live.com
- AskJeeves
- Lycos

Nur aufgrund der Marktführerschaft von Google sollte man jedoch nicht den Fehler begehen, sich lediglich auf diesen einen Betreiber zu konzentrieren. Dass Google kurz nach Einführung den damaligen Marktführer AltaVista in einem unglaublichen Tempo überholte, kann in anderer Form durchaus erneut geschehen. Auf dem Markt der Suchmaschinen zählen vor allem die Qualität der zurückgelieferten Suchergebnisse, die Geschwindigkeit und die Benutzerfreundlichkeit. Derzeit ist Google in diesen Punkten unangefochten die Nummer eins. Jedoch zeigen Studien [104] erste Anzeichen eines leichten Rückgangs. Insbesondere bei der Qualität der Ergebnisse hat die Konkurrenz aufgeholt. Derzeit ist es jedoch unwahrscheinlich, dass ein anderer Anbieter Google vom Thron stürzen wird. Denn das Unternehmen bemüht sich kontinuierlich, sein Angebot und die Qualität der Suche zu erhöhen.

Jedoch wird letztlich diejenige Suchmaschine die größten Nutzerzahlen verzeichnen können, die die genannten Punkte am besten erfüllt. Denn Suchmaschinen können keine Kunden binden, indem sie eine virtuelle Gemeinschaft aufbauen, die den Wert des Produkts an sich erhöht. Von diesem Effekt leben beispielsweise Amazon und eBay. Diese Unternehmen besitzen aufgrund der ausgeprägten Community eine nahezu unverdrängbare, marktbeherrschende Stellung. Denn durch die großen Nutzerzahlen profitieren wiederum andere Nutzer – sei es durch Buchrezensionen oder die große Auswahl an Versteigerungsangeboten.

Ein Webautor tut aus diesem Grund gut daran, sich bei allen großen Suchmaschinen anzumelden. An diesem Punkt muss man allerdings erwähnen, dass sich das Lager in zwei Gruppen teilt. Die einen plädieren dafür, die Anmeldung auf wenige wichtige Suchmaschinen zu beschränken. Andere wiederum verfahren nach dem Motto »viel hilft viel« und tragen ihre Website bei allen möglichen Anbietern ein.

Prinzipiell spricht nichts dagegen, die Website weithin bekannt zu machen. Allerdings ist mit der groß angelegten Anmeldung bei vielen Suchmaschinen ein gehöriger Zeit- und Kostenaufwand verbunden. Primär sollte man sich daher zunächst auf die wenigen wichtigen konzentrieren und bei Gelegenheit die kleineren Suchmaschinen bedienen. Diese werden oftmals ohnehin aus dem Datenbestand eines größeren Suchdienstes gefüttert, wie eine Tabelle im nächsten Abschnitt zeigt.

Natürlich ist die Anmeldung bei den wichtigen Webkatalogen Open-Directory, Yahoo! und Allesklar ebenso wichtig. Das Verfahren diesbezüglich wurde bereits eingangs genau erläutert. Bei der Auswahl der passenden Suchmaschinen für die Anmeldung wird neben den erwähnten Faktoren nicht selten die spezielle Art der Optimierung erwähnt. Vor dem Hintergrund, dass man eine Website besonders für eine einzelne Suchmaschine und deren Ranking-Verfahren optimiert, ist eine breite Anmeldung nicht sehr zweckmäßig. Denn nur bei dieser einen betreffenden Suchmaschine kommt es zu besonders guten Ergebnissen.

So verständlich dieser Gedanke ist, vernachlässigt er jedoch die Tatsache, dass eine wirklich zielgenaue Optimierung für eine Suchmaschine im Prinzip gar nicht möglich ist. Denn nicht umsonst werden die exakten Bewertungskriterien von den Betreibern geheim gehalten. Eine gezielte Optimierung für eine Suchmaschine muss demnach nach dem Trial-and-Error-Verfahren ablaufen. Oft kostet dies so viel Zeit, dass die Suchmaschine in der Zwischenzeit bereits veränderte Bewertungskriterien einsetzt. Häufig wird dies nicht einmal sofort bemerkt, da sich die Aktualisierung der Bewertung einer betreffenden Website beispielsweise aufgrund einer geringen Wiederbesuchsfrequenz verzögert. Die Content-Anbieter verlieren daher regelmäßig den Wettlauf mit den Suchmaschinen, wenn eine spezielle Optimierung auf einen Anbieter angestrebt wird.

Die Strategie sollte vielmehr von der anderen Seite her geschehen. In Anbetracht der Top-Five der Suchmaschinen muss sich ein Webautor vor dem Optimierungsbeginn im Netz kundig machen, welche aktuellen Verfahren speziell bei diesen betreffenden Suchmaschinen gute Effekte erzielt haben und diese dann breit bei seinem Optimierungsprozess anwenden. Erfahrungsgemäß haben sich die in den vorigen Abschnitten vorgestellten Methoden bei den großen Suchmaschinen als sehr ergiebig erwiesen.

10.2.1 Manuelle Anmeldung

Zur direkten, manuellen Anmeldung stellen Suchmaschinen, sofern eine direkte Anmeldung überhaupt möglich ist, Webformulare bereit. Gelegentlich muss man sich jedoch zunächst registrieren, um Zugriff auf diese zu bekommen. Das ist etwa bei Yahoo! der Fall. Bei manchen Anbietern ist dieses Formular gleich über einen Verweis auf der Startseite zu finden. Leider ist dies nicht überall derart pragmatisch gelöst, sodass man sich des Öfteren zunächst über einzelne Seiten regelrecht zum Ziel durchkämpfen muss.

Ist man schließlich zu dem Anmeldeformular vorgedrungen, stellt sich die Frage, welcher URL angemeldet werden soll. Da der Webcrawler aufgrund dieser Angabe weitere Links der Website sammeln soll, eignen sich zwei Seiten für diesen

Zweck besonders gut. Sind alle Punkte der bisherigen Optimierungsstrategie berücksichtigt, sollte man nämlich die Homepage und die Sitemap anmelden. Die Homepage stellt den Ausgangspunkt der Struktur dar, von dem aus alle weiteren Seiten erreichbar sein sollten. Die Sitemap wiederum bietet die direkten Verweise auf alle verfügbaren Seiten der Webpräsenz.

Reichen diese beiden Seiten? In den allermeisten Fällen ist die Frage hier mit einem klaren »ja« zu beantworten. Ich möchte nochmals betonen, dass die manuelle Anmeldung bei Seiten mit einer entsprechenden Anzahl eingehender Verweise von außen ohnehin nur unterstützend wirkt. Die Webcrawler erfassen überwiegend selbstständig das Web. Dies zeigt sich auch in den *Möglichkeiten*, die dem Webautor zur kostenlosen Anmeldung bleiben. Es lässt sich beobachten, dass der Trend weg von der Anmeldung eines URL hin zu bezahlten Einträgen geht. Darauf werde ich später noch explizit eingehen. Ein anderer Faktor ist die Verzahnung der einzelnen Suchdienste. Die folgende Tabelle zeigt eindrucksvoll einen Ausschnitt der sehr eingeschränkten Möglichkeit zur manuellen Anmeldung.

Suchmaschine	Anmeldung
AllTheWeb	Über Yahoo!
AltaVista	Über Yahoo!
AOL	Über Google
Fireball	Über Lycos
Google	Unbegrenzt
HotBot	Über Lycos
Lycos	Nur Katalogeintrag
MSN	Nur gegen Bezahlung (Overture)
T-Online	Über Google
Web.de	Nur gegen Bezahlung
Yahoo!	Yahoo!

Tabelle 10.2 Übersicht über die Möglichkeiten der manuellen Anmeldung

Es wird deutlich, dass die manuelle Anmeldung mittlerweile nur noch sehr eingeschränkt möglich ist. Für die wenigen Möglichkeiten zur Eintragung gelten jedoch gewisse Erfahrungswerte, die einen URL-Eintrag beeinflussen können.

Der wichtigste Punkt ist dabei das bereits angesprochene Oversubmitting. Übermittelt man in kurzer Zeit zu viele URLs der gleichen Website, kann dieses Verhalten als Spam interpretiert werden. Damit bewirkt man natürlich genau das Gegenteil. Ein Haufen vorgeschlagener URLs der gleichen Domain führt nämlich im

Extremfall zum Ignorieren der Einträge oder der Domain insgesamt. Dabei besitzt jeder Anbieter eine andere Obergrenze für die tolerierte Anzahl an URLs. Erfahrungsgemäß sollte man von einer Webpräsenz nicht mehr als fünf Seiten pro Tag und Suchmaschine anmelden. Google bildet in diesem Punkt bislang noch eine Ausnahme. Der Betreiber schreibt ausdrücklich auf seinen Seiten, dass ein Oversubmitting keinerlei Einfluss auf eine Bearbeitung hat. Ein übermäßiges Eintragen der URLs zeigt allerdings hier wie anderswo wenige Effekte, sondern kostet lediglich wertvolle Zeit.

Das mag sicherlich damit zusammenhängen, dass das Übermitteln eines URL an eine Suchmaschine wie auch an die Webkataloge nicht als Anmeldung im eigentlichen Sinne anzusehen ist. Vielmehr handelt es sich um einen Vorschlag, die betreffende Seite zu besuchen. Der übermittelte URL wird zusätzlich vor der Speicherung in der URL-Datenbank anhand einiger Filter auf seine Qualität hin untersucht. Dabei wird zunächst sichergestellt, dass es sich um einen syntaktisch richtigen URL handelt. Daneben führen einige Anbieter auch Tests durch, ob der URL überhaupt erreichbar ist. Dies erfolgt mittels eines kurzen HTTP-Requests ohne Content-Übermittlung. Über den zurückgelieferten Statuscode sind die Erreichbarkeit des Servers und die Situierung der Ressource erschließbar. Bei einer aufgefundenen permanenten Weiterleitung wird beispielsweise der entsprechend neue URL genutzt – oder bei restriktiverem Vorgehen der offensichtlich nicht aktuelle URL einfach entfernt. Daneben können bereits an dieser Stelle Ausschlusskriterien wie eine Überschreitung der maximal zulässigen Verzeichnistiefe, die Entfernung von Sonderzeichen oder ähnliche Filter durchlaufen werden.

Letztendlich muss eine Ressource, wie im Abschnitt über die Grundlagen des Information Retrievals beschrieben, alle Filter durchlaufen, um endgültig in die URL-Datenbank aufgenommen zu werden. Nur dann erfolgt schließlich auch der Besuch des Webcrawlers.

Neben diesen Eigenschaften, die sich auf die Ressource an sich beziehen, spielen teilweise spezielle Faktoren eine entscheidende Rolle. So ist bei Google die ausreichende Anzahl an eingehenden Verweisen ein Kriterium für eine Aufnahme. Praktisch gesehen wird demnach ein weiterer Filter hinzugefügt. Der Datenbestand wird auf Verweise des betreffenden URL untersucht. Sind hier nicht genügend Verweise vorhanden, gelangt die Ressource nicht durch den Filter und wird entfernt. Damit stellt Google sicher, dass nur Seiten aufgenommen werden, die nicht lose im Web stehen und eine gewisse Bedeutung in Form von eingehenden Verweisen im Sinne einer Empfehlung besitzen.

Meist wird bei der Anmeldung zusätzlich eine kurze Beschreibung verlangt. Deren Bedeutung ist bislang jedoch nicht klar. Man sollte auf jeden Fall darauf achten, dass der mitgelieferte Text auch tatsächlich beschreibenden Charakter besitzt und bei einer eventuellen Betrachtung durch einen Menschen informativ ist. So empfiehlt sich eine knappe Beschreibung der vorgeschlagenen Ressource. Nach dem Absenden des Formulars erhält der Nutzer meist eine Bestätigung, dass die Anfrage bearbeitet wird. Dies ist wie erwähnt jedoch nicht im Sinne einer Aufnahme in die URL-Datenbank zu verstehen. Es wird lediglich mitgeteilt, dass die Übertragung der Daten erfolgreich war. Der Vorschlag muss den vorgenannten Filterkriterien genügen.

10.2.2 Automatische Anmeldung

Neben der manuellen Eintragung gibt es auch die Möglichkeit, diese Aufgabe durch den Einsatz von Software zu lösen. Dabei existieren neben Online-Tools auch viele eigenständige Programme, die zunächst installiert werden müssen. Der Markt ist hier sehr unübersichtlich, und die Spanne reicht von Freeware über Shareware bis hin zu professionellen Lösungen.

Dabei wird durchgängig versprochen, dass die Software eine Website in meist über 1 000 Suchmaschinen quasi mit einem Klick automatisch einträgt. Bei dem Einsatz solcher Eintrage-Dienste treten jedoch immer wieder bestimmte Probleme auf.

Grundsätzlich zeigt die Erfahrung, dass sich bei den genannten Top-Five der Suchdienste auf jeden Fall der manuelle Eintrag lohnt. Damit hat man in der Regel ohnehin weit über 85 Prozent der relevanten Suchdienste abgedeckt. Insbesondere sollte man hier nicht blind auf die automatisierten Prozesse vertrauen. Die Gefahr ist zu groß, dass aus irgendwelchen Gründen die Eintragung auf negative Reaktionen seitens der Suchmaschinen-Betreiber stößt. Insbesondere die großen Betreiber reagieren teilweise empfindlich auf die Verwendung von Eintrage-Software.

Natürlich schadet es nichts, in möglichst vielen Suchmaschinen und Katalogen aufzutreten. Bei über 1 000 kleineren Anbietern ist es auch meist unerheblich, wenn einige Eintragungen misslingen. Generell sollte man jedoch bei der Auswahl eines Eintrage-Dienstes oder einer entsprechenden Software auf folgende Qualitätskriterien achten:

- **Aktualität**
  Die Anmelde-Software simuliert den Versand der entsprechenden Daten über das eigentliche Webformular. Dies ist bei jedem Anbieter anders gestaltet, und auch der URL zur Verarbeitung der übermittelten Daten ist entsprechend

unterschiedlich. Dabei ändern sich die Formulare und damit auch der URL zur Datenübermittlung mit der Zeit. Setzt man hier eine veraltete Software ein, die die Daten zur Übermittlung nicht mehr in einen korrekten URL einpasst, wird die automatische Anfrage abgelehnt. Aus diesem Grund sollten hochwertigere Produkte die Möglichkeit eines Online-Updates bieten.

- **Kennung**
  Einige Suchmaschinen begrüßen diese Form der automatischen Anmeldung keineswegs. Aus diesem Grund werten sie die User-Agent-Zeile aus dem HTTP-Request bei der Eintragung aus. Im Falle der manuellen Anmeldung handelt es sich hierbei um eine gültige Browser-Kennung. Manche Tools senden allerdings eine eigene, spezifische Programmkennung mit. In diesem Fall ist der Versuch einer automatisierten Eintragung leicht zu entlarven. Daher sollte man darauf achten, dass das verwendete Produkt eine gültige Browser-Kennung vortäuscht.

- **Differenziertheit**
  Insbesondere bei weniger professionellen Produkten kann oftmals nicht genügend Datenmaterial als Grundlage eingegeben werden. Viele Suchdienste möchten eine E-Mail-Adresse oder Ähnliches mitgeliefert bekommen. Einfache Tools bieten erstaunlicherweise nicht einmal die Möglichkeit, derartige Daten im Voraus einzugeben. Aber auch die Abfassung von Beschreibungstexten in unterschiedlichen Sprachen sollte möglich sein. Denn insbesondere bei Katalogen wird sehr auf das Einhalten solcher Punkte geachtet.

10.2.3 Aufnahmedauer

Einmal eingetragen, wartet man nicht selten eine gehörige Zeit, bis sich die Website in den Ergebnislisten der Suchmaschinen zeigt. Die gefühlte Zeit ist gleichwohl wesentlich länger, denn verständlicherweise sehnt sich ein Webautor danach, das Ergebnis seiner Optimierungsmühen zu sehen. Hat man es bereits beim ersten Versuch auf einen ansehnlichen Platz geschafft?

Die Spanne von der Anmeldung bis zum Erscheinen ist dabei je nach Anbieter unterschiedlich lang. Sie ist jedoch nicht nur abhängig von der Aktivität der Webcrawler. Wie bei der Darstellung der Funktionsweise von Information-Retrieval-Systemen deutlich geworden ist, durchläuft eine Ressource etliche Stufen, bis sie endgültig im Index eingelagert wird. Die erste beobachtbare Reaktion auf eine Anmeldung ist zunächst der Besuch des Webcrawlers. Diesen kann man im Log-Buch des Webservers feststellen.

Google setzt für die Neuerfassung von Ressourcen einen eigenen Typ von Webcrawler ein. Der sogenannte Fresh-Bot von Google ist, wie im Abschnitt zu Cloaking gezeigt wurde, durch einen gesonderten IP-Adressbereich identifizierbar. Allerdings tauchen die Seiten in wenigen Fällen unmittelbar nach einem Crawler-Besuch im Index auf. Insbesondere bei großen Suchmaschinen kann es sich hier um mehrere Wochen handeln. Dies liegt zum einen an dem enormen Aufkommen an zu bewältigenden Daten, zum anderen aber auch an dem Abgleich des Index zwischen den verschiedenen Rechenzentren.

Vor Mai 2004 bezeichnete man dieses Phänomen bei Google als den *Google-Dance*. Einmal im Monat wurde der Index mit den neu erfassten und aktualisierten Dokumenten neu berechnet und auf alle Server überspielt. Dabei änderten sich die Ranking-Positionen in unterschiedlichem Ausmaß. Der Abgleich dauerte teilweise mehrere Tage, sodass man in dieser Zeit auf verschiedenen Servern unterschiedliche Ranking-Ergebnisse erhielt. Die Ergebnisse hüpften quasi hin und her – daher auch der Name Google-Dance. Seit Mai 2004 trennt Google die Erfassung von der Bewertung und dem Überspielen des Index, sodass diese seitdem zeitlich getrennt voneinander stattfinden. Die Pagerank-Berechnung scheint sich dabei auf einen ein- bis dreimonatigen Rhythmus einzupendeln. Dieser Prozess ist unter dem Namen *Backlink-Update* bekannt. Näheres zu den Google-Updates erfahren Sie in Abschnitt 12.3, »Die Google-Updates«.

Dabei ist zu beachten, dass wieder einmal mehr die individuelle Bedeutung der Ressourcen eine Rolle spielt, die über die eingehenden Verweise von außen bestimmt wird. Ein Online-Tool erlaubt den direkten Vergleich der Top-Ten Treffer auf drei verschiedenen Google-Servern [105]. Hierbei wird zusätzlich eine automatische Benachrichtigung per E-Mail angeboten.

Aufgrund des Google-Dance, der in ähnlicher Form bei allen anderen Suchmaschinen dieser Größe auftritt, kommt es daher selbst bei einem Vorhandensein der Daten in den Datenbeständen zu einer Verzögerung der Anzeige.

Generell liegt die Spanne ab der Anmeldung beziehungsweise dem Besuch des Webcrawlers bis zum Erscheinen im Index zwischen 24 Stunden und vier bis acht Wochen oder länger. Aus den Angaben der Suchanbieter und Erfahrungswerten kann man die Daten wie in folgender Tabelle zusammenstellen. Aufgrund der unterschiedlichen Faktoren dienen diese jedoch lediglich zur groben Orientierung.

Suchmaschine	Erstanmeldung	Nach Wiederbesuch
AltaVista	1–2 Wochen	< 3 Tage
Dino	1 Woche	< 3 Tage
Fireball	1 Tag	Mehrere Wochen
Google	6–12 Wochen	Je nach Relevanz

Tabelle 10.3 Ungefähre Anmeldedauer bei Suchmaschinen

Suchmaschine	Erstanmeldung	Nach Wiederbesuch
Lycos	< 4 Wochen	< 4 Wochen
MSN	< 3 Wochen	unbekannt
Yahoo!	6–12 Wochen	8 Wochen

Tabelle 10.3 Ungefähre Anmeldedauer bei Suchmaschinen (Forts.)

Man erkennt hierbei teilweise recht deutlich, ob die Präferenz einer Suchmaschine eher auf der Neuerfassung von Webseiten liegt, wie etwa bei Fireball, oder ob die Pflege des bereits erfassten Datenbestandes im Vordergrund steht.

10.3 Kostenpflichtige Leistungen

Vor allem die bedeutenden Suchmaschinen sind kein Dienst an der Menschheit, sondern vielmehr Unternehmen, die vor allem ein primäres Ziel verfolgen. Und das ist nicht die Informationserschließung des Webs, sondern banal ausgedrückt die Steigerung des eigenen Gewinns.

Suchmaschinen-Betreiber verfolgen dabei unterschiedliche Strategien. Zum einen lässt sich ein beliebtes Prinzip erkennen, das auch in der Offline-Welt häufig zum Erfolg geführt hat. Zunächst bietet man eine Dienstleistung kostenlos an und wartet, bis die Nutzer sich daran gewöhnt und sie in ihren Alltagsgebrauch eingebunden haben. Ab dem Zeitpunkt, zu dem dieser Gewöhnungseffekt einsetzt und Betreiber mit Verlässlichkeit regelmäßige Benutzer vorweisen können, werden die Dienste und Serviceleistungen Stück für Stück in kostenpflichtige Angebote umgewandelt. Dabei bleiben oftmals die alten Services in einer abgespeckten Form erhalten, jedoch im Schatten der bevorzugten kostenpflichtigen Angebote.

Die Unternehmensgruppen, die die Suchdienste anbieten, sind hierbei keine Ausnahme. So verschwindet zusehends die Möglichkeit, URLs kostenlos anzumelden. Stattdessen wachsen Programme aus dem Boden, die gegen einen finanziellen Aufwand eine bessere und schnellere Erfassung ermöglichen und weitere Neuerungen beinhalten. Die bislang kostenlosen Dienste leiden darunter, weil sie zum einen durch Veraltung einem sicheren Tod entgegensehen und zum anderen künstlich abgewertet werden, um den bezahlten Diensten eine größere Bedeutung zuzuweisen.

Dies ist zugegebenermaßen eine recht einseitige Sicht. Sie wird jedoch in einer noch stärkeren Form von den Gegnern der Suchdienste-Betreiber verfochten. Diese führen oftmals an erster Stelle Bedenken an, dass die Informationsbeschaffung und -recherche im Web durch die Monopole bestimmter Unternehmen wie

Google oder Yahoo! gefährdet wird. Dass Informationen gegen Bezahlung hervorgehoben dargestellt werden, ist ein bewährtes Prinzip aus den klassischen Medien wie der Zeitung, dem Fernsehen oder Radio: Es nennt sich Werbung. Allerdings gibt es immer noch eine relativ strenge Trennung zwischen redaktionellen Inhalten und werbenden Beiträgen in textlicher oder grafischer Form. Verschmelzungstendenzen sind zwar auch hier zu bemerken, jedoch ist die Schwere hier nicht mit der Situation im World Wide Web zu vergleichen. Denn Nutzer sind auf die sortierende und beratende Funktion der Suchmaschinen angewiesen. Nichts anderes bedeutet letztlich der Einsatz zur Wiedergewinnung von Informationen, das Information Retrieval, in dem riesigen Meer von Daten. Viele sehen eine Gefahr darin, wenn durch Bezahlung einzelne Ergebnisse nicht mehr nach dem demokratischen Gleichheitsprinzip behandelt werden, sondern eine bevorzugte, herausgehobene Stellung erhalten. Die Suchdienste reagieren öffentlichkeitswirksam sehr bedacht auf derartige Bedenken und sichern eine Kennzeichnung der bezahlten Einträge zu. Eine Studie von 2005 [106] aus den USA zeigt jedoch, dass sich die Mehrzahl der Nutzer nicht einmal im Klaren ist, wo der Unterschied zwischen bezahlten und herkömmlichen Einträgen liegt. Dementsprechend findet eine Differenzierung in den Ergebnislisten durch die Nutzer nicht wie gewünscht statt. Die Entwicklung wird zeigen, wie sich der Markt und das Nutzerverhalten entwickeln.

Aus der Produzentensicht gesehen – sprich: für Content-Anbieter – hat eine bevorzugte Behandlung bei bezahlten Einträgen natürlich Vorteile. So können komfortabel durch finanziellen Einsatz gezielt Listenplätze gekauft werden. Dabei unterscheiden sich die *Payed-Inclusion-Programme*, die eine bevorzugte Behandlung durch die Webcrawler bei gleichbleibenden Ranking-Kriterien bieten, von den sogenannten *Pay-Per-Click-(PPC-)Programmen*.

10.3.1 Payed-Inclusion-Programme

Die Entwicklung schreitet nicht nur in der Suchtechnologie und den Unternehmensstrukturen und Unternehmenskooperationen mit einer enormen Schnelligkeit voran. Auch das Marketing der beteiligten Unternehmen entwickelt sich weiter.

So führte AltaVista 2002 das Express-Inclusion-Programm ein. Doch nur circa zwei Jahre später wurde es durch das Overture-Site-Match-Programm ersetzt. Beide Unternehmen wurden in dieser Zeit wie einige andere ebenfalls von Yahoo! aufgekauft. Kunden von Express-Inclusion werden zwar noch bedient, eine Neuanmeldung ist jedoch nicht mehr möglich. Schließlich wurden die Dienste von Overture in das Yahoo! Search Marketing integriert. Worum handelt es sich bei diesem Payed-Inclusion-Programm?

Payed-Inclusion bedeutet, dass gegen einen finanziellen Aufwand frei wählbare URLs in den Datenbestand der Suchmaschine aufgenommen werden. Meist werden noch weitere Dienste in diesem Zusammenhang angeboten, um das Angebot attraktiver zu machen und einen deutlichen Vorteil gegenüber der parallel laufenden »normalen« Indexierung im Rahmen der eingehenden Verweise zu bieten.

Yahoo! hat mit seinem Programm eine enorme Marktbedeutung erzielt. So beliefert Yahoo! zahlreiche Suchdienste innerhalb und außerhalb des Yahoo!-Konzerns. Neben Yahoo! selbst werden Hotbot, AllTheWeb, AltaVista, MSN-Search sowie das gesamte FAST-Netzwerk mit den Daten versorgt. Das prominenteste nicht teilnehmende Unternehmen – und damit Hauptkonkurrent – ist Google.

Angesichts der erschlagenden Mehrheit stellt Yahoo! zahlungswilligen Content-Anbietern jedoch ein interessantes Mittel zur Vermarktung ihrer Webpräsenz zur Verfügung.

Ein registrierter Nutzer kann URLs eintragen, und diese werden in der Regel innerhalb von 48 Stunden in den Datenbestand aufgenommen. Das bedeutet eine enorme Beschleunigung gegenüber den herkömmlichen Verfahren. Es muss betont werden, dass weder Yahoo! noch andere Anbieter eines Payed-Inclusion-Programms eine Garantie für eine Aufnahme geben. Diese Tatsache wird immer wieder hervorgehoben. Allerdings ist es eher unwahrscheinlich, dass eine Aufnahme nicht erfolgt, wenn alle Nutzungsbedingungen in einer Prüfung durch die Mitarbeiter als erfüllt bewertet werden. Denn wer möchte schon gerne zahlende Kunden verprellen? Ausnahmen bilden natürlich pornografische Inhalte oder Ähnliches. Hierzu gelten gesonderte Bestimmungen, auf die an dieser Stelle nicht näher eingegangen werden soll.

Neben der beschleunigten Aufnahme durch eine schnellere Bearbeitung werden die explizit angegebenen Dokumente häufiger durch Webcrawler wiederbesucht. Dies bewegt sich bei allen Anbietern solcher Payed-Inclusion-Programme zwischen 24 Stunden und höchstens einer Woche. Ferner wird teilweise garantiert, dass die betreffenden Ressourcen über einen gewissen Zeitraum hinweg, meist von sechs Monaten, auf jeden Fall im Index bestehen bleiben.

Daneben bietet ein persönliches »Management Center« eine Weboberfläche, auf der alle Transaktionen durchgeführt werden können. Außerdem wird eine ausführliche Überwachung der abonnierten Dienste angeboten. So konnte man bei AltaVista die eigenen Treffer innerhalb der Liste optisch hervorheben lassen. Dieses Prinzip des *Listing-Enhancements* ist beispielsweise auch aus den Gelben Seiten bekannt. Was dort etwa ein schwarzer Rahmen um den eigenen Eintrag oder ein Logo ist, besteht im Web aus kleinen Icons, Grafiken oder sonstigen Hervorhebungen. Von diesen Sonderbehandlungen sind jedoch nur die angemeldeten

URLs betroffen. Oftmals wird dabei pro URL abgerechnet. Alle anderen Seiten einer Webpräsenz werden herkömmlich behandelt und besucht.

Viele Webdienste nehmen mittlerweile nur noch Anmeldungen gegen Bezahlung an. Andere Seiten werden über den herkömmlichen Weg, die Verfolgung der Verweise anderer Webseiten, erfasst. Die bezahlte Aufnahme wird mit den Kosten durch den redaktionellen Aufwand begründet. Insbesondere bei Webkatalogen wie Yahoo! oder Web.de ist die Aufnahme nur noch auf diesem Wege möglich und soll die Attraktivität und das Niveau der enthaltenen Informationen sicherstellen. Dabei wird, wie schon erwähnt, immer wieder betont, dass URLs, die an einem Payed-Inclusion-Programm teilnehmen, bei der Relevanzbewertung nicht bevorzugt werden. Dies ist auch einer der zentralen Unterschiede zu den nachfolgend vorgestellten Pay-Per-Click-Programmen. Allerdings muss man zuvor anmerken, dass zwar keine direkte Beeinflussung stattfindet, gleichwohl doch eine indirekte. Denn durch die enorm gesteigerte Wiederbesuchsfrequenz ist es einem Webautor möglich, die seitenspezifische Änderungsfrequenz zu erhöhen. Diese ist ein nicht zu vernachlässigendes Ranking-Kriterium bei vielen Suchmaschinen, sodass auf diesem Weg durch das Payed-Inclusion-Programm natürlich indirekt ein besseres Ranking erzielt werden kann.

10.3.2 Pay Per Click (PPC)

Ein etwas andersartiges, aber dennoch kostenpflichtiges und damit Umsatz generierendes Verfahren ist das *Pay-Per-Click-Verfahren (PPC)*. Gelegentlich wird auch die Bezeichnung *Cost-Per-Click (CPC)* verwendet. Dabei werden Listenplätze auf den Ergebnislisten der Suchmaschinen versteigert. Die verkaufte Einheit ist dabei ein Klick. Der Bezugspunkt wird über definierte Suchbegriffe festgelegt.

Gibt man in Google ein Stichwort ein, beispielsweise »hausboot«, so wird eine rechte Spalte mit der Überschrift »Anzeigen« dargestellt, in der die PPC-Einträge erscheinen. Diese bezahlten Einträge werden im Englischen auch als *Payed-Listing* bezeichnet, das Verfahren entsprechend als *Payed-Placement*.

Dabei ist das Verfahren nicht mit der zuvor erwähnten Payed-Inclusion zu verwechseln. Denn bei den PPC-Programmen handelt es sich bei allen Suchmaschinen um mehr oder weniger gut ausgezeichnete Links, die nicht mit den Treffern nach dem herkömmlichen Verfahren angezeigt werden. Die Payed-Listings werden separat gehandelt.

So erhält derjenige Anbieter die oberste Listenposition, der pro Klick für ein Schlüsselwort am meisten zahlt. Die finanzielle Spanne reicht hierbei von geringen Beträgen für wenig begehrte Begriffe bis hin zu horrenden Summen bei stark umkämpften Suchtermen. Dabei wird ein bestimmtes Kontingent an Klicks gekauft. Wenn diese Anzahl durch die Klicks der Nutzer verbraucht ist, verschwindet der Eintrag aus der Liste. Der Webautor muss dann erst wieder erneut einen Platz ersteigern. Dabei sind die notwendigen Preise für die einzelnen Rangpositionen meist sichtbar, um diese Form des Marketings kalkulierbar zu machen.

Die wenigsten Suchmaschinen-Betreiber entwickeln selbst die Technik, um das Bietverfahren und Abrechnungssystem zu implementieren. Stattdessen wird auf zentrale Anbieter zurückgegriffen. Eine Größe auf diesem Markt ist Google mit dem Programm AdWords [107]. Dabei werden die Daten natürlich nicht nur auf Google, sondern auch auf Lycos, der Website der New York Times und anderen Seiten angezeigt. Weitere große Anbieter sind MIVA und QualiGo. Wie diese beiden hat sich auch Yahoo! auf derartige PPC-Programme spezialisiert.

Aufgrund der großen Vernetzung soll hier Yahoo! erneut exemplarisch behandelt werden. Denn viele Suchdienste kaufen die Daten für das Payed-Placement dort ein. Das AdWords-Programm von Google funktioniert allerdings beinahe identisch und sieht quasi ebenso identisch aus. In beiden Fällen sind die Unternehmen als Verwalter der Programme für die administrativen Bereiche zuständig; die einzelnen Suchmaschinen, welche die Dienste einbinden, jedoch nach wie vor für die Platzierung und Auszeichnung der Einträge. Aufgrund dieser Konstellation ist es unwahrscheinlich, dass die von außen kommenden Einträge der Payed-Placement-Anbieter in die herkömmlichen Bewertungsmechanismen eingreifen und damit das normale Ranking beeinflussen. Jedoch ist die Unterscheidung insbesondere bei AltaVista nicht im Sinne der Benutzer gelöst.

Sicherlich mögen zwar Stammbenutzer dieser Suchmaschine erkannt haben, dass die vermeintlich ersten Treffer (»Gesponsorte Treffer«) aus dem PPC-Programm stammen, und erst nach dem ebenso in Grau gehaltenen »AltaVista fand 12 800 Ergebnisse« die herkömmlichen Ergebnisse gelistet sind. Der erste, unvermittelte Eindruck ist jedoch zunächst ein anderer. Hier wird offensichtlich versucht, den Benutzer in die Irre zu führen.

Yahoo! löst dies dagegen mehr im Sinne der Webuser, wie in Abbildung 10.2 zu sehen ist. Die PPC-Angebote befinden sich innerhalb eines farblich unterlegten Kastens, der am rechten (in der Abbildung nicht sichtbaren) Rand mit »Sponsoren-Links« betitelt ist. Selbstverständlich wird bei Yahoo! und anderen Anbietern, die die PPC-Angebote augenfällig hervorheben, betont, dass es sich hierbei um eine Hervorhebung handelt, damit Suchende diese Einträge zuerst wahrnehmen. Blickaufzeichnungsstudien und die Erkenntnisse aus dem Bereich der Banner-Blindness zeigen jedoch, dass erfahrene Benutzer diesen Kasten meiden und tendenziell eher direkt darunter bei dem ersten herkömmlichen Eintrag einsteigen.

10 | Aufnahme in die Suchmaschinen

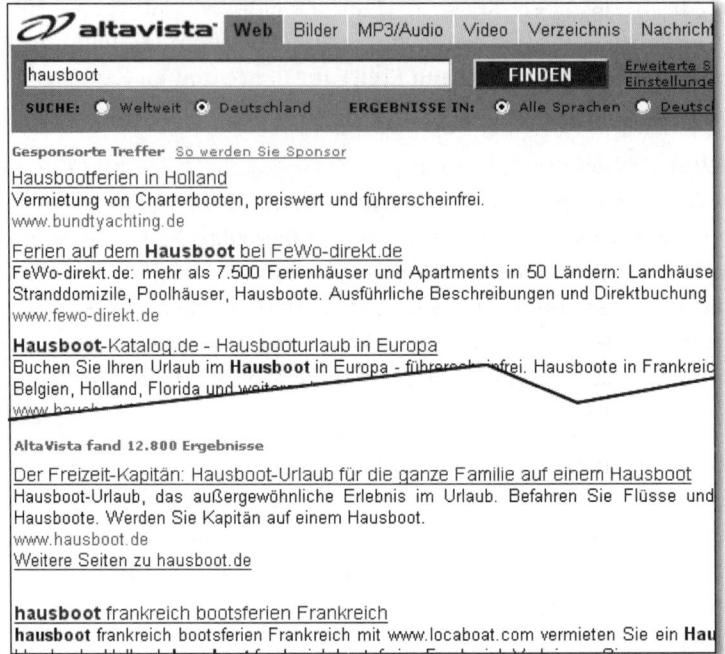

Abbildung 10.1 Saubere Trennung zwischen PPC und herkömmlichem Angebot?

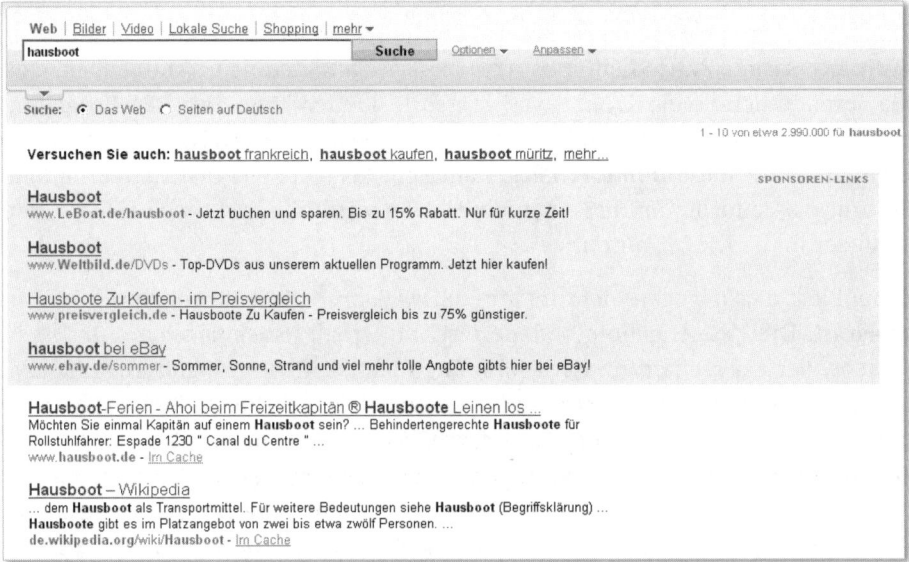

Abbildung 10.2 Optische Trennung von PPC und herkömmlichen Inhalten

Auffällig in beiden Abbildungen ist, dass es sich um die gleichen Treffer und die gleiche Rangfolge handelt. Beide Suchanbieter beziehen ihre Daten von Yahoo!. Bei MSN und anderen Kunden tauchen diese Einträge ebenso auf.

Yahoo! Search Marketing und Google differenzieren ihre Payed-Placement-Angebote noch weiter. Die oberen Abbildungen zeigen das sogenannte *Precise-Match-Angebot*, das in Abhängigkeit der Stichwörter zielgruppenorientiert bei den Suchmaschinen eingesetzt wird. Es werden also nicht nur beliebige Anzeigen angezeigt, sondern solche, die auf die Suche des Nutzers passen. Welche Keywords letztendlich passend sind, bestimmt der die Anzeige schaltende Kunde. Er definiert bestimmte Begriffe oder Begriffskombinationen, bei denen seine Anzeige erscheinen soll. Das führt dann natürlich dazu, dass besonders häufig gesuchte Begriffe entsprechend teurer sind.

Den geschäftstüchtigen, kreativen Köpfen sind die Ideen noch nicht ausgegangen. So kann man durch einen höheren Preis auch das Auftreten des eigenen Eintrags bei Begriffen innerhalb von Wortgruppen erkaufen. Unpassender Numerus, falsche Schreibweisen, andere Reihenfolgen usw. sind ferner auch in dem »Advanced-Match«-Paket enthalten. Der Fantasie sind für noch weitere Ausführungen keine Grenzen gesetzt.

Das zweite Kernprodukt namens *Content-Match* zielt hingegen eher auf die Einbettung von Links innerhalb von Webseiten oder etlicher Portalseiten wie Dooyoo.de oder auch beispielsweise RTL.de ab. Das in Deutschland am häufigsten eingesetzte Content-Matching stammt von Google und trägt den Namen *AdSense* [108]. Die Besitzer von Webseiten können direkt von Google Werbeanzeigen auf ihrer Website einblenden. Dazu nutzt Google die Onpage-Analyse-Möglichkeiten und findet das Thema der einzelnen Webseite heraus. Daraufhin werden möglichst passende Werbeanzeigen eingeblendet. Klickt ein Besucher darauf, erhält der Website-Besitzer eine Vergütung.

Ob die begriffliche Ähnlichkeit mit *AdWords* und die oftmals damit verbundene Verwirrung beabsichtigt sind, bleibt der Spekulation überlassen. Natürlich müssen Programme wie Content-Match, AdSense oder ähnliche nicht zwingend nach dem Pay-Per-Click-Prinzip funktionieren, sondern können beispielsweise auch über einen bestimmten Zeitraum fest gebucht werden. Hier befindet man sich dann aber in der fließenden Grenze zur klassischen Bannerwerbung, die meist auf Grundlage von Pageimpressions nach dem sogenannten TKP (Tausend-Kontakt-Preis) berechnet wird: Das heißt, der Anzeigenkunde zahlt hier nicht für echte Klicks, sondern nur für die Einblendung der Werbung. Hier wird natürlich der Vorteil der PPC (Pay-Per-Click) Programme sichtbar: Der Anzeigenkunde zahlt nur bei einem tatsächlichen Klick. Natürlich haben sich mittlerweile auch im klassischen Bannermarketing auch Mischformen etabliert, welche die jeweiligen Vor- und Nachteile gegeneinander aufwiegen.

Letztendlich muss sich der Webentwickler oder das Unternehmen entscheiden, welcher Weg beschritten werden soll: Die Suchmaschinen-Optimierung, die auf die Onpage- und Offpage-Bereiche setzt oder das Suchmaschinen-Marketing, welches auf der Schaltung von Werbeanzeigen beruht. Eine pauschale Empfehlung kann man verständlicherweise nicht geben.

Niesen Media Research hat für das Jahr 2008 erstmals festgestellt, dass der Markt für Online-Anzeigen bei Bruttoaufwendungen über dem Werbemarkt für Radio liegt. Insgesamt sind im ersten Halbjahr 2008 665 Millionen Euro erzielt worden. Ein großer Anteil hat dabei erwartungsgemäß das erfolgreiche PPC-Modell.

In der Tat bietet es durchaus unschlagbare Vorteile. Denn die gesamte zeitaufwendige Arbeit für die Webseiten-Optimierung wird durch den Kauf dieser PPC-Pakete zunächst hinfällig – wenngleich die Kosten sich auf die Werbeschaltung verlagern. Genau hier liegt die große Gefahr: Statt einer relativ kostenübersichtlichen Suchmaschinen-Optimierung geben Unternehmen häufig mehrere Tausend Euro für Suchmaschinen-Marketing aus. Die Konversionsraten sind dabei meist erschreckend gering.

Ob sich ein Webautor für Google, Yahoo! oder andere PPC-Anbieter entscheidet oder eine klassische Suchmaschinen-Optimierung betreibt, hängt immer speziell von den individuellen Zielen und den erreichbaren Märkten ab. Diese wachsen und verändern sich ständig, sodass sich eine regelmäßige Überprüfung der Strategie lohnt. Das gilt auch nach der Entscheidung für das Suchmaschinen-Marketing: Vor dem Einsatz eines PPC-Programms sollten Sie einen Blick auf die aktuelle Verbreitung der einzelnen Anbieter werfen.

Für private Content-Anbieter mag der gesamte Bereich der bezahlten Leistungen des Suchmaschinen-Marketings in der Regel nicht so stark in Frage kommen. Diese erzielen mit einer sorgfältigen Optimierung auf herkömmliche Weise gute Ergebnisse. Für Unternehmen ist dieser Bereich jedoch durchaus interessant, da eine kostenaufwendige Optimierung der eigenen Seiten umgangen werden kann oder die Optimierung für bestimmte Keywords auf klassische Weise schlichtweg unrentabel wäre.

Viele Unternehmen investieren heute noch lieber in Suchmaschinen-Marketing, das der klassischen Werbestrategie näher kommt, als sich auf einen externen Suchmaschinen-Optimierungs-Dienst zu verlassen. Dass diese Bedenken bei einem professionellen Anbieter unbegründet sind, zeigen die vielen erfolgreichen Ergebnisse. Daneben ist eine entsprechende technische Kompetenz oftmals nicht in ähnlichem Maße verfügbar wie eine betriebswirtschaftliche. Häufig kommt eine Optimierung bereits im Vorfeld aufgrund des fehlenden technischen Wissens nicht in Frage. Stattdessen wird in Richtung der werbenden PPC-Angebote tendiert. Dies ist sicherlich ein bedeutendes Kriterium für den Erfolg solcher Programme.

Die weitere Entwicklung wird gewiss noch feiner ausdifferenzierte Dienste dieser Form auf den Markt bringen. Dabei sollte man stets die Reichweiten der einzelnen Angebote berücksichtigen. Die Erfahrung zeigt, dass die Preise bei unterschiedlichen Anbietern meist nicht wesentlich auseinander liegen, sodass dieser Faktor als Entscheidungskriterium wegfallen dürfte.

10.4 Die Wiederaufnahme

Manchmal geht es gar nicht darum, das erste Mal in den Suchmaschinen-Index zu gelangen, sondern wieder hinein zu kommen. Meist wurde eine Domain von dem Suchmaschinen-Betreiber gesperrt, weil die Inhalte gegen die Qualitätsrichtlinien verstoßen haben.

In den meisten Fällen handelt es sich hierbei um Spam-Versuche in der Absicht, ein besseres Ranking zu erhalten. Die verschiedenen Methoden haben Sie bereits im vorherigen Kapitel kennengelernt. Grundsätzlich besteht bei nach einer Spam-Erkennung zumindest die Chance, wieder in den Index aufgenommen zu werden und somit von den Suchenden auch wieder gefunden zu werden.

Das gilt jedoch nicht für alle Sperrungen: Für Suchmaschinen gelten neben ethischen und moralischen Verpflichtungen zur Anzeige von Suchergebnissen grundsätzlich auch die Gesetze eines Landes. In diesem Zusammenhang werden natürlich illegale, pornografische Inhalte sowie rassistische oder ausländerfeindliche Websites gesperrt, wenn sie als solche identifiziert wurden. Hier ist eine Wiederaufnahme in der Regel aus gutem Grund ausgeschlossen.

10.4.1 Spam-Report

Es gibt verschiedene Konstellationen die dazu führen können, dass eine gesamte Website aufgrund von Spam-Versuchen aus dem Suchmaschinen-Index entfernt wird. Die in der Praxis am häufigsten anzutreffende Variante ist die Meldung einer Seite über das Spam-Report-Formular. Jeder Nutzer kann so beispielsweise unter der Adresse *www.google.de/webmasters/spamreport.html* einen Spam-Verdacht an Google melden.

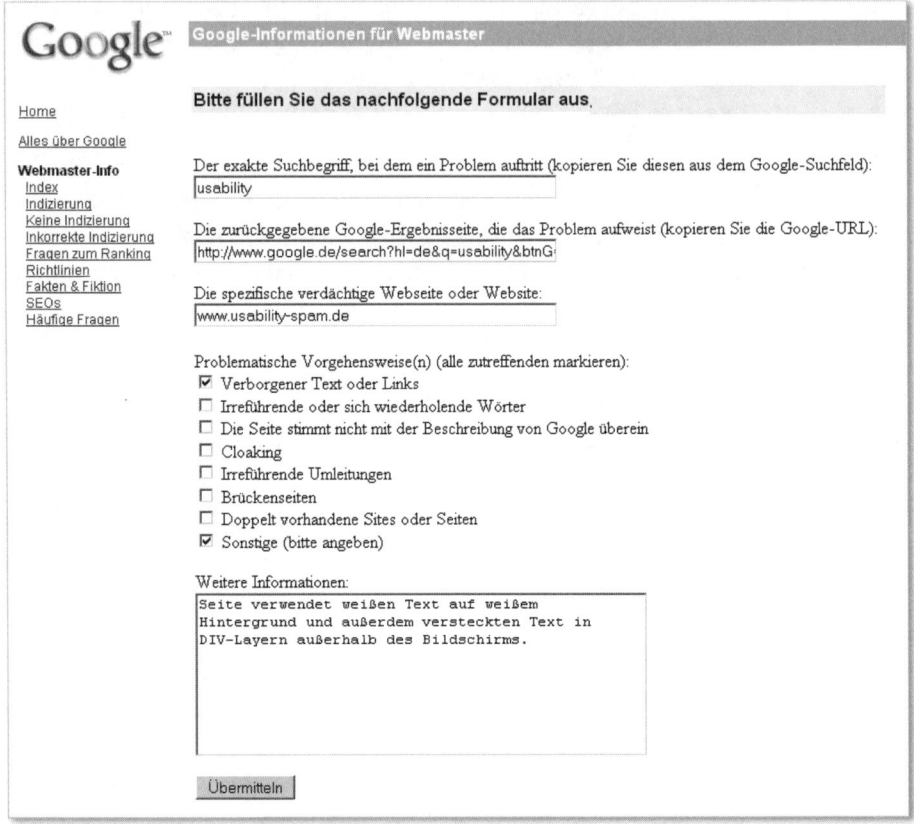

Abbildung 10.3 Formular zum Melden von Spam bei Google

Natürlich nehmen sich die wenigsten Nutzer die Zeit, einen solchen Spam-Report aufzufüllen, sollten sie einmal auf eine unpassende Seite zu ihrer Suche gestoßen sein. Meistens wird der Spam-Report von Mitbewerbern genutzt, um die konkurrierende Website für immer oder zumindest einige Zeit aus dem (Google-)Verkehr zu ziehen und selbst besser dazustehen.

Neben der Angabe des Suchbegriffs, der exakten Suche und des betreffenden URL muss der Berichtende noch die Art des Spam-Versuchs klassifizieren und gegebenenfalls weitere Informationen beifügen.

Nicht jeder Spam-Report führt automatisch zu einer Sperrung der betreffenden Website. Die Meldung wird von Google-Mitarbeitern geprüft, die auch die Berechtigung bzw. Schwere des Falles beurteilen. Liegt ein tatsächlicher Spam-Versuch vor, wird in der Regel die gesamte Domain aus dem Google-Index entfernt.

Andere Suchmaschinen-Betreiber verfahren ähnlich. So findet man den Spam-Report für MSN unter der Adresse *https://feedback.search.msn.com/default.aspx* oder den für Yahoo! unter *http://help.yahoo.com/l/us/yahoo/search/spam_abuse.html*.

In einigen Fällen analysiert der Suchmaschinen-Betreiber auch selbstständig die indexierten Webseiten auf eindeutige Merkmale, die auf Spam hinweisen. Keyword-Stuffing oder Double Content gehören zum Beispiel zu solchen sehr zuverlässig erkennbaren Mustern, die dann ebenfalls zu einer Sperrung führen können.

10.4.2 Benachrichtigung der Sperrung

Unter bestimmten Umständen erfährt der Webmaster von der Sperrung seiner Seiten in einer Suchmaschine per E-Mail. Dabei macht sich der Betreiber nicht etwa die Arbeit, eine aktuelle und gültige E-Mail-Adresse herauszufinden. Stattdessen werden meist folgende Standard-E-Mail-Adressen angeschrieben:

- contact@domain
- info@domain
- kontakt@domain
- webmaster@domain

Als Webmaster sollten Sie daher, sofern Sie keine CatchAll-Weiterleitung eingerichtet haben, sicherstellen, dass Sie möglichst über alle diese E-Mail-Adressen erreichbar sind.

Der Absender der E-Mail-Benachrichtigung bei Google ist noreply@google.com. Nicht selten erhält man als Webmaster jedoch E-Mails, die nicht direkt von Google stammen und dennoch eine Sperrung ankündigen. Man erkennt diese falschen E-Mails nicht unbedingt daran, dass Sie nicht von der oben genannten E-Mail-Adresse verschickt wurden. Vielmehr bringt eine erfolglose Abfrage bei Google die Erkenntnis, dass die Mail tatsächlich echt ist.

Der von Google eingesetzte Mail-Text lautet wie folgt:

Sehr geehrter Seiteninhaber oder Webmaster der Domain beispiel.de,

während der Indexierung Ihrer Webseiten mussten wir feststellen, dass auf Ihrer Seite Techniken angewendet werden, die gegen unsere Richtlinien für Webmaster verstoßen. Sie können diese Richtlinien unter folgender Webadresse finden:

http://www.google.de/webmasters/guidelines.html

Um die Qualität unserer Suchmaschine sicherzustellen, haben wir bestimmte Webseiten zeitlich befristet aus unseren Suchergebnissen entfernt. Zurzeit sind Seiten von beispiel.de für eine Entfernung über einen Zeitraum von wenigstens 30 Tagen vorgesehen.

Wir haben auf Ihren Seiten insbesondere die Verwendung folgender Techniken festgestellt:

* verborgener Text auf beispiel.de, z. B.

Beispiel Produkt, Beispiel Produkt2, Beispiel Produkt3 [...]

Gerne würden wir Ihre Seiten in unserem Index behalten. Wenn Sie wünschen, dass Ihre Seiten wieder von uns berücksichtigt werden, korrigieren oder entfernen Sie bitte alle Seiten, die gegen unsere Richtlinien für Webmaster verstoßen. Wenn dies erfolgt ist, besuchen Sie bitte die folgende Webadresse, um weitere Informationen zu erhalten und einen Antrag auf Wiederaufnahme in unseren Suchindex zu stellen:

https://www.google.com/webmasters/tools/reinclusion?hl=de

Mit freundlichen Grüßen

Google Search Quality Team

10.4.3 Wiederaufnahme-Antrag stellen

Erhält man eine Benachrichtigung und findet man die eigenen Seiten im Suchmaschinen-Index nicht mehr, kann es zu erheblichen Einbrüchen in den Besucherzahlen und Umsätzen der Website kommen. Meist ist hier schnelles Handeln angesagt, um wieder in die Ergebnislisten zu gelangen.

Dazu gilt es zunächst, den Spam von den eigenen Seiten zu beseitigen. Sie sollten dabei darauf achten, dass die Website nicht mehr gegen die Qualitätsrichtlinien der Suchmaschine verstößt. Das schließt selbstverständlich nicht nur die konkret angemahnten Seiten und den dort befindlichen Spam-Versuch mit ein, sondern alle Seiten und alle Spam-Typen. Hier sollte man als Privatperson gegebenenfalls auf professionelle Unterstützung setzen, um wirklich sicher zu sein, dass alles Notwendige korrigiert wurde.

Im nächsten Schritt müssen Sie dem Suchmaschinen-Betreiber mitteilen, dass der Spam entfernt wurde. Dieser sogenannte *Reinclusion Request* wurde lange Zeit bei Google per E-Mail gestellt. Das Verfahren wurde jedoch inzwischen standardisiert und muss nun über die Google Webmaster-Tools gestellt werden.

Hierzu muss zunächst ein Webmaster-Tools-Account vorhanden sein; und die betreffende Domain muss verifiziert werden, damit Google sicherstellen kann, dass Sie der Eigentümer der Domain sind. Dazu verlangt Google nach einer bestimmten Datei auf der Domain, die Sie als Eigentümer natürlich ohne Probleme erstellen können.

Die Webmaster-Tools erreichen Sie unter *https://www.google.com/webmasters/tools?hl=de*. Dort finden Sie unter dem Punkt Antrag auf erneute Prüfung ein Formular. Zunächst wählen Sie die betreffende Domain aus und bestätigen, dass Sie die Qualitätsrichtlinien gelesen und verstanden haben, den Spam beseitigt haben und auf erneute Spam-Versuche in Zukunft verzichten werden.

Außerdem finden Sie ein ausreichend großes Textfeld, in dem Sie um eine Stellungnahme gebeten werden. Hier bietet es sich an, einsichtig zu sein und dies dementsprechend zu formulieren. Vermeiden Sie die Nennung von geschäftlichen Beziehungen zu Google, wie etwa die Teilnahme am AdWords- oder AdSense-Programm. Die Person, die den Reinclusion Request bearbeitet, interessiert in erster Linie die Tatsache, dass der Spam entfernt wurde und warum es überhaupt zu dem Spam-Versuch kam. Am einfachsten ist es natürlich, wenn Sie selbst zu diesem Zeitpunkt kein tieferes Wissen über die Spam-Techniken hatten und zumindest in leichten Fällen aus Unwissenheit gehandelt haben. Noch einfacher haben Sie es, wenn Sie ein externes Unternehmen mit der Suchmaschinen-Optimierung beauftragt haben und diesem den Schwarzen Peter zuspielen können.

Wenn der Spam entfernt wurde und Sie ausreichend Einsicht gezeigt haben, wird dem Reinclusion Request in der Regel nach einer erneuten Prüfung durch einen Google-Mitarbeiter stattgegeben und Ihre Seite befindet sich wieder im Index.

Erfahrungsgemäß finden die Bearbeitung und die Wiederaufnahme innerhalb einer Zeitspanne zwischen 10 und 100 Tagen statt. Dies hängt jedoch stark von der Anzahl der Spam-Reports sowie der Schwere des Spam-Versuchs ab. In schwerwiegenden Fällen müssen Sie zudem mit nachträglichen Strafen rechnen, die sich in einer Reduzierung des Pageranks oder einer Minderung der Ranking-Position zeigen können.

Außerdem wird Ihre Domain intern im Suchmaschinen-Index markiert, sodass Sie bei einem erneuten Spam-Verstoß mit einer weitaus geringeren Chance für eine Wiederaufnahme rechnen können. Schließlich haben Sie zumindest bei Google bereits bei dem ersten Spam-Vorfall versichert, auf Spam-Versuche in Zukunft zu verzichten.

> »Vertrauen ist gut, Kontrolle ist besser.«
> – Volksmund

11 Monitoring und Controlling

Das World Wide Web ist ein äußerst dynamisches Medium. Minütlich ändern sich die Inhalte, es werden Seiten verschoben oder gelöscht. All dies hat einen direkten Einfluss auf die Indizes der Suchmaschinen. Um die Aktualität des Datenbestandes zu sichern, müssen alle erfassten Ressourcen in regelmäßigen Abständen auf ihren Zustand und eventuelle Veränderungen hin überprüft werden. Ist ein Dokument nicht mehr erreichbar, wird es sofort aus dem Bestand entfernt, um die vergeudeten Ressourcen wieder freizugeben.

Der Webautor muss daher sicherstellen, dass seine Seiten zu jeder Zeit auf dem Server verfügbar sind. Dabei kann man nicht ständig vor einem Computer sitzen und darauf achten, dass die Webseiten erreichbar sind. Dieses Beobachten (Monitoring) kann auf unterschiedliche Weise geschehen und besitzt weit mehr Facetten als die bloße Erreichbarkeit des Servers. Hierzu stehen manuelle sowie automatische Dienste zur Verfügung.

Das Sicherstellen der Verfügbarkeit ist eine notwendige, jedoch nicht hinreichende Voraussetzung, um den Erfolg einer Optimierung zu sichern. Oftmals gelingt es nicht auf Anhieb, bereits beim ersten Optimierungsversuch auf die besten Plätze zu kommen. Insbesondere bei Webautoren, die neu im Bereich der Optimierung sind, ist dies in der Regel zu beobachten. Hier darf man nicht verzweifeln – Tuning ist angesagt. Die getätigten Veränderungen an den Webseiten sind offensichtlich nicht optimal genug. Man sollte an dieser Stelle von einem blinden oder gar übertriebenen Optimieren absehen. Viele Webautoren verlieren erfahrungsgemäß die Motivation, die Webseiten weiter zu pflegen und die Optimierung zu verbessern. Leider ist in diesen Fällen dann auch die Vorarbeit vergebens. Suchmaschinen sollten vielmehr als ein reflektierendes Verfahren angesehen werden, das zwischen Beobachten und Anpassen wechselt.

Es ist demnach ein absolutes Muss, ständig nach dem Rechten zu sehen und die eigenen Bewertungen innerhalb der Ergebnislisten zu kennen. Selbst eine Top-Position kann nach Veränderungen in den Bewertungskriterien einer Suchmaschine plötzlich schlechter abschneiden. Das permanente Kontrollieren der eigenen Position und das Finden möglicher Ursachen für ein unbefriedigendes Ranking fasst man unter dem Begriff *Controlling* zusammen.

Daher soll an dieser Stelle ein dringender Rat und Appell gegeben werden. Lassen Sie Ihr »Kind« nicht allein! Die Webseiten-Optimierung ist kein einmaliger Vorgang, sondern besteht aus einem Kreislauf von Veränderungen und dem Beobachten der Auswirkungen. Dieses mittel- bis langfristige Denken ist auch die Grundlage für die Verbesserung der eigenen Optimierungsweise. So können beispielsweise verschiedene Varianten an diversen Dokumenten ausprobiert werden. Ein Überprüfen des Ergebnisses und ein entsprechendes Nachjustieren können zu dem optimalen Mix an Relevanzkriterien führen, der Ihre Website in den oberen Bereich der Ergebnislisten bringt.

Die Formen des Monitorings und Controllings sind dabei vielfältig und beziehen sich im Ganzen betrachtet nicht nur auf das Thema Suchmaschinen-Optimierung. Im Folgenden lenke ich jedoch Ihr Augenmerk insbesondere auf die für Suchmaschinen relevanten Punkte.

11.1 Server-Monitoring

Die Voraussetzung dafür, dass eine Website gefunden wird, ist deren Erreichbarkeit. Dies gilt gleich in zweierlei Hinsicht. Denn erreicht ein Webcrawler einen Webserver zur Neuindexierung eines Dokuments nicht, so wird kein Webcrawler einen zweiten Versuch starten und den URL aus der Datenbank entfernen. Ähnlich verhält es sich bei einem Wiederbesuch. Hier gelten zwar oftmals weichere Regeln, ist jedoch ein Dokument mehrmals nicht erreichbar, so wird es aus dem Index entfernt. Das ist besonders ärgerlich, wenn aufgrund der bestehenden On- und Offpage-Optimierung bereits ein gutes Ranking erzielt wurde. Insbesondere eingehende Links von außen, welche die Link-Popularity erhöhen, werden im Falle einer Nichterreichbarkeit schnell entfernt. Dies trifft für eine permanente Erreichbarkeit ebenso zu wie für zeitweilige Ausfälle.

Ein Webserver und die darauf befindlichen Ressourcen müssen daher ständig verfügbar sein. Um dies zu überprüfen, empfiehlt sich ein Server-Monitoring. Meist wird eine Software eingesetzt, die in kurzen regelmäßigen Abständen das Antwortverhalten bestimmter Ressourcen oder Protokolle (HTTP, FTP, Ping, DNS, POP, SMTP etc.) überprüft. Bei einem Ausfall wird der Content-Anbieter benachrichtigt. Meist erfolgt dies per E-Mail oder SMS.

Natürlich muss das Server-Monitoring außerhalb des zu überwachenden Servers geschehen. Ebenfalls sollte es sich nicht innerhalb des gleichen Netzwerks befinden. Denn sonst würden bei einem Stromausfall ohne USV (unterbrechungsfreie

Stromversorgung) sowohl der Webserver als auch der Monitoring-Server ausfallen und eine Überwachung sinnlos machen.

In manchen Fällen reicht oftmals ein kleines Script, das die Serververfügbarkeit regelmäßig überprüft. Diese Scripts sind beispielsweise in Perl oder einer anderen Script-Sprache geschrieben und lassen sich für den geübten Anwender relativ leicht installieren. Selbstverständlich gibt es auch in dem Bereich des Server-Monitorings Dienstleister, die diesen Service übernehmen.

Das Server-Monitoring wird häufig insbesondere dann eingesetzt, wenn die unterbrechungsfreie Erreichbarkeit einer Website von entscheidender Bedeutung ist. Bei Anmeldeprogrammen, Online-Banking oder ähnlichen Anwendungen sind hier nicht die Suchmaschinen der ausschlaggebende Faktor, sondern die Kunden. Diese besitzen selten Verständnis für Ausfälle. Dabei ist es erfahrungsgemäß unerheblich, ob es sich bei dem Ausfall um eigenes Verschulden wie zum Beispiel falsch installierte Software oder ein schlecht gewartetes System oder um einen Angriff von außen handelt. Die sogenannten DOS-Attacken (Denial Of Service) zwingen einen Webserver in die Knie, sodass Anfragen nur noch sehr langsam oder gar nicht mehr beantwortet werden können. Dabei werden möglichst viele irrelevante TCP/IP-Pakete an den Webserver gesandt, um diesen mit der Bearbeitung der Eingänge derart zu beschäftigen, dass keine Zeit mehr für die Abarbeitung der eigentlichen Anfragen bleibt. Der Webserver verweigert somit den Dienst oder wird derart überlastet, dass er abstürzt.

Viele Suchmaschinen werten im Übrigen nach einer Anfrage nicht nur die Statuscodes im HTTP-Response aus, sondern verarbeiten auch die Antwortzeit. So ist nicht nur darauf zu achten, dass ein Server erreichbar bleibt, sondern auch darauf, dass er moderate Antwortzeiten liefert. Liegt zu viel Zeit zwischen der Anfrage des Webcrawlers und der Antwort des Webservers, wird das Dokument je nach Suchdienst aus dem Index entfernt oder erhält ein schlechteres Ranking – von der Herabsetzung der Wiederbesuchsfrequenz einmal ganz abgesehen. Kommt ein Webcrawler nicht mehr häufig auf eine Website, werden in der Konsequenz die Änderungen nicht zügig in den Index übernommen. Dies erschwert eine reflektierende Suchmaschinen-Optimierung und wirkt sich erfahrungsgemäß insbesondere bei Websites mit aktuelleren Themen in Form sinkender Besucherzahlen aus.

Dabei können lange Antwortzeiten unterschiedliche Gründe haben. Die erwähnte DOS-Attacke ist dabei eher selten. Häufiger sind Webserver mit einer Flut von legitimen Anfragen schlichtweg überlastet. Ein sprunghafter Anstieg der Besucherzahlen kann beispielsweise aufgrund einer schnell bekannt werdenden Publikation oder eines neuen Produkts entstehen. Ein Webserver verhält sich hierbei nicht viel anders als Ihr Computer zu Hause. Wenn dort zu viele Programme geöffnet sind, wird das ganze System langsamer und alle Prozesse dauern entsprechend länger. Sie sollten daher stets die Leistungsgrenze des Webservers im Hinterkopf behalten, damit es hier nicht zu einer Abstufung durch Suchmaschinen kommt. Gegebenenfalls muss bei einer dauerhaften Überlastung ein neuer Webserver eingebunden werden. Schließlich sind mittlerweile viele Nutzer von schnellen Anbindungen verwöhnt, sodass einer sich zu langsam aufbauenden Seite schnell mit der Zurück-Funktion jegliche Chance zur Informationsübermittlung genommen wird. Daher sollte man bei dem Monitoring auch auf die Antwortzeiten achten.

Ein hierfür geeignetes Tool wird beispielsweise von Internetseer [109] zur automatischen Überprüfung der Erreichbarkeit von einzelnen URLs kostenpflichtig angeboten. Hier werden alle Verweise ausgehend von einer Seite auf Erreichbarkeit, zurückgelieferten Statuscode und Ladezeit hin untersucht.

Neben der technischen Sicht auf den Server gibt es weitere Gründe für die Nichterreichbarkeit eines Dokuments. Insbesondere bei Content-Management-Systemen werden einzelne Seiten, die bereits indexiert wurden, einfach gelöscht oder verschoben. Dabei richtet nahezu kein CMS automatisch einen entsprechenden Redirect auf der Serverebene ein. Hier greift dann die Problematik, die bereits bei einer Umstrukturierung der Website besprochen wurde. Letztlich führt dies auch zum Entfernen des URL aus dem Index. Abgesehen vom Einsatz eines CMS können Dokumente auch absichtlich gelöscht werden, weil die Inhalte nicht mehr relevant oder aktuell sind. Der Webcrawler erhält bei einer Anfrage einen entsprechenden 404-Statuscode (Not Found) zurück – ein todsicheres Zeichen für das Information-Retrieval-System, die Ressource aus dem Datenbestand zu löschen.

Ist ein Dokument jedoch besonders gut gerankt und besitzt es vielleicht sogar eine gute Link-Popularity, sollte man es keinesfalls löschen. Ein Redirect ist hier durchaus angebracht. Alternativ kann die Seite auch bestehen bleiben und innerhalb eines sinnvollen Kontextes umgebaut werden. Die richtige Wahl ist jeweils von den individuellen Faktoren abhängig.

Gelegentlich kommt es vor, dass eine gesamte Domain nicht mehr erreichbar ist. In diesem Fall wird dem Webcrawler ebenso ein Fehlercode zurückgeliefert – und zwar für jedes Dokument dieser Domain. Die Konsequenzen sind bekannt. Neben den seltenen externen DNS-Fehlern, die, wenn sie denn auftreten, meist nicht selbst behoben werden können, sind meistens die nicht bezahlte Jahresgebühr und somit der ablaufende Vertrag die Ursache für eine Abschaltung einer Domain. Speziell Webautoren mit etlichen Domains verlieren mitunter die Übersicht, welche Laufzeiten die einzelnen Domains besitzen.

Oftmals wird auch bei der Protokollumstellung von HTTP auf das sichere HTTPS vergessen, dass Suchmaschinen unter dem alten URL nur noch einen 404-Fehler erhalten. Eine entsprechend eingerichtete Weiterleitung kann auch hier Abhilfe schaffen. Die URL-Daten bei den Suchmaschinen werden bei einem permanenten Redirect umgeschrieben, und die vorhandenen Daten zu den jeweiligen Einträgen bleiben somit erhalten.

Die Bedeutsamkeit, einzelne Ressourcen erreichen zu können, steht, wie Sie sehen, der Gesamtverfügbarkeit des Webservers in keinem Punkte nach. Sie sollten daher bei allen Veränderungen der Dateistruktur bedenken, dass bereits indexierte Dokumente mit gegebenenfalls guter Link-Popularity oder Positionierung aus Sicht der Suchmaschinen nicht einfach verschwinden. Redirects oder andere angesprochene Praktiken vermeiden in diesen Fällen allzu große Verluste.

Wie kann man sich letztendlich vor Ausfällen jeglicher Art schützen, die zu negativen Effekten indexierter Dokumente führen? Prinzipiell sollte man bei der Arbeit an der Website Sorgsamkeit walten lassen und nicht unüberlegt die Strukturen verändern. Ein nützliches, selbst angelegtes oder erkauftes Server-Monitoring [110] bietet im Normalfall nicht nur das bloße Überwachen einzelner Protokolle, wie beispielsweise die prinzipielle Antwort eines Webservers auf eine bestimmte IP-Adresse. Vielmehr sollte es möglich sein, einzelne URLs anzugeben, die jeweils einzeln auf die genannten Kriterien hin überprüft werden. Nur bei einer entsprechenden automatisierten Benachrichtigung kann auf Serverausfälle oder versehentliches Löschen oder Verschieben einzelner Ressourcen rechtzeitig reagiert werden. »Schneller sein als die Webcrawler« lautet demnach die Devise.

11.2 Controlling

Das Controlling einer Suchmaschinen-Optimierung kann je nach Webangebot sehr unterschiedliche Formen annehmen. Während ein kommerzieller Anbieter meist genaue Leads definiert hat und entsprechende Konversionsraten zur Erfolgskontrolle seiner Strategien im Bereich der Suchmaschinen-Optimierung und des Suchmaschinen-Marketings besitzt, gelten für kleinere oder private Websites die Besucherzahlen primär als das Maß aller Dinge.

Dabei ist die Beobachtung der Besucher, das sogenannte *Visitor-Tracking*, in beiden Fällen die Grundlage des Controllings. Dabei sind vor allem die folgenden Elemente für das Controlling besonders wertvoll:

- **Action-Tracking**
  Um festzustellen, was Ihre Besucher interessiert und worauf am meisten geklickt wird, ist es hilfreich, bestimmte Aktionen aufzuzeichnen. Die Bandbreite ist dabei groß und beinhaltet einfaches Link-Tracking, das Absenden

von Kontaktformularen, das Anmelden zu Newslettern, das Hinzufügen von Waren in den Warenkorb und so weiter.

- **Kampagnen-Tracking**
  In der Regel wird auf Anzeigen, Banner oder sonstige Werbekampagnen ebenfalls ein Tracking angewendet. Dies kann sowohl für die auf der eigenen Website platzierten Werbemittel geschehen, wie selbstverständlich auch für solche, die auf anderen Webseiten für das eigene Webangebot werben. Oftmals wird das Kampagnen-Tracking von den jeweiligen Werbepartnern angeboten; so stellt beispielsweise Google im Rahmen der AdWords- und AdSense-Programme solche Tracking-Analysen zur Verfügung. Durch eine Analyse des Kampagnen-Trackings lassen sich anschließend Aussagen treffen, wie erfolgreich und rentabel eine Kampagne ist.

- **Suchmaschinen-Referer**
  Für die Suchmaschinen-Optimierung ist es zweifellos äußerst hilfreich zu wissen, mit welchen Begriffen und von welcher Suchmaschine aus die Besucher auf die eigene Seite gekommen sind. Darauf wird im nächsten Kapitel noch näher eingegangen.

- **URL-Referer**
  Über HTTP lässt sich der zuvor besuchte URL nachverfolgen. Dies ermöglicht es zu sehen, woher Ihre Besucher kommen. Insbesondere für die Kontrolle des Link-Buildings ist dies eine sehr nützliche Information.

- **Erstbesuch/Wiederholungsbesuch**
  Durch das Setzen von Cookies ist es in der Regel für jeden Besucher möglich zu erfahren, ob es sich um einen Erstbesuch handelt, oder ob der Besucher bereits zuvor auf der Seite war und wiedergekehrt ist. Insbesondere große Websites wie Amazon oder eBay erstellen so genaue Profile der Besucher und optimieren daraufhin ihre Marketing-Strategien.

- **Pfad-Analyse**
  Nicht nur in Supermärkten sind die Einkaufswege auf die Besucher hin optimiert. Im Web werden die Wege, die ein Besucher auf einer Website geht, oftmals aufgezeichnet und anschließend analysiert. Diese Form des Controllings ermöglicht das Auffinden von Schwachstellen innerhalb der Website. So lassen sich hiermit häufig Seiten identifizieren, die eine hohe Abbruchquote besitzen, worauf dann entsprechend reagiert werden kann.

- **Entry-/Exit-Pages**
  In diesem Zusammenhang steht auch die Analyse der Eintritts- und Austrittsseiten. Mit welchen Seiten beginnen die Besucher auf Ihrer Website und bei welchen Seiten steigen sie wieder aus? Ein Controlling dieser Punkte verrät viel über die Interessen Ihrer Besucher.

- **Besucherinformationen**
  In vielen Fällen ist es auch von Vorteil, nicht nur das Verhalten Ihrer Besucher zu betrachten, sondern auch deren technisches Rüstzeug. Das hilft Ihnen, Ihr Webangebot noch besser auszurichten. So könnte eine Analyse der von Ihren Besuchern gewählten Bildschirmauflösungen beispielsweise enthüllen, weshalb eine rechts außen positionierte Werbung kaum wahrgenommen wird. Ebenfalls können Sie Informationen zu den gewählten Browsern und den zur Verfügung stehenden Webtechnologien (Java, Flash etc.) erhalten.

- **Visits, Page-Impressions und Stickiness**
  Die wohl bekanntesten Kennzahlen im Web-Controlling sind die Anzahl der Besucher (Visits), die Anzahl der Seitenabrufe (Page-Impressions) und die Verweildauer auf den Seiten pro Besuch (Stickiness). Diese Daten sind offensichtlich grundlegende Kennzahlen für den Erfolg Ihrer Website. Denn erst entsprechend zahlreiche Seitenabrufe sichern den Erfolg einer Website.

Das Website-Controlling umfasst in der Regel eine Kombination dieser einzelnen Punkte und ist im größeren Maßstab eine Wissenschaft für sich. Ein regelmäßig und konsequent durchgeführtes Controlling ist erfahrungsgemäß jedoch die notwendige Voraussetzung für den langfristigen Erfolg einer Website.

11.3 Logdateien-Analyse

Die am häufigsten eingesetzte Methode des Controllings ist die Logdateien-Analyse. Eine möglichst gute Position in den Ergebnislisten zu erreichen, ist das Ziel jeder Suchmaschinen-Optimierung. Das ist nun selbstverständlich nichts Neues mehr für Sie. Setzt man allerdings eine Ebene tiefer an, ist das eigentliche Ziel der Optimierung doch im Grunde, die Besucherzahlen einer Website zu fördern und damit die Informationen oder Dienstleistungen zu verbreiten oder sonstige gewünschte Ziele zu erreichen. Die Suchmaschinen-Optimierung ist hier lediglich Mittel zum Zweck. Eine hervorragend optimierte Seite mit der falschen Auswahl an Schlüsselwörtern beispielsweise bringt nicht den gewünschten Erfolg.

Es ist daher, wie bereits mehrfach festgestellt worden ist, notwendig, das Besucherverhalten auf der Website möglichst genau aufzuzeichnen und zu analysieren, um die gewonnenen Erkenntnisse in eine Verbesserung der Website investieren zu können. Das Prinzip, den Benutzer von Seite zu Seite zu begleiten und über seine Aktionen Buch zu führen, wurde bereits unter dem Stichwort *Visitor-Tracking* beschrieben. Dies erfordert meist den Einsatz von Cookies oder SessionIDs und verlangt ferner das Einbinden zusätzlicher Programme. Insbesondere für eine Pfadanalyse sind derartige Aufzeichnungen hilfreich, da der Content-

Anbieter erkennen kann, wie die einzelnen Seitenabrufe sequenziell aufeinander folgen.

In vielen Fällen ist dies jedoch nicht zwingend nötig. Insbesondere für die primären Belange der Suchmaschinen-Optimierung ist das vorhandene Bordmaterial eines normalen Webservers oftmals ausreichend, so lange nicht komplexe Konversionsraten überprüft werden müssen.

Der Webserver führt über die Anfragen (HTTP-Requests) der Clients gewissermaßen Buch und schreibt jeweils eine Zeile pro Anfrage in die Logdatei. Diese Datei ist zunächst eine reine Textdatei und innerhalb der Verzeichnisstruktur des Webservers zu finden.

```
207.46.98.52 - - [18/Jan/2005:12:27:42 +0100] "GET /ueber_uns/⮑
information.html HTTP/1.0" 200 2818 "-" "msnbot/0.3 (+http://⮑
search.msn.com/msnbot.htm)"
84.56.48.18 - - [19/Jan/2005:16:42:50 +0100] "GET /index.html ⮑
HTTP/1.1" 200 1172 "-" "Mozilla/5.0 (Windows; U; Windows NT 5.1; ⮑
de-DE; rv:1.7.5) Gecko/20041108 Firefox/1.0"
```

Das jeweilige Format hängt von dem verwendeten Webserver sowie von der gewählten Einstellung ab. In der Regel findet sich jedoch das oben gezeigte Format. Nach der IP-Adresse des Clients erscheint das genaue Anfragedatum. Der Inhalt des HTTP-Requests wird an dritter Stelle in Anführungszeichen angezeigt und zeigt die Art der Anfrage und den verwendeten URL inklusive der Protokollversion an. Unmittelbar darauf folgt der zurückgelieferte Servercode (in den Beispielen: 200). Die Größe der Datei und die User-Agent-Kennung schließen eine Zeile meist ab.

Für einen Content-Anbieter sind diese Informationen nahezu Gold wert. Denn mithilfe einer derartigen Analyse erhält man detaillierte Informationen über die Anzahl der Besucher, die Zugriffszeiten, beliebte Dokumente und vieles mehr. Eine regelmäßige Betrachtung ist erfahrungsgemäß nicht nur sehr interessant, sondern auch zwingend notwendig. Daher ist insbesondere bei der Anmietung von Webspace darauf zu achten, dass eine solche Logdatei zur Verfügung steht.

Oftmals wird bereits die aggregierte und visualisierte Form der Auswertung angeboten. Natürlich sind die Logdateien bei der enormen Anzahl von Zeilen nicht dazu geeignet, per Hand durchgeschaut zu werden. Denn für jeden Seitenabruf wird eine neue Zeile eingetragen. Es gibt unzählige Tools, die eine Auswertung übernehmen. Dabei gehören die beliebten Tools Webalizer [111] und AWStats [112] zu der Gruppe der frei verfügbaren Projekte. Daneben existieren selbstverständlich auch kostenpflichtige Programme. Jedoch ist insbesondere AWStats für die Zwecke der Suchmaschinen-Optimierung in den meisten Fällen ausreichend, sodass hier auch dieses Open-Source-Produkt exemplarisch für alle anderen stehen soll. Die Auswertungsmöglichkeiten decken sich ohnehin nahezu bei allen Produkten, lediglich die Darstellung variiert von Fall zu Fall.

Auswertungs-Tools setzen voraus, dass sie installiert werden. In der Regel werden die Logdateien direkt auf dem Webserver ausgewertet und in Form einer oder mehrerer HTML-Dateien angezeigt. Oftmals sind jedoch aufgrund serverseitiger Beschränkungen solche Installationen nicht möglich. Das ist zwar ärgerlich, jedoch kein Beinbruch. Unternehmen bieten auch hier ihren Service an. Bei einigen kann man eine abgespeckte Version sogar kostenlos benutzen [113]. Hier muss die Logdatei von dem eigentlichen Webserver auf den Server des Dienstleisters zur Auswertung übertragen werden. Dies stellt jedoch meist kein Problem dar.

Unabhängig davon, in welcher Form oder an welchem Ort die Auswertung der Logdateien geschieht, gibt es eine bestimmte Auswahl an Daten, die für das Marketing und die Suchmaschinen-Optimierung im Besonderen interessant sind. Diese sollen im Folgenden vorgestellt werden.

11.3.1 Anfragen pro Tag und Monat

Die einfachste Form der aggregierten Auswertung ist die Summe der Besuche pro Tag bzw. pro Monat. Eine Betrachtung dieser Zahlen ist von grundlegender Bedeutung. Denn ein Anstieg nach einer Veränderung, sei es eine Marketing-Aktion über PPC-Programme oder eine Onpage- oder Offpage-Optimierung, kann auf einen Erfolg hinweisen. Im Gegenzug können gleichbleibende oder sogar deutlich abnehmende Besucherzahlen ein Zeichen für Fehler oder Probleme sein.

Dabei ist die Unterscheidung zwischen verschiedenen Werten zu beachten, um die Daten korrekt interpretieren zu können. In der Logdatei des Webservers wird der Aufruf eines jeden HTTP-Requests aufgezeichnet. Das bedeutet, dass ein Besucher, der eine Seite beispielsweise dreimal neu lädt, auch drei Einträge generiert, da es sich jedes Mal um einen HTTP-Request handelt. Der Zähler für die Aufrufe dieses bestimmten URL wird im Fachjargon *Page Impression* genannt und würde hier entsprechend um drei erhöht werden. Er repräsentiert sozusagen, wie häufig auf eine Ressource zugegriffen wurde. Diese Angabe findet sich in Abbildung 11.1 in der Spalte »Zugriffe«. Der Unterschied zu den »Seiten« besteht darin, dass mit Zugriffe alle Ressourcen gemeint sind – dementsprechend auch PDF-Dokumente, Grafiken, Videos, Audiodateien oder sonstige Ressourcen. Diese können allerdings in den meisten Produkten herausgefiltert werden. Dementsprechend zeigt die Spalte »Seiten« tatsächlich nur die HTML-Dateien an. Die Anzahl der Page Impressions ist übrigens auch für die Werbeindustrie von Interesse, wenn es um die Besucherzahlen und die davon abhängigen Kosten für das Schalten von Bannern geht.

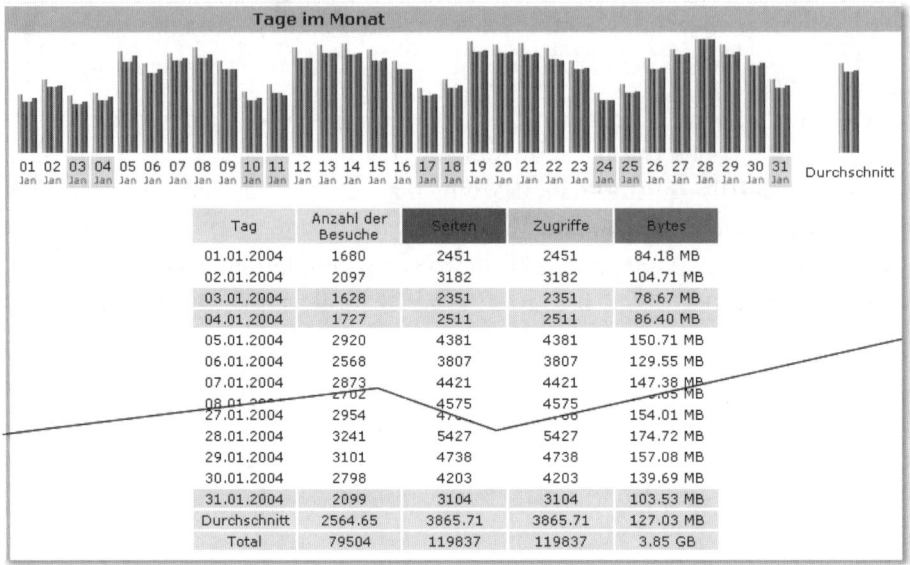

Abbildung 11.1 Summe aller HTTP-Requests pro Tag (gekürzte Darstellung)

Daneben ist die Anzahl einzelner Besuche von Bedeutung. Denn ein Besucher kann durchaus mehrere Seiten und damit auch mehrere Page Impressions erzeugen. Daher muss der Wert der Besucher (Visits) immer niedriger sein. Die Berechnung der Besucherzahl erfolgt über die IP-Adresse. So können alle HTTP-Requests von einer IP-Adresse zusammengefasst werden und zählen daher als ein Visit.

Eine Problematik besteht allerdings im Zusammenhang mit dieser Methode. Denn die meisten Webnutzer wählen sich über einen Internet-Service-Provider in das Internet ein und erhalten aus dessen IP-Adressen-Pool eine freie dynamische IP-Adresse. Diese kann kurz zuvor noch ein anderer Webnutzer besessen haben, der sich jedoch wieder vom Internet getrennt und damit die IP-Adresse freigegeben hat. Falls nun beide Nutzer die gleiche Seite besucht haben, kann aufgrund der identischen IP-Adresse bei der Analyse keine Differenzierung mehr stattfinden. In diesem Fall können daher die tatsächlichen Besucherzahlen höher liegen als die angezeigten. Um diesem Phänomen vorzubeugen, werden oftmals Zeiträume festgelegt, nach deren Ablauf eine gleiche IP-Adresse als erneuter Besuch gezählt wird.

Ferner ist eine weitere statistische Angabe sicherlich auch von Interesse. Über die Angabe der Dateigrößen innerhalb der Logdatei-Einträge wird üblicherweise zusätzlich pro Tag bzw. Monat grob das Transfervolumen angezeigt. Diese Information ist insbesondere für Content-Anbieter von Bedeutung, die einen Webhosting-Vertrag mit Volumenbeschränkung abgeschlossen haben und bei einer Überschreitung einer gewissen Grenze zahlen müssen.

11.3.2 Herkunftsland der Besucher

Die IP-Adresse eines Besuchers lässt noch weitere Schlüsse zu. Die Herkunftsländer der Besucher sind vor allem bei international definierten Zielgruppen ein interessanter Indikator dafür, inwieweit einzelne Länder mit einem Webangebot erreicht werden.

Länder (Top 10) – Gesamte Liste				
Länder		Seiten	Zugriffe	Bytes
United States	us	37147	37147	1.16 GB
European Union	eu	9137	9137	299.56 MB
Germany	de	8800	8800	238.65 MB
Canada	ca	4936	4936	159.26 MB
Netherlands	nl	4754	4754	164.99 MB
France	fr	4545	4545	138.79 MB
Great Britain	gb	4435	4435	156.05 MB
Australia	au	4330	4330	155.87 MB
Italy	it	3676	3676	129.68 MB
Japan	jp	3292	3292	114.10 MB
Sonstige		34785	34785	1.16 GB

Abbildung 11.2   Übersicht über die Herkunftsländer der Besucher

Hierbei ist allerdings zu beachten, wie die Zuordnung der Besucher zu einzelnen Ländern technisch erfolgt. Je nach Analyse-Tool kann man daher die Daten eher nur im Sinne einer Tendenz bewerten.

11.3.3 Seitenbesuche

Eine Liste der meistbesuchten Webseiten findet sich in jeder Auswertung. Hier lässt sich das Interesse der Webnutzer beziehungsweise die Motivation eines Besuchs ablesen. Für jede Datei werden die Zugriffe einzeln angezeigt, sodass auch ein Vergleich möglich ist.

Seiten-URL (Top 10)	Zugriffe	durchschnittl. Größe	Einstiegsseiten	Exit Seiten
35 Unterschiedliche Seiten				
/	106841	35.20 KB	76395	73684
/produkte/profession_kit.html	6342	10.00 KB	710	2954
/jobs.html	889	4.57 KB	90	370
/support/support.html	337	4.18 KB	31	194
/suche.html	91	50.05 KB	49	31
/kontakt.html	87	32.62 KB	68	46
/ueber_uns.html	77	36.22 KB	19	27
/download_portal.html	66	7.24 KB	7	34
/impressum.html	34	41.53 KB	11	21
/telefon_nummern.html	31		31	31
Sonstige	89	35.25 KB	31	49

Abbildung 11.3 Top-Ten der meistbesuchten Seiten

Außerdem lässt sich berechnen, ob eine Seite zu Beginn eines Besuchs abgerufen wird oder am Ende. Entsprechend wird die erste angeforderte Seite als Einstiegsseite definiert, die jeweils letzte Seitenanforderung als Ausstiegsseite (Exit-Seite). Diese Informationen lassen vielfältige Schlüsse auf das Besucherverhalten zu, die in Kombination mit den Seitenbesuchen und dem intendierten Schwerpunkt der Webpräsenz zu wertvollen Erkenntnissen führen. Weichen die Daten von dem eigentlich erwünschten Verhalten der Benutzer ab, muss eine Ursachenforschung betrieben werden, damit die verursachenden Faktoren verändert werden können.

Mögliche Ansatzpunkte sind erfahrungsgemäß vor allem ein ungünstig gewählter oder falscher Dokumenttitel oder unpassende Meta-Angaben. Des Weiteren muss die Wahl der Schlüsselwörter für ein entsprechendes Dokument geprüft werden. Ebenso sollte im Anschluss daran auch die Optimierung der Seite einer sorgfältigen Prüfung unterzogen werden. Dort liegen meist die Gründe dafür, weshalb eine Seite trotz relevanten Inhalts nicht den gewünschten Besucherstrom verzeichnet.

11.3.4 Herkunft der Besucher

Die Top-Einstiegsseiten einer Webpräsenz liefern zwar wichtige Daten, sind jedoch insbesondere für die Offpage-Optimierung nicht ausreichend. Für die Optimierung der Link-Popularity ist es von besonderem Interesse, von wo die Besucher auf die Seiten kommen. Das HTTP erlaubt hierzu die Bestimmung der Herkunft eines Besuchers über den sogenannten *Referer*:

```
Referer: http://www.mindshape.de/produkte/anton.html
```

Hierdurch lässt sich der Erfolg der Verlinkungsstrategie überprüfen. In einer Liste werden die Seiten angezeigt, die einen externen Link auf die eigene Webpräsenz gesetzt haben. An dieser Stelle lässt sich sehr leicht beobachten, wie ergiebig die externe Platzierung eines Verweises für die eigenen Besucherzahlen ist.

Dabei ist zwingend erforderlich, dass die Herkunftsseiten mit entsprechenden Werten versehen sind. Nur so lässt sich auch wirklich abstufen, wie relevant ein Verweis auf einer fremden Seite in der Tat ist. In Abbildung 11.4 wird dazu zusätzlich der relative Anteil in Prozent je externer Seite angegeben.

Diese Informationen lassen wichtige Rückschlüsse auf das gesamte Nutzungsverhalten der Webnutzer zu. Oftmals bestätigt sich hier die Aussage, dass Seiten mit thematisch verwandten Inhalten sehr gut als Link-Partner geeignet sind.

Links von einer externen Seite (keine Suchmaschinen)				
Total: 15755 Unterschiedliche Seiten	Seiten	Prozent	Zugriffe	Prozent
http://sourceforge.net/projects/awstats/	4976	10.3 %	4976	10.3 %
http://blog.elixus.org/cgi-bin/awstats.pl	862	1.8 %	862	1.8 %
http://www.postfix.org/addon.html	768	1.6 %	768	1.6 %
http://freshmeat.net/projects/awstats/	653	1.3 %	653	1.3 %
http://webadminmodules.sourceforge.net	530	1.1 %	530	1.1 %
http://sourceforge.net/forum/forum.php	477	0.9 %	477	0.9 %
http://awstats.org	413	0.8 %	413	0.8 %
http://www.thefreecountry.com/webmaster/loganalyzers.shtml	382	0.7 %	382	0.7 %
http://sourceforge.net/projects/awstats	373	0.7 %	373	0.7 %
http://sourceforge.net/project/showfiles.php	278	0.5 %	278	0.5 %
http://www.awok.jp/archives/000546.php	225	0.4 %	225	0.4 %

Abbildung 11.4 Die Herkunft der Besucher zeigt den Erfolg der externen Verweise.

11.3.5 Besuche über Suchmaschinen

Die Onpage-Optimierung kann auch über die Auswertung der Logdateien bewertet werden. Gute Analyse-Tools trennen daher eingehende Verweise von externen Seiten und Besuchen, die von der Ergebnisliste einer Suchmaschine herrühren. Auch hier ist in der Regel eine absolute und eine relative Aufschlüsselung nach erfolgreich gefundenen Seiten zu finden.

Für die Optimierung sind diese Daten von enormer Bedeutung. Insbesondere bei einer Strategie, die auf ein gutes Ranking innerhalb einer bestimmten Suchmaschine abzielt, muss hier überprüft werden, inwieweit dies von Erfolg gekrönt ist. Befindet sich die gewählte Suchmaschine weit unten, ist die Optimierung offensichtlich nicht erfolgreich verlaufen – zumindest nicht so, wie es für den speziellen Anbieter beabsichtigt war.

Links von einer Internet-Suchmaschine				
41 Suchmaschinen	Seiten	Prozent	Zugriffe	Prozent
Google	18910	91.2 %	18910	91.2 %
Yahoo	712	3.4 %	712	3.4 %
MSN	352	1.6 %	352	1.6 %
DMOZ	180	0.8 %	180	0.8 %
AltaVista	115	0.5 %	115	0.5 %
Alexa	75	0.3 %	75	0.3 %
Unknown search engines	64	0.3 %	64	0.3 %
Yandex	47	0.2 %	47	0.2 %
Baidu	34	0.1 %	34	0.1 %
Dogpile	27	0.1 %	27	0.1 %
AllTheWeb	23	0.1 %	23	0.1 %
MetaCrawler (Metamoteur)	22	0.1 %	22	0.1 %
AOL	22	0.1 %	22	0.1 %
Netscape	20	0 %	20	0 %

Abbildung 11.5 Anzahl der Besuche von einer Suchmaschine

Gleichzeitig zeigt sich hier das Nutzungsverhalten der Webnutzer. Die führenden Suchmaschinen werden aufgrund der hohen Nutzungsfrequenz vermutlich beinahe in allen Auswertungen an oberster Position zu finden sein. Interessant ist diesbezüglich auch das Auftreten von Webkatalogen. Erfahrungsgemäß ist der Katalogeintrag nicht optimal, wenn kein Eintrag in der Auswertung innerhalb der ersten zehn bis 15 Plätze zu finden ist. Dies liegt zumeist an einer schlechten Position des Eintrags im Katalog oder an einer unglücklichen Beschreibung.

Es sei hier noch erwähnt, dass neben den Besuchen über die Suchmaschinen und externen Seiten auch die direkte Eingabe oder der Wiederbesuch über einen Bookmark (Lesezeichen) als Einstieg möglich ist. Diese Zahl muss selbstverständlich zu einer sinnvollen Betrachtung der Herkunft der Webnutzer vergleichend herangezogen werden, um die einzelnen Posten in Relation zueinander interpretieren zu können.

11.3.6 Suchbegriffe

Die Wahl der Schlüsselwörter lässt sich glücklicherweise ebenfalls anhand der Logdateien-Auswertung bewerten. Klickt ein Benutzer auf einen Link innerhalb der Ergebnisliste einer Suchmaschine, enthält der HTTP-Request die gesuchten Begriffe im Referer.

```
83.243.48.2 - - [21/Jan/2005:11:38:45 +0100] "GET / HTTP/1.0" ↵
200 559 "http://www.google.de/search?hl=de&q=ferienpass&meta=" ↵
"Mozilla/4.0 (compatible; MSIE 5.5; Windows 95)"
```

Anhand dieser Angaben lassen sich die verwendeten Schlüsselwörter extrahieren, die zu erfolgreichen Besuchen über die Suchmaschinen geführt haben.

Diese Angaben lassen sich je nach Analyse-Tool für die einzelnen Suchdienste und Seiten separat anzeigen. In dieser Kombination ist es dem Webautor möglich, den Erfolg der Schlüsselwort-Strategie zu überprüfen. Sind hier die erwünschten Ziele nicht erreicht, muss eine Veränderung bei der Optimierung der betreffenden Seiten stattfinden.

Suchausdrücke (Top 10) Gesamte Liste				Suchbegriffe (Top 10) Gesamte Liste		
3576 verschiedene Suchbegriffe	Häufigkeit	Prozent		1003 Suchbegriffe	Häufigkeit	Prozent
mindshape	10813	54,8 %		mindshape	11482	28,5 %
webdesign trier	281	1,4 %		logo	4025	10 %
anton ferienpass	240	1,2 %		webdesign	2780	6,9 %
corporate design	234	1,1 %		erlhofer	2063	5,1 %
werbeagentur suche	159	0,8 %		anton	1991	4,9 %
web agentur	145	0,7 %		angebote	1213	3 %
günstige angebote	130	0,6 %		werbeagentur	1207	2,9 %
anmelde software	105	0,5 %		agentur	1053	2,6 %
cms typo3	89	0,4 %		trier	1030	2,5 %
website optimierung	89	0,4 %		freiburg	1013	2,5 %
Weitere Suchausdrücke	7440	37,7 %		Weitere Suchbegriffe	12391	30,7 %

Abbildung 11.6 Schlüsselwörter, die Besucher auf die Website brachten

11.3.7 Sonstige Informationen

Neben diesen Daten lassen sich weitere Informationen über die Besucher herausfiltern. Dabei haben manche Daten, wie beispielsweise die verwendete Bildschirmauflösung, allerdings keinen Einfluss auf die Suchmaschinen-Optimierung an sich, sondern vielmehr auf die Usability eines Angebots. Ähnliches gilt für Feature-Angaben, wie viele Browser der Besucher JavaScript, Flash oder sonstige Funktionen aktiviert hatten. Im Sinne einer Browser-Optimierung zeigt eine Liste der meistverwendeten Browser die Tendenz der Besucher an. Allerdings sollte man sich bei derartigen Angaben eher auf allgemeine Tendenzen verlassen.

Interessanter ist hingegen eine Anzeige der HTTP-Fehlercodes. In einer Liste lassen sich so beispielsweise alle Anfragen anzeigen, auf die ein 404-Code als Rückmeldung erfolgte. Hier entdeckt man oftmals vergessene URLs, die bei der Einrichtung einer Umleitung übersehen wurden.

Ferner wird mit der Aufenthaltsdauer versucht, die Seitenabrufe in Relation zueinander zu setzen. So ist sicherlich ein einziger Seitenbesuch von mehreren Minuten wesentlich wertvoller als zwanzig Abrufe mit der Dauer von einer Sekunde. Diese Tatsache spielt jedoch erstaunlicherweise bei der Zählung der werberelevanten Page Impressions keine Rolle. So liefern alle großen Online-Angebote nur die reinen Seitenaufrufe an die IVW. Diese Daten stellen sozusagen die Währung für geschaltete Bannerwerbung dar. Je mehr Impressions es gibt, desto mehr ist eine Seite für die Platzierung von Werbung wert – unabhängig von der tatsächlichen Aufenthaltsdauer der Besucher. Eine Betrachtung der Dauer ist aber auch losgelöst von Werbegesichtspunkten ergiebig. Im günstigsten Fall wird eine durchschnittliche Verweildauer pro Seite berechnet, sodass sich hier Aussagen über das Leseverhalten der Besucher machen lassen.

Neben den tatsächlichen Besuchen werten beinahe alle Tools HTTP-Requests von Webcrawlern gesondert aus. Eine Übersicht zeigt dementsprechend die absolute Häufigkeit des Besuchs, aufgeschlüsselt nach den einzelnen Crawlern, an. Leider bieten nur sehr wenige Tools die Anzeige, in welcher Frequenz die Besuche erfolgten. Lediglich das Datum des letzten Zugriffs wird meistens berücksichtigt. Hier könnte ein Blick in die Logdatei selbst ausnahmsweise detailliertere Informationen über die Frequenz und das Crawl-Verhalten liefern.

11.4   Website-Tracking am Beispiel von Google Analytics

Eine mittlerweile sehr beliebte und häufig eingesetzte Variante des Website-Trackings basiert nicht mehr auf den Logdateien des Webservers, sondern funktioniert direkt über die Zählung der Webseiten-Aufrufe. Dazu muss ein Code auf jeder Seite eingefügt werden. Bei einem Aufruf wird ein externer Zähler aktiviert, der gleichzeitig alle relevanten Daten, die Sie oben bereits kennengelernt haben, mit erhebt.

Auf dem Markt gibt es unzählige Anbieter mit ebenso unzähligen Paketen unterschiedlichsten Umfangs. Ein sehr weitverbreitetes Paket ist *Google Analytics*. Google kaufte Anfang 2005 die Web-Analyse-Software Urchin und baute sie zu Google Analytics aus. Im Mai 2007 wurde dann die zweite Version vorgestellt, die unter anderem eine individualisierbares Dashboard, eine E-Mail-Versandtoption und deutlich verbesserte und detailliertere Visualisierungen bietet. Seitdem wird Google Analytics ständig ausgebaut. Zu Beginn benötigte man zur Teilnahme noch eine Einladung. Mittlerweile ist das Tool kostenlos für Jedermann nutzbar. Für AdWords-Kunden ist die Beschränkung von fünf Millionen Pageviews monatlich sogar aufgehoben.

11.4.1   Einbindung

Die Auswertungsstrategie unterscheidet sich in den Grundlagen beim Website-Tracking nicht wesentlich von der Logdateien-Analyse. Jedoch liefert das Tracking meist wesentlich mehr Informationen, da der Seitenzugriff über JavaScript getrackt wird und damit detailliertere Informationen zur Verfügung stehen. Die Einbindung würde bei Google Analytics wie folgt auf einer Webseite aussehen:

```
<script type="text/javascript">
   var gaJsHost = (("https:" == document.location.protocol) ? "https
://ssl." : "http://www.");
document.write(unescape("%3Cscript src='" + gaJsHost + "google-
analytics.com/ga.js' type='text/javascript'%3E%3C/script%3E"));
</script>

<script type="text/javascript">
   var pageTracker = _gat._getTracker("UA-4711-1");
   pageTracker._initData();
   pageTracker._trackPageview();
</script>
```

Dabei bezeichnet ein eindeutiger Code (hier: UA-4711-1) die Website; das Tracking-Tool weiß damit, um welche Website es sich handelt.

11.4.2 Einsatzmöglichkeiten des Website-Trackings

Obwohl die Datengrundlage es erlauben würde, bietet Google Analytics keine Möglichkeit, einzelne Besucher live zu tracken und deren Klickpfade zu verfolgen. Der Anbieter eTracker wirbt hingegen mit »Echtzeit Web-Controlling statt Logfile-Analyse«.

Die meisten Website-Tracking-Tools bieten zahlreiche Features, die normale Logdateien-Analyse im Schatten stehen lassen. So gibt es beispielsweise grafische Heatmaps mit Klickraten, um festzustellen, welche Links populär sind und welche nicht. Mit einem Landkarten-Overlay wird ein visuelles Geo-Targeting ermöglicht. Insbesondere bei multinationalen Websites erhält man damit ein sehr gutes Mittel, um die Besucherherkunft geografisch zu verorten.

Interessant ist vor allem bei Google Analytics die Möglichkeit, die Daten der Besucher mit den Daten aus den laufenden AdWords-Kampagnen abzugleichen. Google wie auch andere Anbieter machen es auch möglich, Leads zu definieren. Sie veranschaulichen dabei die Kundenkontakte, die zu einer Konversion führen, über eine Trichter-Visualisierung (Funnel Path): Legt man ein Lead als Ziel fest (beispielsweise den Kauf eines Produkts oder den Download eines PDF-Dokuments) und bestimmt außerdem, welchen vordefinierten Weg (Funnel) die Nutzer dorthin gehen sollen, so zeigen die Tracking-Tools anschließend die Ein- und Ausstiegspunkte der Nutzer sowie die Konversionsrate an. Diese und ähnliche Auswertungen lassen über die Suchmaschinen-Optimierung hinaus vor allem auch Schlüsse über mögliche Usability-Mängel zu.

11.4.3 Website-Tracking für unterschiedliche Website-Typen

Die große Menge vorhandener Möglichkeiten macht es vor allem Einsteigern schwer, die Flut an Informationen sinnvoll miteinander zu verknüpfen und auszuwerten. Häufig wird Visitor-Tracking dann reduziert auf Aussagen wie »Diesen Monat hatten wir 231 328 Page Visits und über 9,4 Millionen Page Impressions auf unseren Seiten«. Diese beiden Zahlen waren bislang die »Währung« in der Online-Werbebranche. Meistens werden Bannerplätze über den TKP (Tausend-Kontakt-Preis) gehandelt. Für jeweils 1000 Page Visits zahlt der Werbekunde einen festgelegten Preis. Mit der zunehmenden Verbreitung von AJAX kommen solche Daten allerdings ins Wanken, da verschiedenste Inhalte ohne das Neuladen von kompletten Seiten (das entsprach bislang einer Page Impression) angezeigt werden können.

Möchte man effektives Visitor-Tracking durchführen, sind diese Kennwerte ohnehin nur ein Stück des Kuchens. Hier unterscheidet sich recht schnell der flüchtige Blick auf die Visits von der intensiven Nutzung einer Website-Tracking-Applikation als mächtiges Werkzeug für das Controlling.

Häufig wird zudem nicht bedacht, dass unterschiedliche Webangebote auch individuelle Herangehensweisen bei der Analyse erfordern. Stellen Sie sich lediglich die unterschiedlichen Anforderungen bei den drei folgenden Website-Typen vor: eine klassische E-Commerce-Site, eine Service-Seite eines Unternehmens und ein Weblog ohne kommerzielle Interessen.

Bei einem *Online-Shop* ist das Ziel klar definiert. Die Waren sollen verkauft werden. Das Traumziel eines jeden Shop-Betreibers ist eine Konversionsrate von 100 Prozent. Das heißt, jeder Besucher der Website kauft auch ein Produkt. In Wirklichkeit liegen Konversionsraten nicht derart hoch. Je nach Branche und Angebot liegt der Wert im Mittel zwischen 0,3 und 20 Prozent.

Gerade im E-Commerce müssen häufig Berichte an andere Abteilungen oder die Marketing-Abteilung geliefert werden, um eine Optimierung zu planen. Dabei können nicht alle Daten eines Visitor-Trackings in voller Breite vorgestellt werden. Meistens werden besonders zentrale Werte in Form einer Powerpoint- oder Excel-Präsentation vorgestellt. Diese zentralen Daten sind die sogenannten Key Performance Indicators (KPI). Es gibt sicherlich hundert denkbare Daten, die als KPI dienen können. Ein häufig genutzter KPI im Bereich des E-Commerce ist der New Customer On First Visit-Index. Man berechnet den Index, indem man den relativen Anteil am Umsatz der neuen Besucher (New Visitor) durch den relativen Anteil von Besuchen von neuen Besuchern berechnet.

Wie berechnet sich ein KPI für die Besucher? Sieht man anhand der Auswertungen, dass 91,35 % aller Nutzer neue Besucher sind und setzt das in Relation zum

Umsatz der neuen Besucher (32,5 %), so kann man den KPI ausrechnen: In diesem Fall wäre der New Customer On First Visit-Index: 32,5 / 91,35 = 0,36.

Ein Index-Wert von 1,0 sagt aus, dass neue und wiederkehrende Nutzer die gleiche Wahrscheinlichkeit besitzen, einen Kauf zu tätigen. Ein Wert unter 1,0 besagt, dass ein neuer Besucher eine geringere Wahrscheinlichkeit besitzt, einen Kauf zu tätigen, als ein wiederkehrender Nutzer. Dies ist auch im oberen Beispiel der Fall.

Ein solches Ergebnis sollte zum Anlass genommen werden, um einerseits die Zahl der wiederkehrenden Nutzer zu steigern (denn diese besitzen eine höhere Konversionsrate). Andererseits sollte analysiert werden, warum neue Besucher nicht so häufig Produkte im Online-Shop kaufen. Vielleicht müssen hier die PPC-Werbekampagne besser ausgerichtet, die Ergebnisse der Keyword-Recherche und Keyword-Optimierung überprüft oder gar die Usability überprüft und gesteigert werden.

Das Beispiel veranschaulicht schön, wie man anhand ständigen Controllings vor allem im Bereich der Neukundenakquise Optimierungspotenziale aufdecken kann. Insbesondere hier kommt ohne Zweifel die Suchmaschinen-Optimierung als das Mittel schlechthin zur Neukundengewinnung ins Spiel.

Google Analytics unterstützt neben dem reinen Visitor-Tracking auch das Erfassen von E-Commerce-Transaktionen. Das System erkennt dabei clientseitig gesendete Daten wie Transaktions- und Produktinformationen beim Kauf einer Ware aus einem Onlineshop. Dazu müssen Sie das Optionsfeld »E-Commerce-Website« in Ihrem Profil aktiviert haben und einen entsprechenden Tracking-Code in ein verstecktes Formularfeld auf der Shop-Seite einbauen. Anschließend können Sie so beispielsweise die Performance einzelner Produkte oder Warengruppen überprüfen.

Der Bereich E-Commerce ist ohne Frage der Klassiker unter den Tracking-Anwendungen. Das obige Beispiel sollte Ihnen verdeutlichen, dass man aus den Analysedaten weit mehr herausholen kann als lediglich die Anzahl der Visits.

Bei einer *Support-* oder *Service-Website* eines Unternehmens zählen jedoch ganz andere Dinge. Hier kommt es darauf an, den Besucher möglichst schnell ans Ziel zu führen und ihm für ein konkretes Problem eine Lösung anzubieten. Sei es ein technisches Problem mit einem Gerät, einer Software oder etwa der Suche nach einer Kontaktadresse in der Stadtverwaltung.

Die Anzahl der durchschnittlichen Page Impressions pro Besucher ist hier negativ zu interpretieren. Denn je länger der Nutzer klicken muss, desto länger zieht sich die Problemlösung hin und desto unzufriedener wird er. Über die Page Impressions oder Page Visits kommt man hier also nicht sehr weit. Vielmehr müssen andere Daten genutzt werden, die für eine Performance-Prüfung einer Support-Seite hilfreich sein können:

- **Besuchertreue**
  Hier erfahren Sie, wie oft Nutzer wiederkehren. Für eine Support-Seite sollten die Nutzer in den meisten Fällen nur ein Mal, nämlich bei einem konkreten Problem, wiederkehren.

- **Besuchstiefe**
  Sind zu viele Besucher in tief liegenden Ebenen der Seite unterwegs, ist das ein Zeichen dafür, dass Inhalte nicht sofort gefunden werden. Die Navigationsarchitektur muss offensichtlich dringend verbessert werden.

- **Besucherlänge**
  Verständlicherweise soll die Lösung eines Problems möglichst rasch erfolgen. Daher ist eine kurze Verweildauer auf den Seiten bei einer Support-Seite im Vergleich zu einer Nachrichtenseite wünschenswert. In der folgenden Abbildung ist erkennbar, dass über 80 Prozent der Besucher zwischen 31 und 60 Sekunden auf der Seite verweilen. Dies ist ein sehr guter Wert für eine Support-Seite.

- **Gesuchte Keywords**
  Häufig suchen Nutzer bei Problemen nicht direkt bei dem Hersteller Rat, sondern wenden sich zunächst an das gesamte WWW – natürlich mithilfe von Suchmaschinen. Daher sind für eine Support-Seite die Herkunft der Nutzer und die genutzten Begriffe relevant. Auf diese Weise können Sie relevante Keywords aufdecken und gleichzeitig überprüfen, inwieweit diese auf der Support-Seite inhaltlich bereits abgedeckt sind. Falls für ein häufig gesuchtes Produkt beispielsweise keine oder nur sehr wenige Informationen zu finden sind, sollten Sie diese im Sinne der Kundenzufriedenheit ergänzen.

Bei Website-Typen wie der Support-Seite können ebenfalls Konversionsraten genutzt werden. Eine Konversion wäre hier zum Beispiel das Aufrufen des Support-Formulars. Dies kann dahingehend interpretiert werden, dass der Nutzer keine Antwort auf der Website gefunden hat und direkte Hilfe benötigt. Über die Trichter-Visualisierung kann zudem analysiert werden, welche Wege der Nutzer zuvor versucht hat.

Bei nichtkommerziell orientierten Seiten wie etwa bei *privaten Weblogs* kann man in der Regel nur schwer ein Ziel definieren. Hier sollen in erster Linie Artikel gelesen und Meinungen ausgetauscht werden. Daher wird häufig das Kommentieren von Artikeln als Lead genutzt. Die Tracking-Tools liefern hier jedoch noch weitere Ansätze, um ein Tracking bei Weblogs durchzuführen. So zeigt etwa die

Liste unter »Beliebteste Zielseiten« im Bereich »Content« mehr als nur die bloßen Seitenzugriffe. Die Ein- und Ausstiegsseiten können genutzt werden, um die von den Besuchern wahrgenommenen Schwerpunkte Ihrer Website zu identifizieren und neue Interessensbereiche aufzubauen. Vor allem für Weblogs mit einem überregionalen Bezug ist das »Karten-Overlay« im Bereich »Besucher« interessant. Hier erhält man zumindest eine grobe Auskunft darüber, woher die Besucher stammen.

Diese kurze Gegenüberstellung der drei Website-Typen zeigt bereits, dass unterschiedliche Anforderungen an das Controlling existieren. Den richtigen Mix an Daten und Auswertungen gilt es, für jede Website jeweils individuell zu bestimmen. Nur so kann man Controlling als mächtiges Werkzeug nutzen und damit den Erfolg und die Sichtbarkeit der Website steigern.

11.4.4 Datenschutz

Beim Website-Tracking durch einen externen Anbieter entstehen bestimmte Probleme, die bei einer reinen Logdateien-Analyse gar nicht erst auftreten: Sie geben die Daten Ihrer Nutzer – die IP-Adresse, die eingegebenen Suchbegriffe, verwendete Browser und Bildschirmauflösung usw. – an einen externen Anbieter. Besonders heikel wird es fraglos, wenn der Anbieter wie im Falle von Google Analytics seinen Hauptsitz im Ausland hat und damit die Frage entsteht, welches Datenschutzrecht Anwendung finden muss.

Natürlich ist Google Analytics nicht das einzige Remote-Tracking-System auf dem Markt. Aber die kostenlose und einfache Einrichtung macht es für viele Nutzer besonders im privaten und mittelständigen Einsatz attraktiv. Google stellt den Service selbstverständlich nicht ganz ohne Eigennutz zur Verfügung. Die gewonnen Daten verbleiben in den Händen von Google – und dies gleich in zweifacher Hinsicht. Unter anderem erhält Google somit Einsicht in die Besucherzahlen und Besucherflüsse auf den einzelnen Webseiten. Diese Zahlen könnten ohne Probleme in die Relevanzbewertung bei einer Suchanfrage mit eingebunden werden. Getreu dem Motto: Eine Website mit ohnehin vielen Besuchern zum Thema Wok-Rezepte kann bei einer entsprechenden Suche über die Suchmaschine höher gelistet werden als eine weniger gut frequentierte Seite. Hierzu gibt es aber noch keine Hinweise, sodass sich die Verquickung der Datenbestände (derzeit noch) lediglich im Reich der Mythen und Märchen befindet.

Doch auch die Daten der einzelnen Nutzer werden eifrig gesammelt. So wird das Profil eines Nutzers – identifizierbar über seine IP-Adresse und Cookies – immer umfassender. Google lernt seine Nutzer mit jedem Klick besser kennen. Die Interessen, Surf-Gewohnheiten, die Verweildauern über mehrere Webseiten hinweg, die virtuellen Einkäufe und dabei getätigten Kosten, nicht zu vergessen die E-Mails über GMail sowie selbstverständlich auch die Suchanfragen über die Suchmaschine werden inzwischen festgehalten und gespeichert. Das alles dient dem Bereich, der derzeit über 70 Prozent des Umsatzes bei Google gemacht, nämlich dem Verkauf von Werbung. Diese lässt sich verständlicherweise noch besser vermarkten, wenn man die Nutzer kennt und die Produkte direkt und zielgruppenspezifisch an den Mann oder an die Frau bringen kann. Ist Google also mittlerweile eine Datenkrake? Das einstige Saubermann-Image verschwindet zumindest zusehends.

In den Terms of Service liest man, dass es untersagt ist, persönliche oder identifizierende Informationen der Besucher an Google Analytics zu übermitteln. Dies betrifft also beispielsweise Kundennummern, Adressen oder Namen als Parameter in URLs oder Links. Ein Webmaster, der den Analytics-Dienst nutzt, ist verpflichtet, seine Nutzer auf das Tracking hinzuweisen:

» Sie sind ferner verpflichtet, an prominenten Stellen Ihrer Website eine sachgerechte Datenschutz-Policy zu dokumentieren (und sich an diese zu halten).«

In der Datenschutz-Policy erklärt Google, dass die einzelnen IP-Adressen nicht mit anderen Google-Daten in Verbindung gebracht werden. Inwieweit aber Cookies oder Ähnliches zur Identifikation genutzt werden, wird allerdings nicht gesagt.

Es bleibt letztlich jedem Einzelnen überlassen, ob er die Daten seiner Besucher in das Google-Universium geben möchte. Seitens der Nutzer besteht zumindest bislang nur ein geringes Bewusstsein für die Menge der gesammelten Daten. Und die Webmaster scheinen dies auch nicht fördern zu wollen, denn nach der Datenschutz-Policy sucht man auf vielen Webseiten, welche Analytics nutzen, vergebens.

11.5 Rank-Monitoring

Die Messung der eigenen Rangposition, das Rank-Monitoring, ist neben der Analyse des eigenen Besucherverkehrs ein zentrales Element bei der reflexiven Betrachtung der Optimierung. Denn die Besucherzahlen und die Rangposition hängen unmittelbar zusammen. Daher ist das Rank-Monitoring oftmals ein sinnvoller Schritt, falls Seiten von Webautoren Einbrüche in den Besucherzahlen verzeichnen. Leider ist es dann meist schon zu spät für eine angemessene Reaktion. Daher sollte man das Rank-Monitoring nicht nur als Ursachenforschung betreiben, sondern sich mit seiner Hilfe regelmäßig über die eigene Position innerhalb der Ergebnislisten informieren.

Dies kann wiederum manuell oder automatisch geschehen. Insbesondere bei kleineren Websites lohnt sich erfahrungsgemäß der Aufwand einer manuellen Recherche. Dazu gibt man in eine Suchmaschine die Schlüsselbegriffe ein, auf die hin das zu untersuchende Dokument optimiert wurde. Anschließend zählt man dessen Rangposition. Der Einsatz einer Tabelle, in der die Positionen für jedes Dokument bei den verschiedenen Suchmaschinen eingetragen werden können, hat sich hierbei als sinnvoll erwiesen. So erhält man einen Überblick über den Verlauf der Positionierung. Zusätzlich können hier Notizen zu getätigten Optimierungen festgehalten werden, sodass über einen längeren Zeitraum die Auswirkung auf die Rangposition deutlich wird. Die hieraus gewonnenen Erkenntnisse kann man später auf weitere Seiten oder andere Webpräsenzen übertragen.

Die manuelle Betrachtung der Position bringt noch einen weiteren entscheidenden Vorteil mit sich. Bei der Suche nach dem eigenen Eintrag wird ein Webautor unwillkürlich auch die besser platzierten Einträge wahrnehmen. Hier lohnt sich ein genauerer Blick. Welche Titel werden verwendet? Welche Dateinamen treten auf? Dies kann durchaus auch genauer untersucht werden, indem man sich den HTML-Code einer Konkurrenzseite anschaut und versucht, hieraus Erkenntnisse für die eigene Optimierung zu gewinnen. Hierbei hilfreiche Tools zur Bestimmung der Keyword-Dichte und ähnlicher Faktoren wurden bereits angesprochen.

Bei größeren Webauftritten können nicht alle einzelnen Webseiten derart überprüft werden. Vielmehr sollte man sich in diesem Fall auf die relevanten Seiten konzentrieren. Für eine reine Auswertung der Position stehen automatisierte Verfahren zur Verfügung. Bei *www.rank-monitor.de* (Abbildung 11.7) werden beispielsweise die URLs mit den zugehörigen Begriffen angegeben. Die Web-Software fragt anschließend automatisch bei Google an und stellt die Ergebnisse in einer entsprechenden Form dar.

Die Bandbreite der Tools reicht hier von umfangreichen und teuren Programmen bis hin zu freien und kostenlosen Online-Tools [114]. Komplexere Produkte erlauben ferner die Betrachtung bestimmter Konkurrenzseiten [115] oder mehrerer Suchmaschinen.

Allerdings müssen Sie bei der lokalen Anwendung solcher Programme bedenken, dass Ressourcen der Suchmaschinen zusätzlich beansprucht werden. Denn es wird eine Suchanfrage bei vielen Suchmaschinen gestartet, wie sie ein menschlicher Nutzer in der Geschwindigkeit nicht durchführen könnte. Die Anfrage reduziert die für reale Nutzer zur Verfügung stehenden Ressourcen eines Suchdienstes. Daher reagieren diese ähnlich empfindlich wie bereits bei den automatischen Anmelde-Tools. Google weist explizit darauf hin, dass man von der Verwendung von Ranking-Tools absehen soll.

11 | Monitoring und Controlling

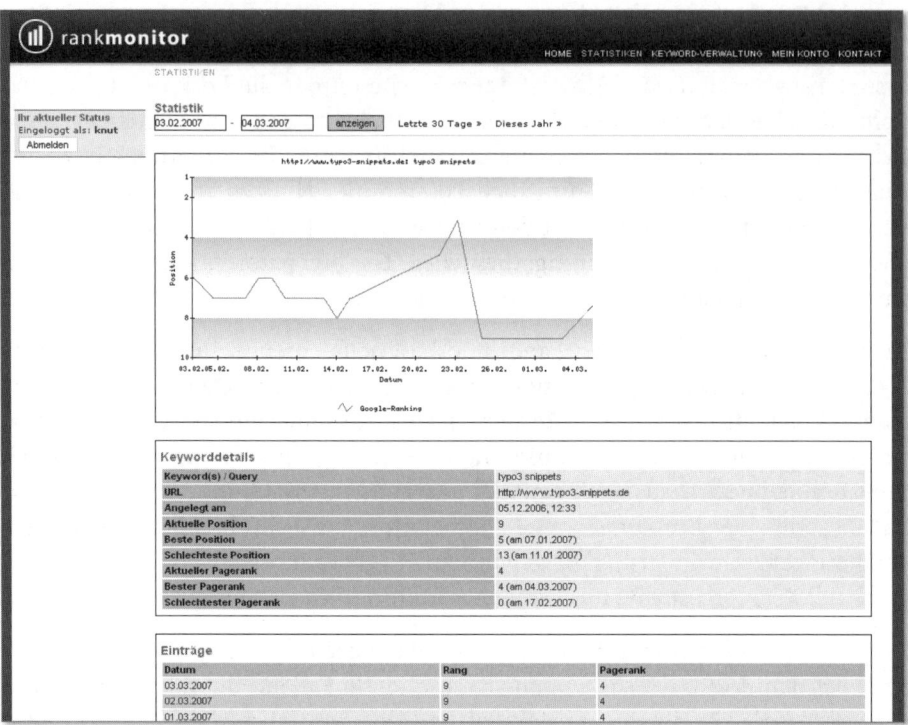

Abbildung 11.7   Rankmonitor liefert detaillierte Informationen über die Position.

Ist es möglich, die Anwendung eines solchen Tools zu identifizieren, wird die Bearbeitung seitens der Suchmaschinen immer häufiger abgelehnt. Eine übertriebene Form der Anwendung solcher Programme führt unter Umständen sogar dazu, dass die betreffenden URLs aus dem Index entfernt werden, da dieses Verhalten als eine Form von Spam angesehen wird.

Ein moderater Einsatz bleibt jedoch erfahrungsgemäß ohne Konsequenzen. Google stellt diesbezüglich sogar eine Schnittstelle für Programmierer dar. Das API (Application Programming Interface) erlaubt einen direkten Zugriff auf die Google-Datenbank [116]. Die Anfragen sind allerdings auf eine gewisse Anzahl pro Tag beschränkt. Aus diesem Grund sind viele Lösungen im Web, die auf dieser Schnittstelle basieren, meistens nach kurzer Zeit nicht mehr nutzbar.

Die Weiterentwicklung der Suchmaschinen-Technologie ist, wie Sie sicherlich bemerkt haben, nicht nur ein Streben nach einer Verbesserung der Qualität in der Informationswiedergewinnung beziehungsweise dem Information Retrieval. Mit zunehmender Bedeutung der Suchmaschinen als Schlüssel zu den Informationen innerhalb des unüberschaubaren World Wide Web wächst auch die Zahl derer, die künstlich ein besseres Ranking erzielen möchten. Dabei stehen wir sicherlich erst am Anfang einer Entwicklung eines gänzlich neuen Mediums. Es bleibt abzuwarten, wie sich die Dienste der Suchmaschinen im Laufe der Zeit verändern werden. Sicherlich wird dieser Prozess von Aktionen und Reaktionen der Webautoren und Suchmaschinen-Anbieter geprägt sein, die die Entwicklung nicht unerheblich beeinflussen werden. Denn neben dem reinen Information Retrieval werden die Zusammenarbeit mit den Webautoren einerseits und der Schutz der Suchenden vor den Optimierungsversuchen der Webautoren andererseits eine zentrale Rolle spielen.

Nach der Lektüre der vorangegangenen Abschnitte besitzen Sie ein fundiertes Wissen, um selbstständig die Entwicklungen auf dem Markt beobachten und vor allem kompetent beurteilen zu können. Dabei ist es unerheblich, ob dieses Wissen bei der eigenhändigen Optimierung Anwendung findet oder ob es Sie davor schützt, von einem der vielen (professionellen) Suchmaschinen-Optimierer einen Bären aufgebunden zu bekommen. Nur mit dem erworbenen Wissen kann eine erfolgreiche Optimierung funktionieren.

In den folgenden Kapiteln soll es nun darum gehen, auf diesem Grundwissen aufzubauen. Einerseits wird auf die Besonderheiten des Marktführers Google eingegangen, andererseits werden praktische Bereiche der Suchmaschinen-Optimierung behandelt, die den Erfolg einer Webpräsenz zusätzlich steigern können.

11.6 Einträge aus Suchmaschinen entfernen

Es mag paradox erscheinen, dass man erst mühselig versucht, in die oberen Positionen der Suchmaschinen-Listen zu gelangen, und dann Einträge wieder entfernen möchte. Dabei ist es doch meist schon schwer, hineinzukommen; wieder herauszukommen ist jedoch noch schwerer, da Sie keinen direkten Einfluss auf die Daten der Suchmaschinen haben.

Es kann aber dennoch zahlreiche Gründe haben, dass eine Website nicht mehr über Google und Co. auffindbar sein soll. Etwa weil Sie eine Abmahnung eines Mitbewerbers erhalten haben, oder weil ein Affiliate-Partner auf Position eins mit einem Link auf Ihre Seite steht – allerdings inklusive seiner Affiliate-Kennung, sodass jeder Klick bei Google eine potenzielle Provision bedeutet.

Um einen Eintrag aus den Suchmaschinen zu entfernen, müssen Sie zunächst die betreffende Seite entfernen, damit diese nicht mehr erreichbar ist. Üblicherweise setzt man in einem solchen Fall einen 301-Statuscode (Permanent Redirect) auf die Ersatzseite. Sie möchten allerdings den Suchmaschinen signalisieren, dass die Seite im Index nicht ersetzt, sondern gelöscht werden soll. Daher verzichten Sie hier auf einen Redirect. Vielmehr nutzen Sie die Datei *robots.txt*, um den Zugriff auf die betreffende Seite zu sperren. Der Crawler wird bei seinem nächsten Besuch feststellen, dass er die Datei nicht mehr lesen darf, und wird an den Index-Datenbestand die Entfernung weiterleiten, da Dokumente, auf die nicht zugegriffen werden soll, auch nicht im Index und somit in den Suchergebnislisten erscheinen sollen.

Zusätzlich sollten Sie den gelöschten URL nochmals bei der Suchmaschine anmelden. Ja, Sie haben richtig gelesen. Sie melden eine nicht (mehr) existierende Seite an. Dies ist insbesondere dann von Bedeutung, wenn die Crawler-Besuchsrate auf Ihrer Website nicht sehr hoch ist. Durch die Anmeldung der gelöschten Seite wird ein Crawler den URL abfragen und feststellen, dass dort ein 404-Fehler zurückgeliefert wird. In der Folge wird der Index nach dem URL durchgesucht und der entsprechende Eintrag samt gecachter Seite gelöscht.

Google bietet unter der Adresse *http://services.google.com/urlconsole/controller* ein Verfahren zur automatischen Entfernung von URLs an. Hierzu müssen Sie sich mit Ihrem Google-Konto per E-Mail-Adresse und Passwort anmelden und ebenfalls Zugriff auf die Datei *robots.txt* auf dem betreffenden Server haben.

»Zuerst verwirren sich die Worte, dann verwirren sich die Begriffe, und schließlich verwirren sich die Sachen.«
– chinesisches Sprichwort

12 Google – Gerüchte, Theorien und Fakten

Google ist ohne Zweifel die derzeit bedeutendste Suchmaschine der Welt. Wie im realen Leben, so brodeln natürlich auch in der virtuellen Welt vielerlei Gerüchte um die Stars – so auch um Google. Die Antwort auf die Frage, nach welchen Kriterien Google Webseiten für die Ergebnisliste bewertet und gewichtet, gehört mittlerweile wohl zu den bestgehüteten Geheimnissen direkt nach der Rezeptur von Coca-Cola.

Google hüllt sich selbstverständlich in Schweigen. Was bleibt, sind Gerüchte, vermischt mit einer Portion harter Fakten, spärlichen Äußerungen von Google-Mitarbeitern und zahlreichen Beobachtungen von Nutzern und noch zahlreicheren Vermutungen von Suchmaschinen-Optimierern. Es wäre famos, aus diesem Dschungel von vermeintlichen Tatsachen immer definitive Aussagen über die eine oder andere Funktionsweise von Google zu treffen, wie es in vielen einschlägigen Foren regelmäßig zu beobachten ist. Und dennoch kommt man als »SEO« (Search Engine Optimizer oder auch Search Engine Optimization) oder zumindest SEO-Interessierter nicht umhin, sich mit den Theorien um die Funktionsweise von Google zu beschäftigen. Und es sei es nur, um die Beiträge in Foren und anderenorts verstehen und einordnen zu können.

12.1 Gerüchtequellen und Gerüchteküchen

Offizielle Statements seitens Google sind eher rar, zumindest was technische oder Details zu Algorithmen betrifft. Interessant ist die Informationspolitik von Google diesbezüglich dennoch. Denn scheinbar wird der kooperative, quasi-inoffizielle Charakter der Kommunikation zu den Nutzern gepflegt.

Hauptsächlich verantwortlich für »handfeste« Informationen aus dem Hause Google ist der Leiter der Webspam-Gruppe, Matt Cutts. Er postet regelmäßig in seinem Weblog www.mattcutts.com/blog/ Beiträge zu aktuellen Themen in Bezug auf Google, die einmal mehr und einmal weniger Platz für Interpretationen lassen.

Diese Interpretationen werden vor allem in den »SEO-Gerüchteküchen«, sprich den Suchmaschinen-Foren, gepflegt, weitergegeben und diskutiert. Im US-amerikanischen Sprachraum ist vor allem das Forum *www.webmasterworld.com* stark frequentiert, weil dort »GoogleGuy« Beiträge schreibt und Aussagen kommentiert. Während es kaum Zweifel daran gibt, dass GoogleGuy ein Mitarbeiter von Google ist, ist seine genaue Identität unsicher. Hinter dem Decknamen wird vielerorts ebenfalls Matt Cutts vermutet. Andere Quellen behaupten, dass sich hinter dem Nickname gleich mehrere Google-Mitarbeiter verbergen, unter anderem Paul Haahr.

12.2 Googles Crawling-Strategien

Das regelmäßige Update des Google-Index fand lange Zeit etwa alle vier Wochen statt. In einem Haupt-Datencenter wurden dazu zunächst die Rankings neu berechnet und sukzessive auf alle Datencenter übertragen. Während die Ergebnisse in Google »tanzten«, konnte man auf den verschiedenen Servern unterschiedliche Rankings auf die gleiche Anfrage beobachten. Den klassischen Google-Dance scheint es allerdings seit 2002 in der altbekannten Form nicht mehr zu geben. Der lange Zyklus hat sich als zu unflexibel erwiesen und drohte, zu einem Qualitätsproblem zu werden.

12.2.1 Everflux

Statt den Index nur in regelmäßigen Abständen zu aktualisieren, begann Google recht bald mit der Strategie, kürzere Aktualisierungszyklen auf ausgewählte Seiten anzuwenden. Das führt bis heute zu einem ständigen Wechseln der Positionen innerhalb der Ergebnisseiten und wird als **Everflux** bezeichnet. Ein besonderes Erscheinungsmerkmal ist, dass neue Seiten kurzfristig in dem Ranking auftreten und – ebenso schnell – auch wieder verschwinden. Die Reaktionen der Webautoren sind gemischt. Einige reagieren gelassen, weil sie wissen, dass ihre Seiten spätestens nach dem nächsten Update im Index vertreten sein werden, andere sollen angeblich sogar schon erboste E-Mails an Google geschrieben haben.

Die Absicht des Suchmaschinen-Anbieters ist klar erkennbar: Der Datenbestand soll aktueller werden, um einen entscheidenden Vorteil gegenüber der Konkurrenz zu haben und sich somit Nutzerzahlen zu sichern.

12.2.2 Fresh Crawl und Deep Crawl

Als die Spekulationen um die Existenz des Everflux in den US-amerikanischen Foren überhandnahmen, setzte GoogleGuy dem Treiben ein Ende und beschrieb die Funktionsweise des Everflux.

Um die zwei Aktualisierungszyklen umsetzen zu können, werden zwei Typen von Crawlern eingesetzt. Der sogenannte *Fresh Crawl* wird jeden Tag durchgeführt und endet quasi unmittelbar im öffentlichen Index. Natürlich wird nicht jede Webpräsenz durch den Fresh Crawl gleichermaßen besucht. Vor allem werden solche Seiten bevorzugt, die täglich aktualisiert werden und sich häufig ändern. Man kann hier nur spekulieren; aber für die Auswahl zählen auch hier sicherlich wieder neben der Aktualisierungsrate vor allem Pagerank-Werte, das Alter und die Größe einer Webpräsenz.

Sind die Seiten vor der Erfassung durch den Fresh Crawl bereits indexiert, findet hier eine Aktualisierung statt. Neue Seiten werden zunächst nur flüchtig erfasst. In diesem Fall lässt sich der Everflux beobachten. Daneben erscheinen solche Seiten auch oftmals noch ohne Beschreibung und Datum in der Ergebnisliste von Google.

Unabhängig von dem bisherigen Indexierungsstand einer Website findet während des Fresh Crawls keine vollständige Erfassung statt. Sowohl in der Tiefe des Crawlings als auch bei der Abdeckung der Seiten in den oberen Ebenen variiert der Fresh Crawl von Tag zu Tag. So kann man häufig aus den Logdateien herauslesen, dass an unterschiedlichen Tagen auch verschiedene Seiten der Webpräsenz vom Googlebot besucht wurden. Auf manchen Seiten taucht der Googlebot auch tage- oder wochenlang nicht auf. Ein Grund mehr für Webautoren, ihre Inhalte regelmäßig zu aktualisieren. Google bezeichnet den Fresh Crawl daher auch als einen »zusätzlichen Bonus« für die Webseiten-Betreiber.

Der *Deep Crawl* ist durch die vollständige Erfassung einer Website vom Fresh Crawl zu unterscheiden. Er verfolgt alle Verweise und indexiert die Seiten nach altbekannter Art. Der Vorgang kann bei großen Websites mehrere Stunden benötigen und verteilt sich nicht selten über Tage, um den Webserver nicht zu stark zu belasten. Die Ergebnisse der Indexierung erscheinen dann nach den jeweiligen Updates in den Ergebnislisten.

12.3 Die Google-Updates

Die Updates sind seit dem Einsatz des Fresh Crawls seltener geworden. Die Bedeutung für die Suchmaschinen-Optimierung ist jedoch aufgrund der teilweise deutlich sichtbaren Änderungen in den Rankings über die Jahre größer geworden.

Der Sprachgebrauch wandelte sich interessanterweise von einer Beschreibung des Phänomens zu einer Beschreibung der Ursache: Mittlerweile wird seltener vom Google-Dance gesprochen, sondern überwiegend vom Google-Update.

12.3.1 Varianten von Updates

Bei einem **Google-Update** handelt es sich um eine Veränderung des Datenbestandes oder des Google-Systems, um die Qualität der zurückgelieferten Ergebnisse zu verbessern. Dabei lassen sich grundsätzlich sechs Varianten eines Google-Updates feststellen:

- **Inhaltliche Updates**
  Diese Update-Form ist die häufigste, da es sich hierbei hauptsächlich um die Aktualisierung und Erweiterung der Seiten im Index handelt. Ein Update der eigenen Seite erkennt man in der Regel an einer Änderung in der gecachten Ansicht. Sowohl der Fresh Crawl als auch der Deep Crawl liefern für die inhaltlichen Updates die Grundlage. Die Update-Rate ist daher stark abhängig von der Wiederbesuchsfrequenz der Crawler und somit auch von der Relevanz, die Google einer Seite zuspricht.

- **Pagerank-Updates**
  Die Berechnung der Verlinkung im Web ist bei dem enormen Datenbestand ein komplexes Verfahren. Die Pagerank-Updates werden etwa alle vier Wochen durchgeführt, während die Berechnungen jedoch permanent laufen. Der angezeigte Pagerank über die Google-Toolbar ist allerdings weniger aktuell, er wird nur alle drei bis vier Monate aktualisiert und entspricht daher nicht mehr zwingend dem tatsächlichen Pagerank aus der Google-Datenbank.

- **Backlink-Updates**
  Die Analyse des Netzwerks von Verweisen auf eine Seite nimmt ebenfalls viel Rechenzeit in Anspruch. Vereinfacht ausgedrückt, muss jede einzelne indexierte Webseite daraufhin überprüft werden, ob sie einen eingehenden Link auf die zu bewertende Seite besitzt. Diese Links werden gezählt und zur weiteren Datenverarbeitung gespeichert. Ein Update dieser Verlinkungsstruktur findet etwa alle drei bis sechs Wochen statt.

- **Verzeichnis-Updates**
  Das Google-Verzeichnis, welches die Daten aus dem Open Directory Project entnimmt und mit eigenen Indexdaten ergänzt, wird im Schnitt alle vier Wochen aktualisiert.

- **Algorithmus-Updates**
  Nach Google-Aussagen fließen angeblich über 100 einzelne Kriterien in die Berechnung der Relevanz einer Seite mit ein. Dies lässt eine noch größere

Menge an Variablen zu, über welche sich die Bedeutung jedes einzelnen Kriteriums wie mit feinen Stellschrauben verändern lässt. Google verändert in unregelmäßigen Abständen diese Variablen, um die Qualität der Ergebnisse zu verbessern. Außerdem werden neue Kriterien eingeführt, die überwiegend zur Erkennung von Spam-Versuchen und somit ebenfalls zur Verbesserung der Retrieval-Qualität dienen.

▶ **Datenstruktur-Updates**
Anpassungen und Veränderungen in der Struktur der Datenbank sind durch den Nutzer in der Regel nicht zu beobachten. Sie dienen der Vorbereitung für Updates in anderen Bereichen.

12.3.2 Update-Historie

Seit 2003 erhalten die wichtigsten Google-Updates eigene Namen – frei nach dem Prinzip der Benennung der Hurrikans in Amerika oder auch der Hochs und Tiefs in Europa.

Die Vergabe der Namen erfolgt dabei ebenso wenig offiziell von Google wie die Bekanntgabe neuer Updates generell. Meist findet sich während der Durchführung eines Updates in diversen Foren eine Welle von Beiträgen, in denen »Betroffene« von der Veränderung ihrer Rankings berichten. In einigen Fällen bestätigen Google-Mitarbeiter die Updates. Oftmals finden sich im Forum auf *www.webmasterworld.com*, in dem auch GoogleGuy schreibt, quasioffizielle Kommentare und Bestätigungen zu den Updates. Die Namensgebung erfolgt im Übrigen meistens auch durch den Administrator des Forums, wobei Anfang 2006 auch Matt Cutts erstmalig in seinem Blog ein Update auf den Namen »Big Daddy« taufte.

Im Folgenden soll eine Übersicht über die Google-Updates bis Anfang 2008 gegeben werden. Aufgrund der inoffiziellen Situation sind hier die Grenzen zwischen Gerüchten, Theorien und Fakten schwimmend. Die Auflistung soll aber vor allem ein Bewusstsein dafür schaffen, dass Google keineswegs eine statische Blackbox ist, und dass bestimmte Aussagen, die sich als Regeln etabliert haben – wie etwa die 101-kByte-Grenze für Dateien – sich durch Updates automatisch relativieren.

Florida-Update

Das Florida-Update vom November 2003 gilt als erstes großes Update nach der Umstellung der regelmäßigen Google-Dances. Im Jahr 2003 gab es zuvor noch kleinere Updates (Boston, Cassandra, Dominic, Esmeralda), die jedoch keine vergleichbaren Auswirkungen auf das Ranking hatten und entsprechend unbekannt blieben.

Bei dem Florida-Update handelte es sich primär um eine Anpassung des Algorithmus. Die Qualität der zurückgelieferten Ergebnisse war aufgrund des hohen Spam-Aufkommens nicht besonders hochwertig, sodass Google offensichtlich Handlungsbedarf sah. Die Konsequenz war eine sichtbare Abwertung überwiegend kommerzieller Seiten und solcher Webauftritte, die stark auf Suchmaschinen hin optimiert waren. Entsprechend laut war der Aufschrei unter den Betroffenen; und schnell wurde die Vermutung geäußert, dass mit der Abwertung kommerzieller Seiten in den generischen Ergebnissen das eigene AdWords-Programm gefördert werden sollte. Google dementierte dies, äußerte sich aber ansonsten nicht zu dem Update.

Über die Änderungen im Algorithmus entstanden entsprechend viele Gerüchte und Theorien. Am schlüssigsten und als mittlerweile akzeptiert gilt die *Hilltop-Theorie*. Bereits 1999 veröffentlichte Krishna Bharat einen Beitrag über verbesserte Gewichtungskriterien auf Grundlage sogenannter Experten-Dokumente [117]. Er nannte dieses Prinzip »Hilltop«. Interessanterweise stellte Google Bharat noch im gleichen Jahr ein. Das *Experten-* oder *Hilltop-Prinzip* besteht darin, dass bestimmte angesehene Seiten halbautomatisch als Experten-Seiten bestimmt werden. Die Verlinkung von solchen Seiten hat einen wesentlich höheren Einfluss auf die Gewichtung als die Verlinkung von Nicht-Experten-Seiten.

Versuche ergaben, dass bei häufig angefragten und allgemein gehaltenen Suchbegriffen das Hilltop-Prinzip entscheidend mit in die Berechnung einfloss. Durch das Nutzen des NOT IN-Operators (–) konnte man dies allerdings umgehen. Es verwundert jedoch kaum, dass Google kurz nach der Veröffentlichung dieser Beobachtung diese Lücke schloss. Mehr zum Hilltop-Prinzip erfahren Sie in Abschnitt 12.6.

Eine ebenfalls häufig genannte Theorie ist die Einführung des *Localranks* im Florida-Update. Dabei wird zunächst nach dem bekannten Algorithmus eine Menge in Frage kommender Webseiten für eine Anfrage generiert. Diese wird allerdings nicht gleich angezeigt, sondern es wird zunächst die Verlinkungsstruktur innerhalb dieser Ergebnismenge analysiert. Seiten, die innerhalb dieser Menge eingehende Links bekommen, werden zusätzlich höher gewichtet. Nähere Untersuchungen verschiedener Seiten haben allerdings gezeigt, dass das Localrank-Prinzip nicht immer zu beobachten ist. Das Phänomen wurde daher meistens auf die Hilltop-Implementierung bezogen.

Austin-Update

Ab Januar 2004 nahm der Link-Tausch für die Suchmaschinen-Optimierung enorm an Bedeutung zu. Neben den differenzierten Onpage-Kriterien wurde die Offpage-Berechnung über den Pagerank mit einem themenrelevanten Aspekt versehen. Eingehende Links von Seiten mit einem verwandten Thema bekamen ein deutlich höheres Gewicht als noch vor dem Austin-Update. Als Konsequenz kamen besonders die großen, stark thematisch verlinkten Webanbieter wie Amazon und eBay oftmals in die vorderen Ranking-Positionen – was vor allem bei den Nutzern auf Unmut stieß, die nicht primär ein Kaufinteresse bei ihrer Suche verfolgten.

Hervorzuheben ist jedoch der durchaus positive Effekt, dass viele verlinkte Doorway-Pages in den oberen Ranking-Plätzen zwar stark, aber in keiner Weise thematisch, enorm ausgedünnt wurden.

Brandy-Update

Nach dem Austin-Update folgte bereits einen Monat später im Februar 2004 ein erneutes Update. Primäres Ziel war es, die Maßnahmen des Florida-Updates zu optimieren, sodass viele zu Unrecht »abgestrafte« Webseiten wieder in den Ergebnislisten zu finden waren. Andererseits wurden viele klar erkennbare Spam-Versuche endgültig aus dem Index verbannt.

Ebenfalls konnte man eine deutlich häufigere Aufnahme dynamischer Seiten beobachten. Die Verfolgung dynamischer URLs führte allerdings auch zu dem Phänomen, dass Google für viele Websites eine wesentlich höhere Zahl indexierter Seiten angab, als es tatsächlich gab. Als Ursache wurde von Nutzerseite recht schnell erkannt, dass Google URLs indexierte, die überhaupt nicht existierten. So wurden beispielsweise diese beiden URLs als verschiedene Dokumente behandelt:

```
http://www.sportalis.de/artikel-versenden.php?
href=sportpark-freiburg.html
http://www.sportalis.de/sportpark-freiburg.html
```

Jede Seite, die den beliebten Link »Diesen Artikel versenden« besaß, wurde auf diese Weise doppelt gezählt. In diesem Kontext entstand der vielleicht erste Google-Witz, denn offensichtlich sah Google aufgrund des »Brandy-Effekts« vieles doppelt. Paradoxerweise wurde bei dem Brandy-Update auch die Erkennung von doppelten Inhalten und von Mirror-Pages verbessert.

Allegra-Update

Erstmalig wurde nach dem Abschluss eines Updates Ende Februar 2005 von GoogleGuy ein Aufruf gestartet, um eine direkte Reaktion der Nutzer auf die Veränderungen zu erhalten:

»Wir testen alles gründlich, bevor wir es einsetzen, um sicherzustellen, dass die Änderungen die Qualität erhöhen. Aber ich bin immer dankbar für Feed-

> back über Spammer oder Seiten von schlechter Qualität in unseren Ergebnissen (oder über qualitativ hochwertigen Seite, die nicht dort stehen, wo man sie gerne hätte). Ich habe eine Google Group eröffnet, in die Sie Ihr Feedback senden können: feb05feedback@googlegroups.com.«
>
> (sinngemäß aus dem Englischen übersetzt)

Zu den eigentlichen Verbesserungen wurden jedoch erneut keine Details von offizieller Seite bekanntgegeben. Eine verbesserte Verarbeitung von Seiten, die per 302-Redirect temporär als weitergeleitet definiert wurden, wurde implementiert, schuf aber gleichzeitig die Möglichkeit für das Page-Hijacking. Im Laufe des Jahres 2005 wurde wiederholt versucht, den Fehler zu beheben. Allerdings scheint er für die bekannten Fälle letztendlich erst mit dem Big Daddy-Update Anfang 2006 endgültig behoben zu sein.

Bourbon-Update

Mitte Mai 2005 kam es erneut zu einem Update, das sich bis Ende Juni hinzog. In den Foren explodierte wieder die Anzahl der Beiträge, und so mancher fragte sich, wer die einzelnen Ranking-Berichte, Vermutungen und Beobachtungen zwischen den verschiedenen Datencentern überhaupt noch lesen sollte. Entsprechend beschwichtigend äußerte sich GoogleGuy in einem Forumsbeitrag:

> »Hier ist der Hinweis, den ich nun gebe: Nehmen Sie sich eine Auszeit von der Beobachtung der Rankings für ein paar weitere Tage. Bourbon beinhaltet gewissermaßen cirka 3,5 Verbesserungen in der Suchqualität, und ich glaube, es sind erst ein paar davon draußen. Die restlichen 0,5 werden in wenigen Tagen draußen sein, und die letzten Hauptänderungen sollten irgendwann nächste Woche herauslaufen. Und auch danach wird es immer noch ein paar kleinere Änderungen geben.«
>
> (sinngemäß aus dem Englischen übersetzt)

Durch das Bourbon-Update wurde der Google-Index stark neu sortiert. Es gab Vermutungen, dass die Backlinks neu gewichtet wurden. Tatsächlich umfasst der Algorithmus seit dem Update eine Sonderbehandlung für Verweise, die aus einem direkten Link-Austausch entstanden und auch als solche erkennbar sind. Aus Nutzerperspektive betrachtet ergibt dies auch durchaus Sinn: Ein Verweis von einer Webseite, die von der Zielseite nicht zurückverlinkt ist, ist unabhängiger zu bewerten, als wenn ein Verweis auf die Seite zurückführt.

Gleichzeitig mit dem Bourbon-Update wurde ein Backlink-Update durchgeführt, sodass viele Beobachtungen nicht zwingend rein auf eine Anpassung des Algorithmus zurückzuführen sind.

Gilligan-Update

Im September 2005 wurde wieder einmal deutlich, wie hartnäckig die Vermutungen über die Google-Updates oftmals sind und wie schnell sich die Beobachter gegenseitig hochschaukeln, obwohl die Beobachtungen dem normalen Wechsel in den Ergebnislisten entsprechen. Die Berichte über das Gillian-Update wiesen zahlreiche Hinweise für grundlegende Änderungen in allen relevanten Bereichen auf; und es handele sich um ein großes Update – so konnte man zumindest in vielen Beiträgen lesen.

Tatsächlich handelte es sich aber bei dem vermeintlichen Update um etwas anderes, wie Matt Cutts in seinem Blog klarstellte:

> »Technisch gesehen werden beim Gillian-Update nur einmal mehr Backlink-/Pagerank-Daten sichtbar, es handelt sich um kein tatsächliches Update. Es gab keine erheblichen algorithmischen Veränderungen bei unseren Gewichtungen in den letzten Tagen.«
> (sinngemäß aus dem Englischen übersetzt)

Jagger-Update

Das Jagger-Update von Oktober bis November 2005 hingegen war ein »echtes« Update, das erstmals in drei einzelnen Phasen durchgeführt wurde, welche die Namen Jagger1, Jagger2 und Jagger3 erhielten.

Erstmalig wurden die einzelnen Schritte und die betroffenen Datencenter, bei denen man die Neuerungen beobachten konnte, halb offiziell im Blog durch Matt Cutts angekündigt:

> »Jagger3, gestern gestartet, ist sichtbar im 66.102.9.104-Datencenter. Es gibt dort immer noch kleinere Fluktuationen, aber das Datencenter beinhaltet Jagger1, Jagger2 und Jagger3.«
> (sinngemäß aus dem Englischen übersetzt)

Dabei sollte Jagger1 dazu dienen, die gezielt zur Suchmaschinen-Optimierung aufgebauten Link-Netzwerke zukünftig besser zu erkennen. Außerdem sollten Seiten, die ohne wirklich zielgerichteten und sinnvollen Inhalt nur zur Anzeigenplatzierung veröffentlicht wurden, ebenso wie andere Spam-Methoden automatisch entlarvt werden.

Jagger2 hatte zum Ziel, die Verarbeitung von weiteren Dokument- und Dateitypen zu ermöglichen.

Die letzte Phase, Jagger3, schuf die Möglichkeit, neben dem Crawlen durch das Schneeballsystem auch durch andere Methoden neue URLs in den Index aufzunehmen – beispielsweise durch das Google-Sitemap-Programm.

Mit dem Jagger-Update scheint sich die Informationspolitik von Google ein weiteres Stück in eine kooperative Richtung entwickelt zu haben. Oder, um es vorsichtig zu formulieren: Dieser Anschein soll zumindest aus PR-taktischen Gründen erweckt werden. Die Bekanntgabe von IP-Adressen der Datencenter, welche bereits das neue Update aufgespielt haben, stößt auf sichtbaren Zuspruch seitens der zahlreichen beobachtenden Suchmaschinen-Optimierer. Inwieweit diese Datencenter jedoch auch tatsächlich die später endgültigen Ergebnisgewichtungen repräsentieren, ist fraglich. So werden durch die Eingabe der IP-Adresse statt der üblichen Domain (wie etwa *www.google.de*) gewisse Informationen nicht weitergegeben und können in der Folge auch nicht in das Ranking mit einberechnet werden. Deutlich wird dies, wenn man sich aufgrund des Einbezugs der Region die unterschiedlichen Ergebnislisten von *www.google.de* und *www.google.ch* trotz gleicher Anfragebegriffe anschaut. Noch deutlicher tritt dieses Phänomen auf, wenn es um die Anzeige von Sponsored Links geht.

Kritische Stimmen behaupten daher gar, es handele sich bei solchen inoffiziellen Ankündigungen vielfach nur um Ablenkungsmanöver, damit die eigentlichen Arbeiten in Ruhe fortgesetzt werden können. Andere behaupten hingegen, dass selbst Blog-Beiträge von Matt Cutts über seine erkrankte Katze als versteckte Hinweise auf Probleme mit dem Google-System gedeutet werden sollen.

Big Daddy-Update

Das erste Update im Jahr 2006 wurde im Februar durchgeführt. »Big Daddy« erhielt erstmals seinen Namen direkt von Matt Cutts und nicht, wie bislang, aus dem webmasterworld.com-Forum. In seinem Beitrag antwortete er auf die Frage, was neu und anders bei Big Daddy sei:

> »Es gibt eine neue Infrastruktur, nicht nur verbesserte Algorithmen und andere Daten. Die überwiegende Anzahl Änderungen bleibt verdeckt, sodass der durchschnittliche Nutzer nicht einmal eine Änderung bemerken wird.« (sinngemäß aus dem Englischen übersetzt)

Der »überdurchschnittliche« Nutzer konnte jedoch aufgrund des primären Updates in der Datenstruktur einige Verbesserungen erkennen.

So wurde das Problem mit den sogenannten »canonical URLs« behoben. Vor dem Update wurden folgende URLs noch als unterschiedliche Datensätze in der Google-Datenbank betrachtet:

```
mindshape.de
mindshape.de/
www.mindshape.de
www.mindshape.de/
www.mindshape.de/index.html
```

Dies sollte durch die veränderte Datenstruktur verbessert beziehungsweise behoben sein, was sich unter anderem bei Abfragen der Art `site:www.domainname.de` im Vergleich zu vorher auswirkt.

Weiter ist auch das aus dem Allegra-Update entstandene Hijacking-Problem angegangen worden und soll angeblich auch hinter den Kulissen, sprich in den Datenstrukturen, endgültig behoben worden sein.

Google verfolgte besonders bei diesem Update mit dem Aufruf, Spam-Reports einzusenden, wenn in den Ergebnislisten auf den bereits umgestellten Datencentern in vorderen Positionen Spam erkennbar sein sollte, seine kooperative Strategie weiter. Die Feedbacks zahlreicher interessierter und engagierter Nutzer dienen sozusagen als Qualitätssicherung und als Beta-Test gleichermaßen.

Anti-Google-Bomben-Update

Um sich gegen Google-Bomben wie »miserable failure« zu schützen und die Qualität der Ergebnisse bei solchen oder ähnlichen »explosiven« Anfragen zu erhöhen, führte Google Ende Januar 2007 einen Filter ein, der Google-Bomben automatisch erkennen soll und statt der betroffenen Seite überwiegend Diskussionen und Beiträge zu der Google-Bombe als Ergebnisse liefert. Im Grunde genommen handelt es sich daher nicht um ein Update des Google-Algorithmus zur Ranking-Erstellung, sondern in erster Linie um einen Filter, der nach der eigentlichen Ranking-Erstellung bei verdächtigen Mustern, die auf eine Google-Bombe hinweisen, anspringt.

Buffy-Update

Nach Aussagen der Beteiligten des Webmaster-Forums gab es über ein Jahr lang keine signifikanten Veränderungen in den Ergebnislisten. Im Sommer 2007 wurde allerdings ein neues Update von Google diskutiert, das den Namen Buffy erhielt.

Es gab etliche Diskussionen um die vermeintlichen Auswirkungen des Updates. Eine sichtbare Neuerung war die Funktion »Verwandte Suchvorgänge« in den Ergebnislisten. Diese Übersicht zeigt an, welche ähnlichen Suchkombinationen durchgeführt wurden.

Eine grundsätzliche Bewegung konnte hauptsächlich bei Anfragen mit nur einem Keyword festgestellt werden. Seit dem Buffy-Update bewertet Google diese Anfragen anscheinend anders. Matt Cutts betonte in einem Weblog-Kommentar, dass es keine grundsätzlichen Veränderungen bei den Algrorithmen gab. Es seien lediglich einige Bewertungsfaktoren und -gewichte verändert worden, die sich besonders auf die Ein-Wort-Anfragen auswirken.

Update zur Subdomain und Aktualität

Um die Jahreswende 2007/2008 gab es noch zwei weitere Neuerungen, die zunächst keinen Update-Namen erhielten. Bereits im Dezember 2007 kündigte Matt Cutts auf der PubCon an, dass zukünftig Subdomains genauso behandelt würden wie Verzeichnisse.

Außerdem wurde um die Jahreswende verkündet, dass nun aktuelle Inhalte im Ranking bevorzugt würden. Google setzt die Aktualitätserkennung vermutlich über das Buzz-Tracking um. Das heißt, so lange ein Thema in den Nachrichten häufig genannt wird, ist die Wahrscheinlichkeit eines guten Rankings für betreffende Themenseiten mit aktuellen und relevanten Inhalten höher.

12.4 Google und die geheimen Labors

Blickt man hinter die Kulissen des Unternehmens Google, wird schnell deutlich, wie daran gearbeitet wird, die Qualität der Suchergebnisse ständig zu verbessern. Für die Suchmaschinen-Optimierung an sich sind die Gerüchte und Entdeckungen um Google natürlich wenig hilfreich, allerdings sollen hier dennoch ein paar Beispiele genannt werden, um zu zeigen, dass wesentlich mehr hinter der Suchmaschine steckt als komplexe Relevanzberechnungen. Dies ist sicherlich lohnend, um zukünftige Entwicklungen besser einordnen zu können.

12.4.1 Geheime Labors

Als im Juni 2005 der niederländische Journalist Henk van Ess sein Weblog mit dem Beitrag »Google's Secret Lab« (»Googles geheimes Labor«) eröffnete, ging ein Ruck durch die Branche: Google bewertet die Ergebnisse nicht nur automatisch nach algorithmisch ablaufenden Maßstäben!

Auf *http://eval.google.com* sollten angeblich ausgewählte Personen eine Oberfläche vorfinden, um Ergebnisse von Google zu bewerten. Henk van Ess lieferte Screenshots und sogar ein Flash-Video als Beweis. Matt Cutts bestätigte zu einem späteren Zeitpunkt, dass es ein sogenanntes *Rater Hub* tatsächlich gibt. Er wies allerdings darauf hin, dass die Bewertungen nicht direkt in die Relevanzberechnung einfließen, sondern primär zur Qualitätskontrolle dienen.

Die Bezeichnung »Geheime Labors« trifft hier natürlich nicht wirklich den Kern der Sache, sondern ist eher aus journalistischen Gründen gewählt. Google bezahlt hauptsächlich Studenten auf der ganzen Welt, um die Qualität seiner Ergebnislisten in den verschiedenen Sprachregionen zu bewerten. Auch von anderen Betreibern ist eine solche Qualitätskontrolle bekannt.

12.4.2 Trustcenter

Dass Google wesentlich mehr ist als eine reine Suchmaschine, wurde spätestens durch die Expansion in verschiedene Bereiche vor allem nach dem Börsengang deutlich. Google scannt Bücher aus Bibliotheken ein, bietet mit Google Earth eine Oberfläche zur Anzeige von Satelliten-Bildern an, lässt Fahrzeugpositionen in Echtzeit bestimmen und vieles mehr.

Die Adresse *http://labs.google.de* ist mittlerweile weit bekannt. Auf dieser »Spielwiese«, wie sie Google selbst bezeichnet, finden sich »neue Technologien, die noch nicht ganz für die Öffentlichkeit bereit sind«. Weniger bekannt ist das Google-Trustcenter. Hier stehen Neuerungen zur Verfügung, die nicht für eine Teilöffentlichkeit gedacht sind.

Aus der zugehörigen FAQ-Liste unter *http://www.google.com/tester/faq* ließ sich Anfang 2006 noch entnehmen, dass vertrauliche Beta-Versionen im Trustcenter für Freunde und Angehörige von Google-Mitarbeitern zum Testen zur Verfügung stehen: Ein weiteres Beispiel für die zahlreichen Bemühungen von Google, die Qualität der neuen Technologien in verschiedenen Phasen zu sichern, um somit weiterhin der Marktführer zu bleiben.

12.5 Sandbox

Seit Anfang 2004 ist ein Phänomen in den Ergebnislisten zu beobachten, das den Namen »Sandbox« (Sandkasten) trägt. Dabei handelt es sich um einen Filter, der Seiten nach bestimmten Kriterien bewertet und gegebenenfalls »in den Sandkasten zum Spielen« schickt. Damit soll verhindert werden, dass vor allem neue Websites mit einem unnatürlichen Wachstum den alten und etablierten Seiten den Rang ablaufen.

12.5.1 Der Sandbox-Effekt

Der Effekt gilt als schwer hervorzusagen, gar unberechenbar und letztendlich als kaum verständlich. Die Kriterien, welche die Wahrscheinlichkeit erhöhen, dass eine Website von dem Sandbox-Effekt betroffen ist, sind jedoch zahlreich dokumentiert worden:

- **Top Level Domain**
  Der Sandbox-Effekt wird nur bei kommerziellen und privaten Webangeboten angewendet. Domains mit *.gov*, *.edu*, *.mil* oder ähnlichen offiziellen Endungen sind nicht betroffen.

- **Second Level Domains**
  Der Effekt betrifft nicht nur einzelne Webseiten, Unterverzeichnisse oder Subdomains, sondern die gesamte Domain.

- **Junge Domains**
  Tendenziell sind erheblich mehr frisch angemeldete Domains von dem Sandbox-Effekt betroffen als bereits länger existierende Domains. Hier lassen sich dennoch einige wenige Ausnahmen finden.

- **Overoptimization**
  Websites mit einer »Überoptimierung« im Sinne einer übertriebenen Suchmaschinen-Optimierung, die zwar nicht die Spam-Kriterien erfüllt, jedoch nach algorithmischen Maßen weit über die Norm hinausgeht, sind ebenfalls häufig betroffen. Dies gilt insbesondere für die Onpage-Optimierung. Die Beobachtung, dass solche Seiten dennoch nicht von dem Effekt betroffen sind, sofern sie eine entsprechende Anzahl an qualitativ hochwertigen Inbound-Links aufweisen, lässt eine einseitige Onpage-Optimierung als Ursache vermuten.

- **Keyword-Bedeutung irrelevant**
  Entgegen anders lautenden Gerüchten sind Websites nicht nur für wichtige und häufig genutzte Begriffe betroffen, sondern für alle. Dabei ist es ebenso unerheblich, wie viele Begriffe eine Suchanfrage beinhaltet.

- **Nur bei Google**
  Die vom Effekt betroffenen Domains sind häufig in anderen Suchmaschinen in den Top-Ten der Ergebnisliste zu finden. Bei Google hingegen sind sie wesentlich weiter hinten zu finden.

- **Dauer**
  Schenkt man einigen Berichten in den Foren Glauben, ist es möglich, mit einer Domain bereits nach wenigen Wochen nicht mehr vom Sandbox-Effekt betroffen zu sein. Dies sind jedoch sicherlich Ausnahmen. Eine festgelegte oder auch durchschnittliche Dauer des Effekts kann man jedoch ebenso wenig beobachten, sodass von Einzelfall zu Einzelfall unterschieden werden muss.

12.5.2 Gerücht oder Fakt?

Trotz dieser Beobachtungen ist die Meinung über die tatsächliche Existenz einer Sandbox geteilt.

So war die Sandbox auch Diskussionsthema auf der zehnten PubCon 2005 in Las Vegas, auf der Brett Tabke, der Betreiber von *webmasterworld.com*, Matt Cutts die Frage stellte, ob der Sandbox-Effekt tatsächlich existiere. Dieser antwortete, dass es keine Sandbox gebe, aber der Ranking-Algorithmus unter bestimmten Umständen Effekte zeige, die aus Sicht der Webmaster im Allgemeinen als Sandbox-Effekte bezeichnet würden.

Mit anderen Worten ist die Google-Sandbox dieser Aussage zufolge keine eigenständige Komponente im Ranking-Algorithmus, sondern lediglich ein Effekt, der von verschiedenen anderen algorithmischen Berechnungen hervorgerufen wird.

Andererseits soll sich Matt Cutts auf der Konferenz »Search Engine Strategies« (SES) im August des gleichen Jahres positiv zu der Sandbox geäußert haben.

Die Frage, ob die Sandbox tatsächlich existiert, soll und kann hier nicht weiter behandelt werden. Dazu sind die Diskussionen in den einschlägigen Blogs und Foren sicherlich besser geeignet und interessanter. Festzuhalten ist allerdings, dass das Phänomen »Sandbox« definitiv auftritt – ob nun aus einem eigens programmierten Schutzalgorithmus gegen eifrige Spam-Versuche heraus oder als Effekt verschiedener anderer algorithmischer Berechnungen.

12.5.3 Den Sandbox-Effekt vermeiden

Die interessantere Frage ist vielmehr: Wie schafft man es, den Sandbox-Effekt zu vermeiden oder möglichst schnell nicht mehr zu den Betroffenen zu zählen?

Die grobe Marschrichtung ist klar: Man sollte die Seiten nicht »überoptimieren« und ein unnatürliches Wachstum der Seiten und der eingehenden Links vermeiden. Hier stellt sich recht bald die Frage, wo die Grenze zwischen »natürlich« und »unnatürlich« verläuft, und inwieweit es Google möglich ist, so etwas zumindest halbautomatisch festzustellen.

An dieser Stelle kommt ein US-Patent ins Spiel, das von Google im März 2005 unter dem Namen »Information Retrieval Based on Historical Data« (»Information Retrieval auf Grundlage historischer Daten«) angemeldet wurde [118]. Verkürzt ausgedrückt, wird dort unter anderem beschrieben, wie man die über Jahre hinweg gesammelten Daten über die Entwicklung von Tausenden von Webseiten als Vergleichsbasis zur Abschätzung aktueller Entwicklungen einzelner Webseiten nutzen kann. Man kann sich leicht vorstellen, dass Google aus den unzähligen indexierten Daten zu den Seiten und deren Verlinkungsstruktur die durchschnittliche Entwicklung einer Website berechnen kann. Erfolgt die Bewertung einer aktuellen Website nach differenzierteren Kriterien, beispielsweise nach der Art und Bedeutung der Stichwörter oder dem öffentlichen Interesse eines Themenkomplexes, kann eine heutige Website in ihren Entwicklungsphasen in einer Skala von »unterdurchschnittlich«, »durchschnittlich«, »überdurchschnittlich« bis hin zu »ungewöhnlich« im Sinne von »unnatürlich« eingestuft werden.

Dabei mag das Vorgehen, ungewöhnlich stark gewachsene Seiten zu bestrafen, unter bestimmten Umständen paradox erscheinen. Nimmt man beispielsweise eine Website, die sehr schnell außergewöhnlichen Zuspruch findet – wie etwa einige zentrale Blogs während der Tsunami-Katastrophe im Dezember 2004 – sollten diese gleichwohl auch in Google gefunden werden. Eine nähere Betrachtung löst das Problem jedoch: Es gibt sichere Anzeichen dafür, dass Google die Sandbox-Bewertung in Abhängigkeit zu bestimmten Themenkomplexen definiert. Bei einer Naturkatastrophe ist es beispielsweise sehr wahrscheinlich, dass neue Seiten – neuerdings vornehmlich Weblogs – entstehen, die aufgrund ihrer exklusiven Informationen ein relativ schnelles Wachstum verzeichnen. Hier könnte Google mit der Definition entsprechender Begriffe bzw. Themenkomplexe der Sandbox-Aufnahme entgegensteuern. Das ist ein weiteres Beispiel dafür, dass mittlerweile bei dem Suchriesen nicht mehr alles rein auf dem algorithmischen Wege zu lösen ist.

Eine weitere Strategie, zu überprüfen, ob eine unnatürlich gewachsene Website ihren neuen Status sozusagen verdient hat, ist die Bewertung durch Mitarbeiter – beispielsweise über die Rater Hubs. Seiten, die aufgrund ihres ungewöhnlichen Wachstums auffallen, werden so von einem Menschen auf einer Skala bewertet, wonach der Algorithmus entscheidet, wie mit der Website weiter zu verfahren ist. Bei dieser Bewertung zählen vor allem der visuelle Eindruck, Usability-Kriterien sowie die inhaltliche Qualität.

Im Normalfall bieten die wenigsten Webautoren allerdings ein Thema an, das aktuell in der Öffentlichkeit von größter Wichtigkeit ist. Ebenso gehört die Begutachtung von Websites durch Menschen aufgrund der Kapazitätsgrenzen eher zur Ausnahme oder wird nur bei äußerst auffälligen Websites durchgeführt. Wie muss man also mit dem Sandbox-Effekt umgehen?

Domain-Übernahme

Zunächst wird häufig darauf verwiesen, eine bereits bestehende Domain zu übernehmen, sofern Sie dies nicht ohnehin bereits tun, da Sie keinen passenden freien Domain-Namen mehr gefunden haben. Der Vorteil ist hier natürlich, dass sie mit einer Domain älteren Datums ein Hauptkriterium für die Sandbox-Aufnahme umgehen können. Allerdings kann eine *Domain-Übernahme* neben den zusätzlichen Kosten für den eventuellen Kauf ganz andere Nebeneffekte haben, die weit über das Problem der Sandbox hinausgehen. So sollten Sie eine Domain eingehend auf folgende Punkte hin untersuchen, bevor Sie diese übernehmen:

- Ist die Domain bereits indexiert?
- Welchen Pagerank hat die Domain? Falls sie indexiert ist und keinen Pagerank aufweist, stellt sich die Frage, ob die Website wegen Spam-Versuchen oder aus anderen Gründen abgestraft wurde.
- Untersuchen Sie mithilfe von Google und anderen Suchmaschinen wie beispielsweise Yahoo! und MSN die Backlinks auf diese Domain, und achten Sie auf die verlinkten Anchor-Texte. Diese können zusätzlich Hinweise liefern, ob eine Domain »verbrannt« ist.

Sollten Sie sich entscheiden, die Domain zu übernehmen, achten Sie falls möglich ferner darauf, dass Sie die Domain-Daten (bei *.de*-Domains bei der DENIC), die IP-Adresse und – sofern vorhanden – die Inhalte der Seite nicht gleichzeitig ändern. Es ist umstritten, ob Google das Zusammenfallen dieser Änderungen als »Domain-Umzug« im Sinne einer neuen Domain-Verwendung interpretiert. Sollten Sie daher die Möglichkeit haben, den einen oder anderen Punkt etwas zu verzögern, sind Sie auf jeden Fall auf der sicheren Seite.

Gegenstrategien

Nicht immer kann oder soll ein neues Projekt auf einer bereits existierenden Domain aufgebaut werden, sodass ein Neuantrag unumgänglich ist. Umso mehr gilt es fortan, die anderen Kriterien für die Sandbox-Aufnahme zunächst möglichst nicht zu erfüllen.

Falls möglich, sollten Sie die junge Domain etwas »altern« lassen, indem Sie eine Ankündigung über mehrere Wochen oder Monate platzieren, dass demnächst ein neues Portal an dieser Stelle erscheinen wird.

Auch nachdem das Projekt vollständig veröffentlicht ist, sollten Sie in den ersten Monaten ein paar Punkte im Hinterkopf haben. Oftmals widersprechen diese Maßnahmen dem intuitiven Verhalten, wenn man eine neue Domain »pushen« möchte. Hier gilt es, den goldenen Mittelweg zu finden. Neben den bekannten Qualitätsrichtlinien für die Onpage-Optimierung und die Usability sollten Sie vor allem im Offpage-Bereich die folgenden Punkte beachten:

- **Link-Texte variieren**
  Achten Sie darauf, dass eingehende Links nicht immer die gleichen Keywords enthalten.

▶ **Link-Wachstum beschränken**
Achten Sie darauf, dass Sie bei der Offpage-Optimierung nicht zu viele eingehende Links zwischen den Backlink-Updates generieren. Ein Sprung von 100 eingehenden Links auf 100 000 innerhalb von wenigen Wochen erscheint nicht nur Suchmaschinen in der Regel unnatürlich. Ebenso unnatürlich ist ein ständig wechselndes Wachstum der Links. Als Faustregel hat sich ein Link-Wachstum von durchschnittlich zwei bis zehn neu eingehenden Verweisen pro Tag als tauglich erwiesen.

▶ **Links streuen**
Sorgen Sie dafür, dass eingehende Links nicht nur auf die Homepage verweisen, sondern vor allem auf tiefer liegende Seiten (Deep Links). Außerdem sollten Sie auch ein paar »weniger gute« Link-Partner einbeziehen, d. h. Websites mit einem Pagerank unter drei. Dies widerspricht den üblichen Empfehlungen und zeigt gleichzeitig die Kunst der Optimierung als Gratwanderung bei einer den Sandbox-Effekt vermeidenden Strategie.

▶ **Themenrelevante Links**
Es hat sich bewährt, sich um eingehende Links von Seiten zu bemühen, die den gleichen Themenkomplex behandeln. Dies erhöht für Google die Wahrscheinlichkeit, dass Sie auch tatsächlich neue und relevante Inhalte ins Web einbringen und nicht nur ein Einzelkämpfer sind, der möglichst schnell viel Geld machen möchte.

12.6 Hilltop-Prinzip und Trustrank

Seit dem Florida-Update gewichtet Google die Link-Vererbung über den Pagerank zusätzlich über ein weiteres Kriterium nach dem Hilltop-Prinzip. Das Prinzip wurde erstmals von Krishna Bharat und George Andrei Mihaila im Jahre 1999 beschrieben. Unter der Adresse *http://www.cs.toronto.edu/~georgem/hilltop/* ist das Paper immer noch zu finden.

Kurz formuliert beruht das Hilltop-Prinzip darauf, dass bestimmte Websites als Experten bzw. Autoritäten für bestimmte Themengebiete klassifiziert werden. Die ausgehenden Links von Experten sind dabei gewichtiger als Nicht-Experten-Websites.

Experten-Websites sind dabei die unterste Ebene in der Hilltop-Hierarchie. Diese Seiten werden anhand bestimmter Kriterien als »Experten« für ein Themengebiet definiert und festgelegt. Die genauen Kriterien für eine Expertenseite sind nicht bekannt. Vermutlich ist es eine Kombination aus verschiedenen Aspekten. Neben der Definition »per Hand« durch Google-Mitarbeiter ist denkbar, dass die Position im Open Directory sowie auch die Bewertung über den klassischen Pagerank herangezogen werden.

Die Vergabe eines Expertenstatus ist mit Gefahren verbunden, denn ein fälschlich ernannter Experte könnte gezielt seine Link-Stärke für Spam ausnutzen. Um einem zu großen »Machtgewinn« vorzubeugen, muss daher darauf geachtet werden, dass die einzelnen Experten voneinander unabhängig sind.

Google stellt dies auf zwei Weisen sicher:

- Die IP-Nummern der beiden Experten müssen mindestens im C-Block unterschiedlich sein. Damit wird verhindert, dass zwei Experten-Websites auf dem gleichen Webserver liegen oder dem gleichen Anbieter gehören.
- Die TLD- und SLD-Domain-Namen müssen sich grundlegend voneinander unterscheiden.
- In der Ergebnisliste von Google erkennt man Experten-Websites auf den ersten Plätzen an der gesonderten Darstellung mit zusätzlichen Verweisen unterhalb der URL-Zeile.

Abbildung 12.1 Google kennzeichnet Experten-Websites.

Das Hilltop-Prinzip kann als Ranking-Kriterium nur unterstützend wirken. Denn sollte es zu einem bestimmten angefragten Themengebiet keine Experten-Websites geben, liefert der Algorithmus auch keine Ergebnisse. Daher ist die Annahme sicherlich korrekt, dass die Hilltop-Berechnung oder zumindest eine Abwandlung davon nur ein weiteres, wenn auch sehr wichtiges, Relevanzkriterium in der Pagerank-Berechnung ist.

Ein ähnliches Prinzip ist in diesem Zusammenhang der *Trustrank*. Auch diese Technologie, ursprünglich von zwei Stanford-Wissenschaftlern in Kooperation mit einem Yahoo!-Mitarbeiter entwickelt, hat Google sich im Jahr 2005 patentieren lassen. Das Vorgehen des Trustranks ist in etwa vergleichbar mit dem Hilltop-Prinzip. Bestimmte Websites erhalten eine Vertrauensmarke, mit der sie als vertrauenswürdige Seite eingestuft werden. Geht man nun davon aus, dass vertrauenswürdige Websites nicht auf unseriöse Spam-Websites verweisen, kann man über diese Vererbung der Reputation effizient die Qualität der Ergebnisse steigern. Neben der einfachen Pagerank-Berechnung und der Experten-Berechnung kommt also zusätzlich noch der Trustrank mit ins Boot.

Für einen Webautor ist es daher besonders interessant, nicht nur eingehende Links von Sites mit hohem Pagerank zu bekommen, sondern auch von Sites, die als Experten-Sites eingestuft wurden und zusätzlich oder alternativ einen hohen Trustrank besitzen.

12.7 Google-Sitemap-Programm

Suchmaschinen finden neue Ressourcen über die Link-Verfolgung von bereits bekannten URLs mithilfe von Webrobots. Google bietet seit 2005 für alle Webmaster einen zusätzlichen Dienst an. Yahoo! ist 2006 aufgesprungen und auch Microsofts MSN verarbeitet seit 2007 die XML-Sitemaps. Da Google als »Erfinder« die umfangreichsten Informationen bereitstellt, soll hier das Schwergewicht auf dem Google-Sitemap-Programm liegen.

Dabei kann man nach der Anmeldung bei dem Programm eine speziell formatierte XML-Datei online zur Verfügung stellen. Die Datei enthält vor allem die URLs zu den einzelnen Ressourcen einer Website:

```
<urlset>
   <url>
      <loc>http://www.erdmonster.de/geschriebenes.php</loc>
      <lastmod>2006-04-30T03:45:08+00:00</lastmod>
   </url>
   <url>
      <loc>http://www.erdmonster.de/photos.html</loc>
      <lastmod>2006-05-07T00:45:09+00:00</lastmod>
   </url>
</urlset>
```

Listing 12.1 XML-Datei für das Google-Sitemap-Programm

Alternativ dazu können auch andere Formate genutzt werden. So ist es möglich, eine einfache Textdatei mit einer zeilenweisen Auflistung der absoluten URLs zu nutzen. Falls möglich, ist aber das XML-Format vorzuziehen. Zur automatischen Erstellung der Sitemap existieren zahlreiche Programme von Drittanbietern. Viele Tools verfolgen die Verweise online auf Ihrer Website und listen diese dann entsprechend formatiert auf. Besser ist allerdings der Einsatz von Tools, die sozusagen die Hintergrundstruktur einlesen können. Für das beliebte Blog-Tool Wordpress gibt es beispielsweise eine solche Erweiterung [119]. Aber auch für

Content-Management-Systeme existieren Lösungen, wie sie in Kapitel 14, »TYPO3 optimieren«, exemplarisch vorgestellt werden.

Die Suchmaschinen erhoffen sich, durch den Einsatz einer zusätzlichen Indexierungsquelle eine noch größere Abdeckung des Webs zu erreichen. Für Webanbieter ist dies besonders bei dynamischen und großen Websites mit zahlreichen Unterseiten hilfreich, da hier die Indexierung über die Link-Verfolgung nicht immer zuverlässig verläuft. Trotzdem ist das Angebot von Google auch als solches zu sehen: Mit der Bereitstellung der Datei gibt Google keine Garantie, dass die Einträge tatsächlich in den Index übernommen werden. Ebenso geschieht die Verarbeitung vollkommen unabhängig von den weiterhin ablaufenden Besuchen der Webcrawler.

Erfahrungsgemäß beschleunigt die Teilnahme am Sitemap-Programm dennoch die Indexierung von neuen Seiten, sodass sich der Einsatz vor allem für neue oder stark erweiterte Webangebote anbietet.

Für den Webmaster sehen die einzelnen Schritte zur Teilnahme wie folgt aus:

- Anmelden zum Google-Sitemap-Programm
- Generieren einer Google-Sitemap
- Bereitstellen der Datei auf dem Webserver
- Einrichten der Google-Sitemap und Verifizieren

Nachdem Sie sich unter der Adresse *https://www.google.com/webmasters/sitemaps/login? hl=de* angemeldet haben, gelangen Sie über den Reiter »hinzufügen« zu dem Assistenten, der Sie bei der Einrichtung unterstützt. Die Erklärungen sind online sehr ausführlich, sodass an dieser Stelle lediglich darauf verwiesen sei.

Neben der zusätzlichen Form der Indexierung bietet Google kleinere statistische Analysen, sobald die Sitemap das erste Mal eingelesen wurde. So erfahren Sie, welche Seiten beim Crawlen erfolgreich erreicht wurden und welche Anfragen gegebenenfalls einen Fehler ergeben haben. Außerdem erhalten Sie eine Übersicht über die Pagerank-Verteilung auf Ihren Seiten sowie über die Seiten mit dem höchsten Pagerank. Dies sind zusätzliche Angaben, die im Vergleich zur Google-Toolbar dem aktuellen Pagerank entsprechen und nicht mehrere Monate veraltet sind.

Ferner stellt Google Ihnen auch häufig verwendete Begriffe auf Ihren Seiten in einer Listenform dar. Hier versuchen etliche Suchmaschinen-Optimierer durch Test-Domains noch detaillierter herauszufinden, nach welchen Kriterien Google die Keyword-Analyse durchführt. Für die meisten sind diese Informationen aber dennoch eine interessante Ergänzung, vor allem wenn sie als Abgleichmöglichkeit zu den eigenen Monitoring-Daten herangezogen werden.

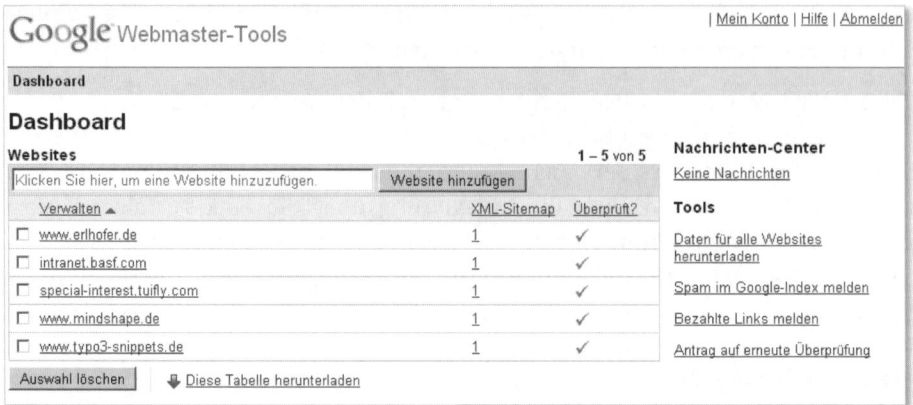

Abbildung 12.2 Google-Sitemap-Programm

Seit 2007 zeigt Google Sitemaps auch eingehende Links an. Da über das Google-Suchfeld die Backlink-Analyse absichtlich eingeschränkt wurde, um Suchmaschinen-Optimierern das Leben nicht allzu leicht zu machen, werden bei dem Google-Sitemap-Programm wesentlich mehr (wenn nicht sogar alle) eingehenden Links angezeigt. Dies eignet sich leider nicht dazu, eine Konkurrenzanalyse der Backlinks durchzuführen. Die Liste gibt aber dennoch einen guten Einblick in die erreichte Offpage-Optimierung und in noch ungenutzte Potenziale.

> »Yin und Yang und die vier Jahreszeiten sind der Anfang und das Ende eines jeden Dinges; sie sind die Wurzel von Leben und von Tod. Wer gegen das Prinzip von Yin und Yang lebt, wird sein Leben zerstören, wer mit ihm lebt, wird in Harmonie leben.«
> – Nei Jing

13 Usability und Suchmaschinen-Optimierung

Nicht jeder, der gegen das Prinzip der Usability und der Suchmaschinen-Optimierung lebt, wird unbedingt »sein Leben zerstören«. Auf jeden Fall kann eine gleichzeitige Beachtung und Umsetzung der beiden Punkte das Leben enorm bereichern – vor allem, wenn es zumindest teilweise finanziell von den Besuchern auf den eigenen Webseiten abhängt.

Nicht selten bleibt der erhoffte Anstieg der Besucherzahlen nämlich auch nach einer gelungenen Suchmaschinen-Optimierung aus. Dabei wurde doch alles richtig gemacht: Die Keywords sind passgenau auf die Zielgruppe abgestimmt, die Seiten befinden sich für die meisten relevanten Suchanfragen in Top-Positionen. Die Logdateien-Analyse zeigt außerdem, dass die Besucherzahlen auf einigen der optimierten Seiten besonders in die Höhe geschnellt sind. Alle anderen Seiten des Webangebots werden jedoch wenig beachtet, obwohl dort auch weiterführende Informationen zu dem zu verkaufenden Produkt oder der Dienstleistung zu finden sind und die Seiten für den Suchenden auf jeden Fall wichtig und interessant erscheinen sollten! Aber dennoch steigen die Verkaufszahlen des beworbenen Produktes auch nach Monaten nicht an.

Das Staunen und die Verwunderung sind nicht selten groß, wenn nach erfolgten Optimierungsmaßnahmen der erhoffte Erfolg ausbleibt. Schnell wird nach weiteren Optimierungsmaßnahmen gesucht, die dann ebenso schnell in den Bereich des Spammings mit all seinen Konsequenzen führen. Helfen wird dieser Vorstoß nach vorne wahrscheinlich immer noch nicht.

Denn liegt die Ursache wirklich in einer unzureichenden Suchmaschinen-Optimierung? Wie lässt sich sonst das häufig zu beobachtende Phänomen erklären, dass zwar stark optimierte Seiten – meist auch noch Doorway- oder Mikroseiten

– hohe Besucherzahlen haben, die Website als solche mit ihrem Produkt- oder Dienstleistungsangebot jedoch nicht wahrgenommen wird?

13.1 Suchmaschinen-Optimierung alleine reicht nicht

Zieht man aktuelle Studien zu Rate, die das Verhalten von Suchmaschinen-Nutzern beschreiben, wird schnell klar, dass die Ursache des Problems an ganz anderer Stelle zu suchen ist. Die Nutzung von Suchmaschinen ist heutzutage für viele Menschen alltäglicher Bestandteil ihres (Online-)Lebens. Entsprechend werden viele Vorgänge nicht mehr bewusst mit Bedacht ausgeführt, sondern laufen quasi automatisiert ab. Das ist gewissermaßen vergleichbar mit dem Schalten im Auto. Während sich der Fahranfänger noch auf das Schalten an sich konzentrieren muss, läuft dieser Vorgang bei dem erfahrenen Fahrer automatisch und schematisiert ab.

Die Nutzer von Suchmaschinen wählen oftmals ebenso schematisiert nach einem sehr kurzen Überfliegen der ersten Treffer einer Ergebnisliste einen Eintrag aus. Der Nutzer hat offensichtlich die Erfahrung gemacht, dass die oberen Treffer allesamt am besten auf seine Suche passen. Die Frage, ob eine Trefferseite auch wirklich das Gesuchte bietet, wird nicht mehr auf der Ergebnisliste gestellt, sondern – kurz nach dem Klick auf einen Eintrag – auf der Seite an sich. Sobald diese geladen ist, entscheidet der Benutzer innerhalb von Sekunden, ob die Seite seinen Erwartungen entspricht oder nicht. Die »Kosten« für einen Irrtum sind relativ gering. Ein Klick auf den Zurück-Button des Browsers und die nächste Seite kann zur Begutachtung ausgewählt werden. Im Schnitt finden zwischen zwei und vier solcher Evaluationen statt, bevor der Nutzer eine andere Strategie wählt, beispielsweise die Suche mit anderen oder veränderten Stichwörtern oder das Anschauen der unteren Ergebnisse oder Ähnliches. In den meisten Fällen spart der Suchende aber mit dieser Klick-and-Go-Taktik mehr Zeit, als wenn er sorgfältig die relevanten Treffer in der Ergebnisliste betrachten und bewerten würde.

Leider bieten heutige Webanalyse-Techniken kaum eine Möglichkeit, ein solches Stippvisiten-Verhalten festzustellen. Die Aufenthaltszeit eines Besuchers auf einer einzelnen Seite wird in der Regel über die Zeitspanne zwischen der Browser-Abfrage der betreffenden Seite und der Abfrage der Folgeseite gemessen, die der Nutzer besucht. Liegt allerdings die zweite Abfrage nicht mehr auf dem eigenen Webserver, dann fehlt das zweite Datum und die Aufenthaltsdauer kann nicht berechnet werden. Genau dies ist der Fall bei dem beschriebenen Nutzerverhalten, bei dem mehrere Seiten innerhalb von Sekunden evaluiert werden.

Für einen Webanbieter gilt hier einmal mehr: Die Konkurrenz im Web ist nur wenige Klicks entfernt. Sie haben meist nur eine sehr kurze Gelegenheit, den Besucher davon zu überzeugen, dass die Suchmaschine zu Recht Ihre Website weit oben gelistet hat.

Der Schlüssel zum Erfolg ist kein Geheimnis, sondern hat sogar einen Namen: Er ist gemeinhin als *Usability* bekannt. Die Gebrauchstauglichkeit einer Website, so wird der Begriff Usability häufig übersetzt, ist anscheinend mehr als nur eine reine Großzügigkeit des Webanbieters an den Besucher, damit dieser sich besser zurechtfindet. Die Usability entscheidet auf vielen Ebenen über den Erfolg oder Misserfolg einer Webpräsenz und beeinflusst entscheidend andere Marketing-Maßnahmen. Durch das Klick-and-Go-Verhalten der Nutzer ist die Suchmaschinen-Optimierung hier im Besonderen betroffen.

Grund genug, um sich in einem Buch über »Suchmaschinen-Optimierung« auch mit dem Thema Usability zu beschäftigen. Die Erfahrung zeigt zudem, dass es wesentlich leichter ist, einen zweiten Klick aus einem Besucher herauszukitzeln, der bereits auf der Webseite ist, als einen neuen Besucher zu »generieren«, wie es im Online-Marketing-Deutsch neuerdings heißt. Das ist aber natürlich auch wiederum nur dann möglich, wenn der Besucher die Seite, die er sieht, für relevant hält und nicht gleich wieder zurück zur Ergebnisliste flieht.

13.2 Was Usability mit Suchmaschinen-Optimierung zu tun hat

Usability scheint ein recht komplexes Gebilde zu sein, wenn es zum einen den Nutzer »auf den ersten Blick« halten kann, gleichzeitig aber dafür sorgt, dass er sich weiter in das Angebot hineinklickt und darin auch noch zurechtfindet. Betrachtet man die Bedeutung der Usability für eine Website genauer, wird allerdings deutlich, dass diese Funktionen zwar alle erfüllt werden, die Umsetzung aber bei weitem nicht so kompliziert sein muss, wie mancherorts gerne behauptet wird. Was genau versteht man nun unter Usability?

13.2.1 Was ist Usability?

Die Antwort auf diese Frage wird häufig mit dem Zitat der Definition der Internationalen Organisation für Standardisierung (ISO 9241) gegeben:

> *»Usability eines Produktes ist das Ausmaß, in dem es von einem bestimmten Benutzer verwendet werden kann, um bestimmte Ziele in einem bestimmten Kontext effektiv, effizient und zufriedenstellend zu erreichen.«*

Im Kontext der Suchmaschinen-Optimierung ist mit dem »Produkt« nicht die Usability einer Kaffeemaschine gemeint, sondern das Webangebot, weswegen auch oftmals von *Website-Usability* oder auch nur von *Web-Usability* gesprochen wird.

In der Definition kommt ein zentrales Kriterium zum Vorschein, nämlich die Tatsache, dass Usability nicht alleine eine Eigenschaft der Website ist, sondern das Attribut einer Interaktion des Benutzers mit einem Produkt innerhalb eines bestimmten Nutzungszusammenhangs. Kurz formuliert bedeutet dies: Eine gute Usability einer Website kann nur für eine bestimmte Zielgruppe mit bestimmten Absichten geschaffen werden. So muss sich beispielsweise eine Seite für Senioren mit Informationen zur Pflege im Alter grundlegend in Optik, Ansprache und Informationsgehalt von einem Jugendportal mit Reisetipps unterscheiden.

Mit diesen beiden »Z«, nämlich der Zielgruppe und der Zielsetzung, kommen bereits alte Bekannte aus der Konzeptionsphase der Onpage-Suchmaschinen-Optimierung hier erneut ins Spiel (vgl. Abschnitte 6.1.1, »Zielgruppe«, und 6.1.2, »Zielsetzung«). Der erste Schritt zu einer optimalen Usability ist damit schon durch die Suchmaschinen-Optimierung abgedeckt. Sie werden sehen, dass sich die beiden Bereiche häufig überschneiden – übrigens ein gutes Argument nicht nur für Agenturen, um Suchmaschinen-Optimierung und Usability gleichzeitig anzugehen.

Neben der Tatsache, dass Usability nur im Kontext einer Zielgruppe sinnvoll anwendbar ist, sind insbesondere die drei oben genannten Attribute zu beachten:

▶ Effektiv im Zusammenhang mit der Web-Usability meint, dass der Benutzer in die Lage versetzt wird, genaue und vollständige Ergebnisse zu erzielen. Diese können auf unterschiedlichen Ebenen angesiedelt sein und reichen vom Lösen bestimmter Aufgaben mit der Website wie einem Online-Shopping-Vorgang über das Finden von gesuchten Informationen bis hin zur Möglichkeit, sich auf der gesamten Website zurechtzufinden. Je besser eine Website den Nutzer beim Erreichen dieser Ziele unterstützt, desto höher ist ihr Maß an Usability. Typische Elemente auf Webseiten, die die Effektivität steigern, sind zum Beispiel Hilfefunktionen, erklärende Texte, Sortierfunktionen sowie erklärende Elemente auf der inhaltlichen Ebene wie beispielsweise Bildunterschriften.

▶ Effizient soll die Interaktion zwischen Nutzer und Webseite ebenfalls sein, um ein hohes Maß an Usability zu erreichen. Das bedeutet, dass der Aufwand, der betrieben werden muss, um das gewünschte Ziel zu erreichen, auch in einer angemessenen Zeit zu erledigen ist. Niemand möchte sich mit einem Bestellvorgang im Web aufhalten, der eine halbe Stunde dauert – mag dieser noch so effektiv sein. Und in der Regel möchten Nutzer auch gleich die gesuchten Informationen auf der Website finden, ohne lange danach suchen zu müssen. Genau das ist auch der Grund, weshalb viele Besucher von Suchmaschinen sehr schnell die Webseite wieder verlassen – sie finden nicht sofort die gewünschten Informationen. Wesentliche Parameter auf Webseiten, welche die Effizienz betreffen, sind die inhaltliche Gliederung auf der Seite, die Güte der Navigation zu anderen Seiten und nicht zuletzt auch technische Bedingungen wie die Ladezeit und die Performanz des Webservers.

▶ Zufriedenstellend sollte die Nutzung eines Webangebots mit guter Usability ebenfalls sein. Damit deckt die Definition eher die »weichen« Nutzungsfaktoren ab. Sind die anderen Faktoren meist objektiv meßbar, kann die Zufriedenheit als subjektives Empfinden des Nutzers bei der Interaktion oftmals nur schwer dingfest gemacht werden. Insbesondere bei Unterhaltungsangeboten spielt dieser Faktor jedoch eine bedeutende Rolle.

13.2.2 Von der Suchmaschinen-Optimierung zur Usability

Ein hohes Maß an Web-Usability ist längst nicht nur für das eingangs erwähnte Beispiel des Klick-and-Go-Verhaltens vieler Suchmaschinen-Nutzer eine große Hilfe. Es liegt nahe, eine Website nicht nur für Suchmaschinen zu optimieren, sondern auch für das, wofür sie eigentlich veröffentlicht werden: für die Nutzung der Website durch die Besucher.

Im speziellen Kontext der Suchmaschinen-Optimierung kann man zusammenfassend die Funktion der Web-Usability in zwei Bereiche aufteilen:

1. Suchende, die von den Ergebnislisten kommen, müssen eine ihren Vorstellungen entsprechende Seite vorfinden, sodass sie auch bleiben. Hier zählen die genannten Attribute der Usability sozusagen primär auf der einzelnen Seite, die isoliert betrachtet wird. Man spricht auch von der Mikro-Usability einer Website. Hier müssen vor allem inhaltliche Elemente benutzergerecht und gebrauchstauglich angelegt werden.

2. Oftmals ist das Ziel für den Anbieter einer Website nicht erreicht, wenn der Besucher von den Suchmaschinen nur eine Seite nutzt; das stellt lediglich den Anfang der gewünschten Website-Nutzung dar. Um beispielsweise einen geschäftlichen Erfolg mit einem Online-Shop zu erzielen, reicht es nicht, wenn die Besucher die Produktinformationen lediglich ansehen, sondern sie müssen auch den Bestellvorgang über mehrere Seiten abwickeln. Hier kommt die Makro-Usability ins Spiel, die hauptsächlich die Frage beantwortet, wie gut die Navigation auf einer einzelnen Webseite ist, damit der Nutzer effektiv und

effizient durch das Angebot zu seinem gewünschten Ziel (im Beispiel der Warenkorb des Online-Shops) navigieren kann.

Schon während der einzelnen Maßnahmen zur Suchmaschinen-Optimierung werden meistens, mit Ausnahme von Spam-Techniken, zahlreiche Ansätze für eine Verbesserung der Usability umgesetzt. Erfahrungsgemäß geschieht dies eher »unbeabsichtigt«. Bereits ein paar wenige Beispiele können dies illustrieren und gleichzeitig dazu führen, dass Sie diese Ansätze bei der nächsten Suchmaschinen-Optimierung bewusster berücksichtigen.

Keyword-Recherche

Im Vorfeld der Suchmaschinen-Optimierung steht die Frage, mit welchen Stichwörtern die Benutzer die angebotenen Inhalte suchen. In der Optimierungsphase nutzt man für die eigenen Webseiten diese Stichwörter, die vielleicht nicht zwingend im (fach-)technischen Sinne die erste Wahl gewesen wären. Der Nutzer sieht dies natürlich nicht aus der Sicht eines Anbieters, sondern aus seiner ureigenen: Für den Nutzer sprechen Sie »die gleiche Sprache«, weil Sie die gleichen Wörter und Begriffe nutzen. Dies kann sich beispielsweise in der Darstellung der Sichtweise, welche über die Sprache transportiert wird, zeigen. Aber auch bei der Nennung von Namen und Bezeichnungen ist der Kunde häufig anders gepolt als der Anbieter: Welcher Kunde weiß schon beispielsweise, wo der Unterschied zwischen »Exclusive Edition« und »Premium Edition« liegt? Die Erklärung hierzu leicht zugänglich zu machen, wäre an diese Stelle erst in einem zweiten Schritt erforderlich.

Inhalt bieten

Der Slogan »Suchmaschinen mögen Content« vernachlässigt zwar viele Aspekte der Suchmaschinen-Optimierung, trifft den Nagel trotz allem aber nach wie vor genau auf den Kopf. Für den Anbieter heißt dies: Ausreichende Textmengen auf der Seite zur Indexierung bereitstellen, damit die Algorithmen der Suchmaschinen auch das Thema der Seite korrekt erkennen. Aus der Sicht des Benutzers und somit auch der Usability scheint eine Seite mit wenig Inhalt in den meisten Fällen auch wenig Informationsgehalt zu bieten, was unweigerlich dazu führt, dass die Besucher sich andernorts die gewünschten Informationen besorgen werden. Ausreichende Textmengen an Informationen auf Webseiten bereitzustellen, erfüllt daher die Forderungen aller Parteien.

Maximale Dateigröße zur Indexierung

Viel tut nicht immer nur gut. Die Effektivität bei der Suche nach Informationen reduziert sich drastisch mit längeren Ladezeiten. Der Nutzer möchte bei heute üblichen Übertragungsraten ungerne zusehen, wie sich eine Webseite langsam aufbaut. Eine Webseite muss bei einem Abruf ohne lange Verzögerung erscheinen. Was für den Nutzer unattraktiv ist, scheint auch für die Suchmaschinen wenig interessant zu sein. Die Indexierungsgrenze von Dateien größer als 100 kByte verschwimmt zwar mehr und mehr, dennoch weist sie gemeinsame Grenzen von guter Usability und guter Suchmaschinen-Optimierung auf. Denn ein zügiger Seitenaufbau, schnelle Ladezeiten und kompakte aber dennoch ausführliche Informationen können nur durch entsprechend kleine HTML-, CSS- oder JavaScript-Dateien erreicht werden.

Gliederung durch Überschriften

Suchmaschinen gehen davon aus, dass Stichwörter in Überschriften (`<h1>` bis `<h6>`) zur Erschließung des Themas einer Webseite bedeutender sind als Stichwörter innerhalb des Fließtextes. Daher müssen diese bei der Suchmaschinen-Optimierung bevorzugt in Überschriften platziert werden. Eine thematisch sinnvolle Einteilung in Haupt- und Unterüberschriften (`<h1>`, `<h2>` usw.) in Kombination mit der Nennung der Stichwörter in den darauf folgenden Abschnitten (`<p>`) wird ebenfalls höher bewertet. Diese Struktur mit einer klaren Gliederung durch Überschriften kommt ohne Frage auch dem Benutzer entgegen, der Webseiten eher »scannt« als liest, vor allem, wenn er soeben von der Ergebnisseite kommt und schnell überprüfen möchte, ob die aufgerufene Seite auch die gewünschten Inhalte bietet. Für den Nutzer bedeutet eine gute Gliederung der Inhalte in diesem Fall einen beachtlichen Gewinn an Effizienz.

Sinnvoller Seitentitel

Die Bedeutung des Seitentitels für die Bewertung durch Suchmaschinen ist unbestritten hoch. Beschreibt der Titel den Inhalt einer Seite entsprechend genau, fällt das Ranking für die betreffenden Stichwörter zweifelsfrei höher aus. Für den Nutzer bedeutet ein sinnvoller Seitentitel ebenfalls einen hohen Gewinn. Der ungekürzte Seitentitel ist einerseits in der Browser-Leiste meist bereits vor dem vollständigen Laden der Webseite zu lesen, sodass viele Nutzer hier schon den Rückschritt zur Ergebnisliste antreten. Andererseits hilft ein gut formulierter Seitentitel bei der Orientierung beim Surfen und auch beim Abspeichern von Bookmarks – und entsprechend beim Wiederfinden derselben.

Beschreibende Anchor-Texte

Neben der reinen Tatsache, dass ein Link auf eine Seite verweist, beachten Suchmaschinen auch den Text, mit dem verlinkt wird (Anchor-Text). Eine Nennung von themenrelevanten Keywords innerhalb des Anchor-Textes, die auch auf der Zielseite auftreten, wird seit einiger Zeit von Suchmaschinen besonders hoch gewichtet, weshalb sich viele Webautoren intensiv um den Aufbau von themenrelevanten, eingehenden Links bemühen. Für den Nutzer und die Usability kann dies nur von Vorteil sein. Stellt man sich erneut den scannenden Webnutzer vor, so ist die sinnvolle Vergabe von Begriffen als Anchor-Text insofern hilfreich, als nicht erst der gesamte Kontext um den Link gelesen werden muss.

Stellen Sie sich vor, Sie surfen im Netz und überfliegen die beiden folgenden Textpassagen – welcher Abschnitt erschließt sich Ihnen schneller?

> *»Wer von Mallorca redet, meint meistens Hotelmaschinen, überfüllte Strände, Ballermann und das pauschale Urlaubsglück. Doch dem muss nicht immer so sein. Mehr ...«*

> *»Wer von Mallorca redet, meint meistens Hotelmaschinen, überfüllte Strände, Ballermann und das pauschale Urlaubsglück. Dochdas muss nicht sein, erfahren Sie mehr über den Urlaub auf ›Mallorca einmal anders‹.«*

Die Antwort fällt nicht schwer. Der zweite Abschnitt lässt sich wesentlich einfacher scannen, da das Link-Ziel trotz des immer noch großzügig formulierten »Urlaub auf Mallorca« klarer ist als oben. Der Anbieter des zweiten Abschnitts geht nicht davon aus, dass der Nutzer den Text um den Link herum vollständig liest. Er stellt somit ein höheres Maß an Usability sicher und kann auf der Zielseite wesentlich mehr Folge-Visits verbuchen als sein Konkurrent.

CSS für das Layout

Viele Webseiten verzeichnen nach der Umstellung der veralteten Layout-Technik mit Tabellen auf CSS einen beachtlichen Anstieg ihrer Besucherzahlen. Die Verwendung von barrierefreiem CSS ist mit seiner Flexibilität und der Reduzierung der Ladezeiten ohne Zweifel eine grundlegende Technologie, die entscheidend zur Verbesserung der Web-Usability beiträgt. Dabei sind es vor allem drei Aspekte, die sich auch hier wieder gleichermaßen auf die Usability sowie die Suchmaschinen-Optimierung auswirken:

1. Der Quellcode ist durch die Trennung von Layout und Inhalt »sauberer« und dadurch für Suchmaschinen und Browser besser und vor allem sicherer interpretierbar.

2. Die Inhalte können durch CSS flexibel formatiert werden, sodass die Reihenfolge der Elemente im Quellcode nicht zwingend der Reihenfolge in der Anzeige entsprechen muss. So können die Elemente im Quellcode nach Kriterien der Suchmaschinen-Optimierung sortiert werden und für die Anzeige auf dem Bildschirm für den Nutzer nach Kriterien der Usability.

3. Die Dichte an verwertbaren Informationen ist beim Einsatz von CSS im Vergleich zu anderen Layout-Techniken relativ gesehen höher, da die Menge an Tags und Attributen im HTML-Code selbst reduziert ist. Das führt zu schnelleren Download-Zeiten und zu einem zügigeren Seitenaufbau.

Eine Einschränkung muss jedoch gemacht werden. Da derzeit die meisten Suchmaschinen entweder überhaupt nicht oder nur sehr eingeschränkt CSS-Formatierungen berücksichtigen, kann und wird die barrierefreie Layout-Technologie gezielt als Spam-Methode eingesetzt. In diesem Kontext steigt der Nutzen für die Usability natürlich nicht zwingend.

Es lassen sich sicherlich noch weitere Bereiche finden, in denen eine Suchmaschinen-Optimierung auch positive Einflüsse auf die Usability einer Webseite hat. Allerdings soll abschließend das Hauptaugenmerk eher auf solche die Usability verbessernde Maßnahmen gerichtet werden, die nicht zwingend durch die Suchmaschinen-Optimierung automatisch mit abgedeckt sind. Dennoch sollte auch bei der Suchmaschinen-Optimierung auf eine größtmögliche Usability-Optimierung geachtet werden, um die Potenziale voll auszuschöpfen.

13.3 Usability-Regeln

Erwiesenermaßen lohnt es sich, eine Verbesserung der Usability im Rahmen einer Suchmaschinen-Optimierung anzustreben. Viele Schritte und Änderungen an der Website während der Suchmaschinen-Optimierung ermöglichen gleichzeitig eine kosteneffiziente Verbesserung zu Gunsten der Web-Usability.

Lesenswertes über Usability, wie man sie testet und verbessert, ist zahlreich im Netz, in Bibliotheken und Büchereien zu finden. Oftmals sind es aber nur wenige Regeln, die beachtet werden müssen, damit ein Grundmaß an Usability gesichert ist. Viele Feinheiten lassen sich ohnehin nur im speziellen Kontext durch individuelle Usability-Tests optimieren.

Im Folgenden sind daher abschließend insbesondere solche Aspekte als Regeln formuliert, die noch nicht durch die Suchmaschinen-Optimierung verbessert wurden, aber in deren Kontext meist gleich mit zu optimieren sind. Werden diese Punkte bei der Neu-Konzeption oder beim Relaunch zusätzlich zu anderen Optimierungsmaßnahmen beachtet, stellen Sie damit sicher, dass keine wertvollen Potenziale verloren gehen.

13.3.1 Kohärenz und Konsistenz

Die obersten Kriterien für eine gute Web-Usability sind ein in sich stimmiger Aufbau der Webseite (Kohärenz) sowie der Zusammenhalt und die Geschlossenheit einzelner Elemente (Konsistenz).

Dabei kann zwischen zwei Ebenen unterschieden werden: Zum einen geht es um die isoliert betrachteten Seiten an sich, zum anderen um das Zusammenspiel und die Navigation zwischen den einzelnen Seiten einer Webpräsenz. Der Nutzer versucht, einmal gelernte Muster und Prinzipien immer wieder anzuwenden. Das spart Zeit und Ressourcen. Ein prominentes Beispiel für ein solches Muster ist die Kennzeichnung von Links. Meistens werden diese im Web unterstrichen dargestellt. Entsprechend hat der Nutzer dieses Muster verinnerlicht und überträgt es zunächst auf jeden unterstrichenen Text. So muss ein Nutzer auf einer Website, die nicht mit unterstrichenen Links arbeitet, zunächst einmal lernen, wie die Links gekennzeichnet sind – etwa durch ein Symbol oder einen Pfeil vor dem Link oder durch eine andere Textfarbe.

Kohärenz und Konsistenz in diesem Zusammenhang bedeuten, dass der Nutzer nicht auf jeder einzelnen Seite eines Angebots ein neues Format zur Kennzeichnung von Links erlernen muss, sondern einmal erlernte Muster schnell und unkompliziert anwenden kann. Idealerweise macht man sich wie im Falle der unterstrichenen Links etablierte und webseitenübergreifende Muster zunutze.

Was für die Links im Speziellen gilt, muss ebenso auf alle anderen Elemente übertragen werden. Dies gilt insbesondere für die Navigation und die Struktur einer Website. Die Navigation sollte sich stets an der gleichen Stelle befinden. Es würde sicherlich jeden Webnutzer irritieren, wenn sich die Hauptnavigation aus unersichtlichen Gründen auf manchen Seiten rechts unten befände und auf anderen Seiten wiederum links oben. Ebenso verwunderlich wäre gewiss auch, wenn der Content-Bereich einmal dreispaltig, dann wieder einspaltig und hin und wieder auch zweispaltig ist. Viele große und kleine Websites haben hier eine Entwicklung durchgemacht; und der Trend zumindest auf den Portalseiten scheint zu einem Layout zu gehen, bei dem in der Mitte eine Spalte für den Inhalt genutzt wird, während links die Navigation und rechts einzelne inhaltliche Elemente zusammengestellt zu finden sind. Als Webautor sollte man sich besonders bei dem Punkt der Aufteilung von Bereichen innerhalb einer Webseite darüber im Klaren sein, dass einmal gelernte Konzepte – sei es auf anderen Seiten oder auf der Einstiegsseite des eigenen Angebots – durch eine erneute Anwendungsmöglichkeit seitens des Nutzers eine schnellere Verarbeitung und damit eine gute Usability ausmachen, die sich nicht zuletzt in den Besucherzahlen niederschlägt.

13.3.2 Erwartungen erfüllen

Je schneller ein Nutzer mit einem Angebot zurechtkommt, desto schneller kann er sich auf die Inhalte konzentrieren und muss sich nicht mehr um funktionale Elemente wie beispielsweise die Navigation kümmern. Daher bietet es sich an, das Rad nicht ständig neu zu erfinden und sich an gewisse etablierte Standards im Web zu halten.

Hierfür haben sich Konzepte insbesondere zu folgenden Punkten als Quasistandards etabliert:

- **Logo**
  Die Position des Logos ist meist prominent links oben oder rechts oben gewählt. Das Logo dient als Referenzpunkt, wenn es um die Frage geht, wo sich der Nutzer überhaupt befindet. Außerdem sollte der Klick auf das Logo zur Homepage des Webangebots führen.

- **Hauptnavigation**
  Die Hauptnavigation beschreibt die oberste Hierarchie der Verzeichnisebene und ist auf jeder Seite des Angebots an der gleichen Position zu sehen. Man kann dabei grob zwischen zwei Positionen unterscheiden: Die horizontale Hauptnavigation befindet sich unter dem Logo und erstreckt sich von links nach rechts. Die vertikale Hauptnavigation befindet sich in der Regel auf der linken Seite und ist optisch entsprechend vom inhaltichen Bereich abgetrennt. Die einzelnen Punkte der Hauptnavigation sind ebenfalls optisch voneinander getrennt, sodass eine Zuordnung mehrerer Wörter zu einem Link selbst bei einem Zeilensprung schnell möglich ist.

- **Subnavigation**
  Die Sub- oder Unternavigation ist üblicherweise nicht immer vollständig zu sehen. Meistens ist sie optisch wie inhaltlich logisch der Hauptnavigation untergeordnet. In der Regel lernt der Nutzer einmal die Art der Zuordnung auf einer Webseite und kann anschließend dieses erlernte Prinzip auf anderen Seiten der Webpräsenz ohne Probleme anwenden.

- **Icons und Symbole**
  Aus Platzgründen wird häufig auf eine textliche Beschreibung von Links verzichtet und stattdessen auf Icons oder Symbole zurückgegriffen. Hier besteht insbesondere das Problem, was die einzelnen Elemente bedeuten. Verwenden Sie daher Icons und Symbole aus bekannten Umgebungen, sei es aus der realen, alltäglichen Welt oder etwa auch aus der Windows-Welt. So können erlernte Konzepte aus dem Leben oder vom Desktop schnell auf das Web übertragen werden: Ein Einkaufswagen beispielsweise steht für den Warenkorb, ein Mülleimer im Online-Shop für das Entfernen eines Produktes aus

eben diesem Warenkorb, ein Klick auf das Haus-Symbol führt zur Homepage, ein Brief zum Kontaktbereich, ein diagrammähnliches Icon zur Sitemap, eine Diskette zum Starten des Downloads und so weiter.

- **Kennzeichnung von Links**
  Neben dem bereits erwähnten Prinzip, Links immer zu unterstreichen, haben sich noch andere Link-Konzepte etabliert. So wird häufig ein Pfeil vor oder hinter den Anchor-Text gesetzt, oder die Links sind auf eine andere Art einheitlich gekennzeichnet, wie zum Beispiel durch eine Einrahmung oder eine eindeutige Farbgebung.

- **Einheitliches Wording**
  Die Beschreibung der Links durch die Anchor-Texte sollte das Ziel oder die Funktion immer adäquat beschreiben. So führt etwa der Link »skip intro« immer zum eigentlichen Angebot und nicht zu einer erneuten Animation. Der Link »Kontakt« führt zu den Ansprechpartnern mit Anschrift, E-Mail und Telefonnummer; ein leeres Kontaktformular alleine erfüllt selten die Erwartungen.

- **Sitemap und sonstige Suchhilfen**
  Mittlerweile wird auf mittleren bis großen Seiten erwartet, dass Navigationshilfen zusätzlich zu der normalen Navigation als Hilfsfunktionen zur Verfügung stehen. Ein beliebter Vertreter ist die Sitemap, die bereits im Zusammenhang mit der Suchmaschinen-Optimierung erwähnt wurde. Ebenso ist die Eingabe von Suchbegriffen in ein Suchfeld konzeptionell bei vielen Nutzern, insbesondere bei konkreten Suchabsichten, fest verankert und ein ebenso fester Bestandteil ihrer persönlichen Surf-Strategie.

- **Werbung bleibt Werbung**
  Offensichtlich zeigen Phänomene wie das Ignorieren von Bannerwerbung trotz ihrer Animation und des Blinkens (Banner Blindness), dass Nutzer Konzepte entwickelt haben, um »echten« Inhalt von Werbung zu unterscheiden. In diesem Sinne ist es daher fatal, eigene Inhalte in Format, Größe, Position oder Anmutung in Anlehnung an klassische Bannerwerbung umzusetzen, sofern nicht werbeähnliche Effekte beabsichtigt sind.

Es wird schwer sein, alle Quasistandards immer und überall einzuhalten; und letztendlich etablieren sich neue Standards nur durch den Bruch von Regeln. Allerdings sollte man dabei jederzeit den kohärenten und konsistenten Prinzipien folgen, um eine gute Usability weitestgehend aufrechtzuerhalten.

13.3.3 Schnelle Erschließbarkeit

Wenn der Nutzer eine Webseite evaluiert, stellt er sich sicherlich die folgende Frage: »Hilft mir diese Webseite bei dem, was ich suche?« Die Frage muss, wie Sie wissen, bereits nach kurzer Betrachtung der Webseite schnell und positiv beantwortet werden können – oder der Nutzer ist weg. Die Voraussetzung für eine erfolgreiche Evaluation ist neben dem entsprechenden Inhalt auch dessen Aufbereitung. Hier zählt vor allem die Möglichkeit, die Inhalte der Webseite in Sekundenbruchteilen erschließen und interpretieren zu können. Praktisch formuliert bedeutet dies, dass der Nutzer sozusagen auf einen Blick erkennen muss, wie die Webseite gegliedert ist. Das heißt, wo sich die Navigation befindet, wo der eigentliche Inhalt, nach dem gesucht wird, und wo sonstige Elemente platziert sind, die für den Suchenden zunächst einmal weniger von Bedeutung sind, wie etwa Werbung, Verweise auf andere Inhalte oder Ähnliches.

Eine deutliche Gliederung der funktionalen Bereiche auf einer Webseite ist allerdings noch nicht genug, um eine schnelle Erschließbarkeit zu sichern. Insbesondere im inhaltlichen Bereich sollte darauf geachtet werden, dass gleiche funktionale Elemente auch das gleiche Aussehen haben. So sollte eine `<h1>`-Überschrift stets gleich aussehen. Der Nutzer erspäht einmal eine solche Überschrift und scannt die Seite nach gleichen Überschrift-Typen ab, falls er nicht gleich bei der ersten Überschrift sein gewünschtes Thema findet. Hier kommen die Gestalt- und Wahrnehmungsgesetze aus der Psychologie ins Spiel, die vereinfacht ausgedrückt besagen, dass gleiche Formen als Einheit erkannt werden. Im Beispiel mit den Überschriften nimmt der Suchende die Überschriften als ganz spezielle Einheiten wahr, nämlich als gliedernde Elemente, unter denen er jeweils unterschiedliche Themenkomplexe zu finden glaubt. Als Webautor sollte man sich diesen Effekt zunutze machen.

Ebenfalls ratsam ist das Hervorheben von wichtigen Schlüsselwörtern in Fließtexten, etwa durch Fettung oder Einfärbung. Dies ermöglicht es dem Nutzer, einen schnellen Überblick zu erhalten, wovon ein Abschnitt handelt.

Eine besondere Art der Hervorhebung hat sich ebenfalls als sehr schnell und leicht erschließbar erwiesen: die Listendarstellung. Sofern möglich, sollten Sie daher statt eines langen Fließtextes eine geordnete Liste mit kurzen Sätzen anbieten, sodass der Suchende sich schnell einen Überblick verschaffen kann, ohne die manchmal lang erscheinenden, einführenden Worte eines Abschnitts komplett lesen zu müssen.

13.3.4 Lesbarkeit sicherstellen

Eigentlich müsste es nicht erwähnt werden, dass für eine hohe Gebrauchstauglichkeit (Usability) einer Website die Lesbarkeit der Inhalte eine selbstverständliche Grundlage ist.

Allerdings kann sicherlich jeder Websurfer bestätigen, dass dem oftmals nicht so ist. Viele Seiten verwenden keine monochromen Farbhintergründe für Fließtexte und Navigationsflächen, sondern legen einen Farbverlauf oder sogar Muster in den Hintergrund. Was hier und dort zwar schick aussehen mag, erschwert aber bei einer entsprechend unglücklichen Farbwahl die Lesbarkeit zuweilen enorm. Der Kontrast zwischen Hintergrund und Schriftfarbe sollte daher immer ausreichend hoch sein. In den Richtlinien zur barrierefreien Gestaltung des W3C (Web Content Accessibility Guidelines, WCAG) wird ein Grenzwert von 500 angegeben. Man kann diesen mit Tools wie beispielsweise dem »Farbkontrast-Analyzer« berechnen und die eigene Farbwahl dahingehend überprüfen.

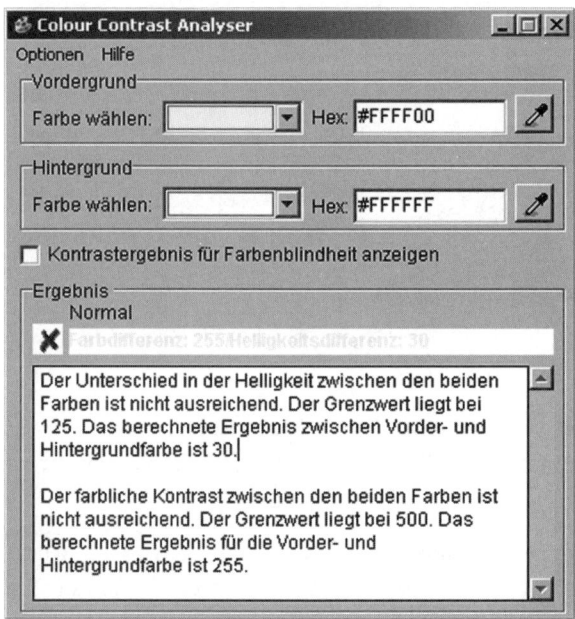

Abbildung 13.1 Farbkontrast-Analyzer zur Sicherstellung der Lesbarkeit auf Webseiten

Ein besonders häufig anzutreffender Fall von Unleserlichkeit liegt übrigens bei der Link-Gestaltung von Texten vor. Während meistens der noch unbesuchte Link sehr gut zu erkennen ist, wird es kritisch, wenn der Nutzer mit der Maus über den Link fährt (hover) und dieser eine Farbe annimmt, die nur noch schwer zu erkennen ist. Ähnliches erscheint oftmals mit bereits als besucht gekennzeichneten Links (visited). Offensichtlich wird die Formatierung von hover- und visited-Attributen bei der Linkgestaltung hier und dort vernachlässigt, was die Usability und damit den Nutzer unnötig leiden lässt.

Daneben spielt in puncto Lesbarkeit auch die Schriftgröße eine wichtige Rolle. Meistens findet man auf Webseiten Fließtext in einer Schriftgröße zwischen 8 pt und 14 pt. Nutzt man in CSS zur Festsetzung der Größen keine festen, absoluten Punkt-Werte (pt), sondern relative Maße wie beispielsweise em oder ex, kann der Nutzer mit dem Browser selbst bestimmen, welche Größe er angezeigt haben möchte. Das stößt bei vielen Webdesignern allerdings auf heftigen Widerstand, da ein Design genau so erscheinen soll, wie es entworfen wurde. Die Wahl unterschiedlicher Schriftgrößen sprengt früher oder später jedes aufwendig gestaltete Layout. Letztendlich ist es jedem Webautor selbst überlassen, absolute oder relative Maße zu nutzen, die vorgegebene Schriftgröße sollte allerdings in jedem Fall unter Berücksichtigung einer ausreichend guten Lesbarkeit für das Zielpublikum gewählt werden.

Eine ähnliche Frage stellt sich auch bei der Spaltenbreite eines Textes. Lesen am Bildschirm fällt den meisten Menschen heute immer noch wesentlich schwerer als das Lesen von gedruckten Medien wie einem Buch oder einer Zeitung. Werden die Textzeilen zu lang, muss das Auge von dem Ende der einen Zeile zum Anfang der nächsten Zeile sehr weit springen. Das ist nicht nur anstrengend, sondern kostet auch Zeit. Der Nutzer empfindet ein solches Lesen selbstverständlich alles andere als angenehm und wird sich nicht länger als nötig mit dem Lesen aufhalten. Daher sollte man darauf achten, dass die Breite des Textes bei Darstellungen im Web angemessen ist. Als optimal gilt hier eine Spaltenbreite von 50 bis 90 Anschlägen (Zeichen inklusive Leerzeichen) pro Zeile.

Der richtige Zeilenabstand will ebenso sorgfältig gewählt sein. Eine Faustregel lautet hier: ungefähr die doppelte Versalhöhe. Diese ist jedoch nicht immer identisch mit dem Schriftgrad. Man bestimmt sie am einfachsten, indem man die Höhe des Buchstabens »E« in Pixel misst oder abschätzt. Der Zeilenabstand kann dann mittels CSS (`line-height`) definiert werden. Nebenbei gibt man dem Aussehen der Webseite auch einen etwas aufgelockerten Touch, sodass der Besucher nicht sofort durch den Eindruck einer »Bleiwüste« abgeschreckt wird.

13.3.5 Nutzersicht einnehmen!

Eine der schwierigsten Herausforderungen bei der Usability-Optimierung einer Website ist der Wechsel der Sichtweise. Ein Webnutzer geht in erster Linie davon aus, dass Ihre Website für ihn angeboten wird, sei es zur Information, aus Service-Gründen, zum Einkaufen oder ähnlichen Gründen. Sie als Anbieter haben dagegen eine andere Sicht auf die Dinge: Sie möchten Ihre Informationen platzieren, Ihre Werbung an den Mann und die Frau bringen, Ihre Produkte verkaufen oder sonstige Interessen öffentlich kundtun.

Hieraus entsteht ein paradoxes, aber dennoch häufig zu beobachtendes Phänomen: Webseiten sind nicht für den Nutzer gemacht, sondern für den Anbieter.

Ein sehr deutliches Zeichen dafür sind beispielsweise Webpräsenzen großer Unternehmen, deren Seitenarchitektur möglichst genau das Unternehmen in all seinen Organisationsstrukturen abbildet. Das mag sicherlich den internen Strukturen genügen, wenn sich jeder Abteilungschef vor seinen Unterabteilungen präsentieren kann und dem Surfer ein oder zwei einleitende Worte mit auf den Weg in die tieferen Ebenen geben kann, sinnvoll ist dies allerdings aus Nutzersicht nicht! Der Nutzer hat ein Anliegen, weshalb er eine bestimmte Seite besucht, und will dieses möglichst schnell erledigen. Dabei sind Strukturen, die eher problemorientiert sind, aus Nutzersicht sehr viel wertvoller als eine Gliederung nach anderen Kriterien.

Ohne Frage, die Betriebsbrille abzulegen und das eigene Produkt durch die Augen von Benutzern zu sehen, fällt nicht leicht, man ist sogar geneigt zu sagen: ist überhaupt nicht möglich! Dies ist – zu Recht – auch immer wieder ein Argument für das Outsourcen von Usability-Tests. Eine Agentur dient als Vermittler zwischen den Anbietern und den Nutzern, die in den Usability-Tests befragt und beobachtet werden, während sie typische Aufgaben auf einer Website lösen und somit die Usability-Probleme zu Tage fördern. Im kleineren, privaten Umfeld reichen hier oftmals auch schon Gespräche mit Kollegen oder Freunden.

Die Ergebnisse solcher Tests sind für jedes Webangebot meist sehr speziell (sollte dies nicht der Fall sein, hat die beauftragte Agentur nur minder gute Arbeit geleistet). Daher soll an dieser Stelle keine detaillierte Beschreibung von typischen Fehlern stehen, sondern der Appell: Versuchen Sie Ihre Seiten einmal aus Nutzerperspektive zu sehen, wenn Sie dieses Buch nachher aus den Händen legen! Finden Sie bereits auf der Einstiegsseite alle wichtigen Informationen, oder können Sie durch eine kurze Liste von Quick-Links sofort wichtige Inhalte erschließbar machen? Wenn Sie Nutzer spielen, vergessen Sie alles Wissen über Ihre Firma, Organisation oder Ihr Haus! Verstehen Sie dann immer noch den Aufbau der Website? Verstehen Sie die Inhalte und Begriffe? Gehen Sie noch die richtigen Pfade zu den erhofften Informationen? Sie haben wenig Zeit – erhalten Sie dennoch alle wichtigen Informationen aus den Texten und Grafiken?

13.3.6 Zweckdienliche und einfache Navigation

Bei der Navigation laufen im Endeffekt alle Kriterien für eine gute Usability zusammen. Sie muss nicht nur den Kriterien der Kohärenz und Konsistenz genügen, sondern zudem auch lesbar und schnell erschließbar sein. Sofern Symbole als Navigationselemente genutzt werden, gilt hier mehr denn anderswo, sich bereits auf ein etabliertes Symbolverständnis zu beziehen.

Neben diesen Kriterien ist die Funktion des Navigationssystems innerhalb eines Webangebots entgegen der landläufigen Meinung nicht nur die reine Navigation im Sinne der Bewegung durch das Angebot, sondern sie ist vielmehr in zwei Punkte zu unterteilen:

1. Sie muss zunächst dem Nutzer die Möglichkeiten bieten, sich frei im Angebot zu bewegen.
2. Zum anderen hat sie dem Nutzer aber zusätzlich jederzeit deutlich zu machen, an welcher Stelle des Angebots er sich befindet, wie er dorthin kam und vor allem, welche weiteren Optionen er noch besitzt, seinen Weg durch das Angebot zu gehen.

Die bereits genannten Kriterien sind dabei die Grundlage für ein gut funktionierendes Navigationssystem. Insbesondere folgende Punkte werden hingegen teilweise immer noch nicht konsequent umgesetzt:

- Der Nutzer muss zu jeder Zeit die Kontrolle über die Navigation haben. Das betrifft vor allem die Kontrolle über multimediale Elemente wie beispielsweise Flash-Introseiten, die nicht übersprungen werden können oder auch Musik auf der Webseite, die nicht stumm zu bekommen ist, ohne die Lautsprecher auszuschalten und damit auch das Webradio oder Ähnliches gleichzeitig mit zum Schweigen zu bringen.
- Die Zielerwartungen, also die Frage, wohin ein Link führt, müssen klar und deutlich formuliert werden (Wording). Einerseits gilt es, auch hier die Erwartungen der Nutzer zu erfüllen. Hinter einem Button mit der Beschriftung »Kontakt« sollte mittlerweile nicht mehr einfach nur noch automatisch das E-Mail-Programm geöffnet werden, sondern eine entsprechende Webseite erscheinen. Andererseits sind schlecht gewählte Begriffe, die dem Besucher nichts sagen, selten ein Garant für viele Klicks. Die Neugier des Nutzers ist selten größer als der Wunsch, das Rechercheziel schnellstmöglich zu erreichen. Nehmen Sie auch bei der Wahl der Navigationstexte die Sicht des Nutzers ein.
- Eine Brotkrumen-Navigation (Breadcrumb Navigation) zeigt dem Nutzer, auf welchem Navigationspfad er sich befindet, und gibt ihm die Möglichkeit, wieder zur nächsthöheren Ebene zurückzukehren. Nebenbei platzieren Sie für

Suchmaschinen an einer meist oben am Seitenbeginn angesiedelten Stelle wertvolle Keywords und Verlinkungen für die Indexierung.

- Wenn es darum geht, dass ein Besucher mehrere Seiten sequenziell nacheinander besuchen soll, etwa bei einer mehrseitigen Geschichte oder auch bei einem Kaufvorgang in einem Online-Shop, sollten die jeweiligen Schritte und der aktuelle Stand mit einem Fortschrittsbalken oder ähnlichen Angaben der bereits erledigten und der noch zu erledigenden Schritte deutlich angezeigt werden.
- Selbst die beste Navigation schafft es nicht, für jeden Benutzer »optimal« bedienbar zu sein. Für solche Fälle sollten Sie Wiedereinstiegspunkte anbieten. Die Sitemap hat sich für diese Zwecke etabliert. Bei einer ausreichend großen thematischen Vielfalt bieten sich aber auch beispielsweise eine Suchfunktion oder ein A–Z-Index an.

»Der Mensch hat dreierlei Wege, klug zu handeln: Erstens: durch Nachdenken – das ist der edelste. Zweitens: durch Nachahmen – das ist der leichteste. Drittens: durch Erfahrung – das ist der bitterste.«
– Konfuzius

14 Optimierung umsetzen: TYPO3, WordPress und E-Shops

Zahlreiche Unternehmen machen seit einigen Jahren sehr gute Erfahrungen mit dem Einsatz von Content-Management-Systemen im Web. Während im redaktionellen sowie wirtschaftlichen Umfeld ein CMS gar nicht mehr wegzudenken ist, erkennen auch zunehmend Privatanwender die Nutzen und Vorteile solcher Content-Management-Systeme. Vor allem Weblog-Publikationstools wie beispielsweise WordPress (*www.wordpress-deutschland.org*) sind äußerst beliebt.

Ein wesentlicher Vorteil solcher Systeme im Vergleich zur klassischen Publikationsweise von Websites besteht darin, dass das Pflegen von Inhalten, das Erweitern des Auftritts und die Verwaltung enorm vereinfacht werden. Die Möglichkeit, verschiedene Benutzergruppen mit ihren jeweiligen Rechten anzulegen, auch technisch weniger versierten Nutzern die Online-Autorenschaft zu ermöglichen und letztendlich auch die Tatsache, dass die Autoren durch die Eingabemasken an bestimmte Struktur- und Designvorgaben gebunden sind, machen sich oftmals deutlich bei der Qualität eines Auftritts bemerkbar.

Betrachtet man das Thema Suchmaschinen-Optimierung von Content-Management-Systemen, muss man je nach Wahl des Systems gehörige Einschnitte hinnehmen. Hier wird die vorgegebene Struktur oftmals zum Korsett. Ein Webmaster oder Webautor hat nicht mehr alle Fäden bei der Gestaltung seines Webauftritts in der Hand.

Die Anbieter komplexer, meist kommerzieller Content-Management-Systeme haben den Wettbewerbsvorteil »Suchmaschinen-Optimierung« erkannt und ihre Systeme sukkzessive durch entsprechende Module erweitert. In der Regel müssen diese zu dem Basispaket hinzugekauft werden. Im kommerziellen Umfeld verschlechtert sich durch die zusätzliche Investition für die Suchmaschinen-Optimierung der ROI (Return of Investment) erheblich.

Für kleinere und mittlere Unternehmen sowie Privatanwender sind große Content-Management-Systeme jedoch ohnehin zu kostspielig – und oftmals auch zu komplex. Es gibt jedoch zahlreiche Systeme, auch aus dem Open-Source-Bereich, die kostenlos genutzt werden können.

14.1 CMS optimieren am Beispiel von TYPO3

Ein mittlerweile sehr beliebtes Open-Source-CMS für das Web ist TYPO3, welches unter *www.typo3.org* kostenlos heruntergeladen werden kann. Es besitzt durch seinen modularen Aufbau eine gewisse Komplexität und geht über ein einfaches CMS weit hinaus. TYPO3 basiert auf der Script-Sprache PHP und auf ebenfalls kostenlos verfügbaren Datenbanken wie MySQL.

Chefentwickler und geistiger Vater des Systems ist der Däne Kasper Skårhøj. Mittlerweile haben sich zahlreiche Entwicklerteams aus freiwilligen Programmierern zusammengestellt, die ständig an der Weiterentwicklung des Systemkerns sowie einzelner Module, sogenannten Extensions, arbeiten.

Im Folgenden soll am Beispiel von TYPO3 gezeigt werden, wie ein Content-Management-System für Suchmaschinen optimiert werden kann. TYPO3 eignet sich aufgrund seiner großen Verbreitung, der kostenlosen Verfügbarkeit und letztendlich auch durch seine modulare Erweiterbarkeit hervorragend hierzu.

Eine Einführung in TYPO3 soll hier allerdings nicht gegeben werden. Das würde die Seitenzahl des Buches mehr als verdoppeln. Sofern Ihnen TYPO3 nicht bekannt ist, Sie sich aber für das System interessieren, sei Ihnen das Buch von Andreas Stöckl und Frank Bongers empfohlen [120]. Für fortgeschrittenere Anwender vermittelt das Buch von Kai Laborenz, Thomas Wendt und Andrea Ertel viel hilfreiches Wissen [121]. Selbstverständlich existieren auch im Web zahlreiche Dokumentationen. So werden Sie sicherlich auf *http://typo3.org/documentation/* fündig. Hier ist für den Einsteiger insbesondere »Der Einstieg« interessant [122].

14.1.1 Vorbereitungen zur Optimierung

In den grundlegenden Phasen unterscheidet sich die Suchmaschinen-Optimierung eines Content-Management-Systems wie TYPO3 zunächst nicht von der Optimierung einer klassisch erstellten Website.

In den meisten Fällen verläuft ein Webprojekt auf Content-Management-Basis etwa in folgenden Schritten ab:

- Entwickeln eines Konzepts mit Seitenstruktur und Inhalten
- Entwerfen einer Designvorlage
- Umsetzen der Designvorlage in HTML-Code und CSS-Code
- Grundeinrichten des CMS auf einem Webserver
- Einbinden der HTML- und CSS-Dateien als Vorlagen (Templates) in das CMS
- Anlegen der Seitenstruktur und von Benutzergruppen
- Installieren und Einbinden weiterer Module (Extensions)
- Einpflegen der Inhalte
- Publizieren

Dabei sind die Schritte inklusive der Umsetzung der Designvorlage in HTML die gleichen wie beim klassischen Webpublishing. HTML-Vorlagen für Content-Management-Systeme müssen statt des eigentlichen Inhalts jedoch zunächst bestimmte Marker enthalten.

Für TYPO3 werden solche Bereiche innerhalb des HTML-Codes markiert, die später über das CMS automatisch oder vom Nutzer mit beliebigen Inhalten gefüllt werden können. Ein solcher Marker für die Navigation, die TYPO3 später automatisch aus dem internen Seitenbaum generieren wird, könnte beispielsweise so aussehen:

```
<div class="navigation">###navigation###</div>
```

In Bezug auf die Suchmaschinen-Optimierung müssen hier alle Kriterien erfüllt werden wie bei der Programmierung von herkömmlichen HTML-Seiten auch. Lediglich um die eigentlichen Inhalte müssen Sie sich an dieser Stelle nicht kümmern. Insofern sind Ihnen bereits alle notwendigen Vorbereitungen aus den vorherigen Kapiteln bestens bekannt.

Nachdem das System installiert und eingerichtet ist und die Seitenstruktur sowie die Autoren angelegt sind, können prinzipiell schon Inhalte eingepflegt und die Website im Web veröffentlicht werden. Die Besonderheiten eines CMS bei der Suchmaschinen-Optimierung müssen insbesondere in dieser Phase berücksichtigt werden. Es gilt nun, das eigentlich fertig eingerichtete und funktionstüchtige System für die Verarbeitung durch Suchmaschinen zu verbessern.

Dabei haben sich die Kriterien und Anforderungen an die Suchmaschinen-Optimierung natürlich nicht verändert. Für die Suchmaschinen bleibt eine Website eine Website, auch wenn sich ein Content-Management-System dahinter befindet.

Welche Punkte sind es im Detail, die bei einem Content-Management-System wie TYPO3 für eine Suchmaschine optimiert werden müssen? Erfahrungsgemäß ist es hilfreich, sich bei Content-Management-Systemen zunächst um die Offpage-Optimierung zu kümmern.

Das größte Problem in diesem Zusammenhang sind die dynamischen URLs. Da das Content-Management-System, vereinfacht ausgedrückt, immer die gleiche HTML-Vorlage heranzieht und lediglich die Inhalte aus der Datenbank an die variablen Stellen einsetzt, unterscheiden sich die URLs der Website nur in den Kennziffern (IDs) für die einzelnen Inhalte:

```
www.museum-trier.de/index.php?id=182
www.museum-trier.de/index.php?id=9
```

Die meisten Suchmaschinen indexieren zwar mittlerweile zumindest teilweise dynamische Seiten, allerdings ist die Verarbeitung oftmals an bestimmte Bedingungen wie eine hohe Link-Popularität oder Ähnliches geknüpft. Zumal werden durch solche dynamischen URLs wertvolle Punkte für die Relevanzbewertung verschenkt. Und schließlich wären »echte« Verzeichnis- und Dateinamen, sogenannte »Speaking URLs«, aus Nutzer- und Usability-Perspektive auch wünschenswert.

Mit dem *mod_rewrite*-Modul des Apache-Servers steht ein komfortables Mittel zur Verfügung, um serverseitig eine Manipulation an den URLs durchzuführen. TYPO3 unterstützt dieses Modul durch Einbinden bestimmter Extensions.

Das Einbinden einer TYPO3-Extension gleicht jedoch oftmals einem Glücksspiel. Durch die Open-Source-Ausrichtung ist es prinzipiell jedem möglich, eine Erweiterung zu schreiben und anzubieten. Hier sind neben sehr vielen professionell programmierten und dokumentierten Extensions erwartungsgemäß auch einige weniger professionell umgesetzte zu finden. Leider hilft dann oftmals nur die eigene Erfahrung, um beurteilen zu können, welche Extensions für welche Zwecke gut geeignet sind. Dies ist ein oft genannter Nachteil von nicht kommerziellen Content-Management-Systemen.

Für die Einbindung des *mod_rewrite*-Moduls gibt es vor allem zwei empfehlenswerte Extensions. Die Wahl für eine der beiden hängt dabei von der abzubildenden Seitenstruktur ab. In den meisten Fällen soll und kann die interne Seitenstruktur in TYPO3 auch nach außen abgebildet werden. Hierzu kann eine Eins-zu-Eins-Umsetzung durchgeführt werden. Die Extension RealURL leistet hier hervorragende Dienste.

14.1.2 Suchmaschinenfreundliche URL mit AliasPro

Bei manchen Projekten kann oder soll trotz der flexiblen Möglichkeiten in TYPO3 die Seitenstruktur nicht identisch abgebildet werden. Dies tritt weniger bei Neukonzeptionen als bei unvorhergesehenen Erweiterungen oder Umstellungen von Websites im Lauf der Zeit auf. Hierzu lässt sich die Extension *Alias Pro* verwenden. Nach der Installation und Anpassung der Datei *.htaccess* kann für jede Seite im Seitenkopf ein individueller URL angegeben werden. Dieser wird dann statt des dynamischen URL für Nutzer und Suchmaschinen angezeigt.

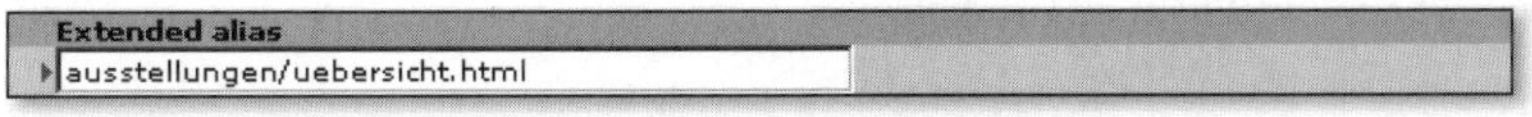

Abbildung 14.1 URL für jede Seite manuell definieren mit AliasPro

14.1.3 Noch besser: RealURL

Der Einsatz von RealURL setzt hingegen keine manuelle Eingabe des URL für jede einzelne Seite voraus und ist daher besser geeignet. Nach der Installation über den Extension-Manager müssen Sie auch hier zunächst die *.htaccess*-Datei auf dem Webserver anpassen, damit die Kommunikation zwischen der Extension und dem Apache-Webserver funktioniert. Dazu schreiben Sie in die Datei *.htaccess* in dem Hauptverzeichnis des Projekts auf dem Server Folgendes:

```
RewriteEngine On
RewriteRule ^typo3$ - [L]
RewriteRule ^typo3/.*$ - [L]
RewriteCond %{REQUEST_FILENAME} !-f
RewriteCond %{REQUEST_FILENAME} !-d
RewriteCond %{REQUEST_FILENAME} !-l
RewriteRule .* index.php
```

Listing 14.1 Inhalt der .htaccess-Datei zur URL-Modifizierung

Die Erklärung der Bedeutung der einzelnen Zeilen finden Sie in der Dokumentation des *mod_rewrite*-Moduls im Web [123].

Anschließend sollten Sie die Regeln, nach denen die URLs umgeschrieben werden sollen, manuell anpassen. Die entsprechende Datei finden Sie in den meisten Fällen unter *typo3conf/ext/realurl/ext_localconf.php* auf dem Webserver innerhalb der TYPO3-Installation.

Eine für den Standardeinsatz gut funktionierende Konfiguration (inklusive eines Online-Tutorials) findet sich bei der TYPO3 Usergroup München [124] sowie in einschlägigen Foren zu TYPO3.

Schließlich müssen Sie noch TYPO3 selbst mitteilen, dass die Extension eingesetzt werden soll. Dazu fügen Sie im Template-Bereich im Textfeld unter »Setup« folgenden Code ein:

```
# RealURL
config.baseURL = http://www.museum-trier.de/
config.simulateStaticDocuments = 0
config.prefixLocalAnchors = all
config.tx_realurl_enable = 1
```

Listing 14.2 RealURL im TYPO3-Template aktivieren

Leeren Sie im letzten Schritt nun die beiden Caches über zwei Klicks links unten im Backend (Administrationsansicht); und ab sofort sollte Ihre Website mit »sprechenden« URLs glänzen.

Vergessen Sie nicht, sofern bereits Seiten von Suchmaschinen indexiert wurden, entsprechende 302-Redirects in die *.htaccess*-Datei aufzunehmen, um hier nicht Besucher zu verlieren. Die Anfrage einer Seite über die Verwendung von *index.php?id=9* funktioniert zwar weiterhin, allerdings sollten Sie die Änderungen auch konsequent durchführen, um das Ranking in diesem Punkt zu optimieren.

Sonstige Offpage-Maßnahmen, insbesondere das Aufbauen von eingehenden Links, erledigen Sie nun wesentlich besser und leichter. Im Bereich der Onpage-Optimierung können Sie mit TYPO3 noch viel herausholen.

14.1.4 Das <title>-Tag in TYPO3

Das <title>-Tag spielt im Offpage-Bereich eine wichtige Rolle. Mit TYPO3 gestaltet sich der Umgang mit dem <title>-Tag unproblematisch und ist außerdem auch anpassbar.

Standardmäßig setzt TYPO3 das <title>-Tag automatisch aus dem Namen der Website, einem Doppelpunkt und dem jeweiligen Seitentitel zusammen. Oftmals ist es jedoch nicht praktikabel, den internen Seitennamen, der unter anderem beim Anzeigen der Navigation verwendet wird, mit dem idealen <title>-Tag gleichzusetzen. Außerdem würde dies die Verwaltung und das Auffinden von Seiten im Backend zusätzlich erschweren.

Das <title>-Tag und der interner Seitentitel müssen also verschieden zugewiesen werden können. Dazu wählen Sie im Seiten-Header den Seitentyp »Erweitert« (Advanced) anstelle von »Standard«. In der erweiterten Ansicht geben Sie nun im Feld »Navigationstitel« (Navigation title) den internen Seitennamen an, im Titelfeld platzieren Sie den für die Suchmaschine optimierten Titeltext.

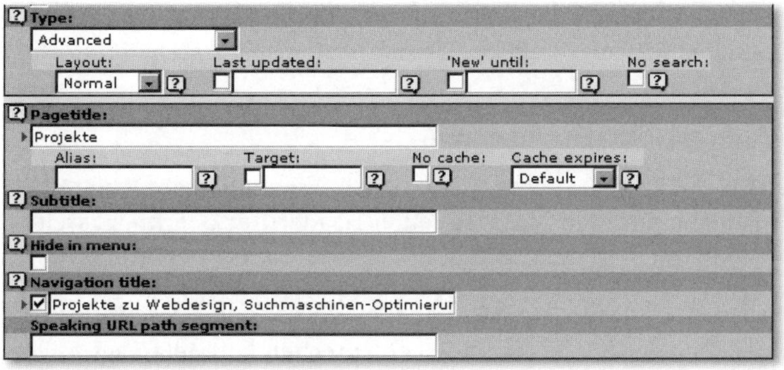

Abbildung 14.2 <title>-Tag mit TYPO3 angeben

Mit dieser Methode kann man bereits flexibler arbeiten. Wem das nicht zusagt, der kann die Extension *bvd_set_page_title* installieren. Wird anschließend etwas im Feld »Untertitel« (Subtitle) angegeben, nutzt TYPO3 dies als <title>-Tag. Andernfalls wird weiterhin der Seitentitel (Pagetitle) verwendet, der in beiden Fällen für den internen Seitennamen genutzt wird.

So weit, so gut. Allerdings wird immer noch standardmäßig der Seitenname mit einem Doppelpunkt vorneweg angezeigt:

```
Museum Trier: Ausstellungen
```

In vielen Fällen ist es allerdings nicht sinnvoll, die wertvollen ersten Zeichen immer mit dem Seitentitel zu verschenken. Hier kann entweder direkt mit Typoscript und der Wrapper-Funktion Abhilfe geschaffen werden, oder man bedient sich einer der Extensions aus diesem Bereich.

Mit *mf_pagetitle* lässt sich das Aussehen des <title>-Tags frei bestimmen. Nach der Installation müssen im Setup-Bereich des Templates folgende Zeilen eingefügt werden:

```
includeLibs.pagetitle = typo3conf/ext/mf_pagetitle/pagetitle.php
plugin.mf_pagetitle.title = {page:title}
config.titleTagFunction = user_pagetitle_class->changetitle
```

Listing 14.3 Einstellungen für die Anpassung des <title>-Tags

Die Angabe in der zweiten Zeile bestimmt das Aussehen. Im Beispiel wird nur noch der Inhalt des Titels angezeigt. Das Format kann mithilfe der üblichen Typoscript-Variablen angepasst werden.

Sie sollten bei der Installation von Extensions für einen gleichen Bereich übrigens darauf achten, dass sich die Extensions nicht gegenseitig in ihrer Funktion negativ beeinflussen. So »überschreibt« beispielsweise die Extension *mf_pagetitel* die vorher erwähnte Extension *bvd_set_page_title*.

14.1.5 Meta-Tags automatisch setzen

Die Einrichtung von Meta-Tags ist ebenfalls möglich. Dazu müssen Sie dem System mitteilen, welche Felder innerhalb des Seiten-Headers für den Inhalt welche Meta-Tags nutzen sollen.

In den meisten Fällen ist es sinnvoll, die Felder »Keywords« und »Description« im Seiten-Header einer TYPO3-Seite auch mit den entsprechenden Meta-Tags zu verknüpfen. Dazu geben Sie die beiden folgenden Zeilen im Setup-Bereich des Templates an:

```
page.meta.KEYWORDS.field = keywords
page.meta.DESCRIPTION.field = description
```

Damit weisen Sie die Felder »Keywords« und »Description« jeweils den entsprechenden Meta-Tags zu. TYPO3 übernimmt dann die Eingaben in diesen Feldern.

Der Vorteil eines Content-Management-Systems ist in diesem speziellen Fall, dass das Füllen der Felder automatisch erfolgt. Die Extension *mc_autokeywords* erstellt automatisch passende Meta-Tags für jede Seite.

Dazu analysiert die Extension den Text innerhalb einer Seite, extrahiert die Begriffe und schreibt sie in die Formularfelder. Diese können anschließend manuell korrigiert werden. Es ist außerdem möglich, das automatische Generieren für einzelne Seiten zu unterbinden. Ebenso lässt sich eine Liste von Stoppwörtern angeben.

Eine Extension nimmt insbesondere auf großen Websites viel Arbeit ab, falls die Texte bereits im Vorfeld für Suchmaschinen optimiert wurden. Insbesondere das Kohärenz-Kriterium, nach dem die Keywords in den Meta-Tags auch im Dokumentkörper auftreten müssen, ist mit dieser Methode bestens erfüllt.

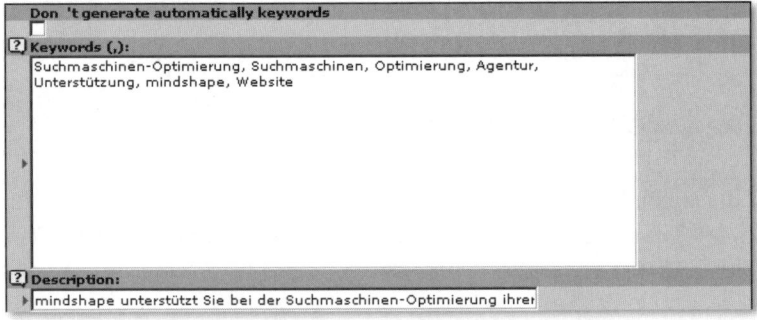

Abbildung 14.3 Passende Meta-Tags automatisch generiert

Die Extension sowie deren Stoppwortliste werden übrigens ausnahmsweise nicht über das Template-Setup konfiguriert, sondern über das »TSconfig-Feld« im Pageheader der Root-Seite.

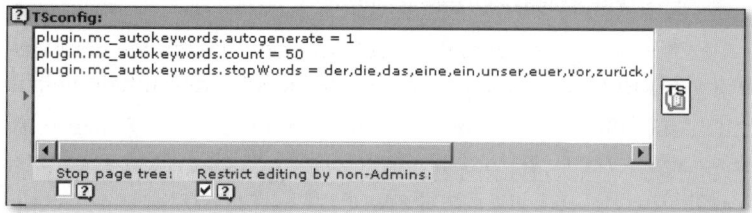

Abbildung 14.4 Konfiguration der Extension über TSconfig

Eine aktuelle und detaillierte Dokumentation finden Sie, wie auch zu allen anderen Extensions, unter der Adresse *http://typo3.org/documentation/document-library/*.

14.1.6 Breadcrumb-Navigation einbinden

Die automatische Verarbeitung einmal programmierter oder konfigurierter Bereiche ist ein großer Vorteil von Content-Management-Systemen. Im klassischen Webpublishing mit statischen HTML-Seiten musste beispielsweise eine Breadcrumb-Navigation immer wieder auf jeder Seite eigens angepasst werden. TYPO3 erledigt dies für Sie nach kurzer Einrichtung automatisch.

Und das sollten Sie auch nutzen! Schließlich liefern Sie Suchmaschinen einerseits wichtige Verweise und Schlüsselwörter an prominenten Positionen, und andererseits erhöhen Sie die Usability Ihrer Website.

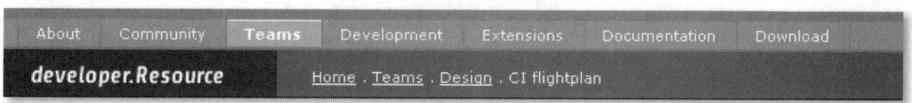

Abbildung 14.5 Breadcrumb-Navigation auf www.typo3.org

Wenn Sie einen Marker für die Breadcrumb-Navigation in der HTML-Vorlage angelegt haben (oder mit TemplaVoila ein Tag gekennzeichnet haben), sind Sie nach dem Einfügen dieser Zeilen im Setup-Bereich des Templates bereits fertig:

```
# Breadcrumb
lib.breadcrumb= HMENU
lib.breadcrumb.special = rootline
lib.breadcrumb.special.range = 0|5
lib.breadcrumb.special.targets.3 = page
```

14 | Optimierung umsetzen: TYPO3, WordPress und E-Shops

```
lib.breadcrumb.1 = TMENU
lib.breadcrumb.1.target = _top
lib.breadcrumb.1.NO.allWrap = | . |*| | . |*| |
```

Listing 14.4 Breadcrumb in TYPO3 einbinden (mit TemplaVoila)

14.1.7 Sitemap erstellen

Für die Suchmaschinen-Optimierung sind Sitemaps von besonderer Bedeutung. Sie bieten Suchmaschinen Verweise zu den einzelnen Seiten eines Webangebots. Mit TYPO3 lässt sich eine Sitemap aus dem Seitenbaum generieren, welche ständig aktuell ist und außer einer einmaligen CSS-Formatierung in der Regel keinen gesonderten Pflegeaufwand benötigt.

Dazu legen Sie eine Seite im Seitenbaum von TYPO3 an und platzieren dort im Inhaltsbereich ein Element vom Typ »Menu/Sitemap«. Anschließend wählen Sie »Sitemap« als Typ dezidiert aus und setzen den Startpunkt auf die Root-Seite Ihrer Webpräsenz.

Nach dem Speichern können Sie unmittelbar Ihre Sitemap anschauen, die dann Suchmaschinen und Nutzern als hilfreiche Anlaufstelle dient.

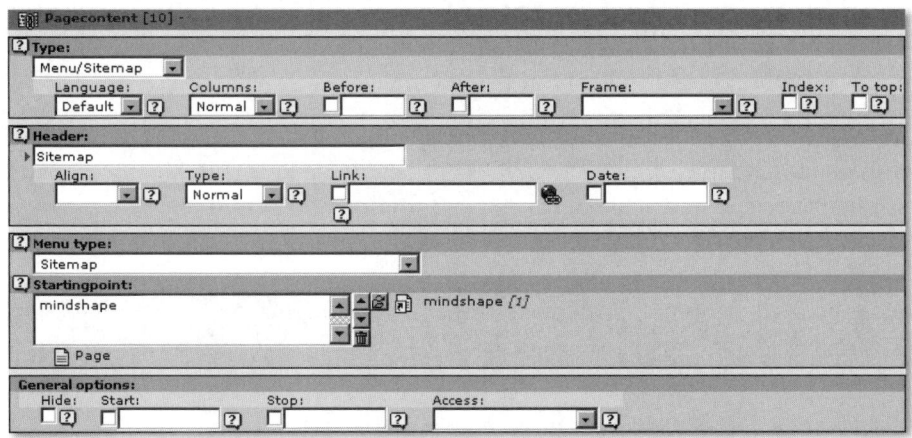

Abbildung 14.6 Sitemap erstellen mit TYPO3

14.1.8 Google-Sitemap einbinden

Google ermöglicht mittlerweile nicht nur die Indexierung über das Crawling einer Website, sondern gibt Webautoren auch die Möglichkeit, speziell formatierte XML-Dateien bereitzustellen und somit über diese »Google-Sitemap« die Seiten indexieren zu lassen.

Diese Datei beinhaltet hauptsächlich die URLs zu den einzelnen Seiten innerhalb eines Webangebots. Bei statischen Seiten müssen externe Tools genutzt werden, um eine solche Datei zu erstellen. Oder man löst das Problem, indem man eigenhändig eine solche Datei erstellt.

Kurz nach Bekanntgabe der Google-Sitemap-Funktion gab es bereits eine Extension für TYPO3, die eine solche Datei ähnlich wie die oben erwähnte Sitemap für die Website erzeugt. Hier zeigt sich ein Vorteil des Open-Source-Gedankens. Denn für aktuelle Entwicklungen wird die große Programmierergemeinde meist recht kurzfristig Lösungen entwickeln können, die dann ohne Zusatzkosten allen Nutzern zur Verfügung stehen.

Um am Google-Sitemap-Programm teilzunehmen, müssen Sie sich zunächst unter *http://www.google.com/webmasters/sitemaps/login* registrieren.

Davor sollten Sie allerdings schon eine entsprechende Datei auf Ihrem Server generiert haben. Dazu installieren Sie beispielsweise die Extension *mc_googlesitemap*. Legen Sie wie zuvor bei der Sitemap eine eigene Seite an und platzieren Sie die Extension dort. Sie sollten diese Seite allerdings innerhalb des Seitenbaums unsichtbar markieren, da die Datei nur für Google interessant ist, und da Sie dort ohnehin den URL explizit angeben müssen. Dabei muss die angemeldete Datei nicht zwingend eine XML-Endung besitzen, sondern kann auch so aussehen:

```
http://www.erdmonster.de/index.php?id=212
```

Ebenso können Sie über die Datei *.htaccess* (*mod_rewrite* oder permanente Umleitung) auch beispielsweise einen URL wie den folgenden mit der Google-Sitemap verbinden.

```
http://www.erdmonster.de/googlesitemap.xml
```

In diesem Fall können Sie die eigentliche Google-Sitemap auch innerhalb von TYPO3 verschieben, sofern Sie die entsprechenden Anpassungen an der *.htaccess*-Datei vornehmen.

14.2 Weblogs optimieren am Beispiel von WordPress

Content-Management-Systeme für allgemeine Websites sind in der Regel zu komplex, wenn es darum geht, ein Weblog zu führen. Zwar kann man beispielsweise mit TYPO3 auch ein Blog führen, allerdings haben sich in der Blog-Gemeinde Weblog-CMS durchgesetzt, die speziell für die Anforderungen eines Weblogs gerüstet sind. WordPress (*www.wordpress-deutschland.org*) ist eines der beliebtesten Blog-Systeme. Wie TYPO3 ist auch WordPress als Open-Source-System und somit kostenlos verfügbar. Es setzt auf der gängigen Serversoftware PHP und MySQL auf. Die Hauptbereiche eines Weblog-CMS betreffen das Schreiben und Editieren von Postings (siehe Abbildung 14.7) sowie das Verwalten von Kommentaren, Links oder sonstigen Blog-Elementen.

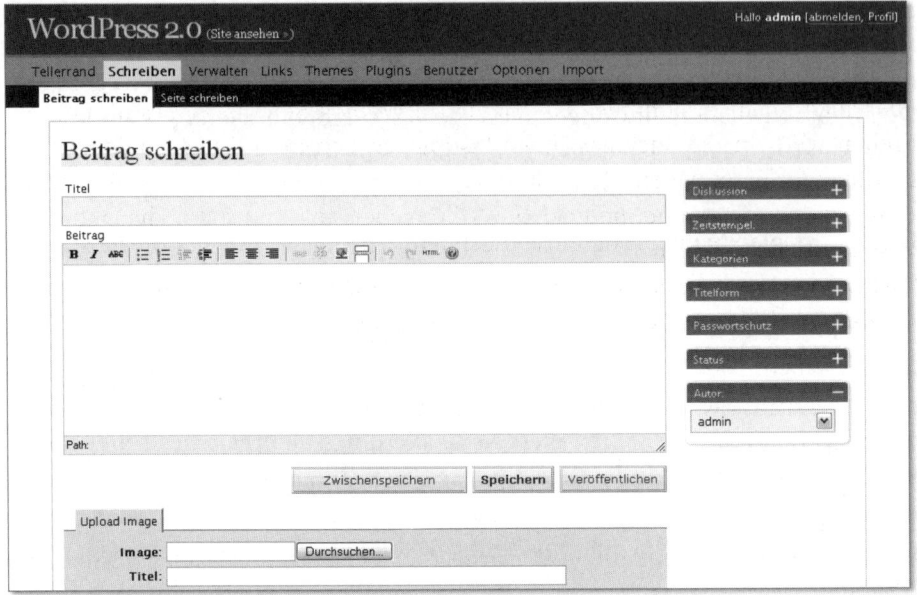

Abbildung 14.7 Blogposting schreiben einfach gemacht

14.2.1 Bloggen und Suchmaschinen-Optimierung

Ein Weblog zu schreiben, hatte zu den Zeiten, als das Bloggen noch in den Kinderschuhen steckte, wenig mit Suchmaschinen-Optimierung zu tun. Vielmehr zielte das Publizieren von Weblog-Einträgen meist überhaupt nicht darauf ab, in den vorderen Suchmaschinen-Positionen vertreten zu sein. Das hat sich im Grunde für die meisten Weblog-Schreiber, die eine Form eine Online-Tagebuchs für wenige Freunde und Bekannte schreiben, bis heute nicht geändert.

Allerdings haben Unternehmen, PR-Agenturen, Freiberufler und auch Privatleute erkannt, welches Potenzial hinter einem Weblog stehen kann. Das Spezifische an den Weblogs ist ihre intensive Vernetzung untereinander. Die Menge aller Weblogs wird auch als *Blogosphäre* bezeichnet. Ähnliche Begriffe für andere Teilmengen des Webs sind weniger bekannt, was das Außergewöhnliche der Blog-Vernetzung verdeutlicht.

Weblogs eignen sich hervorragend als Medium für *Virales Marketing*. Diese Form des Marketings macht sich vorhandene soziale Netzwerke zunutze und versucht Aufmerksamkeit auf Produkte, Marken oder Kampagnen zu lenken, indem bestimmte Nachrichten sich wie ein Virus von Kunde zu Kunde ausbreiten. Wie in der Biologie benötigt jedes Virus einen Wirt. Dazu sind Weblogs und die Blogger ideal geeignet. Sie verbreiten per Mund-zu-Mund- bzw. Blog-zu-Blog-Propaganda die einmal gezielt gesetzten Nachrichten. Für diese initiale Nachrichtensetzung ist die Suchmaschinen-Optimierung ein wesentlicher Bestandteil der Marketing-Strategie.

Aber auch für nicht kommerziell orientierte Weblog-Betreiber ist es oftmals erstrebenswert, in die Suchmaschinen-Listings zu kommen. Die Gründe sind sicherlich sehr verschieden: Ob es darum geht, das Weblog als persönliche Visitenkarte zu betreiben und potenzielle Arbeitgeber anzusprechen, die aktuellen Missstände der lokalen Politik an die Öffentlichkeit zu bringen oder aktuelle Nachrichten aus der Suchmaschinen-Szene bereitzustellen – in diesen und anderen Fällen soll der Besucherstrom auch über Google und Co. kommen.

14.2.2 Schreiben für Leser und Suchmaschinen

Will man als Blogger Suchmaschinen berücksichtigen, gilt es, sich zu Beginn bewusst zu machen, dass die Regeln für eine effiziente Suchmaschinen-Optimierung bei Weblogs ebenso gelten wie bei anderen Webseiten. Das trifft insbesondere auf die Auswahl von Seiten-Keywords zu. Hier liegt aber zugleich das größte Konfliktpotenzial. Das Schreiben eines Weblogs geschieht meist impulsiv, aus einem Anlass heraus und ohne größere Vorbereitung. Meist wird ein Posting auch gar nicht mehr Korrektur gelesen, sondern einfach der Web-Öffentlichkeit bereitgestellt. Rechtschreibfehler verzeihen die Leser vermutlich ebenso wie die Suchmaschinen, aber insbesondere das zentrale Onpage-Kriterium der Keyword-Dichte ist bei einem solchen Vorgehen schwer zu berücksichtigen.

Daher ist das Wichtigste, die einzelnen Beiträge gezielt mit Blick auf die Kriterien der Suchmaschinen-Optimierung zu schreiben. Bevor Sie einen Artikel schreiben, legen Sie sich ein Seiten-Keyword oder eine Kombination aus mehreren Seiten-Keywords fest. Dieses Keyword muss – wie üblich – besonders im Titel, in der Überschrift sowie im Text ausreichend häufig genannt werden, damit die Suchmaschinen eindeutig das Thema feststellen können. Beim Schreiben von Weblog-Beiträgen gelten die gleichen Regeln wie bei anderen Webseiten. Sich dessen über Tage, Monate oder Jahre des Bloggens bewusst zu sein und dies umzusetzen, ist erfahrungsgemäß der schwierigste Punkt bei der Suchmaschinen-Optimierung von Weblogs.

14.2.3 Suchmaschinenfreundliche Templates

Bevor es an das eigentliche Schreiben geht, steht meist die Auswahl eines Blog-Designs am Anfang. Gerade für WordPress gibt es hierzu unzählige Templates, sodass man sich nicht einmal mehr zwingend die Arbeit machen muss, ein eigenes zu erstellen, sofern man dies nicht unbedingt möchte. Suchen Sie hierzu einfach mit einer Suchmaschine nach dem Stichwort »wordpress themes«.

Das Aussehen ist sicherlich das Hauptkriterium schlechthin. Allerdings sind für die Suchmaschinen-Optimierung andere Punkte zusätzlich zu berücksichtigen. Der wichtigste Punkt betrifft die Reihenfolge der Inhaltsbereiche. Das klassische Layout eines Blogs enthält neben einem Kopf und einem Fuß eine größere Spalte, welche die Beiträge beinhaltet und eine kleinere Spalte, die Kategorien, Tags, das Suchfeld und sonstige Elemente beherbergt. Zu beachten ist dabei (wie in Abbildung 14.8 angedeutet), dass der Inhaltsbereich, der optisch auf der linken Seite positioniert ist, im HTML-Quellcode vor der rechten Spalte erscheint (vgl. rechte Darstellung »Quelltextansicht«). Dies kann durch das CSS-Attribut `float:left` erreicht werden.

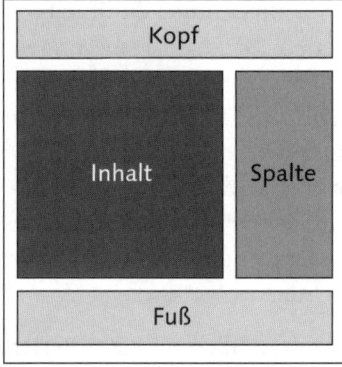 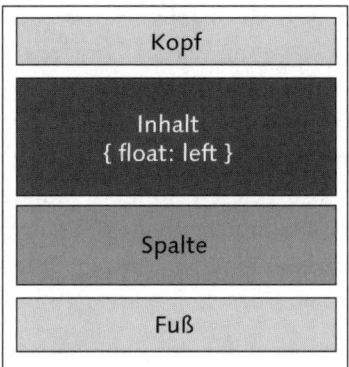

Abbildung 14.8 Suchmaschinenfreundliches Blog-Layout

Selbstverständlich ist der Einsatz von CSS, wie bei anderen Website-Typen auch, mittlerweile »Pflicht« für die Suchmaschinen-Optimierung. Ebenso selbstverständlich sollte valider HTML-Code sein, damit die Crawler nicht bereits beim Verarbeiten des HTML-Codes auf Probleme stoßen.

14.2.4 <title>-Tag

Das `<title>`-Tag ist auch bei Weblogs ein bedeutendes Element für die Optimierung und sollte im Vorfeld bei der Einrichtung der Blog-Software besonders berücksichtigt werden.

Im Grunde genommen zeigt jedes Weblog zwei zentrale Seitentypen: Einerseits die Einstiegsseite, auf der die aktuellen Postings angezeigt werden, und andererseits die Artikelseite, auf der die Beiträge in voller Länge und mit allen Kommentaren und Trackbacks zu sehen sind.

Falls nicht alle Blogpostings zu einem bestimmten Themenbereich gehören, die sich durch sehr wenige Keywords beschreiben lassen, kann die Suchmaschine in der Regel auf der Startseite kein eindeutiges Thema aus den Texten extrahieren. Da die Einstiegsseite oftmals die meisten eingehenden Verweise erhält und damit den höchsten Pagerank hat, zählt die Onpage-Gewichtung hier ohnehin deutlich weniger als die Offpage-Gewichtung. Insofern sollte der Titel auf der Startseite eher das grobe Thema oder den Namen des Weblogs beinhalten, um mögliche Besucher auf der Google-Ergebnisliste zu locken. Auf die Titel-Optimierung auf der Startseite kann insbesondere bei heterogenen Themengebieten ruhigen Gewissens verzichtet werden. Typische Beispiele sind etwa »Ars Technica«, »Mosel Geflüster«, »Mellis Tagebuch« oder »Autoblog«.

Anders verhält es sich bei den einzelnen Posting-Seiten. Hier verlieren Sie wertvolle Onpage-Punkte, wenn der Titel nicht zum restlichen Dokument passt. Ein Posting eines Bürgers, der sich über die katastrophalen Zustände der Bürgersteige in seiner Heimatstadt äußert, könnte etwa diesen Titel haben:

`Mosel Geflüster » Katastrophale Zustände von Bürgersteigen in Trier`

Der Blog-Name `Mosel Geflüster` steht vorne, gefolgt von einem Pfeil und dem eigentlichen Titel des Postings. Als Seiten-Keywords bieten sich `Zustand` und `Bürgersteige` an. Leider erscheinen diese Begriffe erst sehr weit hinten und verlieren so an Bedeutung mit jedem Wort, das vorne aufgestellt ist. Besser wäre demnach folgender Titel:

`Zustand der Bürgersteige in Trier katastrophal | Mosel Geflüster`

Die relevanten Seiten-Keywords stehen nun weit vorne und werden entsprechend höher gewichtet. Grundsätzlich gilt, dass der Weblog-Name nur dann vorne stehen sollte, wenn der Wertverlust der Seiten-Keywords durch die Bekanntheit der Marke oder des Namens ausgeglichen werden kann. Das Tagesthemen-Blog (*http://blog.tagesschau.de*) gleicht den (durch den Zusatz »Blog Archiv« doppelten) Wertverlust durch das Verschieben der Keywords nach hinten sicherlich durch seine Bekanntheit aus. Die Nutzer klicken in dem Fall, dass sie den folgenden Titel sehen, auch gerne auf Position vier in der Ergebnisliste, statt auf einen unbekannteren Eintrag auf Position eins:

blog.tagesschau.de » Blog Archiv » Mehr Nachrichten als Sendezeit

Letztendlich bedeutet eine bekannte Marke meist auch eine entsprechend hohe Anzahl eingehender Links, sodass die Offpage-Optimierung ohnehin die Onpage-Optimierung überwiegt.

In den meisten Fällen ist jedoch die oben angesprochene Verlagerung des Blog-Titels durchaus sinnvoll. Um dies bei WordPress zentral zu ändern, müssen Sie den Seitenkopf im Bereich »Themes« editieren. Hier finden sich die verantwortlichen Zeilen:

```
<title>
    <?php bloginfo('name'); ?>
    <?php wp_title(); ?>
</title>
```

Diese Lösung macht keinen Unterschied zwischen den verschiedenen Seitentypen. Um dies suchmaschinengerecht umzusetzen, kann man sich die »Conditional Tags« von WordPress zunutze machen (*http://codex.wordpress.org/Conditional_Tags*). So lässt sich beispielsweise mittels is_home() überprüfen, ob die derzeit angezeigte Seite die Startseite ist. Eine eigene Darstellung erreicht man, indem man den oberen Code durch folgenden Code ersetzt:

```
<title>
<?php
if (is_home()) {
    bloginfo('name'); ?> | bloginfo('description'); <?php
    }
elseif (is_single ()) {
    wp_title(''); ?> | <?php bloginfo('name');
}
elseif (is_category()) {
    wp_title(''); ?> | <?php bloginfo('name');?> Kategorie <?php
}
else wp_title('');
?>
</title>
```

Listing 14.5 Suchmaschinengerechtes <title>-Tag nach Seitentyp

Der PHP-Code, der vom <title>-Tag umschlossen ist, gliedert sich in drei Teile: Die erste if-Bedingung ist dann erfüllt, falls die aktuell angezeigte Seite die Startseite ist. In diesem Fall werden der Blog-Name und zusätzlich die Blog-Beschreibung getrennt von einem »|« angezeigt:

```
<title>Mosel Geflüster | Gerüchte und Fakten entlang der Mosel
</title>
```

Wird die Einzelansicht angezeigt, trifft die Abfrage `is_single()` zu. Hier wird wie oben erwähnt zunächst die Überschrift des Postings genannt und danach, mit einem »|« abgetrennt, der Blog-Name:

```
<title>Zustand der Bürgersteige in Trier katastrophal | Mosel
Geflüster</title>
```

Das Abtrennen des Blog-Namens mit einem Pipe-Zeichen (|) ist übrigens für die Suchmaschinen-Optimierung nicht zwingend erforderlich. Das Zeichen trennt aber den inhaltlichen Bereich vom Blog-Namen innerhalb des Titels für den Nutzer und steigert somit die Erschließbarkeit des Titels.

Die dritte Bedingung `is_category()` trifft dann zu, wenn der Seitentyp »Kategorie« betrachtet wird. In diesem Falle wird noch der Zusatz »Kategorien« angefügt. Der Titel sieht beispielsweise in der Kategorie »Ärgerliches« wie folgt aus:

```
<title>Ärgerliches | Mosel Geflüster Kategorie</title>
```

Die letzte Zeile vor der schließenden PHP-Klammer sorgt dafür, dass auf anderen Seitentypen, auf die nicht die abgefragten Bedingungen passen, der Blog-Titel angezeigt wird.

WordPress bietet weitere Abfragen nach Seiten oder Inhalten an, etwa nach dem Autor oder dem Datum. Allerdings ist für die Suchmaschinen-Optimierung vor allem die Einzelansicht (`is_single`) interessant.

14.2.5 Überschriften und Textauszeichnungen

Allein der Titel verhilft Ihnen natürlich noch nicht zu einem Spitzen-Ranking. Die Zusammenstellung der einzelnen Onpage-Kritierien bringt letztendlich einen ordentlichen Schub. Die Posting-Überschriften sollten Sie daher ebenso sorgfältig begutachten. Auch diese können über das Template festgelegt werden. Als Daumenregel gilt: Hauptüberschriften von Postings sollten mit der `<h1>`-Formatierung umgesetzt sein, da sie die wichtigsten sind. Da standardmäßig die Posting-Überschrift im `<title>`-Tag verwendet wird, haben Sie somit gleichzeitig identische Keywords im Titel sowie in der `<h1>`-Überschrift.

Sofern es sich um einen längeren Artikel handelt, sollten Sie auch Zwischenüberschriften mit den Formaten `<h2>` und `<h3>` nutzen. Theoretisch bietet HTML auch noch die Hierarchien `<h4>`, `<h5>` und `<h6>` an. Diese können Sie aber getrost vernachlässigen, da hier seitens der Suchmaschinen keine höheren Punkte mehr vergeben werden. Achten Sie bei den Zwischenüberschriften darauf, dass diese das Seiten-Keyword nennen. Sie sollten jedoch nicht die gesamte Hauptüberschrift kopieren, da diese Wiederholung leicht erkannt und bei zu einem häufigen Auftreten abgestraft werden könnte.

Viel wichtiger ist es jedoch, innerhalb des Fließtextes mit Textauszeichnungen zu arbeiten. Das Tag <strong> ist sehr gut geeignet, um einzelne Begriffe in einem längeren Posting hervorzuheben. Das bringt ein Paar Punkte im Ranking-Konto und hilft auch den Nutzern, sich innerhalb des Textes zu orientieren.

14.2.6 Blog-URLs optimieren

Natürlich ist der URL auch bei Weblogs ein gewichtiges Ranking-Kriterium.

Häufig wird der Domain-Name eines Blogs nicht mit dem Hintergrund der Suchmaschinen-Optimierung gewählt, sondern weil er lustig, innovativ oder leicht zu merken ist. Das tut der Optimierung in der Regel auch keinen Abbruch. Lediglich wenn Sie ein thematisches Blog führen, sodass ein bestimmter Begriff in den Postings überproportional häufig auftreten wird, ist es in der Tat eine Überlegung wert, diesen auch mit in den Domain-Namen aufzunehmen.

Ist das Blog Teil eines Webauftritts oder einer Marketingstrategie, bietet es sich an, das Blog als Subdomain nach dem Schema *http://blog.domainname.de* in den gesamten Webauftritt einzugliedern. Eine Eingliederung als Unterverzeichnis (*http://www.domainname.de/blog/*) sollten Sie nach Möglichkeit vermeiden, da die Pfadtiefe aller Blog-Einträge somit unweigerlich eine Ebene nach unten rutscht.

Dabei ist das Vermeiden von unnötigen Pfadtiefen besonders bei Blogs relevant. Je tiefer ein Dokument innerhalb der Website liegt, desto weniger Relevanz bekommt es von den Suchmaschinen zugesprochen. Kurioserweise sieht man bei Weblogs sehr häufig eine Untergliederung der Postings nach dem Datum, wodurch beispielsweise folgender URL entsteht:

http://www.mosel-gefluester.de/blog/2007/07/09/altbau-umbau/

Da die Postings nach Jahr, Monat und Tag gegliedert sind und sich zusätzlich das Weblog noch in dem Unterverzeichnis /blog/ befindet, liegt der eigentliche Beitrag unnatürlich tief in der Verzeichnisstruktur. Hier verschenkt man wertvolle Punkte; und auch den Lesern ist es in der Regel egal, ob das Erscheinungsdatum im URL steht.

Ein wesentlich besserer Ansatz wäre, die Angaben zum Datum ganz aus dem URL zu entfernen oder zumindest auf den Monat und den Tag zu verzichten:

```
http://www.mosel-gefluester.de/altbau-umbau/
http://www.mosel-gefluester.de/2007/altbau-umbau/
```

Noch geschickter geht es, wenn man jedes Posting einer Kategorie zuordnet, die ja ohnehin – bei entsprechend gewählten Kategorien – gleichzeitig thematisch zu dem Inhalt passt. Diese Kategorie setzt man dann in den URL mit ein und erhält beispielsweise in der Kategorie »Bauen« Folgendes:

```
http://www.mosel-gefluester.de/bauen/altbau-umbau/
```

Auf diese Art hat man zusätzlich ein thematisch relevantes Keyword in den URL hinein gebracht.

Wie bei den meisten datenbankbasierten Content-Management-Systemen ist die Standardeinstellung für den URL ganz rudimentär und wird nach dem Schema ?id=121 durchgeführt. Auch hier kommt der Einsatz von *mod_rewrite* ins Optimierungs-Spiel.

WordPress bietet dazu ein komfortables Optionsmenü an, bei dem der Nutzer nicht einmal selbst die notwendigen Einstellungen in der *.htaccess*-Datei vornehmen muss, sofern die Schreibrechte richtig gesetzt sind. So kann man sich bequem die gewünschten Bestandteile des URL zusammenstellen. Die Angabe

```
/%category%/%postname%/
```

führt etwa zu dem obigen Beispiel, in dem die Kategorie statt des Jahres enthalten ist. Hinweis: Unter der Adresse *http://codex.wordpress.org/Using_Permalinks* sind alle verfügbaren Variablen genannt und erklärt.

14.2.7 Plug-ins als URL-Helferchen

Plug-ins, die man in WordPress integrieren kann, um den Funktionsumfang zu erhöhen, helfen auch bei einigen Problemen, die man mit den URLs hat.

Falls beispielsweise die URL-Einstellungen, wie soeben beschrieben, an einem bestehenden Blog geändert werden, sollte sichergestellt werden, dass die bereits indexierten Seiten-URLs entsprechend mit einem 301-Statuscode (Permanent Redirect) umgeleitet werden. Um sich die manuelle Arbeit zu ersparen, kann man sich eines Plug-ins bedienen (*http://fucoder.com/code/permalink-redirect/*). Zur genauen Umsetzung hat der Autor auf seiner Seite ein Howto veröffentlicht.

Ein anderes Problem, das mit einem Plug-in gelöst werden kann, ist die Anzeige der Umlaute in den von WordPress generierten URLs. Standardmäßig wandelt

WordPress deutsche Umlaute nicht korrekt um. So wird beispielsweise aus »Bücher« »bucher« und aus »Ökonomie« »okonomie«. Das ist für die Suchmaschinen, die zwar »oe« mit »ö« in Verbindung bringen, aber nicht von »o« auf »ö« kommen, ein echtes Problem. Ein Plug-in bzw. eine Erweiterung, die Umlaute korrekt auflöst (»ö« in »oe«) findet sich im WordPress-Wiki unter der Adresse *http://wiki.wordpress.org/GermanPermalinks*.

14.2.8 Crawler im Geschwindigkeitswahn

Je länger ein Crawler bei einer Anfrage an einen Webserver auf die Antwort warten muss, desto seltener wird er die Website wiederbesuchen. Bei den meisten Webservern ist das in der Regel heutzutage kein Problem mehr, da die Content-Management-Systeme mit gut funktionierenden Caching-Verfahren arbeiten und so nicht mehr alle Daten aus der Datenbank gelesen werden müssen. Auch steigen die Besucherströme meist nicht über Nacht an, sodass die Hardware stufenweise angepasst und erweitert werden kann.

Bei Weblogs kann es allerdings durchaus vorkommen, dass ein besonderes Posting für Aufsehen sorgt. Leser des IT-Nachrichtendienstes *www.heise.de* kennen den Heise-Effekt. Dort kann man in regelmäßigen Abständen beobachten, dass von Heise verlinkte, kleinere Webseiten aufgrund der zahlreichen Anfragen schnell überlastet sind.

Für Weblogs, die mehr als 10 000 Seitenabrufe pro Tag haben, sollte man daher ebenfalls das Caching aktivieren. Bei WordPress ab Version 2.0 müssen Sie dazu in der Datei *wp-config.php* folgenden Eintrag vornehmen:

```
define('ENABLE_CACHE', true);
```

Im Verzeichnis *wp-content/* müssen dann noch ein Ordner *cache* erstellt und dem Webserver volle Schreibrechte zugesichert werden. Dann sollten Sie auch bei größeren Anstürmen ruhig schlafen können; und die Crawler werden immer noch flott bedient.

Eine noch feinere Abstimmung erlaubt das Plug-in *WP-Cache*, das Sie unter der Adresse *http://mnm.uib.es/gallir/wp-cache-2/* finden.

14.2.9 Kommentare auslagern

Ein anderer Bereich, der bei stark frequentierten Blogs für viele Datenbankabfragen und damit für potenzielle Performance-Probleme sorgt, sind die Kommentare. Aus Sicht der Suchmaschinen-Optimierung ist aber eine Tatsache noch gravierender im Hinblick auf viele Kommentare. Je mehr Kommentare Sie zu einem Posting bekommen, desto weniger optimal wird tendenziell die Keyword-Dichte in Bezug auf das ursprünglich gewählte Seiten-Keyword werden. Hier kann es hilfreich sein, die Kommentare auf eine eigene Seite auszulagern, sodass die von Ihnen gewünschte Keyword-Dichte und Keyword-Häufigkeit erhalten bleiben. Das Plug-in *Paged Comments* inklusive seiner Installationsanleitung finden Sie unter der Adresse *http://www.keyvan.net/code/paged-comments/*.

14.2.10 Google-Sitemap in WordPress erzeugen

Natürlich darf ein WordPress-Plug-in für die automatische Erstellung von Google-Sitemaps nicht fehlen. Der »Google Sitemap Generator for WordPress« erstellt XML-Dateien nach dem Google-Sitemap-Schema. Herunterzuladen ist das Plug-in unter der Adresse *http://www.arnebrachhold.de/redir/sitemap-dl-en/*. Nach der Installation stehen Ihnen zahlreiche Optionen zur Verfügung (siehe Abbildung 14.9).

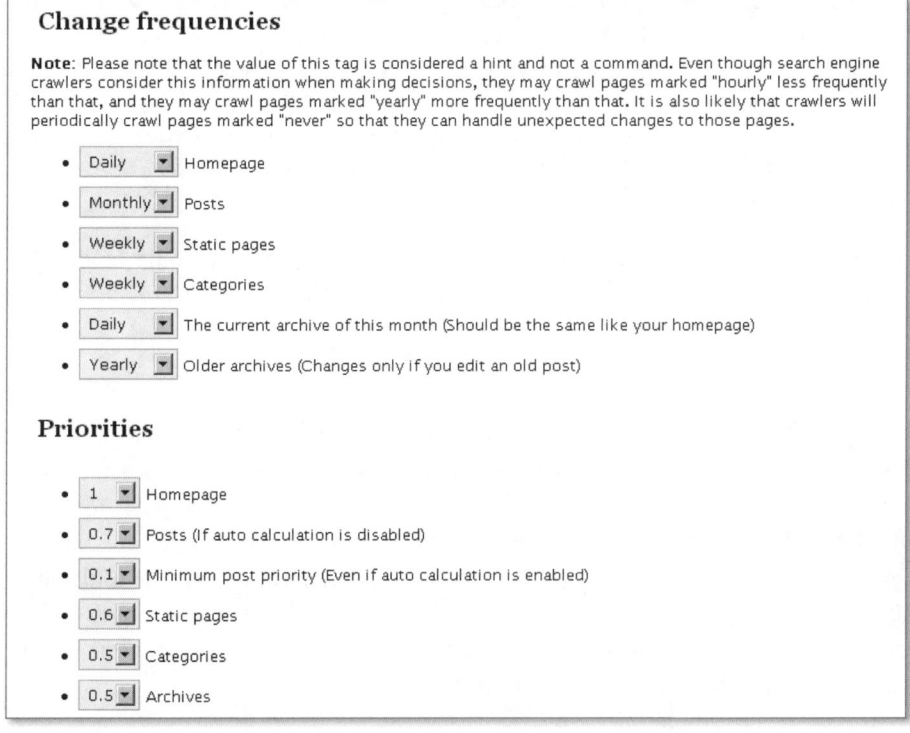

Abbildung 14.9   Zahlreiche Optionen für die Google-Sitemap in WordPress

Nachdem auch Yahoo! und MSN das Google-Sitemap-Format übernommen haben und die Sitemaps als zusätzliche Indexierungshilfe nutzen, lohnt es sich noch mehr, an dem Google-Sitemap-Programm teilzunehmen. Die Grundeinstellungen des Plug-ins sind für ein durchschnittlich besuchtes Blog meist passend. Lediglich die Priorität einzelner Postings kann man ruhigen Gewissens auf den Wert 0,9 setzen.

14.2.11 Interne Verlinkung stärken

Der klassische Weg, die Indexierung für Crawler zu erleichtern, sollte trotz der Google-Sitemap immer noch über die starke interne Verlinkung realisiert werden. Hierzu bieten sich wie bei anderen Websites auch Übersichtsseiten an, welche alle Artikel von A – Z oder nach Datum sortiert verlinken (Sitemap). Üblich ist auch eine Liste mit Kategorien, die in einer schmaleren Seitenspalte untergebracht ist und auf eine Seite verweist, die alle Artikel zu der jeweiligen Kategorie auflistet.

Eine beliebte Darstellung, die nicht auf Kategorien, sondern auf Tags (Schlagwörter) aufgebaut ist, nennt sich *Tag-Cloud* – zu Deutsch etwa »(Schlag-)Wortwolke«. Tag-Clouds sind durch die Weblogs erst wirklich bekannt geworden. Je stärker ein Tag im gesamten Weblog auftritt, desto größer wird es relativ zu anderen dargestellt (siehe Abbildung 14.10).

Abbildung 14.10   Tag-Clouds: Gut für die interne Verlinkung

Die Größe der Schrift wird meist mittels CSS direkt bestimmt, sodass Suchmaschinen bislang noch keine Auswertung über die Schriftgröße machen und damit Rückschlüsse auf die Themenverteilung ziehen. Dennoch dient eine Tag-Cloud als effizientes Mittel, die interne Verlinkung innerhalb des Blogs zu stärken, da auf relativ kleinem Platz viele Links untergebracht sind.

14.2.12 Ansätze zur Offpage-Optimierung

Liest man über Suchmaschinen-Optimierung für Weblogs, so werden meistens Maßnahmen zur Steigerung der Onpage-Optimierung angesprochen. Die Offpage-Optimierung kommt dabei selten zur Sprache. Das mag daran liegen, dass ein gutes Weblog von Natur aus in die vernetzte Blogosphäre eingebunden und daher stärker als gleichwertige »gewöhnliche« Websites verlinkt ist. So ist es für ein Blog sicherlich ein Qualitätszeichen, wenn Kommentar- und Trackback-Listen gut gefüllt sind.

Doch auch bei Weblogs ist der Einstieg nicht immer leicht. Mit einigen Handgriffen kann man allerdings ein solides Fundament setzen, damit auch ein relativ frisches Weblog in der Blogosphäre Beachtung findet, sofern grundsätzlich ein interessanter Inhalt vorausgesetzt werden kann.

Im Kapitel über die Offpage-Optimierung habe ich bereits angesprochen, dass man es Besuchern beziehungsweise Lesern so einfach wie möglich machen sollte, eine Website bei Social Bookmark-Diensten hinzuzufügen. Das WordPress-Plug-in *WP-Noteable* fügt unter jedes Posting eine Leiste von Icons hinzu, wie sie in Abbildung 14.11 zu sehen ist.

Abbildung 14.11 Das Plug-in »WP-Noteable« verbindet das Posting mit Social Bookmark-Systemen.

Das Plug-in ist unter der Adresse *http://www.calevans.com/view.php/page/notable* erhältlich. Die Nutzer können auf ein Icon klicken und somit ihr Blogposting dem Dienst hinzufügen. Das erhöht die Sichtbarkeit ihres Blogs enorm.

Man muss allerdings nicht nur auf die Aktivitäten der Nutzer setzen, um Blogpostings bekannt zu machen. WordPress kann bei einer Veröffentlichung eines Beitrags auch automatisch andere Dienste benachrichtigen. Im Blog-Jargon wird dies als »Pingen« bezeichnet. Pingen gehört in die Gruppe der Remote Procedure Calls (RPC). Dies ist eine Technik, die auf einem entfernten Rechner ein bestimmtes Programm (Prozedur) über eine definierte Schnittstelle aufruft. Da die Kommunikation über das XML-Format erfolgt, spricht man auch von einem XML-RPC. Im Falle eines Pings teilt WordPress so beispielsweise einem Blog-Verzeichnis mit, dass ein neuer Beitrag in Ihrem Blog geschrieben wurde.

Bei WordPress kann die Liste der Server, die bei einem neuen Posting gepingt werden sollen, manuell erweitert werden. Das entsprechende Textfeld findet man unter dem Punkt »Optionen • Schreiben« (siehe Abbildung 14.12).

Im Netz findet man zahlreiche Listen von möglichen XML-RPC-Empfängern. Unter *http://codex.wordpress.org/Update_Services* sind die wichtigsten angegeben.

Sollte es öfters vorkommen, dass Sie einzelne Beiträge überarbeiten oder aktualisieren, müssen Sie nicht erneut einen Ping senden. Um dies zu verhindern, kann beispielsweise das Plug-in *PingFix* (*http://betamode.de/wp-pingfix/*) eingesetzt werden. Sobald es aktiviert ist, wird nur noch bei der erstmaligen Veröffentlichung ein Ping gesendet.

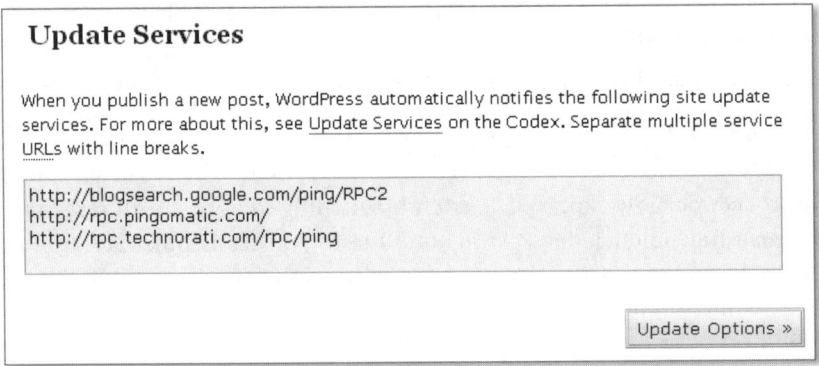

Abbildung 14.12 Weitere Empfänger für den XML-RPC in WordPress eintragen

14.2.13 »nofollow« deaktivieren

Das Attribut `rel="nofollow"` bei ausgehenden Links wurde seit der Einführung von Google stets heftig diskutiert. WordPress setzt wie die meisten Weblog-Systeme standardmäßig das `nofollow`-Attribut in ausgehende Links.

Allerdings gibt es gute Gründe, die gegen das `nofollow`-Attribut sprechen. Um nur einen zu nennen: Wenn Sie ein Satelliten-Blog betreiben, das einer eigentlich zu optimierenden Website eingehende Links verschaffen soll, ist es hinderlich. Denn die Suchmaschinen berücksichtigen Links, die mit dem Attribut versehen sind, nicht in der Offpage-Bewertung.

Es stehen zahlreiche Plug-ins zur Verfügung, mit deren Hilfe Sie sich des Attributs entledigen können. Dabei ist abzuwägen, ob grundsätzlich bei allen Verweisen das Attribut entfernt werden soll, oder ob dies manuell oder halbautomatisch geschehen soll.

Das Plug-in *Dofollow* ist unter der Adresse *http://www.semiologic.com/software/dofollow/* erhältlich und entfernt das Attribut grundsätzlich. Möchten Sie dennoch die Möglichkeit haben, einzelne Verweise in Kommentaren oder Postings mit dem `nofollow`-Attribut zu versehen, so hilft Ihnen *Nofollow Case by Case*, das unter *http://www.fob-marketing.de/marketing-blog-184-wordpress-nofollow-seo-plugin-nofollow-case-by-case.html* zu erhalten ist. Beim Abtippen des langen URL werden Sie sicherlich merken, dass es für den Nutzer manchmal müßig ist, die

Suchmaschinen-Optimierung vor die Usability zu stellen. Sie können bei Google aber auch nach »wordpress "case by case"« suchen. Möchten Sie einen Link mit dem `nofollow`-Attribut versehen, fügen Sie einfach `/dontfollow` an den Link an. Beim Erstellen des HTML-Codes wird dieser Zusatz entsprechend zu `rel="nofollow"` umgewandelt.

14.2.14 Content is King

Sicherlich könnte man hier unzählige weitere Plug-ins nennen, die der Onpage- und Offpage-Optimierung dienlich sind. Die genannten Maßnahmen und Plug-ins sollten aber für eine ordentliche Grundoptimierung ausreichend sein.

Viel wichtiger ist, dass Sie regelmäßig interessante Beiträge schreiben. Wenn die Suchmaschinen feststellen, dass Ihr Blog kontinuierlich wächst, werden die Crawler-Besuchsraten steigen, und in puncto Aktualität werden Sie Ranking-Punkte gut machen. Um dann die Besucherraten zu sichern, müssen Sie selbstverständlich auch interessante, relevante oder wie auch immer geartete Beiträge veröffentlichen, die eine Leserschaft dazu bewegt, Ihr Blog zu besuchen. Hier kommt das KAKADU-Prinzip wieder einmal ins Spiel. Content (Inhalt) vor allem ist bei den Millionen von Weblogs König.

14.3 E-Shop-Optimierung

Eine bestimmte Kategorie von Webangeboten im Internet ist besonders schwierig zu optimieren: die E-Shops. Nach dem Platzen der Dotcom-Blase im Jahr 2000 konnten sich einige Anbieter auf dem Markt etablieren und machen nun den klassischen Märkten gehörig Konkurrenz. Allen voran ist hier sicherlich Amazon zu nennen. Das Unternehmen lebt mittlerweile natürlich stark von seiner Reputation. Zu Beginn allerdings konnte sich Amazon insbesondere durch eine gute Präsenz in den Suchmaschinen behaupten. Daran hat sich bis heute kaum etwas geändert.

Warum ist aber ein Shop so schwer zu optimieren? In den meisten Fällen gilt es, auf Webseiten bestimmte Inhalte zu kommunizieren. Dies geschieht überwiegend in Form von Texten. Aus diesem Grund haben sich Suchmaschinen seit jeher auf Texte konzentriert. Im Webshop stehen jedoch nicht die Texte im Mittelpunkt, sondern der Verkauf und die dazu notwendige Präsentation der Produkte. Texte sind hier Mangelware und kommen im wahrsten Sinne des Wortes zu kurz.

Doch nicht nur die beinahe chronische Textkürze macht eine Optimierung schwierig. Ein Shop beherbergt oftmals sehr viele Produkte, die über ein Warenwirtschaftssystem oder zumindest über eine Datenbankapplikation gepflegt werden. Da passiert es allzu häufig, dass eine einzelne Seite kaum Beachtung erfährt.

Die große Datenmenge bringt natürlich auch Shop-Systeme mit sich, die erst allmählich das Attribut »suchmaschinentauglich« verdienen. Es scheint immer noch eine große Seltenheit zu sein, sodass zahlreiche Softwareanbieter damit werben, ihr Produkt sei »suchmaschinenfreundlich«.

Nicht zuletzt machen die stark unterschiedlichen Funktionsbereiche innerhalb eines Shops das Optimieren schwer. Auf einer Website finden sich neben einzelnen Kontaktformularen überwiegend viele Einzelseiten, die es untereinander zu vernetzen gilt. Bei einem Shopsystem finden sich jedoch Produkt- bzw. Detailseiten, Übersichtsseiten, Rubrikenseiten und viele mehr.

Wie optimiert man nun aber einen Webshop? Nachfolgend sollen grundlegende Strategien vorgestellt werden, wie ein Online-Shop für Suchmaschinen fit gemacht werden kann.

14.3.1 Auswahl der Shop-Software

Häufig richtet sich die Auswahl der Shop-Software nicht nach Kriterien der Suchmaschinen-Tauglichkeit oder der Usability. Meist entscheiden Faktoren wie die Anbindung an ein vorhandenes Warenwirtschafts- oder Fakturierungssystem oder auch die Lizenzgebühren für den Shop.

Es gibt jedoch bestimmte Kriterien, die ein Online-Shop-System insbesondere aus Sicht der Suchmaschinen-Optimierung mitbringen sollte.

Auf der Ebene des HTML-Layouts sollten Sie durch den Einsatz von Templates alle Möglichkeiten haben, den HTML-Code zu verändern. Viele Shops setzen bei vorhandenen Standardvorlagen immer noch auf eine Layoutstruktur, die mittels Tabellen umgesetzt wurde. Ein guter Online-Shop sollte Tabellen nur zur strukturierten Darstellung von Inhalten nutzen, nicht aber als Layouthilfe.

Ebenso sollten Sie Zugriff auf die Verzeichnis- und Dateinamen und deren Struktur haben. Nur so ist es Ihnen möglich, eine effektive Keyword-Platzierung in dem URL durchzuführen. Dass Session-IDs nicht zwingend für einen Besuch des Shops vorausgesetzt werden sollten, müsste eigentlich klar sein. Bei Streifzügen durch die Online-Shop-Welt werden Sie allerdings noch genügend Shop-Systeme finden, bei denen Sie ohne Session-ID immer nur auf der Startseite landen. Ein todsicherer Garant dafür, dass dieser Shop niemals mit tieferen Seiten im Suchmaschinen-Index landen wird.

Zusätzlich zu den überwiegend technischen Voraussetzungen sollten Sie verständlicherweise in der Lage sein, möglichst flexibel den Inhalt (Content) zu gestalten. Das betrifft einerseits die Beschreibungen im Text und Bild zu den jeweiligen Produkten. Aber auch die Seitenspalten sollten Sie möglichst frei und produktabhängig bestimmten können. Es hilft nämlich nichts, wenn Sie einen Produkttext auf den Produktnamen optimiert haben, jedoch die Randspalte und die restlichen Texte auf der Website mit häufig genannten Begriffen wie »Angebot« oder »Übersicht« die mühsam aufgebaute Keyword-Dichte wieder zunichte machen.

Die Liste der Anforderungen könnte man noch weiter ausbauen. Bei der Auswahl eines geeigneten Shop-Systems werden Sie die Unterschiede nach der Lektüre der vorangegangenen Kapitel jedoch schnell erkennen. Ein beliebtes Open-Source-System ist osCommerce. Es bietet Ihnen ohne Lizenzkosten eine sehr hohe Flexibilität. Im extremen Gegensatz dazu stehen Shop-Produkte aus dem Discounter oder aus dem Regal der Elektronikmärkte, die als Programm lokal installiert werden und den fertig eingerichteten Shop per FTP oder Ähnlichem auf einen Webserver laden. Hier haben Sie in den allermeisten Fällen kaum Möglichkeiten zur Optimierung, da diese Shops als Out-Of-The-Box-Software konzipiert sind und möglichst für jedermann nutzbar sein sollen.

14.3.2 Doppel-Strategie bei der E-Shop Optimierung

Ein Webshop zeichnet sich meist durch eine Vielzahl an Produkten aus. Jedes dieser Produkte besitzt eine eigene Produktseite, auf der detaillierte Informationen zu erfahren sind. Die Shop-Seiten sowie die einzelnen Module basieren auf Templates, die zentral verändert und optimiert werden. Die Optimierung eines Shops besteht daher klassischerweise aus zwei Schritten: Im ersten Schritt überarbeiten Sie die Grundstruktur anhand der Templates derart, dass eine möglichst optimale HTML-Struktur entsteht. Da alle Produktseiten, alle Verzeichnisseiten sowie alle anderen Typen jeweils immer nur ein Template als Vorlage besitzen, können Sie mit relativ wenigen Handgriffen relativ viele Seiten auf einen Schlag optimieren. Auch die Struktur des URL kann zentral gesteuert werden und basiert auf bestimmten Feldern aus der Datenbank. Gleiches gilt für Querverweise, die etwa ein Produkt einer Kategorie mit anderen in Verbindung setzt.

Der zweite Schritt der Optimierung bezieht sich auf die Inhalte selbst. Für jedes Produkt gilt es, die Keyword-Kombination zu recherchieren, die entsprechenden Tags für den Titel, die Meta-Tags, die Kategorie und natürlich auch den Fließtext inklusive seiner Struktur zu erstellen und zu optimieren. Auch die Bezeichnung der Bilder und ihrer Dateinamen sollten beachtet werden. Sie merken bereits:

Hier kommt wesentlich mehr Arbeit auf den Shop-Betreiber zu als im ersten Schritt.

Aus diesem Grund setzt eine Shop-Optimierung auf zwei Strategien. Die Produkte, welche aus Sicht des Kaufmannes am meisten Profit versprechen, werden bevorzugt behandelt und im Detail optimiert. Die Seiten mit den sorgsam optimierten Texten und Inhalten bieten somit auch ein perfektes Ziel für eine Offpage-Optimierung, die insbesondere im Shop-Bereich unerlässlich ist, da die Konkurrenz für die zu verkaufenden Produkte in aller Regel hoch ist.

Natürlich werden die gezielt ausgesuchten Seiten auch strukturell optimiert. Dies geschieht im zuvor beschriebenen ersten Schritt über die Optimierung der Templates. Von einer besseren HTML-Struktur und von effektiveren URLs profitieren nicht nur die ausgesuchten Produktseiten, sondern im Prinzip alle Seiten und alle Produkte. Hier verbindet sich die Strategie der gezielten Optimierung mit der sogenannten Long-Tail-Strategie.

Der Long-Tail (deutsch: »langer Schwanz«) ist in Abbildung 14.13 der grau unterlegte Bereich. Das Phänomen wurde 2004 von Chris Anderson beschrieben. Es besagt, dass man als Anbieter im Internet mit einer großen Anzahl an Nischenprodukten Gewinn machen kann. Insbesondere beim Buchgeschäft wird deutlich, dass im konventionellen Verkaufsgeschäft Tausende von Büchern nur sehr selten von Kunden aus der Umgebung gekauft werden und damit die Bücherregale verstopfen. Keine Buchhandlung kann sich so viele Regale in einem Geschäft in einer teuren Fußgängerzone leisten. Amazon beispielsweise kann jedoch günstige Lagerhallen mitten im Nirgendwo bauen und von dort aus die Anfragen weltweit bedienen.

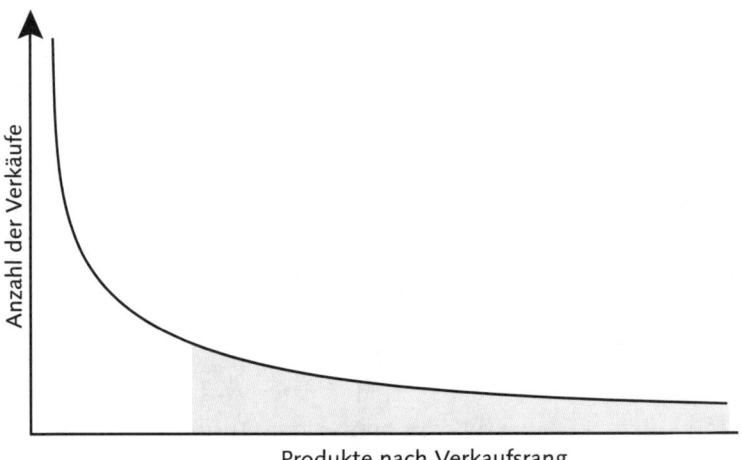

Abbildung 14.13   Den Long-Tail bei der Shop-Optimierung nutzen

Was hat dies nun mit der Suchmaschinen-Optimierung zu tun? Wenn Sie sich auf die detaillierte und damit kostenintensive Optimierung von einigen wenigen Produkten konzentrieren, verfolgen Sie damit den klassischen Weg und nutzen die Gewinnspanne im linken Bereich der Grafik. Durch diese Grundoptimierung sorgen Sie jedoch dafür, dass Kunden mit einem Spezialinteresse an Produkten aus dem Long-Tail über Suchmaschinen zu Ihnen gelangen, und Sie somit auch den rechten Bereich ausschöpfen können.

Um dieser Doppelstrategie bei der Optimierung gerecht zu werden, müssen Sie allerdings sehr gut die Vorgänge in Ihrem Shop kennen. Hier kommen die Punkte des Controllings aus dem vorherigen Kapitel zusammen mit Marketingstrategien zum Tragen. Einmal definierte Schwerpunkte des Shops sollten daher nicht in Stein gemeißelt bleiben. Falls sich der Markt ändert, entweder dauerhaft oder aufgrund von Trends oder Jahreszeiten, sollten Sie flexibel zusätzliche oder neue Schwerpunkte ausbilden.

14.3.3 Optimierung der Funktionsbereiche eines E-Shops

Für die Suchmaschinen-Optimierung ist aus praktischer Sicht die Unterscheidung in die verschiedenen Funktionsbereiche zentral für einen Erfolg der Long-Tail-Strategie. Die bereits angesprochenen Bereiche müssen verschiedene Funktionen erfüllen und daher auch mit unterschiedlichen Schwerpunkten optimiert werden.

Detailseite

Erfahrungsgemäß beginnt man die Optimierung am besten auf den Detail- bzw. Produktseiten. Hier stehen hauptsächlich die angesprochenen Onpage-Kriterien zum Einsatz. Das heißt, Sie müssen für eine effiziente HTML-Struktur sorgen. Wichtige Inhalte müssen nach oben, weniger wichtige nach unten. Die Keyword-Dichte muss optimiert werden. Ebenso muss die semantische Struktur aus Überschriften, Fließtext, Bildunterschriften und anderen Auszeichnungselementen optimiert werden. Die Optimierung der Detailansicht unterscheidet sich im Prinzip nicht von der Optimierung einer gewöhnlichen Webseite. Die Detailseite wird auf ein Keyword (bzw. eine Keyword-Kombination) hin optimiert. Üblicherweise entspricht das Keyword dem Produktnamen. Ist dieser nicht aussagekräftig genug, kann die Produktkategorie hinzugezogen werden.

Für besonders gewinnbringende Produkte wird anschließend gezielt eine Offpage-Optimierung durchgeführt. Hier sollten möglichst viele themenrelevante eingehende Verweise von anderen Seiten geschaffen werden.

Detailseiten liegen für gewöhnlich etwas tiefer im Seitenbaum. Dennoch erhält eine gut optimierte Detailseite einen hohen Pagerank, wenn die Offpage-Optimierung Erfolg hat. Um diesen Pagerank auch auf andere Seiten zu verteilen, sollten Sie Querverweise sowohl zur nächst höheren Ebene, der Produktliste, als auch zu anderen Produkten setzen. Letzteres lässt sich meist über Standardfunktionen umsetzen: »Kunden, die diesen Artikel ansahen, sahen auch ...« oder »Zubehör zu diesem Produkt« sind zwei Beispiele für beliebte Module. Achten Sie hier jedoch unbedingt auf eine suchmaschinentaugliche Verlinkung ohne JavaScript.

Produktliste

Die Produktliste befindet sich in der Hierarchie über den jeweiligen Detailseiten. Meist zeigt eine Produktliste die Produkte einer Kategorie. Daher ist die Kategorieübersicht noch über der Produktliste anzuordnen. Jedoch kann eine Produktliste auch die Topseller oder günstige Angebote anzeigen.

Die Produktliste kündigt gewissermaßen die einzelnen Produkte an und soll den Besucher dazu animieren, auf einen Detaileintrag zu klicken. Meistens steht für die Produktlisten wenig Fließtext zur Verfügung. Sie können einen kurzen Beschreibungstext für jedes Produkt nutzen, um ausreichend Text für die Suchmaschinen zu generieren. Häufig findet man im Kopfbereich auch einen einführenden Text, der die Produkte aus einer Produktkategorie einführt. Hier haben Sie ebenfalls die Möglichkeit, Keywords weit oben zu platzieren.

Welches Keyword eignet sich jedoch zur Optimierung der Produktliste? Handelt es sich um Produkte einer Kategorie, so ist der Kategoriename auf jeden Fall gesetzt. Eine Keyword-Recherche bringt vielleicht noch zusätzliche Begriffe für eine effiziente Kombination. Achten Sie darauf, dass die der Reihe nach aufgezählten Produkte eine hochwertige Überschrift besitzen und das gewählte Keyword darin vorkommt. Auch sollten die Überschrift, das Bild sowie ein weiterer Verweis auf die jeweilige Detailseite zeigen, damit die Crawler beim Indexieren alle Detailseiten möglichst gut erreichen. Das `<alt>`- sowie das `<title>`-Tag in den Bildern können in der Produktliste auch vor der eigentlichen Produktbeschreibung die Produktkategorie beinhalten.

So erzielen Sie mit vielen einzelnen Textelementen doch noch eine relevante Keyword-Dichte. Je nach Angebot des Shops bietet es sich an, einige Produktlisten auch offpage zu optimieren. Gerade wenn wenig nach konkreten Produkten gesucht wird, sollte man hier eher auf die Listenansicht setzen.

Katgeorie- und Unterkategorieseite

In E-Shops mit sehr verschiedenartigen Produkten muss der Nutzer vor der Produktliste zunächst eine Kategorie auswählen, die gegebenenfalls noch Unterkategorien besitzt. Erst dann gelangt er zur Produktliste.

Die Kategorieseiten sind für die Suchmaschinen-Optimierung beinahe uninteressant. Denn hier befinden sich viel zu viele unterschiedliche Keywords, die eine einheitliche Optimierung meist unmöglich machen. Dennoch erfüllen die Seiten eine wichtige Funktion. Denn die Crawler müssen zur Indexierung der Produktlisten und Detailseiten zunächst durch die Kategorien hindurch suchen. Daher müssen Sie hier unbedingt auf eine gute und funktionierende Verlinkung achten. Setzen Sie nicht alle Kategorien und Unterkategorien sichtbar auf eine Seite, sodass sich nicht mehr als 100 Links auf der Seite befinden. Gliedern Sie die Kategorien auf, sodass zunächst die erste Ebene und nach einem Klick ausschließlich die jeweilige Unterkategorie sichtbar wird. Selbstverständlich können auch Sie auf verwandte Kategorien querverweisen.

Startseite

Die Startseite eignet sich hervorragend zum Setzen von Deep-Links. Häufig gekaufte Produkte, aktuell gekaufte Produkte, Angebote, Aktionen oder ein Gewinnspiel: Lassen Sie Ihrer Kreativität freien Lauf. Hier geht es hauptsächlich darum, dass sowohl die Crawler als auch die Nutzer Einstiege in die Seite finden. Achten Sie besonders bei der Startseite darauf, dass diese stets aktuell ist und mehrmals wöchentlich neue Inhalte präsentiert werden. Suchmaschinen bewerten Bewegung und Veränderung auf Startseiten positiv.

Vermeiden Sie – falls möglich – suchmaschinenuntaugliche Verweissysteme. Dropdown-Felder oder bewegte Ankündigungen mit JavaScript und AJAX sind zwar nett, taugen aber für Suchmaschinen nicht. Auch das Einbinden von Fremdinhalten über Iframes bringt keine Punkte, da die Fremdinhalte nicht zu Ihrer Seite gezählt werden.

Sollten Sie neben dem virtuellen Shop auch Kundenverkehr in einem Ladengeschäft haben, bietet sich für die Startseite die Nennung der Adresse, der Öffnungszeiten sowie das Präsentieren einiger Bilder an.

Für die Eintragung in Kataloge eignet sich die Startseite als Ziel dann umso mehr. Einerseits nehmen viele Kataloge ohnehin nur Startseiten auf. Andererseits können Sie mit der Kombination Ihres Firmennamens und dem Geschäftsort auch die Suchenden bedienen, die über Google und Co. nach einem Shop in der Nähe für den nächsten Einkaufsbummel suchen.

Index-Seiten

Ein E-Shop bietet eine Menge Indexseiten. Dies sollten Sie nutzen. Allen voran muss eine Suchfunktion zentral auf der Website nutzbar sein. Die Ergebnisse sollten auch für Suchmaschinen lesbar sein. Vielleicht können Sie auch eine Tag-Cloud mit den am meisten gesuchten Begriffen einbinden. Weitere Indexseiten sind aus Sicht der Optimierung überwiegend hilfreich, um die Crawler auf die zahlreichen Seiten zu verweisen. So bieten einige Shop-Systeme an, automatisch einen A–Z-Index aller Kategorien und Unterkategorien zu erstellen.

Verwaltungsseiten

Ebenso gehören auch solche Seiten zu einem Shop, die zur Abwicklung der Bestellvorgänge dienen. Der Warenkorb, das Formular zur Adresseingabe, die Übersicht über den Versandstatus und viele andere Ansichten sind meist nur nach einem Log-in erreichbar und somit für Suchmaschinen nicht erreichbar. Das ist jedoch nicht weiter tragisch, denn auch die allgemeinen Geschäftsbedingungen (AGB), die Datenschutzerklärung und ähnliche Texte sind für die Suchmaschinen-Optimierung nicht interessant.

14.3.4 Controlling über Konversionen

Sobald die Template-Struktur überarbeitet ist und zentrale Produkte verstärkt optimiert wurden, ist die erste Arbeit getan. Insbesondere bei der Beauftragung eines externen Optimierers hört hier die Arbeit zunächst auf. Dabei gilt bei einem E-Shop die Grundregel der Suchmaschinen-Optimierung noch viel stärker als bei anderen Websites: Optimierung ist ein stetiger Prozess!

Dazu gehört vor allem die Erfolgskontrolle. Über die Verkaufszahlen der Produkte haben Sie eine klassische und dankbare Lead-Definition und können hiermit vor allem für die besonders optimierten Produkte die Entwicklung der Konversionszahlen in Abhängigkeit von den Besuchern von Suchmaschinen beobachten. Sollten sich hier innerhalb von drei Monaten nach Abschluss der ersten Optimierungsphase keine wesentlichen Verbesserungen ergeben haben, gilt es nachzuforschen, warum die Optimierung nicht wirkt. Das kann ohne Frage an der Optimierung selbst liegen.

Häufig sind aber auch andere Faktoren bei einem E-Shop zu berücksichtigen. Vielleicht kommen die Kunden mit dem Bestellvorgang nicht zurecht und brechen stets an einer bestimmten Stelle ab, weil sie beispielsweise kein Vertrauen in das Bezahlsystem haben, einen Button nicht finden oder eine Fehlermeldung nicht verstehen. Solche Gründe für einen Abbruch lassen sich über das Tracking gezielt herausfinden und sollten schnellstens behoben werden.

Ebenso sollten Sie neben dem Pagerank der zentralen Seiten auch das Ranking der gezielt optimierten Seiten beobachten. Nur so können Sie auch effektiv nachoptimieren, falls das Ranking einmal verharrt oder gar abfällt. Hier bringt Sie eine Analyse der Webseiten sicherlich auf die eine oder andere Idee zu einer weiteren Optimierung.

Anhang

A **Glossar** 469

B **Literaturverzeichnis** 483

C **Quellen** 485

D **Abbildungsverzeichnis** 491

A Glossar

AdSense Das Werbeprogramm von Google, bei dem auf Webseiten von angemeldeten Webautoren AdWords-Anzeigen passend zum jeweiligen Thema angezeigt werden können. Die Anbieter erhalten eine Provision pro Klick (*http://www.google.de/adsense*).

AdWords Der Name des Werbeprogramms von Google, bei dem man kostenpflichtige Anzeigen hauptsächlich auf den Ergebnisseiten von Google anzeigen lassen kann (→ *Paid Listing*). Die Anzeigen werden kontextsensitiv zu definierten Stichwörtern oben oder rechts von den gewöhnlichen Ergebnissen eingeblendet. Die Abrechnung erfolgt pro Klick; eine Budgetgrenze kann gesetzt werden. Je mehr Gebühr der Kunde pro Klick zu zahlen bereit ist, desto weiter oben steht der betreffende AdWords-Eintrag in dem Paid-Listing-Bereich der Ergebnisseite (*http://adwords.google.de*).

Affiliate Vertriebspartner, die Werbung von kommerziellen Webseiten in die eigene Webpräsenz einbinden, nennt man Affiliate oder Affiliate-Partner. Die Formen der Einbindung reichen von einfacher Banner-Platzierung bis zum Einbinden von kompletten Such- oder Buchungsformularen auf der Partnerseite. Kommt über diese Form von Werbung ein Kauf oder Ähnliches zu Stande, erhalten die Affiliate-Partner eine Provision oder Vergütung. Für viele Sparten (z. B. Tourismus, Gesundheit/Wellness, Finanzen) existieren umfangreiche Affiliate-Programme.

alt-Text Um eine barrierefreie Weblösung zu erreichen, können Bilder mit alternativen Texten beschrieben werden. Diese werden bei der Suchmaschinen-Optimierung auch zur Platzierung von Keywords genutzt.

Anchor-Text Dt. »Linktext«. Bezeichnet den Text innerhalb eines hypertextuellen Verweises, der im Browser in der Regel unterstrichen angezeigt wird, von dem Benutzer angeklickt werden kann und von Suchmaschinen erfasst wird. Die Beschaffenheit des Anchor-Textes hat im Zusammenhang mit der themenrelevanten Verlinkung an Bedeutung gewonnen.

Attribut Zusätzliche Information innerhalb eines HTML-Tags. Innerhalb des `<a>`-Tags ist beispielsweise die Link-Adresse (`href`) ein Attribut. Für `<img>`-Tags (Bilder) ist der → *alt-Text* ebenfalls ein Attribut.

Authority Dt. »Autorität«. Eine Website, die für einen bestimmten Themenbereich besonders bedeutend ist, wird als Autorität bezeichnet. Solche Seiten besitzen eine hohe Anzahl eingehender Verweise und werden durch diese Referenzierung deutlich aus der Masse herausgehoben. In der Ergebnisliste von Google sind Einträge von Autoritäten oftmals zusätzlich mit direkten Links unter der URL-Zeile zu zentralen Bereichen der Site ausgestattet.

Backlink Dt. »Eingehender Link«. Hypertextuelle Verweise im Web, die auf eine Webseite zeigen, bezeichnet man als Backlink oder auch Inbound-Link.

Diese eingehenden Links spielen seit der Pagerank-Bewertung von Google eine bedeutende Rolle. Hier wird die Relevanz einer Seite an der Anzahl und der Qualität der eingehenden Links gemessen. Je mehr Links von Seiten, die selbst viele Links auf sich ziehen und somit qualitativ hochwertig sind, auf die betreffende Seite verweisen, desto höher ist die Relevanz. Als themenrelevante Backlinks werden solche eingehenden Links bezeichnet, die von Seiten mit gleichem oder ähnlichem Thema stammen und/oder im Link-Text themenrelevante Stichwörter besitzen. Themenrelevante Backlinks steigern die Qualität des Backlinks für die Bewertung zusätzlich. Als Backlinking wird entsprechend das Bemühen verstanden, viele eingehende Links auf eine Seite zu bekommen, um die Relevanz und damit das Ranking zu erhöhen.

Bad Neighbourhood Dt. »Schlechte Nachbarschaft«. Menge aller Websites, die von Suchmaschinen abgestraft wurden. Die Abstrafung besteht in der Vergabe einer → *Link*-Popularität von null oder dem völligen Entfernen aus dem Index. Durch einen Verstoß gegen die Suchmaschinen-Richtlinien (meist durch Spam) geraten Seiten in die Bad Neighbourhood. Es wird vermutet, dass viele eingehende Links von Seiten aus der »schlechten Nachbarschaft« sowie ausgehende Links zu solchen Seiten zu einer geringeren Relevanzbewertung führen. Seiten aus der »schlechten Nachbarschaft« erkennt man gemeinhin daran, dass sie trotz ihrer längeren Zeit im Index einen Pagerank von null besitzen oder gar nicht im Index zu finden sind. Oftmals handelt es sich aber bei einem Pagerank von null um eine neue Seite oder eine nicht aktuelle Anzeige durch die Google-Toolbar.

Black Hat SEO Die »schwarzen Schafe« unter den Suchmaschinen-Optimierern. Als Black-Hat-Techniken bezeichnet man Spam-Versuche, die gegen die Qualitätsrichtlinien von Suchmaschinen verstoßen, das heißt, die auf künstlichem Wege versuchen, ein besseres Ranking zu erzielen.

Blacklist Dt. »Schwarze Liste«. Eine Auflistung von IP-Adressen, Webseiten oder Servern, welche generell nicht beachtet wird. Im Kontext der Suchmaschinen-Optimierung werden Seiten auf der Blacklist nicht indexiert. Die Blacklists der großen Suchmaschinen-Anbieter sind nicht öffentlich. Im Bereich des E-Mail-Verkehrs können allerdings Blacklists heruntergeladen werden, um E-Mail-Spam von bekannten Spam-Absendern zu identifizieren und herauszufiltern.

Blog Auch »Weblog«. Ein Webseiten-Genre, in welchem periodisch einzelne Beiträge in chronologisch umgekehrter Reihenfolge publiziert werden und in dem in der Regel die Möglichkeit von Kommentaren gegeben ist. Die Spannbreite erstreckt sich dabei von privaten Online-Tagebüchern bis hin zu themenbezogenen, journalistischen Beiträgen. Das Schreiben von Blogs wird als »Bloggen« bezeichnet. Für die stark vernetzte Gemeinschaft aller Bloggenden wird auch der Begriff der »Blogosphäre« genutzt. Blogs sind durch ihre Kommentarfunktion bei Suchmaschinen-Spammern vor dem → *Google*-Update 2004 besonders beliebt gewesen. Heutzutage werden Blogs im Zusammenhang mit der Suchmaschinen-Optimierung oftmals als → *Satelliten* genutzt, um eingehende Links zu erzeugen.

Broken Link Dt. »Defekter Link«. Auch bekannt als »Toter Link« oder »Dead

Link«. Bezeichnet einen Verweis, der nicht mehr gültig ist. Die Zielseite ist entweder umbenannt oder gelöscht worden oder ist aus sonstigen Gründen wie zum Beispiel einem Serverausfall nicht mehr erreichbar. Ist die Anzahl der Broken Links auf einer Website überdurchschnittlich hoch, kann dies negative Konsequenzen für die Aufnahme oder Bewertung der Seite im Index haben.

Cache Dt. »Versteck« oder »Versteckter Vorrat«. Im Zusammenhang mit Suchmaschinen eine Kopie der indexierten Webseite, welche in Google über den Link »Archivierte Seite« in den Treffern der Ergebnisliste abrufbar ist. Diese Funktion ist beispielsweise dann besonders interessant, wenn man bei einem Relaunch sehen will, ob die neue Version der Website bereits indexiert wurde und somit auch im Cache zu finden ist. Caches werden auch in anderen Zusammenhängen eingesetzt. Ebenso cachen Internet-Zugangs-Provider Webseiten, sodass der Abruf einer Seite im Browser nicht immer zwingend als Anfrage an den eigentlichen Webserver gestellt wird, sondern aus dem Cache des Providers geladen wird. Das hat zur Konsequenz, dass die tatsächlichen Besucherzahlen einer Website ohne entsprechende technische Vorkehrungen von den aufgezeichneten Besuchern häufig abweichen.

Cascading Style Sheets Abk. »CSS«. Technik zur Gestaltung von barrierefreien Webseiten, welche die Trennung von Inhalt und Design erlaubt. Im CSS-Bereich oder in der CSS-Datei werden Größen-, Farb- oder sonstige Formatierungen definiert und über Marker den Inhaltselementen zugewiesen. Dadurch entsteht die Möglichkeit, gleiche Inhalte unterschiedlich optisch aufzubereiten, sodass sie jeweils auf verschiedene Ausgabegeräte wie beispielsweise Computerbildschirm, PDA oder Braille-Lesegerät hin optimiert werden können. Suchmaschinen interpretieren derzeit kein oder nur sehr eingeschränkt CSS, sodass zahlreiche Spam-Methoden auf CSS-Techniken beruhen.

Click-Popularität Ein mittlerweile als veraltet geltendes Verfahren zur Gewichtung von Ergebnissen. Der Gedanke dahinter ist einfach: Je häufiger ein Ergebnis angeklickt wird, desto populärer und damit relevanter ist es. Allerdings konnte sich dieses Verfahren in der Praxis nicht nur wegen der Anfälligkeit durch Nutzer-Manipulationen nicht durchsetzen. Das Pagerank-Prinzip von Google bzw. die → *Link*-Popularität kann als Nachfolger angesehen werden.

Client Dt. »Kunde«. Als Client wird der Computer oder das Programm bezeichnet, das bei einem → *Host* eine Ressource oder einen Dienst anfragt und diese bzw. diesen weiterverarbeitet. Ein Browser ist beispielsweise ein Client, der Webseiten abfragt und anzeigt, ebenso wie der Crawler von Suchmaschinen Webseiten abfragt und zur Indexierung weitergibt.

Cost per Click Abk. »CPC«. Häufig eingesetztes Verrechnungsprinzip, bei dem Kosten pro Klick abgerechnet werden. Einsatz findet CPC beispielsweise bei → *AdWords* von Google.

Cross-Linking Dt. »Querverlinkung«. Das gegenseitige Verlinken von Seiten zwischen verschiedenen Websites. Auch als → *Reziprokes Verlinken* bekannt. Das Cross-Linking entsteht häufig als Resultat eines → *Link*-Tauschs mit dem Bemühen, die Anzahl an themenrelevanten eingehenden Links zu erhöhen.

Dedicated Server Ein Computer im Internet, welcher Dienste ausschließlich für einen einzelnen Kunden meist mit einer einzelnen Domain anbietet. Im Hinblick auf die Suchmaschinen-Optimierung ist dies von Bedeutung, weil im Index durch einen solchen Server die zugehörige IP-Adresse nur für eine Website verknüpft wird und sich keine anderen Websites darauf befinden. Damit umgeht man das Risiko, bei einer von einer anderen Website verursachten Sperrung der IP-Adressen (etwa durch Spam-Versuche) im Index betroffen zu sein. Die häufig genutzte Alternative zu einem Dedicated Server ist ein → *Virtueller Server*.

Deep Linking Dt. »Tiefes Verlinken«. Bezeichnet das Verlinken auf Seiten, die tiefer in der Hierarchie liegen, und nicht auf die Homepage verlinken. Damit wird versucht, nicht nur den Pagerank der Homepage, sondern auch gezielt den der anderen Seiten zu steigern. Insbesondere weil Homepages oftmals nicht monothematisch sind und sich daher zur Optimierung auf ein Keyword hin nicht eignen, wird auf entsprechende → *Mikroseiten* themenrelevantes Deep Linking betrieben.

Doodles Bezeichnet alle grafischen Varianten des Google-Logos. Der Suchmaschinen-Betreiber nimmt hiermit grafisch Bezug auf aktuelle Anlässe (Weihnachten, Valentinstag, Olympiade usw.).

Doorway-Page Dt. »Brückenseite«. Auch Ranking-Seite, Information-Page, Gateway-Page oder Funnel-Page genannt. Es handelt sich um Webseiten, die nicht für den Nutzer, sondern nur für Suchmaschinen-Robots veröffentlicht werden. Diese Seiten sind für wenige spezielle Keywords optimiert und unterscheiden sich im Aussehen und Inhalt häufig von den restlichen Seiten eines Webangebots. Nicht selten liegt durch die unnatürliche Wiederholung von Stichwörtern ein sinnfreier Text vor. Sofern der Nutzer nicht automatisch auf die eigentliche Webpräsenz weitergeleitet wird, finden sich in der Regel ein oder mehrere Links auf die »echte« Seite. Google hat im Januar 2006 aufgrund von Doorway-Seiten öffentlichkeitswirksam die Seiten von BMW (*www.bmw.de*) vorübergehend aus dem Index entfernt und damit auch auf nicht englischsprachigen Seiten begonnen, die Verwendung solcher Spam-Techniken zu ahnden.

Duplicate Content Dt. »Doppelter Inhalt«, Abk. »DC«. Um den Index nicht mehrfach mit gleichen Webseiten zu füllen, wird doppelter Inhalt seitens der Suchdienste nicht gefördert und herausgefiltert. Oftmals wird einmal erstellter Inhalt teilweise leicht abgewandelt und sodann unter verschiedenen Domains und Webseiten mehrfach veröffentlicht. »Viel hilft viel« ist die Hoffnung eines solchen Vorgehens. Dies wird allerdings von Suchmaschinen als Spam-Versuch betrachtet und bei entsprechender Schwere abgestraft. Ein häufig auftretendes Problem mit doppelten Inhalten entsteht oftmals unbeabsichtigt, wenn mehrere Domains auf eine Website verweisen. Hier sollte auf eine ordentliche Umleitung mit entsprechendem Response-Header geachtet werden.

False Drops Als False Drop werden angeblich relevante Treffer in Ergebnislisten bezeichnet, die jedoch kaum oder gar nicht relevant sind und somit der Suchintention des Nutzers nicht entsprechen. Häufig kommen solche Treffer durch eine zu unpräzise Nutzung von Operatoren bei der Suche zu Stande. So zum Beispiel, wenn jemand nach »DVD Rekorder« sucht und einen Treffer anklickt, bei dem »DVD-Player« und »Video-Rekorder« in einer Auflistung innerhalb einer Übersichtsseite genannt werden. False Drops können aber auch zustande kommen, wenn die indexierte Version einer Webseite nicht mehr der aktuellen entspricht und die Keywords gar nicht mehr oder nicht mehr so prominent vertreten sind. Dies betrifft letztendlich auch Seiten, bei denen Suchmaschinen durch erfolgreiche Spam-Maßnahmen Keywords vorgegaukelt werden, die der Nutzer dann nicht vorfindet.

Frames Eine standardisierte HTML-Technologie, die es ermöglicht, eine Webseite in einzelne Bereiche bzw. Rahmen (Frames) einzuteilen und in diesen jeweils eigene HTML-Dateien anzeigen zu lassen. Durch dieses Verfahren können definierte Bereiche wie zum Beispiel die Hauptnavigation permanent angezeigt werden, während sich der inhaltliche Bereich durch Navigation und Scrollen ändert. Suchmaschinen indexieren jedoch bis heute nicht immer alle Frame-Seiten korrekt, sodass nur einzelne Frames angezeigt werden. Heutzutage gilt der Einsatz von Frames als überholt, da mithilfe von → *Cascading Style Sheets* diese Funktion ohne Nebeneffekte umgesetzt werden kann.

Fresh-Tag Dt. »Frische-Kennzeichen«. Bezeichnet die Angabe des Datums, an dem eine Seite zuletzt im Index aktualisiert wurde. In der Ergebnisliste von Google befindet sich das Fresh-Tag oftmals in der URL-Zeile. Liegt die Datierung des Fresh-Tags oftmals nur kurz in der Vergangenheit, wird der Seite durch die häufige Wiederbesuchsrate eine hohe Relevanz zugesprochen.

GoogleGuy Nickname eines offiziellen Mitarbeiters von Google, der in dem beliebten amerikanischen Suchmaschinen-Forum *http://www.webmasterworld.com* Beiträge schreibt und Anmerkungen sowie Fragen kommentiert. Angeblich handelt es sich bei dem Mitarbeiter um Matt Cutts, der bei Google seit 2000 als Programmierer den Familienfilter für Google (SafeSearch) entwickelte und sich derzeit im Rahmen der Qualitätssicherung bei Google um die Spam-Erkennung und Spam-Verarbeitung kümmert. In diesem Rahmen führt er sein privates Weblog unter der Adresse *http://www.mattcutts.com/blog/*. Verschiedene Quellen behaupten dagegen, dass andere Google-Mitarbeiter im Wechsel unter dem Namen GoogleGuy Forenbeiträge veröffentlichen.

Hallway-Page Dt. »Hausflur-Seite«. Eine Seite, die Links zu → *Doorway-Pages* enthält, um die Crawler zu diesen zu führen. Damit soll das Problem behoben werden, dass Doorway-Pages in der Regel nicht verlinkt sind, weil sie aufgrund ihrer Funktion (Spam) nicht für den Nutzer direkt sichtbar in die Seitenstruktur eingebaut sind.

Hidden Text Dt. »Versteckter Text«. Bezeichnet Text auf Webseiten, der in der Ansicht mit einem Browser nicht sichtbar ist. Das Verstecken von Text (Text Hiding) verstößt gegen die Qualitätsrichtlinien der Suchmaschinen und wird als Spam-Versuch geahndet. Dabei kann Text dadurch unsichtbar gemacht werden, dass die Textfarbe der Hintergrundfarbe angepasst wird oder mittels CSS entsprechende Attribute gesetzt werden.

Hijacking Dt. »Entführen«. Bezeichnet eine Spam-Methode, die auch strafrechtlich verfolgt werden kann. Die einzelnen Methoden sind unterschiedlich. Gemein ist ihnen, dass durch technische Manipulation versucht wird, Besuchern vorzugaukeln, dass diese sich auf der von ihnen intendierten Webseite – tatsächlich aber auf einer falschen – befinden, ohne dass sie es merken. Die Besucher werden sozusagen »entführt«. Eine spezielle Form ist das URL-Hijacking. Dabei wird mit temporären Umleitungen gearbeitet, um gewisse Änderungen im Suchmaschinen-Index zu eigenen Gunsten zu bewirken.

Hilltop   Der Name eines Algorithmus zur Bewertung von Dokumenten, der von Krishna Bharat im Jahr 1999 erstmals beschrieben wurde. Dabei werden für einzelne Themengebiete jeweils Webangebote definiert. Eingehende Verweise von einem Expertenangebot werden höher gewichtet als andere eingehende Verweise. Seit dem Google-Update »Florida« wird vermutet, dass eine Form des Hilltop-Algorithmus implementiert wurde.

Hits   Dt. »Treffer«. Zahl der Zugriffe auf eine Webseite bzw. der Abfragen einer Webseite. Anderer Begriff für → *Page Impressions*.

Inbound Link   Dt. »Eingehender Link«. Es handelt sich um hypertextuelle Verweise, welche von einer Seite auf eine andere eingehen. Verweist A auf B, so ist der Link auf B ein eingehender Link. Inbound Links spielen bei der Berechnung der Link-Popularität (z. B. Pagerank) eine zentrale Rolle. Siehe auch → *Backlink*.

Index   Im Zusammenhang mit Suchmaschinen ist mit Index meist der Datenbestand bzw. die Datenstruktur eines Suchmaschinen-Systems gemeint. Den Vorgang, bei dem Daten in den Index geschrieben werden, bezeichnet man als Indexierung.

Information Retrieval   Dt. »Informations(wieder)gewinnung«. Bezeichnet alle Verfahren und Methoden, um Daten aufzubereiten, zu verarbeiten und geordnet in durchsuchbaren Strukturen zu speichern. Information Retrieval ist die zentrale Aufgabe von Suchmaschinen im Web. Diese wandeln natürlichsprachige Texte in Form von Webseiten und ähnlichen Dokumenten in durchsuchbare Strukturen um.

Invisible Web   Dt. »Unsichtbares Web«, auch »Hidden Web« genannt. Damit wird derjenige Bereich des World Wide Web bezeichnet, der durch eine automatisch arbeitende Suchmaschine nicht eigenständig erschlossen werden kann. Entweder weil die Inhalte vor Zugriffen gesperrt sind, oder weil eine Abfrage technisch nicht möglich ist. Eine Datenbankabfrage über ein Eingabefeld ist beispielsweise ein solches Hindernis.

Homepage   Dt. »Einstiegsseite«. Die erste Seite innerhalb eines Webangebots. Der Begriff Homepage wird häufig allerdings auch für die gesamte Website verwendet.

Hosts   Ein Computer in einem Netzwerk. In der Regel wird ein Rechner, der Dienste anbietet, als Server oder Host bezeichnet. Ein Client ist hingegen ein Rechner im Netzwerk, der Anfragen an einen Host stellt. Dies beschreibt das Client-Host-Prinzip.

.htaccess   Name einer Steuerungsdatei im Apache-Webserver-System. Sie ermöglicht Einstellungen zu Datei- oder Verzeichnissperrungen, die Regelung von Zugriffsrechten, die serverseitige Umleitung sowie
die Optimierung von dynamischen Dateinamen für Suchmaschinen.

IP   Abk. für »Internet Protocol«. Bezeichnet eine technische Vereinbarung der Kommunikation zwischen Netzwerkrechnern. Oft wird unter IP auch die IP-Adresse verstanden. Diese ist in IP-Version 4 (IPv4) eine Adresse nach dem Muster 122.169.32.124.

JavaScript   Eine Script- oder Programmiersprache zur Einbettung in Webseiten. Der Client (Browser) muss JavaScript-fähig sein, da es sich um eine clientseitige Programmiersprache handelt, die vom Browser aus direkt ausgeführt wird und nicht auf dem Server (serverseitig). JavaScript wird teilweise als Spam-Methode zur Weiterleitung oder Ähnliches eingesetzt, da Suchmaschinen es oftmals nicht vollständig interpretieren können.

Keyword   Dt. »Schlüsselwort«. Auch als Stichwort, Suchbegriff oder Schlagwort bezeichnet. Es handelt sich um einen Begriff oder eine Kombination von Begriffen, welche von Nutzern in Suchmaschinen eingegeben werden. Bei der Suchmaschinen-Optimierung gilt es, eine Webseite mit entsprechend ausgewählten Keywords zu optimieren, damit Nutzer bei Eingabe die Seite an möglichst vorderer Position finden.

Keyword-Datenbank   Eine Ansammlung von meist tatsächlich getätigten Suchanfragen. Keyword-Datenbanken wie die Google AdWords-Sandbox oder Overture können zur → *Keyword-Recherche* bei der Suchmaschinen-Optimierung herangezogen werden.

Keyword Density   Dt. »Suchwort-Dichte«. Ein Relevanzkriterium für Suchmaschinen. Je dichter im Sinne von häufiger ein gesuchter Begriff in Relation zu anderen Begriffen in einem Webseiten-Text auftritt, desto relevanter ist er. Eine zu hohe Keyword-Dichte wird jedoch von Suchmaschinen als unnatürlich erkannt und entsprechend abgestraft (Spam). Man spricht von einer optimalen Keyword-Dichte auf einer Webseite bei einem Wert von fünf bis sieben Prozent.

Keyword Frequency   Dt. »Worthäufigkeit«. Die absolute Häufigkeit, mit der ein → *Keyword* auf einer Seite auftritt. Die Worthäufigkeit ist ein Relevanzkriterium.

Keyword Prominence   Dt. »Wortprominenz«. Beschreibt die Wertigkeit eines Keywords in Abhängigkeit zu seiner Positionierung innerhalb eines Dokuments. Je höher die Position eines Wortes ist, desto relevanter wird es von den Suchmaschinen eingeschätzt. Der Gedanke dahinter ist, dass wichtige Wörter zur Erschließung eines Themas in einem Text überdurchschnittlich oft an vorderer Stelle zu finden sind.

Keyword Proximity   Dt. »Wortnähe«. Abstand zweier Begriffe innerhalb eines Textes. Die Wortnähe spielt bei einer kombinierten Suchanfrage zur Relevanzbewertung eines Dokuments eine Rolle. Je näher die gesuchten Begriffe im Dokument zueinander stehen, desto relevanter wird das Dokument in diesem Punkt eingeschätzt.

Keyword-Recherche   Wird im Vorfeld der technischen Suchmaschinen-Optimierung durchgeführt, um möglichst optimale Keywords für die Webseite zu finden. Dazu können unter anderem → *Keyword-Datenbanken* genutzt werden.

Keyword Stuffing   Dt. »Wörter stopfen«. Das meist semantisch sinnlose Aneinanderreihen von Keywords zur Suchmaschinen-Optimierung. Wird häufig als Spam erkannt. Mittels Keyword Stuffing sollen vor allem die Relevanzkriterien → *Keyword Density* und → *Keyword Frequency* erhöht werden.

Konversionsrate Bezeichnet die Rate, wie viel Prozent der Besucher letztendlich durch einen → *Lead* in Kunden verwandelt wurden.

Lead Eine definierte Aktion eines Nutzers auf einer Website, beispielsweise ein Kauf oder ein Download. Führt ein Besucher ein Lead durch, wird er per Definition zu einem Kunden konvertiert (→ *Konversionsrate*).

Link-Farm Auch »Free For All-Seite (FFA)« genannt. Bezeichnet eine Webseite, die nahezu nur aus Verweisen auf externe Seiten besteht. Meist kann die Eintragung ohne redaktionelle Überprüfung durchgeführt werden und ist nicht nach inhaltlichen Kriterien geordnet. Ein eingehender Link von einer solchen Seite sollte vermieden werden, da dies als Spam-Versuch angesehen wird (→ *Bad Neighbourhood*).

Link-Popularität Engl. »Link Popularity«. Bezeichnet die Anzahl und Qualität der eingehenden Links (→ *Inbound Links*) auf eine Seite und wird als Einschätzung von anderen Webautoren im Sinne einer objektiven Empfehlung angesehen. Der bekannteste Algorithmus zur Berechnung der Link-Popularität stammt von Google (→ *Pagerank*). Das Gewicht einer Empfehlung über die Link-Popularität ist umso größer, je höher die Popularität der verweisenden Seite und je größer die thematische Nähe sind.

Link-Tausch Engl. »Link Exchange«. Meint das kreuzweise, geplante und gegenseitige Platzieren von optimierten Verweisen, um die → *Link-Popularität* zu erhöhen. Eine kreuzweise Verlinkung wird auch als reziproke Verlinkung bezeichnet und ist in der Regel weniger effektiv als eine einseitige.

Log-Datei Ein Webserver zeichnet zumeist jede Anfrage eines Clients auf. Diese Daten enthalten unter anderem die IP-Adresse, den Zeitpunkt der Anfrage, den URL der angefragten Ressource und Ähnliches. Eine Log-Datei ist die Datengrundlage für Analyse-Tools, welche die Daten akkumuliert auswerten.

Meta-Tag Festgelegter Bereich im Kopf eines Dokuments, der Informationen zu dem Dokument selbst bereitstellt. Die bekanntesten Meta-Tags für die Suchmaschinen-Optimierung sind `description` und `keywords`.

Mikroseite Eine aus dem eigentlichen Webangebot ausgelagerte Seite, welche eigens zur Suchmaschinen-Optimierung erstellt wurde, weil die Dateien innerhalb der Website nicht optimierungsfähig sind. Oftmals wird eine Mikroseite »per Hand« programmiert, da eine Veränderung des Content-Management-Systems nicht kosteneffizient wäre. Im Gegensatz zu Doorway-Pages sind Mikroseiten aber häufig optisch ähnlich aufgebaut wie die eigentliche Website und enthalten auch für den Besucher sinnvolle Texte und Verweise zum Angebot.

mod_rewrite Ein Modul des Apache-Webservers, mit dem das Umschreiben von URLs möglich ist. Die Konfiguration erfolgt in der Regel über die Datei *.htaccess*. Das Modul wird hauptsächlich zum Transformieren dynamischer URLs (*index.php?id=4711*) in statische (*uebersicht-produkte.html*) verwendet. Dies ist für die Suchmaschinen-Optimierung sinnvoll, da statische URLs bevorzugt werden.

<noframes> Ein spezielles Tag, das in einer Frameset-Seite platziert werden kann. Der Bereich innerhalb von <nof-

rames> … </noframes> wird für Browser und Suchmaschinen, die keine Frames anzeigen können, als Ersatz genutzt.

Offpage-Optimierung Bezeichnet einen Bereich der → *Suchmaschinen-Optimierung*, bei dem vor allem externe Faktoren optimiert werden, die über die Veränderung der eigentlichen Dokumente hinausgehen. Zur Offpage-Optimierung gehört hauptsächlich das Aufbauen von eingehenden Verweisen auf die eigene Website.

Onpage-Optimierung Dieser Bereich der Suchmaschinen-Optimierung beschäftigt sich mit der Optimierung der Seiteninhalte. Darunter fallen unter anderem Änderungen im HTML-Code sowie die Textoptimierung.

Organic Listing Dt. »Generische Ergebnisse«. Bezeichnet die Einträge in einer Suchmaschinen-Ergebnisliste, welche über eine »natürliche« Indexierung zustande gekommen sind. Organic Listings können von den Webautoren nicht direkt über die Suchmaschinen-Optimierung beeinflusst werden. Die Zusammenstellung erfolgt nach den Ranking-Kriterien der jeweiligen Suchmaschine. In Abgrenzung dazu siehe → *Paid Listing*.

Outbound Link Dt. »Ausgehender Link«. Bezeichnet einen hypertextuellen Verweis, der von einer Seite A auf eine Seite B zeigt. Meist werden mit Outbound Links auch nur solche Verweise bezeichnet, die von einer Webpräsenz auf eine andere zeigen.

Overoptimization Dt. »Überoptimierung«. Ein unnatürlich erscheinendes Maß der optimierten Webseiten-Gestaltung. Suchmaschinen erkennen anhand verschiedener statistischer Algorithmen überdurchschnittlich stark optimierte Seiten und gewichten diese entsprechend geringer im Ranking. Zeichen für eine Überoptimierung sind beispielsweise ein zu hohes Auftreten einzelner Keywords, zu viele gleiche Link-Texte sowie ein unnatürliches Wachstum von Inbound-Links.

Page Impressions Dt. »Seitenabrufe«, Abk. »PI«. Anzahl der Abrufe einer Webseite über eine definierte Dauer. Neben → *Visits* ein Maß für die Werbequalität einer Website.

Pagerank Abk. »PR«. Skala zwischen null und zehn für die → *Link-Popularität* einer Webseite bei Google. Je mehr eingehende Verweise eine Webseite verzeichnen kann, desto höher ist ihr Pagerank.

Paid Listing Dt. »Bezahlte Ergebniseinträge«. Im Vergleich zu → *Organic Listing* können bei Suchmaschinen Listen-Positionen erkauft werden. Diese bezeichnet man als Paid Listings. Bekannte Anbieter solcher Programme sind Google, Overture und MIVA.

Pollution Dt. »Verschmutzung«. Gemeint ist die Verschmutzung von Suchmaschinen-Ergebnisseiten. Bezeichnet die Beobachtung, dass auf bestimmte Anfragen keine qualitativ hochwertigen Ergebnisse in den oberen Positionen erscheinen, sondern stattdessen thematisch irrelevante Seiten zu finden sind, die meist durch Suchmaschinen-Optimierung in diese Position gekommen sind (siehe auch → *False Drops*).

Proxyserver Ein Server, der meistens von einem Internet-Service-Provider (ISP) betrieben wird. Anfragen eines Clients (z. B. ein Browser) werden dabei nicht direkt an den Webserver der angefragten Seite geleitet, sondern zunächst an den Proxyserver. Besitzt dieser bereits eine Kopie, wird diese dem Client angeboten. Andernfalls lädt der Proxyserver eine Kopie der angefragten Website herunter und bietet sie dann an. Diese Proxy-Technik soll die Ladezeiten beschleunigen und gleichzeitig die Webserver entlasten. Leider erschwert der Einsatz dadurch auch das Controlling und Monitoring der eigentlichen Webseiten.

Query   Dt. »Anfrage«. Eine Query wird vom Benutzer an eine Suchmaschine gestellt, wenn Begriffe über das Formularfeld abgeschickt werden. Man spricht jedoch auch bei der programminternen Abfrage einer Datenbank von einer Query.

Ranking   Meint das Erstellen einer Rangfolge von Suchergebnissen nach bestimmten Kriterien aufgrund von Ranking-Algorithmen mit dem Ziel, die relevantesten Treffer für eine Anfrage möglichst weit oben zu platzieren.

Ranking-Analyse   Meint das Untersuchen der Ergebnislisten nach dem Stand einer Webseite auf eine bestimmte Anfrage bzw. ein Keyword hin. Ranking-Analysen werden meist in regelmäßigen Abständen über eine längere Zeit hinweg durchgeführt, um den Erfolg einer Optimierungsmaßnahme zu beobachten.

Richtlinien   Engl. »Guidelines«. Die meisten Suchmaschinen-Betreiber haben auf ihren Seiten einen Kriterienkatalog erstellt, der Webautoren und Webmastern erklärt, welche Optimierungsmaßnahmen zu einem Ausschluss aus der Datenbank führen können. Ein Verstoß gegen diese Qualitätsrichtlinien wird häufig als → *Spam* angesehen.

Redirect   Dt. »Umleitung« oder »Weiterleitung«. Die Anfrage an einen bestimmten URL wird auf einen anderen URL umgeleitet. Dies ist notwendig, wenn zum Beispiel eine Seite gelöscht oder umbenannt wurde und die Besucher von den Suchmaschinen dennoch zum Ziel gelangen sollen. Redirects können allerdings auch im Kontext von Spam-Versuchen beispielsweise zum Cloaking eingesetzt werden.

Referer   Bezeichnet eine verweisende Seite, in der Regel die Seite, von der ein Besucher kommt. Der Referer wird über das HTTP-Protokoll mit geliefert und ist im Rahmen des Controllings zur Analyse der Besucherherkunft von Bedeutung.

Reinclusion   Dt. »Wiederaufnahme«. Nach einer Entfernung von Seiten aus dem Index, meist aufgrund von → *Spam*, kann eine Wiederaufnahme in den Index beantragt werden. Dazu müssen die → *Richtlinien* des Suchmaschinen-Betreibers zunächst vollständig erfüllt sein. Danach kann in der Regel über ein Formular eine Anforderung zur Wiederaufnahme (ein sogenannter Reinclusion-Request) gestellt werden. Die Bearbeitungszeit kann dabei zwischen einigen Wochen und mehreren Monaten variieren.

Relativer Link   Bezeichnet im Gegensatz zu einem absoluten Link einen nicht vollständigen Verweis ohne Angabe der Domain, beispielsweise ../hausratversicherung.html .

Reziproke Verlinkung   → *Cross-Linking*

robots.txt   Textdatei, die vor dem Crawling von einem Webcrawler abgefragt wird. Die Datei kann spezifische Anweisungen enthalten, welche Ressourcen auf einer Website nicht indexiert werden dürfen.

Sandbox   Dt. »Sandkasten«. Beobachtungen der Ergebnislisten in Google zeigen, dass neue Seiten zunächst nicht gleichwertig mit bereits länger im Index vorhandenen Seiten behandelt werden. Trotz vergleichbarer Keyword-Werte und eingehender Links unterliegen diese Seiten dem »Sandbox-Effekt« (Sandkasten-Effekt). Erst nach einer gewissen Zeit erreichen die Seiten ähnliche Gewichtungen und gelangen somit aus dem Sandkasten und in adäquate Listenpositionen. Damit soll angeblich einem guten Ranking von spamlastigen Webseiten, die nur zum kommerziellen Gewinn für eine sehr kurze Lebensdauer bestimmt sind, entgegengewirkt werden.

Satellit Als Satellit, Satelliten-Domain oder Satelliten-Site bezeichnet man Webangebote, die nur aus dem Grund erstellt worden sind, Links auf die eigentlich zu optimierende Site zu platzieren, um deren → *Link-Popularität* zu erhöhen.

Seitentitel Der Titel einer Seite erscheint in der Browserleiste oben sowie in der obersten Zeile in einem Eintrag innerhalb der Suchmaschinen-Ergebnisliste. Der Seitentitel wird durch das `<title>`-Tag innerhalb des Dokumentkopfes definiert und ist für die Suchmaschinen-Optimierung von besonderer Bedeutung.

Semantische Analyse Suchmaschinen untersuchen den Text innerhalb von Webseiten und führen dazu verschiedene Analysen durch. Um festzustellen, ob es sich um einen natürlichsprachigen Text mit verständlichen Sätzen oder etwa um eine Spam-Seite mit einer inhaltlich sinnlosen Aneinanderreihung von Begriffen handelt, wird eine semantische Analyse durchgeführt.

SEM Abk. für »Search Engine Marketing«. → *Suchmaschinen-Marketing*.

SEO Abk. für »Search Engine Optimization« oder »Search Engine Optimizer«. → *Suchmaschinen-Optimierung*.

SERP Abk. für »Search Engine Result Page«, dt. »Suchmaschinen-Ergebnisliste«. Dies ist die Seite, die nach dem Absenden der Suchanfrage angezeigt wird. Die Einträge werden auch als Treffer bezeichnet.

Sitemap Dt. »Standortkarte«. Eine Seite innerhalb einer Webpräsenz, welche die Struktur des gesamten Angebots meist in hierarchisch gegliederten Ebenen anzeigt. Dabei finden sich jeweils Links zu allen Unterseiten, was sowohl für den suchenden Nutzer als auch zur Indexierung für Crawler hilfreich ist. Außerdem existiert das sogenannte Google-Sitemap-Programm, das die Aufnahme von Ressourcen in den Index über eine XML-Datei erlaubt.

Slow Death Dt. »Langsamer Tod«. Bezeichnet ein Phänomen, bei dem nach und nach ein Verschwinden von Seiten einer Webpräsenz aus dem Index (vor allem bei Google) zu beobachten ist. Grund dafür ist meistens doppelter Inhalt, das heißt, die Seiten werden aus dem Index gelöscht, weil sie redundante, bereits andernorts befindliche Informationen enthalten.

Spam Bezeichnet alle Optimierungsmaßnahmen, die nur zur besseren Positionierung in den Ergebnislisten der Suchmaschinen durchgeführt werden, ohne dass sie in den meisten Fällen von dem Besucher bemerkt werden oder diesem nutzen. Spam ist ein Verstoß gegen die Qualitätsrichtlinien von Suchmaschinen und wird bei Entlarvung mit einer Löschung aus dem Index abgestraft.

Spam-Report Suchmaschinen-Betreiber bieten für Nutzer die Möglichkeit, →

Spam zu berichten. Damit soll die Qualität der Suchergebnisse verbessert werden. Unter der Adresse *http://www.google.com/contact/spamreport.html* findet man beispielsweise das entsprechende Formular für Google.

Spider   Andere Bezeichnung für Crawler. Bezeichnet den Teil eines Suchmaschinen-Systems, der die Webseiten besucht und zur weiteren Verarbeitung herunterlädt.

Stemming   Dt. »Eindämmen«. Das Zurückführen eines Begriffs auf seinen Wortstamm bezeichnet man als Stemming. Dieses Verfahren wird von Suchmaschinen eingesetzt, um die Trefferanzahl zu erhöhen.

Stoppwort   Wörter, die nicht zur Interpretation eines Themas auf einer Webseite hilfreich sind, werden für die Analyse entfernt. Wörter wie beispielsweise »und«, »oder«, »welche«, »durch«, »aus«, »im« oder »zu« bezeichnet man als Stoppwörter.

String   Dt. »Zeichenkette«. Ein Such-String entspricht der Eingabe des Benutzers in das Suchformular einer Suchmaschine.

Suchmaschinen-Marketing   Engl. »Search Engine Marketing«, Abk. SEM. Meint alle Maßnahmen, um Besucher über Suchmaschinen auf die eigene Website zu führen. Prinzipiell lassen sich zwei Hauptbereiche definieren: Zum einen das Erzeugen von Besucherströmen über die generische Listing im Index. Dies wird durch die → *Suchmaschinen-Optimierung* erreicht. Das Schalten von bezahlten Links (→ *Paid Listing*) bildet den zweiten Bereich.

Suchmaschinen-Optimierung   Engl. »Search Engine Optimization«, Abk. SEO. Beschreibt alle Maßnahmen, die darauf abzielen, die Position von Webseiten für bestimmte Anfragen in den Suchmaschinen-Ergebnislisten zu verbessern. Man unterscheidet hier zwischen den Onpage-Optimierungsmaßnahmen, welche primär innerhalb der Seiten durchgeführt werden, und den Offpage-Optimierungsmaßnahmen, welche auf die Einbindung in das Link-Netzwerk abzielen. Neben der Suchmaschinen-Optimierung wird häufig auch noch das → *Suchmaschinen-Marketing* zur Erhöhung der Besucherzahlen eingesetzt.

Syntax   Dt. »Schreibweise« oder »Satzbau«. Jede Suchmaschine besitzt ihre eigene Anfragesprache, auch Anfrage-Syntax genannt. Diese beschreibt, wie Operatoren und Begriffe zu einem Anfrage-String kombiniert werden.

Themenrelevante Verlinkung   Zur Berechnung der Link-Popularity wird nicht nur die Anzahl der eingehenden Links gewertet, sondern auch deren Qualität. Diese ist dabei umso höher, je näher die verweisende Seite der Zielseite thematisch ist. Webautoren suchen daher Partner, die möglichst aus thematisch gleichen Gebieten stammen, um die themenrelevante Verlinkung zu erhöhen.

Tiny Text   Dt. »Kleiner Text«. Bei dieser Spam-Methode verkleinert man den Text derart, dass er für das menschliche Auge im Browser kaum noch oder gar nicht mehr sichtbar ist. Sofern der Text nicht mit CSS verkleinert wird, entlarven Suchmaschinen diesen Spam-Versuch allerdings mittlerweile und ziehen entsprechende Konsequenzen.

Toolbar   Anzeige, die im Browser installiert werden kann und zusätzliche Informationen anzeigt. Die Google-Toolbar ist sehr beliebt, da sie den Pagerank einer besuchten Seite anzeigt. Die Alexa-Toolbar zeigt außerdem themenrelevante Webseiten an.

Tracking Dt. »Verfolgen«. Auch Visitor-Tracking oder User-Tracking genannt. Bezeichnet zunächst das Aufzeichnen der Aktionen von Besuchern auf einer Website. Damit erhält ein Webmaster wertvolle Informationen, die im Rahmen des → *Controllings* zur Optimierung der Website eingesetzt werden können.

Traffic Dt. »Verkehr«. Damit ist meistens das Datenvolumen gemeint, das vom Webserver übertragen wird. Manche Webhoster haben eine Traffic-Beschränkung, sodass monatlich nur eine bestimmte Größe übertragen werden kann. Manchmal wird als Traffic allerdings auch der Besucherstrom auf einer Website bezeichnet.

Unique Visitors Dt. »Einzelne Besucher«. Bezeichnet die Anzahl der Besucher einer Website, wobei mehrfache Besuche eines einzelnen Nutzers herausgerechnet werden. Im Vergleich dazu zählt die Kennzahl → *Visits* Besuche allgemein.

Update Von einem Update im Zusammenhang mit Suchmaschinen spricht man, wenn die Stellschrauben bei den Bewertungskriterien verändert werden und/oder der Datenbestand so gravierend aktualisiert oder erweitert wird, dass in den »neuen« Ergebnislisten trotz gleicher Eingabe von Suchbegriffen im Vergleich zu vorher ein anderes Ranking zu beobachten ist. Suchmaschinen-Betreiber reagieren damit auf aktuelle Entwicklungen im Web und kompensieren neue Spam-Techniken. Bei Google sind große Updates mit Namen benannt worden.

User-Agent Programme, die für den Benutzer Dienste abfragen. In den meisten Fällen handelt es sich hierbei um einen Webbrowser. Jedoch werden auch die Webcrawler von Suchmaschinen als User-Agents bezeichnet. Bei einer Anfrage an einen Webserver hinterlässt ein User-Agent in der → *Log-Datei* seine spezifische Kennung.

Validierung Im Zusammenhang mit der Suchmaschinen-Optimierung bezeichnet dies das Überprüfen einer Website auf deren Konformität mit den gültigen Standards. Eine Validierung der HTML- und CSS-Daten ist empfehlenswert, damit Suchmaschinen die Ressourcen in jedem Fall korrekt verarbeiten können.

Virtueller Server Im Vergleich zu einem »Dedicated Server« befinden sich beim virtuellen Server-Betrieb mehrere Domains auf einem physikalischen Webserver. Softwaretechnisch handelt es sich um einen Webserver-Dienst, der in verschiedene eigenständig arbeitende und verwaltbare »virtuelle Server« untergliedert ist. Alle virtuellen Server auf einem Webserver besitzen in der Regel die gleiche IP-Adresse.

Visits Dt. »Besuche«. Kennzahl für die Zahl der Besuche auf einer Website. Neben der → *Page Impression* eine wichtige Kennzahl für die Frequentierung einer Website. Die Visits sind dabei nicht zu verwechseln mit den → *Unique Visitors*.

W3C Abk. für »World Wide Web Consortium«. Eine Organisation, die zur Entwicklung von Web-Standards gegründet wurde. Näheres unter *www.w3c.org*.

Webrank Der Name des Link-Popularity-Algorithmus von Yahoo!. Der Webrank hat jedoch in der Optimierungs-Branche nicht annähernd die

Bedeutung wie der Pagerank von Google.

Webhosting Bereitstellung von Serverkapazitäten zum Publizieren einer Website auf einem Webserver. Man unterscheidet hierbei zwischen einem Hosting auf einem → *Dedicated Server* und auf einem → *Virtuellen Server*.

White Hat SEO Bezeichnet die »gute Seite« der Suchmaschinen-Optimierer, welche die Qualitätsrichtlinien der Suchmaschinen-Betreiber einhält und auf Spam-Methoden verzichtet. Siehe im Gegensatz dazu → *Black Hat SEO*.

Wiederbesuchsrate Der Anteil der Besucher, der über eine bestimmte Zeitperiode mehrfach auf eine Website kommt.

B Literaturverzeichnis

Aguilar, Fong Justo: *Scanning the Business Environment.* New York: Macmillan Company 1967.

Baeza-Yates, Ricardo und Ribeiro-Neto, Berthier: *Modern Information Retrieval.* Harlow: Addison-Wesley 1999. http://www.sims.berkeley.edu/~hearst/irbook/

Brin, Sergey und Page, Lawrence: *The Anatomy of a Large-Scale Hypertextual Web Search Engine.* Computer Networks and ISDN Systems, 30 (1–7). S. 107–117 (1998). http://www-db.stanford.edu/pub/papers/google.pdf

Bucher, Hans-Jürgen: *Publizistische Qualität im Internet. Rezeptionsforschung für die Praxis.* In: Altmeppen, Klaus-Dieter und Bucher, Hans-Jürgen und Löffelholz, Martin (Hrsg.): Online-Journalismus. Perspektiven für die Wissenschaft und Praxis. Wiesbaden: Westdeutscher Verlag 2000.

Büffel, Steffen: *Usability und Vertrauen bei der Nutzung von Internet-Angeboten.* In: Bucher, Hans-Jürgen und Jäckel, Michael (Hrsg.): Die Kommunikationsqualität von E-Business-Plattformen. Trier: Competence Center E-Business 2002.

Daft, R. L. und Weik, K. E.: *Toward a Model of Organizations as Interpretation Systems.* Academy of Management Review 9 (2) (1984). S. 284–295.

Ferber, Reginald: *Information Retrieval Suchmodelle und Data-Mining-Verfahren für Textsammlungen und das Web.* Heidelberg: dpunkt-verlag 2003. http://information-retrieval.de/irb/ir.html

Frakes, William B. und Baeza-Yates, Ricardo: *Information Retrieval: Data Structures & Algorithms.* New York: Prentice Hall 1992.

Gütl, Christian: *Ansätze zur modernen Wissensauffindung im Internet.* Dissertation 2002. http://www2.iicm.edu/cguetl/diss/cguetl_diss.pdf

Kleinberg, Jon M.: *Authoritative sources in a hyperlinked environment.* Journal of the ACM 46 (5) (1999). S. 604–632.

Kuhlen, Rainer und Seeger, Thomas und Strauch, Dietmar (Hrsg.): *Grundlagen der praktischen Information und Dokumentation.* 5. Auflage. München: K. G. Saur Verlag 2004.

Laborenz, Kai: *CSS-Praxis, Das umfassende Handbuch.* 5. Aufl. Bonn: Galileo Press 2006.

Lustig, Gerhard: *Automatische Indexierung zwischen Forschung und Anwendung.* Hildesheim: Olms 1986.

Machill, Marcel und Welp, Carsten (Hrsg.): *Wegweiser im Netz. Qualität und Nutzung von Suchmaschinen.* Gütersloh: Verlag Bertelsmann Stiftung 2003.

Miyamoto, Sadaaki: *Information Retrieval.* In: Ruspini, Enrique H. und Bonissone, Piero P. und Pedrycz, Witold (Hrsg.): Handbook of fuzzy computation. Bristol, Institute of Physics 1998.

Richardson, Matthew und Domingos, Pedro: *The Intelligent Surfer: Probabilistic Combination of Link and Content Information in PageRank.* Cambridge: MIT Press 2002.

Salton, G. und Fox, E. A. und Wu, H.: *Extended boolean information retrieval.* Communication of the ACM, 26 (11) (1983). S. 1022–1036.

Sander-Beuermann, Wolfgang und Schomburg, Mario: *Internet Information Retrieval – The Further Development of Meta-Searchengine Technology.* Proceedings of the Internet Summit, Internet Society, July 22–24. Genf 1998. http://www.uni-hannover.de/inet98/paper.html

Tanenbaum, Andrew S.: *Computernetzwerke.* 4. Aufl. München: Pearson 2003.

Waller, W. G. und Kraft, D. H.: *A mathematical Model for weighted Boolean retrieval systems.* Information Processing and Management, 15 (1979), S. 235–245.

Weick, K. E. und Daft, R. L.: *The Effectiveness of Interpretation Systems.* In: Cameron, K. S. und Whitten, D. A. (Hrsg.): Organizational Effectiveness: A Comparison of Multiple Models. New York: Academic Press 1983.

Witten, Ian H. und Moffat, Alistair und Bell, Timothy C.: *Managing Gigabytes, Compressing and Indexing Documents and Images.* San Francisco: Morgan Kaufmann Publishing 1994.

C Quellen

[1] http://www.allesklar.de

[2] http://www.excite.de/directory

[3] http://dir.yahoo.com

[4] http://www.dmoz.org

[5] http://web.de

[6] http://bellnet.de

[7] http://www.useit.com/alertbox/whyscanning.html

[8] http://www.webhits.de/deutsch/webstats.html

[9] Proceedings of the 1998 Internet Summit of the InternetSociety, July 21–24, Genf, W. Sander-Beuermann, M. Schomburg, »Internet Information Retrieval: The Further Development of Meta-Searchengine Technology«

[10] http://www.omnimedicalsearch.com

[11] http://www.ixquick.com

[12] http://www.metacrawler.de

[13] http://www.metaeureka.com

[14] http://www.metager.de

[15] http://powerhouse.nj.nec.com/main/overview.htm

[16] http://www.neci.nj.nec.com/homepages/lawrence/papers/search-www7/

[17] inquirus.nj.nec.com/i2/inq2.pl

[18] http://www.vivisimo.com

[19] Tanenbaum, Andrew S.: *Computernetzwerke*. 4., überarb. Aufl. München: Pearson 2003.

[20] Anmerkung: Johannes Gutenbergs eigentlicher Name lautet Johannes Gensfleisch zu Lande.

[21] Bucher, H.-J.: *Online-Interaktivität Ein hybrider Begriff für eine hybride Kommunikationsform. Interaktivität ein transdisziplinärer Schlüsselbegriff*. In: C. L. Bieber, Claus. Frankfurt am Main, Campus (2004): S. 132–167.

[22] http://www.seorank.com

[23] http://www.faqs.org/rfcs/rfc1766.html

[24] http://www.faqs.org/rfcs/rfc1123.html

[25] http://www.dublincore.org

[26] http://www.w3.org/PICS/labels.html

[27] http://de.wikipedia.org/wiki/Bauhaus

[28] http://www.w3schools.com/css/default.asp

[29] http://de.selfhtml.org/navigation/css.htm

[30] http://www.html-world.de/program/http_6.php

[31] http://www.w3.org/Protocols/rfc2616/rfc2616-sec10.html

[32] http://www-db.stanford.edu/~backrub/google.html

[33] http://www.google.com/remove.html

[34] http://glreach.com/globstats/

[35] Lustig, Gerhard: *Automatische Indexierung zwischen Forschung und Anwendung*. Hildesheim: Olms 1986.

[36] http://www.ranks.nl/stopwords/german.html

[37] http://www.google.com/help/basics.html

[38] Luhn, Hans Peter: *The Automatic Creation of Literature Abstracts*. In: IBM Journal of Research and Development 2 (1958). S. 159–165.

[39] Brin, Sergey und Page, Lawrence: *The Anatomy of a Large-Scale Hypertextual Web Search Engine*. In: Computer Networks and ISDN Systems, 30 (1–7) (1998). S. 107–117. http://www-db.stanford.edu/pub/papers/google.pdf

[40] http://www.keyworddensity.com

[41] http://www.staggernation.com/cgi-bin/gaps.cgi

[42] http://www.touchgraph.com/TGGoogleBrowser.html

[43] siehe [39]

[44] Richardson, Matthew und Domingos, Pedro: *The Intelligent Surfer: Probabilistic Combination of Link and Content Information in PageRank.* Cambridge: MIT Press 2002.

[45] beispielsweise http://www.tagesschau.de oder http://www.spiegel.de

[46] http://sp.teoma.com/docs/teoma/about/searchwithauthority.html

[47] http://www9.org/w9cdrom/159/159.html

[48] http://blog.webmaster-homepage.de/item/612

[49] http://www.seo-guy.com/seo-tools/google-pr.php
oder http://kwdb.mindshape.de/pagerank.php

[50] http://www.infoorg.net/suchmaschinen-index/suchmaschinenindex02top-100.php

[51] http://vivisimo.com

[52] http://information-retrieval.de/irb/ir.part_2.chapter_4.section_2.html

[53] http://www.ecin.de/news/2001/07/24/02524/

[54] Aguilar, F. J.: *Scanning the Business Environment.* New York: Macmillan Company 1967.

[55] Weick, K. E. und Daft, R. L.: *The Effectiveness of Interpretation Systems.* In: Cameron, K. S. und Whitten, D. A. (Hrsg.). Organizational Effectiveness: A Comparison of Multiple Models. New York: Academic Press 1983.

[56] Daft, R. L. und Weik, K. E.: *Toward a Model of Organizations as Interpretation Systems.* In: Academy of Management Review 9(2) (1984), S. 284–295.

[57] http://www.useit.com/alertbox/9710a.html

[58] Büffel, Steffen: *Usability und Vertrauen bei der Nutzung von Internet-Angeboten.* In: Bucher, Hans-Jürgen & Jäckel, Michael (Hrsg.). Die Kommunikationsqualität von E-Business-Platformen. Trier: Competence Center E-Business (2002).

[59] http://www.spiegel.de

[60] http://www.heise.de

[61] http://www.doubleclick.de

[62] http://www.webhits.de/deutsch/webstats.html
[63] http://www.nielsen-netratings.com/pr/pr_040316_uk.pdf
[64] http://www.vividence.com
[65] http://www.onestat.com
[66] http://www.google.com/press/zeitgeist.html
[67] http://de.docs.yahoo.com/top2004/
[68] http://www.keyword-datenbank.de/topbegriffe.php
[69] http://www.ranks.nl/tools/spider.html
[70] http://www.abakus-internet-marketing.de/tools/topword.html
[71] http://www.webjectives.com/keyword.htm
und http://www.keyworddensity.com
[72] http://www.dpma.de/suche/rech_1.html
[73] http://www.wordtracker.com
[74] http://www.keyword-datenbank.de
[75] http://www.webmaster-toolkit.com/link-checker.shtml
[76] http://www.w3.org/MarkUp/
[77] http://validator.w3.org
[78] http://www.csszengarden.com
[79] http://psychology.wichita.edu/surl/usabilitynews/52/breadcrumb.htm
[80] http://www.google.com/intl/de/webmasters/2.html
[81] http://video.google.com
[82] http://www.modrewrite.de
[83] http://httpd.apache.org/docs/2.0/misc/rewriteguide.html
[84] http://www.google.com/intl/de/why_use.html
[85] http://www.useit.com/alertbox/9710a.html
[86] http://www.ranks.nl/tools/spider.html
[87] http://www.searchengineworld.com/cgi-bin/sim_spider.cgi

[88] http://www.ivwonline.de/messverfahren/szm-tag.php

[89] http://www.eere.energy.gov/communicationstandards/web/pdfs_opt.html

[90] http://de.selfhtml.org/diverses/htaccess.htm

[90] http://www.robotstxt.org/wc/robots.html

[91] http://de.selfhtml.org/diverses/robots.htm

[92] http://services.google.com:8882/urlconsole/controller?cmd=reload&lastcmd=login

[93] http://tools.marketleap.com/publinkpop/

[94] http://www.blogger.com/start

[95] http://www.heise.de/newsticker/meldung/55299

[96] http://de.wikipedia.org/wiki/Google-Bombe

[97] http://www.google.de/webmasters/spamreport.html; http://add.yahoo.com/fast/help/us/ysearch/cgi_reportsearchspam

[98] http://www.bitpalast.de/webdesign/index_trier.html

[99] http://jodi.ecs.soton.ac.uk/Articles/v02/i01/Pagendarm/

[100] Wie beispielsweise Yahoo! unter http://add.yahoo.com/fast/help/us/ysearch/cgi_reportsearchspam

[101] http://yahoo.enpress.de/meilensteine.aspx

[102] http://www.suchfibel.de/5technik/images/suchmaschinereien_gross.gif

[103] Web.de setzt seit Mitte 2004 die eigene Suchtechnologie SmartSearch ein: http://www2.webde-ag.de/de/Presseservice/Pressemitteilungen/Unternehmen/2004/smartsearch.htm?si=1r5HI.1cQeep.2LOMOv.2k*

[104] http://www.heise.de/newsticker/meldung/55103

[105] http://www.google-dance-tool.1hut.com/

[106] http://www.pewinternet.org/pdfs/PIP_Searchengine_users.pdf

[107] https://adwords.google.com/select/

[108] https://www.google.com/adsense/

[109] http://internetseer.com/

[110] http://alertra.com/ http://www.pingalink.com/

[111] http://www.mrunix.net/webalizer/

[112] http://awstats.sourceforge.net/

[113] http://www.etracker.de, webstat.com

[114] http://www.ranking-check.de/suchmaschinen.php

[115] http://www.marketleap.com/siteindex/default.htm

[116] http://www.google.com/apis/

[117] http://www.cs.toronto.edu/~georgem/hilltop/

[118] http://appft1.uspto.gov/netacgi/nph-Parser?Sect1=PTO2&Sect2= HITOFF&p=1&u=/netahtml/PTO/search-bool.html&r=1&f=G&l=50&co1= AND&d=PG01&s1=20050071741&OS=20050071741&RS=20050071741

[119] http://www.arnebrachhold.de/2005/06/05/google-sitemaps-generator-v2-final

[120] Stöckl, Andreas & Bongers, Frank: *Einstieg in TYPO3 4.0*. Galileo Press, Bonn 2006.

[121] Laborenz, Kai & Wendt, Thomas & Ertel, Andrea: *TYPO3 4.0. Praxiswissen für Entwickler: Typoscript, Extensions, Templates*. Galileo Press, Bonn 2006.

[122] http://typo3.org/documentation/document-library/tutorials/doc_tut_quickstart_de/current/view/

[123] http://httpd.apache.org/docs/2.0/mod/mod_rewrite.html

[124] http://www.tugmuc.de/tugmuc-projekte/realurl-aktivieren-und-konfigurieren.html

D Abbildungsverzeichnis

Abbildung 1.1	Sponsored Links bei bellnet (gekürzte Darstellung)	24
Abbildung 1.2	DMOZ zeigt dem Redakteur doppelte Eintragungen an.	26
Abbildung 1.3	Ausschnitt aus der Historie eines Eintrags bei DMOZ	27
Abbildung 1.4	Startseite von Yahoo!	29
Abbildung 1.5	Ausschnitt aus der Ergebnisliste von Yahoo!	30
Abbildung 1.6	Clustering bei der Meta-Suchmaschine Clusty	38
Abbildung 2.1	Das <title>-Tag in der Titelleiste des Internet Explorers	43
Abbildung 2.2	Treffer aus Ergebnislisten verschiedener Suchmaschinen	44
Abbildung 2.3	Treffer aus der Google-Ergebnisliste ohne Beschreibungstext	49
Abbildung 2.4	Client-Server-Kommunikation	56
Abbildung 2.5	ISO-OSI-Modell	57
Abbildung 2.6	HTTP-Ablaufschema	62
Abbildung 2.7	Schematischer Aufbau von HTTP-Request/-Response	63
Abbildung 2.8	Web-Sniffer zeigt die HTTP-Request- und Response-Header.	69
Abbildung 3.1	Webcrawler-System	73
Abbildung 3.2	Detailaufbau des Storeservers	78
Abbildung 3.3	Information-Retrieval-System-Information	85
Abbildung 3.4	Mehrstufiger Prozess innerhalb des Parsers	89
Abbildung 3.5	»qweew jik as wqewq dsa qwqwwq...« wird auch indexiert.	93
Abbildung 3.6	Sprachen der Webnutzer	94
Abbildung 3.7	Google lässt Ihnen bei der Sprache die Wahl.	95
Abbildung 3.8	Precision und Recall im Information-Retrieval-System ...	98
Abbildung 3.9	Nichts mit »sexy« bei MSN	102
Abbildung 3.10	Stoppwort-Eliminierung bei der Suche in Google	103
Abbildung 3.11	Googles 101-kByte-Grenze vor 2005 war auch im Cache sichtbar.	105
Abbildung 3.12	Dateien über 101 kByte werden seit 2005 auch von Google indexiert.	105
Abbildung 3.13	Worthäufigkeit und Relevanz nach Luhn	107

Abbildung 3.14	Korrekturvorschlag aus dem Wörterbuch	116
Abbildung 3.15	Schematische Darstellung eines verteilten Indexsystems	117
Abbildung 4.1	Veranschaulichung des binären Vektorraummodells	124
Abbildung 4.2	Gewichtetes Vektorraummodell mit zwei Termen	125
Abbildung 4.3	Formel zur Berechnung der relativen Worthäufigkeit	127
Abbildung 4.4	Formel zur Berechnung der inversen Dokumenthäufigkeit	127
Abbildung 4.5	Ausgangssituation vor der ersten Iteration	134
Abbildung 4.6	Ergebnis der Pagerank-Berechnung	135
Abbildung 4.7	msn.com verweist nicht immer direkt auf den Ziel-Link.	141
Abbildung 4.8	»Ähnliche Seiten« – die Cluster-Funktion von Google	145
Abbildung 4.9	Related Pages – Cluster-Verfahren mit Ähnlichkeitsberechnung	146
Abbildung 4.10	Die Ergebnisanzeige bei Clusty nutzt das Cluster-Verfahren.	147
Abbildung 4.11	Cluster-Verfahren auf Netzwerkbasis: Liveplasma	149
Abbildung 5.1	Verfeinerte Suche bei AllTheWeb	156
Abbildung 5.2	Verfeinerte Suche bei Yahoo!	156
Abbildung 5.3	Zusammenstellung eines booleschen Ausdrucks	161
Abbildung 5.4	Das Verändern der Einstellungen in Google wird kaum wahrgenommen.	165
Abbildung 5.5	Nutzung von Suchmaschinen	171
Abbildung 5.6	Google Trends bei der Suche nach »Tsunami«	175
Abbildung 5.7	Ausschnitt aus der Live-Suche von Lycos	176
Abbildung 6.1	Das Tool zur Keyword-Analyse liefert schnelle Ergebnisse.	190
Abbildung 6.2	Synonyme finden mit einer Textverarbeitung (MS Word und OpenOffice)	191
Abbildung 6.3	Umfrage zur Keyword-Recherche (gekürzte Darstellung)	193
Abbildung 6.4	Google AdWords-Keyword-Tool für die Keyword-Recherche	197
Abbildung 6.5	Das Keyword-Tool zeigt für AdWords-Kunden mehr Daten.	198
Abbildung 6.6	Keyword-Abfrage bei MIVA	200
Abbildung 6.7	Lycos schlägt beliebte Suchvarianten vor.	200
Abbildung 6.8	Auch Google schlägt Alternativen vor.	201
Abbildung 6.9	MetaGer Web-Assoziator (gekürzte Darstellung)	201

Abbildung 6.10	Auch eBay kann für die Keyword-Recherche genutzt werden.	203
Abbildung 6.11	Google liefert die Mitbewerberzahl für ein Keyword.	213
Abbildung 7.1	Überprüfung der bereits indexierten Dokumente bei Google	220
Abbildung 7.2	HTTP-Code mit dem W3C-Validator überprüfen	223
Abbildung 7.3	Prinzip einer Frameset-Seite	233
Abbildung 7.4	Puristischer geht es kaum – und auch nicht sinnloser.	239
Abbildung 7.5	URL-Rewrite: www.amazon.de/exec/obidos/ASIN/3492239617	244
Abbildung 7.6	Das Prinzip der invertierten Pyramide aus dem Journalismus	250
Abbildung 7.7	Das alt-Attribut als Tooltip-Anzeige innerhalb des Browsers	257
Abbildung 7.8	Vorher – Nachher, Verbesserung durch den <table>-Trick	259
Abbildung 7.9	AJAX bei der Büchersuche im Einsatz bei www.buch.de	267
Abbildung 7.10	Auch Google Suggest nutzt AJAX.	267
Abbildung 7.11	Reiter bei Yahoo! sind mit AJAX umgesetzt.	268
Abbildung 8.1	Die Site-Struktur als Graph	282
Abbildung 8.2	Das Datum der letzten Aktualisierung als Optimierungsmittel	284
Abbildung 8.3	Optimierte Mikroseite »Reiseversicherung« auf devk.de	304
Abbildung 8.4	»Reiseversicherung« auf einer Satellitenseite mit Pagerank 6	305
Abbildung 8.5	Herausfinden einer IP-Adresse unter Windows	306
Abbildung 8.6	Frage auf der Diskussionsseite zur Link-Platzierung	307
Abbildung 8.7	Mehrwert für Wikipedia-Besucher? Sicherlich nicht.	308
Abbildung 8.8	Social Bookmarks für »Web 2.0« bei del.icio.us	310
Abbildung 8.9	Netzwerkbildung mit Social Bookmarks leicht gemacht	313
Abbildung 8.10	Google macht es vor: RSS-Feeds auf der persönlichen Startseite von iGoogle	315
Abbildung 9.1	Entlarvter Spam-Versuch durch die invertierte Auswahl (vorher/nachher)	325
Abbildung 9.2	Ehemalige Doorway-Page von BMW	331
Abbildung 9.3	Eigentliche Seite, auf die per JavaScript weitergeleitet wurde	332

Abbildung 9.4	Eingerückte Ergebnisse in der Ergebnisliste bei Google	339
Abbildung 9.5	Die Verwendung eines Captchas verhindert das automatische Eintragen.	342
Abbildung 10.1	Saubere Trennung zwischen PPC und herkömmlichem Angebot?	360
Abbildung 10.2	Optische Trennung von PPC und herkömmlichen Inhalten	360
Abbildung 10.3	Formular zum Melden von Spam bei Google	364
Abbildung 11.1	Summe aller HTTP-Requests pro Tag (gekürzte Darstellung)	378
Abbildung 11.2	Übersicht über die Herkunftsländer der Besucher	379
Abbildung 11.3	Top-Ten der meistbesuchten Seiten	380
Abbildung 11.4	Die Herkunft der Besucher zeigt den Erfolg der externen Verweise.	381
Abbildung 11.5	Anzahl der Besuche von einer Suchmaschine	382
Abbildung 11.6	Schlüsselwörter, die Besucher auf die Website brachten	383
Abbildung 11.7	Rankmonitor liefert detaillierte Informationen über die Position.	392
Abbildung 12.1	Google kennzeichnet Experten-Websites.	413
Abbildung 12.2	Google-Sitemap-Programm	416
Abbildung 13.1	Farbkontrast-Analyzer zur Sicherstellung der Lesbarkeit auf Webseiten	430
Abbildung 14.1	URL für jede Seite manuell definieren mit AliasPro	439
Abbildung 14.2	<title>-Tag mit TYPO3 angeben	441
Abbildung 14.3	Passende Meta-Tags automatisch generiert	442
Abbildung 14.4	Konfiguration der Extension über TSconfig	443
Abbildung 14.5	Breadcrumb-Navigation auf www.typo3.org	443
Abbildung 14.6	Sitemap erstellen mit TYPO3	444
Abbildung 14.7	Blogposting schreiben einfach gemacht	446
Abbildung 14.8	Suchmaschinenfreundliches Blog-Layout	448
Abbildung 14.9	Zahlreiche Optionen für die Google-Sitemap in WordPress	455
Abbildung 14.10	Tag-Clouds: Gut für die interne Verlinkung	456
Abbildung 14.11	Das Plug-in »WP-Noteable« verbindet das Posting mit Social Bookmark-Systemen.	457
Abbildung 14.12	Weitere Empfänger für den XML-RPC in WordPress eintragen	458
Abbildung 14.13	Den Long-Tail bei der Shop-Optimierung nutzen	462

Index

.htaccess 245, 287, 474
<noframes> 476

A

Action-Tracking 373
Administrator 274
AdSense 361, 469
AdWords 197, 359, 361, 469
Affiliate 469
Agentur 218
Ähnlichkeitsbestimmung 124
AJAX 266
Aktualität 281, 283
Algebra, boolesche 29
AliasPro 439
Alleinstellungsfaktor 182
Allesklar 22
AllTheWeb 29, 155
alt-Attribut 256, 260
AltaVista 29, 46, 243, 359
alt-Text 469
Amazon 348
Anchor 108, 231
Anchor-Text 255, 423, 469
Apache 244
API 392
ARPANET 57
ASP 229, 244
Attribut 469
Aufnahmedauer 353
Auswertung
 aggregierte 377
 Fehlercode 383
 Herkunftsland 379
 pro Tag 377
 Seitenbesuch 379
 Tools 376
Authority 469

B

Backlink 469
Backlink-Update 354
Bad Neighbourhood 470
Bad-Rank 140
Banner-Blindness 327
bellnet 22
Berners-Lee 39
Besucherinformationen 375
Besucherverhalten 380
Bilder 260
Bildhöhe 262
Black Hat SEO 470
Black List 82, 103
Blacklist 470
Blickverlauf 246
Blog 470
 Spam 341
 Suchmaschine 300
Blogosphäre 446
BMW 330
Breadcrumb 227
Breitensuche 282
Brin, Sergey 71, 131
Broken Link 26, 470
Brotkrumen 227
Browser-Weiche 336
Brückenseite 330
Buchdruck 40

C

Cache 471
Caching 53
Captcha 342
Cascading Style Sheets → CSS 53, 471
CERN 39
Check-Summe 74, 339
Click-Popularität → Click-Popularity 471
Click-Popularity 141
 erhöhen 316
 Güte 144
 IP-Sperre 142
 Snippets 143
Client 56, 471
Client-Server-Prinzip 56
Cluster 75
Clustering 117, 144
 conceptual 146

Google 145
  Single-Pass 147
  Teoma 145
  thematisch 146
Cluster-Validität 105
Community 348
Conflation 97
Constraints 85
Content-Management-System 60, 241
Conversion Rate 183
Conversion Tracking 183
Cookies 142, 165, 316
Cosinus 124
Cost per Click 358, 471
Cronjob 284
Cross-Linking 471
CSS 424
  Datei 223
  Einbindung 224
  Formatierung 55
  Formatierungsregel 54
  Hervorhebung 253
  korrektes 221
  Text-Hiding 325
  Trennung Inhalt/Darstellung 53
  Tutorial 54
CSS Zen Garden 223
Customer Profiling 180

D

Dangling Pages 226
Data Manipulation Language 86
Dateigröße 422
Dateiname 279
Dateisystem, invertiertes 109
Dateityp 163
Datenaufbereitung 84
Datenbestand
  Aktualität 75
  Grundlage 119
  Integrität 244
  Normalisierung 152
Datennormalisierung 90, 277, 328, 336
Datenspeichermodul 72
Datenstruktur, direkte 112
Dedicated Server 471
Deep Crawl 397
Deep Linking 472

Deep Web 288
DENIC 28
Deskriptor 32, 103, 128
Deutsches Patent- und Markenamt 191
Direkte Datei 113
DNS 59, 77
DNS-Balancing 115
DocID 73, 83, 113, 114
Document Index 72
Dokumentanalyse 84
Dokumentenindex
  Aufgaben 73
  Inhalt 74
  Zuordnung 113
Dokumenttyp 81
Domain 274
  Domain-Filter 163
  Domain-Name 276
  Top Level Domain (TLD) 60
Domain Name Service → DNS 59
Domainname 452
Domain-Übernahme 411
Doodles 472
Doorway-Page 472
DOS-Attacke 371
Deublettenerkennung 81
Duplicate Content 472

E

eBay 203, 348
Editor 22
Eingabemaske 29
Eisbergeffekt 137
E-Mail 55
Embedded Link 228, 231
Ergebnisseite 29
Erstbesuch 374
erweiterte Suche 160
Everflux 396
Excel 164
Excite 22
Express-Inclusion 356

F

Fakten Retrieval 84
False Drops 472
FAST 346

Fehlercode 229
Fireball 29, 46, 160, 162
Flash
   Auswertungsmechanismen 78
   Intro 26, 239
   Navigation 229
   Skip-Funktion 26
Fließtext 241, 249, 252
Frame 232, 473
   <noframes> 235
   Frameset 233, 234
   Konzeption 232
   Prinzip 233
   Probleme 238
   target-Attribut 234
Fresh Crawl 397
Fresh-Tag 473
FTP 55, 275
Fuzzy-Logik 122

G

Geocities 274
Gewichtungsvalidität 105
Google 29, 52, 220
   Google-Image 292
   Videosuche 240
   Voice-Search 21
Googlebot 52
Google-Dance 354
GoogleGuy 473
googlen 172
Google-Sitemap 414
Google-Update 398
Großschreibung 111
Gutenberg 40

H

Hallway-Page 473
Hashwert 284
Hauptnavigation 427
Heise-Effekt 454
Hidden Text 473
Hidden-Markov-Modell 96
Hijacking 473
Hilltop 474
Hilltop-Prinzip 412
Hilltop-Theorie 400

Hitlist 109, 115
Hits 474
Homepage 21, 282, 474
Host 56, 474
Hotbot 357
HTML
   Auszeichnungssprache 41
   Body 42
   Container-Tags 43
   Container-Tags mit Zusatz 43
   Dokumentkopf 42
   Dokumentkörper 42
   Dokumentstruktur 41
   dynamisches 229, 242
   Empty-Tags 42
   fehlerfreies 90
   Formular 263
   gültiges 221
   Head 42
   Prüfung 222
   SGML-Abkömmling 40
   Standard 40
   statisch 241
   Tag 41, 42
HTTP
   404 Not Found 68
   Abkürzung 61
   Ablaufschema 63
   Accept 66
   Aufbau, schematischer 63
   If-Modified-Since 65
   If-None-Match 65
   Kommunikation 62
   Methoden 64
   Monitoring 370
   Request 62, 64
   Response 62, 66, 77, 371
   Response-Code 67
   Statusbereiche 67
   Statuscode 67, 79
   User-Agent 66
   Versionen 62
Huffman-Code 112

I

Icons 427
ICQ 55, 248
Image-Map 260

Inbound Links 131, 474
Index 228, 474
  direkter 112
  invertierter 114
  Metapher 84
Indexer 88
Indexierung 32
  kontrollierte 116
  unkontrollierte 115
Informatik 86, 112, 117
Information Retrieval 474
  Definition 32
  Unterschiede 84
  Wissenschaft 17
Information-Page 333
Information-Retrieval-System
  Aufgabe 84
  Dokumentenrepräsentation 32
  Herausforderung 119
  Informationswiedergewinnung 392
  optimale Werte 98
Informationsbedürfnis 166
Inktomi 48, 49, 243, 291
Inquirus 37
Internet 345
  Aktualität 346
  Client-Server-Prinzip 56
  Protocol (IP) 58
  Service Provider (ISP) 378
  Society 34
  Trägermedium 55
Internet Protocol → TCP/IP 58
Inverse Dokumenthäufigkeit 127
invertierte Pyramide 249
Invisible Web 474
IP 474
IP-Sperrung 275
IRC 55
ISO-OSI-Modell 56
IVW 262

J

JavaScript 237, 475
Jugendschutz 102

K

KAKADU-Prinzip 294, 301, 328
Kampagnen-Tracking 374
KEI 211
Keyword 186, 475
  Analyse 190
  Dichte 250, 331
  Extrahierung 103
  Häufigkeit 331
  Liste erstellen 186
  Prominenz 331
  Stuffing 248, 250
Keyword Density 475
Keyword Frequency 475
Keyword Prominence 475
Keyword Proximity 475
Keyword Stuffing 475
Keyword-Datenbank 196, 475
Keyword-Effizienz-Index 211
Keyword-Effizienz-Index → KEI 211
Keyword-Recherche 179, 422, 475
Keywords
  Gütekriterium 183
Kleinschreibung 110
Kohärenz 426
Konsistenz 426
Konversionsrate → Conversion Rate 183, 476
Konzept 179

L

Lead 182, 476
Lexikon 96, 113
Link-Farm 131, 302, 476
Link-Gestaltung 430
Link-Popularity 380, 476
  Definition 130
  erhöhen 293
  Exklusivität 297
  interne Verlinkung 293
  Konzept 131
  Links erzielen 299
  Page-Rank 131
  prüfen 296
  Qualitätskriterien 296
  Suchbegriffe 297
  Themenkreise 297

Link-Struktur 285
Link-Tausch 476
Linux 77, 280
Listing-Enhancement 357
Live-Suche 176
Location List → Hitlist 109
Log-Buch 189
Log-Datei 476
Logdatei
  Analyse 275, 375
  Format 376
Logik
  AND 157
  boolesche 157
  NOT 158
  OR 158
Logo 427
Luhn, Hans Peter 107
Lycos 29, 162, 200, 241, 243

M

Managed-Server 274
Matching 152
MD5 74
Mehrwortgruppenidentifikation 100
MetaCrawler 37, 202
MetaEureka 37
MetaGer 201
Meta-Suchdienst → Meta-Suchmaschine 34
Meta-Suchmaschine 20, 33, 34
  Ablaufschema 33
  All-In-One 34
  Cluster-Technik 38
  Einsatzgebiete 35
  formale Kriterien 34
  Kurzbeschreibung 37
  Nutzerkreis 35
  Operatoren 35
  Präsentation 36
  Ranking 36
  Schnittstelle 36
  Zusammenschließen 35
Meta-Tag 44, 476
  audience 52
  author 52
  content-type 51
  copyright 52
  date 52

description 45, 47
Dublin Core 52
expires 50
keywords 47
language 50, 95
Mehrfachnennungen 48
Meta-Spam 329
Missbrauch 45
Optimierung 45
PICS 53
publisher 52
refresh 51
revisit-after 50
robots 49, 290
Mikroseite 476
MIME-Type 81
Mirror-Pages 338
Mirror-Sites 338
MIVA 199, 359
mod_rewrite 476
Monitoring
  DNS 372
  Rank 390
  Server 370
MSN 102, 357

N

Navigation 229
Navigationsleiste 228
Netzwerke
  Peer-To-Peer (P2P) 20
Newsletter 301
Nofollow-Follow-These 311, 312
Nutzersicht 431
Nutzerverhalten
  im Web 165
  Suchmaschine 170
  Suchmodus 168
  Suchverfeinerung 209
  Surfen 168
Nutzungsverhalten
  Logdatei 382
  Rückschlüsse 381
  von Suchmaschinen 176

O

Offpage-Optimierung 477
Online-Medien 55

Online-Shop 386
Onpage-Optimierung 477
Open Directory 22, 23, 138, 299
OpenCola 20
OpenOffice 191
Optimierung
  Breitband 173
  Meta-Tags 44
  PDF-Dokumente 270
  Relaunch 219
  Tags 245
Organic Listing 477
Organigramm 238
Outbound Link 477
Overoptimization 477
Oversubmitting 350
Overture 24, 199, 356

P

Page Impressions 377, 477
Page, Lawrence 71, 131
Page-Jacking 340
Pagerank 71, 130, 477
  Aktualität 138
  Bad-Rank 139
  Beispiel 133
  Dämpfungsfaktor 132
  Distanz 138
  Effekte 135
  Formel 132
  intelligenter Surfer 137
  Iterationen 135
  Problem 133
  Random-Surfer-Modell 136
  Startwert 134
  Subject-Specific Popularity 139
Page-Swapping 337
Paid Listing 477
Parser 88
  Alphabet 92
  Datenaufbereitung 88
  Fehlertoleranz 90
  JavaScript 343
  Prozess 88
Pay Per Click 356, 358
Payed-Inclusion 356
Payed-Listing 20, 358
Payed-Placement 358, 359

PDF
  Adobe 163
  E-Paper 270
  optimieren 270
  Plattformunabhängigkeit 270
  Webcrawler 77
Perl 229, 371
Persona-Erstellung 180
Personalisierung 164, 172
Pfad 60, 167, 285
Pfad-Analyse 374
Phantom-Pixel 261, 328
PHP 229, 244
Phrase 82, 158
Phrasensuche 158, 159, 302
Plug-in 229
Pollution 477
Polysem 94
Popup 230
Port 58, 60
Powerpoint 164
Precise-Match-Angebot 361
Precision
  Definition 98
  Mehrwortgruppe 208
  Practical Precision 157
  Verminderung 336
Processing Module 72
Proctocol Module 72
Protokollmodul 72
Protokollumstellung 373
Proximity 129, 247
Proxy 317
Proxyserver 477

Q

QualiGo 359
Query 478
Query Processing 152
Query-Prozessor
  Arbeitsschritte 152
  Funktionalität 151
  Matching 154
  Parsing 152
  Query 153
  Searcher 151
  Stemming 153
  Stoppworteliminierung 153

Stoppwörter 153
Tokenizing 152
Trefferliste 155
Wildcard 159

R

Random Surfer 132
Ranking 478
Ranking-Analyse 478
Rank-Monitoring 390
RealURL 439
Recall
  Definition 98
  Stemming 99
  Stoppwort-Eliminierung 103
Redaktionssystem → Content-Management-System 241
Redirect 68, 286, 478
Referenzmodell → ISO-OSI-Modell 56
Referer 380, 382, 478
Reinclusion 478
Reinclusion Request 366
Relative Worthäufigkeit 126
Relativer Link 478
Relaunch 219, 285
Relevanzbewertung 120, 250, 273, 347
Repository 83, 114
Retrieval
  Aufgabenbereich 84
  boolesches 121
  Fakten-Retrieval 84
  Fuzzy 122
  Information Retrieval 87
  Ziel 288
Reziproke Verlinkung 478
RGB-Farbraum 323
Richtlinien 478
Robots Exclusion Protocol 50, 290, 291
robots.txt 50, 290, 478
Root-Server 274
Router 58

S

Sandbox 407, 478
Sandbox-Effekt 408
  vermeiden 409
Satellit 479

Satelliten-Domain 303
Satzstruktur 106
Scanning 25, 252
Scheduler
  Definition 75
  DNS 77
  Richtlinien 75
  URL 76
Schichten 57
Schlüsselwort 186
  Aussagekraft 184
  Bereinigung 195
  Brainstorming 187
  Definition 103
  IDF 194
  in URL 280
  Liste 190
  Mitbewerber 189
  Neue Rechtschreibung 205
  Numerus 204
  Schreibweise 206
  Sonderzeichen 205
  Übernahme 191
  Wahl 185
  Wortfolge 246
  Wortkombination 208, 209
Schlüsselwort → Keyword 186
Schriftgröße 431
Script-Sprache
  clientseitige 229
  Navigationsmenü 229
  Probleme 229
  serverseitige 229
Searcher → Query-Prozessor 32, 57
Seiten-Keyword 214
Seitenstruktur 225
  Dublette 339
  Kriterien 226
  Planung 226
  Suchmöglichkeit 164
Seitentitel 423, 479
SEM 479
Semantik 106
Semantische Analyse 479
SEO 479
SERP 479
SessionID 243, 289
SGML 40

Sitemap 136, 228, 229, 235, 285, 428, 479
Site-Struktur 236, 282, 284
Slow Death 479
Snippets 46, 47, 53, 316
Social Bookmark 309
Sonderzeichen 24, 51, 82, 91, 207, 220
Sorter 114
Spam 319, 479
　Bait-And-Switch 337
　Cloaking 334
　Domain-Dubletten 338
　Doorway-Page 330
　E-Mail 319
　Hidden-Links 328
　IP-Delivering 336, 337
　Keyword-Stuffing 321
　Oversubmitting 343
　Popup 343
　Spam-Meldung 343
　Text-Hiding 322
　Text-Smalling 324
Spam-Report 479
Spider 480
Spiegelseite 338
Sponsored Links
　bellnet 24
　Payed-Placement 24
Sprache
　asiatische 91
　Identifikation 94
　natürliche 91
　Sprachfilter 162
Spracherkennung 95, 96
SQL 86
Stamm 97
Startseite 231, 238
Statusbereich → HTTP 67
Stemming 97, 480
　Affix-Removal 99
　Ähnlichkeitsberechnung 99
　Lexikon 99
　Look-Up 99
　Porter 99
Stichwortvalidität 105, 106
Stickiness 142, 375
Stoppwort 101, 480
Stoppworteliminierung 124
Stoppwortliste 101

String 480
Studie
　Bertelsmann Stiftung 20
　DoubleClick 170
　Forrester Research 171
　Leseverhalten im Web 249
　Vividence 172
Subnavigation 427
Suchaktivität 166
　Browsing 167
　Chaining 167
　Differentiating 167
　Extracting 168
　Monitoring 168
　Starting 166
　starting 167
Suchbegriffe
　Beliebtheit 174
　Logdatei 382
　Nähe 247
　optimal 173
Suchmaschine 28
　Anmeldung 347
　Architektur 71
　Besuche 381
　Blindanteil 31
　Datenanalyse 32
　Datengewinnung 31
　Definition 19
　Eingabemaske 29
　Ergebnisse 32
　Hürden 30
　Kernkomponenten 31, 32
　Kommerzialisierung 31
　Kooperationen 345
　Nutzung 28
　Query-Prozessor 32
　Resultate 29
　Suchtechnologie 347
　User-Interface 29
　Wachstum 28
Suchmaschinen-Marketing 182, 480
Suchmaschinen-Optimierung 480
Suchmaschinen-Referer 374
Suchmodus
　Conditioned Viewing 168
　Formal Search 169
　Informal Search 169
　Undirected Viewing 168, 240

Untersuchung 169
Suchoperator 156
Symbole 427
Synonym 191
Syntax 480

T

Tabelle 258
   <table>-Tag 258
   <table>-Trick 259
   codiert 113
   CSS 258
   Strukturierung 258
   stukturierte 84
Tag
   <comment> 262
   <div> 326
   <iframe> 264
   <noscript> 263
   <p> 251
   <title> 246
   Aufzählung 251
   embedded 230
   Link 255
   proprietäres 222
   title-Attribut 257
   Überschrift 254
Tag-Cloud 456
TCP/IP 58
   Adressierung 59
   IPv6 59
Term Frequency 126
Terme 128
   Art 128
   Klassen 129
   Lage 128
   Leitsatz 128
Textanalyse 106
Texthervorhebung 252
Text-Link 228, 230
Themenrelevante Verlinkung 480
Thesaurus 101, 154, 184
Tiefensuche 282
Tiny Text 480
TLD 278
Tokenisierung 91
Tokenizer 91
Toolbar 480

Tooltip 257
Tracking 481
Traffic 481
Treffer
   gesponsorte 359
Trigger 85
Trunkierung 160
Trunkierungsoperator 97
Trustcenter 407
Trustrank 412, 413
Tutorials 294
TYPO3 415, 436

U

Überschrift 254
Umlaute 96
Uniform Resource Identifier 61
Uniform Resource Locator 59
Unique Selling Proposition 182
Unique Visitors 481
Update 481
URL
   Analyse 129
   Anmeldung 351
   Beispiel 61
   Filter 82
   Parameter 61, 244
   Pfadangabe 60
   Schrägstriche 60
   Überprüfung 82
   URI 61
   URN 61
URL-Datenbank 286
URL-Referer 374
URL-Resolver 108
Usability 136, 192, 218, 419
Usability-Regeln 425
User-Agent 42, 481
User-Generated-Content 306
User-Tracking 141, 289

V

Validierung 481
Vektorraummodell 123
Vermarktung 181
Verweildauer 142
Verzeichnisname 280

Index

Verzeichnistiefe 281
virales Marketing 446
Virtueller Server 481
Visitor-Tracking 373, 375
Visits 375, 378, 481
Vivisimo 38
Vollindexierung 103, 104
Vorbereitungen, strukturelle 221

W

W3C 39, 481
Watchblog 299
WCAG 430
Web 2.0 266
Web Content Accessibility Guidelines 430
Web.de 22, 160, 162
Web-Assoziator 201
Webcrawler-System 72
   Crawler 76
   Protokoll-Modul 72
   Storeserver 78
   Verarbeitungs-Modul 72
Webdirectory → Webkatalog 21
Webhit 28
Webhosting 273, 482
Webkatalog 19, 21
   Beschreibungstext 25
   häufige Fehler 26
   Redakteur 22
   Rubrik 23
   Submit-Tool 27
   Textlänge 25
   Titelwahl 23
   URL 46
Weblog 299, 342
Webrank 481
Webseite 21
Webserver 56
Website 21
Website-Usability 420
Webspace 83, 274
Web-Usability 420
Webverzeichnis → Webkatalog 21
Werbung 428
White Hat SEO 482
White List 116
Wiederbesuchsrate 482
Wiedereinstiegspunkt 434
Wiederholungsbesuch 374
Wiki 307
Wikipedia 306
Wildcard 159
Word 164, 191
WordID 113, 154
Wording 231, 428
WordPress 435
Wordtracker 202
Wortabstand 158
   ADJ 159
   FAR 159
   NEAR 159
Wortgruppe 91
Wortseparator 91
WWW
   Anatomie 39
   Dynamik 369
   Größe 17
   Wachstumsprozess 39
WYSIWYG 41

X

XML 41

Y

Yahoo! 22, 46, 105, 143

Z

Zeilenabstand 431
Zentroid 148
Zielgruppe 180
   Beschreibung 181
Zielsetzung 180, 181
z-Index 327
Zipfsches Gesetz 107
Zugriffszeit 113

Web 2.0-Design verstehen und realisieren

Schritt für Schritt zur aktuellen Website

Farb- und Seitengestaltung mit Photoshop

698 S., 2007, komplett in Farbe, mit DVD,
39,90 Euro, 67,90 CHF
ISBN 978-3-8362-1087-4

Praxisbuch Web 2.0

www.galileocomputing.de

Vitaly Friedman

Praxisbuch Web 2.0

Moderne Webseiten programmieren und gestalten

Von der charakteristischen Gestaltung über Barrierefreiheit und Usability bis hin zum Einsatz von AJAX, Mashups, Wikis, Blogs und Podcasts – mit diesem Buch lernen Sie, was eine Web 2.0-Site ausmacht und wie Sie diese selbst umsetzen können. Zahlreiche Schritt-für-Schritt-Anleitungen – etwa zur Erstellung von grafischen Elementen – unterstützen Einsteiger und Profis bei der Gestaltung einzelner Elemente oder vollständiger Web 2.0-Sites.

>> www.galileocomputing.de/1451

Modernes Webdesign

Saubere Trennung von Inhalt und Layout

Usability und Barrierefreiheit

Design für mobile Endgeräte

1199 S., 2007, 49,90 Euro, 81,90 CHF
ISBN 978-3-89842-443-1

XHTML, HTML und CSS

www.galileocomputing.de

Frank Bongers

XHTML, HTML und CSS

Handbuch und Referenz

Keine Webseite ohne (X)HTML und CSS. Unser Buch zeigt Ihnen, worauf Sie achten müssen und hilft mit praxistauglichen Beispielen beim Erlernen und Vertiefen der Sprachen des Webs. Vollständige Referenz inkl. Kapitel zu Usability, Acessibility, Migration nach CSS und mobile Endgeräte. Ein unentbehrliches Handbuch!

>> www.galileocomputing.de/669

Von der ersten Idee bis zur fertigen Website

Prinzipien und Grundlagen guten Designs

Kreativ mit Webstandards, (X)HTML und CSS

368 S., 2008, komplett in Farbe, mit DVD
39,90 Euro
ISBN 978-3-8362-1109-3

Modernes Webdesign

www.galileodesign.de

Manuela Hoffmann

Modernes Webdesign

Gestaltungsprinzipien, Webstandards, Praxis

Ein Wegweiser für modernes Webdesign, der gleichzeitig Praxis, Anleitung und Inspiration liefert. Die Grafikerin und Webdesignerin Manuela Hoffmann (pixelgraphix.de) führt Sie von der Idee über erste Entwürfe bis hin zur technischen Umsetzung mit HTML und CSS. Das Buch enthält außerdem zahlreiche Vorlagen und Templates für Photoshop und WordPress.

\>> www.galileodesign.de/1619

Handbuch der Webprogrammierung

Inkl. Suchmaschinen-Optimierung und Barrierefreiheit

AJAX im Praxiseinsatz

1132 S., 3., aktualisierte und erweiterte Auflage 2007, mit DVD, 39,90 Euro, 67,90 CHF
ISBN 978-3-89842-813-2

Webseiten programmieren und gestalten
www.galileocomputing.de

Mark Lubkowitz

Webseiten programmieren und gestalten

3. Auflage

Unser Bestseller folgt einem bewährten Konzept. Ob Grundlagen von HTML, XHTML, JavaScript, AJAX, XML, PHP oder MySQL, unser Buch antwortet umfassend auf alle Fragen der Webprogrammierung.

>> www.galileocomputing.de/1226

Struktur, Design und Programmierung

Umsetzung mit (X)HTML, CSS und PHP

Standards und Best Practices

302 S., 2008, 34,90 Euro
ISBN 978-3-8362-1153-6

Mobiles Webdesign
www.galileocomputing.de

Manuel Bieh

Mobiles Webdesign

Webseiten für mobile Endgeräte

Dieses Buch versetzt Sie in die Lage, einen bestehenden oder geplanten Webauftritt für mobile Devices zu konzipieren und umzusetzen. So wählen Sie die richtigen Inhalte aus, nutzen die bestehenden Möglichkeiten optimal und halten sich an die Standards und Best Practices des W3C.

>> www.galileocomputing.de/1709

Webseiten gestalten mit CSS

Direkt einsetzbare CSS-Layoutvorlagen

Kurzreferenz und Browserhacks

436 S., 2008, mit DVD, 19,90 Euro, 32,90 CHF
ISBN 978-3-8362-1195-6

Einstieg in CSS
www.galileocomputing.de

Elisabeth Wetsch

Einstieg in CSS

Grundlagen und Praxis

Nie war es anschaulicher CSS zu lernen! Elisabeth Wetsch bereitet Sie in leicht nachvollziehbaren Schritten auf den Innenausbau der Website mit Cascading Stylesheets vor. Auf der Tagesordnung stehen professionelle Layouts, universell einsetzbare und kreative Vorlagen sowie ein Referenzteil, damit man bei der täglichen Arbeit auch einmal nachschlagen kann.

>> www.galileocomputing.de/1785

Grundlagen und Referenz

Browserübergreifende Lösungen

Barrierefreies Webdesign mit CSS

766 S., 5. Auflage 2008, mit DVD und Referenzkarte,
39,90 Euro
ISBN 978-3-8362-1134-5

CSS-Praxis

www.galileocomputing.de

mit Referenzkarte

Kai Laborenz

CSS-Praxis

Das umfassende Handbuch

Ein moderner Klassiker! CSS-Praxis feiert mit seiner fünften Auflage Jubiläum. Für jeden CSS-Entwickler in Deutschland ist dieses Buch ein Standardwerk, das zu jeder Fragestellung zuverlässig Auskunft gibt.

>> www.galileocomputing.de/1667

Grundlagen, Praxiseinsatz
und Integration

Schnell zu robusten und
flexiblen CSS-Layouts

Alle wichtigen Browser-Bugs
von IE 5 bis IE 7

452 S., 2. Auflage 2008, mit DVD und Referenzkarte,
34,90 Euro
ISBN 978-3-8362-1135-2

CSS-Layouts

www.galileocomputing.de

mit
Referenzkarte

Dirk Jesse

CSS-Layouts

Praxislösungen mit YAML 3.0 – Inkl. Einsatz in TYPO3

Dirk Jesse beschreibt umfassend die Grundlagen und Techniken zur standardkonformen Layouterstellung mit CSS – inkl. Progressive Enhancement, Graceful Degradation, Konzepte für ein Reset CSS und Grid-Layouts. Der Praxisteil bietet einen umfassenden Zugang zu YAML 3.0 (Yet Another Multicolumn Layout), einem Framework zur Erstellung flexibler Layouts, das sich als ausgereifte Lösung im täglichen Einsatz bewährt hat.

>> www.galileocomputing.de/1669

Grundlagen des
CSS-Debuggings

Umsetzung komplexer Layouts

Verschachtelte
Navigationslisten,
Mehrspaltenlayouts,
Debugging u.v.m.

ca. 400 S., komplett in Farbe, mit CD, 39,90 Euro
ISBN 978-3-8362-1138-3, August 2008

Fortgeschrittene CSS-Techniken

www.galileocomputing.de

Ingo Chao, Corina Rudel

Fortgeschrittene CSS-Techniken

Inkl. CSS-Debugging

In drei umfangreichen und reich illustrierten Teilen zeigen Ihnen die beiden Autoren Corina Rudel und Ingo Chao die Vielfalt der CSS-Prinzipien anhand von vielen Kurzbeispielen, stellen Ihnen kompetent den Umgang mit Inkonsistenzen in modernen Browsern dar und vermitteln professionelle Debugging-Techniken.

>> www.galileocomputing.de/1668

Dynamische Webseiten
leicht gemacht

Joomla! installieren
und administrieren

Templates und Extensions
im Praxiseinsatz

Komplettpaket: Mit Joomla! 1.5 &
XAMPP Lite auf DVD

DVD, Win, Mac, Linux, ca. 62 Lektionen, 8 Stunden
Spielzeit, 29,90 Euro, 49,90 CHF
ISBN 978-3-8362-1038-6, September 2008

Einstieg in Joomla!

www.galileocomputing.de

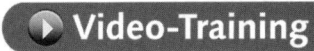

Radovan Kubani

Einstieg in Joomla!

Dieses Video-Training bietet Ihnen einen besonders anschaulichen und praxisorientierten Einstieg in Joomla! 1.5. Schritt für Schritt lernen Sie, wie Sie Joomla! installieren und schnell erste Webseiten veröffentlichen können.

>> www.galileocomputing.de/1475

Von der Installation bis zur eigenen Website

Leichter Einstieg ohne Vorkenntnisse

Joomla! anpassen und erweitern

293 S., 2008, mit CD, 19,90 Euro
ISBN 978-3-8362-1021-8

Joomla! 1.5 für Einsteiger

www.galileocomputing.de

Anja Ebersbach, Markus Glaser, Radovan Kubani

Joomla! 1.5 für Einsteiger

Wenn Sie bisher keine Erfahrung in der Webentwicklung haben, sind Sie bei diesem Buch genau richtig. Ausführlich werden Sie durch die Installation und die Grundlagen von Joomla! geführt. Umfangreiche Praxisbeispiele helfen Ihnen dabei, Gelerntes zu verstehen und für Ihre eigene Webseite einzusetzen.

>> www.galileocomputing.de/1453

Komplette Einführung in
TYPO3 und TypoScript

Realisierung einer
vollständigen Website

Zahlreiche Praxistipps

DVD, Win, Mac, Linux
93 Lektionen, 12:00 Stunden Spielzeit, 39,90 Euro
ISBN 3-89842-856-7

Einstieg in TYPO3 4.0

www.galileocomputing.de

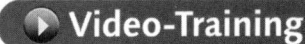

Thomas Kötter

Einstieg in TYPO3 4.0

Das Video-Training – Von den Grundlagen bis zum professionellen Webauftritt

Angefangen bei der Installation bis hin zum Umgang mit Templates und TypoScript zeigt Ihnen unser Video-Trainer Thomas Kötter alles, was Sie müssen, um auch anspruchsvolle Websites mit TYPO3 umzusetzen. Direkt am Bildschirm können Sie nachvollziehen, wie er Schritt für Schritt den Webauftritt eines Weinhandels realisiert – inkl. Aufbau eines Online-Shops.

\>> www.galileocomputing.de/1352

Erste Schritte zum eigenen TYPO3-Projekt

Inkl. Templates, TypoScript und TempVoilà

Installation, Konfiguration und Administration

ca. 520 S., 3. Auflage, mit DVD, 29,90 Euro
ISBN 978-3-8362-1234-2, Oktober 2008

Einstieg in TYPO3 4.2

www.galileocomputing.de

Andreas Stöckl, Frank Bongers

Einstieg in TYPO3 4.2

Inkl. Einführung in TypoScript

TYPO3-Einsteiger finden in diesem Werk einen einfachen Zugang – von der Installation zum ersten eigenen Projekt und darüber hinaus. Schritt für Schritt wird eine interaktive Webseite realisiert. Parallel werden Designvorlagen und Templates, Menüerstellung und wichtige Erweiterungen wie TemplaVoila erläutert.

>> www.galileocomputing.de/1860

Einführung in die
Webprogrammierung

MySQL-Grundlagen
und SQLite

Objektorientierung
einfach erklärt

546 S., 4., aktualisierte und erweiterte Auflage 2006,
mit CD, 24,90 Euro
ISBN 3-89842-854-0

Einstieg in PHP 5 und MySQL 5

www.galileocomputing.de

Thomas Theis

Einstieg in PHP 5 und MySQL 5

Leicht verständlich und praxisnah lernen

Dies ist die 4. Auflage des Bestsellers zu PHP 5! Wenn Sie einen praxisnahen und schnellen Einstieg in die Sprache PHP suchen, haben Sie hiermit Ihr passendes Buch gefunden.
Thomas Theis zeigt Ihnen anhand leicht nachvollziehbarer und sofort einsetzbarer Programme, wie Sie die Stärken von PHP 5.1 und MySQL 5 nutzen können. Linux-Anhänger und Microsoft-Spezialisten kommen dabei gleichermaßen auf ihre Kosten.

>> www.galileocomputing.de/1300

Grundlagen und gemeinsamer Einsatz

Schritt für Schritt zur professionellen Web-Applikation

zahlreiche Praxisbeispiele (Blogs, Bildergallerie, Mehrbenutzer-Systeme)

763 S., 2006, 34,90 Euro, 59,90 CHF
ISBN 978-3-89842-693-0

PHP 5 und MySQL 5

www.galileocomputing.de

Stefan Reimers, Gunnar Thies

PHP 5 und MySQL 5

Das Buch richtet sich an ambitionierte Einsteiger und fortgeschrittene Entwickler, die umfangreiches Grundwissen in der Datenbankentwicklung und Programmierung mit PHP erhalten möchten. In einem umfangreichen Praxisteil erlernen Sie Schritt für Schritt den Aufbau und die Funktionsweise aktueller Webtechnologien, wie z. B. Blogs, Mehrbenutzersysteme oder AJAX.

\>> www.galileocomputing.de/1084

Installation, Grundlagen, Praxiseinsatz

Model View Controller (MVC) in Theorie und Praxis

Rechtemanagement, Caching, Sicherheitslösungen, Webservices u.v.m.

420 S., 2008, mit CD, 39,90 Euro, 67,90 CHF
ISBN 978-3-8362-1068-3

Zend Framework

www.galileocomputing.de

Carsten Möhrke

Zend Framework

Das Entwickler-Handbuch

Das Zend-Framework stellt fertige PHP-Klassen für Datenbanken, Model-View-Controlling, PDF-Erstellung, Suchfunktionen u. v. m. zur Verfügung. Das Buch bietet eine praxisbezogene Einführung in die Entwicklung mit dem Framework. Alle Funktionen werden umfassend dargestellt.

>> www.galileocomputing.de/1540

Design Patterns,
PHPUnit, XDebug

Sicherheit, Errorhandling,
Debugging, Sicherheit

Zend Studio, Eclipse,
Frameworks, MVC-Architektur

ca. 850 S., 3. Auflage, mit CD, 49,90 Euro
ISBN 978-3-8362-1139-0, September 2008

Besser PHP programmieren

www.galileocomputing.de

Carsten Möhrke

Besser PHP programmieren

Handbuch professioneller PHP-Techniken

Ein Buch für diejenigen, die bereits in PHP programmieren und jetzt ihren Programmierstil verbessern möchten. Angefangen vom Aufbau von Programmen über Modularisierung, Objektorientierung und Dokumentation bis hin zu Fragen der Sicherheit und Performance.

>> www.galileocomputing.de/1670

Fertige CSS-Layouts für den sofortigen Einsatz

Komplette Beispiel-Website zum Nachbauen

Ein Weblog mit WordPress und Dreamweaver

368 S., 2008, 24,90 Euro, 41,90 CHF
ISBN 978-3-8362-1032-4

Adobe Dreamweaver CS3

www.galileodesign.de

Hussein Morsy

Adobe Dreamweaver CS3

Der praktische Einstieg

Sie möchten eigene Webseiten bauen, die professionell wirken und nicht viel Arbeit machen? Dann liegen Sie mit diesem Buch und Dreamweaver CS3 genau richtig! Mit Hintergrundwissen, allen wichtigen Funktionen und attraktivem Beispielmaterial beginnen Sie ganz von vorn und setzen sogar CSS ein.

>> www.galileodesign.de/1469

Umfassendes Handbuch für Flash-Designer und -Entwickler

Inklusive Einführung in ActionScript 2 und 3

Mit 30-Tage-Testversion Flash CS3 und Video-Lektionen auf DVD

704 S., 2008, komplett in Farbe, mit DVD, 39,90 Euro, 67,90 CHF
ISBN 978-3-8362-1064-5

Adobe Flash CS3

www.galileodesign.de

Nick Weschkalnies

Adobe Flash CS3

Das Praxisbuch zum Lernen und Nachschlagen

Mit diesem Buch haben Sie Flash CS3 im Griff. Von den Grundlagen über Zeichnen, Animation, Sound & Video bis zu Spieleentwicklung, dem Einsatz von PHP und ActionScript 3 zeigt es Ihnen alles, was Sie für moderne Flash-Anwendungen benötigen. Mit Workshops & Praxistipps.

>> www.galileodesign.de/1536

Installation, Administration, Erweiterung

TYPO3-Integration

CD-ROM mit xt:Commerce 3

ca. 700 S., mit CD, 49,90 Euro, 82,90 CHF
ISBN 978-3-89842-786-9, Dezember 2008

xt:Commerce 3.1
www.galileocomputing.de

Björn Teßmann, Volker Göbbels

xt:Commerce 3.1

Das umfassende Handbuch

Das Buch, auf das xt:Commerce-Profis gewartet haben! Angefangen von der professionellen Installation und Konfiguration bis hin zu Spezialthemen finden Sie in diesem Buch alles, was Sie bei der täglichen Arbeit mit xt:Commerce benötigen. Egal, ob Sie Ihr System mit Extensions erweitern möchten oder xt:Commerce in TYPO3 integrieren möchten, hier finden Sie Know-how aus der Praxis.

>> www.galileocomputing.de/1206

Von der Installation bis zur Anpassung des Systems

Praxistipps, Tricks und Troubleshooting

Eigene Entwicklungen und professioneller Einsatz

ca. 500 S., 2. Auflage, mit DVD, 34,90 Euro
ISBN 978-3-89842-881-1, November 2008

Joomla! 1.5
www.galileocomputing.de

Anja Ebersbach, Markus Glaser, Radovan Kubani

Joomla! 1.5

Das Buch bietet eine umfassende Einführung in Installation, Funktionsumfang und Betrieb des CMS. Dabei werden auch professionelle Themen wie Datenmigration, die Erstellung eigener Erweiterungen, die Integration neuer Funktionen oder das Backup des Systems berücksichtigt.

>> www.galileocomputing.de/1393

Einstieg, Praxis, Referenz

Dynamische Webseiten realisieren

Für Einsteiger, Fortgeschrittene und Profis

853 S., 8. Auflage 2008, mit DVD, 39,90 Euro
ISBN 978-3-8362-1128-4

JavaScript und AJAX

www.galileocomputing.de

Christian Wenz

JavaScript und AJAX

Das umfassende Handbuch

Um die Neuerungen des Web 2.0 erfolgreich umzusetzen, sind gute JavaScript-Kenntnisse Voraussetzung. Neben einer gründlichen Einführung finden Sie in diesem Buch unzählige praktische Beispiele, die Sie direkt für eigene Projekte nutzen können. Ein ausführlicher Referenzteil hilft beim schnellen Nachschlagen. Neu in dieser Auflage: Kapitel zu Microsoft Silverlight, ASP.NET AJAX 1.0 und ein Ausblick auf Firefox 3 und JavaScript 1.8.

>> www.galileocomputing.de/1651

Grundlagen, Einsatz, Praxisbeispiele

Professionelle Techniken, Effekte und Animationen

Plug-ins nutzen und eigene Plug-ins erstellen

ca. 350 S., 34,90 Euro, 59,90 CHF
ISBN 978-3-8362-1288-5, November 2008

jQuery
www.galileocomputing.de

Johannes Kretzschmar, Daniel Mies

jQuery

Das Praxisbuch

Das Framework jQuery erleichtert durch übersichtliche Befehle die Programmierung mit JavaScript. Einsteiger und Fortgeschrittene lernen mit diesem Buch Effekte, Animationen, AJAX-Techniken und DOM-Modifikationen gekonnt umzusetzen.

>> www.galileocomputing.de/1925

In unserem Webshop finden Sie unser aktuelles
Programm mit ausführlichen Informationen,
umfassenden Leseproben, kostenlosen Video-Lektionen –
und dazu die Möglichkeit der Volltextsuche in allen Büchern.

www.galileocomputing.de

Galileo Computing

Wissen wie's geht.